敏捷软件开发

（珍藏版）

[美]罗伯特·C. 马丁（Robert C. Martin） 著

鄢倩 徐进 译

清华大学出版社

北 京

内 容 简 介

本书作为敏捷软件开发的里程碑之作，重点介绍了敏捷软件开发的原则、模式和实践。全书共 6 部分 30 章 4 个附录，以场景化方式阐述了什么敏捷软件开发的核心，强调了工程实践是敏捷软件开发的重要基石。本书的写作风格诙谐幽默，巧妙地通过通俗易懂和画面感十足的的表述漫画来帮助读者理解可能枯燥晦涩的专业技术要点。

本书适合真正想要通过敏捷方式来提升软件开发技能以及及时交付软件价值的所有读者阅读和参考。

北京市版权局著作权合同登记号　图字：01-2018-8807

图书在版编目 (CIP) 数据

敏捷软件开发：珍藏版 / (美) 罗伯特 • C. 马丁 (Robert C. Martin) 著；鄢倩，徐进译 .—北京：清华大学出版社，2021.1

书名原文：Agile Software Development：Principles, Patterns, and Practices
ISBN 978-7-302-55854-5

I. ①敏… II. ①罗… ②鄢… ③徐… III. ①软件开发 IV. ① TP311.52

中国版本图书馆 CIP 数据核字 (2020) 第 109937 号

责任编辑：文开琪
装帧设计：李　坤
责任校对：周剑云
责任印制：杨　艳

出版发行：清华大学出版社
网　　址：http://www.tup.com.cn，http://www.wqbook.com
地　　址：北京清华大学学研大厦 A 座　　邮　　编：100084
社 总 机：010-62770175　　邮　　购：010-62786544
投稿与读者服务：010-62776969，c-service@tup.tsinghua.edu.cn
质 量 反 馈：010-62772015，zhiliang@tup.tsinghua.edu.cn
印 装 者：小森印刷霸州有限公司
经　　销：全国新华书店
开　　本：185mm×230mm（附赠不干胶）　　印　　张：43.25　　字　　数：1050 千字
版　　次：2021 年 1 月第 1 版　　印　　次：2021 年 1 月第 1 次印刷
定　　价：159.00 元

产品编号：081968-01

敏捷宣言

我们一直在实践中揭示更好的软件开发方法，身体力行的同时也帮助他人。由此，我们建立了如下价值观：

个体和互动	优先于	流程和工具
工作的软件	优先于	详尽的文档
客户合作	优先于	合同谈判
响应变化	优先于	遵循计划

也就是说，尽管右项有其价值，我们更重视左项的价值。

Kent Beck
Mike Beedle
Arie van Bennekum
Alistair Cockburn
Ward Cunningham
Martin Fowler
James Grenning
Jim Highsmith
Andrew Hunt
Ron Jeffries
Jon Kern
Brian Marick
Robert C. Martin
Steve Mellor
Ken Schwaber
Jeff Sutherland
Dave Thomas

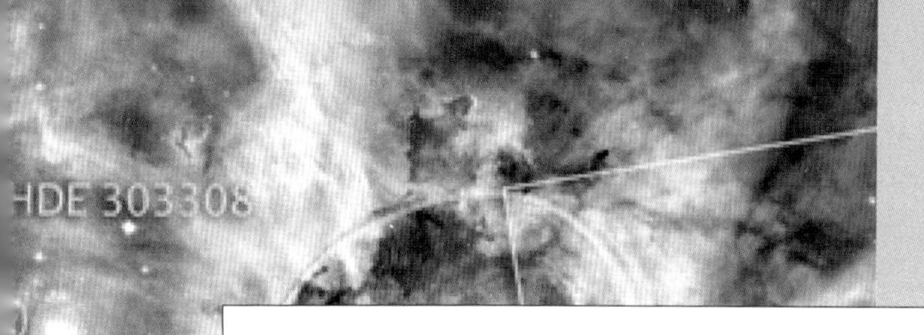

敏捷宣言的原则

我们遵循以下原则。

1. 我们最看重的是，通过及早、持续交付有价值的软件，来满足客户的需求。
2. 欢迎需求有变化，即使是在软件开发后期。轻量级的敏捷流程可以驾驭任何有利于提升客户竞争优势的变化。
3. 频繁交付能用起来的软件，频率从两周到两个月，倾向于更短的时限。
4. 业务人员和开发人员必须合作，这样的合作贯穿于整个项目中的每一天。
5. 围绕着主动性强的个人来立项。为他们提供必要的环境和支持，同时信任他们能够干成事情。
6. 开发团队内部以及跨团队之间，最有效和最高效的信息传递方式是，面对面进行对话。
7. 能用起来的软件，就是衡量进度的基本依据。
8. 敏捷流程倡导可持续的开发。发起人、开发人员和用户都能够长期保持一种稳定、可持续的节拍。
9. 持续保持对技术卓越和设计优良的关注，这是强化敏捷能力的前提。
10. 简洁为本，极简是消除浪费的艺术。
11. 最好的架构、需求和设计，是从自组织团队中涌现出来的。
12. 按固定的时间间隔，团队反思提效的方式，进而从行为上做出相应的优化和调整。

面向对象设计的原则

SRP 单一职责原则　就一个类而言，应该有且仅有一个引起它变化的原因。

OCP 开放-封闭原则　软件实体（类、模块和函数等）应可以扩展，但不可 修改。

LSP 里氏替换原则　子类型必须能替换掉它们的基本类型。

ISP 接口隔离原则　不应该强迫客户依赖于它们不用的方法。接口属于客户，不属于它所在的类层次结构。

DIP 依赖倒置原则　抽象不应该依赖于细节。细节应该依赖于抽象。

REP 重用发布等价原则　重用的粒度就是发布的粒度。

CCP 共同重用原则　一个包中的所有类应该是共同重用的。如果重用包中的一个类，那么就要重用包中的所有类。相互之间没有紧密联系的类不应该在同一个包中。

CRP 共同封闭原则　一个包中所有的类对同一类性质的变化应该是共同封闭的。一个变化若对一个包有影响，就会影响到包中所有的类，但不会影响到其他的包造成任何影响。

ADP 无依赖原则　在包的依赖关系中不允许存在环。细节不应该有其他依赖关系。

SDP 稳定依赖原则　朝着稳定的方向进行依赖。

SAP 稳定抽象原则　一个包的抽象程度应该和其他的保持一致。

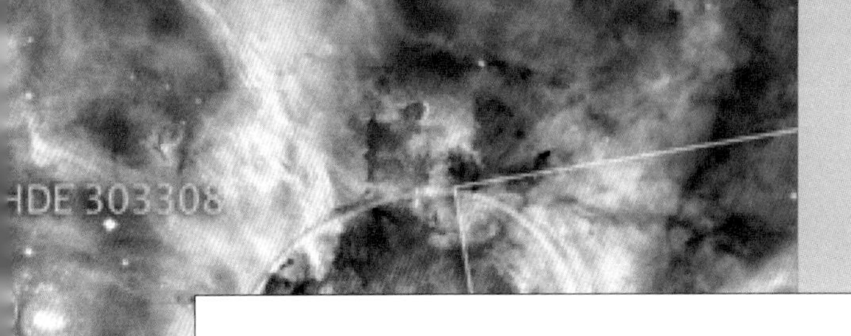

极限编程实践

完整的团队　XP 项目的所有参与者（开发人员、业务分析师和测试人员等）一起工作在一个开放的场所中，他们都是同一个团队的成员，这个场所的墙壁上挂着大幅的显眼的图表和他显示当前进度的其他东西。

计划游戏　计划是持续的、循序渐进的。每 2 周，开发人员就为下 2 周估算候选特性的成本，而客户则根据成本和业务价值来选择要实现的特性。

客户验收测试　选定每个特性的同时，客户还要定义自动化测试来表明特性是可行的。

简单设计　团队保持设计恰好和当前的系统功能相匹配，它通过了所有的测试，不包含任何重复，可以表达编写者想要表达的所有意图，并包含尽可能少的代码。

结对编程　所有软件都是由两个程序员结对一起在同一台机器上构建的。

测试驱动开发　工作周期短，测试先行，再编码实现功能。

改进设计　随时改进糟糕的代码，保持代码尽可能干净，有表达力。

持续集成　团队总是可以使系统逐步集成和完善。

集体代码所有权　任何结对的程序员都可以在任何时候改进任何代码。

编码标准　系统中所有的代码看起来就像是由一个非常胜任的人写成的。

隐喻　团队提出一个程序工作原理的公开景象。

可持续的速度　只有持久，团队才有获胜的希望。他们以能够长期维持的速度努力工作。他们保存精力，他们把项目看作是马拉松，而不是全速冲刺。

Design Patterns, Elements of Reusable Object-Oriented Software. The best designers will use many design patterns that dovetail and intertwine to produce a greater whole.
Erich Gamma
Quality is the key to speed.
you go fastest when you go well.
and never ask for permission to go well;
that's your responsibility and no one else's.
Robert C. Martin

推荐序

埃里希·伽玛

（Erich Gamma）

软件开发的核心

献给 Ann Marie, Angela, Micah, Gina, Justin, Angelique, Matt 和 Alexis……

任何珍品都不及家人的陪伴，

任何宝藏都不如亲情的宽慰。

刚刚交付完 Eclipse 开源项目的一个大版本后，我就马不停蹄地着手为这本书写序。刚刚开始恢复元气的我，脑子还有些模糊。但有一点我比以往更清楚，那就是“交付产品的关键因素是人，而不是过程”。我们成功的诀窍很简单：和沉迷于交付软件的人一起工作，使用适合自己团队的轻量过程进行开发，在此过程中不断调整和适应。

如果了解过我们团队中的开发人员，就会发现他们都认为编程是软件开发的中心。他们不仅写代码，还会持续消化和洗手代码以保持对系统的理解。用代码验证设计时得到的反馈，对设计者的信心来说至关重要。我们的开发人员知道模式、重构、测试、增量交付、频繁构建以及其他一些 XP（极限编程）最佳实践的重要性。这些实践改变了我们对当今软件开发方法的看法。

对于技术风险高以及需求变化频繁的项目，熟练掌握这种开发风格是获得成功的先决条件。虽然敏捷开发方法不太注重形式和项目文档，但一旦涉及重要的日常开发实践，却表现出了极大的关注。落地这些实践正是本书的重点。

作者长期活跃于面向对象社区，对 C++ 实践、设计模式以及面向对象设计的一般原则都有贡献。他是 XP 和敏捷方法的早起倡导者。本书以这些贡献为基础，覆盖了敏捷软件开发实践的全部内容。这是一项了不起的成就。不仅如此，作者在说明每件事情的时候，都用了案例和代码，这与敏捷实践完全一致。他用写代码这个实际行动来阐明敏捷编程和敏捷设计。

中文版序

软件之美

除了我的家庭，软件就是我的挚爱。通过它，我可以创造出美的东西。软件之美，在于它的功能，在于它的内部结构，还在于团队创建它的过程。对用户而言，通过直观、简单的界面呈现出恰当特性的程序，就是美的。对软件设计者而言，简单、直观地分割且内部耦合程度低的结构就是美的。美，存在于所有这些层次之中，它们都是本书要介绍的一部分内容。

软件开发人员如何掌握美的创造呢？在本书中，我讲授了一些原则、模式以及实践，它们可以帮助软件开发人员在追求美的程序、设计和团队的道路上迈出第一步。在书中，我们要探索基本的设计原则、软件设计结构的通用模式以及有助于团队融为一个有机整体的一系列实践。由于本书是关于软件开发的，所以包含了许多代码。仔细研究这些代码是学习本书所阐述的原则、模式以及实践的最有效方法。

人们需要软件，需要许多软件。50 年前，软件还只是运行在少量大型而昂贵的机器之上。30 年前，软件可以运行在大多数公司和工业环境之中。现在，移动电话、手表、电器、汽车、玩具以及工具中都运行着软件，并且对更新、更好软件的需求永不停止。随着人类文明的发展和壮大，随着发展中国家持续完善基础设施，随着发达国家努力追求更高的效率，需要的软件越来越多。如果所有这些软件中没有美的存在，这将会是一个很大的遗憾。

我们知道，软件可能会是丑的。我们知道，软件可能难用、不可靠并且是粗制滥造的。我们知道，有一些软件系统内部结构混乱而粗糙，改动成本高，难度大。我们还见过使用界面笨拙、难用的软件系统。我们同样见过容易崩溃且行为异常的软件系统。这些系统都是丑陋的。糟糕的是，作为一种职业，软件开发人员所创造出来的美却往往少于丑的。如果你正在阅读这本书，那么你也许就是那个想去创造美而非丑的人。

最优秀的软件开发人员都知道一个秘密：相比丑的东西，美的东西的造价更价，做起来也更便捷。相比丑的系统，构建和维护美的软件系统所花的时间与金钱都要少得多。软件开发新手往往并不理解这一点。他们认为，做每件事情都必须要快。他们认为，美是不实用的。错！错！错！由于做事速度太快，他们所造成的混乱使得软件系统僵化和难以理解。美的系统是灵活的，容易理解的，构建和维护这样的系统更是一种快乐。丑的系统才是不实用的。丑，会降低你的开发速度，让你的软件昂贵而又脆弱。构建和维护美的系统所花的代价最少，交付速度也最快。

我希望你能喜爱这本书。我希望你能像我一样学着以创建美的软件而骄傲，并享受其中的乐趣。如果你从本书中略微感受了这种快乐，如果本书使你开始感受到这种骄傲，如果本书让你开始发自内心地欣赏这种美，我将感到欣慰。

I'm a programmer. I like programming. And the best way I've found to have a positive impact on code is to write it.

Robert C.Martin

译者序　我愿称你为最强

这本书充满了作者对敏捷软件开发的真知灼见，对想成为敏捷开发人员或者想要提升技能的你，有很大的帮助。我一直在期待这本书，事实上，它没有让我失望。

遥想当年，原著出版的时候，我还在上小学。后来上大学期间有幸读到它，已经弹指一挥过了十年。如今着手重新翻译，我已经是一名有六年经验的老司机，就职于以敏捷软件开发著称的软件公司ThoughtWorks。算算年头，我和这本书的渊源竟然如此之深。这本书年份虽久，但常翻常新。到今天，它所涵盖的原则、模式和实践仍然是敏捷软件开发的思想和实践的精髓。

大浪淘沙，我愿意称它为软件开发中的“圣经”（这句话再次暴露了年龄，因为我套用的是动漫《火影忍者》中的经典台词“我愿称你为最强”）。

记得大学时第一次翻阅这本书，开篇的敏捷软件开发宣言就让我有一种豁然开朗的感觉。大学老师讲的是瀑布式软件开发，动辄几十页的需求规格说明书、概要设计文档和详细设计文档的课程大作业往往让我们这些学生叫苦不迭。虽然高度怀疑这些活动的价值，但苦于找不到任何可以反驳的理由，所以只好去找些别的书来看。直到我遇到这本书，更没有想到就这样开启了我与敏捷近二十年的缘分。

2001年敏捷软件开发宣言签署以来，敏捷软件开发及其后的DevOps、设计思维、精益企业和精益创新等方法论逐渐成为中国软件行业的主流。虽然方法本身受到了应有的关注，但如何落地依旧是业内迫切关心的问题。

技术咨询师的从业经历使我有机会参与不少大中型企业的敏捷转型项目。在指导团队的过程中，我发现他们存在一些共性的问题——重管理轻实践。Scrum方法提倡的各种活动，例如站会，需求澄清，迭代回顾和代码评审，这些名头，他们都有。但事实上，这些活动往往流于形式，有些甚至演变成领导的“一言堂”，例如，站会变成向领导汇报工作进度；需求澄清变成领导分配任务；迭代回顾变成领导问责；代码评审会议倒还好，因为领导一般不参加。究其缘由，原来是团队领导更注重管理，他想在团队内

部推行 Scrum 和 Kanban 等敏捷精益方法，这是外功。但团队成员对持续集成、TDD 和重构等这类注重内功的敏捷实践力有不逮，因此，前脚未出坑，后脚又踏入了软件质量差、上线时间周期长和变更频繁失败的恶性循环中。敏捷开发倡导内外兼修，这本书中阐述的敏捷开发实践和敏捷设计原则是帮助我们修习内功心法的捷径。

重译经典是为了使经典更好地为社区服务。学习技术发展史有助于我们更清楚地技术发展的现状，因此，我们不妨在一个更大的历史背景中理解敏捷软件开发。

从 1978 年到今天，短短四十多年的时间，我们迈过了欧美国家历时二百多年的两次工业革命，追上了第三次工业革命的尾巴，并开始引领第四次工业革命。在这样的大时代背景下，西方 50 年的软件工程（作为信息革命的一部分）发展史在中国也被压缩为 20 年。软件市场欣欣向荣的同时，工程方法却没有与时俱进。面对日益庞大且复杂的软件需求，以往厚重、亦步亦趋的软件工程方法逐渐失效，轻量且灵活的科学方法应运而生，敏捷软件开发方法便是其中很重要的一支力量。

吴军博士在《全球科技通史》中表达了这样一种观点，19 世纪和 20 世纪的科技发展，它们的驱动力有所不同，前者更多是靠能量，如蒸汽和电气，而后者则是以信息为中心，典型代表就是计算机。与此同时，科学认知方式也经历了从机械论到“三论”（控制论、系统论和信息论）的转变。

在 21 世纪，互联网迅速普及带来了信息产生、传输和使用上的指数级增长，以处理信息为目的的软件也随之发生了巨大的变化，服务从单体演进成微服务，拓扑由点状进化成网状，这也使得软件开发技术更加复杂。除了技术更加复杂，数字化时代背景下的不确定性以及由此而来的复杂性更加突出，为此，我们需要更科学的工程方法，这样的工程方法必须遵循这个时代的认知方式。幸运的是，敏捷软件开发就是一种符合这一认知的软件开发方法，它的核心价值观体现在敏捷软件开发宣言中，而诸多实践背后的原则都集中反映了“缩短反馈”和“持续改进”这两个以获取和处理信息为目标的举措，试图以引入更多信息的方式来实现信息的熵减。

总而言之，这本书兼具实用价值和历史意义，于我而言是常读常新。我相信你也不会例外。

前言

1999 年，UML World 的克劳迪亚（Claudia Frers）
调侃说："老兄，你说过去年写完这本书的。"

敏捷开发是一种面对迅速变化的需求，快速开发软件的能力。为了获得这种敏捷性，我们需要使用一些可以提供必要纪律和反馈的实践。我们需要使用一些可以保持我们的软件灵活且可维护的设计原则，并且我们需要知道一些已经被证明针对特定的问题可以平衡这些原则的设计模式。本书试图把所有这三个概念编织在一起，使其成为一个有机的整体。

本书首先描述了这些原则、模式以及实践，然后通过学习一些案例来演示它们的具体应用。更重要的是，案例介绍的并不是最终完成的结果，而是我们的设计过程。你会看到设计者犯的错误；你会看到他们如何识别并最终改正错误；你会看到他们如何对难题进行苦思冥想以及如何进行权衡，如何苦恼于含糊不清的问题；你会看到设计的艺术。

细节之美

本书包含许多的 Java 和 C++ 代码。我希望你仔细学习这些代码，因为在很大程度上，代码才是本书的要旨。代码是本书主题的具体实现。

本书采用一种重复的讲解方式。它由一系列不同规模的案例组成。有一些非常小，有一些却需要用好几章的篇幅来描述。每个案例之前都有一些有针对性的预备内容。例如，在薪水支付案例之前，就有一些章节在描述该案例中用到的面向对象设计原则和模式。

本书首先对开发实践和过程进行讨论，穿插了许多小的案例研究以及示例。然后话锋一转，谈论敏捷设计和设计原则，接着介绍一些设计模式、更多包管理的设计原则以及模式。所有这些主题都附有案例。

因此，请准备好阅读一些代码并钻研一些 UML 图。这本书技术性很强，要讲的知识点都隐藏在细节中，细节是魔鬼。

本书前传

大约在 6 年前，我写过一本书，书名为《C++ 面向对象程序设计：Booch 方法》。这是我的一部重要作品，影响力和销量都让我感到非常满意。

本书原本是它的第 2 版。但事与愿违，能够保留下来的内容非常少。本书只保留了其中三章内容，而且还有大幅度的修改。但两本书的意图、精神主旨和许多知识是相通的。但在《C++ 面向对象程序设计》出版后的 6 年，我在软件设计方面又学到了非常多的知识，这些都体现在这本书中。

再说，《C++ 面向对象程序设计》出版于互联网爆炸式流行的前夕。此后，软件行业的新名词在数量上已经翻了一倍，设计模式、Java、EJB、RMI、J2EE、XML、XSLT、HTML、ASP、JSP、Servlets、Application Servers、ZOPE、SOAP、C# 和 .NET 等， 多得让人眼花缭乱。把这些最近进展更新到那本书里是很困难的。

与 Booch 合作

1997 年，Booch 找到我，他写过一本非常成功的书，书名为《面向对象程序分析与设计》，邀请我和他一起写第 3 版。我之前和他有过一些合作，也是他很多作品（包括 UML）的热心读者和参与者。于是，我愉快地答应了。我还邀请我的好友 Jim Newkirk 一起参与完成这项工作。

在接下来的两年，我们俩写了好几章的内容。当然，这些成果意味着我不可能在把自己的精力全部放在这本书上，但我觉得他的书值得我这样做。另外，当时我的计划也是写自己那本《C++ 面向对象程序设计》的第 2 版，所以也不怎么上心。如果我要阐明一些东西的话，当然是想说一些新颖的。

糟糕的是，Booch 的第 3 版并没有写成。正常时间本来就很难抽出时间来写书。更何况在浮躁的互联网泡沫时代。Booch 自己也忙于 Rational 和 Capapulse 等新的风投事务。就这样，写书的事情就停下来了。最后，我问 Booch 和出版社是否可以把我们写好的几章加入自己的书中。他们很有风度地同意了。我们这本书里面的一些案例和 UML 的章节就是这样来的。

极限编程的影响

1998 年末，XP 崭露头角并向我们所珍爱的对软件开发的信仰发起挑战。应该在写代码前创建大量 UML 图，还是应该避开任何种类的 UML 图直接写大量的代码？应该写大量的叙述性文档去描述设计，还是应该努力让代码本身就有解释能力和表现力，不需要借助于文档？该不该结对编程？要不要在写产品代码前写测试？我们应该怎么做？

说实话，我是凑巧接触到这次革命的。20 世纪 90 年代中后期，Object Mentor 公司帮助许多公司解决了面向对象（OO）设计和项目管理问题。我们帮助他们完成了很多项目。在合作过程中，我们慢慢向团队灌输我们自己的一些看法和实践。糟糕的是，这些看法和实践没有被记录下来，只是从我们这一侧口头传给另一侧的客户。

到了 1998 年，我意识到我们需要把我们的过程和实践写下来，以便更好地传达给客户。于是，我在 C++ Report[1] 写了许多关于过程的文章。这些文章信息丰富，并且在某些情况下也很引人入胜，这些内容并不是对项目实际应用和看法的整理，而是在不经意间偏离了影响过我几十年的价值观。这是旁观者 Kent Beck 看出来的。

与 Kent 合作

1998 年末，当时我正为整理 Object-Mentor 的过程而烦恼时，偶然接触到 Kent 在极限编程（eXtreme Programming，XP）方面的一些著述。这些内容散布在维基①并与其他一些人的文字混在一起。尽管如此，通过一些努力，我还是抓住了他想要表达的重点。这激起了我相当大的兴趣，

① http://c2.com/cgi/wiki，该网站中包含数量众多且涉及各种主题的论文。作者人数破千。据说，只有 沃德·坎宁安（Ward Cunningham）才能使用几行 Perl 代码发起一场社会变革。坎宁安是计算机程序员，也是维基之父，设计模式和敏捷软件方法的先驱之一。他从普度大学获得交叉学科工学学士学位以及计算机科学的硕士学位。1995 年，他在波特兰模式知识库创建了第一个维基站点，致力于“人、项目和模式”。

但仍然有一些困惑。XP 中的某些东西和我的开发过程观念完全吻合，但其他一些东西，比如缺乏明确的设计阶段，让我感到困惑不解。

我和 Kent 来自完全不同的软件环境。他是公认的 Smalltalk 顾问，我却是大家公认的 C++ 顾问。这两个领域很难交流，貌似存在着库恩[②]思维范式的隔阂。

在其他情况下，我绝对不会邀请他为 C++ Report 写文章。但我们对过程的共识填补了编程语言上的隔阂。1999 年 2 月，我在慕尼黑的 OOP 会议上遇到他。他演讲的主题是 XP，我的演讲主题是面向对象设计原则，我们俩的会场正好面对面。由于没法听他的演讲，所以我就在午餐时找到他。我们谈了 XP，然后我邀请他为 C++ Report 写篇文章。他写的这篇文章很棒，描述了他和一位同事如何在 1 小时左右的时间里对一个真实的系统进行彻底的设计改变。

在接下来的几个月，我按顺序整理并按顺序整理了一下我对 XP 的顾虑。我最大的顾虑是 XP 软件过程中没有显式的预先设计阶段。对此，我有些犹豫。难道我没有义务让我的客户乃至整个行业明白设计是值得花时间的吗？

最后，我认识到我自己其实也没有设计这个阶段。甚至在我写的所有关于设计、Booch 图和 UML 图的文章和书籍中，也总是把代码作为验证这些图是否有意义的一种方式。在我所有的咨询项目中，我会先花一两个小时帮他们绘一些图，然后用代码来指导他们查验这些图。我开始明白了，虽然 XP 对设计的措辞有些陌生（在库恩式的意义上[③]），但具体实践却是我很熟悉的。

我对 XP 的另一个担心倒非常容易消除。实际上，我本人一直是结对编程的拥趸和实践者。XP 使我可以光明正大地和同伴一起沉浸于编程的乐趣中。重构、持续集成以及在客户现场工作，都让我非常容易“入戏”，它们都非常接近于我先前建议客户采用的工作方式。

有一个 XP 实践对我来说是个新发现。当你第一次听到测试优先的

② 写于 1995 至 2001 年之间的任何可信的学术作品中肯定使用过术语“Kuhnian”。它指的是《科学革命的结构》一书，作者是托马斯·库恩，芝加哥大学出版社 1962 年出版。

③ 如果你在一篇文章中提到过两次库恩，就会有更高的可信度。

软件设计时，会觉得它似乎很平常。它指出，在写任何产品代码之前，要先写测试用例。写的所有产品代码都是为了让失败的测试用例能够得以通过。我最开始并没有预料到这种编码方式所带来的深远意义。测试先行，这个实践完全改变了我写软件的方式，让我变得更好。在本书中，你可以看出这个变化。书中有些代码写于1999年以前。这些代码都是没有测试用例的。但是，所有写于1999年之后的代码都带有测试用例，并且测试用例一般都是先出现的。我相信你会注意到这些不同。

就这样，到1999年秋天，我确信Object Mentor应该选用XP，并且，我要放弃自己写软件过程的想法。在表述XP实践和过程方面，Kent已经做了相当出色卓越的工作，相比之下，我自己原来那些不充分的尝试显得有些苍白无力。

本书的组织结构

- 第Ⅰ部分“敏捷开发”描述敏捷开发的概念。介绍敏捷宣言之后后，对极限编程进行概述，接着讨论很多关于个体极限编程实践的小案例——特别是那些影响我们设计和编码方式的实践。
- 第Ⅱ部分“敏捷设计”谈论面向对象软件设计。首先提出问题，阐述了什么是设计。接下来讨论管理复杂性的问题和技术。最后，阐述面向对象类设计的一些原则。
- 第Ⅲ部分“薪水支付系统”是本书最大并且也最完整的案例。它描述一个简单的批处理薪水支付系统的面向对象设计和C++的实现。前几章描述该案例使用的一些设计模式。最后两章包含完整的案例学习。
- 第Ⅳ部分“打包薪水支付系统”首先描述面向对象包设计的一些原则，接着把前面一部分中提到的类进行打包，借此来阐明这些原则。
- 第Ⅴ部分“气象站案例”包含一个原本打算放入Booch那本书第3版的案例。气象站案例描述的是一个公司做出了一项重要的业务决策，阐明Java开发团队对此所做出的反应。还描述了要用到的一些设计模式以及设计和实现。

- 第 VI 部分“ETS 案例”描述作者亲自参与的一个真实项目。该项目在 1999 年就已经产品化，是一个自动考试系统，美国注册建筑师委员会的注册考试的答题和评分系统。
- 附录 前两个附录包含用来描述 UML 表示法的几个案例。另外还有几个附录。

如何使用本书

- **如果你是一名开发人员**……请从头到尾完整地阅读。本书主要是写给开发人员看的，它包含敏捷软件开发软件所需要的知识。可以首先学习实践，接着是原则，然后是模式，最后学习把它们全部联系起来的案例。整合所有这些知识可以帮助你完成项目。
- **如果你是一名管理人员或者业务分析师**……请阅读第 I 部分。这部分对敏捷原则和实践进行深入的讨论。内容涉及需求、计划、测试、重构以及编程。它会指导你构建团队和管理项目，指导最后完成项目。
- **如果你想学习 UML**……请首先阅读附录 A，接着阅读附录 B，然后阅读第Ⅲ部分。这种阅读方式可以帮助你掌握 UML 语法和用法。还可以帮助你自如地在 UML 和 Java 或 C++ 等编程语言之间进行转换。
- **如果你想学习设计模式**……要想找到一个特定的模式，可以使用“设计模式列表”找到自己感兴趣的模式。

  要想在总体上学习模式，请阅读第Ⅱ部分，学习设计原则，然后阅读第Ⅲ部分、第Ⅳ部分、第Ⅴ部分以及第 VI 部分。这些部分定义了所有模式及其典型的应用场景。
- **如果你想学习面向对象设计原则**……请阅读第Ⅱ部分、第Ⅲ部分和及第Ⅳ部分。这几个部分描述了面向对象设计的原则及其用法。
- **如果你想学习敏捷开发方法**……请阅读第 I 部分。这部分描述的是敏捷开发，内容涉及需求、计划、测试、重构和编程。
- **如果你只是想笑一笑，看个热闹先**……请阅读附录 C，了解形成鲜明对比的两家公司。

资源

本书中的所有源代码可以从 https://github.com/unclebob/PPP 下载。

致谢

衷心感谢以下人士：

Lowell Lindstrom，Brian Button，Erik Meade，Mike Hill，Michael Feathers，Jim Newkirk，Micah Martin，Angelique Thouvenin Martin，Susan Rosso，Talisha Jefferson，Ron Jeffries，Kent Beck，Jeff Langr，David Farber，Bob Koss，James Grenning，Lance Welter，Pascal Roy，Martin Fowler，John Goodsen，Alan Apt，Paul Hodgetts，Phil Markgraf，Pete McBreen，H. S. Lahman，Dave Harris，James Kanze，Mark Webster，Chris Biegay，Alan Francis，Fran Daniele，Patrick Lindner，Jake Warde，Amy Todd，Laura Steele，William Pietr，Camille Trentacoste，Vince O'Brien，Gregory Dulles，Lynda Castillo，Craig Larman，Tim Ottinger，Chris Lopez，Phil Goodwin，Charles Toland，Robert Evans，John Roth，Debbie Utley，John Brewer，Russ Ruter，David Vydra，Ian Smith，Eric Evans，硅谷 Patterns Group 中的每一个人，Pete Brittingham，Graham Perkins，Philp 以及 Richard MacDonald。

本书的审校者如下：

Pete McBreen/McBreen Consulting

Bjarne Stroustup/AT & T Research

Stephen J. Mellor/Projtech.com

Micah Martin/Object Mentor Inc.

Brian Button/Object Mentor Inc.

James Grenning/Object Mentor Inc.

非常感谢 Grady Booch 和 Paul Becker 允许我在本书中包含原本用于《面向对象程序分析与设计》第 3 版中的那些章节。

特别感谢 Jack Reeves，他很有风度地允许我再版他的文章“什么是设计”。还要特别感谢 Erich Gamma 为本书作序。他希望这次的字体会好看一些！

每一章的开头处美妙、偶尔还有些炫目的插图是 Jennifer Kohnke 绘制的。散布在文中的装饰性插图出自 Angela Dawn Martin Brooks 可爱的手笔，她是我的女儿，也是我生活中的快乐源泉。

著译者 & 参与者

罗伯特 · C. 马丁 (Robert C. Martin) ，业内人士尊称“鲍勃大叔”，上世纪 70 年代起，就是一名软件专家。1999 年，成为全球著名的软件顾问。他是 Object Mentor 公司的创始人和总裁，该公司拥有一个经验丰富的顾问团队，在 C++、Java、.NET、面向对象、模式、UML、敏捷方法以及极限编程（XP）领域为全球各地的客户提供指导。1995 年，他的畅销书《C++ 面向对象程序设计》由 Prentice Hall 出版。1996 至 1999 年，他担任 C++ Report 的总编。1997 年，他是《程序设计模式语言》杂志的主编。1999 年，担任 More C++ Gems 一书（剑桥大学出版社）的编辑。2001 年，他和 James Newkirk 合写了 XP in Practice(Addison-Wesley 出版)。2002 年，他写了读者期待已久的《敏捷软件开发：原则、模式与实践》（Prentice Hall 出版），该书荣获第 13 届美国《软件开发》杂志震撼大奖。他在各种行业杂志上发表过多篇论文，还是国际性会议的演讲嘉宾。他是一个非常快乐的人。

詹姆斯 · W. 纽柯克 (James W. Newkirk) ，软件开发经理和架构师。在 2002 年的时候，他就已经有 18 年的开发经验，涉及领域从实时微控制器编程到 Web 服务。他和鲍勃大叔合写了 XP in Practice(Addison-Wesley 出版)。2000 年 8 月之后，他在工作中一直使用用 .NET 框架，是 .NET 单元测试工具 NUnit 的贡献者。

罗伯特 · S. 高斯 (Robert S. Koss) ，在 21 世纪初，高斯博士就已经有近 30 年的软件开发经验。他把面向对象原则应用到许多项目上，先后担任过从程序员到资深架构师等角色。全球各地有几千名参加过他的面向对象设计与编程课程。他是 Object Mentor 的资深顾问。

鄢倩，ThoughtWorks 中国区区块链事业部的技术负责人，《架构整洁之道》技术审校者。作为活跃在技术一线的技术顾问，他一直在为多家通信和金融企业提供基于敏捷精益原则的转型服务，在云服务系统中指导和实施 DDD、持续集成和持续交付等技术实践。在公司内部，还以技术负责人的身份带领团队交付软件、攻关技术难点以及培养团队工程师文化。鄢倩致力于帮助企业接入区块链生态和引领商业变革，他的主要兴趣领域是区块链、领域驱动设计和微服务架构等方向。

徐进，ThoughtWorks 软件开发工程师。在汽车和电商领域有丰富的软件开发经验。对敏捷开发流程和相关敏捷实践有深入的理解，对面向对象编程范式和软件设计模式有深入的研究与实践。徐进的主要兴趣点在于基础设施即代码、微服务与云原生技术领域的演进和发展。

简明目录

第 I 部分　敏捷开发

第 II 部分　敏捷设计

第 III 部分　薪水支付系统

第Ⅳ部分　打包薪水支付系统

第Ⅴ部分　气象站案例

第Ⅵ部分　ETS 案例

附录

详细目录

第 II 部分　敏捷设计

第 III 部分 薪水支付系统

第Ⅳ部分　打包薪水支付系统

第Ⅴ部分　气象站案例

第Ⅵ部分　ETS 案例

附录

第Ⅰ部分　敏捷开发

“人与人之间的交互是复杂难懂的，效果总是难以预期，但其重要性却远远高于工作中的其他任何一个方面。”

—— 迪马可 & 李斯特，《人件》

原则、模式和实践都很重要，但让它们真正起作用的是人。正如科博恩（Alistair Cockburn）所说：“过程和技术是项目成效的次要因素，首要的因素是人。”

如果把程序员团队看成一个由过程驱动的组件化系统，就没有办法对他们进行管理了。人不是“插件式的编程单元”。要想项目取得成功，就必须构建成高度协作的自组织团队。

鼓励这种特性团队的公司比那些把软件开发团队看作是团伙或是一群乌合之众的公司具备更大的竞争优势。凝聚力强的软件团队才能发挥出最强大的软件开发能力。

第 1 章　敏捷实践

“教堂屋顶上的风标，即使是由钢铁制成，如果不懂得顺势而为，也很快会被暴风摧毁。”

——海涅[1]

我们许多人都经历过因为缺乏实践指导而导致的项目梦魇。有效实践的缺失会带来不确定性、重复的错误以及徒劳无功。客户失望于延期的进度、增长的预算和糟糕的质量；开发者也感到沮丧，因为他们用的时间更长却写出了质量更低劣的软件。

一旦经历这样的惨败，人们就会害怕重蹈覆辙。这种恐惧感促使我们创造出一种过程，以此来约束自己的活动并要求特定的输出或产出物（artifact）。我们根据过去的经验制定出这些约束和产出，挑选出之前项目中看似工作得还不错的方法。我们希望这些方法能再次奏效，从而消除自己内心的恐惧。

不过，项目没有简单到只用一些约束和产出物就可以避免错误发生。随着错误的持续产生，我们在诊断之后又增加了更多的约束和产出物要求，目的是防止将来犯同样的错误。在经历过许多项目后，这些压得我们喘不过气来的厚重过程反过来严重影响了我们完成工作的能力。

① 中文版编注：海涅（Christian Johann Heinrich Heine，1797 —　　），歌德之后德国最重要的诗人。早期的创作主要是抒情诗《歌集》，有不少作曲家为海涅的诗谱曲，差不多有三千多首，其中包括门德尔松谱曲的《乘着歌声的翅膀》。

厚重的过程会产生事与愿违的结果，它会在一定程度上拖慢团队的进度，拖垮项目的预算，也会降低团队的响应力，让软件质量变得不堪。不幸的是，这又会加剧很多团队确信他们需要更多过程的认知。因此，在失控的恶性膨胀下，团队过程的厚重程度愈演愈烈。

失控的恶性膨胀很好地描述了2000年前后很多软件公司的状况。尽管还有不少团队在工作中并没有使用过程方法，但是很多公司都逐渐采纳了大而厚重的过程方法，大公司更是如此。（参见附录C）

敏捷联盟

2001年初，由于观察到很多公司的软件团队被困在不断增长的过程方法的泥泞里，一群行业专家挺身而出，拟定了一系列可以让团队快速响应变化的价值观和原则。他们成立了敏捷联盟。在随后的几个月里，共同创造出一份价值陈述。这便是《敏捷宣言》（agilealliance.org）。

敏捷宣言

敏捷软件开发宣言

我们正在这样做以及帮助其他人这样做来揭示更好的开发软件方法。借由这项工作，我们开始重视

个体交互　优先于　过程和工具

可以工作的软件　优先于　面面俱到的文档

客户合作　优先于　合同谈判

响应变化　优先于　遵循计划

尽管右项有其价值，但我们更加重视左项的价值。

Kent Beck　Mike Beedle　Arie van Bennekum　Alistair Cockburn
Ward Cunningham　Martin Fowler　James Grenning　Jim Highsmith
Andrew Hunt　Ron Jeffries　Jon Kern　Brian Marick
Robert C. Martin　Steve Mellor　Ken Schwaber　Jeff Sutherland
Dave Thomas

个体交互优先于过程和工具

人是项目成功的最关键因素。如果缺少优秀的人，即使是很好的过程方法，也无法避免项目失败，反之，不好的过程方法倒是可以让最优秀的人变得低效。一群优秀的人如果无法作为一个团队运作，也会导致项目遭受巨大的失败。

优秀的人未必非得是顶尖的程序员，他们可以是处于平均水平的程序员，但可以和其他人合作无间。默契的合作、沟通和交流比单纯的编程才能重要得多。一群沟通顺畅的、处于平均水平的程序员比一群无法合作的明星程序员更有可能获得成功。

合适的工具对工作大有裨益。编译器、IDE 和源代码控制这些工具，对团队而言非常重要。不过，工具的重要性也可能被过分强调了。笨重的工具和缺乏工具，两者的结果一样坏。

我的建议是从最简单的开始。不要预先假设手头上的工具无法支撑需求，除非在尝试后发现确实如此。别去购买先进又昂贵的源代码版本控制工具，在你能证明无法支撑需求之前，先找个免费的用着。别去购买最佳 CASE 工具的团队证书（license），在你能给出充足的需要理由之前，先用白板和图纸。在使用顶级的数据库之前，先用没有相对结构的代替。也不要假设更大更好的工具就能自动帮你做好事情。通常情况下，用它们，弊大于利。

记住，团队建设比环境搭建更重要。很多团队和管理者都搞错了，以为搭建好的环境，团队就能自动凝聚到一起。应该首先建设团队，然后让他们自己从基本需求出发，去配置环境。

可以工作的软件优先于面面俱到的文档

没有文档的软件就是一场灾难。代码不是用来沟通系统基本原理和结构的理想介质。相反，团队需要提供可读的文档，这些文档描述了系统和设计决策的基本原理。

不过，太多的文档比没有文档更可怕。庞大的软件文档需要花很多时间去写，还需要更多的时间保持和代码的同步。如果无法保持同步，它们就会变成庞大且费解的谎言，成为误解的罪魁祸首。

让团队编写和维护基本原理与结构的文档通常都是有益的，但是这些文档需要短小精悍，言简意赅。所谓短，说的是最多只有 12 到 24 页；所谓精，则是说它应该描述整体设计的基本原理，只包含系统中高层次的结构。

如果团队只有简短的基本原理和结构的文档，那么如何在工作中培训新人呢？答案是和他们一起工作。通过坐在旁边亲自辅导来传递知识，通过紧密的培训和交互来使他们成为团队的一份子。

代码和团队是给新人传递信息的最佳文档。代码不会说谎，虽然从代码中提取基本原理和意图比较困难，但是代码却是无二义性信息的来源。团队成员的大脑里关于系统的路线图无时无刻不在改变。传递这样的路线图，除了人与人之间的交互，没有其他更快、更高效的方式了。

很多团队迷失在追求文档而非软件上。这通常是个巨大的错误。有条简单的规则，称为"文档的马丁第一原则"，意在防止此类错误发生：

除非文档紧急且重要，否则不要写。

客户合作优先于合同谈判

软件无法像商品一样订购。写一份关于软件的描述，然后让其他人在固定的时间内以固定的价格开发完成，这种做法是不可行的。尝试这种做法的软件项目频繁失败，有时候，这种失败是惊人的。

对于公司的管理者而言，告诉开发同事自己的需求，期待他们离开一会儿，回来的时候就带来一个满足需求的系统，这一做法是很吸引人。然而，这种操作只会带来低劣的质量，进而导致项目失败。

成功的项目需要客户规律和频繁的反馈。不同于依赖一纸合同和一份工作量陈述，软件的客户应该和开发团队在一起工作，给团队的工作提供频繁的反馈。

指定需求、时间计划和经费的项目从根本上就是错误的。在大多数情况下，这些条约远在项目完成（有时候远远在合同被签订之前）之前就变得毫无意义。保证开发团队和客户能一起工作才是最好的合同。

举一个合同成功的例子。1994年，我谈了一个50万行代码的大型遗留项目。每月，我们开发团队只拿相对较低的报酬，在交付大的功能模块时，才会获得全款。那些功能模块并没有被合同详细指定。相反，合同只是声明当功能模块通过客户的验收测试后，才会支付相应的酬劳。验收测试的细节也没有在合同中详细指定。

在这个项目中，我们和客户密切合作。基本上，每周五我们就发布一个软件版本。在下周的周一或者周二，客户提交一系列的修改。我们一起对这些修改进行优先级排序，然后放入接下来的计划中。客户和我们一起工作让验收测试变得很顺畅，他也知道哪些功能模块何时能满足需要，因为他亲眼见证了软件的演进过程。

这个项目的需求处于不断变化的状态。重大的变化并不少见。有整个功能模块被移除，也有新的功能模块被插入。不过，合同和项目都顺利生存下来了。成功的关键是和客户的紧密合作，而且合同保证了合作关系，而不是尝试划定范围的细节以及固定经费下的时间计划。

响应变化优先于遵循计划

能否响应变化往往决定着软件项目的成功和失败。制定计划时，需要保持灵活，时刻准备着来自业务和技术的改变。

软件项目的过程无法规划得太远。首先，商业环境很可能变化，从而导致需求发生更改。其次，客户看到系统开始工作之后很可能改变需求。最后，即便知道并且确信需求不会改变，也很难估算出需要多久才能开发完成。

对于新晋管理者，做一个好看的项目全局 PERT[①] (Program Evaluation and Review Technique) 图或者甘特图贴到墙上，是很有吸引力的。他们会觉得这幅图表意味着掌握全局，他们可以追踪个人的任务项，打个叉表示任务完成。他们也可以比较计划完成时间和实际完成时间的差异，然后做出反应。

这类结构的图表有什么真正的缺陷呢？一旦团队深入了解系统，客户明白了自己的需要，图表上的某些任务就变得没有必要了，其他的任务会被发掘出来。简单地说，计划会变化，而不仅仅是时间会变。

更好的计划策略是为接下来的两周安排详细计划，接下来三个月安排比较粗糙的计划，再远就是非常粗略的计划。对于接下来的三个月时间，只要粗略地知道需求就好。对于一年以后的系统，只要有个模糊的想法就行。

这种逐渐模糊的计划方式意味着只有紧急的任务才值得制定详细计划。一旦详细计划被制定出来，就很难改变，因为团队需要大量时间和精力来实施。然而，由于这个计划只管理几周时间，剩下的时间可以保持灵活。

原则

上述价值启发了以下 12 条原则，即敏捷实践区别于厚重过程方法的关键特点。

---

① 全称为 Program Evaluation and Review Technique，计划评审技术，主要针对不确定性较高的工作项目，以网络图来规划整个项目，排定期望的项目日程。

1. **我们最看重的是，通过及早、持续交付有价值的软件，来满足客户的需求。**

   MIT《斯隆管理评论》杂志刊登过一篇文章，分析了对公司构建高质量产品有帮助的软件开发过程。这篇文章发现了很多对最终系统质量有重大影响的实践。其中一项实践表明，尽早交付部分功能的系统和系统质量之间有很强的相关性。文章指出，初期交付的功能越少，最终交付的系统质量越高。文中另一项发现是，增量频繁交付和最终质量也有强相关性。交付越频繁，最终的质量也越高。敏捷实践会尽早地、频繁地交付。我们努力在项目刚开始的几周内就交付一个具有基本功能的系统。然后，以每两周增量迭代的方式，持续地交付系统。如果客户认为目前的功能已经足够了，他们就可以把系统部署到生产环境。或者，简单评审一下当前已有的功能，然后指出想要的变更。

2. **欢迎需求有变化，即使是在软件开发后期。轻量级的敏捷流程可以驾驭任何有利于提升客户竞争优势的变化。**

   这是一份关于态度的声明。敏捷过程的参与者不惧怕变化。他们认为改变需求是好事，因为这意味着团队学会了很多可以满足市场需要的知识。敏捷团队会非常努力地保证软件的灵活性，这样，当需求变化时，对系统造成的影响是很小的。在本书的后续部分，我们会学习一些面向对象设计的原则和模式，这些内容会帮助我们维持这种灵活性。

3. **频繁交付能用起来的软件，频率从两周到两个月，倾向于更短的时限。**

   尽早（项目刚开始之后的几周）、频繁（此后每隔几周）地交付可工作的软件。我们不赞成交付大量的文档或者计划，因为它们不是真正的交付物，我们关注的是交付满足客户需要的软件。

4. **业务人员和开发人员必须合作，这样的合作贯穿于整个项目中的每一天。**

   为了保证项目能以敏捷的方式开展，客户、开发人员以及相关利益者就必须进行有意义的、频繁的交互。软件项目不像发射之后就能自动导航的武器，它必须不断地引导。

5. **围绕着主动性强的个人来立项。为他们提供必要的环境和支持，同时信任他们能够干成事情。**

   给他们提供所需要的环境和支持，并且相信他们能够完成工作。在敏捷项目中，人被认为是取得成功最关键的因素。所有其他的因素，比如过程、环境和管理等，都是次要的，并且，当这些因素对人有负面影响时，就要改变它们。例如，如果办公环境对团队造成阻碍，就必须改造办公环境。如果某些过程形成阻碍，这些过程就得整改。

6. **开发团队内部以及跨团队之间，最有效和最高效的信息传递方式是，面对面进行对话。**

   在敏捷项目中，成员面对面交谈。面对面交谈是最主要的沟通方式，也会有文档，但是文档不会包含项目的所有信息。敏捷团队不需要书面的规格、计划或者设计文档，除非这些文档是紧急且重要的，团队成员才会去写，但这不是默认的沟通方式，面对面交谈才是。

7. **能用起来的软件，就是衡量进度的基本依据。**

敏捷项目是通过统计当前软件满足多少客户的需求来度量项目进度的。他们不会根据所处的开发阶段、已经写好的文档的数量或者已经创建的基础设施代码行数来度量进度。只有当 30% 的必需功能可以工作时，才可以确定 30% 的完成度。

8. **敏捷流程倡导可持续的开发。发起人、开发人员和用户都能够长期保持一种稳定、可持续的节拍。**

责任人、开发者和用户应该能保持长期的、恒定的开发速度敏捷项目不是 50 米短跑，而是马拉松长跑。团队不是一开始马力全开并试图在项目开发期间维持那个速度。相反，他们会以快速但可持续的速度前进。跑得太快会导致团队精疲力尽，短期冲刺，直至崩溃。敏捷团队会测量自己的速度。他们不允许自己过劳，不会借用明天的精力多完成一点儿今天的工作。他们工作在一个可以让整个项目开发始终保持最高质量标准的速度上。

9. **持续保持对技术卓越和设计优良的关注，这是强化敏捷能力的前提。**

高质量是高开发速度的关键。保持软件尽可能的整洁健壮是开发软件的快车道。因而，所有的敏捷团队都致力于编写最高质量的代码。他们不会弄乱代码后告诉自己，有时间了再去清理。如果今天弄乱了代码，他们就会在当天下班前清理干净。

10. **简洁为本，极简是消除浪费的艺术。**

敏捷团队不会试图去构建那些华而不实的系统，他们总是使用和目标一致的最简单的方法。他们并不过多关注预测未来会出现的问题，也不会在今天就做出防卫。相反，他们会在今天以最高的质量完成最简单的工作，深信即便未来出现了问题，也可以从容处理。

11. **最好的架构、需求和设计，是从自组织团队中涌现出来的。**

敏捷团队是自组织的团队。任务不是从外部分配给单个团队成员，而是分配给整个团队，然后再由团队来确定完成任务最佳方式。敏捷团队的成员共同解决项目中的所有问题。每位成员都有权参与项目所有的方面参与权力。不存在单个成员对系统架构、需求或者测试负责的情况。整个团队共同承担那些责任，每位成员都能影响它们。

12. **按固定的时间间隔，团队反思提效的方式，进而从行为上做出相应的优化和调整。**

每隔一定时间，团队会对如何更有效地工作进行反省，然后做出相应的调整敏捷团队会不断地对团队的组织方式、规则、惯例和关系等进行调整。敏捷团队知道团队所处的环境在不断变化，并且知道为了保持团队的敏捷性，就必须适应环境变化。

小结

每位软件开发人员、每个开发团队的职业目标，都是尽可能给他们的雇主和客户交付价值。可是，我们的项目以令人沮丧地速度失败或者未能交付价值。虽然在项目中采用过程方法是出于好意，但是膨胀的过程方法对于这些项目的失败至少是需要负一点责任的。敏捷软件开发的原则和价值观形成一套帮助团队打破过程膨胀恶性循环的方法。

在写本书的时候，已经有很多敏捷过程可供大家选择。包括SCRUM（www.controlchaos.com），Crystalcrystal（methodologies.org），特征驱动软件开发（Feature Driven Development，FDD），Java Modeling In Color With UML: Enterprise Components and Process, Peter Coad, Eric Lefebvre, and Jeff De Luca, Prentice Hall, 1999），自适应软件开发（Adaptive Software Development，ADP）[Highsmith2000] 以及最重要的极限编程（eXtreme Programming，XP）[Beck 1999], [NewKirk 2001]。

参考文献

1. Beck, Kent.*Extreme Programming Explained: Embracing Change.* Reading, MA: Addison-Wesley, 1999. 中文版《极限编程详解：拥抱变化》
2. Newkirk, James, and Robert C . Martin. *Extreme Programming in Practice*. Upper Saddle River, NJ: Addison-Wesley, 2001. 中文版《极限编程实战》
3. Highsmith, James A. *Adaptive Software Development: A Collaborative Approach to Managing Complex Systems.* New York, NY: Dorset House, 2000. 中文版《自适应软件开发：复杂系统管理的协作方法》

第 2 章　极限编程实践

“作为开发人员，我们要记住一点，极限编程并非唯一的选择。”

—— 皮特·麦克布雷恩（Pete McBreen），《软件工艺》作者

前面一章中，我们简要地概括了敏捷软件开发的内容。但是，它并没有明确地告诉我们去做些什么，除了一些说教性的陈词滥调和目标，它并没有给出实际的指导方法。本章会补充这部分内容。

极限编程实践

极限编程（eXtreme Programming，XP）是最著名的敏捷方法。它由一组简单且互相依赖的实践组成。这些实践结合在一起形成一个整体大于部分的集合。本章中，我们简要探讨一下这套实践集，在后续的章节中，我们会对其中一些实践进行单独研究。

客户团队成员

我们希望客户和开发者在一起紧密地工作，以便彼此知晓对方所面临的问题，并一起解决这些问题。

谁是客户呢？XP 团队中的客户是指定义产品特性并给这些特性排列优先级的人或者团体。有时候，客户是和开发人员同属一家公司的一组业务分析师或者市场专家。有时候，客户是用户团体委派的用户代表。有时候，客户是实际支付开发费用的人。不过，在 XP 项目中，无论谁是客户，他们都是能够和团队一起工作的团队成员。

最好的情况是客户和开发人员在同一个房间中工作，再次一点的情况是客户和开发人员之间的距离在几十米以内。距离越大，客户就越难成为真正的团队成员。如果客户工作在另外一幢建筑或另外一个省（州），那么他就更难融入团队了。

如果确实无法和客户一起工作，该怎么办呢？我的建议是找一个愿意并能代替真正客户的人来共同工作。

用户故事

为了进行项目计划，必须要知道需求的有关内容，但无需知道得太多。若目的是做计划，只要对需求了解到足够估算的程度就够了。你可能认为，为了对需求进行估算，就必须要了解该需求的所有细节，其实并非如此，你需要知道存在很多细节，也需要知道需求的大致类别，但是不必指明特定的细节。

需求的特定细节很可能随着时间而改变，尤其是当客户看到了集成好的系统时，更会如此。看到新系统上线是关注需求的最佳时刻。因此，在离真正实现需求还很遥远的时候关注该需求的特定细节，很可能会产生浪费。

在 XP 中，我们会和客户反复讨论，获得对需求细节的理解，但是不去捕获那些细节。我们更愿意客户在索引卡片上写下一些我们达成共识的词语，这些只言片语可以帮助我们回忆这次交谈的内容。基本上，在客户写的同时，开发人员会在该卡片上写下对应需求的估算。估算基于我们和客户交谈过程中对细节的理解。

用户故事就是需求澄清过程中的助记词。它是一个计划工具，客户根据它的优先级和估算来安排计划。

短交付周期

XP 项目每两周交付一次可工作的软件。每两周一轮迭代产出一个可以满足干系人部分需求的可工作软件。为了获得干系人的反馈，每轮迭代结束后，系统都要演示给他们看。

迭代计划

一轮迭代一般时长两周。这段期间会产生一个较小的产出物，可能会发布到生产环境。这个产出物是客户在开发者给出的预算范围内挑选出来的一组用户故事。

开发者通过测量他们在前一轮迭代中完成的用户故事给出当前迭代的预算。客户可以挑选任何数量的用户故事放入当前迭代，只要它们的估算不超出预算的范围。

一旦迭代启动，客户就承诺不会在当前迭代中改变用户故事的定义和优先级。在这段时间里，开发者可以自由地把用户故事拆分成任务①，并且依据最符合技术和业务意义的优先级开发这些任务。

发布计划

XP 团队通常会创建一次计划来规划随后大约 6 轮迭代的内容，这就是所谓的发布计划。一次发布通常需要 3 个月的工作量。它代表一次较大的交付，通常这次交付会被发布到产品环境中。发布计划由一组排好优先级的用户故事组成，这些用户故事由客户在开发者给出的预算范围内挑选而来。

开发者通过测量他们在前一个发布中完成的用户故事给出当前发布计划的预算。客户可以挑选任意数量的用户故事加入当前发布计划中，只要它们的估算不超过预算。客户也可以决定这次发布计划中需要完成的用户故事的优先级。如果团队成员强烈要求的话，客户可以指明哪些迭代应该完成哪些用户故事，据此规划出发布计划中的前几轮迭代的内容。

发布计划不是一成不变的，客户可以随时改变其中的内容。他们可以取消用户故事、编写新的用户故事或者改变用户故事的优先级。

---

① 译注：任务拆分方法要符合正交且穷尽，每一个任务完成也必须是独立可验收的。

验收测试

客户通过验收测试捕获用户故事的细节。验收测试的编写要先于或者和用户故事的实现同步进行。它们用一些脚本语言编写，这样就可以自动并重复地运行。与此同时，它们负责验证系统的行为是否符合客户的期望。

编写验收测试所使用的语言和系统的增长和演进保持同步。客户可能会招募新人开发一个简单的脚本系统，或者他们有一个独立的质量保证部门（QA）来负责开发。很多客户会借助 QA 来开发验收测试的工具，并且自己编写验收测试。

一旦验收测试通过，它就会被加入到通过的验收测试的集合里，并且不允许再次失败。这个逐渐增长的验收测试的集合在每次系统构建时都会运行。如果验收测试失败了，那么这次构建也会宣告失败。所以，一旦需求实现，它就永远不会被破坏。系统从一种可工作状态迁移到另一种可工作状态，绝对不允许出现超过几个小时不可工作的状态。

结对编程

所有的产品代码都应该由结对的程序员在一台开发机器上共同完成。[①]结对的两人一个掌控键盘，写代码，另一个人看着对方写，寻找错误和可以提高的地方。两个人交互频繁，全神贯注地投入编写软件的过程中。

两人频繁切换角色。掌控键盘的人可能感到疲劳或遇到困难，此时，他的同伴会接过键盘继续写。在一个小时内，键盘可能在他们之间来回传递好几次。最终的代码是由他们俩人共同设计和实现的，两人功劳均等。

结对组合至少每天要改变一次，以便每个程序员在一天内可以在两个不同的结对组合中工作。在一轮迭代过程中，每个团队成员都应该和其他团队成员结对工作过，并且所有人都应该参与本轮迭代中所涉及的每项工作。

这种做法将极大地促进知识在团队内的传播。当然，专业知识还是必不可少的，那些需要一定专业知识的任务通常需要合适的专家去完成，不过那些专家也几乎会和团队中的所有人结对。这将加快专业知识在团队内的传播。在紧要关头，团队中的其他人就能够代替专家的角色。

[Williams2000], [Cockburn2001] 和 [Nosek] 研究成果表明，结对非但不会降低开发团队的效率，反过来还会大大降低缺陷率。

---

① 我曾经见过这样结对编程的情景，一人掌控键盘，另一人控制鼠标。

测试驱动开发

本书第 4 章是有关测试的内容，其中详细地讲解了测试驱动开发的方法。下面仅仅提供一个快速的预览。

所有的产品代码都是为让失败的单元测试通过而写的。首先，我们写一个失败的单元测试，因为此时它测试的功能还不存在，然后我们实现功能代码让其通过。

编写测试用例和实现代码之间的更迭速度是很快的，基本上几分钟左右。测试用例和代码共同演进，其中测试用例循序渐进地对代码的实现进行引导。

最终，一个非常完整的测试用例集就和实现代码一起发展起来了。程序员可以使用这些测试用例来检查程序的正确性。如果结对的程序员对代码做了微小改动，那么他们就可以运行测试确保没有破坏任何逻辑。这会非常有利于重构（后续章节会讨论）。

当写出的代码是想要让测试通过时，这样的代码就会被定义为可测试的代码。另外，这样做会大大激发你去解耦每个模块，以便对它们单独进行测试。因此，这样写出来的代码，设计往往是松耦合的。面向对象设计的原则在解耦方面具有巨大的促进作用。

集体所有权

结对编程中每一对成员都有权拉取（check out）和改进任何模块中的代码。没有哪个程序员单独对哪个特定的模块或技术负责。每个人都会参与 GUI、中间件和数据库方面的工作。也没有人比其他人在某个模块或技术上更权威。

这并不意味着 XP 不需要专业知识。如果你专精于 GUI 领域，那么你最有可能从事 GUI 方面的任务，但也可能要求你去和别人结对，从事中间件和数据库方面的任务。如果你决定学习另一项专业知识，那么你可以承接相关任务，并和能够传授这方面知识的专家一起工作。你不会被限制在自己的专业领域内。

持续集成

程序员每天会多次提交（check in）代码并进行集成。规则很简单：率先提交的人成功提交到代码库，其他人得合并（merge）本地代码后才能提交。[①]

---

① 译注：可以参考 ThoughtWorks 提倡的 7 步提交法：1. 更新代码；2. 本地编码；3. 本地构建；4. 再次更新代码；5. 本地构建；6. 提交到代码仓库；7. 持续集成服务器上构建。

XP 团队使用非阻塞的源代码控制工具[1]。这意味着程序员可以在任意时间拉取任何模块，而不管其他人是否拉取过这个模块。当程序员完成该模块的修改并提交时，必须把自己的改动和别人先于他提交的改动进行合并。为了避免合并时间过长，团队的成员会非常频繁地提交他们的模块。

结对人员会在一项任务上工作 1~2 个小时。他们编写测试用例和产品代码。在某个适当的间歇点，也许远远在任务完成之前，他们决定把代码提交回去。最重要的是要确保所有的测试都能通过。他们把新代码集成进代码库中。如果需要，他们会对代码进行合并。如有必要，他们还会和先于自己提交的程序员协商。一旦集成进代码仓库，他们就开始从新代码中构建出新系统（详情参见《重构》）。他们运行系统中的每一个测试，包括当前所有运行着的验收测试。如果破坏了原先可以工作的部分，他们就得进行修复。一旦所有的测试都通过，他们就算是完成了此次提交工作。

因而，XP 团队每天都会进行多次系统构建，他们会重新创建整个系统。如果系统的最终结果是一个可以访问的网站，他们就部署该网站，很可能部署到一台测试服务器上。

可持续的开发速度

软件项目不是短跑比赛，而是马拉松长跑比赛。那些跃过起跑线就拼命狂奔的团队在距离终点线很远的地方就会筋疲力尽。为了快速完成开发，团队必须以一种可持续的速度前进。团队必须保持旺盛的精力和高度的警觉，必须有意识地保持稳定、适中的速度。

XP 的规则是不允许团队加班的。不过，在版本发布前一周是该规则唯一的例外，如果发布目标近在眼前并且能够一蹴而就，则允许加班。

开放的工作空间

团队在一个开放的办公空间里一起工作，房间中有一些桌子，每张桌子上摆放了两三台工作机，每台工作机前有两把椅子预备给结对编程的人员，墙壁上挂满了状态图表、任务分解表和 UML 图等。

房间里充满了嗡嗡的交谈声。每对结对人员都坐得近，相互间可以听得到，彼此都能得知对方是否陷入麻烦，也都能了解对方的工作状态。所有人都能够随时随地参与热烈的沟通中。

---

① 译注：事实上，现在常用的源代码控制工具都是非阻塞的，如 Git、SVN 和 Mercurial 等。

可能有人觉得这种环境会分散人的注意力，很容易担心外界不断的干扰会让人什么事也做不成。但是事实并非如此。而且，密歇根大学的一项研究表明，在“作战室(war room)”里工作，生产率非但不会降低，反而会成倍提升。(http://www.sciencedaily.com/releases/2000/12/001206144705.htm。)

规划游戏

在第3章中，我会详细介绍XP中规划游戏(planning game)的内容。在这里，先简要描述一下。

计划游戏的本质是划分业务人员和开发人员之间的职责。业务人员(也就是客户)决定特性的重要性(feature 指的是面向最终用户的软件所具备的功能)，开发人员决定实现一个特性所花费的代价。

在每次发布和迭代的开始，开发人员会基于最近一次迭代或发布的工作量估算出当前的预算。客户挑选出的用户故事其总花销不超过预算上限。

采用这些简单的原则，经过短周期迭代和频繁的发布，客户和开发人员很快就会适应项目开发的节奏，客户在了解开发人员的速度后，就可以确定项目会持续多长时间以及会花费多少成本。

简单设计

XP团队总是尽可能把设计做得简单和富有表现力(expressive)。此外，他们仅仅关注本轮迭代中计划完成的用户故事，不会担心将来的事情。相反，他们在一次次迭代中演进系统设计，让当前系统实现的用户故事保持在最优的设计上。

这意味着XP团队不大可能从基础设施开始工作，他们不会优先选择数据库或者中间件，而是选择以尽可能简单的方式实现第一批用户故事。只有当某个用户故事迫切依赖基础设施时，才会考虑引入。

下面有三条XP咒语(mantra)可以指导开发人员。

考虑可行的最简单的事情

XP 团队总是尽可能寻找针对当前用户故事的最简单的设计。在实现当前用户故事时，如果可以用平面文件[①]，就不去用数据库或者 EJB（企业级 Java Bean）；如果能用简单的套接字连接，就不去用 ORB（对象请求代理）[②]或者 RMI（远程方法调用）。多线程能不用就不用。我们尽量考虑用最简单的方法来实现当前的用户故事。然后，挑选一种我们能实际得到且尽可能简单的解决方案。

你并不需要它

你说得都对，但是我们知道总有一天需要数据库，总有一天需要 ORB，也总有一天得去支持多用户。所以，我们现在就得为这些东西预留位置，是吧？

如果在确切需要基础设施之前拒绝引入会怎么样呢？XP 团队会对此认真考虑。他们开始时假设不需要那些基础设施。只有当有证据或者至少有十分明显的迹象表明现在引入这些基础设施比继续等待更加划算时，团队才会引入基础设施。

一次且仅有一次

极限编程人员者不能容忍重复代码。无论在哪里发现重复代码，他们都会消除掉。

导致代码重复的因素有很多，最明显的是用鼠标选中一段代码后四处粘贴。当发现那些重复代码时，我们会定义一个函数或基类，用这种方法去消除。有时两个或多个算法非常相似，但是它们之间又有些微妙的差别，我们会把它们变成函数，或者运用模板方法（参见第 14 章的）。无论导致重复的是何种因素，只要发现，必定消除。

消除重复最好的方法就是抽象。毕竟，如果两种事物相似的话，必定可以通过某种抽象统一它们。消除重复的行为会迫使团队提炼出许多的抽象，并进一步减少代码中的耦合。

重构

第 5 章会对重构做详细讨论，下面只是一个简单的介绍。

---

① 译注：平面文件有别于关系型数据库，它指的是没有包含结构化索引和关系的记录文件。它可以是文本也可以是二进制文件，典型的平面文件有 *nix 中的 /etc/passwd 等。

② 译注：对象请求代理是对象之间建立客户端 / 服务端关系的中间件。

代码总是会腐化。随着我们逐渐添加特性，不断处理 bug，代码的结构会慢慢退化。如果置之不理，代码就会变得纠结不清，无法维护。

XP 团队通过频繁地运用重构手法扭转这种局面。重构就是在不改变代码行为的前提下，进行小步改造（transformation）从而改进系统结构的实践方法。每一步改造都是微不足道的，几乎不值一提。但是所有的改造叠加到一起，就会显著地改进系统的设计和架构。

在每次小步改造后，我们运行单元测试来保证没有破坏任何功能。然后继续做下一步改造，如此往复，周而复始，每一步都要运行测试。这样，我们在改善系统设计的同时，始终保持系统可以正常运行。

重构是持续进行的，而不是在项目结束后、版本发布后、迭代结束后，甚至是每天快下班时才去做的。重构是我们每隔一个小时或者半个小时就要去做的事情。重构可以持续地让我们的代码保持尽可能干净、简单和富有表现力。

隐喻

隐喻（metaphore）是所有 XP 实践中最难理解的。极限编程的拥趸本质上都是务实主义者，隐喻这个缺乏具体定义的概念让我们很不舒服。的确，一些 XP 的倡导者经常讨论如何把隐喻从 XP 的实践中移除。然而，在某种意义上，隐喻却是 XP 中最重要的实践之一。

想象一下智力拼图玩具。你怎么知道如何把各个小块拼到一起呢？显然，每一块都和其它块相邻，并且它的形状必须与相邻的块完全吻合。假如你眼神不好但是触觉灵敏，你可以锲而不舍地筛选每个小块，不断调整位置，最终也能拼出整张图来。

不过，还有一种比摸索形状去拼图更为强大的力量，这就是整张拼图的图案。图案是真正的向导。它的力量巨大到如果图案中相邻的两块无法吻合，你就可以断定拼图玩具的制作者把玩具做错了。

这就是隐喻，它是整个系统联结在一起的全景图，它是系统的愿景，它让所有独立模块的位置和形状一目了然。如果模块的形状和整个系统的隐喻不符，那么你就可以断定这个模块是错误的。

通常，隐喻是一个名称系统，名称提供了系统元素的词汇表，它有助于定义元素之间的关系。

举个例子，我曾经做过一个系统，要求以每秒 60 个字符的速率把文本显示到屏幕上。在这个速率下，铺满屏幕需要花一些时间。所以，我们写了一个程序让它生成文本并填充到一个缓冲区，当缓冲区满了后，我们把程序从内存交换到磁盘上。当缓冲区见底，我们又把程序交换回内存继续运行。

我们把这个系统说成自卸卡车托运垃圾。前面的缓冲区是小型卡车，显示屏是垃圾场，我们的程序是垃圾生产者。这些名称恰如其分，也有助于我们将这个系统当成一个整体来理解。

另一个例子，我做过一个分析网络流量的系统。每隔 30 分钟，它就会轮询数十个网卡，从中抓取监控数据。每个网卡给我们提供一小块由几个独立变量构成的数据，我们把这些小块称为“切片”，这些切片都是原始数据需要进一步分析。分析程序需要“烹饪”这些切片，所以我们把分析程序称为“烤面包机”，把切片中的独立变量称为“面包屑”。总的来说，这个隐喻有用，也有趣。

小结

极限编程是一组构成敏捷开发流程的简单、具体实践的集合。这个流程已经运用到很多团队，也取得了不错的效果。

XP 是一套优良的、通用的软件开发方法论。项目团队可以直接采用，也可以增加一些实践，或者对其中的一些实践进行修改后再采用。

参考文献

1. Dahl, Dijkstra. *Structured Programming*. New York: Hoare, Academic Press, 1972.
2. Conner, Daryl R. *Leading at the Edge of Chaos*. Wiley, 1998.
3. Cockburn, Alistair. The Methodology Space. Humans and Technology technical report HaT TR.97.03 (dated97.10.03),http://members.aol.com/acockburn/papers/methyspace/methyspace.htm.
4. Beck, Kent. *Extreme Programming Explained: Embracing Change.* Reading, MA: Addison-Wesley, 1999.
5. Newkirk, James, and Robert C. Martin. *Extreme Programming in Practice.* Upper Saddle River,

NJ: Addison-Wesley, 2001.

6. Williams, Laurie, Robert R. Kessler, Ward Cunningham, Ron Jeffries. *Strengthening the Case for Pair Programming.* IEEE Software, July-Aug. 2000.
7. Cockburn, Alistair, and Laurie Williams. *The Costs and Benefits of Pair Programming.* XP2000 Conference in Sardinia, reproduced in *Extreme Programming Examined*, Giancarlo 8. Succi, Michele Marchesi. Addison-Wesley, 2001.
8. Nosek, J. T. *The Case for Collaborative Programming.* Communications of the ACM(1998): 105-108.
9. Fowler, Martin. *Refactoring: Improving the Design of Existing Code.* Reading, MA: Addison-Wesley, 1999.

第3章　计划

“当你可以度量你所说的并能用数字去表达，就表明你了解它了；但是，如果你无法去度量，不能用数字去表达，则说明你的知识是匮乏的，还不能令人信服。”

—— 开尔文勋爵[①]，1883

下面的内容是对极限编程（XP）[Beck99] 和 [Newkirk2001] 中规划游戏的描述。它做计划的方式和其他敏捷方法（www.AgileAlliance.org.）类似，如 Scrum（www.controlchaos.com.）、Crystal（crystalmethodologes.org）、特性驱动开发（Feature-Driven Development，FDD）以及自适应软件开发（Adaptive Software Development，ADP）[Highsmith2000]。不过，那些过程方法都没有极限编程描述得详细和精确。

---

① 中文版编注：开尔文勋爵（Lord Kelvin，1824—1907），出生于北爱尔兰的英国数学物理学家和工程师，也是热力学温标（绝对温标）的发明人，被称为“热力学之父”。他在格拉斯哥大学时与休·布来克本进行密切合作，研究电学的数学分析、并将第一和第二热力学定律公式化，把各门新兴物理学科统一成现代形式。他因认识到温度的下限（即绝对零度）而广为人知。

初探

项目开始时，开发人员和客户会尽量识别出所有真正重要的用户故事。不过，他们不会去确定所有的用户故事。随着项目的进行，客户会不断地编写新的用户故事。这个过程会一直持续，直到项目结束。

开发人员共同对这些用户故事进行估算。估算是相对的。他们在故事卡上写下“点数”来代表实现这个故事所花的相对时间。这样可能无法确定每个故事点代表的确切时间，但是可以确定实现 8 个点的用户故事所花费的时间是 4 个点的两倍。

探究、分解和速度

过大或者过小的用户故事都不太好估算。开发人员往往会低估那些大的故事而高估那些小的故事。太大的用户故事应该拆成更小的故事，太小的用户故事也应该和其他小的故事合并起来。

例如这个故事：“用户能够安全地进行存款、取款、转账活动。”这是个很大的用户故事，很难估算，还可能不准确。不过，我们可以把它分解成以下几个更容易估算的故事。

- 用户可以登录
- 用户可以退出
- 用户可以向其账户存款
- 用户可以从其账户取款
- 用户可以从其账户向其他账户转账

当一个用户故事被分解或者合并时，应该重新进行估算。不是说简单地对估算做加减法，分解和合并用户故事的主要原因是让估算变得准确。如果发现估算的用户故事是 5 个点，分解之后变成 10 个点也没有什么大惊小怪的，10 个点的估算更加准确。

相对估算并不能告诉我们用户故事的确切大小，所以它没法帮我们决定何时分解或者合并。为了了解故事的实际大小，我们需要一个叫速率（velocity）的因子。如果我们知道了确切的速率，就可以把它乘以任何故事的估算，从而得到每个故事的真实时间的估算。举个例子，如果我们的速率是“每个点 2 天”并且有个估算为 4 个点的故事，那么这个故事应该就需要 8 天去实现。

随着项目持续进行，速率的测量会变得更加精确，因为我们可以衡量每个迭代里完成的用户故事点的数量。不过，开发人员在一开始不太可能了解他们的速率。他们必须给出初始猜测，这个猜测是他们认为最好的结果。这个时机上的精确性要求不是特别重要，所以他们不必花费过多的时间在这上面。通常花费几天时间做一两个用户故事的原型就足够了解团队的速率了，这种原型会议被称为探究（spike）。

发布计划

知道了速率，客户就了解了每个用户故事的开销，他们也会了解每个用户故事的业务价值和优先级。这些可以让他们挑选出优先开发的用户故事。他们的选择并不是只依据优先级，有些故事很重要但开销也大，它们就会被推迟，其他不太重要但是开销更小的用户故事就会被选中。诸如此类的选择就是业务决策，业务人员会决定哪些用户故事能带来最大的价值。

开发人员和客户商量好项目第一次发布的日期，这对于未来 2~4 个月的开发非常重要。客户挑选出此次发布中需要完成的用户故事，以及它们之间粗略的顺序。客户选出的用户故事不能超过当前速率的限制。由于初始速率是不准确的，所以这种选择也是粗略的。不过，当下准确性并不重要。当速率更加准确后，发布计划可以调整。

迭代计划

接下来，开发人员和客户一起选择迭代的大小。一个迭代通常是 2 周时间。同样地，客户挑选出他们想在第一个迭代中完成的用户故事，挑出来的故事也不能超过当前速率的限制。

迭代中的用户故事完成顺序是一个技术决策。开发人员以最具技术意义的顺序开发用户故事。他们是串行地开发，完成一个接着开发另一个，还是均分后并行开发，都完全取决于他们自己。

一旦迭代开始后，客户就不能改变迭代中的用户故事了。他们可以自由地改变或者重新排序项目中的其他用户故事，但是不包含开发人员正在开发的故事。

迭代会在指定的时期结束，即便所有的用户故事都没有完成。完成的故事的估算会被统计出来，这个迭代的速率也会被计算出来。这个测量出的速率之后会被用来计划下轮迭代。规则非常简单，下轮迭代的计划速率由上轮测量出来迭代的速率决定。

如果团队上轮迭代完成了 31 个用户故事点，那么下轮迭代就应该完成 31 个用户故事点。团队的整体速率就是每轮迭代 31 个用户故事点。

速率的反馈能帮助计划和团队同步。如果团队获得经验和技巧，速率也会适当提升。如果有人离开了团队，速率也会下降。如果架构演进可以引导开发，速率也会上升。①

任务计划

迭代伊始，开发人员和客户会一起做计划。开发人员把用户故事拆解成可以开发的任务。每个任务需要一个开发人员花费 4~16 小时的时间。开发人员在客户的帮助下对这些用户故事进行分析，并尽可能完全地列举出所有的任务。

可以在活动挂图、白板和其他方便的媒介上列出这些任务。接着，开发人员逐个认领他们感兴趣的任务。一旦认领了任务，他们就会随意估算出一个任务点数。（多数开发人员发现使用“理想编程时间”作为任务点数是好用的。）

开发人员可以认领任何类型的任务。精通数据库的人员不一定非得认领数据库相关的任务。如果有意愿，精通 GUI 的人员也可以认领数据库相关的任务。这种做法看上去并不高效，但后面你会看到针对这种情况有一种管理机制。这里的好处显而易见，开发人员对整个项目了解得越多，团队就会越健康、越有见识。我们期望项目的知识能够传播给每一位团队成员，即便这些知识和他们的专业无关。

每位开发人员都知道自己在上轮迭代中所完成的任务点数，这个数字可以作为下轮迭代中他个人的预算。没有人会认领超出他预算的点数。

任务的选择一直持续到所有的任务都被分配完，或者所有的开发人员都已经用完了他们的预算为止。如果还有任务没有分配出去，那么开发人员会相互协商，基于各自的专长交换任务。如果这样做都不能分配完所有任务，那么开发人员就要求客户从本轮迭代中移除一些任务或者用户故事。如果所有的任务都已经被分配完，并且开发人员还有余力，那么他们就会向客户要求添加更多的用户故事。

---

① 译注：事实上，我们还需要考虑可用人天的影响。需要将上轮迭代完成的故事点除以可用人天数，得到投入程度。然后再将投入程度乘以当前迭代的可用人天数得出估算的可完成点数。详情见《走出硝烟的精益敏捷》一书的第一部分。

迭代中点

在迭代进行到一半的时候，团队会召开一次会议。此时，本次迭代中的半数用户故事应该已经完成。如果没有完成，那么团队会设法重新分配任务和职责，保证迭代结束时能够完成所有的用户故事。如果开发人员无法重新分配，则需要知会客户。客户可以决定从迭代中去掉一个任务或用户故事。最不济，客户可以指出那些最低优先级的任务和用户故事，以免开发人员在上面浪费时间。

举个例子，假设本次迭代中客户选择了 8 个用户故事，总共 24 个故事点，同样假设这些素材被分解成 42 个任务。在迭代中点，我们希望应该完成了 21 个任务和 12 个故事点。这 12 个故事点必须是指全部完成的用户故事。我们的目标是完成用户故事，而不仅仅是任务。如果在迭代结束的时候，90% 的任务已经完成，但没有一个用户故事全部完成，这将是一场恶梦。在迭代中点，我们希望看到有一半故事点的完整的用户故事被完成了。

迭代

两周一迭代，每轮迭代结束时，团队会给客户演示当前可运行的的程序，让客户对程序的外观、感觉和性能进行评价。他们会把反馈写到新的用户故事中。

客户可以经常看到项目的进度，他们可以度量开发速率。他们可以预测团队工作的快慢，并且可以早早地安排高优先级的用户故事。简而言之，他们拥有所有的数据和控制权，可以按照他们的意愿管理项目。

小结

经过一轮轮的迭代和发布，项目进入了一种可以预测和舒服的开发节奏。每个人都知道将要做什么，以及何时去做。利益相关者可以经常、实实在在地看到项目的进展。

他们看到不是画满图表和写满计划的记事本，而是可以接触、感受的可工作的软件，而且他们还可以对软件提供反馈。

开发人员看到的是合理的计划，这个计划基于他们自己的估算并且由他们自己度量出的速率控制。他们选择自己感觉舒适的任务，并保持高的工作质量。

管理人员从每次迭代中获取数据，他们用这些数据控制和管理项目。他们不必采用强制、威胁或者恳求的方式去达到一个武断的、不切实际的目标。

这听上去很美好，其实并非如此。利益相关者对过程中的数据并不总是满意的，特别是刚刚开始时，使用敏捷开发并不意味着利益相关者就能得到他们想要的东西。它只不过意味着他们可以控制团队以最小的代价获得最大的商业价值。

参考文献

1. Beck, Kent, *Extreme Programming Explained: Embrace Change*. Reading, MA: Addison-Wesley, 1999.
2. Newkirk, James, and Robert C. Martin. *Extreme Programming in Practice.* Upper Saddle River, NJ: Addisono-Wesley, 2001.
3. Highsmith, James A. *Adaptive Software Development: A Collaborative Approach to Managing Complex Systems*. New York: Dorset House, 2000.

第 4 章　测试

“烈火验真金，逆境磨意志。”

—— 卢修斯 • 塞尼加[①]

写单元测试是一种验证行为，更是一种设计行为。同样，它更是一种编写文档的行为。写单元测试避免了相当多的反馈环，尤其是功能验证相关的反馈环。

测试驱动开发（TDD）

如果在开始设计程序之前设计测试会如何呢？如果我们在因为对应方法不存在而注定失败的测试之前拒绝实现这个方法会如何？如果我们在因为实现不存在而注定失败的测试之前拒绝写任何一行代码又会如何？如果我们先写一个失败的测试，这个测试断言了对应功能的存在，然后实现功能让测试通过，如此这般增量地往代码中添加功能又会如何？这种方式对软件的设计有何影响？我们能从大量全面的测试中得到什么好处？

① 中文版编注：全名卢修斯•阿奈乌斯•塞内卡或辛尼加（Lucius Annaeus Seneca，约公元前 4 年—公元 65 年），古罗马时代著名的斯多葛学派哲学家、政治家和剧作家。著作有《对话录》《论怜悯》《论恩惠》《书信集》《天问》。

首当其冲同时也最显著的影响是，程序中每个方法都有对应的测试来验证它的行为。这组测试对进一步开发起到了兜底的作用。测试会告诉我们何时不小心破坏了一些既有功能。我们可以往程序中添加方法，也可以改变程序的结构，而无需担心在这个过程中破坏了什么重要的功能。测试告诉我们程序依然稳固如初，所以可以更加随心所欲地改进程序。

一个很重要但不太显著的作用是，先写测试的行为迫使我们采用一种不同的视角，我们必须以一种有利于调用者的视角去看待我们将要写的程序。因此，我们需要在考虑方法实现的同时考虑程序对外的接口。先写测试会使设计出来的软件便于调用。

更重要的是，测试先行会迫使我们设计出可测试的程序。设计出便于调用和测试的程序是非常重要的。为了能够便于调用和测试，软件不得不和周边的程序解耦。因此，先写测试的行为强制我们将软件解耦。

测试先行的另一个重大的好处是测试其实是一种宝贵的文档形式。测试会告诉你想如何调用一个方法或者创建一个对象。测试是一组旨在帮助程序员搞清楚如何使用这些代码的例子程序。这个文档是可以编译执行的，它会始终保持更新，绝不撒谎。

测试先行设计的示例

最近，我写了一个名为《抓怪兽》[①]的程序，纯属娱乐。这是一个简单的冒险类游戏，玩家在洞穴中走动，设法在被怪兽吃掉前杀死它。洞穴是由一系列通道相连的房间组成的。每个房间都有通道通向东、南、西、北四个方向。玩家告诉计算机往哪个方向移动以此模拟四处走动。

我为这个程序事先写的测试中，有一个是程序 4-1 中的 testMove。这个方法创建了一个新的 WumpusGame 对象，通过东面的通道连通 4 号房间和 5 号房间，我把玩家放在 4 号房间中，发出向东移动的命令，接着断言玩家应该在 5 号房间中。

---

① 中文版编注：《抓怪兽》（*Hunt the Wumpus*）是早期很重要的一个电脑游戏，基于一个简单的隐藏／搜索形式，有一个神秘的怪兽（Wumpus）潜行于一个由多个房间组成的网络中。玩家可以使用基于命令行的文字界面，通过输入指令来在房间中移动，或者沿着几个相邻房间中弯曲的路径射箭。有 20 个房间，每个房间与另外三个相连接，排列像一个正十二面体的顶点（或者是一个正二十面体的面）。可能的危险有超级蝙蝠（它会把玩家扔向任意位置）和怪兽。玩家从提示中推断出怪兽所在的房间，向房间内射箭。然而，如果射错了房间，就会惊动怪兽，导致玩家会被它吃掉。这款策略解密类游戏最初由就读于达特茅斯学院的格里戈利•亚伯（Gregory Yob）用 Basic 写。该游戏的一个简化版后来也变成人工智能领域中描述（一种计算机程序）概念的经典例子。人工智能（AI）经常用来模拟玩家角色。

程序 4-1

```
public void testMove()
{
    WumpusGame g = new WumpusGame();
    g.connect(4, 5, "E");
    g.setPlayerRoom(4);
    g.east();
    assertEquals(5, g.getPlayerRoom()));
}
```

这段测试代码是在写 WumpusGame 程序之前完成的。我采纳了 Ward Cunningham[①]的建议，按照我期望的可读的方式写下了这个测试。我相信只要按照测试所暗示的结构写出的程序就能通过测试。这种方法就被称为“意图编程”（intentional programming）。在实现之前，先在测试中阐述你的意图，尽可能使其简单易读，并且相信这种简单和清晰能给程序指出不错的结构。

意图编程立马启发我做出了一个有趣的决定。测试代码中没有用到 Room 类。把一个房间连通到另一个房间表达了我的意图。看起来，我并不需要一个 Room 类来提高表达性。相反，我可以仅用整数来表示房间。

这看起来不够直观。毕竟，在你看来这个游戏都是有关房间、在房间之间走动、找到房间中的东西，诸如此类的。那是不是意味着因为缺少 Room 类，我的设计就有缺陷呢？

我可以争辩说，在《抓怪兽》游戏中，连接（connection）这个概念要比房间的概念重要得多。也可以说最初的测试指明了一个解决问题的好方法。我认为事实的确如此，但那并不是我想强调的点。我想强调的点是测试在非常早的阶段就为我们阐明了一个重要的设计问题。测试先行就是在各种设计决策中进行甄别的行为。

注意，测试告诉了我们程序如何工作，我们大多数人都可以非常容易地根据这个简单的规格实现 WumpusGame 的 4 个已命名的方法。同样地，命名并实现其他 3 个方向的命令也不难。如果以后我们想知道如何把两个房间连通起来，或者怎么朝一个特定的方向走动，这个测试会直接了当地告诉我们。测试在这里扮演着一种角色，它是描述程序行为的可编译、可执行的文档。

---

① 中文版编注：沃德·坎宁安（1949— ），计算机程序员，维基之父，普渡大学交叉学科（电子工程与计算机科学）工学学士毕业，计算机硕士毕业。2003 年加入微软“模式与实践”组，2005 年转入 Eclipse 基金会。代表作有《维基之道》。

测试隔离

在写产品代码之前，先写测试通常能暴露程序中应该解耦的地方。例如，图 4.1 展示了一个薪水支出应用（payroll application）的简单 UML 图[①]。Payroll 类使用 EmployeeDatabase 获取一个 Employee 对象，它让 Employee 计算自己的薪水。接着，把计算结果传递给 CheckWriter 对象生成一张支票。最后，在 Employee 对象中记录下支付信息，并把 Employee 对象写回数据库中。

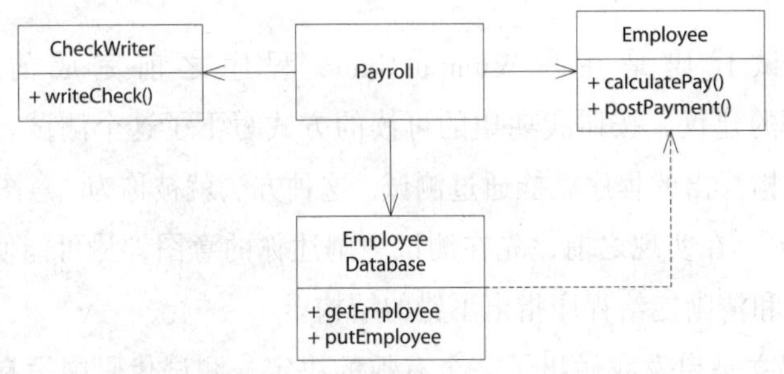

图 4.1 耦合的薪水支付模型

假设我们还没有编写任何代码。到目前为止，这个图也是在经过快速的设计会议[Jeffries2001]之后刚刚画到白板上的。现在我们需要编写规定 Payroll 对象行为的测试，与这些测试相关的问题也很多。首先，要使用什么数据库呢？ Payroll 对象需要从若干种类的数据库中读取数据。我们必须要在能够对 Payroll 类进行测试前，写一个功能完善的数据库吗？我们要把什么样的数据加载到数据库中呢？其次，我们如何验证打印出来的支票是正确的？我们无法写一个自动化测试来观察打印机打印出来的支票并验证上面的金额是否正确。

解决这些问题的方法就是使用 MOCK OBJECT[Mackinnon2000] 模式，我们可以在 Payroll 类及其所有协作者之间插入接口，然后创建实现这些接口的测试桩（test stub）。

图 4.2 展示了一个这样的结构。Payroll 类现在使用接口同 EmployeeDatabase、CheckWriter 以及 Employee 交互，创建了 3 个实现了这些接口的 MOCK OBJECT。PayrollTest 会对这些 MOCK OBJECT 进行查询，以此检测 Payroll 对象是否对它们进行了正确的管理。

① 如果对 UML 不了解，可以参见附录 A 和附录 B 的详细描述。

程序 4.2 展示了测试的意图。测试中创建了合适的 mock 对象，并把它们传递给了 Payroll 对象，告诉 Payroll 对象为所有雇员支付薪水，接着要求 mock 对象验证所有已开支票以及所有已记录支付信息的正确性。

程序 4.2　TestPayroll

```
public void testPayroll()
{
   MockEmployeeDatabase db = new MockEmployeeDatabase();
   MockCheckWriter w = new MockCheckWriter();
   Payroll p = new Payroll(db, w);
   p.payEmployees();
   assert(w.checksWereWrittenCorrectly());
   assert(db.paymentsWerePostedCorrectly());
}
```

当然，这个测试检查的都是 Payroll 应该使用正确的数据调用正确的函数。它既没有真正去检查支票的打印，也没有真正去检查一个真实数据库的正确刷新。相反，它检查了 Payroll 在完全隔离的情况下应该具备的行为。

你可能好奇为什么需要 MockEmployee 类。看上去好像可以直接使用真实的 Employee 类。如果真是如此，我会毫不犹豫使用它。在本例中，我认为对于检查 Payroll 类的功能，Employee 类显得有点复杂了。

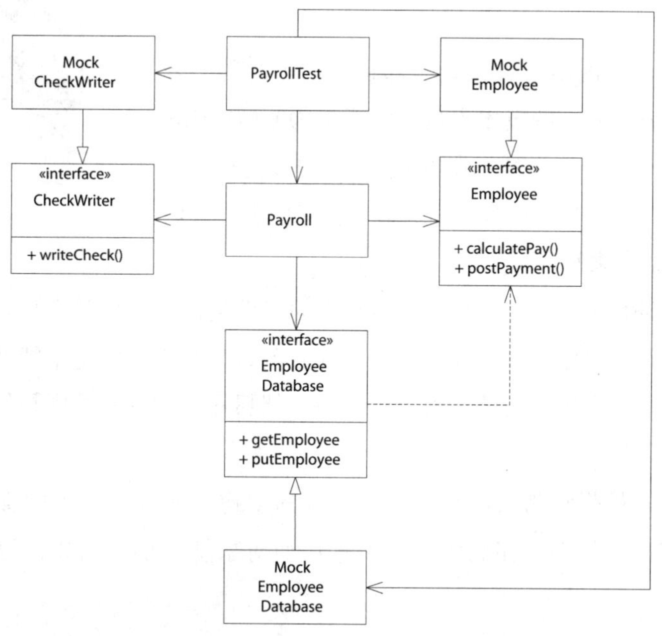

图 4.2　利用 Mock 对象测试解耦之后的薪水支付模型

意外获得的解耦

对 Payroll 类的解耦是一件好事，我们因此可以切换不同的数据库和打印机，这种能力既是为了测试也是为了应用的可扩展性。我觉得为了测试而进行解耦很有意思。显然，为了测试而对模块进行隔离的需要，迫使我们向着对整个程序结构都有利的方向进行解耦。测试先行改善了设计。

本书中大量的章节都是关于依赖管理方面的设计原则。这些原则在解耦类和包方面提供了一些指导和技巧。如果把这些原则作为单元测试策略的一部分来实践，就会发现这些原则非常有用。单元测试在解耦方面起到了很大的推动和指导作用。

验收测试

作为验证工具，单元测试是必要的，但不够充分。单元测试是用来验证系统中小的要素可以按照期望的方式工作，但是它们没有验证系统作为一个整体工作时的正确性。它是用来验证系统中个别机制的白盒测试（white-box test，了解并依赖于被测试内部结构的测试）。验收测试是用来验证系统满足客户需求的黑盒测试（black-box test，不了解并依赖于被测试内部结构的测试）。

验收测试是由不了解系统内部机制的人写的。客户可以直接或者和一些技术人员，可能是 QA（Quality Assurance）人员，一起写验收测试。验收测试是程序，所以可以运行。不过，通常会用为应用程序的客户专门设计的脚本语言来写。

验收测试是关于一个特性（feature）的终极文档。一旦客户写完用于验证一个特性的验收测试，程序员就可以阅读那些验收测试来真正理解这个特性。所以，正如单元测试作为系统内部结构的可编译运行的文档那样，验收测试则是作为系统特性的可编译执行的文档。

此外，先写验收测试的行为对于系统的架构方面具有深远的影响。为了让系统具有可测试性，就必须在高级别的架构层面对系统解耦。例如，为了使验收测试无需通过用户界面（UI）就能访问业务规则，就必须解除用户界面和业务规则之间的耦合。

在项目迭代的初期，会受到用手工的方式进行验收测试的诱惑。但是，这样做会在迭代的初期就丧失由自动化验收测试施加的对系统解耦的促进作用，所以是不明智的。在最早开始迭代时，如果非常清楚需要自动化验收测试，那么你就会做出非常不同的架构权衡。并且，正如单元测试可以促使你在小的方面做出优良的设计决策一样，验收测试可以在大的方面促使你做出优良的架构决策。

创建一个验收测试框架（framework）可能并不容易。不过，如果仅仅针对单轮迭代中包含的特性进行验收测试，创建验收测试所需要的那部分框架，就会发现并不难，而且你会发现这些努力都是值得的。

验收测试的示例

重新回顾原来的薪水支付应用程序。第一轮迭代中，我们必须要能够往数据库中添加或从数据库中删除员工数据。我们也必须能够为员工创建支票（paycheck）。幸运的是，我们只需要处理领薪水的员工，其它类型的员工可以推迟到后续的迭代中再作处理。

我们还没有写过任何一行代码，也还没有进行丝毫的设计。现在正是开始思考验收测试的最佳时刻。再重申一遍，意图编程是一个很有用的工具。我们应该把验收测试写成期待中的样子，然后，我们就可以围绕这个结构组织脚本语言和薪水支付系统。

我想要验收测试便于编写且易于修改。我想把它们放到一个配置管理的工具中存储起来，这样就可以随时随地随心所欲地运行。因此，把验收测试写入简单的文本文件里是合理的。

下面的代码是一个验收测试脚本的样例：

```
AddEmp 1429 "Robert Martin" 3215.88
Payday
Verify Paycheck EmpId 1429 GrossPay 3215.88
```

在这个例子里，我们把编号为 1429 的员工添加到数据库中。他的名字是马丁·鲍勃（Robert Martin），他每个月的薪水是 3215.88 美元。接下来，我们告诉系统薪水支付日到了，需要给每位员工支付薪水。最后，我们验证为编号 1429 的员工生成的支票上确实有个数额为 3215.88 美元的 GrossPay 字段。

显然，写这种类型的脚本对客户来说非常容易。当然，往这种脚本添加功能也是很容易的。不过，我们得考虑一下这个系统的结构暗合了什么逻辑。

脚本的头两行针对的是薪水支付应用的功能。我们可以把这些行称为薪水支付交易，这是应用程序的用户所期望的功能。然而，Verify 所在那一行并不是用户期望的交易功能。这一行是验收测试的专属指令。

因此，验收测试框架必须要解析这个文本文件，把支付交易从验收测试中剥离出去。它必须把薪水支付交易发送给应用程序，然后使用验收测试的指令从应用程序中查询出结果进行验证。

这已经把应用程序的重点放到架构上了。薪水支付程序必须接受直接来自用户的输入，也必须接受来自验收测试框架的输入。我们想把这两条途径尽早合并。因此，看起来薪水支付程序好像需要一个交易处理器，来处理多个输入源带来的形如 AddEmp 和 Payday 的交易形式，以便最小化专用代码的数量。

一种解决方案是使用 XML 来表示输入给薪水支付程序的交易。验收测试框架当然可以产生 XML 格式的输出，并且薪水支付系统的 UI 好像也可以产生 XML 格式的输出。所以，我们可以看到如下的交易数据：

```
<AddEmp PayType=Salaried>
  <EmpId>1429</EmpId>
  <Name>Robert Martin</Name>
  <Salary>3215.88</Salary>
</AddEmp>
```

这些交易可以通过子程序调用、套接字甚至批处理输入文件的方式进入薪水支付应用程序。在开发的过程中，从一种方式改变成另一种方式是一项简单的工作。因此，在初期迭代中，我们可以先采用从文件中读入交易的方式，后续再调整到 API 或者套接字方式。

验收测试如何调用 Verify 指令呢？很明显，它必须使用某些方法访问由薪水支付应用程序所产生的数据。同样，我们不必让验收测试框架从已经打印出来的支票上读取数据，我们有更好的方式。

我们可以让薪水支付应用程序以 XML 的形式产生它的支票。验收测试框架可以获取这份 XML 文档，并查询出合适的数据。最后一步是要把 XML 形式的支票打印出来，这是一件微不足道的事情，用手工足以完成验证。

于是，薪水支付应用程序可以创建包含所有支票信息的 XML 文档。看上去可能像下面这样：

```
<Paycheck>
  <EmpId>1429</EmpId>
  <Name>Robert Martin</Name>
  <Grosspay>3215.88</Grosspay>
</Paycheck>
```

很明显，当验收测试框架接收到这样的 XML 时，它就可以执行 Verify 指令了。

同样,可以通过套接字、API 的方式传递这份 XML 文档,也可以把它存储到文件中。对于最开始的迭代来说，文件是最简单的方式。因此，我们以最简单的方式开始薪水支付应用程序的开发，它从一个文件读入 XML 形式的交易，并且以 XML 的形式把支票输出到一个文件中。验收测试框架会读取文本形式的操作，把它们转化成 XML 形式并写入一个文件中。接着它会调用薪水支付应用程序执行。最后，框架会读取薪水支付应用程序输出的 XML 数据，并调用 Verify 指令进行验证。

意外获得的架构

注意验收测试对薪水支付系统架构施加的影响。有一个无可争议的事实是测试先行让我们很快就有了使用 XML 来描述输入和输出的想法。这个架构把交易的来源和薪水支付应用本身解耦开来。同时，它也解耦了支票打印机制和薪水支付应用本身。这些都是好的架构决策。

小结

测试套件运行起来越简单，运行就会越频繁。测试运行得越多，就会越快地发现和测试偏离的情况。如果能够一天多次运行所有的测试，那么系统失效的时间就绝不会超过几分钟。这是一个合理的目标。我们决不允许系统倒退。一旦测试工作在某个级别上，就决不能让它倒退到更低的级别上。

然而，验证仅仅是写测试的好处之一。单元测试和验收测试都是一种文档形式，都是可以编译执行的。因此，它是准确和可靠的。此外，写测试所使用的语言是明确的，便于读者阅读。程序员能够阅读单元测试，是因为单元测试是使用他们的编程语言写的。客户能够阅读验收测试，是因为验收测试是使用客户自己设计的语言写的。

也许，测试最重要的好处就是它对于架构和设计的影响。为了使一个模块或者应用程序具有可测试性，必须要对它进行解耦。越是具有可测试性，耦合关系就越弱。全面地考虑验收测试和单元测试的行为对于软件的结构具有深远的正面影响。

参考文献

1. Mackinnon, Tim, Steve Freeman, and Philip Graig. *Endo-Testing: Unit Testing With Mock Objects. Extreme Programming Examined.* Addison-Wesley, 2001.
2. Jeffries, Ron, et al., *Extreme Programming Installed.* Upper Saddle River, NJ: Addison-Wesley, 2001.

第5章　重构

“大千世界，唯一稀缺的是人类的注意力。”

—— 凯文·凯利[1]（KK）

本章讲述的是人的注意力，阐述了人们应该专注于手边的工作并确保全神贯注。说明把事情做成和把事情做对存在哪些差别，阐明我们放入代码结构中的价值。

在马丁·福勒（Martin Fowler）的名著《重构》一书中，他把“重构”（Refactoring）定义为“……在不改变代码外在行为的前提下对代码做出修改，从而改进代码内部结构的过程。”可是，我们为什么要改进可工作代码的结构呢？老话说得好：“如果没有坏，就不要忙着去修！”

每个软件模块都有三项职责。第一项职责是运行所完成的功能。这是该模块得以存在的原因。第二项职责是它要应对变化。几乎所有的模块在它们的生命周期中都要变化，开发者有责任保证这种改变应该尽可能简单。一个难以改变的模块是拙劣的，即便能够工作，也需要对它进行修正。第三项职责是要和读的人沟通。对该模块不熟

① 凯文·凯利（Kevin Kelly，1952年8月14日—　　），常被称为“KK”，《连线》杂志第一任主编；曾担任《全球评论》主编和出版人。KK具有多重身份：作家、摄影家和自然资源保护论者，同时还是亚洲文化、数字文化领域的学者。代表作有《自行车俳句》《失控：机器、社会与经济的新生物学》《新经济新法则》《科技想要什么》《必然》。

悉的开发人员应该能够轻松地阅读并理解它。一个不能沟通的模块也是拙劣的，同样需要对它进行修正。

怎样才能让软件模块易于阅读和修改呢？本书的主要内容都是关于一些原则和模式的，使用这些原则和模式可以帮助创建出更加灵活、适应性更强的软件模块。不过，要让软件模块易于阅读和修改，所需要的不仅仅是一些原则和模式。还需要注意力，需要纪律，需要创造美的激情。

素数生成器：一个简单的重构示例

程序 5.1 是一段产生素数的程序。[①]它是一个大的方法，包含很多单个字母的变量名和辅助阅读的注释。

程序 5.1 GeneratePrimes.java（版本 1）

```
/**
 * This class generates prime numbers up to a user-specified
 * maximum. The algorithm used is the Sieve of Eratosthenes.
 * <p>
 * Eratosthenes of Cyrene, b. c. 276 BC, Cyrene, Libya --
 * d. c. 194, Alexandria. The first man to calculate the
 * circumference of the Earth. Also known for working on
 * calendars with leap years, ha ran the library at Alexandria.
 * <p>
 * The algorithm is quite simple. Given an array of integers
 * starting at 2. Cross out all multiples of 2. Find the next
 * uncrossed integer, and cross out all of its multiples.
 * Repeat until you have passed the square root of the maximum
 * value.
 *
 * @author Robert C. Martin
 * @version 9 Dec 1999 rcm
 */
import java.util.*;

public class GeneratePrimes
{
  /**
   * @param maxValue is the generation limit.
   */
  public static int[] generatePrimes(int maxValue)
```

① 这个程序最初是在一个 XP Immersion 中写的，用的是 Jim Newkirk 写的测试。Kent Beck 和 Jim Newkirk 在学员面前对它进行重构。在这里，我尽量再现那个重构过程。

```
{
 if (maxValue >= 2) // the only valid case
 {
   // declarations
   int s = maxValue + 1; // size of array
   boolean[] f = new boolean[s];
   int i;

  // initialize array to true.
  for (i = 0; i < s; i++)
    f[i] = true;

  // get rid of known non-primes
  f[0] = f[1] = false;

  // sieve
  int j;
  for (i = 2; i < Math.sqrt(s) + 1; i++)
  {
   for (j = 2 * i; j < s; j += i)
      f[j] = false; // multiple is not prime
   }

  // how many primes are there?
  int count = 0;
  for (i = 0; i < s; i++)
  {
    if (f[i])
        count++; // bump count.
  }

  int[] primes = new int[count];

  // move the primes into the result
  for (i = 0, j = 0; i < s; i++)
  {
    if (f[i])                           // if prime
      primes[j++] = i;
  }

  return primes;      // return the primes
 }
 else // maxValue < 2
   return new int[0]; // return null array if bad input.
}
}
```

为 GeneratePrimes 写的单元测试展示在程序 5.2 中。它采用一种统计学的方法，检查素数产生器能否产生 0、2、3 以及 100 以内的素数。在第一种情况下，应该没有素数。第二种情况下，应该只有一个素数，也就是 2 这个素数。在第三种情况下，应该有两个素数，分别是 2 和 3。在最后一种情况下，应该有 25 个素数，其中最后一个是 97。如果所有这些测试都通过了，那么就认为素数产生器是正常工作的。我虽然怀疑这种做法的可靠性，但没有证据证明在测试都通过的情况下方法实现却是错误的。

程序 5.2　TestGeneratePrimes.java

```
import junit.framework.*;
import java.util.*;

public class TestGeneratePrimes extends TestCase
{
  public static void main(String[] args)
  {
    junit.swingui.TestRunner.main(
      new String[] {"TestGeneratePrimes"});
  }
  public TestGeneratePrimes(String name)
  {
    super(name);
  }

  public void testPrimes()
  {
    int[] nullArray = GeneratePrimes.generatePrimes(0);
    assertEquals(nullArray.length, 0);

    int[] minArray = GeneratePrimes.generatePrimes(2)
    assertEquals(minArray.length, 1);
    assertEquals(minArray[0], 2);

    int[] threeArray = GeneratePrimes.generatePrimes(3);
    assertEquals(threeArray.length, 2);
    assertEquals(threeArray[0], 2);
    assertEquals(threeArray[1], 3);

    int[] centArray = GeneratePrimes.generatePrimes(100);
    assertEquals(centArray.length, 25);
    assertEquals(centArray[24], 97);
```

```
  }
}

interface GeneratePrimes {
  public static int[] generatePrimes(int maxValue);
}
```

在重构这个程序时，我使用了 IntelliJ Idea 重构浏览器，使用这个工具让抽取方法以及重命名变量或类这样的重构手法变得非常容易。

显然我们需要把整体的功能拆分成 3 个独立的功能。第一个功能用于初始化所有变量并做好筛选的准备工作；第二个功能是执行真正的筛选任务；第三个功能是把筛选后的结果加载到一个整型数组中。为了在程序 5.3 中更清晰地展现这个结构，我把这些功能抽取到 3 个独立的方法中，同时删除了一些不必要的注释，并把类名更改成 PrimeGenerator。更改后的代码仍然通过了所有测试。

抽取这些功能迫使我把一些方法级别的局部变量提升为类级别的静态变量。我认为这澄清了哪些变量是局部的，而哪些变量有更大的作用域。

程序 5.3 PrimeGenerator.java（版本 2）

```
/**
 * This class generates prime numbers up to a user-specified
 * maximum. The algorithm used is the Sieve of Eratosthenes.
 * Find the next uncrossed integer, and cross out all of its
 * multiples. Repeat until the first uncrossed integer exceeds
 * the square root of the maximum value.
 */
import java.util.*;

public class PrimeGenerator
{
  private static int s;
  private static boolean[] f;
  private static int[] primes;

  public static int[] generatePrimes(int maxValue)
  {
    if (maxValue < 2)
      return new int[0];
    else
    {
      initializeSieve(maxValue);
```

```
      sieve();
      loadPrimes();
      return primes;                    // return the primes
    }
  }

  private static void loadPrimes()
  {
    int i;
    int j;

    // how many primes are there?
    int count = 0;
    for (i = 0; i < s; i++)
    {
      if (f[i])
        count++;                        // bump count.
    }

    primes = new int[count];

    // move the primes into the result
    for (i = 0, j = 0; i < s; i++)
    {
      if (f[i])                         // if prime
        primes[j++] = i;
    }
  }

  private static void sieve()
  {
    int i;
    int j;
    for (i = 2; i < Math.sqrt(s) + 1; i++)
    {
      if(f[i])   // if i is uncrossed, cross out its multiples.
      {
        for (j = 2 * i; j < s; j += i)
          f[j] = false;
      }
    }
  }

  private static void initializeSieve(int maxValue)
```

```
 {
  // declarations
  s = maxValue + 1;   // size of array
  f = new boolean[s];
  int i;

  // initialize array to true.
  for (i = 0; i < s; i++)
    f[i] = true;

  // get rid of known non-primes
  f[0] = f[1] = false;
 }
}
```

initializeSieve 函数有一些乱，所以我在程序 5.4 中对它进行了相当大的调整。首先把所有使用变量 s 的地方都替换成 f.length。然后，更改 3 个方法名，让它们更具表现力。最后，重新组织 initializeArrayOfIntegers（原先的 initializeSieve）的内部结构，让它稍微容易读一些。更改后的代码仍然通过了所有测试。

程序 5.4　PrimeGenerator.java（版本 3 部分）

```
public class PrimeGenerator {
private static boolean[] f;
{
  private static int[] result;
  public static int[] generatePrimes(int maxValue)
  {
     if (maxValue < 2)
       return new int[0];
    else
    {
      initializeArrayOfIntegers(maxValue);
      crossOutMultiples();
      putUncrossedIntegerIntoResult();
     return result;
  }
 }

 private static void initializeArrayOfIntegers(int maxValue)
 {
  f = new boolean[maxValue + 1];
  f[0] = f[1] = false;   //neither primes nor multiples.
  for (int i = 2; i < f.length; i++)
```

```
    f[i] = true;
  }
```

下一步来看看 crossOutMultiples，这个函数和其他一些函数中有许多形如 if(f[i] == true) 的语句。这条语句用来检查 i 是否被筛选过，所以把 f 重命名为 unCrossed。但是这会带来像 unCrossed[i] = false 这样难看的语句。我发现，双重否定会让人迷惑，所以把数组重命名为 isCrossed，并且更改了所有布尔值的含义。更改后的代码仍然通过了所有测试。

我去掉了设置 isCrossed[0] 和 isCrossed[1] 为 true 的初始化语句，并确保方法中没有哪块儿使用 isCrossed 数组的索引会小于 2。我抽取了 crossOutMultiples 的内部循环，并重命名为 crossOutMultiplesOf。同样，我也觉得 if(isCrossed[i] == false) 也让人迷惑，所以创建了一个名为 notCrossed 的方法，把原来的 if 语句改成了 if(notCrossed(i))。更改后的代码仍然通过了所有测试。

我用了一小段时间来写注释，这段注释解释了为何只需要遍历到数组长度的平方根。这引导我把计算部分抽取出来放到一个独立的方法中，说明性的注释也一并放过来。在写注释的时候，我意识到这个平方根是数组中任意整数的最大素因子。所以，我就按照这个含义给变量以及方法命了名。所有这些重构的结果都在程序 5.5 中。更改后的代码仍然通过了所有测试。

程序 5.5　PrimeGenerator.java（版本 4 部分）

```
public class PrimeGenerator
private static boolean[] isCrossed;
{
  private static int[] result;

  public static int[] generatePrimes(int maxValue)
  {
    if (maxValue < 2)
      return new int[0];
    else
    {
      initializeArrayOfIntegers(maxValue);
      crossOutMultiples();
      putUncrossedIntegerIntoResult();
      return result;
    }
  }
```

```
private static void initializeArrayOfIntegers(int maxValue)
{
  isCrossed = new boolean[maxValue + 1];
  for (int i = 2; i < isCrossed.length; i++)
    isCrossed[i] = false;
}

private static void crossOutMultiples()
{
  int maxPrimeFactor = calcMaxPrimeFactor();
  for (int i = 2; i <= maxPrimeFactor; i++)
  {
    if (notCrossed(i))
      crossOutMultiplesOf(i)
  }
}

private static int calcMaxPrimeFactor()
{
  // We cross out all multiples of p; where p is prime.
  // Thus, all crossed out multiples have p and q for
  // factors. If p > sqrt of the size of the array, then
  // q will never be greater than 1. Thus p is the
  // largest prime factor in the array, and is also
  // the iteration limit.
  double maxPrimeFactor = Math.sqrt(isCrossed.length) + 1;
  return (int) maxPrimeFactor;
}

private static void crossOutMultiplesOf(int i)
{
  for (int multiple = 2*i;
      multiple < isCrossed.length;
      multiple += i)
    isCrossed[multiple] = true;
}

private static boolean notCrossed(int i)
{
  return isCrossed[i] == false;
}

private static void putUncrossedIntegerIntoResult()
  {
```

```
    result = new int[numberOfUncrossedIntegers()];

    for (int j = 0, i = 2; i < isCrossed.length; i++)
      if (notCrossed(i))
        result[j++] = i;
  }

  private static int numberOfUncrossedIntegers()
  {
    int count = 0;
    for (int i = 2; i < isCrossed.length; i++)
      if (notCrossed(i))
      count++;

    return count;
  }
```

最后一个要重构的方法是 putUncrossedIntegersIntoResult。这个方法有两方面的功能，第一块是计算数组中没有被筛掉的整数的个数并创建了一个大小相同的数组存放结果；第二块是把那些没有被筛掉的整数移到结果数组中。我把第一块功能抽取出来放到它自己的方法中，并做了一些清理工作。更改后的代码仍然通过了所有测试。

程序 5.6 PrimeGenerator.java（版本 5 部分）

```
public class PrimeGenerator {
  private static void putUncrossedIntegerIntoResult()
  {
    result = new int[numberOfUncrossedIntegers()];

    for (int j = 0, i = 2; i < isCrossed.length; i++)
      if (notCrossed(i))
        result[j++] = i;
  }

  private static int numberOfUncrossedIntegers()
  {
    int count = 0;
    for (int i = 2; i < isCrossed.length; i++)
      if (notCrossed(i))
        count++;

    return count;
  }
}
```

最后再读一遍

接下来，我对整个程序做了最后一轮审视，从头到尾读了一遍，不亚于看一道几何证明题。这是非常关键的一步。直到现在，我们重构的都是代码片段。现在，我想看看这些片段结合在一起是否能够拼凑成一个可读的整体。

首先，我并不喜欢 initializeArrayOfIntegers 这个名字。实际上，初始化的并不是一个整数数组，而是一个布尔数组。即便改成 initializeArrayOfBooleans 也收效甚微。在此方法中，真正要做的是保留所有相关的整数，以便筛掉其倍数，因此我把方法重命名为 uncrossIntegersUpTo。我同样也不喜欢 isCrossed 作为布尔数组的名字，因此把它重命名为 crossOut。更改后的代码仍然通过了所有测试。

有人可能会认为重命名比较繁琐，不过借助于重构浏览器，将足以应付这些调整——花的代价微乎其微。即使在没有重构浏览器的情况下，使用简单的搜索和替换操作也可以轻松搞定。并且，测试可以极大程度地减少我们在无意识中破坏一些功能的可能性。

我不记得在写有关 maxPrimeFactor 的代码时抽的是什么烟。呀！数组长度的平方根未必就是素数；那个方法没有计算出最大的素因子，说明性的注释是错误的。所以，我重写注释，更好地解释了平方根背后的原理，并适当地重命名了所有的变量。更改后的代码仍然通过了所有测试。（在 Kent Beck 和 Jim Newkirk 重构该程序时，他们根本没有用平方根。Kent 认为平方根很难理解，并且从头到尾遍历数组的话，不会有测试会失败。但我不能放弃对效率方面的考虑。这一点凸显了我有深厚的汇编语言基础。）

+1 在那里究竟有什么作用？肯定有些多疑了。我担心具有小数位的平方根会转换为小一点的整数，就不能充当遍历的上限。但是这种做法是不必要的。真正的遍历上限是小于或者等于数组长度平方根的最大素数。所以，我删掉了 +1。

测试都通过了，但最后的更改让我相当紧张。我理解平方根背后的原理，但是我总觉得有一些临界情况没有考虑到，所以我另外写了测试，用来检查 2~500 之间所产生的素数列表中不包含合数。参见程序 5.8 中的 testExhaustive 方法。新的测试通过了，我的恐惧也消解了。

代码的其他部分读起来相当优美，所以我觉得我们已经完成了重构。最后一版程序如程序 5.7 和程序 5.8 所示。

程序 5.7 PrimeGenerator.java（最终版）

```
/**
 * This class generates prime numbers up to a user specified
 * maximum. The algorithm used is the Sieve of Eratosthenes.
 * Given an array of integers starting at 2:
 * Find the first uncrossed integer, and cross out all its
 * multiples. Repeat until there are no more multiples
 * in the array.
 */
public class PrimeGenerator
{
  private static boolean[] crossedOut;
  private static int[] result;

  public static int[] generatePrimes(int maxValue)
  {
    if (maxValue < 2)
      return new int[0];
    else
    {
      uncrossIntegersUpTo(maxValue);
      crossOutMultiples();
      putUncrossedIntegersIntoResult();
      return result;
    }
  }

  private static void uncrossIntegersUpTo(int maxValue)
  {
   crossedOut = new boolean[maxValue + 1];
   for (int i = 2; i < crossedOut.length; i++)
   {
    crossedOut[i] = false;
   }
  }

  private static void crossOutMultiples()
  {
```

```
    int limit = determineIterationLimit();
    for (int i = 2; i <= limit; i++)
      if (notCrossed(i))
        crossOutMultiplesOf(i);
}

private static int determineIterationLimit()
{
  // Every multiple in the array has a prime factor that
  // is less than or equal to the sqrt of the array size,
  // so we don't have to cross out multiples of numbers
  // larger than that root.
  double iterationLimit = Math.sqrt(crossedOut.length);
  return (int) iterationLimit;
}

private static void crossOutMultiplesOf(int i)
{
  for (int multiple = 2*i;
       multiple < crossedOut.length;
       multiple += i)
    crossedOut[multiple] = true;
}

private static boolean notCrossed(int i)
{
  return crossedOut[i] == false;
}

private static void putUncrossedIntegersIntoResult()
{
  result = new int[numberOfUncrossedIntegers()];
  for (int j = 0, i = 2; i < crossedOut.length; i++)
    if (notCrossed(i))
      result[j++] = i;
}

private static int numberOfUncrossedIntegers()
{
  int count = 0;
  for (int i = 2; i < crossedOut.length; i++)
    if (notCrossed(i))
      count++;

  return count;
```

```
  }
}
```

程序 5.8 TestGeneratePrimes.java（最终版）

```
import junit.framework.*;
import java.util.*;

public class TestGeneratePrimes extends TestCase
{
 public static void main(String[] args)
 {
     junit.swingui.TestRunner.main(
       new String[] {"TestGeneratePrimes"});
 }
 public TestGeneratePrimes(String name)
 {
  super(name);
 }

 public void testPrimes()
 {
  int[] nullArray = GeneratePrimes.generatePrimes(0);
  assertEquals(nullArray.length, 0);

  int[] minArray = GeneratePrimes.generatePrimes(2)
 assertEquals(minArray.length, 1);
  assertEquals(minArray[0], 2);

  int[] threeArray = GeneratePrimes.generatePrimes(3);
  assertEquals(threeArray.length, 2);
  assertEquals(threeArray[0], 2);
  assertEquals(threeArray[1], 3);

  int[] centArray = GeneratePrimes.generatePrimes(3);
  assertEquals(centArray.length, 25);
  assertEquals(centArray[24], 97);
 }

 public void testExhaustive()
 {
  for (int i = 2; i < 500; i++)
     verifyPrimeList(PrimeGenerator.generatePrimes(i));
 }
```

```
  private void verifyPrimeList(int[] list)
  {
    for (int i = 0; i < list.length; i++)
    {
      verifyPrime(list[i]);
    }
  }

  private void verifyPrime(int n)
  {
    for (int factor = 2; factor < n; factor++)
      assert(n % factor != 0);
  }
}

interface GeneratePrimes {
  public static int[] generatePrimes(int maxValue);
}
```

小结

重构后的程序读起来比一开始要好得多，程序工作得也更好一些。我对这个成果非常满意。程序变得更容易理解，因此也更容易修改。当然，程序结构中各部分之间互相隔离，同样也让更改更加容易。

你也许担心抽取出只调用一次的方法会影响性能。我认为，在大多数情况下，增强可读性是值得花费额外一笔微小的开销的。不过，如果那些开销发生在深层循环内部，那将是一笔巨大的开销。我的建议是，先假设这种损失是可以忽略的，直到证明这种假设是错误的为止。

我们把时间投入到重构中，值得吗？毕竟，程序一开始时就已经完成所需功能。我强烈推荐你应该经常对自己写和维护的每一个模块进行重构。你投入的时间比随后为自己和他人节省的时间要少得多。

重构就好比用餐后对厨房进行清理。第一次不清理，结束用餐会快一些。但到了第 2 天，由于不得不收拾碗碟和厨房，所以做准备工作的时间就要更长一些。这会促使你再次放弃清洁工作。的确，如果跳过清洁工作，你每天都能很快用完餐，但是，脏乱差在一天天悄然累积。最终，你得花大量的时间去找干净的、合适的烹饪器具，费力地抠掉或凿掉碗盘碟上早已经干结的食物残余，然后再逐一擦洗干净，以便下一次可以直接做饭。饭是每天都要吃的，不及时清理，并不能真正加快做饭的速度。

重构的目的，正像在本章中描述的，是为了每天清洁代码。我们不想让脏乱差日积月累，我们不想“使力凿掉并用力擦洗”随着时间累积的“干结的”比特，我们想通过最小的努力就能够对系统进行扩展和修改。要想具备这种能力，最主要的就是要保持代码的整洁。

关于这一点，我怎么强调都不过分。本书介绍的所有的原则和模式对脏乱差的代码没有任何价值。在学习原则和模式前，首先学会写整洁的代码。

参考文献

1. Fowler, Martin. *Refactoring: Improve the Design of Existing Code*. Reading, MA: Addison-Wesley, 1999.

第 6 章　一次编程活动

"设计和编程都是人类活动，忘记这一点，将会失去一切。"

——比雅尼·斯特劳斯特拉普[①]，C++ 之父，1991

为了演示 XP 的编程实践，Bob Koss（RSK）和 Bob Martin（RCM）要在一个小型的应用程序中结对编程，你可以在一旁观战。我们会用测试驱动开发和大量的重构去创建这个应用。接下来的一幕重现了两位 Bob 于在 2000 年末它在一家旅馆中实际进行编程活动的情景。

在创建这个应用的过程中，我们犯了很多错误。这些错误包括代码、逻辑、设计以及需求等方面。在学习本章时，你会看到我们围绕这几个方面所进行的活动：识别出错误，然后处理。整个过程和只要有人参与的活动一样混乱。结果……额，令人吃惊的是，竟然从这样一个混乱的过程中涌现出了秩序。

这个程序是计算保龄球比赛得分的，所以，知道保龄球比赛的规则会有助于本章内容的理解。如果对保龄球比赛的规则不甚了解的话，可以查看章末的补充内容。

① 中文版编注：摩根士丹利信息技术部门董事总经理、哥伦比亚大学计算机科学系客座教授，美国国家工程学会会员，IEEE、ACM、CHM 资深会员。他最出名的 title 是 C++ 之父。

保龄球比赛

RCM：可以帮我写一个保龄球的记分程序吗？

RSK：（内心OS："XP中结对编程的实践说过，当有人请求帮助时，不可以说'不'。如果那个人是你的老板，那就更不能拒绝了。"）当然可以，Bob，非常高兴能帮到你。

RCM：太好了，我想写一个记录保龄球联赛的记分程序。需要记录下所有的比赛、确定各团队的等级、确定每个周赛的优胜者和失败者，并且要准确地记录每场比赛的比分。

RSK：有意思。我以前是个很优秀的保龄球选手。这事儿看上去很有趣。你已经列出了一些用户故事，先挑哪个搞起？

RCM：先从一次比赛开始吧！

RSK：好的。具体点，这个用户故事的输入和输出是什么？

RCM：在我看来，输入只是投掷（throw）的序列。一次投掷就是一个整数，表明此次投掷所击倒的球瓶的个数。输出就是每一轮（frame）的得分。

RSK：如果你在这次练习中扮演客户的角色，会希望什么样的输入和输出呢？

RCM：好，我就是客户啦。我们需要一个方法，调用它可以添加投掷的分数，还需要一个方法获取得分。差不多像下面这样：

```
ThrowBall(6);
ThrowBall(3);
assertEquals(9, getScore());
```

RSK：好的，我们需要一些测试数据。我来画一张记分卡的草图（图6.1）。

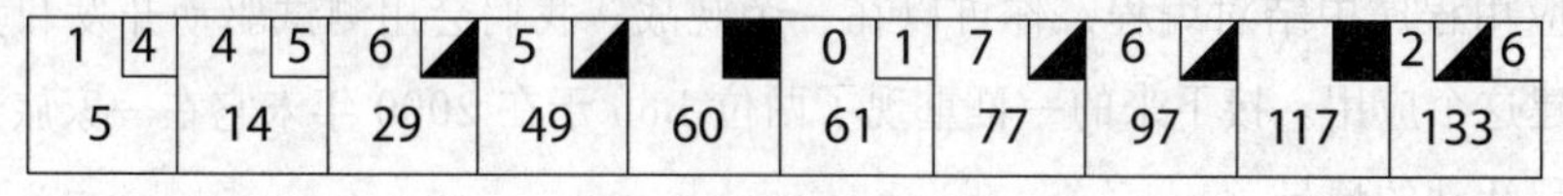

图 6.1 典型的保龄球比赛记分卡

RCM：这名选手发挥得很不稳定。

RSK：也可能是喝高了，不过可以作为一个相当不错的验收测试用例。

RCM：我们还需要其他的验收测试用例，不过待会儿再考虑吧。咱们应该从哪里开始呢？要做一个系统设计吗？

RSK：我不介意用 UML 图来描述我们从记分卡中得到的一些问题域的概念，从中发现一些候选对象可以用在随后的代码中。

RCM：（戴上他那顶强大的对象设计师的帽子）好，显然，Game 对象由 10 轮次（Frame）的序列组成，每个 Frame 对象包含 1 个、2 个或者 3 个 Throw 对象。

RSK：好主意。我也是这么想的。我马上画出来。如图 6.2 所示。

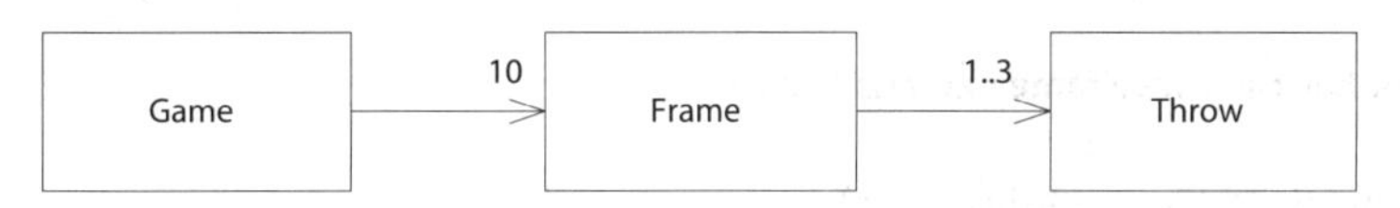

图 6.2 保龄球记分卡的 UML 图

RSK：好，来选取一个要测试的类。从依赖关系链的最末端开始，依次往前如何？这样测试会容易些。

RCM：当然可以。我们来创建 Throw 类的测试用例。

RSK：（开始写代码）好！

```
// TestThrow.java -----------------------------------------------------------------
import junit.framework.*;

public class TestThrow extends TestCase
{
 public TestThrow(String name)
 {
  super(name);
 }
```

```
  // public void test???
}
```

RSK：你觉得 Throw 对象应该有什么行为呢？

RCM：它持有玩家所击倒的球瓶个数。

RSK：看吧，你刚刚也就只用了寥寥数语，可见它确实没做什么事情。我们大概得重新审视一下，关注确实具备行为的对象，而不是只是数据对象。

RCM：嗯哼，你是说 Throw 这个类可能不必存在？

RSK：是的，如果不具备任何行为，这个类能有多重要呢？我还不知道它是否应该存在。我只是觉得如果我们关注那些不仅仅只有 setter 和 getter 方法的对象，会更有效率。但是如果你想主导的话……（将键盘推到 RCM 面前）

RCM: 好吧，我们回溯到依赖链上的 Frame 类，看看能否在编写该类的测试用例时，驱动我们完成 Throw 类。（将键盘推到 RSK 面前）

RSK:（猜猜看，他是想让我进入死胡同后再教育我，还是他确实是同意我的观点？）好的，新建文件，新建测试用例。

```
// TestFrame.java -------------------------------------------------------------------------------------------
import junit.framework.*;

public class TestFrame extends TestCase
{
  public TestFrame(String name)
  {
    super(name);
  }

  // public void test???
}
```

RCM：嗯嗯，这是第二次写这样的代码了。现在，你想到一些有趣的针对 Frame 类的测试用例了吗？

RSK：Frame 类可以显示得分，每次击倒的球瓶数目，是否有全中（Strike）或补中（Spare）等情况。

RCM：好的，用代码说话。（脑补一下“talk is cheap，show me the code”）

RSK：（写代码中）

```
// TestFrame.java ---------------------------------------------------------------------------------------------------
import junit.framework.*;

public class TestFrame extends TestCase
{
 public TestFrame(String name)
 {
  super(name);
 }

 public void testScoreNoThrows()
 {
  Frame f = new Frame();
  assertEquals(0, f.getScore());
 }
}

// Frame.java ---------------------------------------------------------------------------------------------------
public class Frame
{
   public int getScore()
   {
   return 0;
   }
 }
```

RCM：好的，测试用例通过了，不过 getScore 确实是个笨方法。如果向 Frame 中加入一次投掷的话，这个测试就会挂掉。所以我们写这样的测试用例，添加一些投掷的得分，然后检查得分。

```
// TestFrame.java

public void testAddOneThrow()
{
 Frame f = new Frame();
 f.add(5);
 assertEquals(5, f.getScore());
}
```

RCM：编译通不过。Frame 类中没有 add 方法。

RSK：我打赌你如果定义这个方法，就会通过编译 ;-)

```
// Frame.java -------------------------------------------------------------------------------------------------------
public class Frame
{
  public int getScore()
  {
    return 0;
  }

  public void add(Throw t)
  {
  }
}
```

RCM：（内心独白）这不可能编译得过，因为还没有写 Throw 类呢。

RSK：鲍勃，咱俩聊聊。在测试中传给 add 方法的是一个整数，而该方法期待的是一个 Throw 对象。两者不相容。在我们再次关注 Throw 类以前，你能描述一下 Throw 类的行为吗？

RCM：哦哦！我甚至没有注意到我写的是 f.add(5)。我应该写 f.add(new Throw(5))，但那样太丑了，我其实真正想写的是 f.add(5)。

RSK：先不管是否优雅，我们暂且把美学的考量放到一边。鲍勃，你能描述一下 Throw 对象的行为吗？用二进制表示？

RCM：101101011101010100101。我不知道 Throw 是否具备一些行为，现在我觉得 Throw 就是 int 参数。不过，只要我们让 Frame 的 add 方法接收一个 int 参数就不必考虑这些了。

RSK：我觉得这样做的根本原因就是简单。真出问题时，再用一些复杂的办法。

RCM：同意。

```
// Frame.java -------------------------------------------------------------------------------------------------------
public class Frame
{
  public int getScore()
  {
    return 0;
  }
```

```
    public void add(int pins)
    {
    }
  }
```

RCM：好，编译通过，但是测试挂了。现在，我们来修测试。

```
  // Frame.java ----------------------------------------------------------------
  public class Frame
  {
   public int getScore()
   {
    return itsScore;
   }

   public void add(int pins)
   {
    itsScore += pins;
   }

   private int itsScore = 0;
  }
```

RCM：编译和测试都过了，不过都明显简化了。下一个测试用例是什么？

RSK：先休息一会儿吧。

------------------------------ 休息中 ----------------------------

RCM：感觉不错。Frame.add 是个脆弱的方法。如果用 11（译注：保龄球比赛中每一次投掷的最高得分就是 10 分。）作为参数调用它，会怎么样呢？

RSK：如果发生这种情况，可以抛出异常。但是谁会是这个方法的调用者呢？这段程序会成为数千人使用的应用框架吗？如果是那样，我们就不得不做一些防御措施。但是如果只有你一个人用，只要不传入 11 就好了。（暗笑）

RCM：有道理，余下的测试会捕获无效参数的情况。真出现问题时再加进去也不迟。目前，add 方法还不能处理全中和补中的情况。我们写一个测试用例来反映这种情况。

RSK：额……如果用 add(10) 表达一次全中，那么 getScore 应该返回什么值呢？我不知道该怎么写这个断言，也许我们的问题是错的，又或者我们在错误的对象上提出了正确的问题。

RCM：如果调用 add(10)，或者在调用 add(3) 后又调用 add(7)，那么随后调用 Frame 的 getScore 方法是没有意义的。[①]Frame 对象必须要根据随后几个 Frame 实例的得分才能计算出自己的得分。如果后面的 Frame 实例还不存在，那么它会返回一些丑陋的东西，比如 -1。我不希望返回 -1。

RSK：确实，我也不喜欢 -1 这个点子。你刚刚说 Frame 之间要互相了解，那谁来维护这些不同的 Frame 对象呢？

RCM：Game 对象。

RSK：所以 Game 依赖 Frame，而 Frame 又反过来依赖 Game。我不喜欢这样。

RCM：Frame 不必依赖 Game，可以把它们放到一个链表中。每个 Frame 对象持有它前面和后面 Frame 的指针。要获取一个 Frame 的得分，该 Frame 会获取前一个 Frame 的得分；如果该 Frame 中有补中或者全中的情况，它会从后面 Frame 中获取所需得分。

RSK：好的，不过不太形象，我感觉有些模糊。写点代码来看看吧。

RCM：好，我们要先写一个测试用例。

RSK：是针对 Game 呢，还是另起一个针对 Frame 的呢？

RCM：我认为应该针对 Game，因为是 Game 构建 Frame 并把它们互相连接起来的。

RSK：你是想停下现在手头上有关 Frame 的工作，跳转到 Game 上去，还是只是想要一个 MockGame 对象来辅助完成 Frame 的工作呢？

RCM：停下 Frame 的工作，跳到 Game 上来吧。Game 的测试用例应当能证明我们需要一个 Frame 的链表。

RSK：我不确定如何证明这点，我得看看代码。

RCM：（写代码中）

```
// TestGame.java ------------------------------------------------------------
import junit.framework.*;

public class TestGame extends TestCase
{
  public TestGame(String name)
  {
    super(name);
  }
```

① 译注：全中和补中需要延后一轮才能记分，请参考章末的补充内容。

```
    public void testOneThrows()
    {
      Game g = new Game();
      g.add(5);
      assertEquals(5, g.score());
    }
  }
```

RCM：看上去合理吗？

RSK：当然合理，不过我还在找需要 Frame 链表的证据。

RCM：我也在找。我们先留着这些测试用例，看看会有什么结果。

```
// Game.java ------------------------------------------------------------------------------------------------
public class Game
{
    public int score()
    {
    return 0;
    }

    public void add(int pins)
    {
    }
}
```

RCM：好的，代码编译通过而且测试挂了。现在，我们要让测试通过。

```
// Game.java ------------------------------------------------------------------------------------------------
public class Game
{
  public int score()
  {
    return itsScore;
  }

  public void add(int pins)
  {
    itsScore += pins;
  }
  private int itsScore = 0;
}
```

RCM：测试过了，干得漂亮！

RSK：不错，不过我还在找需要 Frame 对象链表的充分证据。这是当时我们认为需要 Game 的原因。

RCM：是的，我也在找线索。我非常期待一旦开始编写补中和全中的测试用例，我们就自然而然构建出一组 Frame 对象，并且把它们串联到一个链表当中。不过，我不想过早构建，除非有代码强烈驱动我们去做。

RSK：说得对。我们在 Game 上小步构建。再写另一个表示两次投掷但没有补中情况的测试用例。

RCM：好的，现在应该都能通过。我们试试看。

```
// TestFrame.java ------------------------------------------------------------
public void testTwoThrowsNoMark()
{
  Game g = new Game();
  g.add(5);
  g.add(4);
  assertEquals(9, g.score());
}
```

RCM：是的，测试过了。现在，我们试试四次投掷但没有补中和全中的情况。

RSK：测试也会过的。但这不是我所期望的，我们可以一直添加投掷数，甚至根本不需要一个 Frame。不过，我们还没有考虑过过补中和全中的情况，或许到那时我们就会需要一个 Frame。

RCM：这个问题我也考虑过了。不过，看一下这个测试用例：

```
// TestFrame.java ------------------------------------------------------------
public void testFourThrowsNoMark()
{
  Game g = new Game();
  g.add(5);
  g.add(4);
  g.add(7);
  g.add(2);
  assertEquals(18, g.score());
  assertEquals(9, g.scoreForFrame(1));
  assertEquals(18, g.scoreForFrame(2));
}
```

RCM：看上去合理吗？

RSK：我觉得合理。我忘记我们必须把每个 Frame 中的得分显示出来。啊哈，我把记分卡的草图纸当成热可可的杯垫了。难怪我会忘记！

RCM：（叹气）好吧。首先我们给 Game 添加一个 scoreForFrame 方法让这个测试用例挂掉。

```
// Game.java ----------------------------------------------------------------
   public int scoreForFrame(int frame)
   {
     return 0;
   }
```

RCM：太好了，编译过了，测试失败了。现在，我们怎么让测试通过？

RSK：我们可以开始构建 Frame 对象了，但这真的是测试通过最简单的方法吗？

RCM：事实上并不是的。我们可以仅仅在 Game 中创建一个整数的数组。每次调用 add 方法就往数组中添加一个新的整数。每次调用 scoreForFrame 方法就往前遍历数组，然后计算出得分。

```
// Game.java ----------------------------------------------------------------
public class Game
{
 public int score()
 {
   return itsScore;
 }

 public void add(int pins)
 {
    itsThrows[itsCurrentThrow++] = pins;
    itsScore += pins;
  }
  public int scoreForFrame(int frame)
  {
   int score = 0;
   for (int ball = 0;
     frame > 0 && (ball < itsCurrentThrow);
    ball += 2, frame--)
  {
   score += itsThrows[ball] + itsThrows[ball + 1];
  }
  return score;
 }
```

```
    private int itsScore = 0;
    private int[] itsThrows = new int[21];
    private int itsCurrentThrow = 0;
}
```

RCM：（自鸣得意）看这儿，正常工作了。

RSK：这里的魔数 21 是干什么的？

RCM：那是保龄球游戏中可能的最大投掷数。

RSK：讨厌。我猜，你年轻的时候是个 Unix 黑客，并且觉得把整个应用程序写在一条没人能懂的语句中很酷。scoreForFrame 方法需要重构，可读性更强一些。但是在我们考虑重构之前，我先问个别的问题。把这个方法放到 Game 中是最恰当的做法么？我认为 Game 违背了 SRP（单一职责原则，参见第 8 章）。它接收了投掷数并且知道如何计算每轮的得分。你觉得增加一个 Scorer 对象如何？

RCM：（粗鲁地摆了一下手）我不关心这个方法放在哪里，现在，我感兴趣的是让记分功能正常工作。一旦我们原地解决了全部问题，就可以去争辩 SRP 的价值。不过，我明白你关于 Unix 黑客的槽点了，我们尝试简化一下那个循环语句。

```
public int scoreForFrame(int theFrame)
{
    int ball = 0;
    int score = 0;
    for (int currentFrame = 0;
         currentFrame < theFrame;
         currentFrame++)
    {
      score += itsThrows[ball++] + itsThrows[ball++];
    }
    return score;
}
```

RCM：好一点点了。不过 score+= 表达式有副作用[①]。这里倒没有什么关系，因为两个加法表达式的求值顺序没关紧要。（真的如此？有没有可能两个自增运算符的优先级要高于数组运算符呢？）

RSK：我认为我们可以做个试验来验证这里没有任何副作用，不过那个方法还不能处理补中和全中的情况。我们应该继续增强它的可读性，还是进一步完善它的功能？

RCM：这种试验可能对某些编译器有意义，其它编译器可能会使用不同的求值顺序。

① 译注：即有可能 ball 自增两次之后，才被 itsThrows[ball] 取值。

我不知道这里是否有问题，不过可以解除潜在的顺序依赖，然后增加更多的测试用例完善功能。

```
public int scoreForFrame(int theFrame)
{
    int ball = 0;
    int score = 0;
   for (int currentFrame = 0;
         currentFrame < theFrame;
        currentFrame++)
 {
   int firstThrow = itsThrows[ball++];
   int secondThrow = itsThrows[ball++];
   score += firstThrow + secondThrow;
 }
 return score;
}
```

RCM：好的，下一个测试用例，我们用补中。

```
public void testSimpleSpare()
{
 Game g = new Game();
}
```

RCM：这玩意儿我写烦了。我们重构一下测试，把 Game 对象的创建放到 setUp 方法中。

```
// TestGame.java ----------------------------------------------------------------------------------------------------
import junit.framework.*;

public class TestGame extends TestCase
{

   public TestGame(String name)
   {
     super(name);
   }

    private Game g;

    public void steUp()
   {
      g = new Game();
```

```
  }

  public void testOneThrow()
  {
   g.add(5);
   assertEquals(5, g.score());
  }

  public void testTwoThrowsNoMark()
  {
    g.add(5);
    g.add(4);
   assertEquals(9, g.score());
  }

  public void testFourThrowsNoMark()
  {
    g.add(5);
    g.add(4);
    g.add(7);
    g.add(2);
    assertEquals(18, g.score());
    assertEquals(9, g.scoreForFrame(1));
    assertEquals(18, g.scoreForFrame(2));
  }

  public void testSimpleSpare()
  {
  }
}
```

RCM：好多了，现在我们来写补中的测试用例。

```
public void testSimpleSpare()
{
  g.add(3);
  g.add(7);
  g.add(3);
  assertEquals(13, g.scoreForFrame(1));
}
```

RCM：好的，那个测试用例挂了。我们现在需要让它通过。

RSK：我来写吧。

```
public int scoreForFrame(int theFrame)
{
  int ball = 0;
  int score = 0;
  for (int currentFrame = 0;
       currentFrame < theFrame;
       currentFrame++)
  {
    int firstThrow = itsThrows[ball++];
    int secondThrow = itsThrows[ball++];

    int frameScore = firstThrow + secondThrow;
    // spare needs next frames first throw
    if (frameScore == 10)
      score += frameScore + itsThrows[ball++];
    else
      score += frameScore;
   }

   return score;
 }
```

RSK：啊哈！测试通过了！

RCM：（抓过键盘）好的，不过在 frameScore == 10 这个分支下的 ball 的自增操作不应该存在。我这儿有个测试用例可以证明这点。

```
public void testSimpleSpareAfterSpare()
{
 g.add(3);
 g.add(7);
 g.add(3);
 g.add(2);
 assertEquals(13, g.scoreForFrame(1));
 assertEquals(18, g.score());
}
```

RCM：哈！看，测试挂了。现在如果我们就只是去掉那个讨厌的自增运算……

```
if (frameScore == 10)
score += frameScore + itsThrows[ball]
```

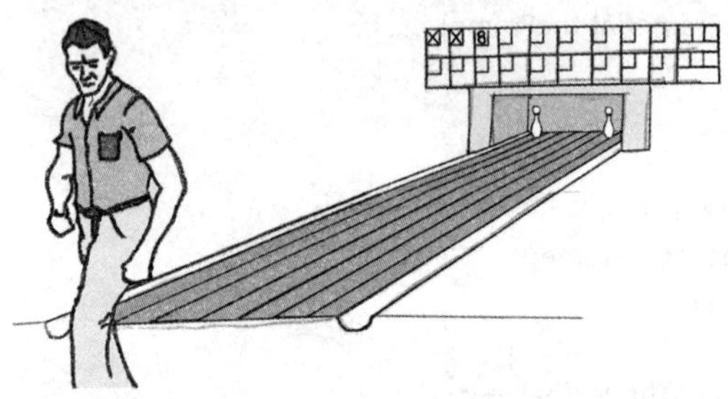

RCM：额……，还是挂了……应该是 score 方法出错了吧？我改下测试用例，用 scoreForFrame(2) 来测试下。

```
public void testSimpleSpareAfterSpare()
{
  g.add(3);
  g.add(7);
  g.add(3);
  g.add(2);
  assertEquals(13, g.scoreForFrame(1));
  assertEquals(18, g.scoreForFrame(2));
}
```

RCM：嗯……测试过了。那个 score 方法肯定有问题。我们去看看。

```
public int score()
{
 return itsScore;
}

public void add(int pins)
{
 itsThrows[itsCurrentThrow++] = pins;
 itsScore += pins;
}
```

RCM：耶，果然是错的！ score 方法只返回球瓶的总数，而不是正确的得分。score 要做的事情其实是针对当前的 Frame 调用 scoreForFrame() 方法。

RSK：我们并不知道当前的 Frame 是几。我们给目前的测试都添加一条关于当前 Frame 是多少的消息。当然，每次加一个。

RCM：好。

```
// TestGame.java ------------------------------------------------------------------
   public void testOneThrow()
   {
```

```
        g.add(5);
        assertEquals(5, g.score());
        assertEquals(1, g.getCurrentFrame())
      }
  // Game.java ----------------------------------------------------------------
      public int getCurrentFrame()
      {
        return 1;
      }
```

RCM：好的，测试过了，但是有点蠢。我们写下一个测试用例。

```
  public void testTwoThrowsNoMark()
  {
    g.add(5);
    g.add(4);
    assertEquals(9, g.score());
    assertEquals(1, g.getCurrentFrame());
  }
```

RCM：这个没啥意思，试试下一个。

```
  public void testFourThrowsNoMark()
  {
    g.add(5);
    g.add(4);
    g.add(7);
    g.add(2);
    assertEquals(18, g.score());
    assertEquals(9, g.scoreForFrame(1));
    assertEquals(18, g.scoreForFrame(2));
    assertEquals(2, g.getCurrentFrame());
  }
```

RCM：这个测试挂了。现在我们要让它通过。

RSK：我觉得吧，这个算法很简单，就是把投掷的总数除以2，因为每轮有两次投掷。[①] 除非有全中的情况……不过，我们至今还没有考虑过全中的情况，所以这里也忽略掉吧。

RCM：（在加一和减一之间胡乱调整，直到可以正常工作。）

① 托马斯和亨特（Dave Thomas & Andy Hunt）称之为“基于巧合的编程”（programming by coincidence）。

```
public int getCurrentFrame()
{
    return 1 + (itsCurrentThrow - 1) / 2;
}
```

RCM：这不太令人满意。

RSK：如果不是每次都去计算它，会怎么样呢？如果每次投掷后去调整一个 currentFrame 的成员变量会如何？

RCM：不错，我们来试试。

```
// Game.java ------------------------------------------------------------------
    public int getCurrentFrame()
    {
    return itsCurrentFrame;
    }
  public void add(int pins)
  {

      itsThrows[itsCurrentThrow++] = pins;
      itsScore += pins;
      if (firstThrow == true)
      {
        firstThrow = false;
        itsCurrentFrame++;
      }
     else
      {
        firstThrow = true;
      }
   }
   private int itsCurrentFrame = 0;
   private Boolean firstThrow = true;
```

RCM：好的，可以工作了。但是这也意味着当前轮指的是最近一次投掷所在轮，而不是下一次投掷所在轮。只要我们记住这一点，就没有问题。

RSK：我记性不好，所以我们把程序修改得更容易懂一些。但是在调整前，我们先把代码从 add 中抽取出来，放到一个 adjustCurrentFrame() 或者其他名字的私有成员方法中。

RCM：好的，听上去不错。

```
public void add(int pins)

{
   itsThrows[itsCurrentThrow++] = pins;
   itsScore += pins;
   adjustCurrentFrame();
}

private void adjustCurrentFrame()
{
   if (firstThrow == true)
   {
      firstThrow = false;
      itsCurrentFrame++;
   }
   else
   {
      firstThrow = true;
   }
}
```

RCM：现在，我们把变量和方法的名字改得更清晰一些。我们该如何命名 itsCurrentFrame 呢？

RSK：我还挺喜欢这个名字的。但我认为对它递增的位置不对。在我看来，当前轮是正在投掷的所在轮。所以应该在该轮最后一次投掷完毕后，才对它递增。

RCM：我同意。我们可以修改测试用例来体现这一点，然后再去修正 adjustCurrentFrame。

```
// TestGame.java -----------------------------------------------------------------------------------------------
public void testTwoThrowsNoMark()
{
   g.add(5);
   g.add(4);
   assertEquals(9, g.score());
   assertEquals(2, g.getCurrentFrame());
}

public void testFourThrowsNoMark()
{
   g.add(5);
   g.add(4);
   g.add(7);
```

```
    g.add(2);
    assertEquals(18, g.score());
    assertEquals(9, g.scoreForFrame(1));
    assertEquals(18, g.scoreForFrame(2));
    assertEquals(3, g.getCurrentFrame());
}

// Game.java -----------------------------------------------------------------
private void adjustCurrentFrame()
{
    if (firstThrow == true)
    {
        firstThrow = false;
    }
    else
    {
        firstThrow = true;
        itsCurrentFrame++;
    }
}

private int itsCurrentFrame = 1;
}
```

RCM：不错，可以工作了。现在我们为 getCurrentFrame 写两个具有补中情况的测试用例。

```
public void testSimpleSpare()
{
    g.add(3);
    g.add(7);
    g.add(3);
    assertEquals(13, g.scoreForFrame(1));
    assertEquals(2, g.getCurrentFrame());
}

public void testSimpleSpareAfterSpare()
{
    g.add(3);
    g.add(7);
    g.add(3);
    g.add(2);
    assertEquals(13, g.scoreForFrame(1));
    assertEquals(18, g.scoreForFrame(2));
```

```
    assertEquals(3, g.getCurrentFrame());
}
```

RCM：通过了。现在，回到原来的问题上。我们要让 score 方法能够工作。现在可以让 score 去调用 scoreForFrame(getCurrentFrame() - 1)。

```
public void testSimpleSpareAfterSpare()
{
    g.add(3);
    g.add(7);
    g.add(3);
    g.add(2);
    assertEquals(13, g.scoreForFrame(1));
    assertEquals(18, g.scoreForFrame(2));
    assertEquals(18, g.score());
    assertEquals(3, g.getCurrentFrame());
}
// Game.java -----------------------------------------------------------------------------------
public int score()
{
    return scoreForFrame(getCurrentFrame() - 1);
}
```

RCM：TestOneThrow 测试用例挂了，我们来看看。

```
public void testOneThrow()
{
    g.add(5);
    assertEquals(5, g.score());
    assertEquals(1, g.getCurrentFrame());
}
```

RCM：只有一次投掷，第一轮是不完整的。score 方法调用 scoreForFrame(0)。这真是讨厌。

RSK：也许是，也许不是。这个程序是写给谁的呢？谁会去调用 score() 呢？我们假定不会针对不完整的一轮调用该方法合理吗？

RCM：是的，但是它让我觉得不舒服。为了解决这个问题，我们要从 testOneThrow 测试用例中去掉 score？那是我们想做的吗？

RSK：可以这么做，甚至可以去掉整个 testOneThrow 测试用例。它曾把我们引到了感兴趣的测试用例上。但现在还有实际用处吗？在所有其它测试用例中依然具有对于该问题的覆盖。

RCM：是的，我明白你的意思。好的，删除它。（编辑代码，运行测试，出现了绿色的指示条。）啊，好多了。现在我们最好写全中的测试用例。毕竟，我们想看到所有这些 Frame 对象被构建成一个链表，对吧？（窃笑）

```
public void testSimpleStrike()
{
  g.add(10);
  g.add(3);
  g.add(6);
  assertEquals(19, g.scoreForFrame(1));
  assertEquals(28, g.score());
  assertEquals(3, g.getCurrentFrame());
}
```

RCM：好的，和预期一致，编译通过了，但测试挂了。现在要通过测试。

```
// Game.java -----------------------------------------------------------------------
public class Game
{
  public void add(int pins)
  {
    itsThrows[itsCurrentThrow++] = pins;
    itsScore += pins;
    adjustCurrentFrame(pins);
  }

  private void adjustCurrentFrame(int pins)
  {
    if (firstThrow == true)
```

```
    {
      if (pins == 10) // strike
        itsCurrentFrame++;
      else
        firstThrow = false;
    }
    else
    {
      firstThrow = true;
      itsCurrentFrame++;
    }
  }

  public int scoreForFrame(int theFrame)
  {
    int ball = 0;
    int score = 0;
    for (int currentFrame = 0;
        currentFrame < theFrame;
        currentFrame++) {
      int firstThrow = itsThrows[ball++];
      if (firstThrow == 10)
      {
        score += 10 + itsThrows[ball] + itsThrows[ball + 1];
      }
      else
      {
        int secondThrow = itsThrows[ball++];

        int frameScore = firstThrow + secondThrow;
        // spare needs next frames first throw
        if (frameScore == 10)
          score += frameScore + itsThrows[ball];
        else
          score += frameScore;
      }
    }

    return score;
  }
  private int itsScore = 0;
  private int[] itsThrows = new int[21];
  private int itsCurrentThrow = 0;
```

```
  private int itsCurrentFrame = 1;
  private Boolean firstThrow = true;
}
```

RCM：不错，不是特别难，我们来看看能否为一次完美的比赛记分。

```
public void testPerfectGame()
{
  for (int i = 0; i < 12; i++)
  {
    g.add(10);
  }
  assertEquals(300, g.score());
  assertEquals(10, g.getCurrentFrame());
}
```

RCM：奇怪，它说得分是 330。怎么会是这样？

RSK：因为当前轮一直被累加到了 12。

RCM：唉，要把它限定到 10。（划重点）

```
private void adjustCurrentFrame(int pins
{
  if (firstThrow == true)
  {
    if (pins == 10) // strike
      itsCurrentFrame++;
    else
      firstThrow = false;
  }
  else
  {
    firstThrow = true;
    itsCurrentFrame++;
  }

  itsCurrentFrame = Math.min(10, itsCurrentFrame);
}
```

RCM：该死，这次它说得分是 270。出什么问题了？

RSK：老兄，score 方法把 getCurrentFrame 减了 1，所以它给出的是第 9 轮的得分，而不是第 10 轮的得分。

RCM：什么，你是说，应该把当前 frame 限定到 11 而不是 10？我再试试。

```
itsCurrentFrame = Math.min(11, itsCurrentFrame);
```

RCM：好的，现在得到了正确的得分，但是却因为当前轮是11，而不是10失败了。烦人，当前轮真是一个难办的事情。我们希望当前轮指的是比赛者正在投掷的那一轮，但是在比赛结束时这意味着什么呢？

RSK：或许我们应该回到原先的观点，认为当前轮指的是最后一次投掷的那一轮。

RCM：或者，我们也许要提出最近的完整轮次这样一个概念？毕竟，在任何时间点上比赛的得分都是最近的完整轮次的得分。

RSK：一个整轮指的是可以为之计算得分的轮次，对吗？

RCM：是的，如果一轮中有补中的情况，那么要在下个球投掷之后这轮才算完整。如果一轮中有全中的情况，那么要在下两个球投掷之后这轮才算完整。如果一轮中没有上述两种情况出现，那么该轮中第二球投掷完毕后就算完整了。等一会……我们正要让 score() 方法可以工作，对吗？我们所需要做的就是在比赛结束时让 score() 调用 scoreForFrame(10)。

RSK：你怎么知道比赛结束了呢？

RCM：如果 adjustCurrentFrame 对 itsCurrentFrame 的增加超过10，那么就是比赛结束了。

RSK：等等。你的意思是如果 getCurrentFrame 返回了11，比赛就算结束了。可程序现在就是这样工作的呀！

RCM：嗯，你的意思是我们应该修改测试用例，使之和程序一致？

```
public void testPerfectGame()
{
  for (int i = 0; i < 12; i++)
  {
    g.add(10);
  }
  assertEquals(300, g.score());
  assertEquals(11, g.getCurrentFrame());
}
```

RCM：不错，测试过了。这和 getMonth 在1月份返回0差不多是一个性质的。可是我还是觉得不太舒服。

RSK：或许后面会有办法。现在，我发现了一个 bug。我来操作？（一把抓过键盘。）

```
public void testEndOfArray()
```

```
{
  for (int i = 0; i < 9; i++)
  {
    g.add(0);
    g.add(0);
  }
  g.add(2);
  g.add(8); // 10th frame spare
  g.add(10); // strike in last position of array.
  assertEquals(20, g.score());
}
```

RSK：额，没有挂掉。我以为既然数组的第 21 个元素是一个全中，scorer 对象会试图把数组的第 22 个和第 23 个元素的得分加进去。但是我猜它并没有这么做。

RCM：额，你还想着 scorer 对象呢？不管怎么说，我明白你的意思，但是由于 score 绝不会用大于 10 的参数去调用 scoreForFrame，所以这最后一次全中实际上没有被作为全中处理。只是为了上一轮补中的完整性才把它作为 10 分计算的。我们决不会越过数组的边界。

RSK：好烦人，我们把原先记分卡上的数据输入到程序中。

```
public void testSampleGame()
{
  g.add(1);
  g.add(4);
  g.add(4);
  g.add(5);
  g.add(6);
  g.add(4);
  g.add(5);
  g.add(5);
  g.add(10);
  g.add(0);
  g.add(1);
  g.add(7);
  g.add(3);
  g.add(6);
  g.add(4);
  g.add(10);
  g.add(2);
  g.add(8);
  g.add(6);
  assertEquals(133, g.score());
}
```

RSK：不错，测试过了。你还能想到其它的一些测试用例吗？

RCM：是的，我们来多测试一些边界情况。一个可怜的家伙投出了 11 次全中，但最后一次只击中了 9 个？

```
public void testHeartBreak()
{
  for (int i = 0; i < 11; i++)
    g.add(10);
  g.add(9);
  assertEquals(299, g.score());
}
```

RCM：测试通过了。好的，再来测试一下第 10 轮是补中的情况？

```
public void testTenthFrameSpare()
{
  for (int i = 0; i < 9; i ++)
    g.add(10);
  g.add(9);
  g.add(1);
  g.add(1);
  assertEquals(270, g.score());
}
```

RCM：（高兴地盯着绿色的指示条）也过了。我再也想不出更多测试用例了，你呢？

RSK：我也想不出了，我认为已经覆盖了所有的情况。此外，我实在是想重构这个混乱的程序。我还是认为应该有 scorer 对象。

RCM：是的，scoreForFrame 方法确实很乱，我们想一下怎么改。

```
public int scoreForFrame(int theFrame)
{
  int ball = 0;
  int score = 0;
  for (int currentFrame = 0;
      currentFrame < theFrame;
     currentFrame++)
  {
    int firstThrow = itsThrows[ball++];
    if (firstThrow == 10)
    {
      score += 10 + itsThrows[ball] + itsThrows[ball + 1];
    }w
    else
    {
      int secondThrow = itsThrows[ball++];

      int frameScore = firstThrow + secondThrow;

      // spare needs next frames first throw
      if (frameScore == 10)
        score += frameScore + itsThrows[ball];
      else
        score += frameScore;
    }
  }

  return score;
}
```

RCM：我很想把 else 子句抽取出来单独作为一个名为 handleSecondThrow 的方法，但是因为它使用了 ball、firstThrow 以及 secondThrow 这些局部变量，所以不行。

RSK：我们可以把这些局部变量改为成员变量。

RCM：是的，这对于你认为的把记分部分剥离到 scorer 对象中去的看法又多了几分支持。好，我们来试试。

RSK：（抓过键盘）

```
public class Game
{
 public int score()
 {
```

```
  return scoreForFrame(getCurrentFrame() - 1);
}

public void add(int pins)
{
  itsThrows[itsCurrentThrow++] = pins;
  itsScore += pins;
  adjustCurrentFrame(pins);
}

private void adjustCurrentFrame(int pins)
{
  if (firstThrowInFrame == true)
  {
    if (pins == 10) // strike
      itsCurrentFrame++;
    else
      firstThrowInFrame = false;
  }
  else
  {
    firstThrowInFrame = true;
    itsCurrentFrame++;
  }

  itsCurrentFrame = Math.min(11, itsCurrentFrame);
}

public int scoreForFrame(int theFrame)
{
  ball = 0;
  int score = 0;
  for (int currentFrame = 0;
      currentFrame < theFrame;
      currentFrame++)
   {
    firstThrow = itsThrows[ball++];
    if (firstThrow == 10)
    {
      score += 10 + itsThrows[ball] + itsThrows[ball + 1];
    }
    else
    {
```

```
      secondThrow = itsThrows[ball++];

      int frameScore = firstThrow + secondThrow;

      // spare needs next frames first throw
      if (frameScore == 10)
        score += frameScore + itsThrows[ball];
      else
        score += frameScore;

    }
    }

    return score;
  }

  public int getCurrentFrame()
  {
    return itsCurrentFrame;
  }

  private int ball;
  private int firstThrow;
  private int secondThrow;

  private int itsScore = 0;
  private int[] itsThrows = new int[21];
  private int itsCurrentThrow = 0;
  private int itsCurrentFrame = 1;
  private boolean firstThrowInFrame = true;
}
```

RSK：我可不想出现命名冲突。我们已经有了一个实例变量叫 firstThrow。不过，最好把它命名成 firstThrowInFrame。不管怎么说，现在工作了。这样，我们可以把 else 子句抽到它自己的方法中。

```
public int scoreForFrame(int theFrame)
{
  ball = 0;
  int score = 0;
  for (int currentFrame = 0;

      currentFrame < theFrame;
```

```
      currentFrame++)
  {
   firstThrow = itsThrows[ball++];
   if (firstThrow == 10)
   {
    score += 10 + itsThrows[ball] + itsThrows[ball + 1];
   }
   else
   {
    score += handleSecondThrow();
   }
  }

  return score;
 }

 private int handleSecondThrow()
 {
  int score = 0;
  secondThrow = itsThrows[ball++];

  int frameScore = firstThrow + secondThrow;
  // spare needs next frames first throw
  if (frameScore == 10)
   score += frameScore + itsThrows[ball];
  else
   score += frameScore;
  return score;
 }
```

RCM：看看 scoreForFrame 的结构！它的伪代码看上去像下面这样。

```
if strike
 score += 10 + nextTwoBalls();
else
 handleSecondThrow.
```

RCM：如果我们把它改成这样呢？

```
if strike
 score += 10 + nextTwoBalls();
else if spare
 score += 10 + nextBall();
else
 handleSecondThrow.
```

RSK：太棒了！这个就和保龄球的记分规则一模一样，对吧？好的，我们看看是否能够在实际的方法中落地这种结构。

```
public int scoreForFrame(int theFrame)
{
 ball = 0;
 int score = 0;
 for (int currentFrame = 0;
     currentFrame < theFrame;
     currentFrame++)
  {
  firstThrow = itsThrows[ball];
  if (firstThrow == 10)
  {
    ball++;
    score += 10 + itsThrows[ball] + itsThrows[ball + 1];
  }
  else
                                                                    {
    score += handleSecondThrow();
  }
 }

 return score;
}

private int handleSecondThrow()
{
 int score = 0;
 secondThrow = itsThrows[ball+1];

 int frameScore = firstThrow + secondThrow;
 // spare needs next frames first throw
 if (frameScore == 10)
 {
   ball += 2;
   score += frameScore + itsThrows[ball];
 }
 else
 {
   ball += 2;
   score += frameScore;
 }
```

```
 return score;
}
```

RCM：（抓过键盘）好的，现在我们移除 firstThrow 变量和 secondThrow 变量，并且把它们替换成合适的方法。

```
public int scoreForFrame(int theFrame)
{
 ball = 0;
 int score = 0;
 for (int currentFrame = 0;
     currentFrame < theFrame;
     currentFrame++)
 {
  firstThrow = itsThrows[ball];
  if (strike())
  {
   ball++;
   score += 10 + nextTwoBalls();
  } else
  {
   score += handleSecondThrow();
  }
 }
 return score;
}

private boolean strike()
{
   return itsThrows[ball] == 10;
}

private int nextTwoBalls()
{
   return itsThrows[ball] + itsThrows[ball + 1];
}
```

RCM：这一步行了，我们继续。

```
private int handleSecondThrow()
{
 int score = 0;
 secondThrow = itsThrows[ball + 1];

 int frameScore = firstThrow + secondThrow;
```

```
  // spare needs next frames first throw
  if (spare())
  {
   ball += 2;
   score += 10 + nextBall();
  } else
  {
   ball += 2;
   score += frameScore;
  }
    return score;
  }

 private boolean spare()
 {
   return (itsThrows[ball] + itsThrows[ball + 1]) == 10;
 }

 private int nextBall()
 {
   return itsThrows[ball];
 }
```

RCM：好的，这个也工作了。现在我们来调整一下 frameScore。

```
 private int handleSecondThrow()
 {
  int score = 0;
  secondThrow = itsThrows[ball + 1];

  int frameScore = firstThrow + secondThrow;
  // spare needs next frames first throw
  if (spare())
  {
   ball += 2;
   score += 10 + nextBall();
  }
  else
  {
   score += twoBallsInFrame();
   ball += 2;
  }
  return score;
 }
```

```
private int twoBallsInFrame()
{
  return itsThrows[ball] + itsThrows[ball + 1];
}
```

RSK：伙计，你递增 ball 变量的方式不一致。在 spare 和 strike 的例子中，你在计算得分之前递增，在 twoBallsInFrame 的例子中，你是在计算得分之后才递增的。这段代码和顺序有依赖！这是为什么？

RCM：不好意思，我应该解释一下的。我准备把递增操作放到 strike、spare 和 twoBallsInFrame 中。这样，它们就可以从 scoreForFrame 方法中消失了，这个方法看上去就和我们的伪代码一致了。

RSK：好的，我再信你一次。不过要记住，我可看着呢。

RCM：好的，现在不会再使用 firstThrow、secondThrow 和 frameScore 了，可以去掉它们。

```
public int scoreForFrame(int theFrame)
{
 ball = 0;
 int score = 0;
 for (int currentFrame = 0;
     currentFrame < theFrame;
     currentFrame++)
 {
  if (strike())
  {
   ball++;
   score += 10 + nextTwoBalls();
  }
  else
  {
   score += handleSecondThrow();
  }
 }

 return score;
}

private int handleSecondThrow()
{
 int score = 0;
```

```
  // spare needs next frames first throw
  if (spare())
  {
   ball += 2;
   score += 10 + nextBall();
  }
  else
  {
   score += twoBallsInFrame();
   ball += 2;
  }
  return score;
 }
```

RCM：（从他的眼睛中可以看出绿色的指示条）现在，因为唯一耦合这 3 种情况的变量是 ball，而 ball 在每种情况下都是独立处理的，所以可以把这 3 种情况合并到一起。

```
public int scoreForFrame(int theFrame)
{
 ball = 0;
 int score = 0;
 for (int currentFrame = 0;
     currentFrame < theFrame;
     currentFrame++)
 {
  if (strike())
  {
   ball++;
   score += 10 + nextTwoBalls();
  }
  else if (spare())
  {
   ball += 2;
   score += 10 + nextBall();
  }
  else
  {
   score += twoBallsInFrame();
   ball += 2;
  }
 }
```

```
 return score;
}
```

RSK：好，现在可以让 ball 递增的方式一致，并为这些方法起一些更清楚的名字。（抓过键盘）

```
public int scoreForFrame(int theFrame)
{
 ball = 0;
 int score = 0;
 for (int currentFrame = 0;
     currentFrame < theFrame;
     currentFrame++)
 {
  if (strike())
  {
   score += 10 + nextTwoBallsForStrike();
   ball++;
  }
  else if (spare())
  {
   score += 10 + nextBallForSpare();
   ball += 2;
  }
  else
  {
   score += twoBallsInFrame();
   ball += 2;
  }
 }

 return score;
}

private int nextTwoBallsForStrike()
{
 return itsThrows[ball + 1] + itsThrows[ball + 2];
}

private int nextBallForSpare()
{
 return itsThrows[ball + 2];
}
```

RCM：看一下 scoreForFrame 方法！这正是保龄球记分规则最简要的表达。

RSK：但是，鲍勃，Frame 对象的链表去哪里了？（窃笑，窃笑）

RCM：（叹气）我们被过度的图示设计迷惑了。我的天，3 个画在餐巾纸背面的小方框，Game、Frame 还有 Throw，看上去还是太复杂了，并且完全是错误的。

RSK：从 Throw 类开始就是错误的。应该先从 Game 类开始！

RCM：确实如此！所以，以后我们试着从最高层次开始往下进行。

RSK：（喘气）自顶向下设计！？

RCM：更正一下，是自顶向下，测试优先设计。坦白地说，我不知道这是不是一个好的规则。只是这次，它帮了我们。所以下次，我会再尝试一下看看会发生什么。

RSK：是的，不管怎么说，我们还有些重构工作需要做。ball 变量只是 scoreForFrame 及其附属方法的一个私有迭代器（iterator）。它们都应当被移到另外一个对象中去。

RCM：哦，是的，就是你所说的 Scorer 对象。终究还是你对了，我们开始吧。

RSK：（抓过键盘，进行了几次小步的代码更改，期间也运行了测试……）

```
// Game.java -----------------------------------------------------------------------------------
public class Game
{
 public int score()
 {
  return itsScorer.scoreForFrame(getCurrentFrame() - 1);
 }

 public void add(int pins)
 {
  itsScorer.addThrow(pins);
  itsScore += pins;
  adjustCurrentFrame(pins);
 }

 private void adjustCurrentFrame(int pins)
 {
  if (firstThrowInFrame == true)
  {
   if (pins == 10) // strike
    itsCurrentFrame++;
   else
    firstThrowInFrame = false;
```

```
    }
    else
    {
      firstThrowInFrame = true;
      itsCurrentFrame++;
    }

    itsCurrentFrame = Math.min(11, itsCurrentFrame);
  }

  public int scoreForFrame(int theFrame)
  {
    return itsScorer.scoreForFrame(theFrame);
  }

  public int getCurrentFrame()
  {
    return itsCurrentFrame;
  }

  private int itsScore = 0;
  private int itsCurrentFrame = 1;
  private boolean firstThrowInFrame = true;
  private Scorer itsScorer = new Scorer();
}

// Scorer.java ------------------------------------------------------------------ ---------------------------------------
public class Scorer
{

  public void addThrow(int pins)
  {
    itsThrows[itsCurrentThrow++] = pins;
  }
  public int scoreForFrame(int theFrame)
  {
    ball = 0;
    int score = 0;
    for (int currentFrame = 0;
        currentFrame < theFrame;
        currentFrame++)
    {
      if (strike())
      {
```

```
      score += 10 + nextTwoBallsForStrike();
      ball++;
    }
    else if (spare())
    {
      score += 10 + nextBallForSpare();
      ball += 2;
    }
    else
    {
      score += twoBallsInFrame();
      ball += 2;
    }
  }

  return score;
}

private boolean strike()
{
  return itsThrows[ball] == 10;
}

private int nextTwoBallsForStrike()
{
  return itsThrows[ball + 1] + itsThrows[ball + 2];
}

private int twoBallsInFrame()
{
  return itsThrows[ball] + itsThrows[ball + 1];
}

private boolean spare()
{
  return (itsThrows[ball] + itsThrows[ball + 1]) == 10;
}

private int nextBallForSpare()
{
  return itsThrows[ball + 2];
}

private int ball;
private int[] itsThrows = new int[21];
```

```
 private int itsCurrentThrow = 0;
}
```

RSK：好多了。现在 Game 只知晓 Frame，而 Scorer 对象只计算得分。完全符合单一职责原则。

RCM：不过怎么样，确实好多了。你注意到 itsScore 变量已经没用了吗？（其实这个变量很早就没用了，借助 IDE 能很快识别出来。）

RSK：哈，你说得对，删掉。（非常高兴地开始删除。）

```
public void add(int pins)
{
  itsScorer.addThrow(pins);
  adjustCurrentFrame(pins);
}
```

RSK：不错。现在，我们可以整理 adjustCurrentFrame 方法了吗？

RCM：可以。我们来看看它。

```
private void adjustCurrentFrame(int pins)
{
 if (firstThrowInFrame == true)
 {
  if (pins == 10) // strike
   itsCurrentFrame++;
  else
   firstThrowInFrame = false;
 }
 else
 {
  firstThrowInFrame = true;
  itsCurrentFrame++;
 }
 itsCurrentFrame = Math.min(11, itsCurrentFrame);
}
```

RCM：好的，首先把递增操作移到一个单独的方法中，并在该方法中把轮次限定到 11 轮。（呵，我还是不喜欢那个 11）

RSK：鲍勃，11 意味着游戏结束。

RCM：是的。呵。（抓过键盘，做了些改动，期间也运行了测试）

```
private void adjustCurrentFrame(int pins)
{
 if (firstThrowInFrame == true)
 {
  if (pins == 10) // strike
  {
   advanceFrame();
  }
  else
   firstThrowInFrame = false;
 }
 else
 {
  firstThrowInFrame = true;
  advanceFrame();
 }
}

private void advanceFrame()
{
 itsCurrentFrame = Math.min(11, itsCurrentFrame + 1);
}
```

RCM：好一点了。现在我们把关于全中情况抽取到一个独立的方法中。（做了几次小步改进，每次改进都要运行测试）

```
private void adjustCurrentFrame(int pins)
{
  if (firstThrowInFrame == true)
  {
  if (adjustFrameForStrike(pins) == false)
   firstThrowInFrame = false;
  }
  else
  {
   firstThrowInFrame = true;
   advanceFrame();
 }
}

private boolean adjustFrameForStrike(int pins)
{
  if (pins == 10)
  {
```

```
    advanceFrame();
    return true;
  }
  return false;
}
```

RCM：确实不错，现在，来看看那个 11。

RSK：你确实不喜欢它，是吗？

RCM：是的，看一下 score() 方法。

```
public int score()
{
    return itsScorer.scoreForFrame(getCurrentFrame() - 1);
}
```

RCM：这个 -1 怪怪的。我们只在这个方法中使用了 getCurrentFrame，可我们还得调整它的返回值。

RSK：该死，你是对的。我们在这上面反复多少次了？

RCM：太多次了。但是现在好了。代码希望 itsCurrentFrame 表示的是最后一次投掷所在轮次，而不是将要进行的投掷所在轮次。

RSK：唉，这会破坏会破坏很多测试用例。

RCM：事实上，我觉得可以把 getCurrentFrame 从所有的测试用例中删掉，并把 getCurrentFrame 方法本身也删掉。因为没人会用到它。

RSK：好的，我明白你的意思。我来做。这就像解救一匹瘸腿马的痛苦一样。（抓过键盘）

```
// Game.java ----------------------------------------------------------------------------------------------
public int score()
{
 return itsScorer.scoreForFrame(itsCurrentFrame);
}

private void advanceFrame()
{
  itsCurrentFrame = Math.min(10, itsCurrentFrame + 1);
}
```

RCM：哦，你是想说我们一直为之困扰，其实要做的就是把限制从 11 改到 10 并且去掉 -1。我滴个神。

RSK：是的，鲍勃大叔，我们实在是不值得为它闹心。

RCM：我很讨厌 adjustFrameForStrike() 方法的副作用。我想删掉它，这样如何？

```
private void adjustCurrentFrame(int pins)
{
 if ((firstThrowInFrame && pins == 10) ||
    (!firstThrowInFrame))
  advanceFrame();
 else
  firstThrowInFrame = false;
}
```

RSK：我喜欢这个主意，它也通过了测试，但是我不喜欢那个长长的 if 语句。这样如何？

```
private void adjustCurrentFrame(int pins)
{
 if (strike(pins) || !firstThrowInFrame)
  advanceFrame();
 else
  firstThrowInFrame = false;
}

private boolean strike(int pins)
{
 return (firstThrowInFrame && pins == 10);
}
```

RCM：嗯嗯，很好。我们还可以更进一步。

```
private void adjustCurrentFrame(int pins)
{
  if (lastBallInFrame(pins))
    advanceFrame();
  else
    firstThrowInFrame = false;
}

private boolean lastBallInFrame(int pins)
{
  return strike(pins) || !firstThrowInFrame;
}
```

RSK：棒极了！

RCM：好的，看起来好像已经全部搞定了。我们来浏览一下整个程序，看它是否尽可能地简单和表意。

```
// Game.java -----------------------------------------------------------------
public class Game
{
  public int score()
  {
    return itsScorer.scoreForFrame(itsCurrentFrame);
  }

  public void add(int pins)
  {
    itsScorer.addThrow(pins);
    adjustCurrentFrame(pins);
  }

  private void adjustCurrentFrame(int pins)
  {
    if (lastBallInFrame(pins))
      advanceFrame();
    else
      firstThrowInFrame = false;
  }

  private boolean lastBallInFrame(int pins)
  {
    return strike(pins) || !firstThrowInFrame;
  }

  private boolean strike(int pins)
  {
    return (firstThrowInFrame && pins == 10);
  }

  private void advanceFrame()
  {
    itsCurrentFrame = Math.min(10, itsCurrentFrame + 1);
  }

  public int scoreForFrame(int theFrame)
  {
    return itsScorer.scoreForFrame(theFrame);
  }
```

```
 private int itsCurrentFrame = 0;
 private boolean firstThrowInFrame = true;
 private Scorer itsScorer = new Scorer();
}

// Scorer.java ------------------------------------------------------------------------------------
public class Scorer
{

 public void addThrow(int pins)
 {
  itsThrows[itsCurrentThrow++] = pins;
 }

 public int scoreForFrame(int theFrame)
 {
  ball = 0;
  int score = 0;
  for (int currentFrame = 0;
     currentFrame < theFrame;
     currentFrame++)
  {
   if (strike())
   {
    score += 10 + nextTwoBallsForStrike();
    ball++;
   }
   else if (spare())
   {
    score += 10 + nextBallForSpare();
    ball += 2;
   }
   else
   {
    score += twoBallsInFrame();
    ball += 2;
   }
  }

  return score;
 }

 private boolean strike()
 {
```

```
    return itsThrows[ball] == 10;
  }

  private boolean spare()
  {
    return (itsThrows[ball] + itsThrows[ball + 1]) == 10;
  }

  private int nextTwoBallsForStrike()
  {
    return itsThrows[ball + 1] + itsThrows[ball + 2];
  }

  private int nextBallForSpare()
  {
    return itsThrows[ball + 2];
  }

  private int twoBallsInFrame()
  {
    return itsThrows[ball] + itsThrows[ball + 1];
  }

  private int ball;
  private int[] itsThrows = new int[21];
  private int itsCurrentThrow = 0;
}
```

RCM：行，看起来确实不错。我想不出来还有什么需要做的了。

RSK：是的，确实不错。为了保险起见，我们查看一下测试代码。

```
// TestGame.java ------------------------------------------------------------------------------------------------
public class TestGame extends TestCase
{
  Public TestGame(String name)
  {
    super(name);
  }

  private Game g;

  public void steUp()
  {
    g = new Game();
```

```
}

public void testTwoThrowsNoMark()
{
 g.add(5);
 g.add(4);
 assertEquals(9, g.score());
}

public void testFourThrowsNoMark()
{
 g.add(5);
 g.add(4);
 g.add(7);
 g.add(2);
 assertEquals(18, g.score());
 assertEquals(9, g.scoreForFrame(1));
 assertEquals(18, g.scoreForFrame(2));
}

public void testSimpleSpare()
{
 g.add(3);
 g.add(7);
 g.add(3);
 assertEquals(13, g.scoreForFrame(1));
}

public void testSimpleSpareAfterSpare()
{
 g.add(3);
 g.add(7);
 g.add(3);
 g.add(2);
 assertEquals(13, g.scoreForFrame(1));
 assertEquals(18, g.scoreForFrame(2));
 assertEquals(18, g.score());
}

public void testSimpleStrike()
{
 g.add(10);
 g.add(3);
 g.add(6);
 assertEquals(19, g.scoreForFrame(1));
```

```
    assertEquals(28, g.score());
  }

  public void testPerfectGame()
  {
    for (int i = 0; i < 12; i++) {
      g.add(10);
    }
    assertEquals(300, g.score());
  }

  public void testEndOfArray()
  {
    for (int i = 0; i < 9; i++) {
      g.add(0);
      g.add(0);
    }
    g.add(2);
    g.add(8); // 10th frame spare
    g.add(10); // strike in last position of array.
    assertEquals(20, g.score());
  }

  public void testSampleGame()
  {
    g.add(1);
    g.add(4);
    g.add(4);
    g.add(5);
    g.add(6);
    g.add(4);
    g.add(5);
    g.add(5);
    g.add(10);
    g.add(0);
    g.add(1);
    g.add(7);
    g.add(3);
    g.add(6);
    g.add(4);
    g.add(10);
    g.add(2);
    g.add(8);
    g.add(6);
    assertEquals(133, g.score());
```

```
    }
    @Test
    public void testHeartBreak()
    {
     for (int i = 0; i < 11; i++)
       g.add(10);
     g.add(9);
     assertEquals(299, g.score());
    }
    public void testTenthFrameSpare()
    {
     for (int i = 0; i < 9; i++)
       g.add(10);
     g.add(9);
     g.add(1);
     g.add(1);
     assertEquals(270, g.score());
    }
   }
```

RSK：几乎覆盖了所有的情况。你还能想出其它有意义的测试用例吗？

RCM：想不出来了，我认为这是一套完整的测试用例集。从中去掉任何一个都不好。

RSK：那我们就全部搞定了。

RCM：我也这么认为。非常感谢你。

RSK：别客气，这很有意思。

小结

完成本章后，我把它发布在 Object Mentor 的网站[①]上。许多人读了之后给出了自己的意见。有些人认为文章写得不好，因为几乎没有涉及任何面向对象设计方面的内容。我认为这种回应很有趣。我们必须在每一个应用、每一个程序中都要进行面向对象的设计吗？这个程序就是一个不太需要面向对象设计的例子。这里的 Scorer 类稍微有点面向对象的味道，不过那也只是一个简单的区分（partitioning），而不是真正的 OOD（面向对象的设计）。

另外有一些人认为确实应该有 Frame 类。有人创建了一个包含了 Frame 类的版本，那个程序比上面的所看到的的要大得多，也复杂得多。

① 译注：原来的网站 http://www.objectmentor.com 已经换为 http://butunclebob.com。

有些人觉得我们对 UML 有失公允。毕竟，在开始前我们没有做一个完整的设计。餐巾纸背面上有趣的 UML 小图（图 6.2）不是一个完整的设计。其中没有包括序列图（sequence diagram）。我认为这种看法更加奇怪。就我而言，即使在图 6.2 中加入了序列图，也不会促成我们抛弃 Throw 类和 Frame 类的想法。事实上，那样做反而会让我们觉得这些类是必需的。

那么图示不重要吗？当然不是。不过，实际上，对于某些我所碰到的场景确实是不需要的。就本章中的程序而言，图示就没有任何帮助作用。它们甚至会分散我们的注意力。如果遵循这些图示，得到的程序就会有很多不必要的复杂性。你也许会说同样地我们也能得到一个非常易于维护的程序，但是我不同意这种说法。我们刚刚浏览的程序是因为易于理解所以才易于维护的，它里面没有不恰当的依赖关系，所以不会因此僵化（rigid）或脆弱（fragile）。

所以，是的，图示有时是不需要的。何时不需要呢？在没有验证它们的代码的时候就打算遵循它们，图示就是无益的。画图探究一个想法是没有错的。然后画了图之后，不应该假定这个图就是最佳设计。你会发现，最佳设计是在你先写好测试，然后在小步前进过程中逐渐演进形成的。

保龄球规则概述

保龄球是一种比赛，比赛者把一个哈密瓜大小的球顺着一条窄窄的球道投掷 10 个球瓶。目标是要在每次投掷中击倒尽可能多的球瓶。

一局比赛由 10 轮组成。在每轮的开始，10 个球瓶都是竖直摆放好的。比赛者可以投掷两次来尝试击倒所有的球瓶。

如果比赛者在第一次投掷中就击倒了所有的球瓶，则称之为“全中”（strike），并且本轮结束。

如果比赛者在第一次投掷中没有击倒所有的球瓶，但在第二次投掷中成功地击倒了所有剩余的球瓶，则称之为“补中”（spare）。

一轮中第二次投掷后，即使还没有被击中的球瓶，本轮也宣告结束。

全中轮的记分规则：10，加上下一轮两次投掷击倒的球瓶数，再加上上一轮的得分。

补中轮的记分规则：10，加上下一轮第一次投掷击倒的球瓶数，再加上上一轮的得分。

其他轮的记分规则：本轮中两次投掷所击倒的球瓶数，加上上一轮的得分。

如果第 10 轮为全中，那么比赛者可以再多投两次，以便完成对全中的记分。

同样，如果第 10 轮为补中，那么比赛者可以再多投掷一次，以便完成对补中的记分。

因此，第 10 轮可以包含 3 次投掷而不只是 2 次。

1 4	4 5	6 ◢	5 ◢	■	0 1	7 ◢	6 ◢	■	2 ◢ 6
5	14	29	49	60	61	77	97	117	133

上面的记分卡展示一场虽然不太精彩，但具有代表性的比赛得分情况。

第 1 轮中，比赛者第一次投掷击倒了 1 个球瓶，第二次投掷又击倒了 4 个。于是第一轮的得分是 5。

第 2 轮中，比赛者第一次投掷击倒了 4 个球瓶，第二次投掷又击倒了 5 个。本轮中一共击倒了 9 个球瓶，再加上上一轮的得分，本轮的得分是 14。

第 3 轮中，比赛者第一次投掷击倒了 6 个球瓶，第二次投掷又击倒了剩余的所有木瓶，因而是一次补中。只有到下一次投掷后才能计算本轮的得分。

第 4 轮中，比赛者第一次投掷击倒了 5 个球瓶。此时可以完成第 3 轮的记分。第 3 轮的得分为 10，加上第 2 轮的得分（14），再加上第 4 轮中第一次击倒的球瓶数（5），结果是 29。第 4 轮的最后一次投掷是一次补中。

第 5 轮是全中。此时计算第 4 轮的得分为：29 + 10 + 10 = 49。

第 6 轮的成绩很不理想。第一次投掷球滚进了球道旁的槽中，没有击倒任何球瓶。第二次投掷仅击倒了一个球瓶。第 5 轮全中的得分为：49 + 10 + 0 + 1 = 60。

余不一一言表。

第 II 部分　敏捷设计

如果敏捷性（Agility）是指用小步增量的方式构建软件，那么究竟应该如何设计软件呢？又如何保证软件具备灵活性、可维护性以及可复用的良好结构呢？如果用小步增量的方式构建软件，难道不是以重构之名行许多无用的代码碎片和返工之实吗？难道不会因此忽视全局视图吗？

在敏捷团队中，全局视图和软件一起演进。在每次迭代中，团队改进系统设计，使设计尽可能适合当前系统。团队不会花费许多时间去预测未来的需求和需要，也不会试图在今天就构建一些基础设施去支撑那些未来他们认为会需要的特性。他们更愿意关注当前系统的结构，并使它尽可能得好。

拙劣设计的症状

我们如何知道软件设计的优劣呢？第 7 章中列举并描述了拙劣设计的症状，演示了这些症状如何在软件项目中“累积成疾”，并描述了如何去规避它们。

这些症状定义如下。

1. 僵化性（Rigidity）：设计难以改变。
2. 脆弱性（Fragility）：设计容易遭到破坏。
3. 牢固性（Immobility）：设计难以复用。
4. 粘滞性（Viscosity）：难以做正确的事情。
5. 不必要的复杂性（Needless Complexity）：过度设计。

6. 不必要的重复（Needless Repetition）：滥用鼠标进行拷贝、粘贴。
7. 晦涩（Opacity）：表达混乱。

这些症状本质上和代码“臭味”（smell）[Fowler99] 相似，不过它们所处层次稍高一些。它们是弥漫在整个软件结构中的臭味，而不仅仅是一小段代码。

原则

本部分剩余章节描述面向对象设计的原则，这些原则有助于开发人员消除设计中的臭味，并且针对当前的特性集合给出了最佳设计。

具体的原则如下。

1. 单一职责原则（The Single Responsibility Principle，SRP）
2. 开放－关闭原则（The Open-Closed Principle，OCP）
3. 里氏替换原则（The Liskov Substiution Principle，LSP）
4. 接口隔离原则（The Interface Segregation Principle，ISP）
5. 依赖倒置原则（The Dependency Inversion Principle，DIP）

这些原则是数十年软件工程来之不易的经验成果。它们不是某一个人的成果，而是许许多多开发人员和研究人员思想和著作的结晶。尽管在这里把它们表述成面向对象设计的原则，但是它们其实是软件工程中一直都存在的原则的特例罢了。

臭味和原则

设计中的臭味是一种症状，是可以主观（如果不能客观看待的话）进行度量的。这些臭味常常是由于违反了这些原则中的一个或者多个而造成的。例如，僵化性的臭味常常是由于缺乏对开放－关闭原则（OCP）的关注。

敏捷团队应用这些原则来去除臭味。当没有臭味时，他们不会应用这些原则。仅仅因为是个原则就无条件遵循的做法是错误的。这些原则不是在整个系统中随意喷洒的香水。过分遵循这些原则会导致不必要的复杂性（Needless Complexity）的设计臭味。

参考文献

1. Martin, Fowler. *Refactoring*. Addison-Wesley. 1999. 中文版《重构》

第 7 章　什么是敏捷设计

“在按照我的理解方式审查了软件开发的生命周期后，我得出了一个结论：实际上满足工程设计标准的唯一软件文档，就是源代码清单。”

——杰克·李维斯（Jack Reeves）

1992 年，杰克·李维斯（Jack Reeves）在 *C++ Journal* 杂志上发表了一篇题为“什么是软件设计？”的开创性论文 [Reeves 92][①]。在这篇文章中，他认为，软件系统的源代码是它的主要设计文档。用来描述源代码的图示只是设计的附属物而不是设计本身。结果表明，这篇论文是敏捷开发的先驱。

在随后的内容中，我们会经常谈及“设计”。你不应该认为设计就是一组和代码分离的 UML 图。一组 UML 图也许描绘了设计的某些部分，但是它不是设计。软件工程的设计是一个抽象的概念。它和程序的轮廓（shape）、结构以及每一个模块、类和方法的具体形状及结构有关。可以使用不同的媒介（media）去描绘它，但是它最终体现为源代码。综上，源代码就是设计。

① [Reeves 92] 是一篇了不起的论文，强烈推荐。我已把它列入本书的附录 D。

② 中文版编注：原文中尤其强调一个观点，高层结构的设计不是完整的软件设计，它只是一个辅助展开细节设计的结构框架。在严格验证高层设计方面，我们的能力非常有限。详细设计最终对高层设计造成的影响不见得小于其他因素（或者应该允许这种影响）。对设计的各个方面进行改进，是一个应该贯穿于整个设计周期的过程。（引自盛赫的文章，标题为“饿了么：交易系统重构，架构设计与实践”）

软件出了什么错

如果幸运的话，你会在项目开始时就有了预期系统的清晰图像。系统的设计是存于你头脑中的一幅至关重要的图像。如果更幸运点，在首次发布（release）软件时，设计依旧清晰。

接着，事情开始变糟。软件像一片烂肉一样开始“腐坏”，并随着时间的流失而蔓延和增长。“丑陋的烂疮和脓包”在代码中滋生，让代码变得越来越难以维护。最终，即使只进行最简单的更改，也需要花费巨大的努力，以至于开发人员和一线（front-line）管理人员强烈要求重新设计。

这样的重新设计很少会成功。虽然设计人员开始时出于好意，但是他们发现自己其实正朝着一个移动靶射击。老系统不断地发展、变化，而新的设计必须得跟上这些变化。这样，甚至在首次发布前，新的设计中就累积了很多弊病。

设计的臭味——腐坏软件的气味

当软件出现下面任何一种气味时，就表明软件正在腐坏中。

1. 僵化（Rigidity）：很难对系统进行改动，因为每处改动都会迫使系统其它部分进行许多改动。
2. 脆弱（Fragility）：对系统的改动会破坏在概念上与改动本身无关的其它地方。
3. 牢固（Immobility）：很难把系统的缠结解开，成为可被其它系统复用的组件。
4. 粘滞（Viscosity）：做正确的事情比做错误的事情要困难。
5. 不必要的复杂性（Needless Complexity）：设计中包含没有直接好处的基础设施。
6. 不必要的重复（Needless Repetition）：设计中包含重复的结构，而该重复的结构本可以统一在单一的抽象之下。
7. 晦涩（Opacity）：很难阅读、理解。没有很好地表达出意图。

1. 僵化

僵化是指难以对软件进行改动，即使是简单的改动也很难。如果一处改动导致有依赖关系的模块中的连锁改动，就说明设计就是僵化的。改动的模块越多，设计就越僵化。

大部分开发人员都或多或少遇到过这种情况。他们会被要求进行一个看起来很简单的改动。他们看了下这个改动，并对所需要的工作量做出了一个合理的估算。但是过了一会儿，当他们开始改动时，会发现这个改动带来的许多影响是他们不曾预料的。他们发现自己要在庞大的代码中搜寻这类变动，并且更改的模块在规模上远超最初的估算。最后，变动所花费的时间也远超当初。当问及为何他们的估算如此不准确时，他们会重复软件开发人员惯用的悲叹："它比我想象的复杂得多！"

2. 脆弱

脆弱性是指在进行一处改动时，程序的许多地方都可能出现问题。出现问题的地方常常和改动的地方没有概念上的关联。要修正这些问题又会引出更多的问题，从而让开发团队像一只狗不停地追自己的尾巴一样，忙得团团转。

随着模块脆弱性的增加，越有可能因改动而引发意想不到的问题。这看起来很荒谬，但是这样的模块是非常常见的。这些模块需要不断地修补——它们是 bug 清单中的"常客"。开发人员知道需要对它们进行重新设计（但是谁都不愿意去面对重新设计中的不确定性）你越是修正它们，情况越是糟糕。

3. 牢固

牢固性是指设计中包含了对其它系统有用的部分，但是把这些部分从系统中分离出来所花费的努力和风险是巨大的。这是一件令人遗憾的事情，但却非常常见。

4. 粘滞

粘滞性有两个表现形式：软件的粘滞和环境的粘滞。

当面临一处改动时，开发人员通常会发现存在多种方法。其中，一些方法会保持设计；而另外一些会破坏设计（也就是 hack 手法）。当那些可以保持系统设计的方法比那些 hack 的手法更难应用时，就表明设计的粘滞性很高。做错误的事情是容易的，但是做正确的事情却很难。我们希望在软件设计中，可以容易地进行那些保持设计的变动。

当开发环境迟钝、低效时，就会产生环境的粘滞。例如，如果编译时间很长，那么开发人员就会更倾向去做不会产生大量重新编译的改动，即使这些变动不再保持设计。如果源代码控制系统需要几个小时去提交仅仅几个文件，那么开发人员就会更倾向做那些需要尽可能少提交的改动，而不管设计是否还能保持。

无论项目具有哪种粘滞性，都很难保持项目中的软件设计。我们希望创建易于保持设计的系统和项目环境。

5. 不必要的复杂

如果设计中有当前无用的元素，就说明它包含不必要的复杂性。当开发人员预测需求有变化并在软件中预置了那些潜在变化的代码时，常常会出现这种情况。最开始，这样做看起来像是好事。毕竟，为将来的变化做准备会保持代码的灵活性，可以避免日后痛苦的改动。

不幸的是，结果一般正好相反。为过多的可能性做准备，会让设计中充斥着从不会被用到的结构。某些准备也许会带来回报，但是绝大多数不会。与此同时，设计背负着这些不会被用到的部分，会使软件变得复杂，并且难以理解。

6. 不必要的重复

剪切（cut）和粘贴（paste）也许是很有用的文本编辑（text-editing）操作，但是它们却是灾难性的代码编辑（code-editing）操作。软件系统构建在众多的重复代码片段之上是非常常见的。

Ralph 需要写一些完成某项功能的代码。他浏览了一下他认为可能会完成类似工作的其他代码，并找到了一块合适的代码。他把那块代码拷贝到自己的模块中，并做了适当的修改。Ralph 并不知道，他用鼠标刮取的代码是 Todd 放置在那里的，而 Todd 是从 Lilly 写的模块中刮取的。Lilly 是第一个完成这项功能的，但是她认识到完成这项功能和完成另一项功能非常类似。她从别处找到了一些完成那项功能的代码，剪切、粘贴到她自己的模块中并做了必要的修改。

当同样的代码以稍稍不同的形式一再出现时，就表明开发人员忽视了抽象。对于他们来说，发现所有的重复并通过适当的抽象进行清除可能没有那么高的优先级，但是这样做会在很大程度上让系统更加易于理解和维护。

当系统中有重复代码时，对系统进行改动会很困难。在一个重复的代码单元中发现的错误必须在每个重复单元中一一修复。不过，又因为每个重复单元之间都有一些微小差别，所以修复的方式也不尽相同。

7. 晦涩

晦涩是指模块难以理解。代码可以用清晰、富有表现力的方式编写，也可以用晦涩、费解的方式编写。代码随着时间而演化，往往会变得越来越晦涩。为了使代码的晦涩性保持最低，就需要持续地保持代码清晰和富有表现力。

当开发人员一开始编写一个模块时，代码对于他们而言也许是清晰的。这是因为他们专注于代码的编写，并且对于代码非常熟悉。在熟悉感淡化以后，他们或许会回过头来再去看那个模块，并反思他们怎么会写出如此糟糕的代码。为了防止这种情况发生，开发者就必须站在代码阅读者的角度，齐心协力重构代码，让代码可以被读者理解。同时，他们的代码也需要交由其他人评审。

是什么诱发了软件的腐坏

在非敏捷环境中，由于需求没有按照初始设计预见的方式变化，所以设计退化了。一般，这些改动都很急迫，而且进行这些改动的开发人员对原来的设计哲学并不熟悉。因此，虽然对于设计的改动可以工作，但是它却以某种方式违反了原来的设计。随着改动持续进行，这些违反行为逐渐累积，设计也随之出现臭味。

然而，我们不能因为设计的退化而抱怨需求的变化。作为软件开发人员，我们对需求的变化非常了解。事实上，我们大多数人都认识到需求是项目中最不稳定的因素。如果我们的设计因为持续、大量的需求变化而失败，表明我们的设计和实践本身是有缺陷的。我们必须设法找到一种方法，让设计适应这种变化，并且应用一些实践来防止设计腐坏。

敏捷团队不允许软件腐坏

敏捷团队靠变化而充满活力。团队几乎不进行预先（up-front）设计，因此，它不需要一个成熟的初始设计。他们更愿意保持系统的设计尽可能得整洁、简单，并用许多单元测试和验收测试做支撑，以此来保证设计的灵活性和易于修改。团队利用这种灵活性持续地改进设计，保证每轮迭代后的系统设计都尽可能地和需求相吻合。

Copy 程序

观察一个设计的腐坏过程有助于说明上述观点。举个例子，你的老板星期一一大早找到你，要求你写一个从键盘读入字符并输出到打印机的程序。经过一番快速的思考后，你断定最多10行代码就可以搞定。设计和编码的时间应该会远远小于一个小时。考虑到跨职能团队（cross-functional）的会议、质量教育（quality education）会议，日常小组进度（daily group progress）会议以及当前 3 个正在处理的难题，要完成这个程序应该要花大约一周的时间——如果你下班后仍坚持工作的话。不过，你总是把估算乘以 3。

“需要 3 周的时间。”你告诉老板。老板听了后哼了哼走开，把任务留给了你。

1. 初始设计

距离过程（process）评审会议开始还有一小段时间，所以你决定为那个程序做一个设计。使用结构化的设计方法，你想出了图 7.1 所示的结构图。

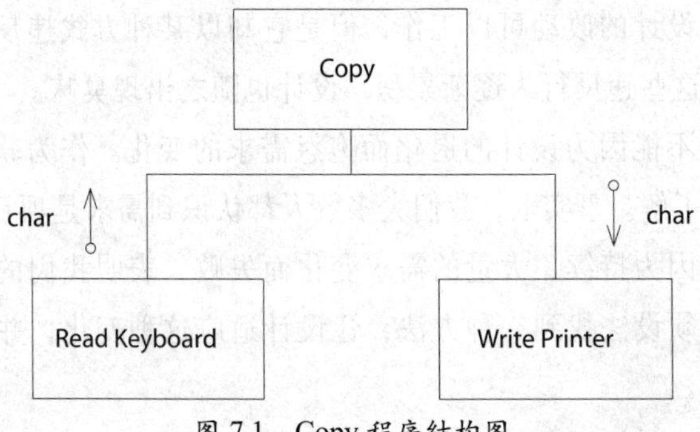

图 7.1 Copy 程序结构图

这个应用程序有 3 个模块，或者叫子程序。Copy 模块调用另外两个模块。Copy 程序从 Read Keyboard 模块中获取字符，并把字符传递给 Write Printer 模块。

你看了看设计，觉得不错。于是，你笑着离开办公室去参加评审会议。至少可以在会议上小睡一会儿。

星期二，为了能够完成 Copy 程序，你提前来办公室上班。糟糕的是，其中一个待处理的难题昨晚发作了，你必须到实验室去帮忙调试问题。在午饭（你在下午3点才吃上）的休息期间，你终于开始写 Copy 程序的代码了。结果如程序 7.1 所示。

程序 7.1 Copy 程序

```
void Copy()
{
 int c
 while((c=Rdkbd()) != EOF)
    WrtPrt(c);
}
```

当你正准备保存这个程序时，才意识到有个质量会议已经开始了。你知道这是一个重要的会议，会议上要讨论零缺陷的重要性。于是，你就狼吞虎咽干掉三明治，灌下可乐，奔向会场。

星期三，你又提前上班了，这次好像一切正常。你打开 Copy 程序的源代码，开始编译。瞧，首次编译没有任何错误。巧的是，你的老板临时安排你去参加一个讨论激光打印机硒鼓保存必要性的会议。

星期四，北卡罗莱纳州洛基山城的一名技术人员打电话向你咨询系统中一个比较难懂的组件的问题，你花 4 个小时带他过了一遍远程调试和错误日志命令方面的内容。结束后，你得意地一笑，开始测试自己的 Copy 程序。第一次，它就运转起来了。同样巧的是，与你合作的新人刚刚删除了服务器上主要的源代码目录，你必须得找到最新的备份进行恢复。最后一次完整的备份是在三个月以前，并且你有 94 次增量备份需要在其基础上重建。

星期五，没有预先安排的工作。可是巧的是，把 Copy 程序成功地放进源代码控制系统足足花了一整天。

当然，你的程序非常得成功，被部署到了全公司。你作为一流程序员的名声再次得到印证，成功带来的荣誉感环绕着你。如果幸运的话，你今年可能只需要产出 30 行代码！

2. 需求在变化

几个月后，老板来找你，说有时希望 Copy 程序能从纸带读取器中读取信息。你咬牙切齿，翻翻白眼。你想知道人们为什么总是改变需求。你的程序不是为纸带读取器设计的！你警告老板像这样的改变会破坏程序的优雅性。不过，老板态度很坚决，他说用户有时确实需要从纸带读取器中读取字符。

所以，你叹了口气，开始计划修改。你想在 Copy 函数中添加一个布尔参数。如果参数值是 true，那么就从纸带读取器中读取信息。反之，就像以前一样从键盘读取信息。糟糕的是，现在已经有很多其它程序都在使用 Copy 程序了，你无法改动 Copy 程序的接口。改变接口会导致长时间的重新编译和测试。单是系统测试工程师都会很痛恨你，更别提配置控制组的那七个家伙了。过程控制部门专门用一天的时间对所有调用 Copy 的模块进行各种代码评审。

看来不能采用改变接口的方法。那么如何才能让 Copy 程序知道它必须从纸带读取器中读取信息呢？当然是使用一个全局变量！你也会用最好用也最有用的 C 语言特性—— ?: 三目运算符！结果如程序 7.2 所示。

程序 7.2　Copy 程序的第一次修改结果

```
bool ptFlag = false;
// remember to reset this flag
void Copy()
{
  int c;
  while((c=(ptFlag ? RdPt() : Rdkbd())) != EOF)
        WrtPrt(c);
}
```

想从纸带读取器中读入信息的调用者必须要把 ptFlag 设置成 true，然后再调用 Copy，它就会正确地从纸带读取器中读入信息。一旦 Copy 返回，调用者必须要重置 ptFlag。否则，接下来的调用者就会错误地从纸带读取器而不是从键盘中读入信息。为了提醒程序员记得重置这个标志，你添加了一行适当的注释。

同样，程序一发布就获得了好评。它甚至青出于蓝，一大群程序员正在热切地盼望着使用这个程序。生活多美好。

3. 得寸进尺

几周后，老板(尽管在这几个月内公司进行 3 次重组，但他依旧是你的老板)告诉你，客户有时希望 Copy 程序可以输出到纸带打孔上。

又是客户！他们总是毁坏你的设计。如果没有客户，写软件就会变得容易得多。

你告诉老板不断的变更会对设计的优雅性造成极为负面的影响。你警告他，如果以这种可怕的速度变动，那么在年底前，这个程序就会变得无法维护。老板心照不宣地点了点头，接着告诉你无论如何还是得改。

这次设计的变动和上一次相似。只不过需要另外一个全局变量和 ?: 三目运算符！程序 7.3 展示了你努力之后的结果。

程序 7.3

```
bool ptFlag = false;
bool punchFlag = false;
// remember to reset these flags
void Copy()
{
 int c;
 while((c=(ptFlag ? RdPt() : Rdkbd())) != EOF)
     punchFlag ? WrtPunch(c) : WrtPrt(c);
}
```

尤其让你感到自豪的是，你还记得修改注释。可是，你对程序摇摇欲坠的结构感到担心。任何对于输入设备的再次变动肯定会迫使你对 while 循环的条件判断进行彻底的重新组织。也许你该考虑重新找份工作了。

4. 期望变化

请读者自行判断上面所说的有多少是讽刺性的夸大之词。故事的要点是要说明，在变化面前，程序设计的退化速度有多快。Copy 程序的初始设计是简单且优雅的。但是仅仅经历了两次变动，它就已经表现出了僵化性、脆弱性、牢固性、不必要的复杂性、不必要的重复以及晦涩性。这种趋势肯定会持续下去，程序将会变得混乱不堪。

我们可以坐下来抱怨变化。我们可以诉苦，说程序对最初的需求是设计良好的，只是因为后续需求的变化才让设计退化的。然而，这种抱怨忽视了软件开发最重要的事实之一：需求总是在变化的。

记住，在大多数软件项目中最不稳定的东西就是需求。需求处在一种持续变动的状态中。这是我们作为开发人员必须得接受的事实！我们生存在一个需求不断变化的世界中，我们的工作是要保证我们的软件能够经受得住那些变化。如果软件的设计由于需求变化而退化了，就说明我们并不敏捷。

5. Copy 程序的敏捷设计

使用敏捷开发方法时，一开始写的代码和程序 7.1 中的完全一样。在老板要求敏捷开发人员让程序从纸带读取器中读入信息时，他们会修改设计并让修改后的设计对于那一类需求的变化具有弹性。结果可能有点像程序 7.4。[①]

程序 7.4　Copy 的敏捷版本 2

```
class Reader
{
  public:
      virtual int read() = 0;
};
class KeyboardReader : public Reader
{
  public:
     virtual int read() { return Rdkbd(); }
};
KeyboardReader GdefaultReader;
void Copy(reader& reader = GdefaultReader)
{
    int c;
    while ((c=reader.read()) != EOF)
      WrtPrt(c);
}
```

团队并没有尝试修修补补让新的需求工作，而是抓住机会去改进设计让它适应未来的变动。从现在开始，无论何时老板要求什么新的输入设备，团队都能在不让 Copy 程序退化的情况下做出响应。

团队遵循了开放－关闭原则（Open–Closed Principle，OCP），我们将在第 9 章学习。这个原则指导我们设计出无需修改即可扩展的模块，这也是这个团队已经实施的。无需修改 Copy 程序就可以给老板提供他想要每一种新的输入设备。

不过值得注意的是，团队不是一开始设计该模块时就试图预测程序将如何变化。相反，他们尽可能以最简单的方法写。知道需求最终确实变化时，他们才去修改模块的设计以适应那种变化。

有人会认为他们仅仅完成了一半的工作。当他们在保护自己免受不同输入设备的

① 实际上，测试驱动开发很可能会促进足够灵活的设计，无需改动就可以满足老板的要求。不过，在本例中，我们会忽略这点。

困扰时，他们也可以让自己免受不同输出设备的困扰。然而，团队实在不知道输出设备是否会变化。现在就添加额外的保护没有任何现实意义。很明显，如果需要这种保护时，以后可以非常方便的添加。因此，实在没有理由现在就加上。

敏捷开发人员如何知道要做什么

在上面的例子中，敏捷开发人员构建了一个抽象类（abstract class）来保护自己免受输入设备变化的影响。他们是如何知道要那样做的呢？这和面向对象设计其中一个基本原则有关。

Copy 程序最初的设计不太灵活的原因是它的依赖关系的方向有问题。再看一下图7.1。请注意，Copy 模块直接依赖了 KeyboardReader 和 PrinterWriter。在这个应用程序中，Copy 模块是一个高层级的模块。它指定了应用程序的策略，它知道怎样去拷贝字符。糟糕的是，它也依赖于键盘和打印机的底层细节。所以，底层细节变化时，高层策略也会受到影响。

一旦暴露出这种不灵活性，敏捷开发人员就应该知道从 Copy 模块到输入设备的依赖关系需要被倒置（参见第 11 章），使得 Copy 模块不再依赖输入设备。于是，他们就应用策略模式（参见第 14 章）创建了想要的倒置关系。

所以，简而言之，敏捷开发人员知道要做什么是基于以下四个方面的原因。

1. 他们遵循敏捷实践去发现问题。
2. 他们应用设计原则去诊断问题。
3. 他们应用适当的设计模式去解决问题。
4. 软件开发中这三个方面互相之间的作用就是设计。

保持尽可能好的设计

敏捷开发人员致力于保持设计尽可能的恰当、整洁。这不是一个随便的或者暂时性的承诺。敏捷开发人员不是隔几周才清理一次设计。而是每天、每小时甚至每分钟都要保持软件尽可能的整洁、简单和富有表现力。他们从来不说:“等会儿我再来修复。”他们绝不允许出现腐坏。

敏捷开发人员对待软件设计的态度和外科医生对待消毒过程的态度是一样的。无菌环境让外科手术成为可能。没有消毒过程，病人被感染的风险非常之高。敏捷开发人员对于他们的设计也有同样的感觉。即使最小的腐坏出现苗头，它带来的风险也同样高得无法接受。

设计必须保持整洁、简单，并且，由于源代码是设计最重要的表达，所以它必须保持整洁。作为软件开发人员，专业性要求我们不能容忍代码腐坏。

小结

那么，什么是敏捷设计呢？敏捷设计是一个过程，而不是一次事件。它是一个持续应用原则、模式以及实践来改进软件结构和可读性的过程。它致力于保持系统的设计在任何时间都尽可能的简单、整洁和富有表现力。

在随后的章节中，我们会研究软件设计的一些原则和模式。在学习它们的时候，请记住，敏捷开发人员不会对一个庞大的、预先的设计应用那些原则和模式。相反，这些原则和模式会被应用在一轮轮迭代中，力图让代码及其表达的设计保持整洁。

参考文献

1. Reeves, Jack. What Is Software Design? *C++ Journal*, Vol. 2, No. 2. 1992. 网址为 http://www.bleading-edge.com/Publications/C++Journal/Cpjour2.htm.

第 8 章　单一职责原则（SRP）

“唯有佛陀才必须负责传授玄妙天机。”

——科巴姆·布鲁尔（1810—1897）《英语俚语与寓言辞典》，1898

这条原则在 [DeMarco79] 和 [Page-Jones88，p.82] 讨论过。他们把它称为“内聚性”（cohesion）。内聚性的定义是一个模块中各个元素之间的功能相关性。在本章中，我们稍微改变一下它的定义，把内聚性和引起一个模块或者类改变的原力联系起来。

单一职责原则（SRP）

对于一个类而言，应该仅有一个原因会引起它的变化。

考虑第 6 章中保龄球比赛的例子。在开发过程的大部分时间里，Game 类一直具有两个不同的职责。一种职责是跟踪当前轮次（Frame）的比赛，另一种职责是计算比赛的得分。最后，RCM 和 RSK 把这两个职责分离到两个类中。Game 类保持跟踪每一轮比赛的职责，Scorer 类负责计算比赛的得分。(请见第 6 章)

为何要把这两个职责分离到独立的类中呢？因为每种职责都是变化的一个轴线（an axis of change），当需求变化时，该变化就会反映为类的职责的变化。如果一个类承担多种职责，就会有多个原因会诱发它的变化。

如果一个类承担的职责过多，就等于把这些职责耦合到了一起。某一种职责的变化可能会削弱或者抑制这个类完成其它职责的能力。这种耦合会导致脆弱的设计，当变化发生时，设计会遭受意想不到的破坏。

例如，考虑图 8.1 中的设计。Rectangle 类有两个方法，一个方法负责把矩形绘制到屏幕上，另一个方法计算矩形的面积。

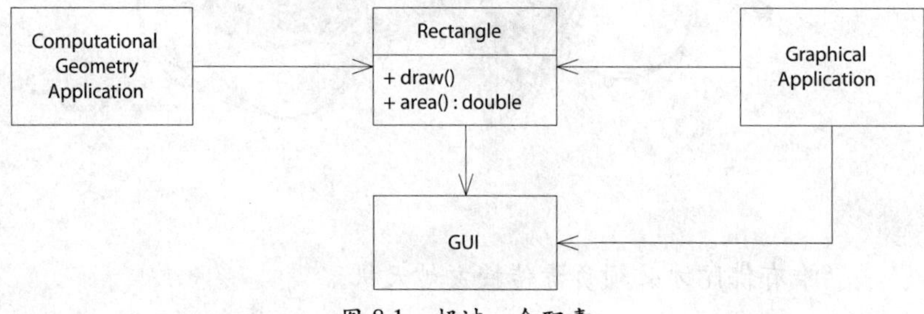

图 8.1　超过一个职责

现在有两个不同的应用程序使用了 Rectangle 类。一个是有关计算几何学方面的，Rectangle 类会在几何形状的数学计算方面提供帮助，它从来不会在屏幕上绘制矩形。另外一个应用程序实质上是有关图形绘制的，它可能也会进行一些计算几何学方面的工作，但是它一定会在屏幕上绘制矩形。

这个设计违反了单一职责原则（SRP）。Rectangle 类具有两种职责。第一种职责提供了一个矩形几何形状的数学模型；第二种职责是把矩形绘制到一个图形化的用户界面上。

对于 SRP 的违反导致了一些严重的问题。首先，我们必须在计算几何应用程序中包含 GUI 的代码。如果这是一个 C++ 的应用程序，就必须要把 GUI 代码链接进来，这会浪费链接时间、编译时间以及内存占用。如果是一个 Java 应用程序，GUI 的 .class 文件必须部署到目标平台。

其次，如果 GraphicalApplication 的改变由于某些原因导致 Rectangle 的改变，那么这个改变会迫使我们重新构建、测试以及部署 ComputationalGeometryApplication。如果我们忘记这么做了，那么程序可能会以不可预测的方式失败。

一种较好的设计是把这两种职责分离到图 8.2 所示的两个不同的类中。这个设计把 Rectangle 类中进行计算的部分移到了 GeometryRectangle 类中。现在，矩形绘制方式的改变不会影响 ComputationalGeometryApplication 了。

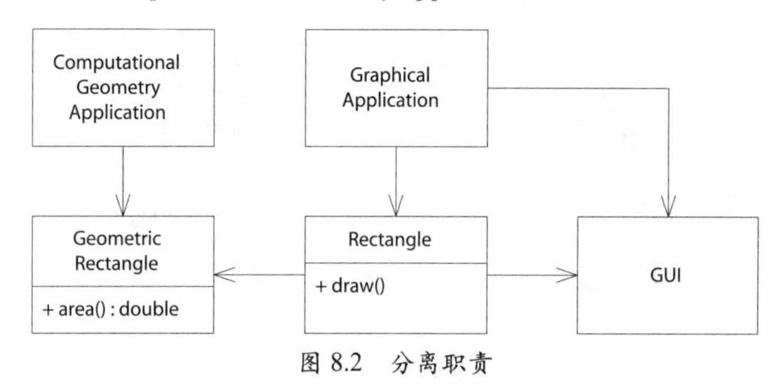

图 8.2 分离职责

什么是职责

在 SRP 的语境中，我们把职责定义为“变化的原因”（a reason for change）。如果你有超过一个的动机去改变一个类，那么这个类就具有多种职责。有时，我们很难注意到这一点。我们习惯于以组（group）的形式去考虑职责。例如，考虑程序 8.1 中的 Modem 接口。大多数人会认为这个接口看起来非常合理。该接口所声明的 4 个函数确实是调制解调器所具备的功能。

程序 8.1 Modem.java——违背 SRP

```
interface Modem
{
  public void dial(String pno);
  public void hangup();
```

```
    public void send(char c);
    public char recv();
}
```

然而，该接口却展示了两种职责。第一种是连接管理，第二种是数据通信。dial 方法和 hangup 方法进行调制解调器的连接管理，而 send 方法和 recv 方法处理通信数据。

这两个职责应该分开吗？这依赖于应用程序变化的方式。如果应用程序的变化会影响连接管理方法的方法签名（signature），那么这个设计就有了僵化性的臭味，因为调用 send 和 recv 的类必须要跟着重新编译、部署，这不是我们期望的结果。在这种情况下，这两个职责应该分离，如图 8.3 所示。这样做避免了客户端应用程序和这两个职责耦合在一起。

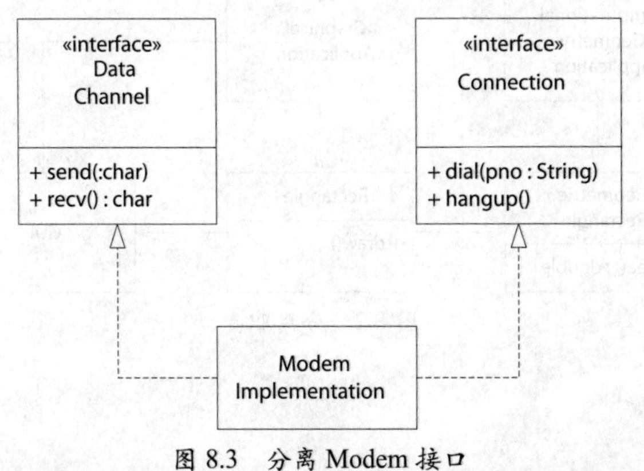

图 8.3　分离 Modem 接口

另一方面，如果应用程序的变化方式总是导致这两个职责同时变化，那么就不必分离它们。实际上，分离会产生不必要复杂性的臭味。

在此还有一个推论。变化的轴线当且仅当变化实际发生时才具有意义。如果没有征兆，那么应用 SRP 或者其他任何原则都是不明智的。

分离耦合的职责

请注意，在图 8.3 中，我把两个职责都耦合进了 ModemImplementation 类中。这并非意愿，但可能是必要的。常常会有一些和硬件或者操作系统相关的细节迫使我们不得不把我们不愿意耦合在一起的东西耦合到一起。至于应用的其余部分，通过分离它们的接口，我们已经解耦了概念。

我们可能会把 ModemImplementation 类看成杂牌机或者瑕疵。不过请注意，所有的依赖都和它无关。谁也无需依赖这个类。除了 main 方法，谁也不需要知道它的存在。因此，我们把丑陋的部分藏起来，不让它泄露或者扩散到应用的其它部分。

持久化

图 8.4 展示了一种常见的违背 SRP 的场景。Employee 类包含业务规则和持久化控制。这两个职责在大多数情况下绝不应该混合在一起。业务规则往往会频繁地变化，而持久化的方式却不会如此频繁地变化。它们变化的原因也是完全不一样的。把业务规则和持久化子系统绑定在一起的做法是自讨苦吃。

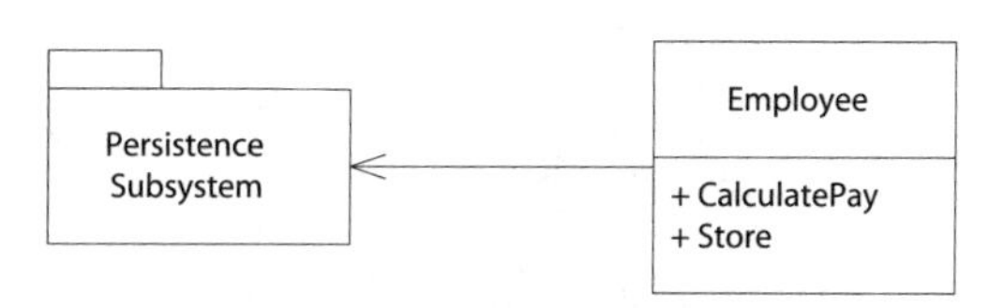

图 8.4 耦合的持久化

幸运的是，正如我们在第 4 章看见的，测试驱动开发常常能远在设计出现臭味之前就迫使我们分离这两种职责。不过，在测试不能迫使职责分离的情况下，僵化性和脆弱性的臭味就会愈发浓烈，那么就应该使用 FACADE 和 PROXY 模式对其进行重构，从而分离这两种职责。

小结

SRP 是最简单的原则之一，也是最难应用的原则之一。把职责放到一起是我们很自然的选择。但是，软件设计更应该真正关注的是发现和分离职责。事实上，我们将要论述的其余原则都会以这样或者那样的方式回到这个原则上来。

参考文献

1. DeMarco, Tom. *Structured Analysis and System Specification*. Yourdon Press Computing Series. Englewood Cliff, NJ: 1979.
2. Page-Jones, Meilir. *The Practical Guide to Structured Systems Design*, 2d ed. Englewood Cliff, NJ: Yourdon Press Computing Series, 1988.

第 9 章　开放–关闭原则（OCP）

“两截门（Dutch Door）：（名词）一种被水平分割成两部分的门，各部分都可以独立开合。”

——《美国英语传统字典》（第 4 版），2000

雅各布森（Ivar Jacobson）曾经这样说过：“任何系统在其生命周期中都会发生变化。如果期望开发出来的系统发完第一版之后就被抛弃，就必须牢牢记住这一点。”[Jacobson92, p.21] 那么，怎样的设计才能在面对需求的变化时保持稳定，进而可以在第一个版本之后持续演进呢？梅耶（Bertrand Meyer）在 1988 年提出了我们现在耳熟能详的开放 - 关闭原则（The Open-Closed Principle，OCP），为我们指明了道路。[Meyer97, p.57]

开放–关闭原则（OCP）

软件实体（类、模块、方法等）应该对扩展开放，但是对修改关闭。

如果程序中的一处修改，导致依赖的模块发生连锁修改，那么设计就有僵化性的臭味了。OCP 建议我们应该对系统进行重构，这样一来，日后类似的修改就不会出现这种情况。如果正确应用 OCP，那么日后只需要添加新的代码就可以完成此类修改，不需要改动已经正确运行的代码。

这可能看上去像是可望而不可及的美好梦想，然而，事实上却有一些相对简单并且有效的策略可以接近这个理想。

描述

遵循开放–关闭原则设计出来的模块具有两个主要的特征。

- **“对扩展开放”**（Open for extension）

这意味着模块的行为是可以扩展的。当应用的需求改变时，我们可以对模块进行扩展，让它可以具备满足那些改变的新行为。换句话说，我们可以改变模块的功能。

- **“对更改关闭”**（Closed for modification）

对模块的行为进行扩展时，不必改动模块的源代码或者二进制代码。像模块的二进制可执行版本，无论是可链接的库、DLL 或者 Java 的 .jar 文件，都无需改动。

这两个特征看似矛盾。扩展模块行为的常用方式是修改模块的源代码。不允许修改的模块通常都被认为具有固定的行为。

怎么可能在不改动模块源代码的情况下更改模块的行为呢？怎样才能在无需改动模块的情况下就改变它的功能呢？

关键是抽象

在 C++、Java 或者其他任何 OOPL（面向对象编程语言）中，可以创建出稳固却能够描述无限种可能行为的抽象。这种抽象就是抽象类，而无限种可能行为则是所有可能的派生类。

模块可以操作一个抽象类。由于模块依赖于一个固定的抽象，所以它对于更改是可以关闭的。同时，通过创建新的派生类，模块的行为也可以扩展。

图 9.1 展示了一个简单的设计，它没有遵循 OCP。Client 类和 Server 类都是具体类。Client 直接使用了 Server 类。如果我们希望 Client 的对象使用不同的服务器对象，那么必须更改 Client 类，重新指向新的服务器类。

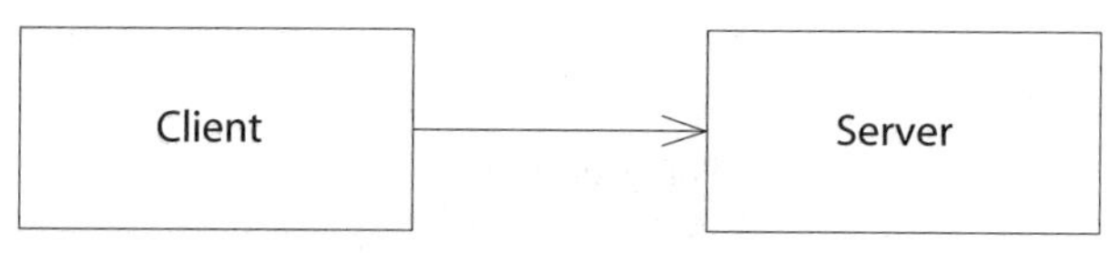

图 9.1　不遵循 OCP 原则的 Client 类

图 9.2 展示了一个遵循 OCP 的对应设计。在这个设计中，ClientInterface 类是一个拥有抽象成员方法的抽象类。Client 类使用这个抽象类；然而 Client 类的实例化对象将会使用继承自 ClientInterface 类的 Server 类的实例化对象。如果 Client 类想要使用不同的服务器类，那么只需要从 ClientInterface 类继承一个新的类，此时 Client 类无须任何改动。

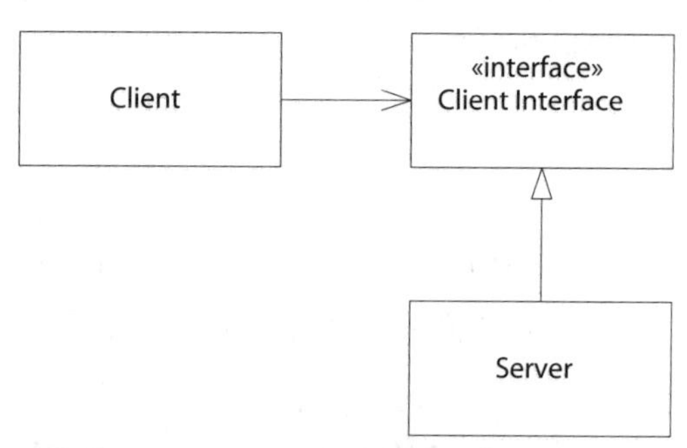

图 9.2　策略模式：Client 同时满足开放和关闭

Client 需要实现一些功能，它可以使用 ClientInterface 抽象接口描述那些功能。ClientInterface 的子类型可以自由地用任何方式去实现这个接口。因此，Client 类中指定的行为就可以用创建 ClientInterface 子类型的方式扩展和更改了。

你可能不明白为什么我要把抽象接口命名成 ClientInterface。为何不把它命名为 AbstractServer 呢？因为（我们后面会看到）在和客户端的关系上，抽象类要比实现它们的类更密切一些。

图 9.3 展示另一种可能的结构。Policy 类具有一组实现了某种策略的公有方法。和图 9.2 中 Client 类的方法类似，这些策略方法使用了一些抽象接口描绘了一些要完成的功能。不同的是，在这个结构中，这些抽象接口是 Policy 类本身的一部分。

它们在 C++ 中表现为纯虚函数，在 Java 中表现为抽象方法。这些方法在 Policy 的子类型中实现。这样，就可以通过新建 Policy 类的派生类的方式扩展和更改指定的行为。

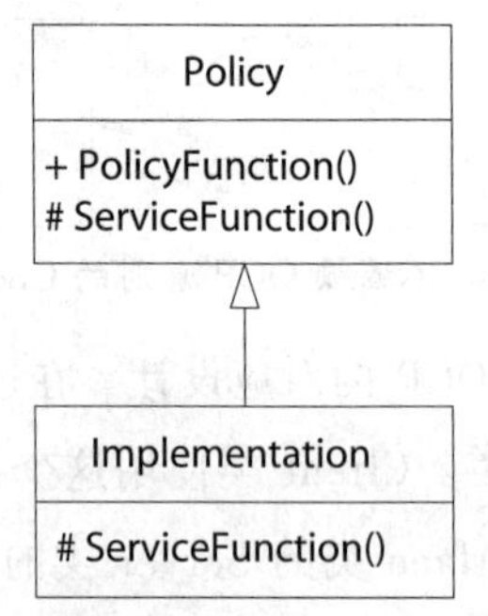

图 9.3 模板方法（Template Method）模式：遵循开闭原则的基类

这两种模式是最常见的满足 OCP 的模式。应用这些原则，可以把某个功能的通用能力和它的实现细节清晰地分离开。

Shape 程序

下面的例子在许多讲述 OOD（面向对象的设计）的书中都有提及。它就是臭名昭著的 Shape 程序。它常常被用来展示多态的工作原理。不过，这次我们用它来阐述 OCP。

我们有一个需要在标准的 GUI 上绘制圆形和正方形的应用程序。圆形和正方形必须按照特定的顺序绘制。一组有序的圆形和正方形会被预先创建出来，然后程序会依次遍历并绘制出圆形或正方形。

违背 OCP

如果使用 C 语言，并采用不遵循 OCP 的过程式的方法，我么也许会用程序 9.1 中的方式解决这个问题。我们看到有一组数据结构，它们的第一个成员 itsType 都相同，但是其余的成员都不同。每个结构体中的第一个成员都是一个标识该结构是圆形还是正方形的类型码。方法 DrawAllShapes 遍历指向这些结构体的指针，它先检查类型码，然后调用对应的方法（DrawCircle 或者 DrawSquare）。

程序 9.1 Square/Circle 问题过程式的解决方案

```
-- shape.h ------------------------------------------------------------------------
enum ShapeType { circle, square }

struct Shape
{
  ShapeType itsType;
}

-- circle.h -----------------------------------------------------------------------
struct Circle
{
  ShapeType itsType;
  double itsRadius;
  Point itsCenter;
};
void DrawCircle(struct Circle*);

-- square.h -----------------------------------------------------------------------
struct Square
{
  ShapeType itsType;
  double itsSide;
  Point itsTopLeft;
};
void DrawSquare(struct Square*);

-- drawAllShapes.cc ---------------------------------------------------------------
typedef struct Shape *ShapePointer;

void DrawAllShapes(ShapePointer list[], int n)
{
  int i;
  for (i=0; i<n; i++)
  {
    struct Shape* s = list[i];
    switch (s->itsType)
    {
      case square:
        DrawSquare((struct Square*)s);
      break;
      case circle:
```

```
            DrawCircle((struct Circle*)s);
          break;
        }
      }
    }
```

DrawAllShapes 方法不符合 OCP，因为它对新的形状的添加是非关闭的。如果希望这个方法能够绘制包含三角形的列表，就必须修改这个方法。事实上，每增加一种新类型的形状，我们都得修改这个方法。[①]

当然，这只是一个简单的例子。在实际程序中，类似 DrawAllShapes 方法中的 switch 语句会在应用程序的各种方法中重复出现，每个方法中的 switch 语句负责完成的工作差别很小，有负责拉伸形状的，有移动形状的，还有负责删除形状的等等。在这样的应用程序中增加一种新的形状，就意味着要找出所有上述 switch 语句或者链式 if/else 语句的所有方法，并在每一处都添加对新增的形状类型的判断

更糟糕的是，并不是所有的 switch 语句和 if/else 链都像 DrawAllShapes 方法中的 switch 语句那样有比较好的结构。更可能的情况是，为了"简化"本地决策，if 语句中的判断条件由逻辑操作符组合而成，或者 switch 语句中的 case 子句会由逻辑操作符组合而成，在一些极端错误的实现中，可能会有一些方法对 Square 的处理和对 Circle 的处理一样。在这样的方法中，甚至根本就没有 switch/case 语句或者 if/else 链。这样，要发现和理解所有需要增加新形状类型的地方，恐怕就非常困难了。

同样，在进行上述改动时，我们必须在 ShapeType enum 中添加一个新的成员。[②]由于所有不同种类的图形都依赖于这个 enum 的声明，所以我们必须重新编译所有的模块，并且也要重新编译所有依赖于 Shape 类的模块。

因此，我们不但要改动源代码中的 switch/case 语句或者 if/else 链，也要改动所有使用了任意一种 Shape 数据结构的二进制文件（通过重新编译的方式）。更改二进制文件意味着必须要重新部署所有的 DLL，共享库或者其他类型的二进制组件。给应用程序增加一种新的形状类型这样简单的操作，也会导致随后许多模块源代码、甚至是二进制模块或组件的连锁改动。可见，增加一种新的形状类型会带来巨大的影响是巨大的。

---

① 译注：《重构》一书中的散弹式修改。

② 对 enum 的改动会导致持有该 enum 的变量在大小上的变化。所以，如果决定真的不需要重新编译其他图形的声明，一定要多加小心。

设计糟糕

再来回顾一下，程序 9.1 中的解决方法是僵化的，这是因为增加 Triangle 会导致 Shape、Square、Circle 以及 DrawAllShapes 都得重新编译和部署。它也是脆弱的，因为很多 switch/case 或者 if/else 语句很难发现和理解。它还是牢固的，因为任何人想在其他的程序中复用 DrawAllShapes 方法，都得附带上 Square 和 Circle，即便那个程序并不需要它们。因此，程序 9.1“散发”出很多糟糕设计的臭味。

遵循 OCP

关于 square/circle 问题，程序 9.2 展示了一个符合 OCP 的解决方案。在这个方案中，我们写了一个名为 Shape 的抽象类。这个抽象类只有一个名为 Draw 的抽象方法。Circle 和 Square 都派生自 Shape 类。

程序 9.2 Square/Circle 问题的 OOD 解决方案

```
class Shape
{
  public:
    virtual void Draw() const = 0;
};

class Square : public Shape
{
  public:
    virtual void Draw() const;
};

class Circle : public Shape
{
  public:
    virtual void Draw() const;
};

void DrawAllShapes(vector<Shape*>& list)
{
```

```
    vector<Shape*>::iterator i;
    for (i = list.begin(); i != list.end(); i++)
      (*i)->Draw();
}
```

可以看到，如果我们想要扩展程序 9.2 中的 DrawAllShapes 方法的行为，让它能够绘制一种新的形状，我们只需要增加一个新的 Shape 的派生类。DrawAllShapes 方法并不需要改动。这样 DrawAllShapes 就符合了 OCP。无需改动自身的代码，就可以扩展它的行为。实际上，增加一个 Triangle 类对于这里展示的任何模块完全没有影响。很明显，为了能够处理 Triangle 类，必须要改动系统中的某些部分，但是这里所示的代码都无需改动。

在实际的应用程序中，Shape 类可能会有更多的方法。但是在应用程序中增加一种新的形状类型依然非常简单，因为所需要做的工作只是创建新的 Shape 类的派生类，并实现它所有的方法。我们再也不需要为了找出需要更改的地方而在应用程序的所有地方到处搜索。这个解决方案不再是脆弱的了。

同时，这个方案也不再是僵化的。在增加了一个新的形状类型时，现有的所有模块的源代码都不需要改动，并且现有的所有二进制模块也不需要重新构建（rebuild）。只有实际创建出来的派生自 Shape 的新类才必须改动。通常情况下，创建派生自 Shape 的新类实例的工作要么发生在 main 方法或者被 main 方法调用的某些方法中，要么发生在 main 方法创建出的一些对象的方法里。

最后，这个方案也不再是牢固的。现在，在任何应用程序中复用 DrawAllShapes 时，都无需再附带上 Square 和 Circle。因而，这个解决方案就不再具有前面提及的任何糟糕设计的特征。

这个程序是符合 OCP 的。我们通过增加新代码而非更改现有代码的方式改动功能。因此，它不会引起形如不遵循 OCP 的程序那样的连锁改动。我们所需要的改动仅仅是增加新的模块以及为了能够实例化新的类型对象而对 main 进行改动。

是的，前面是在逗你玩儿呢

上面的例子并非 100% 对修改关闭的！如果我们要求所有的圆形必须在正方形之前绘制，那么程序 9.2 中的 DrawAllShapes 方法会如何呢？DrawAllShapes 方法无法对这种变化做到对修改关闭。要实现这种需求，我们必须更改 DrawAllShapes 的实现，让它能首先扫描列表中的圆形，然后再扫描所有的正方形。

预测变化和“自然的”结构

如果我们预测到了这种变化，就可以设计出一个抽象来隔离它。我们在程序 9.2 中所选定的抽象对于这种变化来说反倒是一种障碍。可能你会觉得奇怪：“还有什么比定义一个 Shape 类，让 Square 类和 Circle 类从中派生出来更为自然的结构呢？为何这个自然的模型不是最优的呢？”很明显，这个模型对于一个形状的顺序比形状类型具有更重要意义的系统来说，就不再是自然而然的了。

这就导致了一个麻烦的结果，一般而言，无论模块是多么的“关闭”，都会存在一些无法封闭的变化。没有对于所有的情况都自然的模型。

既然不可能完全关闭，那么就必须要有策略地对待这个问题。也就是说，设计人员必须对他设计的模块应对哪种变化关闭做出选择。他必须先猜测出哪些类型的变化最有可能发生，然后构造出抽象来隔离那些变化。

这需要设计人员具备一些从经验中获得的预测能力。有经验的设计人员希望自己对用户和应用领域都很了解，能够一次判断各种变化的可能性。然后，他可以让设计向着最有可能发生变化的方向采用 OCP。

这一点不容易做到。因为它意味着要根据经验猜测应用程序在生产历程中有可能遭受的改动。如果开发人员猜测正确，他们就赢了；如果猜错，就会遭受失败。并且，在大多数情况下，他们都会猜错。

同时，遵循 OCP 的代价也是昂贵的。创建恰当的抽象是要花费时间和精力的。那些抽象也增加了软件设计的复杂性，开发人员有能力处理的抽象数量是有限的。显然，我们希望把 OCP 的应用限定在可能发生的变化上。

我们如何知道哪种变化可能发生呢？我们进行适当的调查，提出正确的问题，并且使用我们的经验和一般常识。最终，我们会一直等到变化发生时才采取行动。

放置“钩子”

我们如何隔离变化？在上个世纪，我们常说的一句话是我们会在我们认为可能发生变化的地方放置钩子（hook）。我们觉得这样做会让软件更加灵活一些。

然而，我们放置的钩子常常是错误的。更糟糕的是，即便这些钩子不会被用到，也必须要支持和维护它们，从而产生不必要的复杂性的臭味。这不是一件好事，我们不希望设计承载太多不必要的抽象。通常，我们更愿意一直等到确实需要那些抽象时再把它放进去。

吃一堑，长一智

有句古老的谚语说得好："上当受骗头一次，应该感到羞愧的人是你是别人可耻。再次上当受骗，是自己该死。"（Fool me once，shame on you，fool me twice，shame on me）这也是一种有效的对待软件设计的态度。为了防止软件承担不必要的复杂性，我们会允许自己被愚弄一次。这意味着我们最初写代码时，假设变化不会发生。当变化发生时，我们就创建抽象来隔离以后发生的同类变化。简而言之，我们愿意被第一发子弹击中，然后我们会确保自己不会再被同一支枪所发射的其他子弹击中。

刺激变化

如果我们决定接受第一发子弹，那么子弹来得越早、越快，对我们就越有利。我们希望在开发工作展开不久就知道可能发生的变化。查明可能发生的变化所等待的时间越长，创建正确的抽象就越困难。因此，我们需要去刺激变化。我们已经在第 2 章中讲述的一些方法来完成这项工作。

- 我们先写测试。测试描绘了系统的一种使用方法。通过先写测试，我们迫使系统成为可测试的。在一个具有可测试性的系统中发生变化时，我们可以泰然处之。因为我们已经构建了使系统可测试的抽象。并且，通常这些抽象中的许多都会隔离以后发生的其他种类的变化。
- 我们用很短的迭代周期进行开发——一个周期为几天而不是几周。
- 我们在加入基础设施前就开发特性，并且经常把那些特性展示给参与人员。
- 我们首先开发最重要的特性。
- 尽早、经常发布软件。尽快、尽可能频繁地把软件展示给客户和用户使用。

使用抽象获得显式封闭性

第一发子弹已经击中我们，用户要求我们在绘制正方形之前先绘制所有的圆形。现在我们希望可以隔离以后所有的同类变化。

怎么才能让 DrawAllShapes 方法对于绘制顺序的变化是关闭的呢？请记住，关闭是建立在抽象基础之上的。因此，为了让 DrawAllShapes 对于绘制顺序的变化是关闭的，我们需要一种“顺序抽象体”。这个抽象体定义了一个抽象接口，通过这个抽象接口可以表示任何可能的排序策略。

一个排序策略意味着，给定两个对象可以推导出应该先绘制哪一个。我们可以定义一个 Shape 类的抽象方法叫 Precedes。这个方法以另一个 Shape 作为参数，并返回一个 bool 型结果。如果接收消息的 Shape 对象应该先于作为参数传入的 Shape 对象绘制，那么方法返回 true。

在 C++ 中，这个方法可以通过重载 operator< 来表示。程序 9.3 展示了添加排序方法后的 Shape 类。

既然我们已经有了决定两个 Shape 对象的绘制顺序的方法，我们就可以对列表中的 Shape 进行排序后依序绘制。程序 9.4 展示了 C++ 的实现代码。

程序 9.3　具有排序方法的 Shape 类

```
class Shape
{
  public:
    virtual void Draw() const = 0;
    virtual bool Precedes(const Shape&) const = 0;

    bool operator<(const Shape& s) {return Precedes(s);}
};
```

程序 9.4　依序绘制的 DrawAllShapes 方法

```
template <typename P>
        class Lessp // utility for sorting containers of pointers.
{
  public:
    bool operator() (const P p, const P q) {return (*p) < (*q);}
};

void DrawAllShapes(vector<Shape*>& list)
{
  vector<Shape*> orderedList = list;

  sort(orderedList.begin(),
     orderedList.end(),
```

```
    Lessp<Shape*>());
  vector<Shape*>::const_iterator i;
  for (i=orderedList.begin(); i != orderedList.end(); i++)
    (*i)->Draw();
}
```

这给我们提供了一种对 Shape 对象排序的方法，也让我们可以按照一定的顺序来绘制它们。但是，我们仍然没有一个好的用于排序的抽象体。按照目前的设计，单个 Shape 对象应该覆写 Precedes 方法来指定顺序。这究竟是如何工作的呢？我们应该在 Circle:Precedes 成员方法中编写一些什么代码，来保证一定会先于正方形绘制呢？请看程序 9.5。

程序 9.5　对 Circle 排序

```
bool Circle::Precedes(const Shape& s) const
{
  if (dynamic_cast<Square*>(s))
    return true;
  else
    return false;
}
```

显然，这个方法以及所有 Shape 类的派生类中的 Precedes 都不遵循 OCP。我们无法让这些方法对于新的 Shape 派生类做到关闭。每次创建一个新的 Shape 的派生类时，所有的 Precedes() 方法都需要改动。

当然，如果不需要创建新的 Shape 的派生类就没有问题了。另一方面，如果需要频繁地创建新的 Shape 的派生类，这个设计就会遭受沉重的打击。我们再次被第一发子弹击中。①

使用“数据驱动”的方法获取封闭性

如果我们必须要让 Shape 的派生类之间互不知晓，可以使用表格驱动的方法。程序 9.6 展示了一种可能的实现。

程序 9.6　表格驱动的类型的排序机制

```
#include <typeinfo>
#include <string>
```

① 可以使用第 29 章中描述的 ACYCLIC VISITOR 模式来解决这个问题。不过，现在就展示这个解决方案还为时过早。在第 29 章结束时，我会提醒你回到这里。

```
#include <iostream>

using namespace std;

class Shape
{
  public:
    virtual void Draw() const = 0;
    bool Precedes(const Shape&) const;
    bool operator<(const Shape& s) const
    {return Precedes(s);}
  private:
    static const char* typeOrderTable[];
};

const char* Shape::typeOrderTable[] =
{
  typeid(Circle).name(),
  typeid(Square).name(),
  0
};

// This function searches a table for the class names.
// The table defines the order in which the
// shapes are to be drawn. Shapes that are not
// found always precede shapes that are found.
//
bool Shape::Precedes(const Shape& s) const
{
  const char* thisType = typeid(*this).name();
  const char* argType = typeid(s).name();
  bool done = false;
  int thisOrd = -1;
  int argOrd = -1;
  for (int i=0; !done; i++)
  {
    const char* tableEntry = typeOrderTable[i];
    if (tableEntry != 0)
    {
      if (strcmp(tableEntry, thisType) == 0)
        thisOrd = i;
      if (strcmp(tableEntry, argType) == 0)
        argOrd = i;
      if ((argOrd >= 0) && (thisOrd >= 0))
        done = true;
```

```
        }
        else // table entry == 0
          done = true;
    }
    return thisOrd < argOrd;
}
```

通过这种方法，我们成功地做到了在一般情况下 DrawAllShapes 方法对顺序问题的关闭，也让每个 Shape 类的派生类对于新的 Shape 派生类的创建或者基于类型的 Shape 对象排序规则的改变是关闭的。（例如，改变排序的顺序让 Square 先行绘制）

对于不同的 Shape 的绘制顺序的变化，唯一不关闭的部分就是表本身。可以把表放在一个单独的模块中，和所有其他模块隔离，因此，对表的改动不会影响到其他任何模块。事实上，在 C++ 中，我们可以在链接时选择要使用的表。

小结

在许多方面，OCP 都是面向对象设计的核心所在。遵循这个原则可以带来面向对象技术所声称的巨大好处（也就是，灵活性、可重用性以及可维护性）。然而，并不是说只要使用面向对象语言就是遵循了这个原则。对应用程序中的每个部分都肆意进行抽象也不是一个好主意。正确的做法是，开发人员应该仅仅对程序中呈现出频繁变化的那些部分进行抽象。拒绝不成熟的抽象和抽象本身同等重要。

参考文献

1. Jacobson, Ivar, et al. *Object-Oriented Software Engineering.* Reading, MA: Addison-Wesley, 1992.
2. Meyer, Bertrand. *Object-Oriented Software Construction,* 2d ed. Upper Saddle River, NJ: Prentice Hall, 1997.

第 10 章　里氏替换原则（LSP）

OCP 背后的主要机制是抽象（abstraction）和多态（polymorphism）。在静态类型语言中，比如 C++ 和 Java，支持抽象和多态的关键机制之一是继承（inheritance）。正是使用了继承，我们才可以创建基类的派生类，实现基类中的抽象方法。

是什么设计规则在支配着这种特殊的继承用法呢？最佳继承层次又有哪些特征呢？什么样的情况会使我们创建的类层次结构掉进不符合 OCP 的陷阱中呢？这些正是里氏替换原则要解答的问题。

里氏替换原则（LSP）

对于里氏替换原则（LSP），可以如此解释：子类型（subtype）必须能够替换掉它们的基类（base type）。

巴巴拉·里斯科夫（Barbara Liskov）[①]首次写下这个原则是在 1988 年。[Liskov88] 她说："这里需要如下替换性质：如果对于每个类型 S 的对象 o1，都存在一个类型 T 的对象 o2，使得在所有针对 T 编写的程序 P 中，用 o1 替换 o2 后，程序 P 的行为功能不变，则 S 是 T 的子类型。"

想想违反该原则的后果，LSP 的重要性就不言而喻了。假设有一个方法 f，它的参数为指向某个基类 B 的指针或者引用。同样假设有基类 B 的某个派生类 D，如果把 D 的对象作为 B 类型传递给 f，会导致 f 出现错误的行为。这就表明 D 违反了 LSP。显然，D 对于 f 来说是脆弱的。

f 的编写者会尝试对 D 进行一些判断，以便把 D 的对象传递给 f 时，可以让 f 具有正确的行为。这种判断违反了 OCP，因为此时 f 对 B 的所有派生类都不再是关闭的。这样的判断带有代码臭味，是缺乏经验的开发人员（或者，更糟的，总是着急忙慌的开发人员）违反 LSP 时所产生的结果。

一个违背 LSP 的简单例子

违反 LSP 常常会导致明显违反 OCP 的一种用法，运行时类型判别（Run-Time Type Information，RTTI）。这种方式常常是显式地使用一个 if 语句或者 if/else 链去确定一个对象的类型，以便能够选择针对该类型的正确行为。参考程序 10.1。

程序 10.1　违背 LSP 导致违背 OCP

```
struct Point {double x, y;};

struct Shape {
  enum ShapeType {square, circle} itsType;
  Shape(ShapeType t) : itsType(t) {}
};

struct Circle : public Shape
{
  Circle() : Shape(circle) {};
  void Draw() const;
```

① 中文版编注：Barbara Liskov（1939—　），2008 年图灵奖得主，对编程语言和系统设计的实践和理论基础的贡献，特别是在数据抽象、容错和分布式计算方面。20 世纪 70 年代早期，她发明了两种计算机语言：CLU（一种支持数据抽象的面向对象编程语言）和 Argus（一种分布式程序实现的高级语言）。这些研究成果成为现代编程语言的基础，支撑起整个现代应用软件行业，对每种主流汇编语言产生了深远的影响，如 C++、Java、Python、Ruby 和 C# 等。1993 年，她与亚裔女科学家周以真一起提出里氏替换原则，这是程序设计中另一个广泛应用的成就。该原则已经成为面向对象最重要的原则之一。

```
   Point itsCenter;
   double itsRadius;
};

struct Square : public Shape
{
   Square() : Shape(square) {};
   void Draw() const;
   Point itsTopLeft;
   double itsSide;
};

void DrawShape(const Shape& s)
{
   if (s.itsType == Shape::square)
      static_cast<const Square&>(s).Draw();
   else if (s.itsType == Shape::circle)
      static_cast<const Circle&>(s).Draw();
}
```

很显然，程序 10.1 中的 DrawShape 方法违反了 OCP。它必须知道 Shape 类所有的派生类，并且每次创建一个新的 Shape 派生类都必须更改它。确实，很多人肯定都认为这种方法的结构是对良好设计的亵渎。那么，是什么促使程序员写出这样的方法呢？

假设 Joe 是一名工程师。他学习过面向对象的技术，并且认为多态的开销大得难以忍受。（在一台相当快速的计算机中，方法调用的开销是纳秒数量级的，所以 Joe 的观点没有道理。）因此，他定义了一个没有任何虚函数的 Shape 类。类（结构体）Square 和 Circle 从 Shape 类派生出来，并且有 Draw() 方法，但是没有重写（override）Shape 类中的方法。因为 Circle 类和 Square 类不能替换 Shape 类，所以 DrawShape 方法必须检查输入的 Shape 对象，确定它的类型，接着调用正确的 Draw 方法。

Square 类和 Circle 类不能替换 Shape 类其实是违反了 LSP，这种违反又迫使 DrawShape 违反了 OCP，因为对 LSP 的违反也会潜在地违反 OCP。

正方形和矩形，一个更不容易察觉的违背 OCP 的例子

当然，还有更不容易察觉的违背 OCP 的例子。考虑一个应用程序，它使用了程序 10.2 中描述的 Rectangle 类。

程序 10.2　Rectangle 类

```
class Rectangle
{
  public:
    void SetWidth(double w) {itsWidth=w;}
    void SetHeight(double h) {itsHeight=h;}
    double GetHeight() const {return itsHeight;}
    double GetWidth() const {return itsWidth;}
  private:
    Point itsTopLeft;
    double itsWidth;
    double itsHeight;
};
```

假设这个应用程序运行得很好，并被安装在许多地方。和任何成功的软件一样，用户的需求会不时地发生变化。某一天，用户要求添加操作正方形的功能，而不局限于矩形。

我们经常说继承是 IS-A（是一个）的关系。也就是说，如果一个新类型的对象被认为和一个旧类型的对象之间存在 IS-A 的关系，那么这个新对象的类应该派生自旧对象的类。

从一般意义上讲，一个正方形就是一个矩形。因此，把 Square 类看成 Rectangle 类的派生类是合乎逻辑的。参见图 10.1。

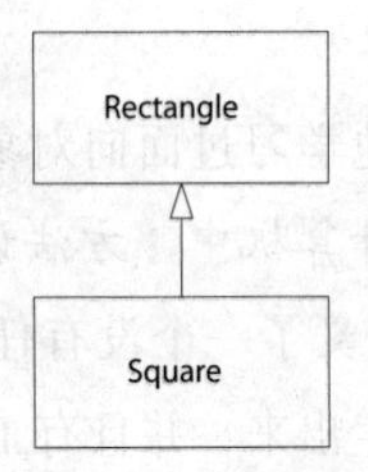

图 10.1　Square 继承自 Rectangle

IS-A 这种关系的用法有时被认为是面向对象分析（Object-oriented analysis，OOA，一个被频繁使用但缺少定义的术语。）的基本技术之一。一个正方形是一个矩形，所以 Square 类就应该派生自 Rectangle 类。不过，这种想法会带来一些微妙但极为重要的问题。一般来说，这些问题在实际写代码之前很难预见到。

我们首先注意到，问题的根源在于 Square 类并不同时需要成员变量 itHeight 和 itsWidth。但是 Square 仍会从 Rectangle 中继承它们。显然这是浪费。在许多情况下，这种浪费是无关紧要的。但是，如果我们必须要创建成百上千个 Square 对象（比如，在 CAD/CAE 程序中复杂的电路的每一个元器件的管脚都得画成一个正方形），浪费的程度是巨大的。

假设目前我们并不十分关心内存效率。从 Rectangle 派生 Square 也会产生其他一些问题。Square 会继承 SetWidth 和 SetHeight 方法。这两个方法对于 Square 来说是不合适的，因为正方形的长和宽是相等的。这是存在问题的强烈暗示。不过这个问题可以回避，我们可以按照如下方法重写 SetWidth 和 SetHeight：

```
void Square::SetWidth(double w)
{
  Rectangle::SetWidth(w);
  Rectangle::SetHeight(w);
}

void Square::SetHeight(double h)
{
  Rectangle::SetHeight(h);
  Rectangle::SetWidth(h);
}
```

现在，当设置 Square 的宽时，它的长会相应地改变；当设置长时，宽也会随之改变。这样，就保持了 Square 的不变性（无论在什么状态下都必须为真的性质。）。Square 对象是在严格数学意义下的正方形。

```
Square s;
s.SetWidth(1);  // Fortunately sets the height to 1 too.
s.SetHeight(2); // sets width and height to 2. Good thing.
```

但是考虑下面这个方法：

```
void f(Rectangle& r)
{
  r.SetWidth(32) // calls Rectangle::SetWidth
}
```

如果我们向这个方法传递一个指向 Square 对象的引用，这个 Square 对象就因为它的长没有随之改变而被破坏。这显然违反了 LSP。以 Rectangle 的派生类作为参数传入时，方法 f 不能正确地运行。错误的原因是 Rectangle 中没有把 SetWidth 和 SetHeight 声明为虚函数，因此这两个方法不是多态的。

这个错误很容易修正。但是，如果新派生类的创建会导致我们改变基类，这就常常意味着设计是有缺陷的。当然也违反了 OCP。也许有人会反驳说，真正的设计缺陷是忘记把 SetWidth 和 SetHeight 声明为虚函数，而我们刚刚已经做了修正。可是，这很难让人信服，因为设置一个长方形的长和宽是非常正常的操作。如果不是预见 Square 的存在，我们凭什么要把这两个函数声明为虚函数呢？

尽管如此，但还是假设我们接受这个理由并修正这些类。修正后的代码如程序 10.3 所示。

程序 10.3　自洽的 Rectangle 类和 Square 类

```
class Rectangle
{
 public:
  virtual void SetWidth(double w) {itsWidth=w;}
  virtual void SetHeight(double h) {itsHeight=h;}
  double      GetHeight() const {return itsHeight;}
  double      GetWidth() const {return itsWidth;}
 private:
  Point   itsTopLeft;
  double itsHeight;
  double itsWidth;
};

class Square : public Rectangle
{
 public:
  virtual void SetWidth(double w);
  virtual void SetHeight(double h);
};

void Square::SetWidth(double w)
{
 Rectangle::SetWidth(w);
 Rectangle::SetHeight(w);
}

void Square::SetHeight(double h)
{
 Rectangle::SetHeight(h);
 Rectangle::SetWidth(h);
}
```

真正的问题

现在 Square 和 Rectangle 看起来都能够工作。无论对 Square 对象进行什么样的操作，它都和数学意义上的正方形保持一致。同理，对 Rectangle 对象也成立。此外，也可以把 Square 传递到接收 Rectangle 指针或者引用作为参数的方法中，而 Square 依然保持正方形的特性，与数学意义上的定义保持一致。

如此看来，这个设计似乎是自洽且正确的。可是，这一结论是错误的。一个自洽的设计未必就和它所有的用户相容。比如下面的这个方法 g:

```
void g(Rectangle& r)
{
 r.SetWidth(5);
 r.SetHeight(4);
 assert(r.Area() == 20);
}
```

这个方法认为传递进来的一定是 Rectangle，并调用了 SetWidth 和 SetHeight 两个成员方法。对于 Rectangle 而言，这个方法运行正确。但是如果传递进来的是 Square 对象就会发生断言错误（assertion err）。所以，真正的问题是，方法 g 的作者假设了改变 Rectangle 的宽不会导致其长的变化。

很显然，“改变一个长方形的宽不会影响它的长”这一假设是合理的。然而，并不是所有可以作为 Rectangle 传递的对象都满足这个假设。如果把一个 Square 类的实例传递给像 g 这样做了该假设的方法，那么这个方法就会出现错误的行为。方法 g 对 Square/Rectangle 派生结构而言是脆弱的。

方法 g 说明有一些使用指向 Rectangle 对象的指针或者引用的方法不能正确地操作 Square 对象，对于这些方法，Square 不能替换 Rectangle，因此 Square 和 Rectangle 之间的关系违反了 LSP。

有人会对方法 g 中存在的问题进行争辩，他们认为方法 g 的作者不能假设宽和长是独立变化的。方法 g 的作者有话要说：方法 g 以 Rectangle 作为参数，并且确实有一些不变性和真理性明显适用于 Rectangle 类，其中一个不变性就是长和宽可以独立变化。方法 g 的作者完全可以对这个不变性进行断言。倒是 Square 的作者违反了这一性质。

真正有趣的是，Square 的作者没有违反 Square 的不变性。但是让 Square 派生自 Rectangle 恰恰违反了 Rectangle 的不变性。①

有效性并非本质属性

LSP 让我们得出了一个非常重要的结论：一个模型，如果孤立看，并不具有真正意义上的有效性。模型的有效性只能通过它的客户程序来表现。例如，如果孤立地看，最后那个版本的 Rectangle 和 Square 是自洽的，也是有效的。但是，如果程序员对基类做了合理的假设，那么从他们的角度看，这个模型就有问题。

在考虑一个特定设计是否恰当的时候，不能完全孤立地看这个解决方案。必须根据该设计的使用者所做出的的合理假设来审视它。（这些合理的假设常常以断言的形式出现在为基类编写的单元测试中。这又是一个实践测试驱动开发的理由。）

谁知道设计的使用者会做出什么样的合理假设呢？大多数这样的假设都很难预测。事实上，如果试图去预测所有的假设，我们所得到的系统可能会带有满满的不必要复杂性的臭味。因此，像所有其他原则一样，最好的方法通常是只预测那些显著违反了 LSP 的情况，并推迟其他的预测假设，直到嗅到相关脆弱性的臭味时，才去处理。

IS-A 是关于行为的

那么究竟是怎么回事呢？Square 和 Rectangle 这样显然合理的模型为什么会有问

① 译注：类型即功能（行为），其实本质上是类型系统和继承体系出现了阻抗。

题？毕竟，Square 应该是 Rectangle。难道它们之间不是 IS-A 关系吗？

和 g 方法的作者关注点不同！正方形可以是长方形，但是从 g 的角度来看，Square 对象绝对不是 Rectangle 对象。为什么？因为 Square 对象的行为方式和方法 g 所期望的 Rectangle 对象的行为方式不相容。从行为方式的角度来看，Square 不是 Rectangle，对象的行为才是软件真正所关注的问题。LSP 清楚地指出，OOD 中 IS-A 的关系属于行为的，这些行为是可以被合理假设，也是被客户端所依赖的。

基于契约的设计

许多开发人员可能会对“合理假设”的行为这一概念惴惴不安。怎样才能知道客户真正的要求呢？有一种技术可以让这些合理的假设明确下来，从而支持 LSP。这种技术就是基于契约的设计（Design By Contract，DBC）。梅耶（Bertrand Meyer）对此做过阐述 [Meyer1978, p.331]。

使用 DBC，类的作者明确表达出对于这个类的契约。客户端的代码可以通过契约获悉可以依赖的行为方式。契约是通过为每一个方法声明前置条件（precondition）和后置条件（postcondition）来制定的。要让一个方法得以执行，前置条件必须为真。执行完毕后，这个方法要保证后置条件为真。

Rectangle::SetWidth(double w) 方法的后置条件可以看成下面这样的形式：

```
assert((itsWidth == w) && (itsHeight == old.itsHeight));
```

在这个例子中，old 是 SetWidth 被调用之前 Rectangle 的值。按照梅耶（Meyer）的阐述，派生类的前置条件和后置条件的规则如下：

> 在重新声明派生类中的方法（routine，例程）时，只能使用相等或者更弱的前置条件来替换原始的前置条件，只能使用相等或者更强的后置条件来替换原始的后置条件。[Meyer97, p.573]

换句话说，当通过基类的接口使用对象时，用户只知道基类的前置条件和后置条件。因此，派生类对象不能期望这些用户遵从比基类更强的前置条件。也就是说，他们必须接受基类可以接受的一切。同时，派生类必须和基类的所有后置条件一致。也就是说，它们的行为方式和输出不能违反基类已经确立的任何限制。[1]基类的用户不能被派生类的输出干扰。

---

① 译注：这里和《Unix 编程艺术》一书中总结的“宽收严发”原则类似。

显然，Square::SetWidth(double w) 的后置条件比 Rectangle::SetWidth(double w) 的后置条件弱一些，因为它不服从 (itsHeight == old.itsHeight) 这一约束。因此，Square 的 SetWidth 方法违反了基类定下的契约。

某些语言，比如 Eiffel，对前置条件（https://www.eiffel.org/doc/eiffelstudio/Precondition）和后置条件（https://www.eiffel.org/doc/eiffelstudio/Postcondition）有直接的支持。你只需要声明它们，运行时系统自然会，去检验它们。C++ 和 Java 都没有此项特性。在这些语言中，我们必须自己考虑每个方法的前置条件和后置条件，并确保没有违反 Meyer 规则。此外，在注释中为每个方法的前置条件和后置条件都写下文档是非常有帮助的。

在单元测试中制定契约

契约也可以制定在单元测试中。通过彻底地测试一个类的行为，单元测试让类的行为更加清晰。客户端代码的作者会去查看这些单元测试，从而知道应该对即将使用的类做出哪些合理的假设。

一个实际的例子

对于正方形和长方形的讨论已经够多了。LSP 在实际的软件开发中能否发挥作用呢？我们来看一个案例研究，它是我几年前做过的一个项目。

动机

在 20 世纪 90 年代初期，我购买了一个第三方的类库，其中包含一些容器类。① 这些容器和 Smalltalk 中的 Bags 和 Sets 略有关系。这些容器中有两个 Set 的变体和两个类似的 Bag 变体。第一个变体是“有限的”，它基于数组实现的。第二个变体是“无限的”，它是基于链表实现的。

BoundedSet 的构造函数指定了它能够容纳的元素的最大数目。BoundedSet 内部定义一个数组来为这些元素预先分配空间。因此，如果 BoundedSet 创建成功了，那么就可以确信它一定具有足够的存储空间。由于 BoundedSet 是基于数组的，所以速度非常快。在正常操作期间，也不会发生内存分配动作。并且由于内存是预先分配的，所以可以确信对于 BoundedSet 的操作不会耗尽堆空间（heap）。另一方面，由于 BoundedSet

① Bag（Multiset）是一种和 Set 类似的集合数据结构，具有无序但可重复的性质，通常用于计算符合条件的元素出现的次数。

很少会完全使用预先分配的所有空间，所以存在内存使用方面的浪费。

另一方面，UnboundedSet 对于它可以容纳的元素的数目没做限制。只要还有可用的堆内存，UnboundedSet 就可以继续接受元素。因此，它是非常灵活的。同时，它也可以节约内存，因为它仅仅为目前容纳的元素分配内存。另外，由于在正常的操作期间必须要分配和归还内存，所以速度较慢。最后，还存在一个危险，那就是对它进行的正常操作可能会耗尽堆空间。

我不喜欢这些第三方类的接口。我不希望自己的应用程序代码依赖于这些容器类，因为我觉得以后会用更好的来替换它们。因此，我把它们包装在我自己的抽象接口下，如图 10.2 所示。

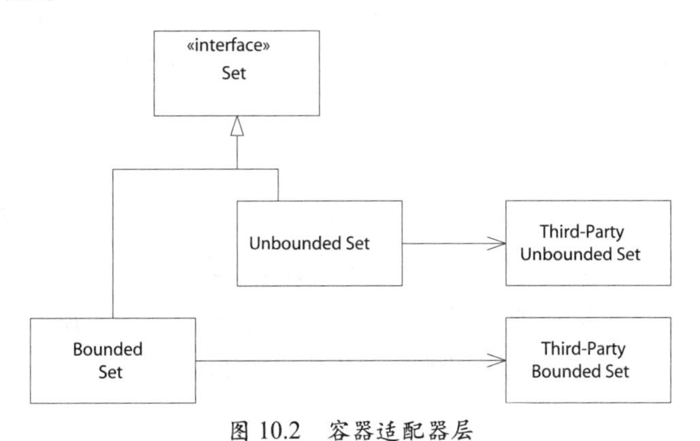

图 10.2　容器适配器层

我创建了一个 Set 的抽象类，提供了 Add，Delete 以及 IsMember 这几个纯虚函数，如程序 10.4 所示。这个结构统一了第三方集合类的两个变体：unbounded 变体和 bounded 变体，让我们通过一个公共的接口访问它们。这样，客户端就可以接受类型为 Set<T>& 的参数而不用关心实际 Set 是哪种变体。（参见程序 10.5 中的 PrintSet 方法）

程序 10.4　抽象 Set 类

```
template <class T>
class Set{
 public:
  virtual void Add(const T&) = 0;
  virtual void Delete(const T&) = 0;
  virtual void IsMember(const T&) const = 0;
};
```

程序 10.5 PrintSet

```
template <class T>
void PrintSet(const Set<T>& s)
{
  for (Iterator<T>i(s); i; i++)
    count << (*i) << endl;
}
```

不用关心当前使用的 Set 的具体类型，这是一个很大的优点。这意味着程序员可以在每个具体的情况中选择所需要的 Set 种类，但不会影响到客户端程序的方法。在内存紧张而速度不是关键因素时，程序员可以选择 UnboundedSet，或者在内存充裕而速度是决定因素时，程序员可以选择 BoundedSet 方法。客户端程序的方法通过基类 Set 的接口来操纵这些对象，因此也就不必关心使用的是哪种 Set 。

问题

我想在继承层次中增加一个 PersistentSet。一个持久化集合是指可以把元素写入流中，然后后续可能会被其他程序从流中读取回来。遗憾的是，我唯一能够访问的提供了持久化功能的第三方容器不是一个模板类。相反，它只接受抽象基类 PersistentObject 的派生对象。我创建的集成层次如图 10.3 所示。

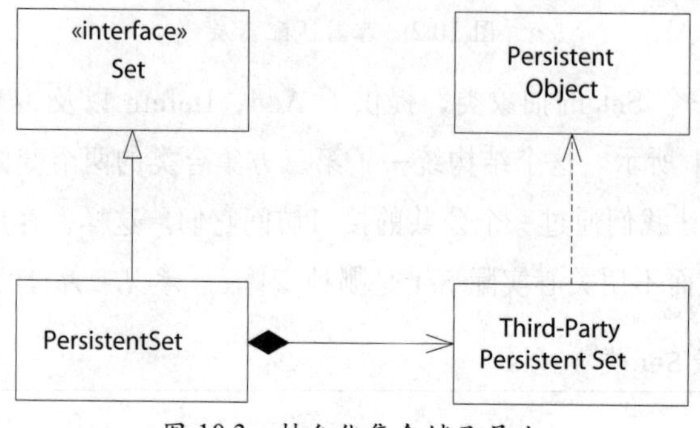

图 10.3 持久化集合继承层次

请注意，PersistentSet 包含一个第三方持久化集合（Third Party Persistent Set）的实例，它把所有的方法都委托给了该实例。这样，如果调用 PersistentSet 的 Add 方法，它就简单地把该调用委托给第三方持久化集合中包含的对应方法。

从表面上看，好像没有问题。其实隐藏了一个别扭的设计问题。加入到第三方持久化集合的元素必须得继承 PersistentObject。由于 PersisentSet 只是把调用委托给了第三方持久化集合，所以任何要加入 PersistentSet 的元素也必须继承自 PersistentObject。但是 Set 接口没有这样的限制。

当客户端程序向基类 Set 中添加元素时，它不能确保该 Set 实际上是不是一个 PersistentSet。因此，客户端程序没有办法知道它加入的元素是否应该继承自 PersistentObject。

让我们仔细看看程序 10-6 中的代码。

```
template <typename T>
```

程序 10-6

```
void PersistentSet::Add(const T& t)
{
  PersistentObject& p =
   dynamic_cast<PersistentObject&>(t);
  itsThirdPartyPersistentSet.Add(p);
}
```

从这段代码中可以看出，如果任何客户企图向 PersistentSet 中添加非 PersistentObject 派生类的对象，将会发生运行时错误。dynamic_cast 会抛出 bad_cast 异常。但是抽象基类 Set 的所有现存的客户端程序都不会想到调用 Add 时会抛出异常。由于这些方法被 Set 的派生类扰乱了，所以对类继承层次做的这些改变违反了 LSP。

这是个问题吗？当然是的。那些以前传递 Set 的派生类对象时根本没有问题的方法，现在传递 PersistentSet 对象时却会引发运行时错误。调试这种问题很困难，因为这个运行时错误发生的地方距离实际的逻辑错误很远。逻辑错误可能是由于把 PersistentSet 传递给了一个方法，也可能是由于向 PersistentSet 加入的对象不是继承自 PersistentObject。无论哪种情况，实际发生逻辑错误的地方可能距离调用 Add 方法的地方差个十万八千里呢！找到问题很难，解决问题更难。

不符合 LSP 的解决方案

怎样解决这个问题呢？几年前，我是通过约定（convention）解决的，也就是说我并没有在代码中解决这个问题。我约定不让 PersistentSet 和 PersistentObject 暴露给整个应用程序。它们只能被一个特定的模块使用。该模块负责从持久化存储设备读取所有容器，也负责把所有容器写入到持久化存储设备。在写入容器时，该容器的内容先被复制到对应的 PersistentObject 的派生对象中，再加入到 PersistentSet 中，然后存入流中。从流中读取到容器时，过程是相反的。先把信息从流中读到 PersistentSet，再把 PersistentObject 从 PersistentSet 中移出并复制到常规（非持久化）的对象中，然后再加入到常规的 Set 中。

这个解决方案看上去可能限制太强了，但也是我当时能想到的唯一的方法，可以不让 PersistentSet 对象出现在那些想要往其中添加非持久化对象的方法接口中。此外，这也解除了应用程序的其余部分对整个持久化概念的依赖。

这个解决方案奏效吗？并没有。有些没有理解这个约定的重要性的开发人员，在应用程序的多个地方违反了这个约定。这就是使用约定的问题，需要不断地跟每位开发人员解释。如果某位开发人员没有弄清或者不同意这个约定，那么这个约定就会被违反。而这一次违反就会导致整个应用程序结构的妥协。

符合 LSP 的解决方案

现在该如何解决这个问题呢？我承认 PersistentSet 和 Set 之间不存在 IS-A 的关系，[①]它不应该继承自 Set。因此我会分离这个层次结构，但不是完全的分离。Set 和 PersistentSet 之间有一些公有的特性。事实上，仅仅是 Add 方法导致 LSP 的失效。因此，我创建了一个继承层次，其中 Set 和 PersistentSet 是兄弟关系（siblings），统一在一个包含测试是否是容器中的成员、对容器元素进行遍历等操作的抽象接口下（参见图 10.4）。这就可以对 PersistentSet 对象进行遍历以及测试是否是其成员等操作。但是它不能够把非派生自 PersistentObject 的对象添加到 PersistentSet 中。

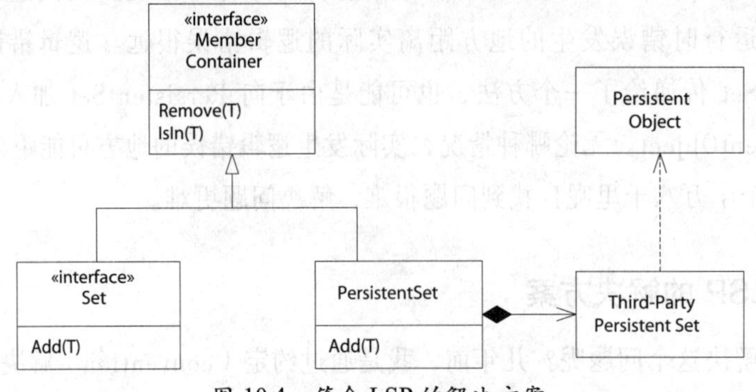

图 10.4 符合 LSP 的解决方案

① 译注：根据前面提到的 DBC 方法，在重新声明派生类中的方法（routine，例程）时，只能使用相等或者更弱的前置条件来替换原始的前置条件。显然，PersistentSet 的 Add 方法违背了这个定义，所以不是 IS-A 的关系。

用提取公共部分的重构手法代替继承

另一个有趣并且有迷惑性质的继承案例是 Line 和 LineSegment。（尽管本例和 Square/Rectangle 很相似，但是它来自一个真实的应用程序并且作为一个真实的问题进行了讨论。）考察程序 10.7 和程序 10.8。最初看到这两个类时，会觉得它们之间具有天然的公有（public）继承关系。①LineSegment 需要 Line 中声明的每一个成员变量和成员方法。此外，LineSegment 新增一个自己的成员方法 GetLength，并且覆写了 isOn 方法。但是这两个类还是以一种不易察觉的方式违反了 LSP。

程序 10.7　geometry/line.h

```
#ifndef GEOMETRY_LINE_H
#define GEOMETRY_LINE_H
#include "geometry/point.h"

class Line
{
 public:
  Line(const Point& p1, const Point& p2);

  double GetSlope() const;
  double GetIntercept() const; // Y intercept
  Point GetP1() const {return itsP1;};
  Point GetP2() const {return itsP2;};
  virtual bool IsOn(const Point&) const;

 private:
  Point itsP1;
  Point itsP2;
};
#endif
```

程序 10.8　geometry/lineseg.h

```
#ifndef GEOMETRY_LINESEGMENT_H
#define GEOMETRY_LINESEGMENT_H
class LineSegement : public Line
{
 public:
  LineSegement(const Point& p1, const Point& p2);
  double GetLength() const;
```

① 译注：这是 C++ 中的继承概念，有公有、私有和保护继承之分。公有继承的特点是基类的公有成员和保护成员作为派生类的成员时，它们都保持原有的状态，而基类的私有成员仍然是私有的，不能被这个派生类所访问。

```
  virtual bool IsOn(const Point&) const;
}
#endif
```

Line 的使用者可以认为和该 Line 具有线性（colinear）关系的所有点都在 Line 上。例如，Intercept 方法返回的点就是线和 y 轴的交点。由于这个点和线具有线性关系，Line 的使用者会认为 IsOn(Intercept()) == true。然而，对于许多 LineSegment 的实例，这条声明会失效。

这为什么是一个重要的问题呢？为什么不简单地让 LineSegment 继承自 Line 并凑合着忍受这个微不足道的问题呢？这是一个需要进行判断的问题。在大多数情况下，接受一个多态行为中的微妙错误都不会比试着修改设计使之完全符合 LSP 更为有利。接受缺陷而不是追求完美这是一个工程上的权衡问题。好的工程师知道何时妥协比追求完美更有利。不过，不应该轻易放弃遵循 LSP。总是保证子类可以代替它的基类是一种管理复杂性的有效方法。一旦放弃了这一点，就必须单独考虑每个子类。

有一个简单的方案可以解决 Line 和 LineSegment 的问题，该方案也阐明了一个 OOD 的重要工具。如果既要使用类 Line 又要使用类 LineSegement，则可以把这两个类的公共部分提取出来作为一个抽象基类。程序 10.9 展示了把 Line 和 LineSegement 的公共部分提取出来作为一个抽象的基类 LinearObject。

程序 10.9　geometry/linearobj.h

```
#ifndef GEOMETRY_LINEAR_OBJECT_H
#define GEOMETRY_LINEAR_OBJECT_H

#include "geometry/point.h"

class LinearObject
{
 public:
  LinearObject(const Point& p1, const Point& p2);

  double GetSlope() const;
  double GetIntercept() const;

  Point GetP1() const {return itsP1;};
  Point GetP2() const {return itsP2;};
  virtual int IsOn(const Point&) const = 0; // abstract.

 private:
```

```
    Point itsP1;
    Point itsP2;
};
#endif
```

程序 10.10 geometry/line.h

```
#ifndef GEOMETRY_LINE_H
#define GEOMETRY_LINE_H
#include "geometry/linearobj.h"

class Line: public LinearObject
{
  public:
    Line(const Point& p1, const Point& p2);
    virtual bool IsOn(const Point&) const;
}
#endif
```

程序 10.11 geometry/linearseg.h

```
#ifndef GEOMETRY_LINESEGMENT_H
#define GEOMETRY_LINESEGMENT_H
#include "geometry/lineobj.h"

class LineSegment : public LinearObject
{
  public:
    LineSegment(const Point& p1, const Point& p2);

    double GetLength() const;
    virtual bool IsOn(const Point&) const;
};
#endif
```

LinearObject 即代表 Line ，又代表 LineSegement。它提供了两个子类的大部分的功能和数据成员，其中不包括纯虚的 IsOn 方法。LinearObject 的使用者不得假设他们知道正在使用的对象的长度。这样，他们就可以接受 Line 或者 LineSegment 而不会出现任何问题。此外，Line 的使用者也根本不会去处理 LineSegment 的情况。

提取公共部分是一种设计工具，最好应用于代码不是很多时。当然，如果程序 10.7 中所示的类 Line 已经有很多用户，那么提取出 LinearObject 就不会那么轻松。不过在有可能时，它仍然是一个有效的工具。如果两个子类中有一些公共的特性，那么很可能稍后出现的其他类也会需要这些特性。关于提取公共部分，WWW.（Rebecca Wirfs-Brock、Brian Wilkerson 以及 Lauren Wiener）是这样说的：

> 如果一组类都支持一个公共的职责，就应该从一个公共的超类（superclass）继承该职责。如果公共的超类还不存在，就创建一个，并把公共的职责放入其中。毕竟，这样一个类的有用性是确定无疑的，你已经展示了一些类会继承这些职责。然而，稍后对系统的扩展也许会加入一个新的子类，该子类可能会以新的方式来支持同样的职责。此时，这个新创建的超类可能会是一个抽象类。[WirfsBrock90, p. 113]

程序 10.12 展示了一个不曾预料的类 Ray 是如何使用 LinearObject 的属性（attribute）的。Ray 可以替换 LinearObject，并且 LinearObject 的使用者在处理 Ray 时不会有任何问题。

程序 10.12 geometry/ray.h

```
#ifndef GEOMETRY_RAY_H
#define GEOMETRY_RAY_H

class Ray : public LinearObject
{
 public:
  Ray(const Point& p1, const Point& p2);
  virtual bool IsOn(const Point&) const;
};
#endif
```

启发式规则和习惯用法

有一些简单的启发规则可以提供一些有关违反 LSP 的提示。这些规则都和用某种方式从它的基类中去除一些功能的派生类有关。完成的功能少于其基类的派生类通常是不能替换其基类的，因此就违反了 LSP。

派生类中的退化方法

考察一下程序 10.13。在 Base 中实现了方法 f。不过，在 Derived 中，方法 f 是退化（degenerate）的。也许，Derived 的作者认为方法 f 在 Derived 中没有用处。遗憾的是，Base 的使用者不知道他们不应该调用 f，因此就违背了替换原则。

程序 10.13 派生类中的一个退化方法

```
public class Base
{
 public void f() { /* some code*/ }
}

public class Derived extends Base
{
 public void f() {}
}
```

在派生类中存在退化的方法并不意味着违反了 LSP，但如果出现了这种情况，还是值得注意的。

从派生类中抛出异常

另外一种 LSP 的违规形式是在派生类的方法中添加其基类不会抛出的异常。如果基类的使用者不希望出现这些异常，把它们添加到派生类的方法中就会导致不可替换性。此时要遵循 LSP，要么改变使用者的期望，要么派生类就不要抛出这些异常。

小结

OCP 是 OOD 中很多说法的核心。如果这个原则应用有效，应用程序就会有更强的可维护性、可复用性以及健壮性。LSP 是让 OCP 成为可能的主要原则之一。正是子类型的可替换性，才使得使用基类类型的模块在无需修改的情况下就可以扩展。这种可替换性必须是开发人员可以隐式依赖的东西。因此，如果没有显式强制基类类型的契约，代码就必须良好并明显地表达出这一点。

术语 IS-A 的含义过于宽泛不能作为子类型的定义。子类型的正确定义是“可替换的”，这里的可替换性可以通过显式或者隐式的契约来定义。

参考文献

1. Meyer, Bertrand. *Object-Oriented Software Construction,* 2d ed. Upper Saddle River, NJ: Prentice Hall, 1997.
2. Wirfs-Brock, Rebecca, et al. *Designing Object-Oriented Software*. Englewood Cliffs, NJ: Prentice Hall, 1990.
3. Lskov, Barbara. *Data Abstraction and Hierarchy.* SIGPLAN Notices, 23,5 (May 1998).

第 11 章　依赖倒置原则（DIP）

“绝对不能再让国家的重大利益依赖于那些会动摇人类薄弱意志的众多的可能性。”

——汤福德爵士[①]

依赖倒置原则（DIP）

- **高层次的模块不应该依赖低层次的模块。两者都应该依赖抽象。**
- **抽象不应该依赖于细节，细节应该依赖于抽象。**

这些年里，有许多人问我为什么要在这条原则的名字中使用“倒置”这个词。那是因为传统的软件开发方法，比如结构化分析和设计，总是倾向于创建一些高层次模块依赖低层次模块、策略（policy）依赖细节的软件结构。实际上，这些方法的目的之一就是要定义子程序的层次结构，这些层次结构描述了高层次模块如何调用低层次模块。图 7.1 中 Copy 程序的初始设计就是这种层次的一种典型示例。一个设计良好的面向对象的程序，其依赖层次结构相对于传统过程式方法设计的通用结构就是被“倒置”的。

① 中文版编注：汤福德爵士（Sir Thomas Noon Talfourd，1795—1854），曾经在 1837 年 4 月 25 日向议会提交婴幼儿监护权草案，并于 1837 年 12 月 4 日和 1839 年 5 月 9 日两次修改草案。经过三次议会辩论，《婴幼儿监护权法案》草案最终获得通过。

考虑下高层次的模块依赖低于层次的模块意味着什么。高层次模块包含了一个应用程序中重要的决策和业务模型。正是这些高层次的模块才使其所在的应用程序有别于其他应用。不过，当这些模块依赖于低层次的模块时，对低层次的模块所进行的改变会直接影响高层次的模块，强制它们依次变更。

这种情形是非常荒谬的！本来应该是高层次包含策略设置的模块去影响低层次包含细节实现的模块。包含高层次业务规则的模块应该优先并独立于包含细节实现的模块。无论如何，高层次模块都不应该依赖于低层次的模块。

此外，我们更希望能够复用高层次包含策略设置的模块。我们已经非常擅长用子程序库的方式复用低层次的模块。一旦高层次模块依赖于低层次模块，在不同上下文中复用高层次的模块就会变得非常困难。不过，如果高层次模块独立于低层次模块，高层次模块就可以非常容易复用。这是框架（framework）设计的核心原则。

层次化

Booch 曾经说过：“……所有结构良好的面向对象的架构都具有清晰定义的层次，每个层次通过一个定义良好的、受控的接口向外提供一组内聚的服务。” [Booch96, p.54].对这个陈述的简单理解可能导致设计者设计出图 11.1 类似的结构。图中，高层次的 Policy 层次使用低层次的 Mechanism 层次，而 Mechanism 层次又使用更细节的 Utility 层次。这看起来是似乎是正确的，然而它存在一个隐藏的特征——Policy 层次对它下至 Utility 层次的依赖链路的改动都是敏感的。这种依赖关系是传递的。Policy 层次依赖于某些依赖于 Utility 层次的层次。因此， Policy 层次依赖于 Utility 层次。这是非常糟糕的。

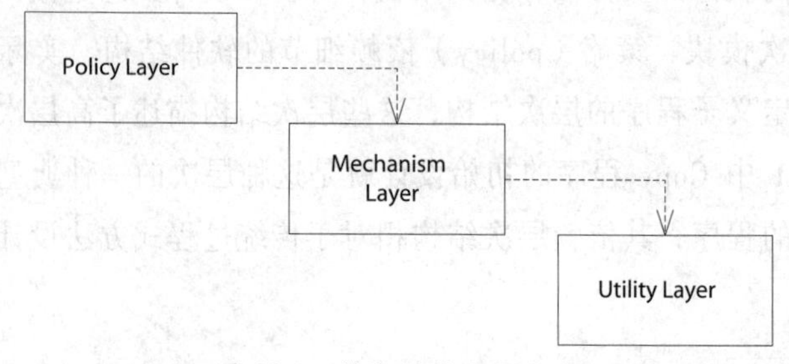

图 11.1 简化的层次化方案

图 11.2 展示了一个更为合理的模型。每一个较高层次都为所需要的服务声明了一个接口，较低的层次实现了这些抽象接口，每个高层次的类都通过该接口使用下一层，

这样高层次就不依赖于底层次。低层次反而依赖于在高层次中声明的抽象服务接口。这不仅解除了 Policy 层次对于 Utility 层次的传递性依赖，甚至也解除了 Policy 层次对于 Mechanism 层次的依赖。

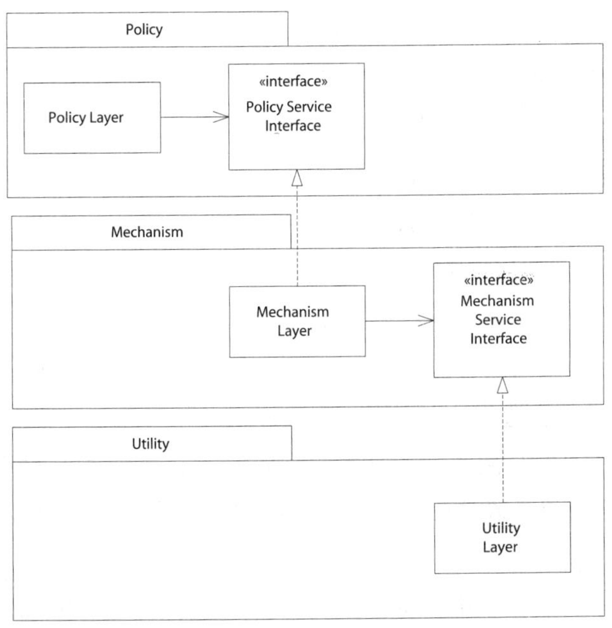

图 11.2　倒置的层次

倒置的接口所有权

请注意，这里倒置的不单是依赖关系，还有接口所有权的倒置。我们通常认为工具库应该拥有它们自己的接口。但是，应用了 DIP 后，我们发现往往是客户端拥有抽象接口，相关的服务者从这些抽象接口派生。

这就是著名的好莱坞原则："Don't call us, we'll call you."（不要联系我们，我们会联系你。）[Sweet85] 低层次模块实现了在高层次模块中声明并被高层次模块调用的接口。

通过这种倒置的所有权，Policy 层次就不会被 Mechannism 层次或者 Utility 层次的任何改动所影响。而且，Policy 层次可以在定义了符合 PolicyServiceInterface 的任何上下文中复用。这样，通过倒置这些依赖关系，我们创建了一个更灵活、更持久、更易改变的结构。

依赖于抽象

关于 DIP，一个简化但仍然非常有效的解释是这样一个简单的启发式规则：“依赖于抽象。”这是一个简单的陈述，该启发式规则建议不应该依赖于具体类——也就是说，程序中所有的依赖关系都应该终止于抽象类或者接口。

根据这个启发式规则可知：

- 任何变量都不应该持有指向具体类的指针或引用；
- 任何类都不应该继承自具体类；
- 任何方法都不应该覆写任何它的基类中已经实现的方法。

当然，每个程序中都有违反该启发规则的情况。有时必须要创建具体类的实例，而创建这些实例的模块将会依赖它们。此外，该启发规则对那些具体但稳定(nonvolatile)的类来说似乎不太合理。如果一个具体类不太改变，并且也不会创建其他类似的派生类，那么依赖于它并不会造成什么损害。（事实上，如果可以通过字符串来创建类的话，那么就有一些方法可以解决这个问题。在 Java 中可以这样做。还有其他的一些语言中也可以使用这种方法。在这些语言中，可以把具体类的名字作为配置数据传递给程序，即反射机制。）

比如，在大多数系统中，描述字符串的类都是具体的。在 Java 中，表示字符串的是具体的类 String。这个类是稳定的，也就是说，它不太会改变。因此，直接依赖于它不会造成损害。

然而，我们在应用程序中所写的大多数具体类都是不稳定的。我们不想直接依赖于这些不稳定的具体类。通过把它们隐藏到抽象接口的背后，可以隔离这种不稳定性。

这并不是一种完美的解决方案。大多数时候，如果一个不稳定类的接口必须要变化，这种改变一定会影响到表示该类的抽象接口。这种变化破坏了由抽象接口所维系的隔离性。

由此可知，该启发规则对问题的考虑有点儿简化了。另一方面，如果看得更远一些，认为由客户端的类来声明它们所需要的服务接口，那么仅当客户端需要时才会对接口进行改变。这样，改变实现抽象接口的类就不会影响到客户端。

一个简单的例子

依赖倒置可以应用于任何存在着一个类向另一个类发送消息的地方。例如，Button 对象调用 Lamp 对象。

Button 对象感知外部环境的变化。当接收到 Poll 消息时，它会判断是否被用户“按下”。它不关心是通过什么感知机制进行的。有可能是 GUI 上的一个按钮图标，也可能是一个能够用手指按下的真正的按钮，甚至可能是一个家庭安全系统中的运动检测器。Button 对象可以检测到用户的开关状态。

Lamp 对象会影响外部环境。当接收到 TurnOn 消息时，它会发光。当接收到

TurnOff 消息时，它会熄灭。它可以是计算机控制台的 LED，也可以是停车场的水银灯，甚至是激光打印机中的激光。

该如何设计一个用 Button 对象控制 Lamp 对象的系统呢？图 11.3 展示了一个简化的设计。Button 对象接收 Poll 消息，判断按钮是否被按下，接着简单地给 Lamp 对象发送 TurnOn 或者 TurnOff 消息。

图 11.3 简化的 Button 和 Lamp 模型

为什么说它是简化的呢？考虑一下对应这个模型的 Java 代码（见程序 11.1）。请注意， Button 类直接依赖于 Lamp 类。这个依赖关系意味着当 Lamp 类改变时，Button 类会受到影响。此外，想要复用 Button 来控制一个 Motor 对象是不可能的。在这个设计中，Button 控制着 Lamp 对象，并且也只能控制 Lamp 对象。

程序 11.1 Button.java

```
public class Button
{
   private Lamp itsLamp;
   public void poll()
 {
       if ( /* some condition */ )
           itsLamp.turnOn();
     }
}
```

这个方案违反了 DIP。应用程序的高层次策略没有和低层次实现分离。抽象没有和具体的实现分离。没有分离，高层次策略就自动地依赖于低层次模块，抽象就自动地依赖于具体的细节。

找出潜在的抽象

什么是高层次策略呢？它是应用背后的抽象，是那些不随具体细节的改变而改变的真理。它是系统内部的系统——它是隐喻（metaphor）。在 Button/Lamp 的例子中，背后的抽象是检测用户的开关指令并将指令传给目标对象。用什么机制检测用户的指令呢？无所谓啦！目标对象是什么呢？还是无所谓啦！这些都是不会影响到抽象的具体细节。

通过倒置对 Lamp 对象的依赖关系，可以改进图 11.3 中的设计。在图 11.4 中，可以看到 Button 现在和一个称为 ButtonServer 的接口关联起来了。ButtonServer 接口提供了一些抽象方法，Button 可以使用这些方法来开关。Lamp 实现了 ButtonServer 接口。这样，Lamp 现在依赖于 ButtonServer，而不是被 Button 依赖了。

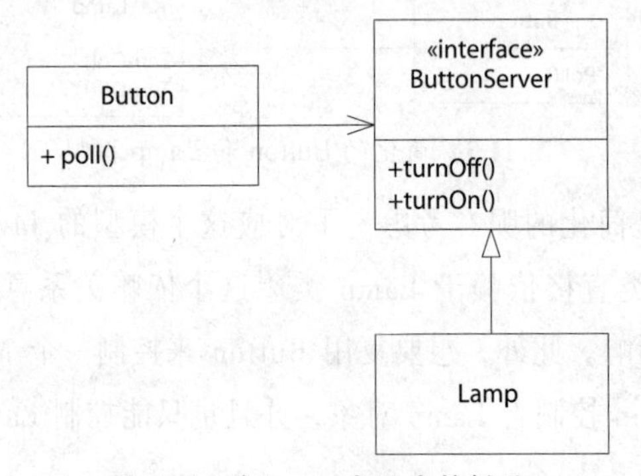

图 11.4 对 Lamp 应用依赖倒置

图 11.4 中的设计可以让 Button 控制那些愿意实现 ButtonServer 接口的任何设备。这就赋予我们极大的灵活性。同时也意味着 Button 对象能够控制还没有被创造出来的对象。

不过，这个方案对那些需要被 Button 控制的对象提出一个约束，它们必须要实现 ButtonServer 接口。这不太好，因为这些对象可能也要被 Switch 对象或者其他对象控制。

通过倒置依赖关系，让 Lamp 依赖于其他类而不是被其他类依赖，结果，我们让 Lamp 依赖于其他一个具体的细节——Button，是这样吗？

Lamp 的确依赖于 ButtonServer，但是 ButtonServer 没有依赖于 Button。任何知道如何操作 ButtonServer 的对象都能够控制 Lamp。因此，这个依赖关系只是名称上的依赖，我们可以通过给 ButtonServer 起一个更通用一点的名字，比如 SwitchableDevice 来修正这一点。也可以确保把 Button 和 SwitchableDevice 分在两个不同的库中。这样，对 SwitchableDevice 的使用就不会暗示对 Button 的使用了。

在这个例子中，接口没有所有者。这是一个有趣的情形，接口可以被许多不同的客户端使用，并被许多不同的服务端实现。这样，接口就需要被放在一个单独的组（group）中。在 C++ 中，我们可以把它放在一个单独的命名空间（namespace）或者库中。在 Java 中，则可以把它放在一个单独的包（package）中。

暖炉示例

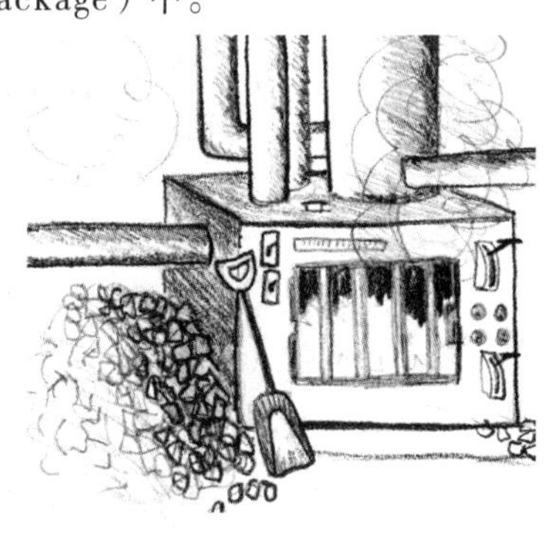

我们来看一个更加有趣的例子。假如有一款控制暖炉调节器的软件。这款软件可以从一个 IO 通道中读取当前的温度，并通过向另一个 IO 通道发送命令指示暖炉开或关。算法结构看起来如程序 11.2 所示。

程序 11.2 一个温度调节器的简易算法

```
#define THERMOMETER 0x86
#define FURNACE     0x87
#define ENGAGE      1
#define DISENGAGE   0

void Regulate(double minTemp, double maxTemp)
{
  for (;;)
  {
    while (in(THERMOMETER) > minTemp)
      wait(1);
```

```
      out(FURNACE, ENGAGE);

      while (in(THERMOMETER) < maxTemp)
        wait(1);
     out(FURNACE, DISENGAGE);
   }
 }
```

算法的高层次意图是清楚的，但是实现代码中却夹杂着许多底层细节。这段代码根本不可能在不同的控制软件中复用。

由于代码很少，所以这样做不会造成太大的损害。不过，即使是这样，算法没有复用性也是不太光彩的。我们更愿意倒置这种依赖关系，结果如图 11.5 所示。

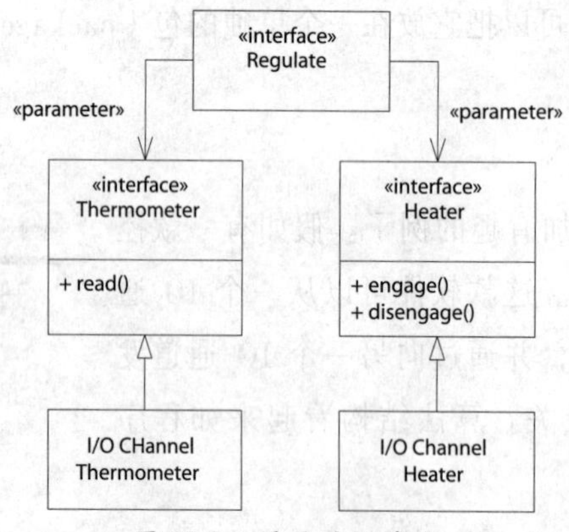

图 11.5　通用的调节器

图中显示 Regulate 方法接收了两个参数，这两个参数的类型都是接口。这个 Thermometer 接口可供读取，而 Heater 接口可以打开和关闭。Regulate 算法需要的就是这些。它的实现如程序 11.3 所示。

程序 11.3　通用的调节器

```
void Regulate(Thermometer& t, Heater& h,
              double minTemp, double maxTemp)
{
 for (;;)
 {
  while (t.Read() > minTemp)
    wait(1);
```

```
      h.Engage();

      while (t.Read() < maxTemp)
        wait(1);
      h.Disengage();
    }
  }
```

这样就倒置了依赖关系，让高层的调节策略不会依赖于任何温度计或者熔炉的特定细节。这个算法具备很好的复用性。

动态多态性和静态多态性

我们已经完成了依赖 v 关系的倒置，并通过动态的多态（也就是，抽象类或者接口）实现了更为通用的 Regulate。不过，还存在另外一种方法，我们可以使用 C++ 模板提供的静态形式的多态。请看程序 11.4。

程序 11.4

```
template <typename THERMOMETER, typename HEATER>
class RegulateI(THERMOMETER& t, HEATER& h,double minTemp, double maxTemp)
{
 for (;;)
 {
  while (t.Read() > minTemp)
   wait(1);
  h.Engage();

  while (t.Read() < maxTemp)
   wait(1);
  h.Disengage();
 }
}
```

这样实现了同样的依赖关系的倒置，并且没有动态多态的开销（或者灵活性）。在 C++ 中，Read、Engage 以及 Disengage 方法都可以是非虚的函数。此外，任何声明这些方法的类都可以作为模板参数使用。它们不必从一个公共的基类继承。

作为模板，Regulate 不依赖于这些方法的任何具体实现。它只要求替换 HEATER 的类要有一个 Engage 和一个 Disengage 方法，替换 THERMOMETER 的类要有一个 Read 的方法。因此，这些类必须要实现模板定义的接口。换句话说，Regulate 以及 Regulate 使用的类都必须遵从同样的接口约定，并且它们都依赖这个约定。

静态多态很好解除了源代码中的依赖关系，但是它不能解决动态多态能解决的所有问题。模板方法的缺点如下。

1. HEATER 和 THERMOMETER 的类型不能在运行时改变。

2. 引入 HEATER 和 THERMOMETER 的新类型，会迫使程序重新编译和重新部署。所以除非有非常严格的速度要求，否则应该优先选择动态多态。

小结

传统的过程化程序设计创建出的依赖关系是策略依赖于细节。这是非常糟糕的，因为这样会让策略受到细节改变的影响。面向对象的程序设计倒置了这种依赖关系，它让细节和策略都依赖于抽象，并且常常是客户端拥有服务端接口。[①]

事实上，这种依赖关系的倒置正是良好的面向对象设计的特征所在。使用何种语言编写程序无关紧要，如果程序的依赖关系是倒置的，它就包含面向对象设计。如果程序的依赖关系没有倒置，那么它就包含过程化的设计。

依赖倒置原则是实现许多面向对象技术所宣称的好处的基本底层机制。它的正确应用对创建可复用的框架来说是必需的。同时，它对构建适应变化的代码也非常重要。由于抽象和细节彼此隔离，所以代码也非常容易维护。

参考文献

1. Booch, Grady. *Object Solutions*. Menlo Park, CA: Addison-Wesley, 1996.
2. Gamma, et al. *Design Patterns*. Reading, MA: Addison-Wesley, 1995.
3. Sweet. Richard E. *The Mesa Programming Environment*. SIGPLAN Notices, 20(7)(July 1985): 216-229.

① 译注：参见“找出潜在的抽象”一节，这里说的是客户端程序定义服务端接口，它们处于同一个命名空间或者包下。

第 12 章　接口隔离原则（ISP）

这个原则用来处理“胖（fat）”接口的缺点。如果类的接口不是内聚（cohesive）的，就说明这是一个“胖”接口。换句话说，这些接口可以被分解成多组方法。每一组方法服务于不同的客户端程序。因此，一些客户端可以使用某一组成员方法，而另一些客户端可以使用其他组的成员方法。

ISP 承认存在一些对象，它们确实需要非内聚的接口；但是，ISP 不建议客户端程序把这些对象作为单一的类存在。相反，客户端程序看到的应该是多个具有内聚接口的抽象基类。

接口污染

假如有一个安全系统。在这个系统中，有一些门（Door）对象，它们可以被锁住或者打开，并且这些对象知道自己的开关状态。

程序 12.1　安全系统中的门

```
class Door
{
 public:
  virtual void Lock() = 0;
  virtual void Unlock() = 0;
  virtual bool IsDoorOpen() = 0;
};
```

这个类是抽象的，这样，客户端程序就可以使用那些实现了门接口的对象，而无需依赖于门的特定实现。

现在，假设有这样一个实现 TimedDoor，如果门开着的时间过长，它就会发出警报声。为了做到这一点，TimeDoor 对象需要和另一个名为 Timer 的对象交互。参见程序 12.2。

程序 12.2

```
class Timer
{
 public:
  void Register(int timeout, TimerClient* client);
};

class TimerClient
{
  public:
     virtual void TimeOut() = 0;
};
```

如果一个对象希望得到超时通知，就可以调用 Timer 的 Register 方法。该方法有两个参数，一个是超时时间，另一个是指向 TimerClient 对象的指针，该对象的 TimeOut 方法会在超时发生时被调用。

我们怎样把 TimerClient 类和 TimedDoor 类联系起来，才能在超时发生时通知到 TimedDoor 中相应的代码呢？有几个方案可供选择。图 12.1 中展示了一个简单的解决方案。其中 Door 继承 TimeClient，因此 TimedDoor 也就继承了 TimeClient。这就保证了 TimerClient 可以把自己注册到 Timer 中，并且可以接收到 TimeOut 的消息。

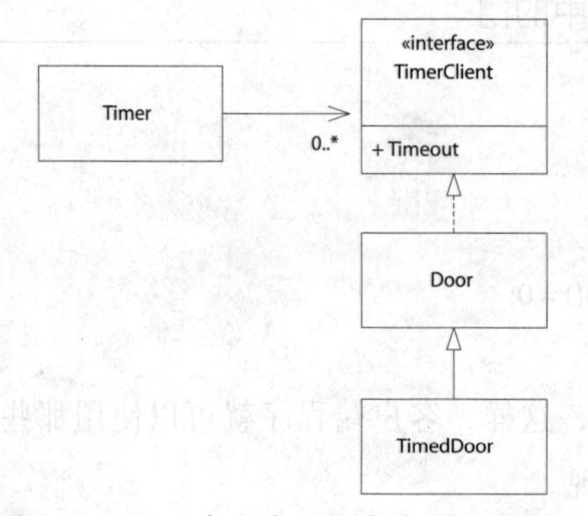

图 12.1　位于继承层次顶层的 Timer Client

虽然这个解决方案很常见，但它也不是完美的。最主要的问题是，现在 Door 类依赖于 TimerClient 。可是，并不是所有的 Door 都需要定时功能。事实上，最初的 Door 抽象和定时功能没有任何关系。如果创建无需定时功能的 Door 的派生类，那么这些派生类中就必须提供 TimeOut 方法的退化实现，这就可能违背 LSP。此外，使用这些派生类的应用程序即使不使用 TimerClient 类，也必须要导入（import）TimeClient 类的声明。这样，就有了不必要的复杂性和不必要的重复这两种臭味。

这是一个接口污染的例子，这种症状在诸如 C++ 和 Java 这样静态类型的语言中很常见。Door 的接口被一个它不需要的方法污染了。在 Door 的接口中单独加入这个方法，只是为了能给它的一个子类带来好处。如果持续这样做，每次子类需要一个新方法时，这个方法就会被加到基类中去，这会进一步污染基类的接口，让它“胖”下去。

此外，每一次基类中添加一个方法时，派生类就必须实现这个方法（或者允许默认实现）。事实上，有一种特定的相关实践，可以让派生类无需实现这些方法，这种实践的做法是把这些接口合并为一个基类，并在这个基类中提供接口中方法的退化实现。不过按照我们前面所学，这种实践违反了 LSP，会带来维护和复用方面的问题。

分离客户端就是分离接口

Door 接口和 TimerClient 接口被完全不同的客户端使用了。Timer 使用了 TimerClient 接口，而操作门（door）的类使用了 Door 接口。既然客户端程序是分离的，那么接口也应该分离。为什么这样做呢？因为客户端程序对它使用的接口施加了作用力。

客户端接口施加的反作用力

我们考虑软件中带来变化的作用力时，通常考虑的都是接口的变化会怎样影响它们的使用者。例如，如果 TimerClient 的接口改变了，我们会关心 TimerClient 的用户要做出什么样的改变。然而，还存在着从另外一个方向施加的作用力。有的时候，迫使接口改变的，正是它们的用户。

举个例子，有些 Timer 的用户会注册多次超时请求。比如，对于 TimedDoor 而言，当它检测到门被开启时，会向 Timer 发送一个 Register 消息，请求一次超时通知。可是，在超时发生之前，门关上了，等一会儿后又被再次开启。这就导致在原先的超时发生前又注册一次新的超时请求。最后，第一次的超时发生时，TimedDoor 的 TimeOut 方法被调用。结果，Door 错误地发出了警报。

使用程序 12.3 中展示的约定俗成的手法（convention），可以修正前面的错误。

在每次超时请求注册中，都包含一个唯一的 timeOutId 码，并在调用 TimerClient 的 TimeOut 方法时，再次使用这个标识码。这样，TimerClient 的每个派生类就可以根据这个标识码知道应该响应哪个超时请求。

程序 12.3　使用 ID 的 Timer 类

```
class Timer
{
 public:
  void Register(int timeout,
         int timeOutID,
         TimerClient* client);
};

class TimerClient
{
 public:
  virtual void TimeOut(int timeOutID) = 0;
};
```

显然，这个改变会影响到 TimerClient 的所有用户。但由于缺少 TimeOutId 是个必须要改正的错误，所以我们接受这种改变。然而，对于图 12.1 中的设计，这个修正还会影响到 Door 以及 Door 的所有客户端程序。这是僵化性和粘滞性的臭味。为什么 TimerClient 中的一处 bug 会影响到 Door 的派生类的客户端程序呢？而且它们还不需要定时功能。如果程序中一部分的更改会影响到程序中完全它无关的其他部分，那么更改的代价和后果就变得无法预测，由此而来的风险也会急剧增加。

ISP：接口隔离原则

客户端程序不应该被迫依赖于它们不需要的方法。

当客户端程序被迫依赖它们不需要的方法时，这些客户端程序就会受制于这些方法。这就导致了不同客户端程序之间出现潜在的耦合。换句话说，一个客户端程序依赖于一个类，这个类包含当前客户端不需要的方法，但是其他的客户端程序又需要这些方法，那么这个客户端就会被其他客户端施加在这个类上的作用力所影响。我们应该尽可能阻止这样的耦合，所以需要隔离接口。

类接口和对象接口

假如还是那个 TimedDoor 的例子。这里有一个对象，它有两个隔离的接口，分别被不同的客户端程序使用 —— Timer 和 Door 的用户。由于两个接口的实现操作同样的数据，这两个接口必须在同一个对象中实现，我们该如何遵循 ISP 呢？我们如何隔离那些必须放在一起的接口呢？

答案有赖于这样一个事实，就是一个对象的客户端程序不需要通过这个对象的接口来访问。相反，它们可以通过委托或者该对象的基类来访问。

通过委托来隔离

一种解决方案是创建一个从 TimerClient 继承的对象并把它委托给 TimedDoor。图 12.2 展示了这样的方案。

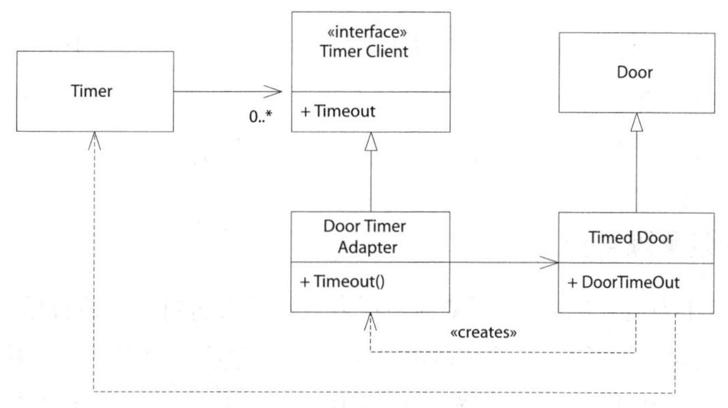

图 12.2 Door Timer 的适配器

当 TimedDoor 想要往 Timer 中注册一次超时请求时，它会创建出一个 DoorTimerAdapter，然后将其注册到 Timer 中。当 Timer 发送一条 TimeOut 的消息给 DoorTimerAdapter 的时候，DoorTimerAdapter 就会把这条消息委托给 TimedDoor。

这种做法符合 ISP 并且也阻止了 Door 的客户端程序和 Timer 之间的耦合。即便对 Timer 进行如程序 12.3 的改变，Door 的客户端程序也不会受影响。并且，TimedDoor 也不必拥有像 TimerClient 一样的接口。DoorTimerAdapter 可以把 TimerClient 接口转换成 TimedDoor 接口。这是一个非常通用的解决方案。具体见程序 12.4。

程序 12.4 TimedDoor.cpp

```
class TimedDoor : public Door
{
 public:
  virtual void DoorTimeOut(int timeOutId);
};

class DoorTimerAdapter : public TimerClient
{
```

```
public:
  DoorTimerAdapter(TimedDoor& theDoor)
   : itsTimedDoor(theDoor)
   {}

  virtual void TimeOut(int timeOutId)
  {itsTimedDoor.DoorTimeOut(timeOutId);}

private:
  TimedDoor& itsTimedDoor;
};
```

不过，这个解决方案总有点不太优雅。它要求我们每次注册一个超时请求时都要创建一个新的对象。并且，委托需要很小但并非零开销的运行时和内存。对于嵌入式实时控制系统的应用领域，运行时和内存开销真的得锱铢必较。

使用多重继承隔离接口

图 12.3 和程序 12.5 展示了如何使用多重继承来达到 ISP 的目标。在这个模型中，TimerDoor 同时继承了 Door 和 TimerClient。尽管这两个基类的客户端程序都可以使用 TimedDoor，但实际上却不再依赖于 TimedDoor 本身。这样，它们就可以通过隔离的接口使用同一个对象了。

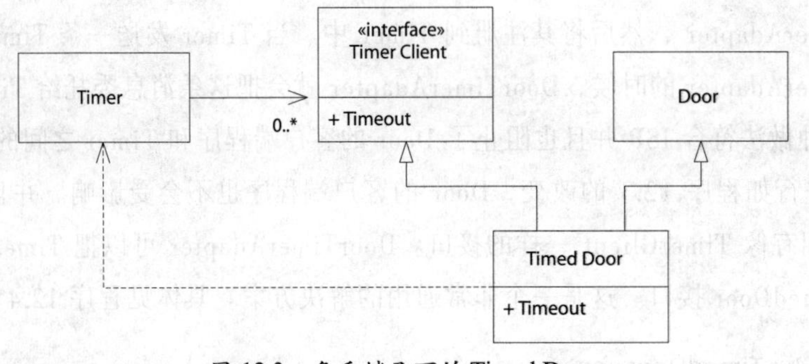

图 12.3　多重继承下的 Timed Door

程序 12.5　TimedDoor.cpp

```
class TimedDoor : public Door, public TimerClient
{
 public:
  virtual void DoorTimeOut(int timeOutID);
};
```

我通常会优先选择这个解决方案。只有当 DoorTimerAdapter 对象所做的转换是必需的，或者不同的时候会需要不同的转换时，我才会选择图 12.2 中的方案而非图 12.3 中的方案。

示例：ATM 的用户界面的例子

现在，我们来假设一个更有意义的例子：传统的自动取款机（ATM）问题。ATM 需要一个非常灵活的用户界面。如图 12-4 所示，它的输出信息需要被转换成许多不同的语言。输出的信息可能会被显示在屏幕或者布莱叶盲文。书写板上，又或者通过语言合成器说出来。显然，创建一个抽象基类就可以实现这种需求，这个基类中具有用来处理所有不同的消息的抽象方法，同时这些消息会被呈现在界面上。

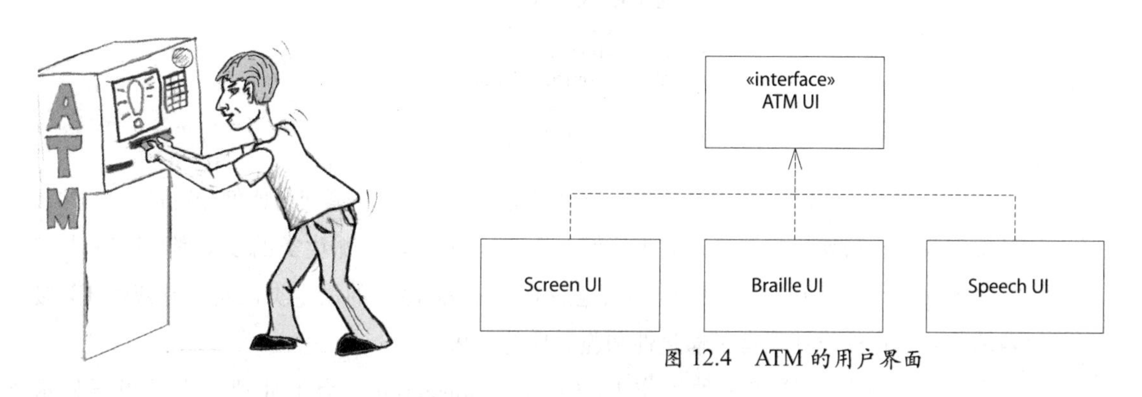

图 12.4 ATM 的用户界面

同样可以把每一个 ATM 可以执行的不同交易封装成不同的 Transaction 的派生类。这样，我们可能会得到 DepositTransaction，WithdrawalTransaction 和 TransferTransaction。每个类都调用 UI 的方法。例如，为了要求用户输入希望存储的金额，DepositTransaction 对象会调用 UI 类中的 RequestDepositAmount 方法。同样，为了让用户输入要想转账的金额，TransferTransaction 对象会调用 UI 类中的 RequestTransferAmount 方法。如图 12.5 所示。

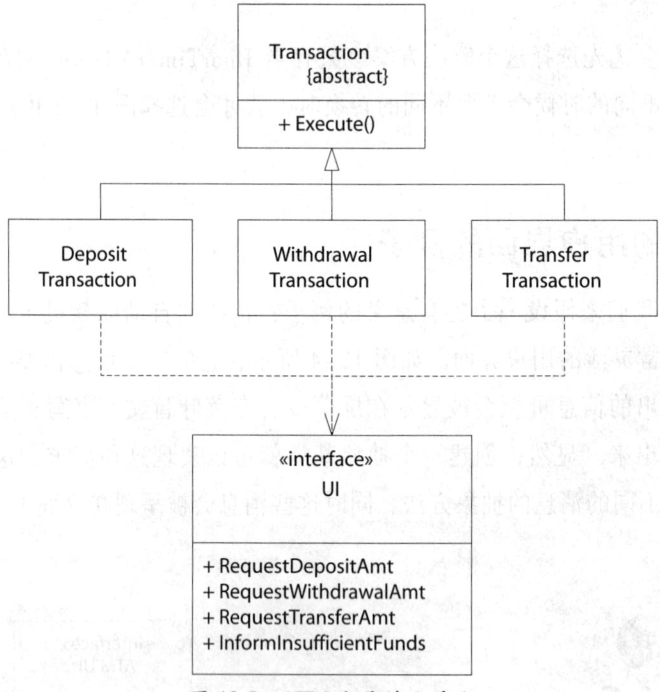

图 12.5 ATM 交易继承层次

请注意，这正好是 ISP 教导我们应该避免的情况。每一笔交易所使用的的 UI 方法，其他的类都不会使用。这样，对于任何一个 Transaction 的派生类的改动都会迫使对 UI 做出相应的改动。这些又会影响到其他所有 Transaction 的派生类以及所有依赖 UI 接口的类。这样的设计就有了僵化性和脆弱性的臭味。

例如，如果要增加一种操作 PayGasBillTransaction，为了处理该交易想要显示的特定消息，就必须在 UI 中加入新的方法。糟糕的是，由于 DepositTransaction、WithdrawalTransaction 以及 TransferTransaction 都依赖于 UI 接口，所以它们都需要重新编译。更糟糕的是，如果这些交易都作为不同的 DLL 或者共享库中的组件部署，那么这些组件就必须得重新部署，即使它们的逻辑没有做过任何改动。嘿，你闻到粘滞性的臭味了吗？

通过将 UI 接口分解成像 DepositUI，WithdrawUI 还有 TransferUI，可以避免这种不恰当的耦合。最终的 UI 接口可以对这些单独的接口进行多重继承。图 12.6 和程序 12.6 展示了这种模型。

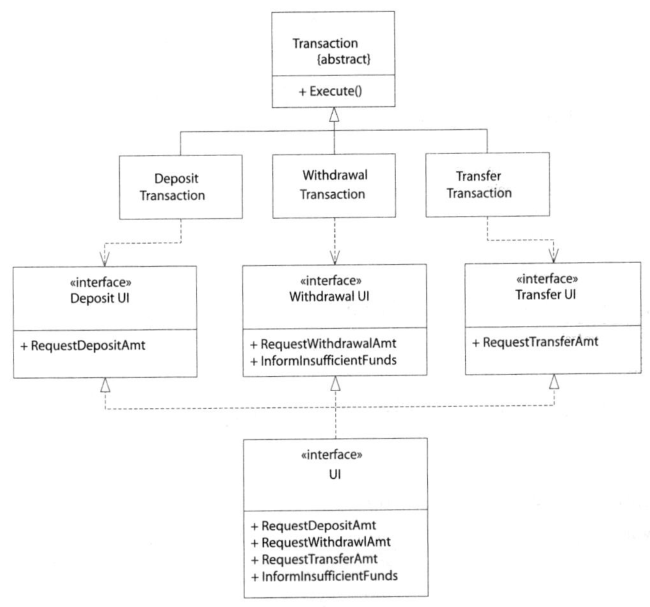

图 12.6 隔离的 ATM UI 接口

每次创建一个新的 Transaction 派生类，抽象 UI 接口就需要增加一个相应的基类。如此一来， UI 接口及其所有的派生类都必须改变。不过，这些类并没有被广泛使用。事实上，它们可能仅仅被 main 或者那些启动系统并创建具体 UI 实例之类的过程所使用。如此一来，增加新的 UI 基类所带来的影响被降到最小。

程序 12.6 隔离的 ATM UI 接口

```
class DepositUI
{
 public:
  virtual void RequestDepositAmount() = 0;
};

class DepositTransaction : public Transaction
{
 public:
  DepositTransaction(DepositUI& ui)
   : itsDepositUI(ui)
   {}

  virtual void Execute()
  {
   ...
   itsDepositUI.RequestDepositAmount();
```

```
    ...
  }
 private:
  DepositUI& itsDepositUI;
};

class WithdrawalUI
{
 public:
  virtual void RequestWithdrawalAmount() = 0;
};

class WithdrawalTransaction : public Transaction
{
 public:
  WithdrawalTransaction(WithdrawalUI& ui)
  : itsWithdrawalUI(ui)
  {}

  virtual void Execute()
  {
    ...
    itsWithdrawalUI.RequestWithdrawalAmount();
    ...
  }
 private:
  WithdrawalUI& itsWithdrawalUI;
};

class TransferTransaction : public Transaction
{
 public:
  TransferTransaction(TransferUI& ui)
  : itsTransferUI(ui)
  {}

  virtual void Execute()
  {
    ...
    itsTransferUI.RequestTransferAmount();
    ...
  }
 private:
  TransferUI& itsTransferUI;
};
```

```
class UI : public DepositUI
       , public WithdrawalUI
       , public TransferUI
{
 public:
  virtual void RequestDepositAmount();
  virtual void RequestWithdrawalAmount();
  virtual void RequestTransferAmount();
};
```

仔细检查 12.6 的程序，会发现这个遵守 ISP 的解决方案有一个问题，这个问题在 TimedDoor 的例子中并不明显。请注意，每个交易都必须以某种方式知晓它的特定的 UI 版本。DepositTransaction 必须知晓 DepositUI，WithdrawalTransaction 必须知晓 WithdrawalUI 等。在程序 12.6 中，我让每笔交易在构造时都传入一个指向特定 UI 的引用，从而解决了这个问题。注意，这样一来，我就可以使用程序 12.7 中的惯用法（idiom）。

程序 12.7　接口初始化惯用法

```
UI Gui; // global object;

void f()
{
 DepositTransaction dt = new DepositTransaction(Gui);
}
```

虽然很方便，但是它要求每笔交易都有一个指向对应 UI 的引用。另一种解决这个问题的方法是创建一组全局常量，如程序 12.8 所示。全局变量并不总意味着拙劣的设计。在这种场景下，它们有着易于访问的明显优势。由于它们是引用，所以不可能去改变它们。因此，对它们的操作不会出现出乎意料的情况。

程序 12.8　隔离的全局指针

```
// in some module that gets linked in
// to the rest of the app.

static UI Lui; // non-global object;
DepositUI& GdepositUI = Lui;
WithdrawalUI& GwithdrawalUI = Lui;
TransferUI& GtransferUI = Lui;
```

```
// In the depositTransaction.h module

class WithdrawalTransaction : public Transaction
{
 public:

  virtual void Execute()
  {
   ...
   GwithdrawalUI.RequestWithdrawalAmount();
   ...
  }
};
```

在 C++ 中，可能有人会为了避免对全局命名空间（namespace）造成污染而将程序 12.8 中的所有全局变量都放到一个单独的类中。程序 12.9 展示了这一方法。然而，这个方法有一个负面效果。为了使用 UIGlobals，必须要 #include "ui_globals.h"，依次 #include depositUI.h、withdrawUI.h 以及 transferUI.h。这就意味着，想使用 UI 接口的任意模块，都会传递性地依赖所有模块，而这种情况正是 ISP 极力劝我们避免的。如果改动任何一个 UI 接口，那么所有 #include "ui_globals.h" 的模块都必须重新编译。UIGlobal 类把我们费了很大力气才隔离的接口又裹到一起了。

程序 12.9　把全局变量包装到一个单独的类中

```
// in ui_globals.h

#include "depositUI.h"
#include "withdrawalUI.h"
#include "transferUI.h"

class UIGlobals
{
 public:
  static WithdrawalUI& withdrawal;
  static DepositUI& deposit;
  static TransferUI& transfer;
};

// in ui_globals.cc
static UI Lui; // non-global object
DepositUI& UIGlobals::deposit = Lui;
WithdrawalUI& UIGlobals::withdrawal = Lui;
TransferUI& UIGlobals::transfer = Lui;
```

多参数形式（Polyad）和单参数形式（Monad）

假设有一个既要访问 DepositUI 又要访问 TransferUI 的函数 g。我们想把这两个 UI 作为参数传入这个函数。这个函数的原型会怎么写呢？

是像这样？

```
void g(DepositUI&, TransferUI&);
```

还是这样？

```
void g(UI&);
```

后一种（单参数形式）形式的诱惑力是很强的。毕竟，我们知道在前一种（多参数）形式下，它的调用形状看起来像下面这样：

```
g(ui, ui);
```

这看起来有些违背常理。

无论是否有悖于常理，多参数形式通常都是优先于单参数形式的。单参数形式迫使函数 g 依赖于 UI 中的每个接口。[①]这样，如果 withdrawalUI 发生了改动，函数 g 和 g 的所有客户端程序都会受到影响。这比 g(ui, ui) 更有悖于常理。此外，我们不能保证传入函数 g 的两个参数总是指向相同的对象。也许以后，接口对象会因为某些原因而分离。函数 g 并不需要知道所有的接口都被合并到单个的对象中这样的事实。因此，对于这样的函数，我更喜欢使用多参数形式。

对客户端进行分组

客户端程序常常可以通过它调用的服务方法来进行分组。这种分组方法可以为每个组而不是为每个客户端程序创建隔离的接口。这极大地减少了服务需要实现的接口数量，同时也避免让服务依赖于每个客户端类型。

有时候，不同客户组调用的方法会有重叠。如果重叠部分较少，那么组的接口应该保持隔离，公共的方法就应该在所有重叠的接口中声明。服务端类会从这些接口中继承公共方法，但是只实现一次。

① 译注：这里指的是 UI 这个接口实现多个接口的情况。

改变接口

在维护面向对象应用程序时，常常会改变现有的类和组件的接口。通常，这些改变都会造成巨大的影响，并且迫使系统的绝大部分需要重新编译和部署。这种影响可以通过为现有的对象添加新接口的方式来规避，而无需改变已经存在的接口。原有接口的客户端程序如果想访问新接口中的方法，可以通过对象去访问，如程序 12.10 所示。

程序 12.10

```
void Client(Service* s)
{
  if (NewService* ns = dynamic_cast<NewService *>(s))
  {
   // use the new service interface
  }
}
```

每个原则在应用时都必须小心过度使用。如果一个类具有数百个不同的接口，其中一些接口是根据客户端程序分离的，另一些是根据版本分离的，那么这个类就一定很可怕。

小结

胖类（fat class）会导致其客户端程序之间出现古怪而且有害的耦合关系。当一个客户端程序要求这个胖类进行一处改动时，会影响到其他所有的客户端程序。因此，客户端程序应该仅仅依赖于它们实际调用的方法。通过把胖类的接口分解成多个特定于客户端程序的接口，就可以实现这个目标。每个特定于客户端程序的接口仅仅声明它的特定客户端或客户端组所调用的那些方法。接着，这个胖类就可以继承所有特定于客户端程序的接口，并实现它们。这就解除了客户端程序和它们没有调用的方法之间的依赖关系，让客户端程序之间互相独立。

参考文献

1. Gamma, et al. *Design Patterns*. Reading, MA: Addison-Wesley, 1995.

第 III 部分　薪水支付系统

在接下来的几章中我们会开始进行本书中第一个大型的项目案例分析。我们已经学习了软件设计相关的实践和原则，我们也探讨了软件设计的本质，同时我们也讨论了软件的测试和计划。现在，我们是时候做一些真正的项目实践了。

在接下来的几章中，我们将讨论薪水支付系统的设计和实现。我会先为大家介绍该系统的基本规格说明书。随着该系统的设计和实现，我们会逐渐使用到多个软件设计模式。其中包括命令模式（COMMAND）、模板方法模式（TEMPLATE METHOD）、策略模式（STRATEGY）、单例模式（SINGLETON）、空对象模式（NULL OBJECT）、工厂模式（FACTORY ）和外观模式（FACADE ）等设计模式。这些设计模式也是接下来几章中讨论的重点。在第 18 章中，我们将完成薪水支付系统的设计和实现。

这个案例可以采用以下方法阅读。

- 按章节顺序阅读，首先学习相关的设计模式，然后了解它们是如何运用于解决薪水支付系统中的问题的。

- 如果你已经了解设计模式并且暂时不想再复习一遍了，那么你可以直接跳到第 18 章阅读。
- 首先阅读第 18 章，完成第 18 章的阅读之后，再回过头来阅读在第 18 章使用到的设计模式相关的章节。
- 逐渐阅读第 18 章，当第 18 章中谈到一个你不熟悉的设计模式时，就通读一下描述这个设计模式的章节，之后再回到第 18 章的阅读中，以此往复。
- 当然，以上阅读方法也只是建议，你不一定非要遵循上述规则。你也可以找到最适合自己的阅读方法。

薪水支付系统基本规格说明书

以下是我们与客户讨论该系统时所作的一些记录。

该系统包含公司内所有员工信息的数据库，以及与该员工相关的其他数据，比如：工作时间卡数据等。该系统可以用来为每位员工支付薪水。且该系统必须按照指定的方法准时的为员工支付正确数额的薪水。同时，最终为员工支付的薪水中应该扣除各种应有的扣款。

- 一些员工是钟点工。在这部分员工的数据库记录中，有一个字段用来记录他们每小时的薪水。他们每天都需要提交工作时间卡，该工作时间卡记录了他们的工作日期和工作时长。如果他们每天工作超过 8 小时，那么超出 8 小时的时长将按正常时薪的 1.5 倍支付薪水。每周五会对这部分员工支付薪水。
- 一些员工以固定月薪支付薪水。每月的最后一天会为这部分员工支付薪水。在这部分员工的数据库记录中，有一个字段用来记录他们的月薪为多少。
- 还有一些员工从事销售类的工作，那么将根据他们的销售情况为他们支付佣金。他们需要提交销售凭证，其中需记录销售时间和金额。在他们的数据库记录中，有一个字段用来记录他们的佣金率。每两周的周五会为他们支付佣金。
- 员工可以自由选择薪水的支付方式。他们可以选择把薪水支票邮寄到他们指定的地址；可以把薪水支票暂时保管在出纳人员那里随时支取；也可以选择将薪水直接存入他们指定的银行账户。
- 一些员工是公司的工会人员。在他们的数据库记录中有一个字段记录了他们每周应付的会费，同时他们的会费会从他们的薪水中扣除。此外，工会也可能会不时地评估个别工会成员的服务费。这些服务费是由工会每周提交的，必须从相应员工的下一笔薪水中扣除。

- 薪水支付系统会在每个工作日运行一次，并在当天向需要支付薪水的员工支付薪水。薪水支付系统内记录了员工的薪水发放日期，因此，薪水支付系统将计算从为员工最后一次支付薪水到指定日期之间所需支付的薪水。

练习

在继续阅读之前，如果你能够自己先设计一下这个薪水支付系统，那么这将对接下来的学习颇有益处。你也许会画一些初始的 UML 图。然后，你也可能会采用测试优先的方法先实现几个用例。并应用我们已经学习到的软件设计原则和实践，尝试去创建一个平衡的、良好的软件设计。

如果你打算尝试这个练习，那么请看接下来的用例。当然，你也可以先跳过它们，这些用例也会在薪水支付案例分析章节中再次出现。

用例 1：添加新员工

通过 AddEmp 事务可以添加新员工。该事务包含员工的姓名、地址和为其分配的员工编号。该事务有如下三种结构：

```
AddEmp <EmpID> "<name>" "<address>" H <hourly-rate>
AddEmp <EmpID> "<name>" "<address>" S <monthly-salary>
AddEmp <EmpID> "<name>" "<address>" C <monthly-salary> <commission-rate>
```

在创建一个员工记录时，已为其所有字段进行了正确的赋值。

- 异常情况：在这次事务操作中，事务的结构存在错误。

如果事务的结构不正确，则在错误消息中将它打印出来，并且不会执行任何操作。

用例 2：删除员工

当收到 DelEmp 事务请求时，员工信息将会被删除。该事务的结构如下：

```
DelEmp <EmpID>
```

收到该事务后，将删除对应员工 ID 的员工记录。

- 异常情况：无效或未知的 EmpID

如果 <EmpID> 字段的结构不正确，或者填写的不是一个有效的 EmpID，则在错误信息中将它打印出来，并且不会执行任何其他操作。

用例 3：提交工作时间卡

收到 TimeCard 事务请求后，系统将创建工作时间卡记录并将其与相应员工关联。

```
TimeCard <EmpId> <date> <hours>
```

- 异常情况 1：所关联的员工不是钟点工

系统会在错误信息中将它打印出来，并且不进行其他的操作。

- 异常情况 2：事务的结构存在错误

系统会在错误信息中将它打印出来，并且不进行其他的操作。

用例 4：提交销售凭证

收到 SalesReceipt 事务请求后，该系统将创建新的销售凭证记录并将其与相应的员工关联。

```
SalesReceipt <EmpID> <date> <amount>
```

- 异常情况 1：所关联的员工不是销售类员工，不通过佣金方式结算薪水

系统会在错误信息中将它打印出来，并且不进行其他的操作。

- 异常情况 2：事务的结构存在错误

系统会在错误信息中将它打印出来，并且不进行其他的操作。

用例 5：提交工会服务费

收到这类事务请求后，系统将创建工会服务费记录并将其与相应工会成员关联。

```
ServiceCharge <memberID> <amount>
```

- 异常情况：事务的结构错误

如果事务的结构出现错误，或者 <memberID> 所填写的员工不是工会成员，那么会在错误信息中打印该事务的信息。

用例 6：更改员工信息

收到此事务后，系统将更改相应员工的详细信息。该事务有如下几种结构：

ChgEmp <EmpID> Name <name> 更改员工姓名

ChgEmp <EmpID> Address <address> 更改员工地址

ChgEmp <EmpID> Hourly <hourlyRate> 更改为钟点工类型员工，并设置时薪

ChgEmp <EmpID> Salaried <salary> 更改为以固定月薪支付薪水的员工，并设置月薪

ChgEmp <EmpID> Commissioned <salary> <rate> 更改为按佣金支付薪水的销售类员工，并设置佣金率

ChgEmp <EmpID> Hold 设置薪水支付的方式为由出纳人员保管

ChgEmp <EmpID> Direct <bank> <account> 设置薪水支付方式为直接转账到银行账户

ChgEmp <EmpID> Mail <address> 设置薪水支付方式为邮寄薪水支票

ChgEmp <EmpID> Member <memberID> Dues <rate> 员工加入工会，且设置会费

ChgEmp <EmpID> NoMember 员工离开工会

- 异常情况：事务错误

如果事务的结构不正确，或者 <EmpID> 填写的员工不存在，或者 <memberID> 填写的员工已经属于工会成员了，则在错误信息中打印适当的错误信息，并且不进行其他的操作。

用例 7：运行薪水支付系统

收到 Payday 事务请求后，该系统会查找应该在指定日期支付薪水的所有员工。然后系统会计算应该付给他们多少金额的薪水，并根据他们所选择的支付方式支付薪水。

Payday <date>

第 13 章　命令模式和主动对象模式

“没有人天生就有命令和凌驾于其同胞的权力。”

——德尼·狄德罗[①]

在多年来描述的所有设计模式中，命令（COMMAND）模式在我看来是最简单、最优雅的一种。不过我们将会看到，命令模式的简单是带有欺骗性的，而且命令模式的使用范围几乎是没有边界的。

如图 13.1 所示，命令模式看起来简单到令人发想笑。在查看程序 13.1 之后，似乎也并不会减轻这种印象。这看起来似乎很荒谬，因为命令模式是一个只包含一个方法的接口。

① 中文版编注：德尼·狄德罗（1713—1784），法国启蒙思想家、哲学家、戏剧家、作家，百科全书派代表人物，毕业于法国巴黎大学。主编《科学、美术与工艺百科全书》，写了哲学和史学条目一千多条，监制了三千多幅插图，这部百科全书的编写前后经历了 21 年。

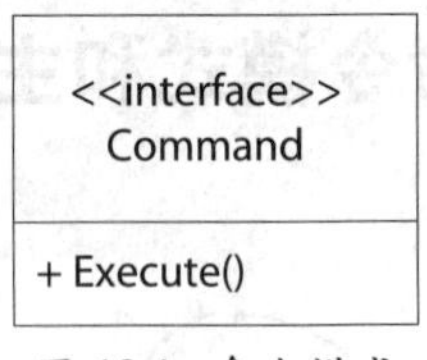

图 13.1 命令模式

程序 13.1 Command.java

```
public interface Command
{
  public void do();
}
```

但事实上，命令模式跨越了一条十分有趣的界线，而所有有趣的复杂性都汇聚在这条界线的交叉处。大多数的类都会封装一组方法和一组相关联的变量。但是，命令模式没有这么做，相反，它只是封装没有任何变量的函数。

在严格面向对象的术语中，这种做法是令人厌恶的 ，因为它看起来像是一种功能分解。它将函数提升到了类的层面。这简直是对面向对象的亵渎！然而，就在这两种范式的碰撞处，有趣的事情涌现了。

简单的命令模式

几年前，我在一家大型复印机厂商做咨询顾问。当时，我在帮助他们公司其中一个开发团队设计和实现一款嵌入式实时软件，用来驱动新型复印机的内部工作。一个偶然的机会，我们想到能否使用命令模式来控制硬件设备。于是，我们便构建了如图 13.2 所示的层次结构图。

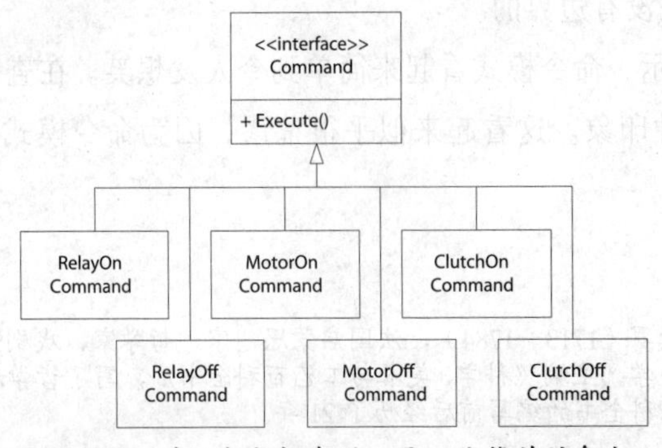

图 13.2 对于复印机来说，是一些简单的命令

这些类的作用是显而易见的。当调用 RelayOnCommand 实例的 do() 方法时，它就会打开一些继电器。当调用 MotorOffCommand 实例的 do() 方法时，它就会关闭一些发动机。发动机或者继电器的地址作为构造函数的参数传递到对象中。

有了这样的结构，现在我们可以将 Command 对象传入系统中，并执行相应的 do() 方法，而不用明确知道它们代表着什么样的 Command。这样，便会带来一些有趣的简化。

该系统是由事件驱动的。继电器的开或关，发动机的启动或停止，离合器的连接或断开，都依据系统中某些特定事件的发生而发生改变。大多数事件都是由传感器检测到的。例如，当光学传感器确定一张纸已经到达其传送路径中的某个位置时，就需要连接指定的离合器。如图 13.3 所示，可以通过将合适的 Clutchoncommand 绑定到控制那个光学传感器的对象上来实现这一点。

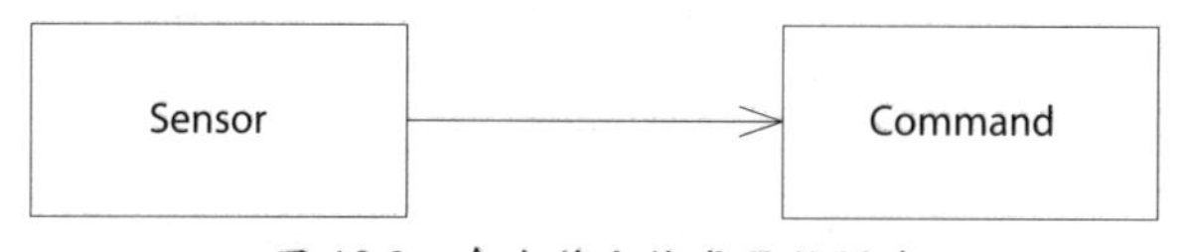

图 13.3 命令将由传感器所驱动

这种简单的结构具有巨大的优势。Sensor 并不知道它该做什么，但只要它侦测到对应事件的发生，它只要简单调用与之绑定的 Command 对象的 do() 方法就好了。这也就意味着 Sensor 并不需要知道某一个单独的离合器或者继电器，也不需要知道纸张传送路径的机械结构。它们的功能变得非常简单。

当某个传感器侦测到一个事件后，决定要关闭哪个继电器的复杂性被转移到一个初始化函数中。在系统初始化的某个时刻，每一个 Sensor 对象都和正确的 Command 对象进行绑定。这样就可以把所有的连接关系（Sensor 和 Command 之间的逻辑关系）放在一个地方，并从系统的主体逻辑中抽离出来。事实上，也可以用一个简单的 txt 文本文件来描述 Sensor 和 Command 之间的绑定关系。这样一来，系统在初始化时就可以读取这个文本文件并正确的构建出该系统。因此，系统的连接关系是可以独立于系统之外确定的，并且也可以在不重新编译系统的前提下对系统内的绑定关系进行调整。

通过对命令概念的封装，这个模式可以将系统内的逻辑连接和与之连接的外部设备之间解耦。这是一个巨大的好处。

事务操作

命令模式的另一个常见用途是事务的创建和执行，这一用途在薪水支付系统中也十分有用。例如，假想我们正在编写一款软件，如图 13.4 所示，这款软件需要维护员工数据库。用户对该数据库可以执行很多操作，他们可以添加新员工、删除老员工或者更新员工的信息。

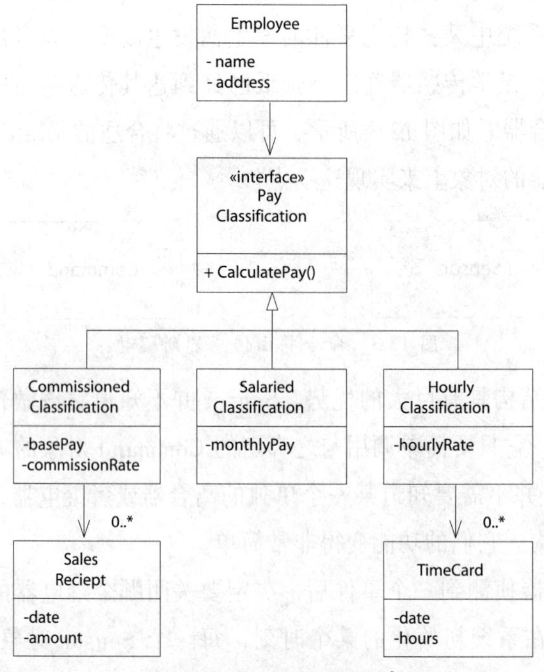

图 13.4　Employee 数据库

当用户想要添加一名新员工时，他必须提供要添加新员工时需要的所有信息，只有这样才能添加成功。在对该信息进行操作前，系统需要验证该信息在语法和语义上的正确性。采用命令模式可以帮助完成这项工作。Command 对象用来存储未验证的数据，实现其对数据验证方法，并实现最终执行事务操作的方法。

例如，如图 13.5 所示，AddEmployeeTransaction 类和 Employee 类具有相同的数据字段，它也有一个指向 PayClassification 对象的指针。这些数据字段和对象来自于用户创建新用户时所指定的信息。

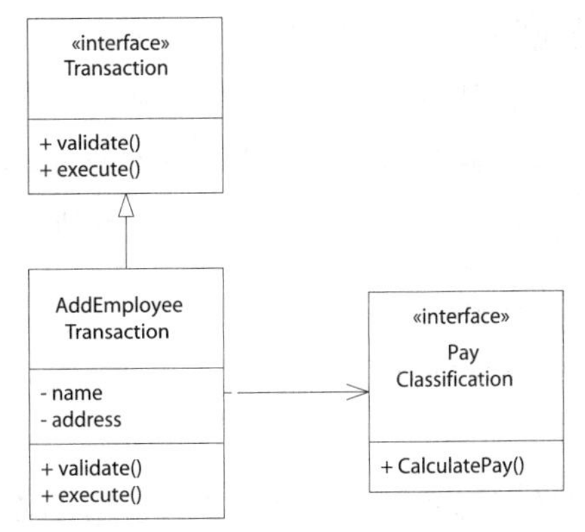

图 13.5 AddEmployee 事务

validate 方法会查询所有的数据字段，并确保它们都是有意义的。它会检查数据在语义和语法上的正确性。该方法甚至可以检查这次事务操作中的数据和数据库中数据的一致性问题。例如，它必须要保证添加的员工是新的员工，不是数据库中原有的员工。

execute 方法使用验证过的信息更新数据库。在我们这个简单的例子中，将创建一个新的 Employee 对象，并且使用 AddEmployeeTransaction 对象中的字段对其进行初始化。PayClassification 对象会被移动或者复制到 Employee 对象中。

物理对象和时间上的解耦

这种方法将用户获取数据的代码、验证和操作该数据的代码以及业务对象本身实现了很好的解耦，这给我们带来了很多好处。例如，可能有人希望从某个 GUI 对话框中获取用于添加新员工的数据。但如果这个 GUI 对话框的代码中同时掺杂该事务操作的数据验证和执行的代码，那真的是糟糕透了。这种强耦合就限制了数据的验证和执行代码在其他接口中重用的可能性。通过将数据的验证和执行代码封装在 AddEmployeeTransaction 类中，我们就在物理对象上实现了代码和数据获取之间的解耦。更重要的是，我们也将业务实体本身和能够操作数据库的代码进行了解耦。

时间上的解耦

我们也采用了不同的方式对数据的验证和执行代码进行解耦。尽管获取到了数据，但我们仍没有理由立即执行数据的验证和执行方法。事务操作对象可以保存在一个列表中，以后再进行数据的验证和执行。

假设我们有一个数据库，该数据库要求对数据的更改只能发生在夜里0点至1点之间，其他时间数据均要保持不变。如果只能等到夜里0点，再匆匆忙忙在1点前执行所有数据验证和执行的代码，那真的是糟糕透了。如果可以提前输入所有的命令，并当场对数据进行验证，然后在午夜0时自动触发数据执行的代码，这样就会非常方便。命令模式就使之成为了可能。

UNDO 方法

如图13.6所示，我们在命令模式中加入了undo()方法。如果Command派生类的do()方法可以记录它所进行操作的细节，那么undo()方法就可以用来撤销这些操作，使系统恢复到初始状态。

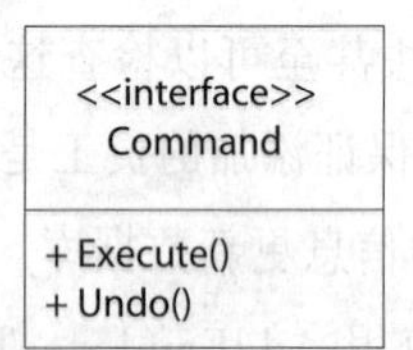

图13.6 命令模式的Undo变体

假如我们有一个应用程序，用户通过这个程序可以在屏幕上画各种几何图形。在该应用的工具栏中有“画圆形”“画正方形”和“画矩形”按钮，用户可以通过这些按钮画出对应形状的几何图形。假如用户点击了“画圆形”按钮，应用程序就会创建一个DrawcircleCommand命令对象，并调用该对象的do()方法。之后DrawcircleCommand对象就会在绘图窗口中追踪用户的鼠标轨迹，并等待用户点击鼠标。只要用户点击了鼠标，该对象就会以点击鼠标的那一点作为圆心，以用户鼠标移动轨迹的距离为半径画圆。当用户再次点击鼠标时，DrawcircleCommand将结束画圆的动作，并将完成绘制的圆形对象添加到当前显示在绘图窗口中的几何图形列表当中。同时它还会将新绘制的圆形对象的ID属性存储在某个私有变量中，并以返回值的形式从do()方法中返回。然后该程序就会将已经结束绘制的DrawcircleCommand对象压入已完成命令堆栈的栈顶。

之后，假如用户在工具栏中点击了“撤销”按钮，系统就会从已完成命令的栈中弹出栈顶 Command 对象，并调用该对象的 undo() 方法。当收到 undo() 方法后，DrawcircleCommand 对象会从当前绘图窗口的几何图形列表中删除和私有变量中存储的 ID 相对应的圆形。

通过命令模式，我们几乎可以在任何应用程序中实现撤销操作，且 undo 方法的实现代码和 undo 方法的调用代码通常也会一起出现。

主动对象模式

主动对象模式（ACTIVE OBJECT）[Lavender96] 是命令模式中我最喜欢的用法之一。它是实现多线程控制的一项古老技术。它也以多种形式被用来为成千上万的工业系统提供简单的多任务核心。

这个模式的想法其实很简单。如程序 13.2 和程序 13.3 所示，ActiveObjectEngine 对象维护了一个 Command 对象的链表。用户可以向该对象添加新的命令，也可以执行它的 run() 方法。run() 方法只是简单地遍历链表，执行并删除每一个命令。

程序 13.2　ActiveObjectEngine.java

```
import java.util.LinkedList;
import java.util.Iterator;

public class ActiveObjectEngine
{
LinkedList itsCommands = new LinkedList();
  public void addCommand(Command c)
  {
  itsCommands.add(c);
}

public void run()
{
    while (!itsCommands.isEmpty())
    {
    Command c = (Command) itsCommands.getFirst();
      itsCommands.removeFirst();
      c.execute();
    }
  }
}
```

程序 13.3　Command.java

```
public interface Command
{
public void execute() throws Exception;
}
```

这虽然看起来不会给人留下很深刻的印象，但如果链表中的 Command 对象克隆了自己，并把这个 Command 克隆对象又放在链表之中，会发生什么呢？这个链表就永远不会为空，且 run() 方法也永远不会返回了。

现在考虑下程序 13.4 所示的测试用例。它创建了一个叫 SleepCommand 的对象，除此之外，它还会向 SleepCommand 的构造函数中传递 1000ms 的延迟，并把 SleepCommand 加入到 ActiveObjectEngine 中。在调用 run() 方法后，就会消耗一定的时间来执行 run() 方法。

程序 13.4　TestSleepCommand.java

```
import junit.framework.*;
import junit.swingui.TestRunner;

public class TestSleepCommand extends TestCase
{
 public static void main(String[] args)
   {
  TestRunner.main(new String[]{"TestSleepCommand"});
  }

  public TestSleepCommand(String name)
  {
  super(name);
  }

  private boolean commandExecuted = false;

  public void testSleep() throws Exception
  {
  Command wakeup = new Command()
      {
   public void execute()
        {
commandExecuted = true;
      }
```

```
        };
        ActiveObjectEngine e = new ActiveObjectEngine();
        SleepCommand c = new SleepCommand(1000, e, wakeup);
        e.addCommand(c);
        long start = System.currentTimeMillis();
        e.run();
        long stop = System.currentTimeMillis();
        long sleepTime = (stop - start);
        assert ("SleepTime " + sleepTime + " expected > 1000",sleepTime > 1000);
        assert ("SleepTime " + sleepTime + " expected < 1100",sleepTime< 1100);
        assert ("Command Executed",commandExecuted);
    }
}
```

我们再来详细看下这个测试用例。SleepCommand 的构造函数包含 3 个参数。第一个参数是用毫秒表示的延时时间，第二个参数是该命令将要运行的 ActiveObjectEngine 对象，第三个参数是另一个命令对象，名为 wakeup。该测试用例的主要意图是 SleepCommand 会等待数秒执行，并在结束后执行 wakeup 命令。

程序 13.5 展示了 SleepCommand 的实现。在该命令执行时，它会先检查它是否曾经执行过。如果没有执行过，它就会记录当前的开始时间。如果指定的延时时间还没有过完，它就会把自己添加到 ActiveObjectEngine 中，如果已经经过了指定的延时时间，它就会把 wakeup 命令对象添加到 ActiveObjectEngine 中。

程序 13.5　SleepCommand.java

```
public class SleepCommand implements Command
{
private Command wakeupCommand = null;
  private ActiveObjectEngine engine = null;
  private long sleepTime = 0;
  private long startTime = 0;
  private boolean started = false;

  public SleepCommand(long milliseconds, ActiveObjectEngine e, Command wakeupCommand)
  {
    sleepTime = milliseconds;
    engine = e;
    this.wakeupCommand = wakeupCommand;
  }
```

```
public void execute() throws Exception
{
    long currentTime = System.currentTimeMillis();
    if (!started)
    {
      started = true;
      startTime = currentTime;
      engine.addCommand(this);
    }
else if ((currentTime - startTime) < sleepTime)
    {
    engine.addCommand(this);
    }
    else
    {
      engine.addCommand(wakeupCommand);
    }
  }
}
```

我们可以将这个程序与正在等待一个事件的多线程程序进行类比。当多线程程序中的一个线程在等待事件时，通常会调用一些操作系统调用阻塞该线程，直到事件发生。在程序 13.5 中的程序并没有阻塞，相反，如果它所等待的事件 ((currentTime - startTime) < sleepTime) 没有发生，它只是简单地将自己添加回 ActiveObjectEngine 中。

通过采用该技术的变体构建多线程系统已经是并且会一直是一种常见的实践。这种类型的线程被称为 run-to-completion 任务（RTC），因为每一个 Command 实例在下一个 Command 实例运行前都会一直运行，直到完成。RTC 的名字就代表着该 Command 实例不会阻塞。

所有一旦运行就必须完成的 Command 对象也赋予 RTC 线程一些有趣的优势，即它们都会共享同样的运行时堆栈。与传统多线程系统中的线程不同，没有必要为 RTC 线程提前定义或分配一个独立的运行时堆栈。这在有大量线程的内存受限系统中具有强大的优势。

继续来看我们的程序示例，程序 13.6 展示了一个简单的程序，它使用了 SleepCommand 对象，并展示了其多线程的行为。该程序称为 DelayedTyper。

注意，这里的 DelayedTyper 实现了 Command 接口。它的 execute 方法只是简单打印了在构造函数中传入的字符，并检查它的 stop 标志。如果未设置该标志，就调用 delayAndRepeat 方法。delayAndRepeat 方法构造了一个 SleepCommand 对象，并且该 SleepCommand 对象的构造函数中包含延迟时间。最后将该 SleepCommand 对象添加到 ActiveObjectEngine 中。

程序 13.6 DelayedTyper.java

```
public class DelayedTyper implements Command
{
  private long itsDelay;
  private char itsChar;
  private static ActiveObjectEngine engine =
    new ActiveObjectEngine();
  private static boolean stop = false;

  public static void main(String[] args)
  {
    engine.addCommand(new DelayedTyper(100, '1'));
    engine.addCommand(new DelayedTyper(300, '3'));
    engine.addCommand(new DelayedTyper(500, '5'));
    engine.addCommand(new DelayedTyper(700, '7'));

    Command stopCommand = new Command()
    {
      public void execute()  {stop = true;}
    };

    engine.addCommand(
      new SleepCommand(20000, engine, stopCommand));
    engine.run();
 }

public DelayedTyper(long delay, char c)
{
  itsDelay = delay;
  itsChar = c;
}

public void execute() throws Exception
{
  System.out.print(itsChar);
  if (!stop) {
   delayAndRepeat();
}
  }
```

```
    private void delayAndRepeat() throws Exception
    {
        engine.addCommand(new SleepCommand(itsDelay, engine, this));
    }
}
```

该 Command 对象的行为很容易预测。实际上，它会在一个循环中挂起，重复打印出指定的字符，并等待指定的延迟时间。设置 stop 标志后，就退出该循环。

DelayedTyper 的 main 函数创建了几个 DelayedTyper 实例并把它们都加入到 ActiveObjectEngine 中，每一个实例都有自己独立的字符和延迟时间。然后调用 SleepCommand 对象，并在一段时间后设置 stop 标志。运行该程序后会打印由“1”“3”“5”和“7”组成的字符串。如果再次运行该系统，会产生相似但不同的字符串。以下是两个具有代表性的运行结果：

```
135711311511371113151131715131113151731111351113711531111357 ..
135711131513171131511311713511131151731113151131711351113117 ..
```

这些字符串之所以不同，是 CPU 时钟和实际时钟不完全同步所造成的。这种不确定行为也是多线程系统的一个标志。

同时，不确定行为也是祸患、烦恼和痛苦的根源。任何从事过嵌入式实时系统开发的人都知道，要想调试不确定性行为真的非常难。

小结

在一定程度上，命令模式的简单性掩盖了它的多功能性。命令模式可以用于多种不同的用途，包括数据库事务、设备控制、多线程核以及 GUI 程序中执行 / 撤销操作。

有人认为，命令模式不符合面向对象编程范式，因为它更强调函数而不是类。这可能是真的，但在软件开发工程师的真实生活中，命令模式却可以非常有用。

参考文献

1. Gamma, et al. *Design Patterns.* Reading, MA: Addison-Wesley, 1995.
2. Lavender, R. G., and D. C. Schmidt. *Active Object: An Object Behavioral Pattern For* Concurrent Programming, in “Pattern Languages of Program Design” (J. O. Coplien, J. Vlissides, and N. Kerth, eds.). Reading, MA: Addison-Wesley, 1996.

第 14 章　模板方法模式和策略模式：继承和委托

“业精于勤。”

——中国韩愈，《进学解》

早在 20 世纪 90 年代初期，也就是面向对象发展的初期，我们都对面向对象中的继承十分着迷。面向对象中的继承关系也因此有着深远的影响。有了继承，我们就可以基于对象之间的差异进行编程。也就是说，假如给定一个类几乎完成大部分的需求，那么我们就可以创建一个它的子类，并且只需改变我们不需要的部分。这样，我们就可以通过继承来重用代码了！通过继承，可以建立起软件架构中的层次关系，其中每一层都可以重用其上层的代码。这真的为我们打开了新世界的大门！

就像大多数的新世界一样，继承为我们打开的新世界也有些不切实际。到了 1995 年，人们才逐渐意识到，继承很容易会被过度使用，并且这样的过度使用还附带非常高昂的代价。Gamma，Helm，Johnson 和 Vlissides 甚至还强调：“要优先采用对象组合而不是类的继承。”[GOF95, p.20] 因此，我们也逐渐减少了对继承的使用，而是更多的采用组合或者委托。

本章主要讲解两个设计模式，它们概括了继承和委托之间的区别。模板方法模式和策略模式可以解决类似的问题，并且两者通常可以换用。只是模板方法模式使用继承来解决这类问题，而策略模式则采用委托来解决。

模板方法模式和策略模式都解决了从具体的上下文中分离出通用算法的问题。在软件设计中，我们会经常遇到这样的需求。现在，我们有一个通用的算法，为了保证符合依赖倒置原则（DIP），我们希望这个通用的算法不要依赖于具体的实现。相反，我们更希望这个通用的算法和具体的实现都依赖于抽象。

模板方法模式

回想自己以前写的程序，其中一定包含类似的循环结构。

```
Initialize();
while (!done()) // main loop
{
  Idle(); // do something useful.
}
Cleanup();
```

首先，我们对应用程序进行初始化。然后，我们进入到主循环中，在主循环中完成需要做的任何工作，可能会处理GUI相关事件，也可能会处理数据库相关的数据记录。当最终这些工作完成的时候，就会退出该循环并进行一些清理的工作。

这种结构的程序非常常见，我们可以用 Application 类将它封装起来，以便可以在新程序中重用这个类，这样就意味着，我们再也不用写这个循环结构了。（同时我也实现了这个类，并且也想把它卖给你。）

如程序 14.1 所示，这个程序中包含一个标准程序中的所有必备元素。其中初始化了 InputStrearnReader 和 BufferedReader。还包含一个主循环，在该循环中，会先从 BufferedReader 中读取华氏温度并打印出转换后的摄氏温度。最后，在循环结束后打印一条程序退出消息。

程序 14.1　ftocraw

```
import java.io.*;
public class ftocraw
{
```

```
  public static void main(String[] args) throws Exception
  {
    InputStreamReader isr = new InputStreamReader(System.in);
    BufferedReader br = new BufferedReader(isr);
    boolean done = false;
    while (!done)
    {
      String fahrString = br.readLine();
      if (fahrString == null || fahrString.length() == 0)
        done = true;
      else
      {
        double fahr = Double.parseDouble(fahrString);
        double celcius = 5.0 / 9.0 * (fahr - 32);
        System.out.println("F=" + fahr + ", C=" + celcius);
      }
    }
    System.out.println("ftoc exit");
    }
}
```

该程序片段中包含主循环结构的所有元素。它会先进行一些初始化的工作，然后执行循环中的所有工作，最后执行一些清理工作并退出程序。

我们可以使用模板方法模式将这个基本结构从 ftoc 程序中分离出来。模板方法模式会将所有通用的代码放入抽象基类的实现方法中。该实现方法会获取所有的通用算法，但是将所有的实现细节都交到该基类的抽象方法中。

如程序 14.2 所示，我们可以将主循环结构放在一个抽象基类中，并将该类命名为 Application。

该类描述了一个通用的主循环结构应用程序。我们可以在 run 函数中看到主循环，也可以看到所有的工作都被交给抽象方法 init，idle 和 cleanup 中来实现了。init 方法主要负责所需完成的初始化工作，idle 方法主要执行程序的主逻辑，并且该方法会循环执行直到 setDone 方法被调用。Cleanup 方法主要用来在程序退出前做所有的清理工作。

程序 14.2 Application.java

```
public abstract class Application
{
  private boolean isDone = false;
```

```
    protected abstract void init();
    protected abstract void idle();
    protected abstract void cleanup();
    protected void setDone()
    {isDone = true;}
    protected boolean done()
    {return isDone;}
    public void run() {
        init();
        while (!done())
            idle();
        cleanup();
    }
}
```

如程序 14.3 所示，可以通过继承 Application 类并实现对应的抽象方法来重写 ftoc 类。

程序 14.3　ftocTemplateMethod.java

```
import java.io.*;
public class ftocTemplateMethod extends Application
{
    private InputStreamReader isr;
    private Buf feredReader br;
    public static void main(String[] args) throws Exception
    {
        (new ftocTemplateMethod()).run();
    }
    protected void init()
    {
        isr = new InputStreamReader(System.in);
        br = new BufferedReader(isr);
    }

    protected void idle()
    {
```

```
      String fahrString = readLineAndReturnNullIfError();
      if (fahrString == null || fahrString.length() == 0)
        setDone();
      else
      {
        double fahr = Double.parseDouble(fahrString);
        double celcius = 5.0 / 9.0 * (fahr - 32);
        System.out.println("F=" + fahr + ", C=" + celcius);
      }
    }
    protected void cleanup()
    {
      System.out.println("ftoc exit");
    }
    private String readLineAndReturnNullIfError()
    {
      String s;
      try {
        s = br.readLine();
      }
      catch (IOException e)
      {
        s = null;
      }
      return s;
    }
}
```

对程序进行的异常处理使得该程序看起来冗长了一些，但是还是可以很清晰地看到老版本的 ftoc 程序是如何适配到模板方法模式的。

模式滥用

这时你可能会想："他是认真的么？难道他真的希望我在所有的新程序中都使用 Application 类么？看起来并没有为我带来任何好处，反而使得问题变复杂了。"

我之所以会选择这个例子，是因为它足够简单，并且足够为我们展示模板方法模式的运行机制了。从另一方面来说，我并不推荐将 ftoc 程序写成这个样子。

同时，这也是模式滥用的一个很好的例子。在一个特定的场景中使用模板方法模式是很荒谬的，它会使程序变得很复杂并且异常庞大。将每个应用程序的主循环以一种通用的方式封装起来，刚开始这个想法听起来很棒，但是在本例中，它的实际应用结果却是无意义的。

设计模式真的是一种很好的工具。它可以用来帮助解决许多软件设计相关的问题，但它们的存在并不意味着我们在任何情况下都要使用设计模式。在本例中，虽然模板方法模式也适用于解决该问题，但我们并不建议使用它。因为在这种情况下，采用模板方法模式的成本要高于它所带来的效益。

因此，如程序 14.4 所示，让我们看一个更有用的例子。

程序 14.4　BubbleSorter.java

```
public class BubbleSorter
{
  static int operations = 0;
  public static int sort(int[] array)
  {
    operations = 0;
    if (array.length <= 1)
      return operations;

    for (int nextToLast = array.length - 2;
        nextToLast >= 0; nextToLast--)
      for (int index = 0; index <= nextToLast; index++)
        compareAndSwap(array, index);
    return operations;
  }

  private static void swap(int[] array, int index)
  {
    int temp = array[index];
    array[index] = array[index + 1];
    array[index + 1] = temp;
  }

  private static void compareAndSwap(int[] array, int index)
  {
```

```
      if (array[index] > array[index + 1])
        swap(array, index);
      operations++;
    }
  }
```

冒泡排序

其中BubbleSorter类知道如何使用冒泡排序算法对整数数组进行排序。且BubbleSorter的sort方法包含如何进行冒泡排序的算法。swap和compareAndSwap这两个辅助方法用来处理整数和数组的细节，并处理排序算法所需要的必要机制。（与Application类一样，冒泡排序只是一个用来教学展示的示例。如果有大量的排序要做，正常情况下是不会采用冒泡排序的，还有很多更好的算法可以采用。）

通过使用模板方法模式，我们可以将冒泡排序算法分离出来，放入一个名为BubbleSorter的抽象基类中。BubbleSorter包含sort函数的实现，该函数会调用名为outOfOrder和swap的抽象方法。outOfOrder方法比较数组中两个相邻的元素，如果元素不是按顺序排列的，则返回true。swap方法交换数组中两个相邻元素的位置。

其中sort方法不知道有数组的存在，也不关心数组中存储了什么类型的对象。它只是在数组中的不同元素调用outOfOrder函数，并决定是否应该交换这两个元素。如程序14.5所示。

程序 14.5　BubbleSorter.java

```
public abstract class BubbleSorter
{
  private int operations = 0;
  protected int length = 0;
```

```
  protected int doSort()
  {
    operations = 0;
    if (length <= 1)
      return operations;
    for (int nextToLast = length - 2;
        nextToLast >= 0; nextToLast--)
      for (int index = 0; index <= nextToLast; index++)
      {
        if (outOfOrder(index))
          swap(index);
        operations++;
      }

    return operations;
  }
  protected abstract void swap(int index);
  protected abstract boolean outOfOrder(int index);
}
```

有了 BubbleSorter 类，现在就可以创建其派生类了，我们可以对任何不同数据类型的对象进行排序。例如，我们可以创建 IntBubbleSorter 类，对整数数组进行排序，创建 DoubleBubbleSorter 类，对双精度浮点型数组进行排序。如图 14.1、程序 14.6 和程序 14.7 所示。

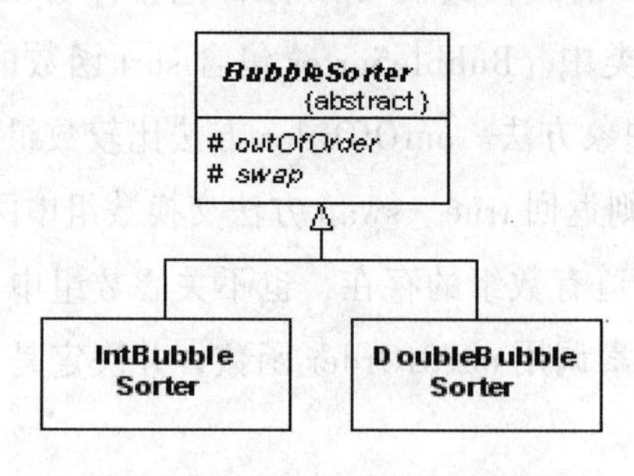

图 14.1　冒泡排序的代码结构

程序 14.6　IntBubbleSorter.java

```
public class IntBubbleSorter extends BubbleSorter
{
  private int[] array = null;
  public int sort(int[] theArray)
```

```
    {
        array = theArray;
        length = array.length;
        return doSort();
    }

    protected void swap(int index)
    {
        int temp = array[index];
        array[index] = array[index + 1];
        array[index + 1] = temp;
    }

    protected boolean outOfOrder(int index) {
        return (array[index] > array[index + 1]);
    }
}
```

程序 14.7 DoubleBubbleSorter.java

```
public class DoubleBubbleSorter extends BubbleSorter
{
    private double[] array = null;
    public int sort(double[] theArray)
    {
        array = theArray;
        length = array.length;
        return doSort();
    }

    protected void swap(int index)
    {
        double temp = array[index];
        array[index] = array[index + 1];
        array[index + 1] = temp;
    }

    protected boolean outOfOrder(int index)
    {
```

```
        return (array[index] > array[index + 1]);
    }
}
```

模板方法模式是面向对象编程中重用的一种经典形式。通用算法放在基类中，并通过继承在不同的详细上下文中实现该通用算法。但这项技术并非没有成本。继承是一种非常强的耦合关系。派生类不可避免地会与它们的基类绑定在一起。

例如，IntBubbleSorter 类中的 outOfOrder 和 swap 函数也是其他类型的排序算法所需要的函数。然而，我们是不可能在其他数据类型的排序算法中重用 outOfOrder 函数和 swap 函数的。通过继承 BubbleSorter 类，就已经注定 IntBubbleSorter 类将永远绑定到 BubbleSorter 类上。不过，策略模式为我们提供了另一种选择。

策略模式

策略模式以一种完全不同的方式解决了通用算法与其具体实现之间的依赖关系倒置的问题。我们再来考虑一下滥用模式章节中提到的 Application 的问题。

我们将通用的应用算法放入到名为 ApplicationRunner 的具体类中，而不是将其放入到抽象基类中。我们将通用算法必须要调用的抽象方法定义在一个名为 Application 的接口中。我们从这个接口中派生出 ftocStrategy 类，并将其传递给 ApplicationRunner。之后，ApplicationRunner 就可以把具体的工作委托给这个接口去完成。如图 14.2 和程序 14.8~14.10 所示。

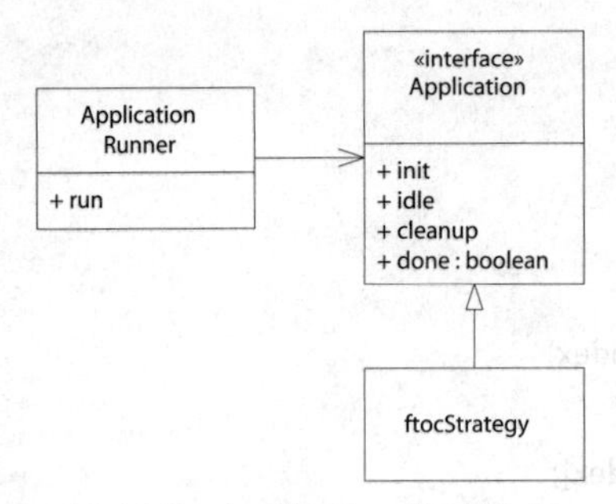

图 14.2 Application 算法策略

程序 14.8 ApplicationRunner.java

```
public class ApplicationRunner
{
    private Application itsApplication = null;
```

```
  public ApplicationRunner(Application app)
  {
    itsApplication = app;
  }
  public void run()
  {
    itsApplication.init();
    while (!itsApplication.done())
      itsApplication.idle();
    itsApplication.cleanup();
  }
}
```

程序 14.9 Application.java

```
public interface Application
{
  public void init();
  public void idle();
  public void cleanup();
  public boolean done();
}
```

程序 14.10 ftocStrategy.java

```
import java.io.*;
public class ftocStrategy implements Application
{
  private InputStreamReader isr;
  private BufferedReader br;
  private boolean isDone = false;

  public static void main(String[] args) throws Exception
  {
    (new ApplicationRunner(new ftocStrategy())).run();
  }

  public void init()
  {
```

```
        isr = new InputStreamReader(System.in);
        br = new BufferedReader(isr);
    }
    public void idle()
    {
        String fahrString = readLineAndReturnNullIfError();
        if (fahrString == null || fahrString.length() == 0)
            isDone = true;
        else
        {
            double fahr = Double.parseDouble(fahrString);
            double celcius = 5.0 / 9.0 * (fahr - 32);
            System.out.println("F=" + fahr + ", C=" + celcius);
        }
    }
    public void cleanup()
    {
        System.out.println("ftoc exit");
    }
    public boolean done()
    {
        return isDone;
    }
    private String readLineAndReturnNullIfError()
    {
        String s;
        try
        {
            s = br.readLine();
        } catch (IOException e)
        {
            s = null;
        }
        return s;
    }
}
```

与模板方法模式相比，这种结构有其好处，同时也有其代价的存在。策略模式和模板方法相比涉及到更多的类和间接层次。就运行时和数据空间而言，ApplicationRunner 中的委托指针的成本略高于继承。就运行时间和所占用的数据空间而言，ApplicationRunner 中的委托指针的成本略高于继承。另一方面，如果我们有许多不同的应用程序要运行，我们可以重用 ApplicationRunner 实例，并传递不同的 Application 实现给它，从而减少通用算法与它所控制的具体细节之间的耦合。

这些提到的好处和所花费的成本都不是最重要的。大多数情况下，它们都显得无关紧要。通常情况下，策略模式中最烦人的问题就是需要那些额外的类。当然，还有更多需要考虑的其他问题。

重新实现冒泡排序

如程序 14.11~14.13 所示，我们考虑使用策略模式再来实现冒泡排序。

程序 14.11 BubbleSorter.javaw

```
public class BubbleSorter
{
  private int operations = 0;
  private int length = 0;
  private SortHandle itsSortHandle = null;

  public BubbleSorter(SortHandle handle)
  {
    itsSortHandle = handle;
  }

  public int sort(Object array)
  {
    itsSortHandle.setArray(array);
    length = itsSortHandle.length();
    operations = 0;
    if (length <= 1)
      return operations;

    for (int nextToLast = length - 2;
        nextToLast >= 0; nextToLast--)
```

```
        for (int index = 0; index <= nextToLast; index++)
        {
            if (itsSortHandle.outOfOrder(index))
                itsSortHandle.swap(index);
            operations++;
        }
    }
    return operations;
  }
}
```

程序 14.12 SortHandle.java

```
public interface SortHandle
{
  public void swap(int index);
  public boolean outOfOrder(int index);
  public int length();
  public void setArray(Object array);
}
```

程序 14.13 IntSortHandle.java

```
public class IntSortHandle implements SortHandle
{
  private int[] array = null;

  public void swap(int index)
  {
    int temp = array[index];
    array[index] = array[index + 1];
    array[index + 1] = temp;
  }

  public void setArray(Object array)
  {
    this.array = (int[]) array;
  }

  public int length()
```

```
  {
    return array.length;
  }

  public boolean outOfOrder(int index)
  {
    return (array[index] > array[index + 1]);
  }
}
```

注意，这里的 IntSortHandle 类对 BubbleSorter 类一无所知。它完全不依赖于冒泡排序实现。尽管在模板方法模式不是这样的，回想一下程序 14.6，可以看到 IntBubbleSorter 类直接依赖于 BubbleSorter 类，且 BubbleSorter 类中包含冒泡排序算法。

通过实现 swap 和 outOfOrder 方法来直接依赖于冒泡排序算法，模板方法模式方法在一定程度上违反了 DIP 原则（依赖倒置原则，Dependence Inversion Principle）。策略模式不包含这种依赖。因此，我们可以将 IntSortHandle 与除了 BubbleSorter 之外的其他 Sorter 实现一起使用。

例如，我们可以创建一个冒泡排序的变体，如果一个数组的所有元素顺序正确，冒泡排序就提前终止，如程序 14.14 所示。QuickBubbleSorter 也可以用 IntSortHandle 或任何其他派生自 SortHandle 的类。

程序 14.14 QuickBubbleSorter.java

```
public class QuickBubbleSorter
{
  private int operations = 0;
  private int length = 0;
  private SortHandle itsSortHandle = null;

  public QuickBubbleSorter(SortHandle handle)
  {
    itsSortHandle = handle;
  }

  public int sort(Object array)
  {
    itsSortHandle.setArray(array);
```

```
    length = itsSortHandle.length();
    operations = 0;
    if (length <= 1)
      return operations;
    boolean thisPassInOrder = false;
    for (int nextToLast = length - 2; nextToLast >= 0 && !thisPassInOrder; nextToLast--)
    {
      thisPassInOrder = true; //potenially.
      for (int index = 0; index <= nextToLast; index++)
      {
        if (itsSortHandle.outOfOrder(index))
        {
          itsSortHandle.swap(index);
          thisPassInOrder = false;
        }
        operations++;
      }
    }
    return operations;
  }
}
```

因此，和模板方法模式相比策略模式还提供了一个额外的好处。模板方法模式允许通用算法操纵许多可能的具体实现，而策略模式由于完全符合 DIP 原则，则允许很多不同的通用算法操纵每个详细实现。

小结

模板方法模式和策略模式都可以帮助我们将高层的通用算法从相对低层的具体实现中分离出来，且两种模式都允许高层的通用算法独立于具体实现细节进行重用。此外，策略模式也允许具体的实现细节独立于高层算法进行重用，但是会以一些额外的复杂性、内存开销以及运行时间为代价。

参考文献

1. Gamma, et al. *Design Patterns.* Reading, MA: Addison-Wesley, 1995.
2. Martin, Robert C., et al. *Pattern Languages of Program Design*. Reading, MA: Addison-Wesley, 1998

第 15 章　外观模式和中介者模式

“象征主义树立起尊贵的外表，以期掩盖其卑劣的梦想。”

——梅森·库利[①]

本章所讨论的两个设计模式都有一个共同的目标，它们都对另一组对象施加了某种策略，外观模式从上面强加以某种策略，而中介者模式从下面强加以某种策略。使用外观模式是显式可见且受约束的，而对于中介者模式的使用，则是不可见且不受限制的。

15.1　外观模式

当你希望为一组对象提供简单且具有特定用途的接口，且这一组对象具有复杂且通用接口时，可以使用外观模式。例如，如程序 26.9 中的 DB.java 所示。该类为 java.sql 包中复杂且全面的类接口提供了一个非常简单的且特定于 ProductData 的接口。图 15.1 展示了该结构。

① 中文版编注：Mason Cooley（1927—2002），美国著名的格言家，就职于史坦顿岛学院，主讲法语、演讲和世界文学。

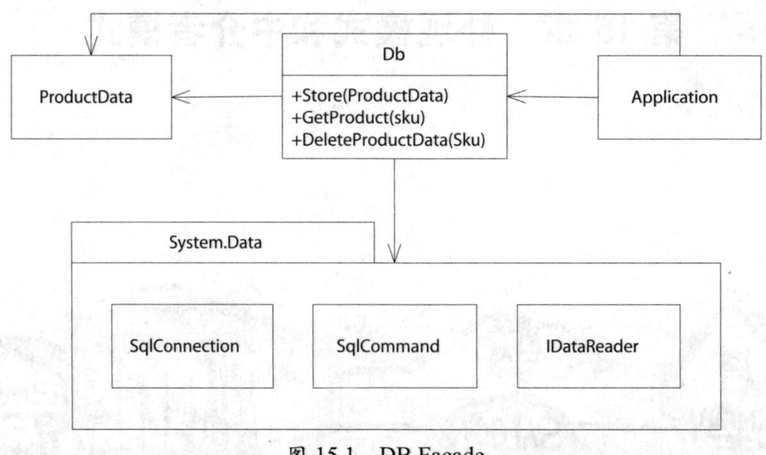

图 15.1 DB Facade

注意，这里 DB 类使 Application 并不需要知道 java.sql 包的内部细节。它将 java.sql 包的通用性和复杂性隐藏在一个简单且具有特定用途的接口后面。

像 DB 类这样的外观类就对 java.sql 包的使用施加了许多策略。它知道如何初始化和关闭数据库连接。它知道如何将 ProductData 的成员变量转换为数据库中的字段，或者从数据库的字段中获取到 ProductData 的成员变量。它知道如何构建适当的查询和命令来操作数据库，并且它还向其用户隐藏了所有的复杂性。从 Application 的角度来看，java.sql 是不存在的，它被隐藏在外观类的后面。

若采用外观模式，就意味着开发人员同意了以下约定，即必须通过 DB 类来执行所有的数据库调用，也即如果 Application 类中的任何代码直接跳转到 java.sql ，而不是外观类中，那么就一定违反了该约定。因此，外观模式将其策略强加于 Application 中，且基于约定，DB 类就成了 java.sql 包的唯一代理。

中介者模式

中介者模式也对某一组对象施加了某种策略。只是，外观模式以一种可见且受约束的方式强加其策略，但是中介者模式以一种相对不可见和不受约束的方式来强加其策略。例如，如程序 15.1 所示，QuickEntryMediator 类就是一个处于幕后地位的类，它还会将文本输入字段绑定到列表中。当你在文本输入框中开始输入时，在那个列表中和用户的输入内容相匹配的第一个元素会被高亮出来。这样，你就可以通过输入部分内容来快速选取列表中的选项。

程序 15.1　QuickEntryMediator.java

```
package utility;

import javax.swing.*;
import javax.swing.event.DocumentEvent;
import javax.swing.event.DocumentListener;

/**
QuickEntryMediator. This class takes a JTextField and a JList. It assumes that the user will type characters
into the JTextField that are prefixes of entries in the JList. It automatically selects the first item in the JList
that matches the current prefix in the JTextField.
If the JTextField is null, or the prefix does not match any element in the JList, then the JList selection is
cleared.
There are no methods to call for this object. You simply create it, and forget it. (But don't let it be garbage
collected...)
Example:
JTextField t = new JTextField();
JList l = new JList();
QuickEntryMediator qem = new QuickEntryMediator(t, l); // that's all folks.
@author Robert C. Martin, Robert S. Koss @date 30 Jun, 1999 2113 (SLAC)
 */
public class QuickEntryMediator {
  public QuickEntryMediator(JTextField t, JList l) {
    itsTextField = t;
    itsList = l;
    itsTextField.getDocument().addDocumentListener(new DocumentListener() {
                              public void changedUpdate(DocumentEvent e) {
                                textFieldChanged();
                              }

                              public void insertUpdate(DocumentEvent e) {
                                textFieldChanged();
                              }

                              public void removeUpdate(DocumentEvent e) {
                                textFieldChanged();
                              }
                            } // new DocumentListener
```

```
      ); // addDocumentListener
    } // QuickEntryMediator()

    private void textFieldChanged() {
      String prefix = itsTextField.getText();
      if (prefix.length() == 0) {
        itsList.clearSelection();
        return;
      }
      ListModel m = itsList.getModel();
      boolean found = false;
      for (int i = 0; found == false && i < m.getSize(); i++) {
        Object o = m.getElementAt(i);
        String s = o.toString();
        if (s.startsWith(prefix)) {
          itsList.setSelectedValue(o, true);
          found = true;
        }
      }
      if (!found) {
        itsList.clearSelection();
      }
    } // textFieldChanged

    private JTextField itsTextField;
    private JList itsList;
} // class QuickEntryMediator
```

QuickEntryMediator 类的结构如图 15.2 所示。通过 JList 和 JTextField 就可以构造出一个 QuickEntryMediator 类的实例。QuickEntryMediator 类会使用 JTextField 注册一个匿名 DocumentListener 监听器对象。每当输入框内容变化时，这个监听器对象就会调用 textFieldChanged 方法。接下来，该方法会在 JList 对象中查找以输入文本内容为前缀的元素并选择它。

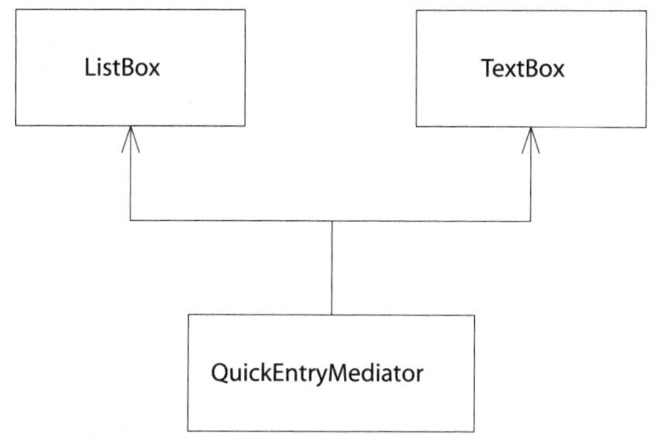

图 15.2 QuickEntryMediator

JList 和 JTextField 的使用者并不知道这个中介者的存在。它只是静静呆在那里，并且会在未经对象许可或对象不知道中介者存在的情况下，对那些对象施加相应的策略。

小结

如果某些策略相对比较庞大复杂，且必须是对某一组对象可见的情况下，就可以采用外观模式从上面执行相对应的强制策略。反之，如果某些策略相对需要隐蔽，并且具有特定用途，那么中介者模式就是一个更好的选择。在外观模式下，通常会有约定的关注点，每个人都同意使用外观类中的方法而不去使用隐藏在它下面的对象。另一方面，由于中介者对用户是隐蔽的，因此它的策略是既成事实，而不是一个惯例。

参考文献

1. Gamma, et al. *Design Patterns.* Reading, MA: Addison-Wesley, 1995.

第 16 章　单例模式和单状态模式

“这是对世间万物的无限祝福，且除此之外再无其他。”

——埃德温·阿伯特[①]，《平面国·点国》

通常，类和其实例之间存在着一对多的关系。对于大多数类而言，都可以创建它的多个实例。实例在需要时创建，不再需要会删除。随着实例的新建和删除，内存也随之被分配和释放。

然而，在有些情况下，有些类应该只有一个实例。这个实例在程序启动时就会存在，直到程序结束时才会被删除。这类对象通常被认为是该程序的根对象。从这个根对象出发，可以找到通向程序中其他对象的方法。有时，这些根对象是一个工厂对象，可以使用它在系统中创建其他对象。有时这些根对象是一个管理员对象，负责跟踪其他对象并驱动它们完成任务。

---

① 中文版编注：Edwin A. Abbott（1838—1926），英国的神学家，担任过校长。最出名的是小说《平面国》最深远的贡献是对维度的审视。科幻作家阿西莫夫在 1983 年为本书再版而写的序言中如此评价：“对维度概念的感受给出了最好的介绍。”本书也深受数学、物理学和计算机科学的学生推崇。在《宇宙》的其中一集里，卡尔·萨根通过平面国来解释其他维度空间。

无论这些根对象是什么，如果实例化了多个根对象，都将导致严重的逻辑问题。如果创建多个根对象，则对应用程序中对象的访问可能就会取决于所选的根对象是哪一个。在这种情况下，如果开发者不知道多个根对象的存在，可能会发现自己只查看了该程序中所有对象的子集，自己对这件事情却全然不知。如果存在多个工长对象，那么对它所创建对象的控制工作就会被破坏。如果存在多个管理员对象，原本打算串行的行为可能就会变成并行的。

似乎强制这些对象单一性的机制是多余的。毕竟，在初始化应用程序时，可以简单为每个类创建一个对象并使用它。事实上，这通常也是最好的做法。当没有迫切且重大的需求这么做时，我们也应该尽力避免这种机制。当然，我们仍希望代码能够传达我们的意图。如果强制对象单一性的机制是微不足道的，那么传达意图的好处就会超过强制实施对象单一性机制的代价。

本章讲解了关于强制实施对象单一性的两种模式：单例（SINGLETON）模式和单状态模式（MONOSTATE）。这两种模式有不同的代价 – 收益之间的权衡。在许多情况下，实施对象单一性的代价远低于其高语义性表现力所带来的收益。

16.1 单例模式

单例模式 [GOF95，p.127] 是一种非常简单的设计模式。如程序 16.1 所示的测试用例，展示了单例模式应该如何工作。第一个测试函数展示了可以通过公有静态方法 Instance 访问该 Singleton 对象的实例。同时，如果多次调用该 Instance 对象，则每次都会返回同一实例的引用。第二个测试函数展示了 Singleton 类中并没有公共构造函数，因此任何人都必须使用 Instance 方法创建实例。

程序 16.1　单例模式测试用例

```
import junit.framework.*;
import java.lang.reflect.Constructor;

public class TestSimpleSingleton extends TestCase
{
  public TestSimpleSingleton(String name)
  {
    super(name);
  }
  public void testCreateSingleton()
```

```
  {
    Singleton s = Singleton.Instance();
    Singleton s2 = Singleton.Instance();
    assertSame(s, s2);
  }

  public void testNoPublicConstructors() throws Exception
  {
    Class singleton = Class.forName("Singleton");
    Constructor[] constructors = singleton.getConstructors();
    assertEquals("public constructors.",
                 0, constructors.length);
  }
}
```

这个测试用例可以看做是单例模式的规范。该规范直接引导我们完成如程序 16.2 所示的实现。通过观察，该程序可以清楚看到，在 Singleton.theInstance 的作用范围内，Singleton 类只有一个实例。

程序 16.2　单例模式实现

```
public class Singleton
{
  private static Singleton theInstance = null;
  private Singleton() { }

  public static Singleton Instance()
  {
    if (theInstance == null)
      theInstance = new Singleton();
    return theInstance;
  }
}
```

单例模式具有以下好处。

- 跨平台：采用合适的中间件，例如 RMI，单例模式可以在多个 JVM 平台或多台计算机间进行拓展。
- 适用于任何类：可以把任何类都变为单例的，只需要将它的构造函数变为私有的，并且为其添加合适的静态函数或变量即可。

- 可以通过派生来创建单例：给定一个类，可以创建一个单例的子类。
- 惰性求值：如果一个单例从未被使用，那么就没有必要创建它。

（单例模式的代价如下。）

- 单例的销毁方法未被定义：没有一个好的方法来销毁单例对象或者解除其职责。如果添加一个 decommission 方法强制将 theInstance 设置为 null，但是系统中其他模块仍然持有 SINGLETON 实例的引用。后续对 Instance 的调用会创建一个新的实例，从而导致两个并发实例的存在。这个问题在 C ++ 中尤其严重，在 C++ 中实例可以被销毁，但同时也可能导致对被销毁对象引用的解除。
- 不能继承：从单例派生出的类不是单例的。如果需要它是单例的话，则需要向它添加静态函数和变量。
- 效率问题：每次对 Instance 的调用都会调用到 if 语句。尽管在大多数的调用中，if 语句是没有用的。
- 不透明性：SINGLETON 的使用者知道正在使用 SINGLETON，因为他们必须要调用 Instance 方法。

单例模式实战

假如有一个基于 Web 的系统，该系统允许用户登录以保护该用户的相关数据。在这样的系统中将有一个包含其用户名、密码和其他用户属性的数据库。进一步假设该数据库是通过第三方 API 访问的。那么我们就可以在每一个需要访问用户信息的模块中直接对数据库进行读写。然而，如果这样做的话，就会将第三方 API 的使用散布在代码中的各个地方，并且我们也无法强制实施一些关于访问或结构方面的约定。

一个更好的解决方案是使用外观模式，创建一个 UserDatabase 类，该类用来提供用户读取和写入 User 对象的方法。这些方法直接访问数据库的第三方 API，在 User 对象和数据库中的元素之间进行转换。在 UserDatabase 类中，我们可以强加对结构和访问的约定。例如，我们可以保证只要 username 字段为空，就不能添加 User 记录。或者，我们也可以序列化对 User 记录的访问，确保两个模块不能同时对该记录进行读写。

如程序 16.3 和程序 16.4 所示，展示了该问题采用单例模式的解决方案，单例类名为 UserDatabaseSource。它实现了 UserDataBase 接口。这里，还需要注意，静态 instance() 方法并不需要像传统方法那样通过 if 语句避免实例的多次创建。相反，它利用了 Java 的初始化功能。

程序 16.3 UserDatabase 接口

```
public interface UserDatabase
{
  User readUser(String userName);
  void writeUser(User user);
}
```

程序 16.4 UserDatabaseSource Singleton

```
public class UserDatabaseSource implements UserDatabase
{
  private static UserDatabase theInstance =new UserDatabaseSource();

  public static UserDatabase instance()
  {
    return theInstance;
  }

  private UserDatabaseSource()
  {
  }

  public User readUser(String userName)
  {
    // Some Implementation
    return null; // just to make it compile.
  }

  public void writeUser(User user)
  {
    // Some Implementation
  }
}
```

这是单例模式的一种非常常见的用法。它可以保证所有的数据访问都可以通过UserDatabaseSource 的单例来实现。这样就可以很容易地在 UserDatabasesource 中加入相关验证、计数器和锁机制，用以强制执行前面我们提到的访问和结构的约定。

单状态模式

单状态模式 [BALL2000] 是实现对象单一性的另一种方式。和单例模式相比，它有着完全不同的实现机制。通过学习程序 16.5 中的单状态模式的测试用例，来了解单状态模式的工作机制。

第一个测试函数只是简单的描述了一个对象，它的成员变量 x 的值可以被获取或设置新值。第二个测试函数展示了同一个类的两个不同实例的行为，使其看起来就像是同一个实例一样。如果把一个实例的成员变量 x 设置为一个特殊的值，你可以通过该类其他实例的成员变量 x 来获取这个特殊的值。这两个对象看起来就像是同一个对象，只是拥有不同的名称而已。

程序 16.5　单状态模式测试用例

```
import junit.framework.*;

public class TestMonostate extends TestCase
{
  public TestMonostate(String name)
  {
    super(name);
  }

  public void testInstance()
  {
    Monostate m = new Monostate();
    for (int x = 0; x < 10; x++)
    {
      m.setX(x);
      assertEquals(x, m.getX());
    }
  }

  public void testInstancesBehaveAsOne()
  {
    Monostate m1 = new Monostate();
    Monostate m2 = new Monostate();
    for (int x = 0; x < 10; x++)
    {
```

```
            m1.setX(x);
            assertEquals(x, m2.getX());
        }
    }
}
```

如果我们将 Singleton 类放入这个测试用例中，并将所有的 new Monostate 语句替换为对 Singleton.Instance 的调用，这个测试用例应该仍然能够通过。因此，这个测试用例描述了一个没有强加单实例约束的 Singleton 的行为。

那么两个实例对象是如何表现的像一个对象呢？很简单，这意味着这两个对象必须共享相同的变量。只要将所有的变量变为静态变量就可以实现这一点了。程序 16.6 所示为 Monostate 的实现，且它能够通过上述测试用例。注意，其中 itsX 变量是静态变量。还要注意，它没有一个方法是静态的。这一点也很重要，我们在后面的讨论中还会再看到。

程序 16.6　单状态模式实现

```
public class Monostate
{
  private static int itsX = 0;
  public Monostate() { }

  public void setX(int x)

  {
    itsX = x;
  }

  public int getX()
  {
    return itsX;
  }
}
```

我发现，这是一个有趣的扭曲的模式。无论你创建多少个 Monostate 实例，它们都表现得像是一个单一对象那样。如果删除或者销毁了当前对象，甚至不用担心该对象中的数据会丢失。

单例模式和单状态模式的区别在于前者关注其结构，而后者更关注其行为。单例模式强调了结构上的单一性，防止我们创建出多个对象实例。单状态模式则更关注单一性的行为，不对其结构进行约束。可以通过测试用例来理解两者的不同，Singleton类仍然可以通过单状态类的测试用例，但Monostate类无法通过单例模式的测试用例。

单状态模式具有以下好处。

- 透明性：单状态模式的使用者和普通对象的使用者相比，行为上并没有什么不同。使用者不需要知道他们使用的对象是单状态的。
- 可派生性：单状态类的派生类都是单状态类。事实上，一个单状态类的所有派生类都是同一个单状态类的一部分。它们共享相同的静态变量。
- 多态性：由于单状态类的成员方法都不是静态的，因此我们可以在其派生类中重写它们。因此，对于同一组静态变量来说，不同的派生类可以提供不同的行为。
- 定义良好的创建和销毁的方法：单状态类的成员变量是静态的，它具有良好定义的创建和销毁时间。

单状态模式的代价如下。

- 不可转换：一个普通类不能派生出一个单状态类。
- 效率问题：由于单状态类的实例是一个真实的对象，它可能经历许多次的创建和销毁，而这次操作通常有较大的开销。
- 内存占用问题：即使从未使用过的单状态实例，它的成员变量也会占用内存空间。
- 平台的限制：不能使单状态实例跨多个JVM或多个平台使用。

单状态模式实战

图16.1所示为实现地铁旋转门的简单有限状态机。旋转门在Locked状态下开始运行。如果有人投入一枚硬币，它就会转换到Unlocked状态，开启旋转门，重置任何可能存在的警报状态，同时将硬币放入其货币收集箱中。如果此时用户已经通过了旋转门，那么旋转门就会重新变回Locked状态，并重新锁定该旋转门。

有两种异常情况存在。如果用户在通过旋转门之前投了两枚或更多的硬币。多余的硬币会被退还，并且旋转门也会一直处于开启状态。如果用户想要不付费就通过旋转门，警报会响并且旋转门会一直锁着。

程序 16.7 所示是描述这些操作的测试程序。注意，在测试方法中，假设了 Turnstile 是单状态的。测试程序希望能够向 Turnstile 实例发送事件，并且能够从不同的实例中查询到该结果。如果 Turnstile 类永远不会有多于一个的实例，那么我们的期望就是合理的。

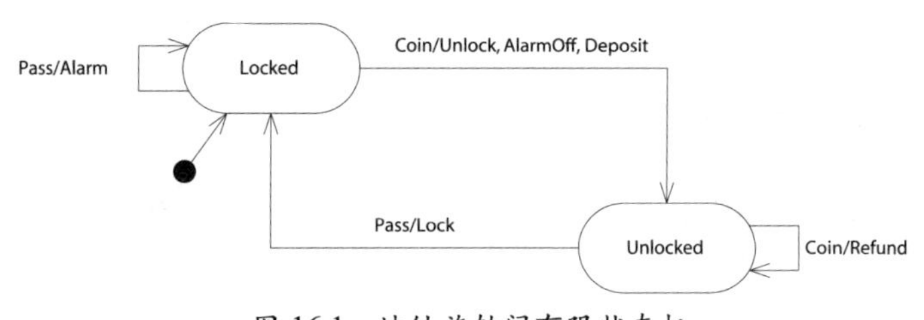

图 16.1　地铁旋转门有限状态机

程序 16.7　TestTurnstile

```
import junit.framework.*;
public class TestTurnstile extends TestCase
{
  public TestTurnstile(String name)
  {
    super(name);
  }

  public void setUp()
  {
    Turnstile t = new Turnstile();
    t.reset();
  }

  public void testInit()
  {
    Turnstile t = new Turnstile();
    assert (t.locked());
    assert (!t.alarm());
  }

  public void testCoin()
  {
    Turnstile t = new Turnstile();
```

```
    t.coin();
    Turnstile t1 = new Turnstile();
    assert (!t1.locked());
    assert (!t1.alarm());
    assertEquals(1, t1.coins());
  }

  public void testCoinAndPass()
  {
    Turnstile t = new Turnstile();
    t.coin();
    t.pass();

    Turnstile t1 = new Turnstile();
    assert (t1.locked());
    assert (!t1.alarm());
    assertEquals("coins", 1, t1.coins());
  }

  public void testTwoCoins()
  {
    Turnstile t = new Turnstile();
    t.coin();
    t.coin();

    Turnstile t1 = new Turnstile();
    assert ("unlocked",!t1.locked());
    assertEquals("coins", 1, t1.coins());
    assertEquals("refunds", 1, t1.refunds());
    assert (!t1.alarm());
  }

  public void testPass() {
    Turnstile t = new Turnstile();
    t.pass();
    Turnstile t1 = new Turnstile();
    assert ("alarm",t1.alarm());
    assert ("locked",t1.locked());
  }
```

```
  public void testCancelAlarm()
  {
    Turnstile t = new Turnstile();
    t.pass();
    t.coin();
    Turnstile t1 = new Turnstile();
    assert ("alarm",!t1.alarm());
    assert ("locked",!t1.locked());
    assertEquals("coin", 1, t1.coins());
    assertEquals("refund", 0, t1.refunds());
  }

  public void testTwoOperations()
  {
    Turnstile t = new Turnstile();
    t.coin();
    t.pass();
    t.coin();
    assert ("unlocked",!t.locked());
    assertEquals("coins", 2, t.coins());
    t.pass();
    assert ("locked",t.locked());
  }
}
```

程序 16.8 所示为单状态 Turnstile 类的实现。基类 Turnstile 将它的两个事件函数（coin 函数和 pass 函数）委托给它的两个派生类 Locked 类和 Unlock 类，它们会重新发送有限状态机的状态。

程序 16.8 Turnstile

```
public class Turnstile

{
  private static boolean isLocked = true;
  private static boolean isAlarming = false;
  private static int itsCoins = 0;
  private static int itsRefunds = 0;
  protected final static Turnstile LOCKED = new Locked();
  protected final static Turnstile UNLOCKED = new Unlocked();
```

```
protected static Turnstile itsState = LOCKED;

public void reset()
{
  lock(true);
  alarm(false);
  itsCoins = 0;
  itsRefunds = 0;
  itsState = LOCKED;
}

public boolean locked()
{
  return isLocked;
}

public boolean alarm()
{
  return isAlarming;
}

public void coin()
{
  itsState.coin();
}

public void pass()
{
  itsState.pass();
}

protected void lock(boolean shouldLock)
{
  isLocked = shouldLock;
}

protected void alarm(boolean shouldAlarm)
{
  isAlarming = shouldAlarm;
}
```

```
    public int coins()
    {
        return itsCoins;
    }

    public int refunds()
    {
        return itsRefunds;
    }

    public void deposit()
    {
        itsCoins++;
    }

    public void refund()
    {
        itsRefunds++;
    }
}

class Locked extends Turnstile
{
    public void coin()
    {
        itsState = UNLOCKED;
        lock(false);
        alarm(false);
        deposit();
    }

    public void pass()
    {
        alarm(true);
    }
}

class Unlocked extends Turnstile
{
    public void coin()
    {
```

```
        refund();
    }

    public void pass()
    {
        lock(true);
        itsState = LOCKED;
    }
}
```

在这个例子中，展示了单状态模式的一些非常有用的特性。它利用了单状态类的派生类的多态性以及单状态类的派生类本身就是单状态类的这一事实。这个例子也展示了要想把单状态类转变为普通的类是有多么的困难。该解决方案的结构很大程度上依赖于 Turnstile 类的单状态特性。如果我们需要用这个有限状态机来控制多个旋转门，则代码还需要进行一些重大的重构。

也许你还会关心在这个例子中对于继承的非常规使用。从 Turnstile 类中派生出 Unlocked 类和 Locked 类似乎违背了面向对象的设计原则。不过，由于 Turnstile 是一个单状态对象，所以在它的实例之间是没有差别的。因此，Unlocked 和 Locked 本质上并不是不同的对象，相反的，它们都是 Turnstile 抽象的一部分。Unlocked 类和 Locked 类可以访问与 Turnstile 类相同的变量和方法。

小结

在许多情况下，有必要强制某个特定对象只有单一实例。本章展示了两种截然不同的实现方法。单例模式使用私有的构造函数、静态变量和静态函数对实例化进行控制和限制。单状态模式只是使其所有成员变量都变为静态的。

当你希望通过派生类来约束现有类并且不介意其使用者通过调用 instance() 方法来获取访问权时，最好使用单例模式。当你希望类的单一性对用户是透明的，或者希望使用单一对象派生类的多态特性时，最好采用单状态模式。

参考文献

1. Gamma, et al. *Design Patterns*. Reading, MA: Addison-Wesley, 1995.
2. Martin, Robert C., et al. *Pattern Languages of Program Design*. Reading, MA: Addison-Wesley, 1998.
3. Ball, Steve, and John Crawford. *Monostate Classes: The Power of One*. Published in *More C++ Gems*, 编者为 Robert C. Martin. Cambridge, UK: Cambridge University Press, 2000, p. 223.

第 17 章　空对象模式

"完美无瑕的错误，冰冷的规则，
辉煌的虚无，死亡的完美，
从此不再。"

——阿尔弗雷德·丁尼生[①]

思考如下代码：

```
Employee e=DB.getEmployee("Bob");
if(e!=null&&e.isTimeToPay(today))
  e.pay();
```

我们向数据库请求了名为"Bob"的 Employee 对象。如果不存在这样的对象，DB 对象就会返回 null（NULL OBJECT）。如果存在，DB 对象就会返回该 Employee 对象。如果这个雇员存在，并且也到了为他付薪水的时间，就会调用 pay 方法。

我们过去都是这么写代码的。这种写法很常见，因为在基于 C 的编程语言中，&& 运算符前面的表达式会先求值，&& 运算符后面的表达式只有在前面的表达式为 true 时才会求值。我想，大多数人也曾经因为忘记判断是否为 null 而痛苦过。虽然这种写法很常见，但它真的很丑，而且容易出错。

① 中文版编注：Alfred Tennyson (1809—1892)，华兹华斯之后的英国桂冠诗人，代表作有《公主》《悼惠灵顿公爵之死》《伊诺克·登》《莫德》《国王叙事诗》《轻骑兵进击》。他被安葬在威斯敏斯特教堂旁诗人乔叟的身边，他的葬礼上朗诵的是他的诗歌《过沙洲》。

使 DB.getEmployee 抛出异常而不是返回 null，可以用来降低出错的概率。但是，在程序中使用 try / catch 代码块甚至比检查 null 更加丑陋。 更糟糕的是，异常的抛出会迫使我们在 throw 语句中声明异常，这就使得在现有应用程序中修改异常变得非常困难。

我们可以通过空对象模式 [PLOPD3]（[PL0PD3]，第五页，这篇由 Bobby Woolf 所写的文章充满了智慧、讽刺以及实用的建议）来解决这些问题。在这种模式下，通常不需要检查 null，它可以帮助简化代码。

图 17.1 所示为这种模式的结构。Employee 成为一个有两个实现的接口。EmployeeImplementation 是正常的接口实现。 它包含我们所期望 Employee 对象拥有的所有方法和变量。当 DB.getEmployee 在数据库中找到该雇员时，它就会返回一个 Employeeimplementation 实例。仅当 DB.getEmployee 找不到该员工时，才返回 NullEmployee 的实例。

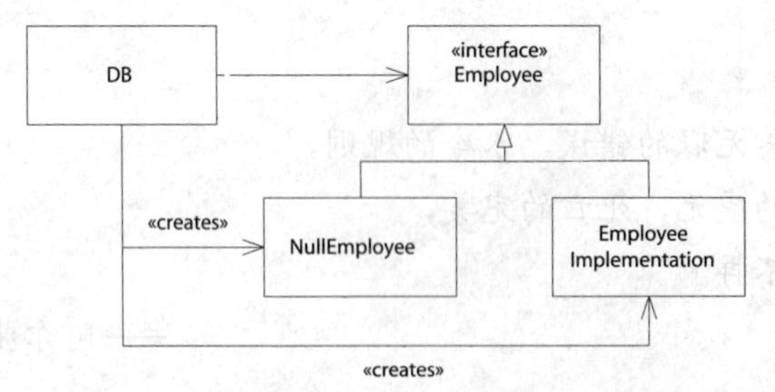

图 17.1　空对象模式

NullEmployee 实现了 Employee 中所有的方法，只是在方法中“什么也不做”。“什么也不做”取决于某一个方法。 例如，可以猜想到 isTimeToPay 方法的实现将永远返回 false，因为我们永远不会为 NullEmployee 支付薪水。

通过空对象模式，我们可以将开始的代码重构如下：

```
Employee e = DB.getEmployee("Bob");
if (e.isTimeToPay(today))
  e.pay();
```

这种写法既不容易出错，也不那么难看，还拥有良好的一致性。 DB.getEmployee 始终返回一个 Employee 的实例。 无论是否找到了该员工，该实例都可以保证正确的行为。

当然，在很多情况下，我们仍然想知道 DB.getEmployee 是否找到了该员工。这可以通过在 Employee 中创建一个 static final 的变量来实现，该变量包含 NullEmployee 的唯一实例。

程序 17.1 所示为 NullEmployee 的测试用例。在这个用例中，数据库中不存在名为“Bob”的员工。请注意，测试用例期望 isTimeToPay 方法返回 false。还要注意一下，该测试用例希望 DB.getEmployee 返回的员工为 Employee.NULL。

程序 17.1 TestEmployee.java (Partial)

```
public void testNull() throws Exception
{
  Employee e=DB.getEmployee("Bob");
  if(e.isTimeToPay(new Date()))
   fail();
  assertEquals(Employee.NULL,e);
}
```

程序 17.2 所示为 DB 类。请注意，出于测试的目的，getEmployee 方法只返回了 Employee.NULL。

程序 17.2 DB.java

```
public class DB
{
  public static Employee getEmployee(String name)
  {
    return Employee.NULL;
  }
}
```

程序 17.3 所示为 Employee 接口。请注意，它有一个名为 NULL 的 static 变量，它包含一个匿名的 Employee 实现。此匿名实现是 null employee 的唯一实例。它实现了只返回 false 的 isTimeToPay 方法，也实现了什么都没做的 pay 方法。

程序 17.3 Employee.java

```
import java.util.Date;
public interface Employee
{
  public boolean isTimeToPay(Date payDate);
```

```
    public void pay();

    public static final Employee NULL = new Employee()
  {
      public boolean isTimeToPay(Date payDate)
      {
        return false;
      }

      public void pay()
      {
      }
    };
  }
```

使 null employee 成为匿名内部类是确保只有一个实例的方法之一。因为本身是没有 NullEmployee 类的。没有人可以创建 null employee 的其他实例。这是一件好事，因为我们希望能够像这样写代码：if (e == Employee.NULL)。如果我们可以创建 null employee 的多个实例，那么这也将变得不再可靠。

小结

如果我们长期使用基于 C 语言的编程方式，可能已经习惯于在某些失败的情况下返回 null 或 0。我们认为对于这样函数的返回值也是需要被严格测试的。在这种情况下，空对象模式改变了这一点。通过该模式，我们可以确保函数始终返回有效的对象，即使在失败时，也如此。不同的是，那些返回的代表失败的对象“什么也不做”。

参考文献

1. Martin, Robert, Dirk Riehle, and Frank Buschmann. *Pattern Languages of Program Design* . Reading, MA: Addison-Wesley, 1998.

第 18 章　案例学习：薪水支付系统（一）

“任何美的东西，其本质都是美的，其美丽终结也是就其本质而言的，在它之中，并没有赞美。”

——马可·奥勒留[①]

在本章接下来的案例分析中，详细描述开发薪水支付系统的第一次迭代。你会发现在本案例分析中用户故事是十分简单的。例如，用户故事中根本没有提到税收，这也是早期迭代的一个典型特征。它只能暂时提供客户所需要的一部分业务价值。

在本章中，我们将与客户进行对话，并讨论通常在迭代开始时进行的快速分析和设计工作。客户已经选择好了当前迭代所需开发的用户故事，接下来我们必须知道如何实现它们。本章中的分析和设计工作简短粗略，你所看到的 UML 图表也将只有白板上的草图。真正的设计工作将在下一章进行，那时我们将完成所有的单元测试及其实现。

① 中文版编注：Marcus Aurelius（121—180），全名为马可·奥勒留·安敦宁·奥古斯都，古罗马哲学家，斯多葛学派。罗马帝国五贤帝时代最后一个皇帝，拥有“凯撒”的称号。著作有《沉思录》，有“哲学家皇帝”的美誉，其统治时期被认为是罗马黄金时代的标志。

规格说明书

以下是我们与客户讨论第一次迭代时所选择的用户故事及其相关的注意事项。

- 一些员工按小时工作。他们按小时费率支付，这是其员工记录中的一个字段。他们每天提交时间卡，记录日期和工作小时数。如果每天工作超过 8 小时，则按正常费率的 1.5 倍支付加班工资。他们每周五付薪。
- 一些员工以固定月薪支付薪水。每月的最后一天会为这部分员工支付薪水。在这部分员工的数据库记录中，有一个字段用来记录他们的月薪。
- 一些员工从事销售类的工作，那么将根据他们的销售情况为他们支付佣金。他们需要提交销售凭证，其中需要记录销售时间和金额。在他们的数据库记录中，有一个字段用来记录他们的佣金率。每隔一周的周五为他们支付佣金。
- 员工可以选择自己的薪水支付方式。他们可以选择把薪水支票邮寄到他们指定的地址；他们可以把薪水支票暂时保管在出纳人员那里随时支取；他们也可以选择将薪水直接存入他们指定的银行账户。
- 一些员工是公司的工会人员。在他们的数据库记录中，有一个字段记录他们每周应付的会费，同时他们的会费会从他们的薪水中扣除。此外，工会也可能会不时地评估个别工会成员的服务费。这些服务费是由工会每周提交的，必须从相应员工的下一笔薪水中扣除。
- 薪水支付系统会在每个工作日运行一次，并在当天向需要支付薪水的员工支付薪水。薪水支付系统内记录员工的薪水发放日期，因此，薪水支付系统将计算从为员工最后一次支付薪水到指定日期之间所需支付的薪水数额。

我们可以从生成数据库的 Schema 开始。显然，该系统中的问题可以使用某个关系型数据库，这就要求我们对每一个表和字段的设计有很好的想法。若能设计一个可行的数据库 Schema，那么在此基础上构建一些数据库的查询就会变得很容易。但是，采用这种方法构建的应用程序的关注点就会是数据库了。

但是，数据库是实现细节！应该尽可能的推迟考虑数据库。太多的应用程序与数据库密不可分了，是因为它们从一开始就开始考虑数据库。请记住抽象的定义：必要部分的放大和无关部分的消除。数据库在项目的这个阶段是无关紧要的；它只是一种用于存储和访问数据的技术，仅此而已。

基于用例进行分析

那么我们不从系统的数据开始分析，而是考虑从系统的行为开始分析。毕竟，客户为我们付费是希望我们能够实现系统的行为。

获取和分析系统行为的一种方法是创建用例（use case）。Jacobson 最初描述的用例与极限编程中用户故事的概念非常相似。一个用例就像是一个用户故事，它详细阐述了系统某个行为中的一些细节。一旦确定用户故事要在当前迭代中实现，那么这种程度的详细说明就是恰当的。

当我们进行用例分析时，我们会查看用户故事和验收测试，以找出该系统的用户可能进行的各种操作。然后我们就要实现系统将如何响应这些操作。

例如，以下是我们的客户为下一次迭代选择的用户故事。

1. 添加新员工
2. 删除员工
3. 提交时间卡
4. 提交销售凭证
5. 提交工会服务费
6. 更改员工信息，例如每小时费率、工会服务费等
7. 运行薪水支付系统

让我们将每个用户故事转换为详尽的用例。我们不需要太多细节设计，只要有助于帮助我们思考每个用户故事的代码设计即可。

添加新员工

用例 1：添加新员工

通过 AddEmp 事务可以添加新员工。此事务包含员工的姓名、地址和为其分配的员工编号。该事务有如下三种结构：

```
AddEmp <EmpID> "<name>" "<address>" H <hourly-rate>
AddEmp <EmpID> "<name>" "<address>" S <monthly-salary>
AddEmp <EmpID> "<name>" "<address>" C <monthly-salary> <commission-rate>
```

在创建一个员工记录时，已为其所有字段进行了正确的赋值。

异常情况：在这次事务操作中，事务的结构存在错误

如果事务的结构不正确，则在错误消息中将它打印出来，并且不会执行任何操作。

用例 1 隐含着一个抽象。虽然 AddEmp 事务中有三种形式，但这三种形式共享 <EmpID>，<name> 和 <address> 字段。我们可以使用命令模式创建一个 AddEmployeeTransaction 的抽象基类，它有三个派生类：AddHourlyEmployeeTransaction，AddSalariedEmployeeTransaction 和 AddCornmissionedEmployeeTransaction。如图 18.1 所示。

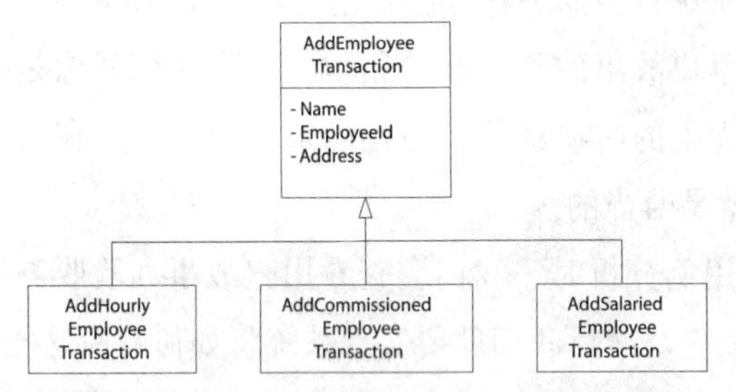

图 18.1 AddEmployeeTransaction 类继承关系

将每个任务封装成独立的类，这样的结构很好地遵循了单一责任原则（SRP）。另一种方法是将所有这些工作放在一个单独的模块中。虽然这可能会减少系统中类的数量，从而使系统更简单。但这样也会使所有事务处理的代码集中在了一个地方，从而造成了一个庞大的且容易出错的模块。

在用例 1 中，我们明确谈到员工记录，这也就暗含着有几分数据库的意味。再者，我们对数据库的倾向可能会再次诱使我们考虑使用关系数据库表中的记录或字段结构，但我们应该抵制这些冲动。在用例中我们真正要做的是创建一名员工。员工的对象模型是什么？相比于这个问题一个更好的问题可能是，这三个不同的事务分别创造了什么？在我看来，它们创建了三种不同类型的员工对象，分别对应着三种不同类型的 AddEmp 事务。图 18.2 展示了一种可能的结构。

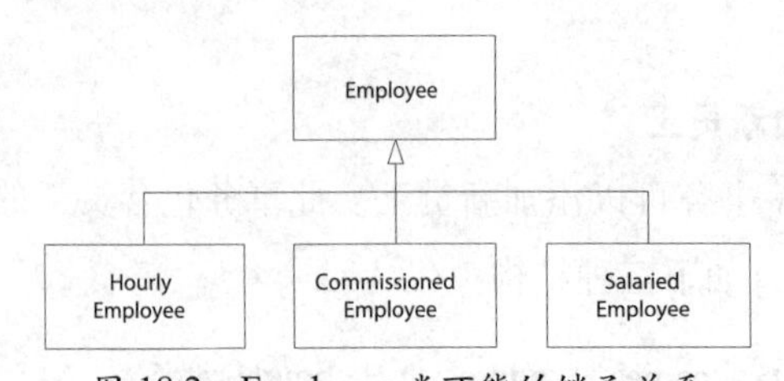

图 18.2 Employee 类可能的继承关系

删除员工

用例 2：删除员工

当收到 DelEmp 事务时，员工信息将会被删除。该事务的结构如下：

DelEmp <EmpID>

收到此事务后，将删除相对应的员工记录。

异常情况：无效或未知的 EmpID

如果 <EmpID> 字段的结构不正确，或者引用的不是一个有效的员工记录，则在错误信息中将它打印出来，并且不会执行任何其他操作。

这个用例目前还没有给我任何设计上的见解，所以我们先来看下一个用例。

提交时间卡

用例 3：提交时间卡

收到 TimeCard 事务请求后，该系统将创建时间卡记录并将其与相应的员工相关联。

TimeCard <Empld> <date> <hours>

异常情况 1：所关联的员工不是钟点工

系统会在错误信息中将它打印出来，并且不进行其他的操作。

异常情况 2：事务的结构存在错误

系统会在错误信息中将它打印出来，并且不进行其他的操作。

该用例指出，某些交易仅适用于某些类型的员工，这加强了我关于不同类别的员工应由不同的类表示的想法。在这种情况下，时间卡和钟点工之间也存在联系。图 18.3 显示了这种联系可能的静态模型。

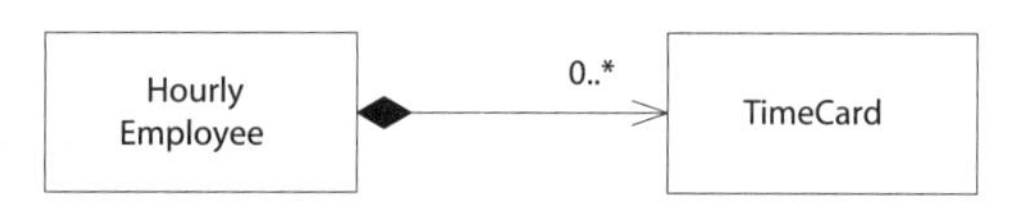

图 18.3 HourlyEmployee 类和 TimeCard 类的关联

提交销售凭证

用例 4：提交销售凭证

收到 SalesReceipt 事务后，系统将创建新的销售凭证记录并将其与相应员工关联。

SalesReceipt <EmpID> <date> <amount>

异常情况 1：所关联的员工不是销售类员工，不通过佣金方式结算薪水

系统会在错误信息中将它打印出来，并且不进行其他的操作。

异常情况 2：事务的结构存在错误

系统会在错误信息中将它打印出来，并且不进行其他的操作。

该用例与用例 3 非常相似。图 18.4 所示为它所暗含的结构。

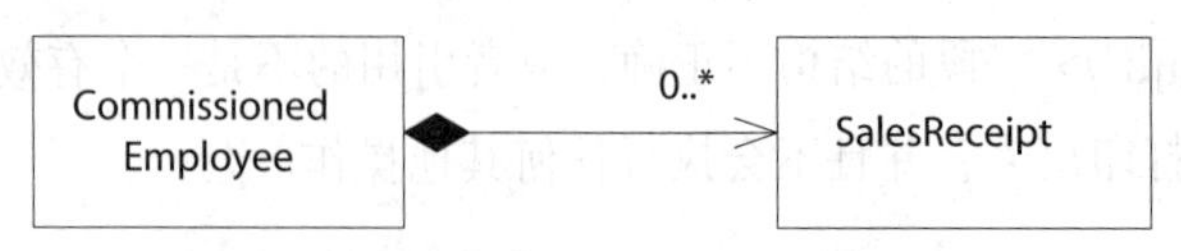

图 18.4　应支付酬金的员工和销售凭证的关联

提交工会服务费

用例 5：**提交工会服务费**

收到这种类型的事务后，系统将创建工会服务费记录并将其与相应工会成员关联。

ServiceCharge <memberID> <amount>

异常情况：事务的结构错误

如果事务的结构出现错误，或者 <memberID> 所引用的员工不是工会成员，那么会在错误信息中打印该事务的信息。

该用例告诉我们访问工会成员的方法不是通过员工 ID。工会为其成员维护了专有的唯一识别码。因此，该系统必须能够将工会成员和员工进行关联。有许多不同的方法可以完成这种关联，但为了避免任意决策，让我们稍后再进行这个决定。也许来自系统其他部分的某些限制将会促使我们做出选择。

但有一点是一定的。那就是工会成员与其服务费之间一定存在直接的联系。图 18.5 所示为这种联系可能的静态模型。

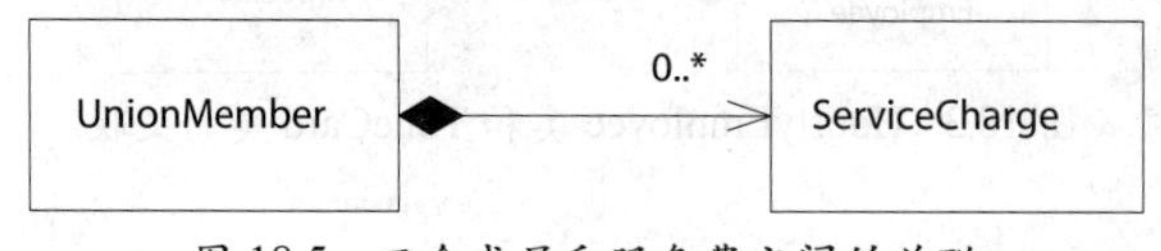

图 18.5　工会成员和服务费之间的关联

更改员工信息

用例 6：**更改员工信息**

收到此事务后，系统将更改相应员工的详细信息之一。该事务有如下几种结构。

ChgEmp <EmpID> Name <name>　　更改员工命名

ChgEmp <EmpID> Address <address>　更改员工地址

ChgEmp <EmpID> Hourly <hourlyRate> 更改为按时薪支付，并设置时薪

ChgEmp <EmpID> Salaried <salary> 更改为按固定薪水支付，并设置月薪

ChgEmp <EmpID> Commissioned <salary> <rate> 更改为按佣金支付，并设置佣金率

ChgEmp <EmpID> Hold 员工持有的薪水支票

ChgEmp <EmpID> Direct <bank> <account> 直接转账到银行账户

ChgEmp <EmpID> Mail <address> 邮寄薪水支票

ChgEmp <EmpID> Member <memberID> Dues <rate> 员工加入工会

ChgEmp <EmpID> NoMember 员工离开工会

异常情况：事务错误

如果事务的结构不正确，或者 <EmpID> 引用的员工不存在，或者 <memberID> 引用的员工已经属于工会成员，则在错误信息中打印适当的错误信息，并且不进行其他的操作。

这个用例很有启发性。它告诉我们员工信息中可以改变的所有内容。我们可以将员工从小时工改为按薪水支付员工的这一事实就意味着图 18.2 所示的结构是无效的。相反，在这种情况下使用策略模式来计算薪酬可能更合适。Employee 类可以包含一个名为 PaymentClassification 的策略类，如图 18.6 所示。这是一个优点，因为我们可以在不更改 Employee 对象的任何其他部分的情况下更改 PaymentClassification 对象。 当将小时工更改为按薪水支付员工时，相应 Employee 对象的 HourlyClassification 将替换为 SalariedClassification 对象。

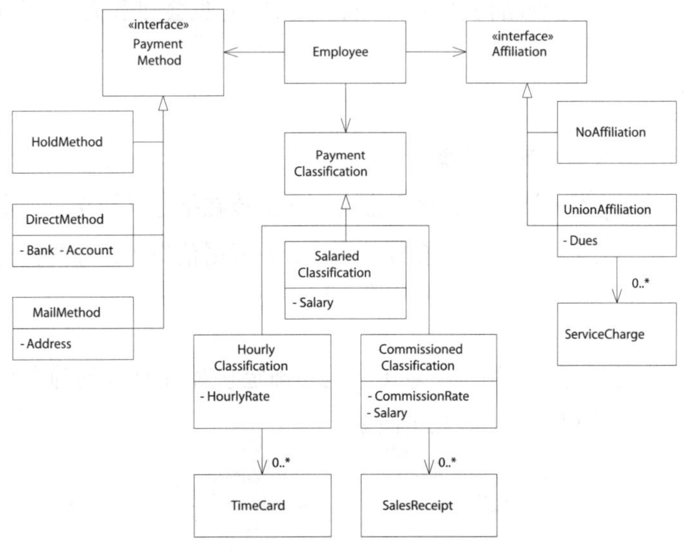

图 18.6 修改后的薪水支付系统—核心模型

PaymentClassification 对象有三种不同的类型。HourlyClassification 对象维护每小时薪水和 TimeCard 对象列表。SalariedClassification 对象维护月薪。CornmissionedClassification 对象维护着月薪、佣金率和 SalesReceipt 对象列表。在这种情况下我使用了组合关系，因为我认为当员工被销毁时，Timecards 对象和 SalesReceipts 对象也应该被销毁。

员工的付款方式也必须可以更改。如图 18.6 所示，通过使用策略模式，并派生出三种不同类型的 PaymentMethod 类来实现这一想法。如果 Employee 对象包含 MailMethod 对象，则对应员工的薪水支票将会邮寄给他。邮寄支票的地址记录在 MailMethod 对象中。如果 Employee 对象包含 DirectMethod 对象，那么他的工资将会直接存入 DirectMethod 对象中记录的银行帐户中。如果 Employee 对象包含一个 HoldMethod 对象，他的薪水支票将被发送给出纳人员那里，以便随时支取。

最后，图 18.6 中还将空对象模式应用于工会成员。每个 Employee 对象都包含一个 Affiliation 对象，该对象有两种形式。如果员工包含 NoAffiliation 对象，那么他的薪酬不会由雇主以外的任何组织调整。但是，如果 Employee 对象包含 UnionAffiliation 对象，则该员工必须支付 UnionAffiliation 对象中记录的会费和服务费。

这些模式的使用使得该系统完全符合开闭原则（OCP）。Employee 类对付款方式，付款分类和工会从属关系的变化是封闭的。同时可以在不影响 Employee 类的情况下将新的付款方法，付款分类和其他工会所属关系添加进该系统中。

图 18.6 正在逐渐成为我们的核心模型或架构。它是薪水支付系统所做的一切的核心。薪水支付系统中将有许多其他的类和设计，但是相对于这个核心模型而言，它们都是次要的。当然，这种结构也不是一成不变的，它也会和系统中的其他部分一起演进。

薪水支付日

用例 7：运行薪水支付系统

收到 Payday 事务请求后，该系统会查找应该在指定日期支付薪水的所有员工。然后系统会计算应该付给他们多少金额的薪水，并根据他们所选择的支付方式支付薪水。

```
Payday <date>
```

虽然很容易理解这个用例的意图，但要确定它对图 18.6 的静态结构有什么影响并没有那么简单。 我们需要回答几个问题。

首先，Employee 对象如何才能知道怎样计算各员工的薪水？当然，如果该员工是小时工，系统必须计算他的时间卡并乘以每小时费率。如果员工按应付酬金计算薪水，则系统必须计算其销售收入，再乘以佣金率，最终加上其基本工资。但这些计算最终会在哪里完成呢？理想的地方似乎是 Paymentclassification 的派生对象。这些对象用来维护计算薪水所需的数据，因此他们应该有确定的计算工资的方法。图 18.7 展示了一个协作图，描述了它的工作原理。

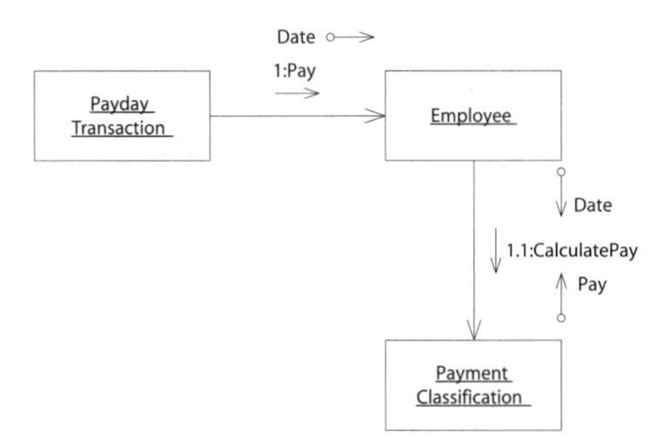

图 18.7 计算员工薪水

当 Employee 对象要计算薪水时，它会将此请求转交给 PaymentClassification 对象。计算薪水时实际所采用的算法将取决于 Employee 对象所包含的 PaymentClassification 的类型。图 18.8 ～图 18.10 展示了三种可能的情况。

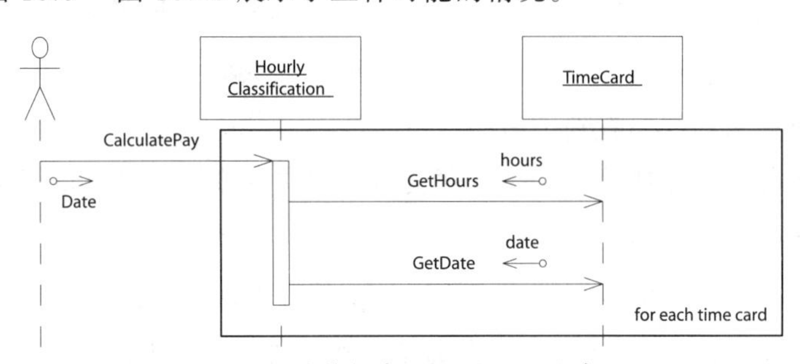

图 18.8 计算钟点工类型员工的薪水

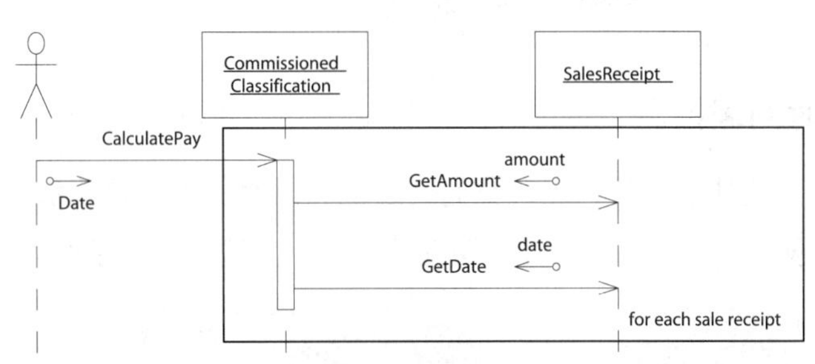

图 18.9 计算应付酬金员工的薪水

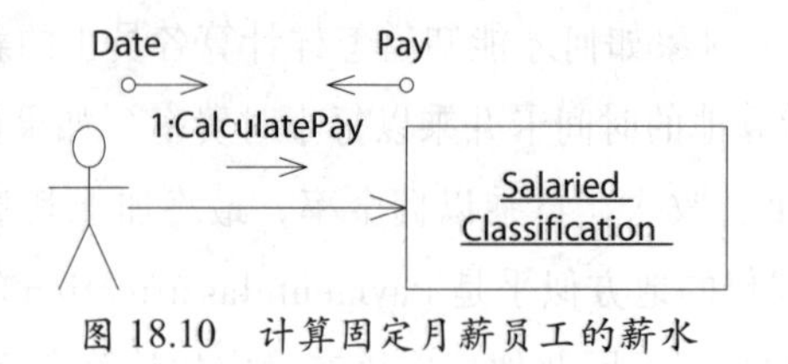

图 18.10 计算固定月薪员工的薪水

对用例进行反思

我们已经了解到，看似简单的用例分析就可以为系统的设计提供丰富的信息和见解。图 18.6 至图 18.10 都是通过思考用例（也即思考用户行为）而产生的。

找出底层的抽象

为了有效地使用开闭原则（OCP），我们必须要搜寻并找到那些隐匿于应用程序背后的抽象。通常情况下，系统的需求、用例都不会描述甚至间接提及这些抽象。系统需求和用例可能都过于细节化，无法表达出底层抽象的一般性。

薪水支付系统的底层抽象是什么？让我们再看一下需求。我们看到了诸如“一些员工按小时工作”“一些员工获按月薪支付”和“一些员工会获得佣金”这样的陈述。这些话暗示了以下内容：“所有员工都有薪水，只是他们是通过不同的方式进行支付的。”这里抽象出来的内容就是“所有员工都有薪水”。我们在图 18.7 至图 18.10 中的 PaymentClassification 模型就很好地表达了这种抽象。因此，通过非常简单的用例分析，我们就可以在用户故事中发现这种抽象。

支付薪水时间表抽象

在寻找其他抽象的过程中，我们会发现“他们每周五领薪水”“他们在每月最后一个工作日领薪水”和“他们每星期五领薪水”。这就引出了另一个普适性：“所有员工的薪水都是按照一定的时间表进行支付的。”这里的抽象是支付薪水时间表的概念。这样的话我们就可以询问某个 Employee 对象某个日期是否是他发薪水的日子。在用例中很少会提到这一点。这些需求将雇员的发薪水时间表与他的支付类别联系起来。具体来说，小时工按周计算薪水，按月薪计算薪水的员工就按月计算薪水，接受佣金的员工按每两周计算薪水；然而，这种联系是必要的吗？难道这些支付薪水的策略永远都不会改变么？假如员工可以选择一个特定的支付薪水的时间表领取薪水，或者属于不同部门的员工可以有不同的支付薪水时间表可以吗？难道支付薪水的时间策略不会独立于支付策略而变化么？当然了，这是可能发生的。

如果按照需求的暗示，我们将薪水支付时间表问题委托给 PaymentClassification 类，那么该类针对支付薪水时间表方面的变化就不是封闭的。当我们更改薪水支付策略时，我们还必须测试薪水支付的时间表。当我们更改薪水支付时间表时，我们还必须再测试薪水支付策略。这样的话，开闭原则（OCP）和单一职责原则（SRP）都被违反了。

薪水支付时间表和薪水支付策略之间的联系可能会导致 bug，例如对某一个支付方式的更改可能会导致某些员工拥有不正确的薪水支付时间表。可能像这样的错误对程序员来说是很普遍的错误，但却会在管理人员和用户心中产生恐惧感。他们担心如果更改支付方式就可以破坏薪水支付时间表，那么在系统中任何地方的任何更改都可能导致系统中其他无关部分出现问题，并且他们的担心通常是正确的。他们还会担心自己无法预测更改后系统产生的影响。当无法预测更改所带来的影响时，他们对系统的信心就会丧失，该系统就会在其管理人员和用户的脑海中呈现处“危险和不稳定”的状态。

尽管存在薪水支付时间表抽象的本质，但是在用例分析中未能给我们任何有关其存在的直接线索。要发现该抽象就需要仔细考虑系统需求，并且能够深入了解用户的误导。过度依赖工具和过程，以及低估智力和经验都是灾难产生的源泉。

图 18.11 和图 18.12 展示了薪水支付时间表抽象的静态和动态模型。如你所见，我们又一次使用了策略模式。Employee 类包含抽象的 PaymentSchedule 类。PaymentSchedule 有三种类型，与员工的三种已知薪水支付时间表相对应。

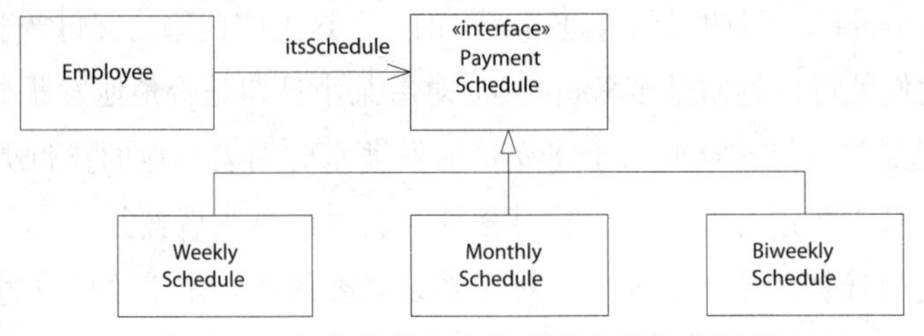

图 18.11 抽象的薪水支付时间表的静态模型

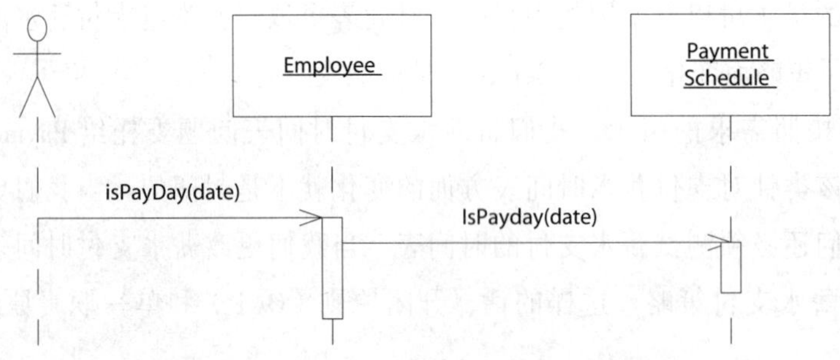

图 18.12 抽象的薪水支付时间表的动态模型

支付方式

我们可以从系统需求中得出的另一个一般性结论是“所有员工都通过某种方式获得薪水”。其中的抽象是PaymentMethod类。有趣的是，该抽象已经在图18.6中表达出来了。

工会所属关系

这个需求意味着员工可能与工会之间有关联。但是，工会可能不是唯一一个向某些员工收取费用的组织。员工可能希望自动捐款给某些慈善机构，或者自动支付某个专业协会的费用。因此，概括来讲就是“员工可能与许多组织之间有关联，都应该从员工的薪水中自动扣除费用。”

与之对应的抽象是Affiliation类，如图18.6所示。但是，该图表中并未表达出包含多个Affiliation的Employee，并且它还表达了其中存在NoAffiliation类。这种设计其实不太适合我们现在认为必要的抽象。图18.13和图18.14分别表达了Affiliation抽象的静态和动态模型。

由于使用了Affiliation对象列表，所以无需再对无工会所属关系的员工使用空对象模式了。在这种情况下，如果员工没有工会所属关系，他或她的工会所属关系列表将为空。

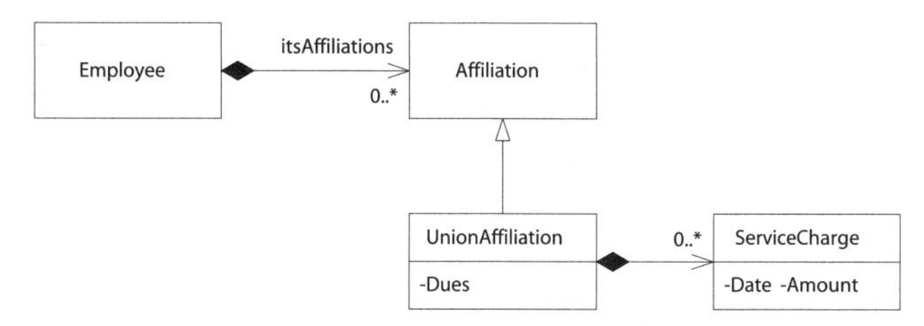

图 18.13 Affiliation 抽象的静态结构

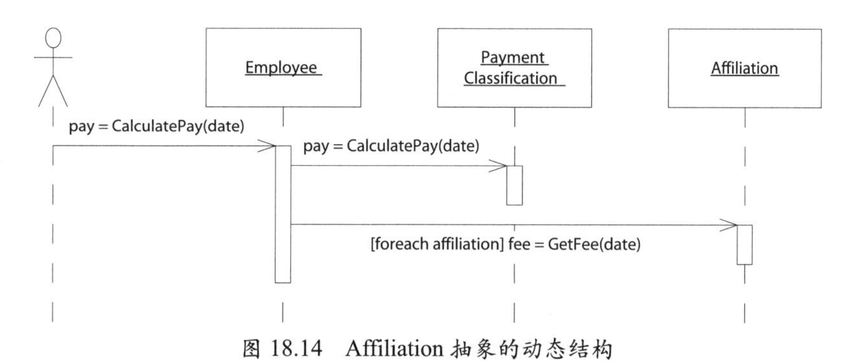

图 18.14 Affiliation 抽象的动态结构

小结

在一次迭代的开始，看到团队聚集在白板前，一起讨论在本次迭代中要实现的用户故事的设计是很常见的事情。这种快速的设计讨论通常持续不到一个小时。最终可能会产生对应的 UML 图，它们可以留在白板上或被擦除掉。 通常不会书面保留这些 UML 图。这次讨论的目的是启发团队成员的思考，并为开发人员提供关于该系统相同的心智模型，这次讨论的目标不是要确定最终的设计。

本章就是这样一个快速设计讨论的再现。

参考文献

1. Jacobson, Ivar. *Object-Oriented Software Engineering, A Use-Case-Driven Approach*. Wokingham, England: Addison-Wesley, 1992.

第 19 章　案例学习：薪水支付系统（二）

在很久以前，我们就开始写代码用以支持并验证我们之前所有的设计。我将以小步增量的方式逐步写该系统的代码，在本章中，我会在适当的地方向你展示这些代码。你将会在本章中看到许多完整的代码片段，但不要以为我当时就是这么写的。实际上，在你看到之前，每段代码都经历过几十次的编辑、编译和测试用例覆盖，这些步骤都对代码进行了微小的改进。

在本章中，你还会看到许多 UML 图。可以把这些 UML 看成一个个在白板上画出的草图，用来向你以及我的搭档展示我的想法。UML 图为我们的交流提供了便利的媒介。

如图 19.1 所示，我们将事务表示为名为 Transaction 的抽象基类，它具有名为 Execute() 的实例方法。当然，这是一个命令模式，其中 Transaction 类的实现如程序 19.1 所示。

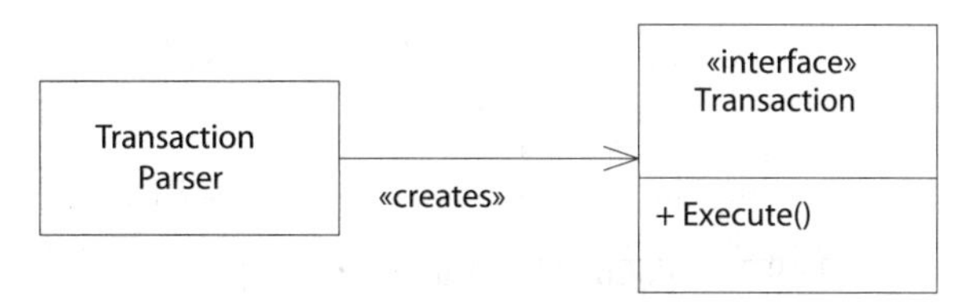

图 19.1　Transaction 接口

程序 19.1　Transaction.h

```
#ifndef TRANSACTION_H
#define TRANSACTION_H
```

```
class Transaction
{
public:
   virtual ~Transaction();
   virtual void Execute() = 0;
};
#endif
```

添加员工

图 19.2 展示了添加员工操作可能的结构。请注意，正是在这些事务操作中，员工的付款时间表与他们的付款类别相关联。这样做是合适的，因为这些事务操作是可以被人工设计的，而不是核心模型的一部分。因此，我们的核心模型不必知道这种关联，这些关联只是其中设计的一部分，可以随时更改。例如，我们可以很容易添加一个允许我们更改员工薪水支付时间表的事务操作。

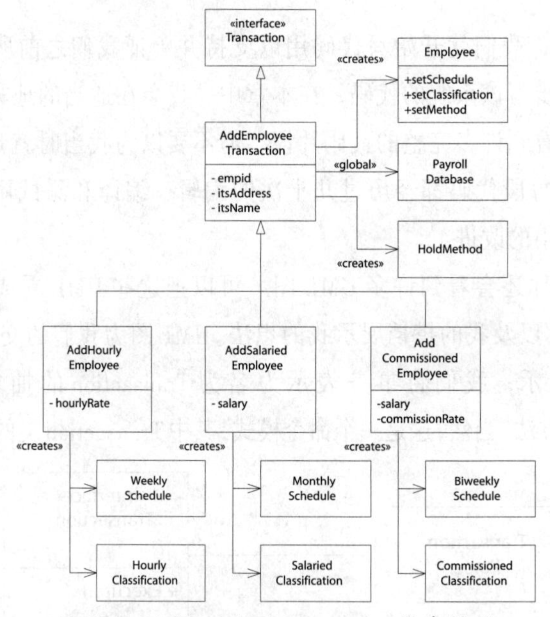

图 19.2　AddEmployeeTransaction 静态模型

另外也请注意，默认的支付方式是由出纳人员先保存薪水支付的支票。如果员工想要更改不同的付款方式，则必须使用适当的 ChgEmp 事务进行更改。

和往常一样，我们首先写测试用例，以此来驱动我们写代码。程序 19.2 是一个测试用例，表明 AddSalariedTransaction 方法可以正常工作。在随后的代码中，我们会使该测试用例通过。

程序 19.2　PayrollTest::TestAddSalariedEmployee

```
void PayrollTest::TestAddSalariedEmployee()
{
  int empId = 1;
  AddSalariedEmployee t(empId, "Bob", "Home", 1000.00);
  t.Execute();

  Employee* e = GpayrollDatabase.GetEmployee(empId);
  assert("Bob" == e->GetName());

  PaymentClassification* pc = e->GetClassification();
  SalariedClassification* sc = dynamic_cast<SalariedClassification*>(pc);
  assert(sc);

  assertEquals(1000.00, sc->GetSalary(), .001);
  PaymentSchedule* ps = e->GetSchedule();
  MonthlySchedule* ms = dynamic_cast<MonthlySchedule*>(ps);
  assert(ms);
  PaymentMethod* pm = e->GetMethod();
  HoldMethod* hm = dynamic_cast<HoldMethod*>(pm);
  assert(hm);
}
```

薪水支付系统数据库

AddEmployeeTransaction 类使用了一个名为 PayrollDatabase 的类。该类以字典的形式维护着所有存在的 Employee 对象，其中 empID 为主键。该类还维护着另一个字典，在这个字典中将员工工会的 memberid 和员工主键 empid 相映射。该类的结构如图 19.3 所示。PayrollDatabase 是外观模式的一个示例。

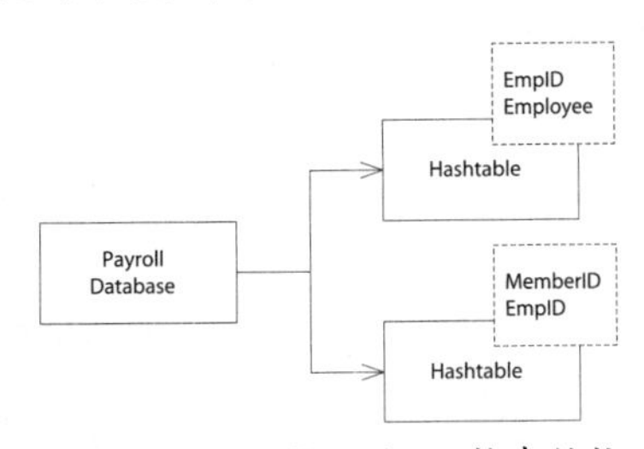

图 19.3　PayrollDatabase 静态结构

程序 19.3 和程序 19.4 是 Payroll 数据库的基本实现。这个实现只是为了帮助我们通过初始测试用例。它还不包含将工会成员 id 映射到 Employee 实例的字典。

程序 19.3　PayrollDatabase.h

```
#ifndef PAYROLLDATABASE_H
#define PAYROLLDATABASE_H

#include <map>

class Employee;

class PayrollDatabase
{
public:
  virtual ~PayrollDatabase();
  Employee* GetEmployee(int empId);
  void AddEmployee(int empid, Employee*);
  void clear() {itsEmployees.clear();}
private:
  map<int, Employee*> itsEmployees;
};
#endif
```

程序 19.4　PayrollDatabase.cpp

```
#include "PayrollDatabase.h"
#include "Employee.h"

PayrollDatabase GpayrollDatabase;

PayrollDatabase::~PayrollDatabase()
{
}

Employee* PayrollDatabase::GetEmployee(int empid)
{
 return itsEmployees[empid];
}

void PayrollDatabase::AddEmployee(int empid, Employee* e)
```

```
{
 itsEmployees[empid] = e;
}
```

通常情况下，我会认为数据库是实现细节。关于这些实现细节的决定，应当尽可能推迟。在该例子中，数据库是使用RDBMS、纯文件还是OODBMS来实现，目前还不是那么重要。现在，我只对创建API感兴趣，因为这些API将为应用程序的其他部分提供数据库服务。之后，我将为数据库找到最合适的实现方式。

延迟决策数据库的具体实现方式，虽然是一种不常见的做法，但对我们非常有益。数据库的具体实现方式可以等到我们对软件及其需求有了更多的了解之后再做决策。在这段等待决策的期间，我们可以避免在数据库中加入过多基础设施的问题。相反，我们只是刚好实现了满足应用程序所需要的数据库功能。

采用模板方法模式添加员工

图19.4所示为添加员工的动态模型。注意，其中AddEmployeeTransaction对象向自己发送了一条消息，以便获得适当的PaymentClassification和PaymentSchedule对象。这些消息在AddEmployeeTransaction类的派生中实现。这是一个采用模板方法模式来实现的应用程序。

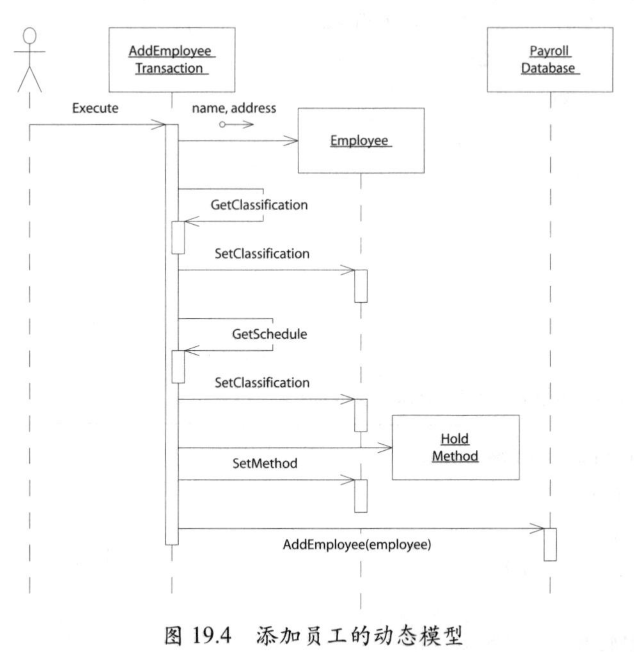

图19.4　添加员工的动态模型

如程序19.5和程序19.6所示为AddEmployeeTransaction类中模板方法模式的

实现。该类实现了 Execute() 方法，在该方法中调用了将由其派生类实现的两个纯虚函数。GetSchedule() 函数和 GetClassification() 函数返回新创建员工时所需要的 PaymentSchedule 和 PaymentClassification 对象。然后，Execute() 方法将这些对象和新添加的员工进行绑定，并将新添加的员工保存在 PayrollDatabase 中。

程序 19.5　AddEmployeeTransaction.h

```
#ifndef ADDEMPLOYEETRANSACTION_H
#define ADDEMPLOYEETRANSACTION_H

#include "Transaction.h"
#include <string>

class PaymentClassification;
class PaymentSchedule;
class AddEmployeeTransaction : public Transaction
{
public:
  virtual ~AddEmployeeTransaction();
  AddEmployeeTransaction(int empid, string name, string address);
  virtual PaymentClassification* GetClassification() const = 0;
  virtual PaymentSchedule* GetSchedule() const = 0;
  virtual void Execute();
private:
  int itsEmpid;
  string itsName;
  string itsAddress;
};
#endif
```

程序 19.6　AddEmployeeTransaction.cpp

```
#include "AddEmployeeTransaction.h"
#include "HoldMethod.h"
#include "Employee.h"
#include "PayrollDatabase.h"

class PaymentMethod;
class PaymentSchedule;
class PaymentClassification;
```

```
extern PayrollDatabase GpayrollDatabase;

AddEmployeeTransaction::~AddEmployeeTransaction()
{
}

AddEmployeeTransaction::
AddEmployeeTransaction(int empid, string name, string address)
  : itsEmpid(empid)
  , itsName(name)
  , itsAddress(address)
{
}

void AddEmployeeTransaction::Execute()
  {
  PaymentClassification* pc = GetClassification();
  PaymentSchedule* ps = GetSchedule();
  PaymentMethod* pm = new HoldMethod();
  Employee* e = new Employee(itsEmpid, itsName, itsAddress);
  e->SetClassification(pc);
  e->SetSchedule(ps);
  e->SetMethod(pm);
GpayrollDatabase.AddEmployee(itsEmpid, e);
}
```

程序19.7和程序19.8为AddSalariedEmployee类的实现。该类派生自AddEmployeeTransaction类，实现了GetSchedule()和GetClassification()方法，并将合适的对象传递给AddEmployeeTransaction:: Execute()。

程序19.7 AddSalariedEmployee.h

```
#ifndef ADDSALARIEDEMPLOYEE_H
#define ADDSALARIEDEMPLOYEE_H

#include "AddEmployeeTransaction.h"

class AddSalariedEmployee : public AddEmployeeTransaction
{
```

```
public:
  virtual ~AddSalariedEmployee();
  AddSalariedEmployee(int empid, string name,
            string address, double salary);
  PaymentClassification* GetClassification() const;
  PaymentSchedule* GetSchedule() const;
private:
  double itsSalary;
};
#endif
```

程序 19.8　AddSalariedEmployee.cpp

```
#include "AddSalariedEmployee.h"
#include "SalariedClassification.h"
#include "MonthlySchedule.h"

AddSalariedEmployee::~AddSalariedEmployee()
{
}

AddSalariedEmployee::
AddSalariedEmployee(int empid, string name,
           string address, double salary)
 : AddEmployeeTransaction(empid, name, address)
 , itsSalary(salary)
{
}

PaymentClassification*
AddSalariedEmployee::GetClassification() const
{
 return new SalariedClassification(itsSalary);
}

PaymentSchedule* AddSalariedEmployee::GetSchedule() const
{
 return new MonthlySchedule();
}
```

本章将 AddHourlyEmployee 和 AddCornmissionedEmployeel 给读者留作练习。请记住，要先写测试用例。

删除员工

图 19.5 和图 19.6 所示为删除员工事务的静态和动态模型。

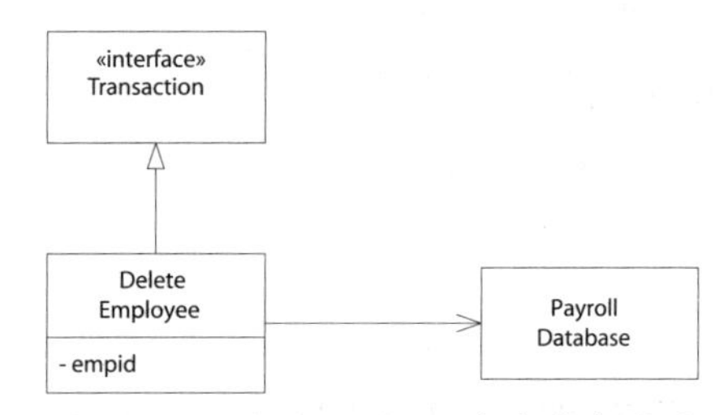

图 19.5 DeleteEmployee 事务静态模型

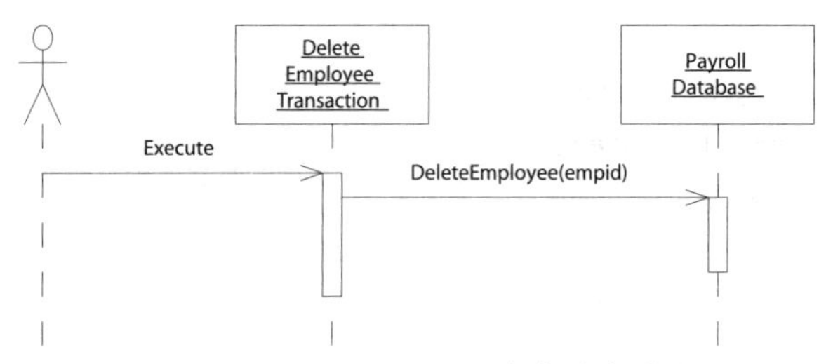

图 19.6 DeleteEmployee 事务动态模型

程序 19.9 所示为删除员工的测试用例。程序 19.10 和程序 19.11 所示为 DeleteEmployeeTransaction 的实现。这也是命令模式的一个非常典型的实现。其中构造函数存储 Execute() 方法最终操作的数据。

程序 19.9 PayrollTest::TestDeleteEmployee()

```
void PayrollTest::TestDeleteEmployee()
{
  cerr << "TestDeleteEmployee" << endl;
  int empId = 3;
  AddCommissionedEmployee t(empId, "Lance", "Home", 2500, 3.2);
  t.Execute();
  {
    Employee* e = GpayrollDatabase.GetEmployee(empId);
   assert(e);
  }
  DeleteEmployeeTransaction dt(empId);
  dt.Execute();
  {
    Employee* e = GpayrollDatabase.GetEmployee(empId);
    assert(e == 0);
```

```
  }
}
```

程序 19.10 DeleteEmployeeTransaction.h

```
#ifndef DELETEEMPLOYEETRANSACTION_H
#define DELETEEMPLOYEETRANSACTION_H

#include "Transaction.h"

class DeleteEmployeeTransaction : public Transaction
{
public:
  virtual ~DeleteEmployeeTransaction();
  DeleteEmployeeTransaction(int empid);
  virtual void Execute();
private:
  int itsEmpid;
};
#endif
```

程序 19.11 DeleteEmployeeTransaction.cpp

```
#include "DeleteEmployeeTransaction.h"
#include "PayrollDatabase.h"

extern PayrollDatabase GpayrollDatabase;
DeleteEmployeeTransaction::~DeleteEmployeeTransaction()
{}

DeleteEmployeeTransaction::DeleteEmployeeTransaction(int empid)
  : itsEmpid(empid)
{
}

void DeleteEmployeeTransaction::Execute()
{
  GpayrollDatabase.DeleteEmployee(itsEmpid);
}
```

全局变量

你应该已经注意到 GpayrollDatabase 是一个全局变量。几十年来，各种教科书或教练都有充分的理由不鼓励大家使用全局变量。不过，本质上全局变量并非邪恶或者有害的。在这个特殊情况下，采用全局变量是一个理想的选择。PayrollDatabase 类只有一个实例，并且它需要在一个广泛的作用域内使用。

你可能会有疑问，如果采用单例模式或者单状态模式不是可以更好的实现这一点么。的确，通过采用这两个模式会达到我们的目的。然而，它们也是通过使用全局变量来实现的。一个单例或单状态实例的定义就是一个全局的实体。在这种情况下，我认为采用单例或单状态模式只会增加不必要的复杂性。简单地将数据库实例作为一个全局变量更容易一些。

时间卡、销售凭证和服务费用

图 19.7 所示为将时间卡发布给员工的事务的静态结构。图 19.8 所示为其动态模型。事务从 PayrollDatabase 中获取 Employee 对象是其基本思想，从 Employee 对象中获取到 Paymentclassification 对象，然后创建 Timecard 对象并将其添加到 PaymentClassification 中。

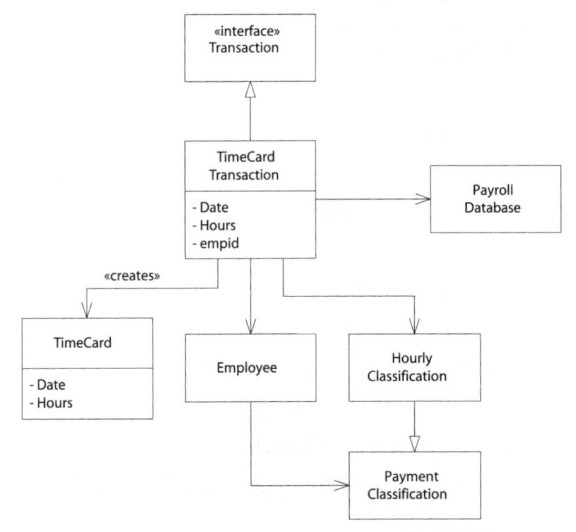

图 19.7 TimeCardTransaction 静态结构

请注意，我们无法将 Timecard 对象添加到普通的 PaymentClassification 对象中；我们只能将它们添加到 HourlyClassification 对象中。这意味着当我们从 Employee 对象接收到 PaymentClassification 对象时，必须将其向下转换为 HourlyClassification 对象。C ++ 中的 dynamic_cast 运算符就非常适用于这种场景，如程序 19.15 所示。

程序 19.12 所示是一个测试用例，它用于验证是否可以将时间卡添加到小时工类别的员工中。该测试代码只创建了一个小时工类别的员工并将其添加到数据库中。然后，它创建了一个 TimeCardTransaction 并调用 Execute() 方法。然后，通过查看 HourlyClassification 中是否包含适当的 TimeCard 对象以验证该员工。

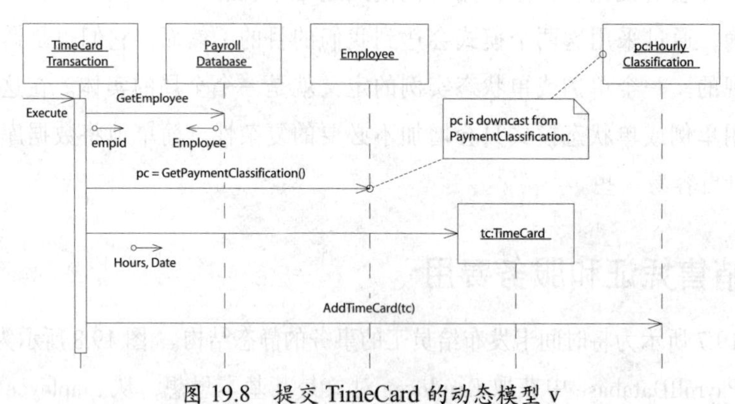

图 19.8 提交 TimeCard 的动态模型 v

程序 19.12 PayrollTest::TestTimeCardTransaction()

```
void PayrollTest::TestTimeCardTransaction()
{
  cerr << "TestTimeCardTransaction" << endl;
  int empId = 2;
  AddHourlyEmployee t(empId, "Bill", "Home", 15.25);
  t.Execute();
  TimeCardTransaction tct(20011031, 8.0, empId);
  tct.Execute();
  Employee* e = GpayrollDatabase.GetEmployee(empId);
  assert(e);
  PaymentClassification* pc = e->GetClassification();
  HourlyClassification* hc = dynamic_cast<HourlyClassification*>(pc);
  assert(hc);
  TimeCard* tc = hc->GetTimeCard(20011031);
  assert(tc);
  assertEquals(8.0, tc->GetHours());
}
```

程序 19.13 是 Timecard 类的实现。现在来看，这个类的实现内容并不多，只是一个数据类。请注意，这里我使用长整型来表示日期。这样做是因为没有合适的 Date 类型。也许很快就会需要一个 Date 类型，但至少现在还不需要它。因为我不想让它分散自己当前的注意力，当下我只是想让这个测试用例能够正常工作。之后，我会再写一个真正需要 Date 类的测试用例。到那时，我会再回头重构 Timecard 类。

程序 19.13　TimeCard.h

```
#ifndef TIMECARD_H
#define TIMECARD_H
# include "Date.h"
class TimeCard
{
public:
  virtual ~TimeCard();
  TimeCard(long date, double hours);
  long GetDate() {return itsDate;}
  double GetHours() {return itsHours;}
private:
  long itsDate;
  double itsHours;
};
#endif
```

程序 19.14 和程序 19.15 是 TimecardTransaction 类的实现。请注意，其中使用了简单的字符串异常。长远来看，这不是一个特别好的实践，但在开发初期，它足以满足我们的需求。等明确了我们应该创建什么样的异常之后，我们可以再回过头来创建有意义的异常类。（如果不想在 C++ 下进行异常处理时遭受切肤之痛，就赶快去买 Herb Sutter 的 *Exceptional C++* 和 *More Exceptional C++* 吧。）另请注意，我们应该确保只有在程序不抛出异常时，才会创建 Timecard 实例，因此抛出异常不会导致内存泄漏。我们很容易编写出在程序抛出异常时导致资源或内存泄露的程序，所以要格外小心。

程序 19.14　TimeCardTransaction.h

```
#ifndef TIMECARDTRANSACTION_H
#define TIMECARDTRANSACTION_H
```

```
#include "Transaction.h"

class TimeCardTransaction : public Transaction
{
public:
   virtual ~TimeCardTransaction();
   TimeCardTransaction(long date, double hours, int empid);

   virtual void Execute();
private:
   int itsEmpid;
   long itsDate;
   double itsHours;
};
#endif
```

程序 19.15　TimeCardTransaction.cpp

```
#include "TimeCardTransaction.h"
#include "Employee.h"
#include "PayrollDatabase.h"
#include "HourlyClassification.h"
#include "TimeCard.h"

extern PayrollDatabase GpayrollDatabase;

TimeCardTransaction::~TimeCardTransaction()
{
}

TimeCardTransaction::TimeCardTransaction(long date,double hours,int empid)
: itsDate(date) , itsHours(hours) , itsEmpid(empid)
{
}

void TimeCardTransaction::Execute()
{
   Employee* e = GpayrollDatabase.GetEmployee(itsEmpid);
```

```
  if (e){
    PaymentClassification* pc = e->GetClassification();
    if (HourlyClassification* hc = dynamic_cast<HourlyClassification*>(pc)) {
      hc->AddTimeCard(new TimeCard(itsDate, itsHours));
    } else
      throw("Tried to add timecard to non-hourly employee");
  }
  else
    throw("No such employee.");
}
```

图 19.9 和图 19.10 所示为向应支付薪水的雇员中提交销售凭证的设计。我会将这些类的实现作为练习。

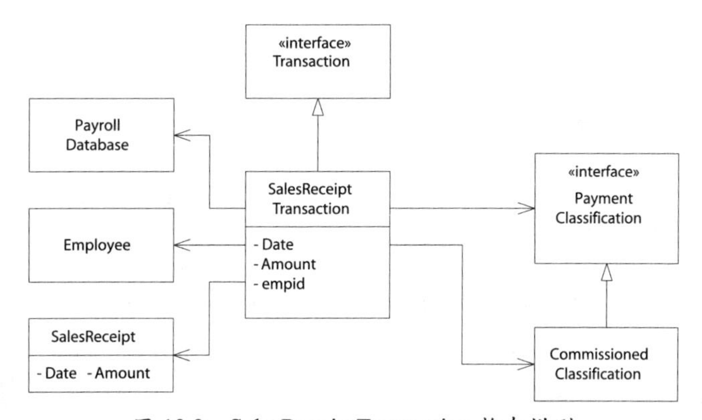

图 19.9 SalesReceiptTransaction 静态模型

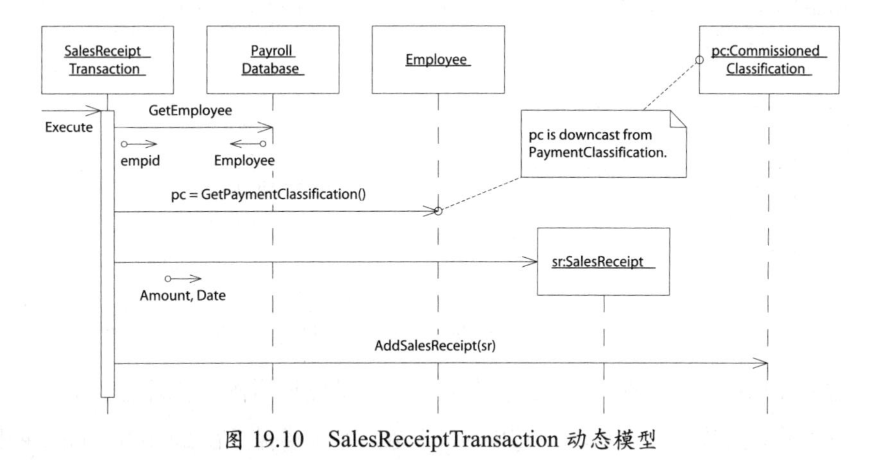

图 19.10 SalesReceiptTransaction 动态模型

图 19.11 和图 19.12 所示为工会成员提交工会服务费事务的设计。

这些设计指出事务模型与我们创建的核心模型之间的不匹配。我们的核心模型 Employee 对象可以隶属于许多不同的组织，但事务模型却假定任何组织所属关系必须是工会所属关系。因此，事务模型无法识别特定类型的组织从属关系。相反，它只是假设如果某员工提交了工会服务费，那么该员工就属于工会成员。

动态模型则先在 Employee 对象中搜索它所包含的所有 Affiliation 对象，再判断这些 Affiliation 对象中是否包含 UnionAffiliation 对象，通过这样的方法来解决这一难题。然后，它将 ServiceCharge 对象添加到 UnionAffiliation 对象中。

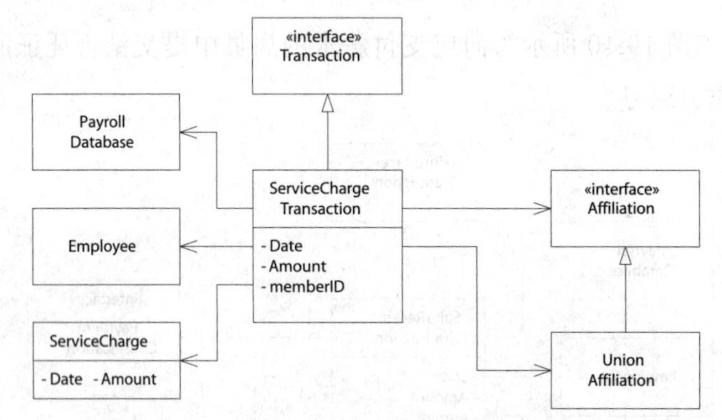

图 19.11 ServiceChargeTransaction 静态模型

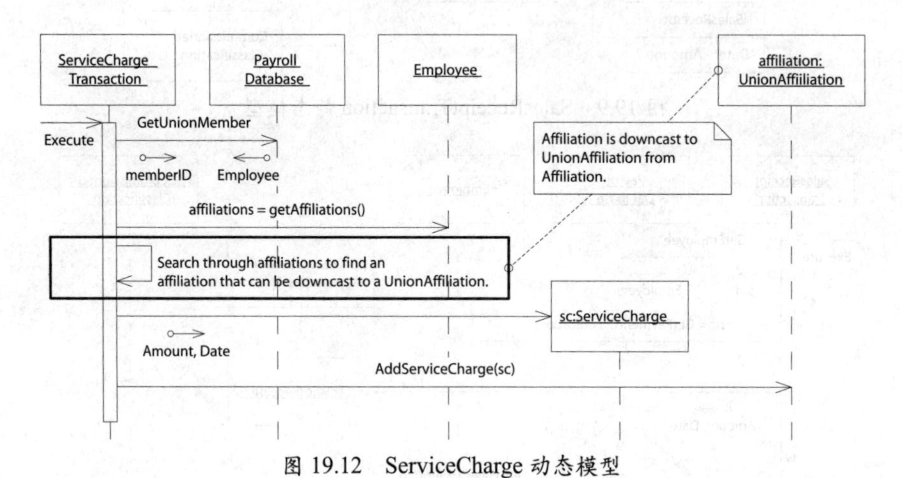

图 19.12 ServiceCharge 动态模型

程序 19.16 所示为 ServiceChargeTransaction 的测试用例。它只是创建一个小时工类别的员工并为其添加一个 UnionAffiliation 对象。它也确保了在 PayrollDatabase 中注册了对应的成员 ID。然后它创建一个 ServiceChargeTransaction 并执行该事务。最后，需要验证是否将相应的 ServiceCharge 添加到对应 Employee 的 UnionAffiliation 对象中了。

程序 19.16 PayrollTest::TestAddServiceCharge()

```
void PayrollTest::TestAddServiceCharge()
{
  cerr << "TestAddServiceCharge" << endl;
  int empId = 2;
  AddHourlyEmployee t(empId, "Bill", "Home", 15.25);
  t.Execute();
  Employee* e = GpayrollDatabase.GetEmployee(empId);
  assert(e);
  UnionAffiliation* af = new UnionAffiliation(12.5);
  e->SetAffiliation(af);
  int memberId = 86; // Maxwell Smart
  GpayrollDatabase.AddUnionMember(memberId, e);
  ServiceChargeTransaction sct(memberId, 20011101, 12.95);
  sct.Execute();
  ServiceCharge* sc = af->GetServiceCharge(20011101);
  assert(sc);
  assertEquals(12.95, sc->GetAmount(), .001);
}
```

代码和 UML

如图 19.12 所示，当我在该图中绘制 UML 时，我意识到能用从属关系替换 NoAffiliation 是更好的设计。我觉得这样会更灵活，更简单。毕竟，我可以在任何需要从属关系的时候就添加新的从属关系，而不需要创建 NoAffiliation 类。然后，在写程序 19.16 的测试用例时，我意识到调用 Employee 的 SetAffiliation 方法比调用 AddAffiliation 方法能够更好地执行。毕竟，从需求上来看，并不需要员工有多个 Affiliation，因此也就没有必要采用 dynamic_cast 在可能存在的类之间进行选择。如果这样做，更会带来不必要的复杂性。

这也是为什么我们说“如果在 UML 中设计了很多但是都没有在代码中进行验证”这种做法非常危险。代码可以告诉你 UML 图关于代码设计所体现不出来的问题。在这里，我在 UML 图中放入了一些不需要的结构。也许有一天这些结构会排上用场，但它们必须在这段时间内得到维护。维护它们所花费的成本可能远大于它们带来的好处。

在这种情况下，尽管维护 dynamic_cast 的成本相对较低，我也不会使用它。不采用 Affiliation 列表的形式实现要更简单一些。因此，我将使用 NoAffiliation 类以保留空对象模式。

程序 19.17 和程序 19.18 所示为 ServiceChargeTransaction 的实现。如果没有循环查找 UnionAffiliation 对象，确实要简单不少。它只是简单地从数据库中获取 Employee 对象，再把该对象的 Affiliation 属性向下转型为 UnionAffiliation，并为其添加 ServiceCharge 对象。

程序 19.17 ServiceChageTransaction.h

```
#ifndef SERVICECHARGETRANSACTION_H
#define SERVICECHARGETRANSACTION_H

#include "Transaction.h"

class ServiceChargeTransaction : public Transaction
{
public:
   virtual ~ServiceChargeTransaction();
   ServiceChargeTransaction(int memberId, long date, double charge);
   virtual void Execute();
private:
   int itsMemberId;
   long itsDate;
   double itsCharge;
};
#endif
```

程序 19.18 ServiceChargeTransaction.cpp

```
#include "ServiceChargeTransaction.h"
#include "Employee.h"
#include "ServiceCharge.h"
#include "PayrollDatabase.h"
#include "UnionAffiliation.h"

extern PayrollDatabase GpayrollDatabase;

ServiceChargeTransaction::~ServiceChargeTransaction()
{
}

ServiceChargeTransaction::
```

```
ServiceChargeTransaction(int memberId, long date, double charge)
:itsMemberId(memberId)
, itsDate(date)
, itsCharge(charge)
{
}

void ServiceChargeTransaction::Execute()
{
   Employee* e = GpayrollDatabase.GetUnionMember(itsMemberId);
   Affiliation* af = e->GetAffiliation();
   if (UnionAffiliation* uaf = dynamic_cast<UnionAffiliation*>(af))
{
      uaf->AddServiceCharge(itsDate, itsCharge);
   }
}
```

更改员工信息

图 19.13 和图 19.14 所示为更改员工属性的静态事务结构。这个结构很容易就能从用例 6 中得出。所有的事务都拥有一个 EmpID 参数，因此，我们可以创建一个顶级的基类，并将其命名为 ChangeEmployeeTransaction。该基类的派生类都是改变某一个员工属性的类，比如 ChangeNameTransaction 和 ChangeAddressTransaction。更改员工类别的事务都具有相同的目的，因为它们都修改 Employee 对象相同的字段。因此，可以把它们一起放在抽象基类 ChangeClassificationTransaction 中。另外，更改员工支付方式和其工会从属关系的操作与此相似。这一点可以通过 ChangeMethodTransaction 和 ChangeAffiliationTransaction 的结构看出。

图 19.15 所示为更改员工信息的动态模型。我们可以看到这里再次使用了模板方法模式。对于所有更改员工信息的操作，也都必须从 PayrollDatabase 中获得。因此，ChangeEmployeeTransaction 中的 Excute 函数实现了该行为，同时将 Change 的消息发送给自己。Change 方法被声明为虚的并在派生类中进行实现，如图 19.16 和图 19.17 所示。

程序 19.19 显示了 ChangeNameTransaction 的测试用例。这个测试用例真的非常简单。它使用 AddHouryEmployee 节点操作并创建一个名为 Bill 的真名。然后，它创建并执行 ChangeNameTransaction 事务操作，通过该操作将员工的名字更改为 Bod。最后，再从 PayrollDatabase 中取出该员工实例并验证他的名字是否更改成功。

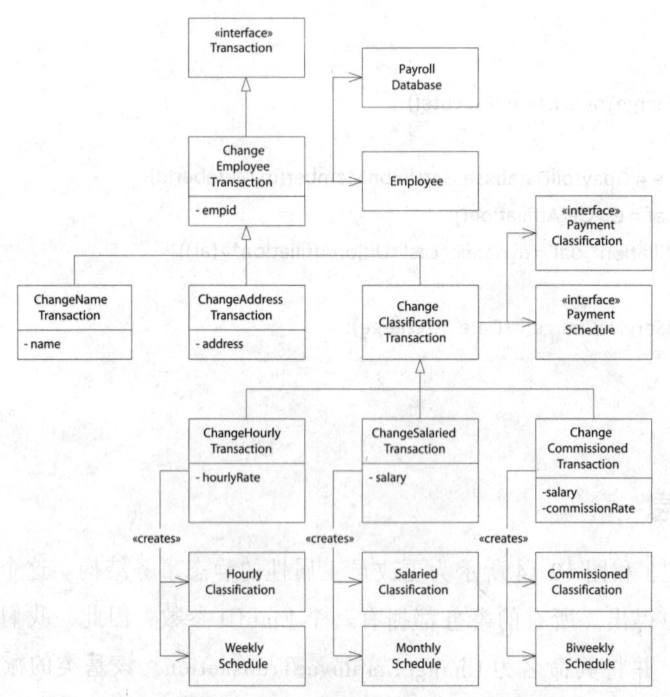

图 19.13　ChargeEmployeeTransaction 静态模型

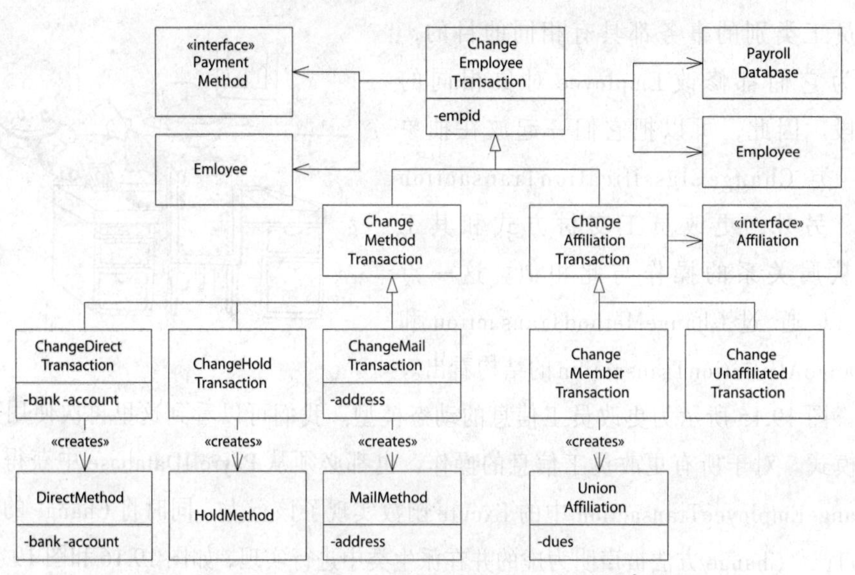

图 19.14　ChangeEmployeeTransaction(cont) 动态模型

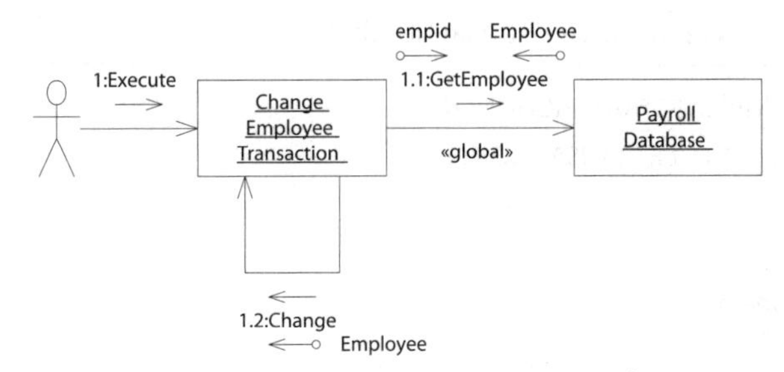

图 19.15 ChangeEmployeeTransaction 动态模型

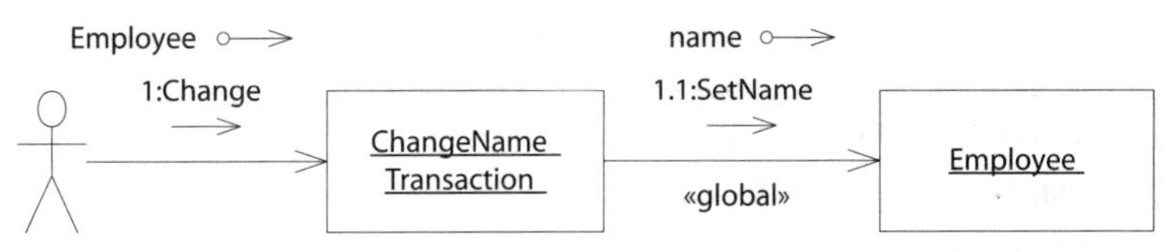

图 19.16 ChangeNameTransaction 动态模型

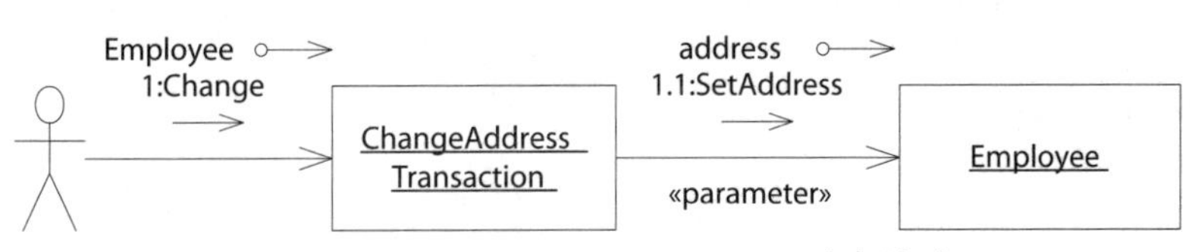

图 19.17 ChangeAddressTransaction 动态模型

程序 19.19 PayrollTest::TestChangeNameTransaction()

```
void PayrollTest::TestChangeNameTransaction()
{
  cerr << "TestChangeNameTransaction" << endl;
  int empId = 2;
  AddHourlyEmployee t(empId, "Bill", "Home", 15.25);
  t.Execute();
  ChangeNameTransaction cnt(empId, "Bob");
  cnt.Execute();
  Employee* e = GpayrollDatabase.GetEmployee(empId);
  assert(e);
  assert("Bob" == e->GetName());
}
```

程序 19.20 和 程序 19.21 所示为抽象基类 ChangeEmployeeTransaction 的实现。模板方法模式的结构是简单明显的。Excute 方法能够从 PayrollDataBase 中读取到正确的 Employee 实例，如果读取成功，就会调用纯虚函数 Change()。

程序 19.20 ChangeEmployeeTransaction.h

```
#ifndef CHANGEEMPLOYEETRANSACTION_H
#define CHANGEEMPLOYEETRANSACTION_H

#include "Transaction.h"
#include "Employee.h"

class ChangeEmployeeTransaction : public Transaction
{
public:
   ChangeEmployeeTransaction(int empid);
   virtual ~ChangeEmployeeTransaction();
   virtual void Execute();
   virtual void Change(Employee&) = 0;
private:
   int itsEmpId;
};
#endif
```

程序 19.21 ChangeEmployeeTransaction.cpp

```
#include "ChangeEmployeeTransaction.h"
#include "Employee.h"
#include "PayrollDatabase.h"

extern PayrollDatabase GpayrollDatabase;

ChangeEmployeeTransaction::~ChangeEmployeeTransaction()
{
}

ChangeEmployeeTransaction::ChangeEmployeeTransaction(int empid)
    : itsEmpId(empid)
{
}

void ChangeEmployeeTransaction::Execute()
{
   Employee* e = GpayrollDatabase.GetEmployee(itsEmpId);
   if (e != 0)
```

```
    Change(*e);
}
```

程序 19.22 和程序 19.23 是 ChangeNameTransaction 的实现。在这里，可以清晰地看到模板方法模式的另一半。Change 方法用来改变 Employee 实例的 name 字段。ChangeAddressTransaction 的结构与之非常类似，在这里把它留作练习。

程序 19.22　ChangeEmployeeTransaction.h

```
#ifndef CHANGENAMETRANSACTION_H
#define CHANGENAMETRANSACTION_H
#include "ChangeEmployeeTransaction.h"
#include <string>

class ChangeNameTransaction : public ChangeEmployeeTransaction
{
public:
  virtual ~ChangeNameTransaction();
  ChangeNameTransaction(int empid, string name);
  virtual void Change(Employee&);
private:
  string itsName;
};
#endif
```

程序 19.23　ChangeNameTransaction.cpp

```
#include "ChangeNameTransaction.h"

ChangeNameTransaction::~ChangeNameTransaction()
{
}

ChangeNameTransaction::ChangeNameTransaction(int empid,string name)
   : ChangeEmployeeTransaction(empid)
   , itsName(name)
{
}

void ChangeNameTransaction::Change(Employee& e)
{
  e.SetName(itsName);
```

更改员工类别

图 19.18 展示了 ChangeClassificationTransaction 动态行为的设想。这里也用到了模板方法模式。这次操作会创建一个新的 PaymentClassification 对象并将它传递给 Employee 对象。这一点是通过向自己发送 GetClassification 消息来实现的。每个继承自 ChangeClassificationTransaction 的类都需要实现抽象函数 GetClassification，如图 19.19~ 图 19.21 所示。

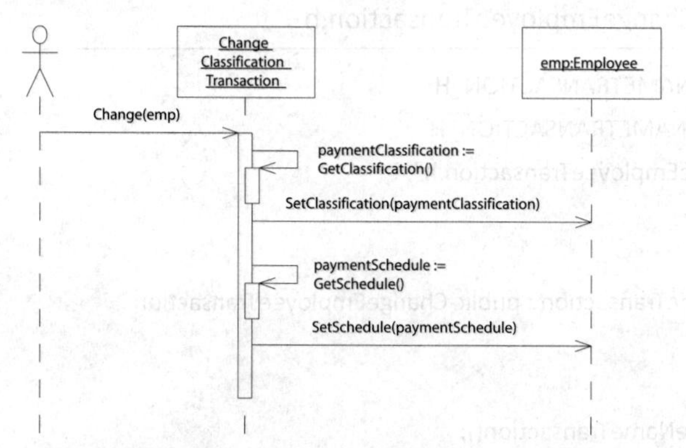

图 19.18　ChangeClassificationTransaction 动态模型

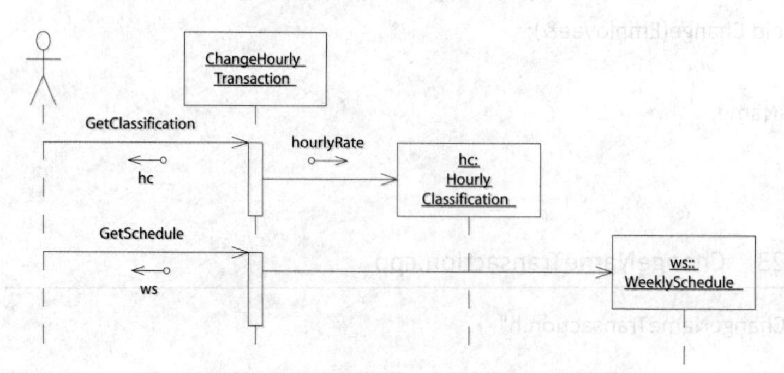

图 19.19　ChangeHourlyTransaction 动态模型

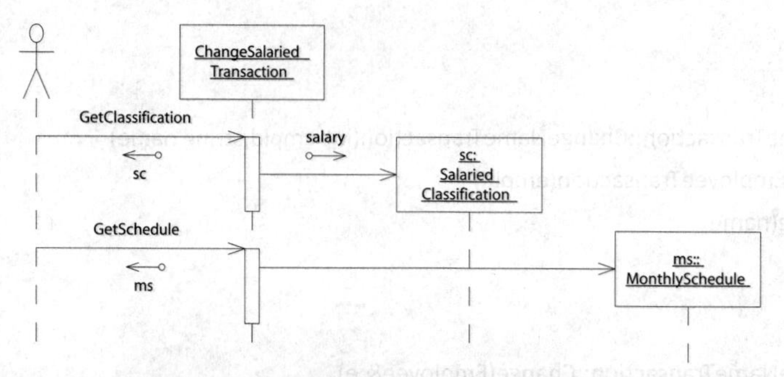

图 19.20　ChangeSalariedTransaction 动态模型

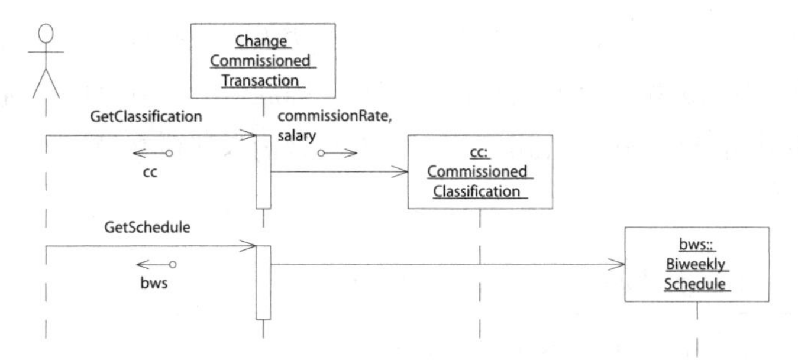

图 19.21 ChangeCommissionedTransaction 动态模型

程序 19.24 所示为 ChangeHourlyTransaction 的测试用例。该测试用例通过 AddCommissionedEmployee 事务来创建一个应付酬金的员工。然后再创建一个 ChangeHourlyTransaction 对象并执行它。它能够获取到员工信息的改变并验证 PaymentClassification 对象是否是 HourlyClassification 类型的该 HourlyClassification 类型是否具有正确的时薪，及其它的 PaymentSchedule 是否为 WeeklySchedule。

程序 19.24 PayrollTest::TestChangeHourlyTransaction()

```
void PayrollTest::TestChangeHourlyTransaction()
{
  cerr << "TestChangeHourlyTransaction" << endl;
  int empId = 3;
  AddCommissionedEmployee t(empId, "Lance", "Home", 2500, 3.2);
  t.Execute();
  ChangeHourlyTransaction cht(empId, 27.52);
  cht.Execute();
  Employee* e = GpayrollDatabase.GetEmployee(empId);
  assert(e);
  PaymentClassification* pc = e->GetClassification();
  assert(pc);
  HourlyClassification* hc = dynamic_cast<HourlyClassification*>(pc);
  assert(hc);
  assertEquals(27.52, hc->GetRate(), .001);
  PaymentSchedule* ps = e->GetSchedule();
  WeeklySchedule* ws = dynamic_cast<WeeklySchedule*>(ps);
  assert(ws);
}
```

程序 19.25 和程序 19.26 所示为抽象基类 ChangeClassificationTransaction 的实现。这里又一次使用模板方法模式。其中 Change 方法调用两个纯虚函数，分别为 GetClassification 和 GetSchedule。通过这些函数的返回值来设置 Employee 对象的类别以及薪水支付时间表。

程序 19.25　ChangeClassificationTransaction.h

```
#ifndef CHANGECLASSIFICATIONTRANSACTION_H
#define CHANGECLASSIFICATIONTRANSACTION_H

#include "ChangeEmployeeTransaction.h"

class PaymentClassification;
class PaymentSchedule;

class ChangeClassificationTransaction : public ChangeEmployeeTransaction
{
public:
  virtual ~ChangeClassificationTransaction();
  ChangeClassificationTransaction(int empid);
  virtual void Change(Employee&);
  virtual PaymentClassification* GetClassification() const = 0;
  virtual PaymentSchedule* GetSchedule() const = 0;
};
#endif
```

程序 19.26　ChangeClassificationTransaction.cpp

```
#include "ChangeClassificationTransaction.h"

ChangeClassificationTransaction::~ChangeClassificationTransaction()
{
}

ChangeClassificationTransaction::ChangeClassificationTransaction(int empid)
: ChangeEmployeeTransaction(empid)
{
}

void ChangeClassificationTransaction::Change(Employee& e)
```

```
{
  e.SetClassification(GetClassification());
  e.SetSchedule(GetSchedule());
}
```

程序 19.27 和程序 19.28 所示为 ChangeHourlyTransaction 类的实现。此类通过实现从 ChangeClassificationTransaction 继承的 GetClassification() 和 GetSchedule() 方法来完成模板方法模式。它实现 GetClassification() 方法用以返回新创建的 HourlyClassification 对象。它也实现了 GetSchedule() 方法用以返回新创建的 WeeklySchedule 对象。

程序 19.27　ChangeHourlyTransaction.h

```
#ifndef CHANGEHOURLYTRANSACTION_H
#define CHANGEHOURLYTRANSACTION_H
#include "ChangeClassificationTransaction.h"

class ChangeHourlyTransaction : public ChangeClassificationTransaction
{
public:
  virtual ~ChangeHourlyTransaction();
  ChangeHourlyTransaction(int empid, double hourlyRate);
  virtual PaymentSchedule* GetSchedule() const;
  virtual PaymentClassification* GetClassification() const;

private:
  double itsHourlyRate;
};
#endif
```

程序 19.28　ChangeHourlyTransaction.cpp

```
#include "ChangeHourlyTransaction.h"
#include "WeeklySchedule.h"
#include "HourlyClassification.h"

ChangeHourlyTransaction::~ChangeHourlyTransaction()
{
}

ChangeHourlyTransaction::ChangeHourlyTransaction(int empid, double hourlyRate)
```

```
: ChangeClassificationTransaction(empid)
, itsHourlyRate(hourlyRate)
{
}

PaymentSchedule* ChangeHourlyTransaction::GetSchedule() const
{
 return new WeeklySchedule();
}

PaymentClassification* ChangeHourlyTransaction::GetClassification() const
{
 return new HourlyClassification(itsHourlyRate);
}
```

与之前一样，ChangeSalariedTransaction 方法和 ChangeCommissionedTransaction 方法留给读者作为练习。

可以采用类似的机制来实现 ChangeMethodTransaction 对象。抽象的 GetMethod 方法用来选择 PaymentMethod 的正确派生类，然后将其传递给 Employee 对象，如图 19.22~ 图 19.25 所示。

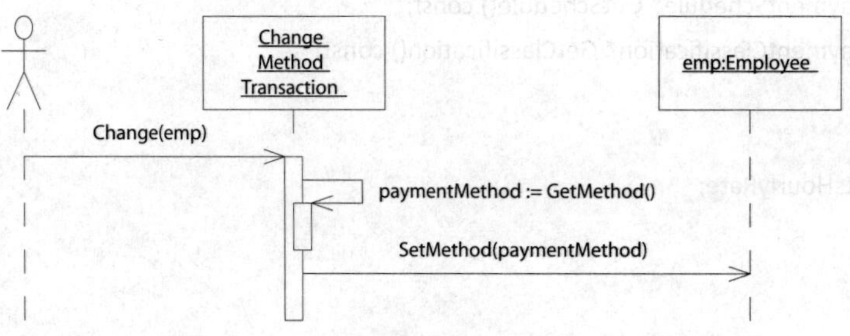

图 19.22 ChangeMethodTransaction 动态模型

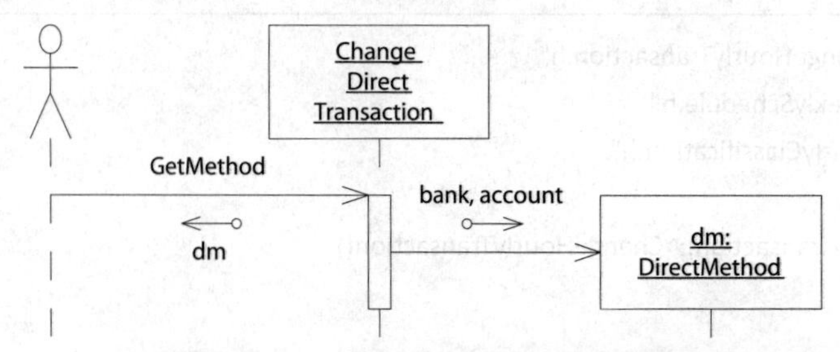

图 19.23 ChangeDirectTransaction 动态模型

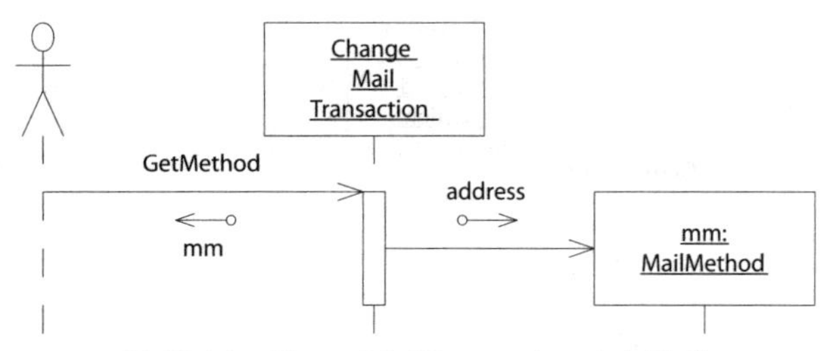

图 19.24 ChangeMailTransaction 动态模型

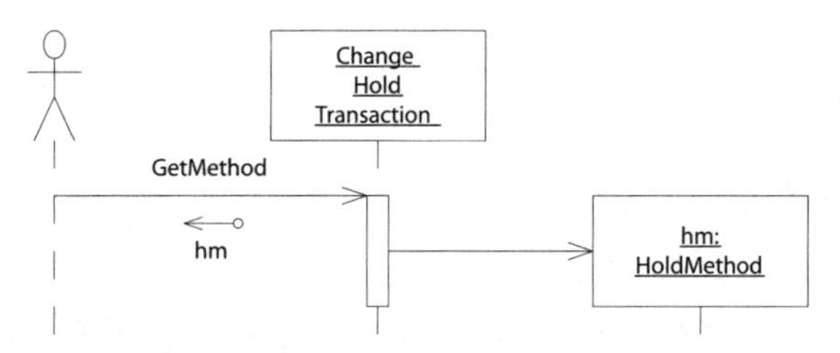

图 19.25 ChangeHoldTransaction 动态模型

这些类的实现结果还是比较简单的，并不令人惊讶。这里同样也把它们留作练习。

图 19.26 所示为 ChangeAffiliationTransaction 的实现。我们再次使用模板方法模式，用来选择应该传递给 Employee 对象的 Affiliation 派生对象，如图 19.27~ 图 19.29 所示。

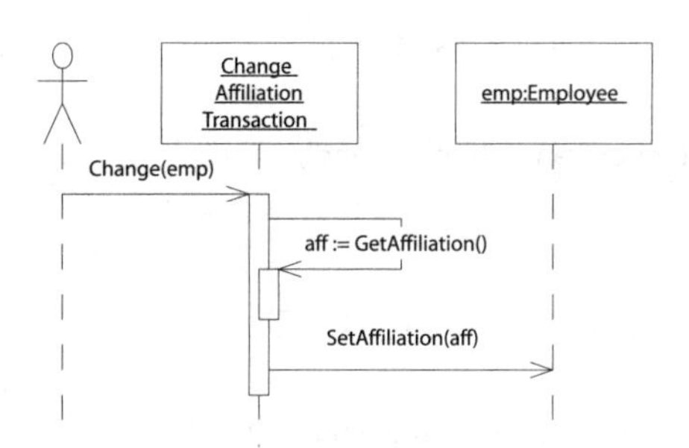

图 19.26 ChangeAffiliationTransaction 动态模型

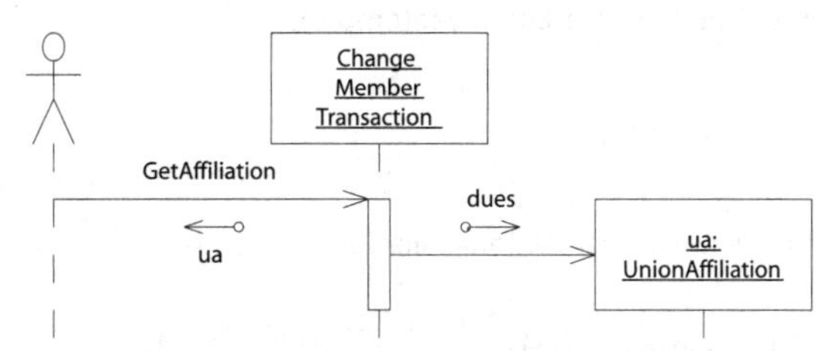

图 19.27 ChangeMemberTransaction 动态模型

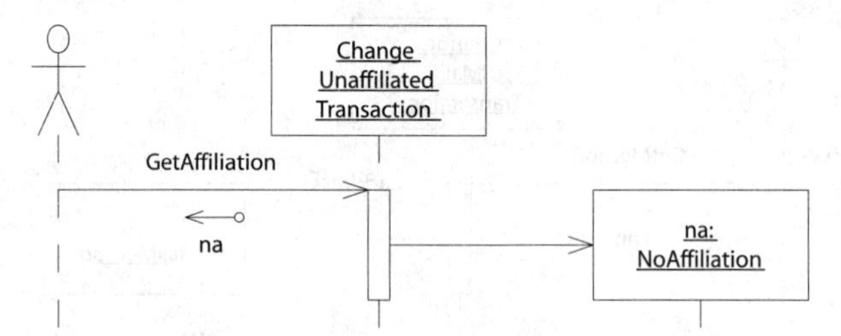

图 19.28 ChangeUnaffiliatedTransaction 动态模型

我在吸什么烟?

当我准备实现这个设计时，突然感到非常惊讶。仔细查看更改员工从属关系事务的动态图表时，你能发现什么问题吗?

和之前一样，我通过写 ChangeMemberTransaction 的测试用例开始对它的实现。你可以在程序 19.29 中看到这个测试用例。该测试用例在开始时很简单就足够了。它创建一个名为 Bill 的按小时计费的员工，然后创建并执行 ChangeMemberTransaction 用以将 Bill 加入到工会中。然后，它检查 Bill 是否有一个 UnionAffiliation 对象与之绑定，并且 UnionAffiliation 有正确的工会费率。

程序 19.29 PayrollTest::TestChangeMemberTransaction()

```
void PayrollTest::TestChangeMemberTransaction()
{
  cerr << "TestChangeMemberTransaction" << endl;
  int empId = 2;
  int memberId = 7734;
  AddHourlyEmployee t(empId, "Bill", "Home", 15.25);
  t.Execute();
  ChangeMemberTransaction cmt(empId, memberId, 99.42);
  cmt.Execute();
  Employee* e = GpayrollDatabase.GetEmployee(empId);
  assert(e);
  Affiliation* af = e->GetAffiliation();
  assert(af);
  UnionAffiliation* uf = dynamic_cast<UnionAffiliation*>(af);
  assert(uf);
  assertEquals(99.42, uf->GetDues(), .001);
  Employee* member = GpayrollDatabase.GetUnionMember(memberId);
  assert(member);
```

```
  assert(e == member);
}
```

这其中的惊喜隐藏在测试用例的最后几行中。这些行确保在 PayrollDatabase 已经记录了 Bill 在工会中的成员资格。但在现有的 UML 图中没有任何内容可以确保这种情况发生。UML 仅仅关注与 Employee 对象应该和合适的 Affiliation 派生对象进行绑定。我根本没有注意到这个设计缺陷。你有注意到么？

我根据图表快速写了该事务的程序，然后等待单元测试的失败。一旦单元测试失败，就很明显是我忽略了什么东西。但问题的解决方案却不是那么明显。如何让 ChangeMemberTransaction 对象记录员工的工会资格并让 ChangeUnaffiliatedTransaction 解除员工的工会资格呢？

我们给出的答案是给 ChangeAffiliationTransaction 另外添加一个纯虚函数 RecordMembership(Employee *)。该函数在 ChangeMemberTransaction 中实现，用以将 memberid 绑定到 Employee 实例上。在 ChangeUnaffiliatedTransaction 中，它的实现被用来清除员工工会资格记录。

程序 19.30 和程序 19.31 所示为抽象基类 changeAffiliationTransaction 的实现。同样，模板方法模式的使用也是显而易见的。

程序 19.30　ChangeAffiliationTransaction.h

```
#ifndef CHANGEAFFILIATIONTRANSACTION_H
#define CHANGEAFFILIATIONTRANSACTION_H

#include "ChangeEmployeeTransaction.h"

class ChangeAffiliationTransaction: public ChangeEmployeeTransaction
{
public:
  virtual ~ChangeAffiliationTransaction();
  ChangeAffiliationTransaction(int empid);
  virtual Affiliation* GetAffiliation() const = 0;
  virtual void RecordMembership(Employee*) = 0;
  virtual void Change(Employee&);
};
#endif
```

程序 19.31　ChangeAffiliationTransaction.cpp

```
#include "ChangeAffiliationTransaction.h"
ChangeAffiliationTransaction::~ChangeAffiliationTransaction()
{
}

ChangeAffiliationTransaction::ChangeAffiliationTransaction(int empid)
: ChangeEmployeeTransaction(empid)
{
}

void ChangeAffiliationTransaction::Change(Employee& e)
{
  RecordMembership(&e);
  e.SetAffiliation(GetAffiliation());
}
```

程序 19.32 和程序 19.33 所示为 ChangeMemberTransaction 的实现。该实现并没有什么特别和有趣的点。但另一方面，程序 19.34 和程序 19.35 中 ChangeUnaffiliatedTransaction 的实现更为有趣一些。其中的 RecordMembership 方法需要决定当前员工是否属于工会成员。如果属于工会成员，就需要从 UnionAffiliation 中获取 memberId，并清除该工会成员记录。

程序 19.32　ChangeMemberTransaction.h

```
#ifndef CHANGEMEMBERTRANSACTION_H
#define CHANGEMEMBERTRANSACTION_H
#include "ChangeAffiliationTransaction.h"

class ChangeMemberTransaction : public ChangeAffiliationTransaction
{
public:
  virtual ~ChangeMemberTransaction();
  ChangeMemberTransaction(int empid, int memberid, double dues);
  virtual Affiliation* GetAffiliation() const;
  virtual void RecordMembership(Employee*);
private:
  int itsMemberId;
  double itsDues;
};
#endif
```

程序 19.33 ChangeMemberTransaction.cpp

```
#include "ChangeMemberTransaction.h"
#include "UnionAffiliation.h"
#include "PayrollDatabase.h"

extern PayrollDatabase GpayrollDatabase;

ChangeMemberTransaction::~ChangeMemberTransaction()
{
}

ChangeMemberTransaction::
ChangeMemberTransaction(int empid, int memberid, double dues)
: ChangeAffiliationTransaction(empid)
, itsMemberId(memberid)
, itsDues(dues)
{
}

Affiliation* ChangeMemberTransaction::GetAffiliation() const
{
 return new UnionAffiliation(itsMemberId, itsDues);
}

void ChangeMemberTransaction::RecordMembership(Employee* e)
{
  GpayrollDatabase.AddUnionMember(itsMemberId, e);
}
```

程序 19.34 ChangeUnaffiliatedTransaction.h

```
#ifndef CHANGEUNAFFILIATEDTRANSACTION_H
#define CHANGEUNAFFILIATEDTRANSACTION_H
#include "ChangeAffiliationTransaction.h"

class ChangeUnaffiliatedTransaction : public ChangeAffiliationTransaction
{
public:
```

```
    virtual ~ChangeUnaffiliatedTransaction();
    ChangeUnaffiliatedTransaction(int empId);
    virtual Affiliation* GetAffiliation() const;
    virtual void RecordMembership(Employee*);
};
#endif
```

程序 19.35　ChangeUnaffiliatedTransaction.cpp

```
#include "ChangeUnaffiliatedTransaction.h"
#include "NoAffiliation.h"
#include "UnionAffiliation.h"
#include "PayrollDatabase.h"

extern PayrollDatabase GpayrollDatabase;

ChangeUnaffiliatedTransaction::~ChangeUnaffiliatedTransaction()
{
}

ChangeUnaffiliatedTransaction::ChangeUnaffiliatedTransaction(int empId)
: ChangeAffiliationTransaction(empId)
{
}

Affiliation* ChangeUnaffiliatedTransaction::GetAffiliation() const
{
    return new NoAffiliation();
}

void ChangeUnaffiliatedTransaction::RecordMembership(Employee* e)
{
    Affiliation* af = e->GetAffiliation();
    if (UnionAffiliation* uf = dynamic_cast<UnionAffiliation*>(af)) {
        int memberId = uf->GetMemberId();
        GpayrollDatabase.RemoveUnionMember(memberId);
    }
}
```

我对这个设计并不是十分满意。ChangeUnaffiliatedTransaction 必须知道 UnionAffiliation，这一点使我十分困惑。我本来可以通过在 Affiliation 类中添加 RecordMembership 和 EraseMembership 抽象方法来解决这个问题。然而，我如果这么做，就会使 UnionAffiliation 和 NoAffiliation 对象必须知道 PayrollDatabase 的信息。我对这样的设计也不是十分满意。（我可以使用观察者模式（见第 28 章）来解决这个问题。但这可能有过度设计的嫌疑。）

尽管如此，它的实现仍然非常简单，只是稍微违反了一些 OCP 原则。这么做的好处是系统中很少有模块知道 ChangeUnaffiliatedTransaction，因此它额外的依赖对系统的设计并没有造成太大的伤害。

支付员工薪水

最后，是时候考虑此应用程序的核心事务了：操作该系统支付正确的薪水给员工这一事务。图 19.29 所示为 PaydayTransaction 类的静态结构。图 19.30 ~ 图 19.33 描述了其动态行为。

这些动态模型表达了大量的多态行为。CalculatePay 消息使用的算法取决于员工对象包含的 PaymentClassification 的类型。用于确定日期是否为发薪日的算法取决于 Employee 包含的 PaymentSchedule 的类型。用于将薪水发送给 Employee 的算法取决于 PaymentMethod 对象的类型。这种高度的抽象允许算法对新添加的支付分类、时间表、从属关系或支付方法做到封闭。

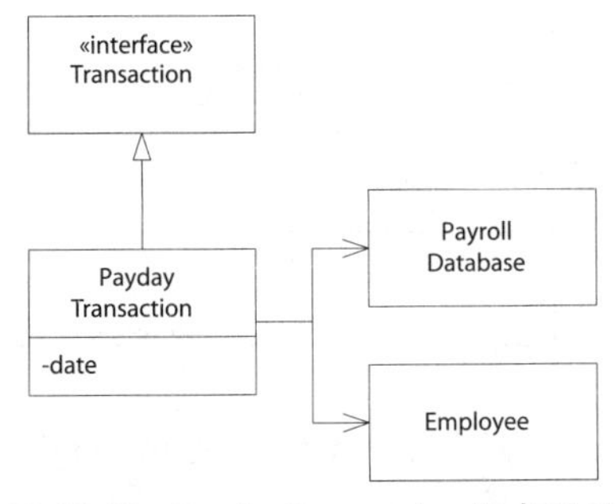

图 19.29 PaydayTransaction 静态模型

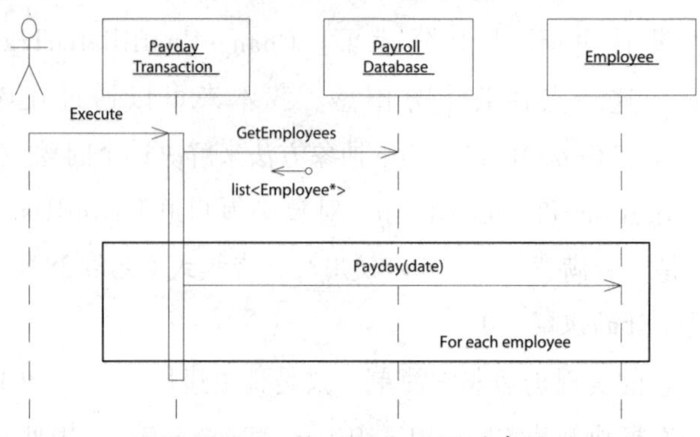

图 19.30 PaydayTransaction 动态模型

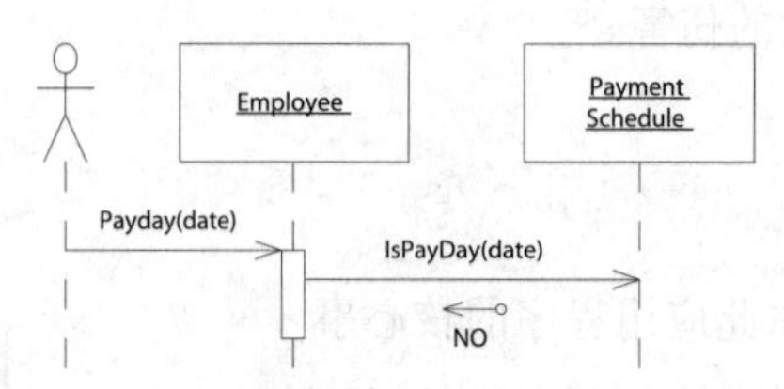

图 19.31 动态模型情景："今天不是发薪日"

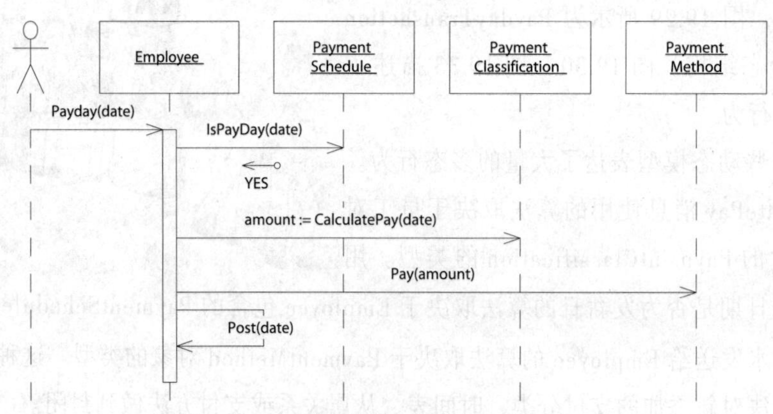

图 19.32 动态模型情景："今天是发薪日"

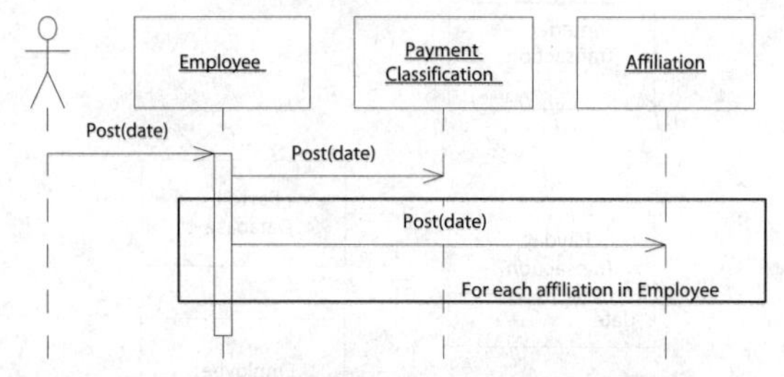

图 19.33 动态模型情景："登记支付信息"

图 19.32 和图 19.33 中描述的算法介绍了登记（posting）的概念。在计算出正确的薪水金额并发送给 Employee 后，就会登记该支付信息，也就是说，在薪水支付中所涉及的记录会被更新。因此，我们可以将 CalculatePay 方法定义为计算从上次登记到指定日期的工资。

我们是否希望开发人员做出商业决策?

登记的概念来自哪里呢？用户故事或用例中当然没有提到它。碰巧的是，我只是虚构了这个概念来解决我所感知到的问题。我担心 Payday 方法可能会在同一日期或者同一个付款期间内的一个日期中多次被调用，所以我想确保在一次薪水支付期间该员工的薪水只能被支付一次。我是在没有询问客户的情况下主动完成这些的。这似乎也是正确的做法。

实际上，我做出了一个商业决策。我断定多次运行薪水支付系统会产生不同的结果。这时我应该询问我的客户或项目经理关于这个问题的答案，因为他们可能有不同的想法。

经过与客户的核实，我发现登记的想法违背了他的意图（好吧，其实我就是那个客户）。客户希望能够在运行薪水支付系统之后还能够再次查看支付支票。如果发现其中有任何一个错误，客户想要更正该工资单信息之后再次运行薪水支付程序。他们告诉我说，我不应该考虑当前支付期之外的时间卡或销售凭证。

所以，我们不得不放弃登记这一方案。这在当时似乎是一个好主意，但并不是客户想要的。

支付按月薪结算的员工薪水

程序 19.36 中有两个测试用例，分别用来测试按月新支付的员工是否得到了正确的薪水。第一个测试用例确保该员工在当月的最后一天获得报酬。第二个测试用例确保如果不是每月最后一天该员工不会获得薪水。

程序 19.36　PayrollTest::TestPaySingleSalariedEmployee & co.

```
void PayrollTest::TestPaySingleSalariedEmployee()
{
  cerr << "TestPaySingleSalariedEmployee" << endl;
  int empId = 1;
  AddSalariedEmployee t(empId, "Bob", "Home", 1000.00);
```

```
    t.Execute();
    Date payDate(11,30,2001);
    PaydayTransaction pt(payDate);
    pt.Execute();
    Paycheck* pc = pt.GetPaycheck(empId);
    assert(pc);
    assert(pc->GetPayDate() == payDate);
    assertEquals(1000.00, pc->GetGrossPay(), .001);
    assert("Hold" == pc->GetField("Disposition"));
    assertEquals(0.0, pc->GetDeductions(), .001);
    assertEquals(1000.00, pc->GetNetPay(), .001);
}
void PayrollTest::TestPaySingleSalariedEmployeeOnWrongDate()
{
    cerr << "TestPaySingleSalariedEmployeeWrongDate" << endl;
    int empId = 1;
    AddSalariedEmployee t(empId, "Bob", "Home", 1000.00);
    t.Execute();
    Date payDate(11,29,2001);
    PaydayTransaction pt(payDate);
    pt.Execute();
    Paycheck* pc = pt.GetPaycheck(empId);
    assert(pc == 0);
}
```

回想一下程序 19.13，当我们在实现 Timecard 类时，我是用一个长整数表示日期的吗？那么，现在我就需要一个真正的 Date 类。除非我可以判断支付日期是否是该月的最后一天，否则这两个测试用例将无法通过。

记得大约在 10 年前，我在教 C++ 课程时，我写了一个 Date 类。之后我就开始搜索我的归档文件，最后终于在一台 sparc 工作站上找到了它。我将它移到我的开发环境并设法在几分钟内完成编译。[①]我发现这非常令人惊讶，因为我当初写它是为了在 Linux 中工作，但现在我正在 Windows 2000 中使用它。虽然有几个小 bug 需要修复，我不得不用 STL string 类替换我自己开发的 string 类。但总之，修复工作量也很小。

① 也就是原来的 oma.com。这是一台 sparc 工作站，这是一家公司为其项目购买的，不过后来项目取消了，我就花 6000 美元将它买下了。在 1994 年，这是一个非常划算的交易。目前它仍然默默运行在 Object Mentor 的网络上，这也证明了它确实有一个良好的架构。

程序 19.37 所示为 PaydayTransaction 的 Execute 方法。它在数据中循环访问所有的 Employee 对象。然后依次询问每一个员工，在该事务中的日期是否为其薪水支付日期。如果是的话，它就会为该 Employee 创建一个新的薪水支票，并告诉员工填写该支票中的信息。

程序 19.37　PaydayTransaction::Execute()

```
void PaydayTransaction::Execute()
{
  list<int> empIds;
  GpayrollDatabase.GetAllEmployeeIds(empIds);
  list<int>::iterator i = empIds.begin();
  for (; i != empIds.end(); i++) {
    int empId = *i;
    if (Employee* e = GpayrollDatabase.GetEmployee(empId)) {
      if (e->IsPayDate(itsPayDate)) {
        Paycheck* pc = new Paycheck(itsPayDate);
        itsPaychecks[empId] = pc;
        e->Payday(*pc);
      }
    }
  }
}
```

程序 19.38 所示为 MonthlySchedule.cpp 的代码片段。注意，只有当参数日期是当月的最后一天时，IsPayDate 方法才会返回 true。在这个算法中指明了为什么我需要 Date 类。如果没有一个完善的 Date 类，要做这种简单的日期计算是非常困难的。

程序 19.38　MonthlySchedule.cpp（部分）

```
namespace {
  bool IsLastDayOfMonth(const Date& date)
  {
    int m1 = date.GetMonth();
    int m2 = (date+1).GetMonth();
    return (m1 != m2);
  }
}
bool MonthlySchedule::IsPayDate(const Date& payDate) const
```

```
{
 return IsLastDayOfMonth(payDate);
}
```

程序 19.39 所示为 Employee::PayDay() 的实现代码。该函数是计算和分配所有员工工资的通用算法。注意这里策略模式的广泛使用。所有的详细计算都推迟到其策略类中进行实现：itsClassification, itsAffiliation 和 itsPaymentMethod 方法。

程序 19.39　Employee::PayDay()

```
void Employee::Payday(Paycheck& pc)
{
  double grossPay = itsClassification->CalculatePay(pc);
  double deductions = itsAffiliation->CalculateDeductions(pc);
  double netPay = grossPay - deductions;
  pc.SetGrossPay(grossPay);
  pc.SetDeductions(deductions);
  pc.SetNetPay(netPay);
  itsPaymentMethod->Pay(pc);
}
```

支付钟点工的薪水

钟点工的薪水计算是逐步按照测试优先进行设计的一个很好的例子。我们可以从非常简单的测试用例开始，然后逐步完善到更加复杂的测试用例。我会先在下面展示测试用例，然后再展示由测试驱动而产生的生产代码。

程序 19.40 所示为一个简单的测试用例。我们向数据库中添加一名小时工员工，然后付给他工资。由于此时他们还没有时间卡，我们希望他们这时的工资为零。工具性函数 ValidateHourlyPaycheck 代表稍后我们会对这段代码进行重构。起初，这些代码只是藏匿在该测试函数中。这个测试用例可以在不修改其余任何代码的情况下通过测试。

程序 19.40　TestSingleHourlyEmployeeNoTimeCards

```
void PayrollTest::TestPaySingleHourlyEmployeeNoTimeCards()
{
 cerr << "TestPaySingleHourlyEmployeeNoTimeCards" << endl;
 int empId = 2;
```

```
  AddHourlyEmployee t(empId, "Bill", "Home", 15.25);
  t.Execute();
  Date payDate(11,9,2001); // Friday
  PaydayTransaction pt(payDate);
  pt.Execute();
  ValidateHourlyPaycheck(pt, empId, payDate, 0.0);
}

void PayrollTest::ValidateHourlyPaycheck(PaydayTransaction& pt,
int empid,const Date& payDate,double pay)
{
   Paycheck* pc = pt.GetPaycheck(empid);
   assert(pc);
   assert(pc->GetPayDate() == payDate);
   assertEquals(pay, pc->GetGrossPay(), .001);
   assert("Hold" == pc->GetField("Disposition"));
   assertEquals(0.0, pc->GetDeductions(), .001);
   assertEquals(pay, pc->GetNetPay(), .001);
 }
```

程序 19.41 所示为两个测试用例。第一个测试是在添加一个时间卡后是否可以对该员工进行支付。第二个测试是我们是否可以为一名工作超过 8 小时的小时工支付加班费。当然，我并没有同时写这两个测试用例。相反，我先写了第一个测试用例，当它能顺利通过测试后，我又写了第二个测试用例。

程序 19.41 Test ... OneTimeCard

```
void PayrollTest::TestPaySingleHourlyEmployeeOneTimeCard()
{
   cerr << "TestPaySingleHourlyEmployeeOneTimeCard" << endl;
   int empId = 2;
   AddHourlyEmployee t(empId, "Bill", "Home", 15.25);
   t.Execute();
   Date payDate(11,9,2001); // Friday
   TimeCardTransaction tc(payDate, 2.0, empId);
   tc.Execute();
   PaydayTransaction pt(payDate);
   pt.Execute();
```

```
    ValidateHourlyPaycheck(pt, empId, payDate, 30.5);
}

void PayrollTest::TestPaySingleHourlyEmployeeOvertimeOneTimeCard()
{
    cerr << "TestPaySingleHourlyEmployeeOvertimeOneTimeCard" << endl;
    int empId = 2;
    AddHourlyEmployee t(empId, "Bill", "Home", 15.25);
    t.Execute();
    Date payDate(11,9,2001); // Friday
    TimeCardTransaction tc(payDate, 9.0, empId);
    tc.Execute();
    PaydayTransaction pt(payDate);
    pt.Execute();
    ValidateHourlyPaycheck(pt, empId, payDate, (8 + 1.5) * 15.25);
}
```

要想使第一个测试用例通过，需要改变 HourlyClassification::CalculatePayt 方法，使其循环计算员工提交的时间卡，累计所有时间卡上的小时数，然后再乘以其每小时的工资。要想通过第二个测试，我们就需要重构该函数使其可以直接计算工作时间和加班时间。

程序 19.42 是为了确保如果 PaydayTransaction 不是采用周五作为参数的，我们就不支付小时工的工资。

程序 19.42　TestPaySingleHourlyEmployeeOnWrongDate

```
void PayrollTest::TestPaySingleHourlyEmployeeOnWrongDate()
{
    cerr << "TestPaySingleHourlyEmployeeOnWrongDate" << endl;
    int empId = 2;
    AddHourlyEmployee t(empId, "Bill", "Home", 15.25);
    t.Execute();
    Date payDate(11,8,2001); // Thursday

TimeCardTransaction tc(payDate, 9.0, empId);
    tc.Execute();
    PaydayTransaction pt(payDate);
    pt.Execute();
```

```
Paycheck* pc = pt.GetPaycheck(empId);
  assert(pc == 0);
}
```

程序 19.43 是一个测试用例，以确保可以同时计算有多张时间卡的员工的工资。

程序 19.43　TestPaySingleHourlyEmployeeTwoTimesCards

```
void PayrollTest::TestPaySingleHourlyEmployeeTwoTimeCards()
{
  cerr << "TestPaySingleHourlyEmployeeTwoTimeCards" << endl;
  int empId = 2;
  AddHourlyEmployee t(empId, "Bill", "Home", 15.25);
  t.Execute();
  Date payDate(11,9,2001); // Friday

  TimeCardTransaction tc(payDate, 2.0, empId);
  tc.Execute();
  TimeCardTransaction tc2(Date(11,8,2001), 5.0, empId);
  tc2.Execute();
  PaydayTransaction pt(payDate);
  pt.Execute();
  ValidateHourlyPaycheck(pt, empId, payDate, 7*15.25);
}
```

最后，程序 19.44 中的测试用例证明我们只会在当前的支付期内向小时工支付其时间卡的累计工资。在其他支付期之间的时间卡将会被忽略。

程序 19.44　TestPaySingleHourlyEmployeeWithTimeCardsSpanningTwoPayPeriods

```
void PayrollTest::
TestPaySingleHourlyEmployeeWithTimeCardsSpanningTwoPayPeriods()
{
  cerr << "TestPaySingleHourlyEmployeeWithTimeCards"
      "SpanningTwoPayPeriods" << endl;
  int empId = 2;
  AddHourlyEmployee t(empId, "Bill", "Home", 15.25);
  t.Execute();
  Date payDate(11,9,2001); // Friday
  Date dateInPreviousPayPeriod(11,2,2001);
```

```
    TimeCardTransaction tc(payDate, 2.0, empId);
    tc.Execute();
    TimeCardTransaction tc2(dateInPreviousPayPeriod, 5.0, empId);
    tc2.Execute();
    PaydayTransaction pt(payDate);
    pt.Execute();
    ValidateHourlyPaycheck(pt, empId, payDate, 2*15.25);
}
```

通过一次一个测试用例的实现，通过这种方式可以逐步完成我们的所有工作。从一个测试用例到另一个测试用例，我们可以看到代码结构的演变过程。程序 19.45 所示为 HourlyClassification.cpp 相应的代码片段。我们需要循环检查时间卡，对于每张时间卡，我们都需要检查它是否在付款期内。如果是的话，就需要计算这张时间卡所代表的工资。

程序 19.45 HourlyClassification.cpp（部分）

```
double HourlyClassification::CalculatePay(Paycheck& pc) const
{
  double totalPay = 0;
  Date payPeriod = pc.GetPayDate();
  map<Date, TimeCard*>::const_iterator i;
  for (i=itsTimeCards.begin(); i != itsTimeCards.end(); i++) {
    TimeCard * tc = (*i).second;
    if (IsInPayPeriod(tc, payPeriod))
      totalPay += CalculatePayForTimeCard(tc);
  }
  return totalPay;
}

bool HourlyClassification::IsInPayPeriod(TimeCard* tc, const Date& payPeriod) const
{
  Date payPeriodEndDate = payPeriod;
  Date payPeriodStartDate = payPeriod - 5;
  Date timeCardDate = tc->GetDate();
  return (timeCardDate >= payPeriodStartDate) &&
      (timeCardDate <= payPeriodEndDate);
}
```

```
double HourlyClassification::
CalculatePayForTimeCard(TimeCard* tc) const
{
  double hours = tc->GetHours();
  double overtime = max(0.0, hours - 8.0);
  double straightTime = hours - overtime;
  return straightTime * itsRate + overtime * itsRate * 1.5;
}
```

程序 19.46 所示 WeeklySchedule 只在周五进行薪水支付。

程序 19.46 WeeklySchedule::IsPayDate

```
bool WeeklySchedule::IsPayDate(const Date& theDate) const
{
  return theDate.GetDayOfWeek() == Date::friday;
}
```

我将按月计算薪水的员工留作练习，这个练习应该不会太难。把它作为一个稍微有趣一点的练习，只需要允许员工在周末提交时间卡，并计算正确的加班时间即可。

支付期：一个设计问题

现在是时候考虑收取工会会费和服务费了。我正在考虑如何写测试用例，该测试用例将添加一名按月计薪的员工，将其添加为工会会员，然后向该员工付款，同时要确保从他的工资中扣除了工会会费。我在程序 19.47 中完成了这段测试用例的代码。

程序 19.47 PayrollTest::TestSalariedUnionMemberDues

```
void PayrollTest::TestSalariedUnionMemberDues()
{
  cerr << "TestSalariedUnionMemberDues" << endl;
  int empId = 1;
  AddSalariedEmployee t(empId, "Bob", "Home", 1000.00);
  t.Execute();
  int memberId = 7734;
  ChangeMemberTransaction cmt(empId, memberId, 9.42);
  cmt.Execute();
  Date payDate(11,30,2001);
  PaydayTransaction pt(payDate);
```

```
    pt.Execute();
    ValidatePaycheck(pt, empId, payDate, 1000.0 - ??? );
}
```

注意测试用例代码最后一行的 3 个问号“???”这里应该写什么呢？用户故事告诉我们，工会会费是每周收取一次，但按月计薪员工的工资是每月支付一次。那么每个月有几个星期呢？ 是仅仅简单地把一个月当成 4 个星期么？那都不是很准确。在这时我会再次询问客户想要什么。（可以去 www.google.com/groups 并查找“Schizophrenic Robert Martin”。）

客户告诉我工会会费每周五会进行累计。因此，我需要做的是计算一个支付周期内的星期五的数量并乘以每周的会费。2001 年 11 月有五个星期五，这是测试用例中写的月份。所以我可以适当地修改测试用例。

在一个支付周期内计算星期五的数量，这意味着我需要知道支付周期的起始日期和结束日期。我之前在程序 19.45 中的函数 IsInPayPeriod 中完成了该计算（你可能也为 CornmissionedClassification 写过一个类似的计算）。该功能由 HourlyClassification 对象的 CalculatePay 函数调用，用以确保仅计算来自同一个支付周期内的时间卡。现在看来似乎 UnionAffiliation 对象也必须要调用此函数了。

可是等一下！ 这个函数在 Hourlyclassification 类中做了什么呢？我们已经确定了付款时间表和付款分类之间的关联是具有偶然性的。确定支付周期的功能应该在 PaymentSchedule 类中，而不是在 PaymentClassification 类中！

有趣的是，我们画的 UML 图并没有帮助我们解决这个问题。当我们开始认真考虑 UnionAffiliation 的测试用例时，这个问题才浮出水面。这也再次表明了代码对系统设计的反馈是多么有必要。图表对系统设计来说可能也很有用，但如果没有代码对其进行反馈的情况下，过度依赖于它们是一种冒险的行为。

那么我们如何从 PaymentSchedule 的层次结构中获取到支付周期，并在 PaymentClassification 和 Affiliation 的层次结构中使用它呢？这些层次结构对彼此一无所知。我们可以将支付周期的日期加入到 Paycheck 对象中。现在，Paycheck 只有支付周期的结束日期，同样在 Paycheck 对象中，我们也应该能够获取到支付周期的开始日期。

程序 19.48 展示了对 PaydayTransaction::Excute() 的改变。这里需要注意，在创建一个薪水支票时，会同时传递支付周期的开始和结束日期。如果你跳到程序 19.55，你会看到计算这两个日期的都是 PaymentSchedule 对象。

程序 19.48 PaydayTransaction::Execute()

```
void PaydayTransaction::Execute()
{
  list<int> empIds;
  GpayrollDatabase.GetAllEmployeeIds(empIds);
  list<int>::iterator i = empIds.begin();
  for (; i != empIds.end(); i++) {
    int empId = *i;
    if (Employee* e = GpayrollDatabase.GetEmployee(empId)) {
      if (e->IsPayDate(itsPayDate)) {
        Paycheck* pc = new Paycheck(e->GetPayPeriodStartDate(itsPayDate), itsPayDate);
        itsPaychecks[empId] = pc;
        e->Payday(*pc);
      }
    }
  }
}
```

在 HourlyClassification 和 CornmissionedClassification 中用于确定 TimeCards 和 SalesReceipts 是否在一个支付周期内的两个函数已经合并到了基类 PaymentClassification 中，如见程序 19.49 所示。

程序 19.49 PaymentClassification::IsInPayPeriod(...)

```
bool PaymentClassification::IsInPayPeriod(const Date& theDate, const Paycheck& pc) const
{
  Date payPeriodEndDate = pc.GetPayPeriodEndDate();
  Date payPeriodStartDate = pc.GetPayPeriodStartDate();
  return (theDate >= payPeriodStartDate) && (theDate <= payPeriodEndDate);
}
```

接下来我们准备在 UnionAffilliation::CalculateDeductions 中计算员工的工会会费。程序 19.50 所示为计算工会会费的实现代码。可以从 Paycheck 对象中得到一个支付周期的两个日期，并将其传递给工具函数，该工具函数用于计算一个支付周期之间的星期五的个数。然后将该星期五的个数乘以每周会费，来计算一个支付周期间的会费。

程序 19.50 UnionAffiliation::CalculateDeductions()

```
namespace
{
 int NumberOfFridaysInPayPeriod(const Date& payPeriodStart,const Date& payPeriodEnd)
 {
  int fridays = 0;
  for (Date day = payPeriodStart; day <= payPeriodEnd; day++)
  {
    if (day.GetDayOfWeek() == Date::friday)
      fridays++;
  }
  return fridays;
 }
}

double UnionAffiliation::CalculateDeductions(Paycheck& pc) const
{
  double totalDues = 0;
  int fridays = NumberOfFridaysInPayPeriod(pc.GetPayPeriodStartDate(),pc.GetPayPeriodEndDate());
  totalDues = itsDues * fridays;
  return totalDues;
}
```

最后两个测试用例和工会服务费有关。程序 19.51 所示为第一个测试用例。它用来确保我们可以正确地扣除工会服务费用。

程序 19.51 PayrollTest::TestHourlyUnionMemberServiceCharge

```
void PayrollTest::TestHourlyUnionMemberServiceCharge()
{
  cerr << "TestHourlyUnionMemberServiceCharge" << endl;
  int empId = 1;
  AddHourlyEmployee t(empId, "Bill", "Home", 15.24);
  t.Execute();
  int memberId = 7734;
  ChangeMemberTransaction cmt(empId, memberId, 9.42);
  cmt.Execute();
  Date payDate(11,9,2001);
  ServiceChargeTransaction sct(memberId, payDate, 19.42);
```

```
  sct.Execute();
  TimeCardTransaction tct(payDate, 8.0, empId);
  tct.Execute();
  PaydayTransaction pt(payDate);
  pt.Execute();
  Paycheck* pc = pt.GetPaycheck(empId);
  assert(pc);
  assert(pc->GetPayPeriodEndDate() == payDate);
  assertEquals(8*15.24, pc->GetGrossPay(), .001);
  assert("Hold" == pc->GetField("Disposition"));
  assertEquals(9.42 + 19.42, pc->GetDeductions(), .001);
  assertEquals((8*15.24)-(9.42 + 19.42), pc->GetNetPay(), .001);
}
```

第二个测试用例给我提出了一个问题。你可以在程序 19.52 中看到这一点。该测试用例确保它不会扣除当前支付周期之外的服务费用。

程序 19.52　PayrollTest::TestServiceChargesSpanningMultiplePayPeriods

```
void PayrollTest::TestServiceChargesSpanningMultiplePayPeriods()
{
  cerr << "TestServiceChargesSpanningMultiplePayPeriods" << endl;
  int empId = 1;
  AddHourlyEmployee t(empId, "Bill", "Home", 15.24);
  t.Execute();
  int memberId = 7734;
  ChangeMemberTransaction cmt(empId, memberId, 9.42);
  cmt.Execute();
  Date earlyDate(11,2,2001); // previous Friday
  Date payDate(11,9,2001);
  Date lateDate(11,16,2001); // next Friday
  ServiceChargeTransaction sct(memberId, payDate, 19.42);
  sct.Execute();
  ServiceChargeTransaction sctEarly(memberId, earlyDate, 100.00);
  sctEarly.Execute();
  ServiceChargeTransaction sctLate(memberId, lateDate, 200.00);
  sctLate.Execute();
  TimeCardTransaction tct(payDate, 8.0, empId);
  tct.Execute();
```

```
  PaydayTransaction pt(payDate);
  pt.Execute();
  Paycheck* pc = pt.GetPaycheck(empId);
  assert(pc);
  assert(pc->GetPayPeriodEndDate() == payDate);
  assertEquals(8*15.24, pc->GetGrossPay(), .001);
  assert("Hold" == pc->GetField("Disposition"));
  assertEquals(9.42 + 19.42, pc->GetDeductions(), .001);
  assertEquals((8*15.24)-(9.42 + 19.42), pc->GetNetPay(), .001);
}
```

为了实现这点，我希望 UnionAffiliation::CalculateDeductions 直接调用 IsInPayPeriod 方法。但不幸的是，我们只是把 IsInPayPeriod 放在 PaymentClassification 类中，如程序 19.49 所示。但将它放在那里是方便的，因为 PaymentClassification 的派生对象需要调用它。但是现在其他的类也需要调用它，所以我将该函数移动到 Date 类中。毕竟，该函数的功能只是为了确定给定日期是否在其他两个日期之间，如程序 19.53 所示。

程序 19.53　Date::IsBetween

```
static bool IsBetween(const Date& theDate,const Date& startDate,const Date& endDate)
{
  return (theDate >= startDate) && (theDate <= endDate);
}
```

现在，我们终于可以完成 UnionAffiliation::CalculateDeductions 函数了。我把它当作练习留给你来完成。

程序 19.54 和 19.55 所示为 Employee 类的实现。

程序 19.54　Employee.h

```
#ifndef EMPLOYEE_H
#define EMPLOYEE_H

#include <string>

class PaymentSchedule;
class PaymentClassification;
class PaymentMethod;
class Affiliation;
```

```
class Paycheck;
class Date;

class Employee
{
  public:
  virtual ~Employee();
  Employee(int empid, string name, string address);
  void SetName(string name);
  void SetAddress(string address);
  void SetClassification(PaymentClassification*);
  void SetMethod(PaymentMethod*);
  void SetSchedule(PaymentSchedule*);
  void SetAffiliation(Affiliation*);

  int GetEmpid() const {return itsEmpid;}
  string GetName() const {return itsName;}
  string GetAddress() const {return itsAddress;}
  PaymentMethod* GetMethod() {return itsPaymentMethod;}
  PaymentClassification* GetClassification() {return itsClassification;}
  PaymentSchedule* GetSchedule() {return itsSchedule;}
  Affiliation* GetAffiliation() {return itsAffiliation;}

  void Payday(Paycheck&);
  bool IsPayDate(const Date& payDate) const;
  Date GetPayPeriodStartDate(const Date& payPeriodEndDate) const;

private:
  int itsEmpid;
  string itsName;
  string itsAddress;
  PaymentClassification* itsClassification;
  PaymentSchedule* itsSchedule;
  PaymentMethod* itsPaymentMethod;
  Affiliation* itsAffiliation;
};
#endif
```

程序 19.55 Employee.cpp

```
#include "Employee.h"
#include "NoAffiliation.h"
#include "PaymentClassification.h"
#include "PaymentSchedule.h"
#include "PaymentMethod.h"
#include "Paycheck.h"

Employee::~Employee()
{
 delete itsClassification;
 delete itsSchedule;
 delete itsPaymentMethod;
}

Employee::Employee(int empid, string name, string address)
: itsEmpid(empid)
, itsName(name)
, itsAddress(address)
, itsAffiliation(new NoAffiliation())
, itsClassification(0)
, itsSchedule(0)
, itsPaymentMethod(0)
{
}

void Employee::SetName(string name)
{
 itsName = name;
}

void Employee::SetAddress(string address)
{
 itsAddress = address;
}

void Employee::SetClassification(PaymentClassification* pc)
{
```

```
  delete itsClassification;
  itsClassification = pc;
}

void Employee::SetSchedule(PaymentSchedule* ps)
{
  delete itsSchedule;
  itsSchedule = ps;
}

void Employee::SetMethod(PaymentMethod* pm)
{
  delete itsPaymentMethod;
  itsPaymentMethod = pm;
}

void Employee::SetAffiliation(Affiliation* af)
{
  delete itsAffiliation;
  itsAffiliation = af;
}

bool Employee::IsPayDate(const Date& payDate) const
{
   return itsSchedule->IsPayDate(payDate);
}

Date Employee::GetPayPeriodStartDate(const Date& payPeriodEndDate) const
{
   return itsSchedule->GetPayPeriodStartDate(payPeriodEndDate);
}

void Employee::Payday(Paycheck& pc)
{
   Date payDate = pc.GetPayPeriodEndDate();
   double grossPay = itsClassification->CalculatePay(pc);
   double deductions = itsAffiliation->CalculateDeductions(pc);
   double netPay = grossPay - deductions;
```

```
    pc.SetGrossPay(grossPay);
    pc.SetDeductions(deductions);
    pc.SetNetPay(netPay);
    itsPaymentMethod->Pay(pc);
}
```

主程序

现在，薪水支付系统的主程序可以表示为一个循环，用于解析来自输入源的事务，然后执行它们。图 19.34 和 19.35 所示为主程序的静态和动态结构。其中的理念很简单：PayrollApplication位于一个循环中，交替从 TransactionSource 请求事务，然后告诉那些 Transaction 对象分别进行执行。请注意，这与图 19.1 中的图表不同，它表示我们的思维需要转变得更加抽象。

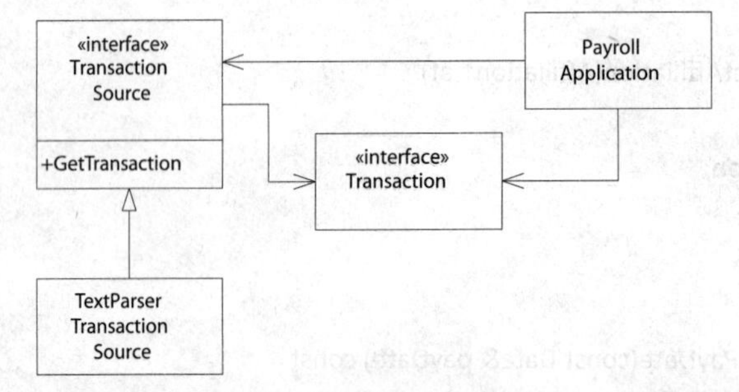

图 19.34 主程序的静态模型

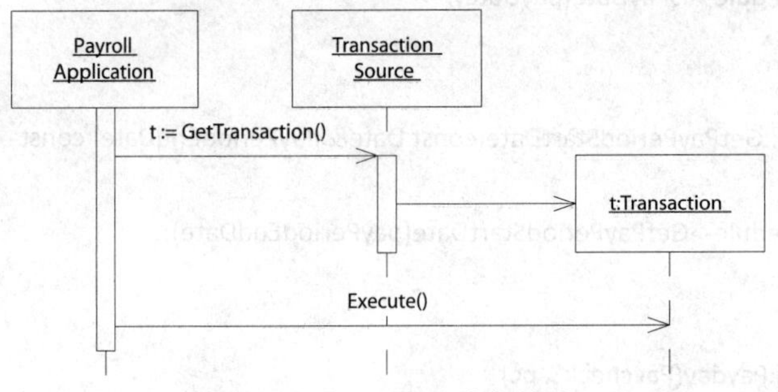

图 19.35 主程序的动态模型

TransactionSource 是一个抽象类，我们可以通过多种方式实现它。静态图显示名为 TextParserTransactionSource 的派生类，它读取输入的文本流并按用例中的描述解析事务。然后，此对象将创建相应的 Transaction 对象，并将它们一起发送到

PayrollApplication。

TransactionSource 中接口与实现的分离允许事务的来源是抽象的，例如，我们可以轻松地将 PayrollApplication 连接到 GUITransactionSource 或 RemoteTransactionSource 中。

数据库

当前已经完成该迭代中的分析、设计和大部分实现的工作，我们可以开始考虑数据库了。PayrollDatabase 类中比较明显地封装了系统中涉及持久性的相关内容。PayrollDatabase 中包含的对象的生存期必须比应用程序的任何一次运行的时间更长。那么我们该如何实现这一点呢？ 显然，测试用例使用的暂态机制对于实际系统来说是不够的。 我们还需要有几种选择。

我们可以使用面向对象的数据库管理系统（OODBMS）实现 PayrollDatabase。这将允许实际对象存储在数据库的永久存储器中。作为系统设计者，我们只需要再做一点额外的工作，因为 OODBMS 不会给我们的设计带来太多的工作。OODBMS 最大的一个优点是 OODBMS 产品对应用程序的对象模型几乎没有影响。从设计层面而言，数据库几乎不存在。（对这此持乐观的态度。在像 Payroll 这样简单的应用程序中，使用 OODBMS 对程序的设计几乎没有影响。虽然随着应用程序变得越来越复杂，OODBMS 对应用程序的影响量也在增加。但是，其影响仍然远远小于 RDBMS 的影响。）

另一种选择是使用简单的纯文本文件来记录数据。 在初始化时，PayrollDatabase 对象可以读取该文本文件并在内存中构建必要的对象。在该程序运行结束时，PayrollDatebase 对象可以生成新版本的文本文件并进行存储。当然，对于拥有几十万名员工的公司，或者想要实时并发的访问其工资单数据库的公司来说，这个选择显然是不足以满足需求的。相反，对于规模较小的公司来说，这个选择可能就足够了，它也可以在无需引入大型数据库系统的情况下，测试系统中其余类的一种机制。

另一种选择是将关系数据库管理系统（RDBMS）合并到 PayrollDatabase 对象中。然后，PayrollDatabase 对象的实现将对 RDBMS 进行适当的查询，用以临时在内存中创建必要的对象。（有时，数据库的特性是应用程序的主要要求之一。RDBMS 提供强大的查询和报告系统，可以算为应用程序的非功能性需求。但是，即使这些要求是明确的，设计人员仍需要将应用程序设计与数据库设计分离。应用程序设计不应该依赖于任何特定类型的数据库。）

这其中的关键是，就应用程序而言，数据库只是用来管理数据存储的一种机制。通常不应该将它们视为系统设计和实现的主要因素。如我们在该系统的设计中所示，数据库部分通常可以留作最后一部分，将其作为实现细节进行处理。通过这样做，我们为实现系统所需的持久性以及应用程序的测试机制留下了许多有趣的选择。我们也不需要和任何特定的数据库技术或产品绑定在一起。我们可以根据设计自由选择我们需要的数据库，并且我们也可以根据需要在将来自由更改或替换该数据库产品。

薪水支付系统设计总结

大约经过 50 个图表和 3300 行代码的实现，我们展示了薪水支付系统一次迭代中的设计和实现。该系统的设计采用大量的抽象和多态。其结果是，大部分设计都能做到针对工资政策的变化而封闭。例如，可以更改应用程序以处理根据正常工资和奖金计划每季度支付的员工。这种变化需要额外增加一部分设计，且现有的设计和代码也几乎不用发生变化。

在此过程中，我们很少考虑是否进行分析、设计或实施。相反，我们专注于清晰性和封闭性的设计。我们试图尽可能多找到潜在的抽象。其结果就是我们为薪水支付系统提供一个良好的初始设计，并且我们有一个与核心问题域密切相关的核心类。

历史

我在 1995 年出版过一本书 *Designing Object-Oriented C++ Applications using the Booch Method*，这章出现的部分图表就来自于该书中相应章节的 Booch 图。这些图表创建于 1994 年。我创建它们时，还写了一些实现它们的代码，以确保这些图表有意义。但是，我在那本书中所写的代码量，远没有现在这本书中的代码量多。因此，在那本书中的图表都缺乏代码和测试的有效反馈，而缺乏这种有效反馈所带来的缺陷也是显而易见的。

我写此章节的顺序和我此处所描述的相同，在每一种情况下，我们的测试用例都会在生产代码之前进行编写。在许多情况下，这些测试用例也都是逐步创建的，随着生产代码的完善而不断完善。只要图表有意义，我们就需要写生产代码以符合我们所设计的图表。但在某些情况下，图表也会有不合理的地方，所以我需要改变代码的设计。

第一个不合理的地方出现在19.3节中，那时我决定不在Employee对象中添加多个Affiliation实例。另一个不合理的地方出现在19.4节中，当时我没有考虑到在ChangeMemberTransaction中记录员工在工会中的成员身份。

但这是很正常的。如果在没有反馈的情况下进行设计，必然会出错。测试用例和代码的运行可以帮助我们及时发现这些错误。

参考文献

1. Jacobson, Ivar. *Object-Oriented Software Engineering, A Use-Case-Driven Approach*. Wokingham, UK: Addison-Wesley, 1992.

第Ⅳ部分　打包薪水支付系统

在这一部分中，我们将一起探索能够将大型软件系统拆分为不同包的设计原则。第 20 章讨论这些原则。第 21 章介绍一些模式来帮助改进包结构的设计。在第 22 章中，我们将这些原则和模式应用在薪水支付系统中。

第 20 章　包的设计原则

"包装不错。"

——无名氏

随着软件系统规模和复杂性的增长，需要对系统进行一些更高层的设计。对于小型系统来说，类是一种非常方便的组织单元，但由于它的粒度太细，通常不能满足大型系统的组织单元。因此，需要用比类"更大"粒度的组织单元来帮助设计大型系统，它们就是包。

本章共讲述六个原则。前三个原则是关于包内聚的原则，它们能帮助我们将不同的类分配到更合适的包中。后三个原则是关于包之间耦合的原则，它们能帮助我们确定包之间应该如何更好的相互关联。最后两个原则还讲述了一组依赖关系管理（DM）的度量标准，允许开发人员测量和表征其包设计的依赖关系结构。

如何进行包的设计

在 UML 的概念里，包可以作为对类进行分组的容器。通过将不同的类分组到不同的包中，我们可以在更高层次的抽象中研究软件的设计。我们还可以用这些包来对软件的开发和发布进行管理。我们的目标是能够根据某些条件对系统中类进行划分，然后再将这些划分后的类分配到不同的包中。

但是，一个类通常会对其他的某些类产生依赖，然而这些被依赖的类通常在别的包中。正因为如此，不同的包之间也会有依赖关系。各个包之间的关系是对系统更高层次的组织形式，也需要对包进行管理。

这就会引发一系列的问题。

1. 将不同的类分配到不同的包时，所采用的原则是什么？
2. 哪些设计原则可以被用来管理包之间的依赖关系？
3. 我们应该在设计类之前先设计包么（自上而下）？还是应该先设计包再设计类呢（自下而上）？
4. 包的物理表现如何？在 C++ 中如何体现包呢？在 Java 中如何体现包呢？在某种开发环境中又该如何体现包呢？
5. 当我们创建好一个包之后，我们又该将它们用于何种目的呢？

本章主要介绍了 六个设计原则，它们可以用来管理包的创建、包之间的关系以及包的使用。

前三个原则主要用来指导如何将类划分到不同的包中的，后三个原则主要用来处理包之间的依赖关系的。

粒度：包的内聚性原则

关于包内聚性的三个原则，可以帮助开发人员决定如何将不同的类划分到不同的包中。这些原则也同样依赖于这样一个事实：至少存在一些类，它们之间的关系是已经确定的。因此，这些原则均采用“自下而上”的原则对类进行划分。

重用发布等价原则（REP）

可以复用的粒度就是可以发布的粒度。

当你想要复用一个类库时，你对这个类库会有什么样的期待呢？当然，你一定需要一个良好的文档、可以运行的代码示例以及规格清晰的接口说明等。同时，你一定还会有其他的期望。

首先，若你希望能够安心地复用这个类库，你一定希望作者会持续对该类库进行维护，也只有这样才值得你在这个项目上花费时间。毕竟，如果必须要维护这个项目，你将不得不花费大量的时间对系统进行设计，那么你一定希望为自己设计出更小更好用的包。

其次，你一定希望这个类库的作者在准备对代码的接口和功能进行更改的时候，能够提前通知你。但是，仅仅通知还是不够的。当你不想使用新版本的功能时，作者还必须为你提供能够兼容老版本的选项。毕竟，类库的作者可能在任何时候发布新版本，可能此时你正在一次紧急的开发计划中，或者作者可能发布了与你系统完全不兼容的代码，那么此时你是能够拒绝使用新版本的代码的。

不管在任何情况下，如果你暂时拒绝使用新版本的代码，作者必须能够保证在一段时间内就版本的代码是可用的。也许这段维护期可以短至三个月也可以长达一年。至于具体维护多长时间，你们两个可以协商决定。但是他不能立即和你切断联系或者拒绝帮助你。如果他真的不同意支持你使用其旧版本的话，那么你可能需要考虑一下是否还继续使用他的代码，因为这日后必定会带来反反复复的修改。

当然，这个问题主要是一个行政问题。如果其他人要复用他的代码，他就必须要协助进行行政和技术支持方面的工作。但是这些行政上的问题对软件上的包结构同样具有深刻的影响。为了给可复用程序所需的保证，作者就必须将其软件组织成可以复用的软件包，之后再用版本号来管理这些软件包。

REP 原则指出我们在系统中可以复用的粒度（也就是包）必须不小于可以发布的包。我们复用的任何东西都是可以发布和追踪的。对于开发人员来说，随便写一个类，就声称它是可以复用的，这不现实。只有在为其建立了一个追踪系统，可以为潜在的使用者提供所需的变更通知、安全性以及技术支持后，才具有可复用的可能。

REP 原则为我们提供了第一个指导，帮助我们合理的将类划分到不同的包中。由于代码的可复用性必须基于包，因此可复用的包自然必须包含可复用的类。因此，某些包应该由一组可重用的类组成。

但令人感到不安的是，在行政上的约束会影响到对于软件包的划分，尽管软件并不是一个可以依靠纯粹数学规则组织起来的纯数学实体。软件是人们经过努力而产生的一种产品，它由人类创建和使用。因此，若想对软件进行复用，那么就必须以一种人们认为更方便重用的方式进行软件包的划分。

那么，关于一个包的内部结构，这个原则又告诉我们什么呢？我们必须能够从软件的潜在用户的角度出发来考虑软件包内部的结构。如果一个软件包包含应该被复用的软件，那么它就不应该包含不是为了复用而设计的软件。也就就是说，要么一个软件包中的所有类都可以复用，要么它们都不可以被复用。

可复用性也不是唯一的标准，我们还必须考虑到复用软件的使用者。当然，一个容器类库是可以被复用的，同样的一个金融方面的框架也是可以被复用的。但我们不希望把它们都放在同一个软件包内。也有许多人他们对复用容器级别的类库很感兴趣但对金融框架级别的复用却不感兴趣。因此，我们希望软件包中的所有类都可以有相同的受众对其进行复用。对于任何一个用户，我们不希望他发现在一个软件包中，其中有一些类是他所需要的，而另一些类他却完全不需要。

共同重用原则（CRP）

在包中的类可以一起被复用。如果你复用包中的某一个类，那么就要复用包中的所有类。

这一原则可以帮助我们决定将哪些类放进同一个包中。该原则也指出对于对于那些倾向于一同被复用的类应该被放进同一个包内。

类通常很少被孤立的复用。通常，在一个可被复用的抽象中，其中一个可被复用的类还需要和其他类进行协作。CRP 原则指出对于这些类它们应该被放在同一个包中。在这样的一个包中，我们期望看到包内的类之间有许多彼此依赖的关系。

一个简单的例子是容器类及其相关联的迭代器类。由于这些类之间具有强耦合性，因此他们通常会被一同复用，同样它们也应该被放在同一个包中。

但是，CRP 原则告诉我们的不仅仅是哪些类应该被放在同一个包中，它也告诉我们哪些类不要放在同一个包中。当一个包使用到另一个包时，各个包之间就存在依赖关系。尽管它可能只使用到了另一个包中的某一个类，但这也并没有消除它们之间的依赖关系。使用的包任然依赖于被使用的包。被使用的包每进行一次发布，正在使用它的包也必须重新对其进行验证并重新发布。即使正在使用它的包并没有依赖发布的包中被更改的类，也同样需要这样做。

此外，包经常会以共享库、DLL 和 JAR 这样的物理表现形式存在。如果被使用的包以 JAR 包的形式进行发布，那么使用它的代码就依赖于整个 JAR 包。即使在一次发布中修改的类没有被代码用到，但是这次发布同样会产生一个新版本的 JAR 包。这个新的 JAR 包仍然要重新进行发行，并且使用了这个 JAR 包的代码也要重新进行验证。

因此，这里当我在说依赖某一个包的时候，就是依赖于这个包中的每一个类。换句话说，我想要确保我放入到包中的类是不可分割的，因此也就不可能只依赖于某一些类而不依赖其他类了。否则，我就需要进行没有必要的重新验证和发布了，这也将耗费相当大的精力。

因此，CRP 原则告诉我们更多的是哪些类不应该放在一起而不是哪些类应该被放在一起。CRP 原则告诉我们，没有一定依赖关系的类不应该被放在同一个包中。

共同封闭原则（CCP）

一个包中的类对于同一类型的变化应该是共同封闭的。对于一个包的更改会影响到该包中的所有类，而不会影响到其他包。

这也是单一职责原则对于包级别的体现。就像 SRP 原则告诉我们一个类不应该包含多个可被改变的原因一样，CCP 原则告诉我们一个包同样不应该有多个可被改变的原因。

在大多数应用程序中，可维护性比可复用性更重要。如果一个应用程序中的代码必须要被更改，你一定希望这些更改都发生在同一个包中，而不是分散在各个包中。如果所有的更改都集中在一个包中，那么我们只需要发布一个被更改的包就好了，其他没有依赖于这个被更改的包就可以不需要被重新验证和发布了。

CCP 原则鼓励我们把可能具有多个变化原因的类聚集在相同的地方。如果有两个类在物理表现形式或者概念上具有紧密的绑定关系，它们总是一起变化，那么它们通常属于同一个包。这样才能最大限度的减少发布、重新验证和重新发行的工作量。

CCP 原则和开放-封闭原则（OCP）具有紧密的关系。CCP 原则中的“封闭”一次和 OCP 原则中的“封闭”具有同样的含义。OCP 原则指出某一个类应该对修改封闭，对于拓展应该是开放的。但正如我们所学到的这样，要想做到 100% 封闭是不可能的，而应该是有策略的封闭。对于我们曾经经历过的更改，我们所设计的系统应该尽量减少它们所带来的影响。

在一个软件中，某些类会对一些相同的更改开放，CCP 原则通过对这些类进行分组，将它们分在同一个包中，以此来强调这一点。因此，当需求的变化出现时，该变化才可能被控制在最小数量的包中。

包内聚性的总结

在过去，我们对内聚性的看法比以上提到的三个原则简单得多。过去我们认为内聚性就是一个模块的属性，被用来执行唯一存在的函数。然而，对于体现包内聚性的三个原则就表现得更加多样化。对于将哪些类放在同一个包中这件事，我们必须考虑到可复用性和可开发性之间所涉及到的平衡。能够平衡这些复杂度与系统的需求之间的关系是非常重要的。因为，所谓平衡几乎总是动态变化的。也就是说，当下的包分组方式可能并不适合明年的场景。因此，随着项目的重点从可开发性变为可复用性的时候，包中类的组成也会随着时间的推移而发生变化。

稳定性：包耦合性的原则

接下来的三个原则涉及到包之间的关系。这里我们需要再次解决可开发性和逻辑设计之间的密切关系。对一个包体系结构的影响是多方面的，包括技术和行政因素，并且这种影响还是多变的。

无环依赖原则（ADP）

包之间的依赖关系图中不应该存在环形。

你有没有过这样的经历？结束一整天的工作才回到家，然而到了第二天，却发现你实现的功能不能正常工作了，你会很好奇这是为什么。明明什么也没有修改，为什么它就不工作了呢？其实是前一天有人比你更晚下班，他在你回家后更改了你所依赖的某些代码！我把它称为“晨后综合征”。

“晨后综合征”通常发生在开发环境中，由于许多开发人员会同时修改相同的源文件。如果是在一个开发人员相对较少的小型项目中，这可能不是个大问题。但随着项目规模和开发团队规模的扩大，第二天的造成可能就会变得如噩梦一般。在一个没有纪律的团队中，且在该团队还没有能够构建出稳定版本的情况下，这种情况在几周之后并不罕见。相反，每个人都在不断改代码，尝试使其代码能够和别人的最后一次代码修改共同起作用。

在过去的几十年中，针对这个问题共产生了两种解决方案。这两个方案都来自于电信行业。第一个方案是“每周构建”，第二个方案是 ADP 原则。

每周构建

在中型项目中，每周构建这一方法非常常见。该方法的工作方式如下：在每周的前四天，所有开发人员互相暂时忽略对方的代码。这时他们都在自己本地的副本项目上进行开发，不必担心彼此的代码集成。最后，在每周的周五，他们会一起集成所有的代码，并构建系统。

这种方式有一个很大的优势，就是它允许每一位开发人员在一周中的 4 天进行独立开发。当然，缺点就是在周五需要花费大量的工作量进行代码的集成工作。

不幸的是，随着项目的逐步发展，只在每周五进行统一的集成变得越来越不现实。项目集成的工作量越来越大，大到只能到周六才能完成这项工作。在经历一些加班到周六才能完成集成这一情况后，开发人员开始觉得项目的集成工作应该在每个星期四就开始进行。慢慢的，项目集成工作的开始时间开始向每周中期蔓延。

随着团队开发和集成工作周期的减少，团队的效率也会逐渐降低。到了最后，项目经理或者开发人员不得不将项目的集成周期改为每两周集成一次那就非常糟糕了。虽然在短期内，这一做法可能奏效，但项目和团队的规模还在不断增大，每一个集成的时间仍然在不断增加。

这么发展下去的话，最终一定会极大增加项目的风险。因为为了维持项目的开发效率，必须不断延长项目集成的时间间隔。然而，延长项目集成的时间间隔就会增加项目风险，也会使项目的集成和测试变得越来越难，逐渐使团队无法快速获得反馈。

消除依赖环

这个解决方案是将开发环境划分为可以发布的包。每一个包就是一个工作单元，可以由开发人员或者开发团队进行开发。当一个开发人员完成某一个包的开发工作时，他就会将该包发布以供其他开发人员使用。他们会为这个包命名一个版本号，然后将它发布到某一公共目录以供其他团队使用。然后他们会继续在他们自己的开发环境中继续开发修改他们的包。而其他开发人员使用这一已发布的版本。

随着软件包新版本的发布，其他团队可以决定是否立即使用这一新版本的包。如果他们决定暂时不使用新版本，那么他们还可以继续使用旧版本的软件包。同样的，只要他们觉得他们已经准备好了，便可以随时决定开始使用新版本的软件包。

因此，没有任何一个团队会受到其他团队的影响。对于一个包的更改也不需要立即对其他团队产生影响。每个团队都可以自行决定什么时候采用新版本的软件包。此外，集成工作也以小的增量的形式持续进行。这也就意味着，不再需要一个具体的时间点，再将所有的开发人员集中在一起并集成他们所做的事情了。

这个过程是非常简单并且合理的，也已经被广泛使用。然而，要使项目可以正常工作，还必须要管理项目中包之间的依赖关系。确保包之间的依赖没有形成环形依赖。如果项目的依赖关系中存在环形依赖，那么就又无法避免“晨后综合征”了。

考虑图 20.1 中的包结构。在该图中，我们可以看到通过对包的组装而形成一款应用的一种典型结构。在本示例中，此应用程序实现了什么功能并不重要，重要的是包之间的依赖结构。这里请注意，这里的依赖结构是一个有向图。其中，包是节点，包之间的依赖关系是有向边。

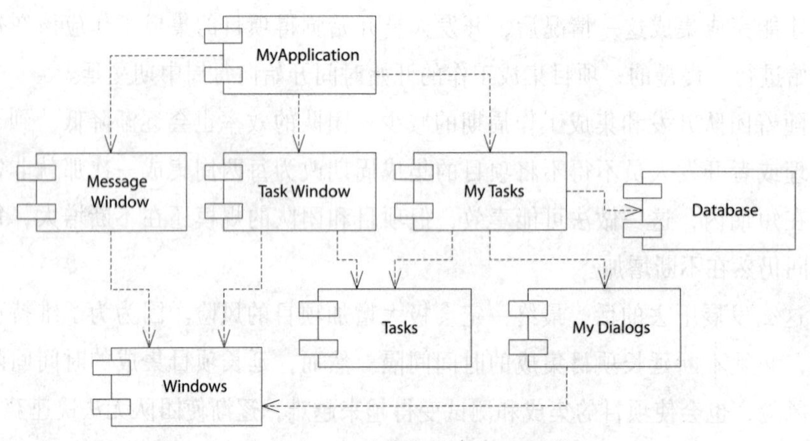

图 20.1　包的结构是有向无环图

这里，我们再注意另一件事情。无论哪一个软件包，只要以它为起点，沿着图中的依赖关系无法再次回到该软件包。我们就称这样的结构没有环形依赖，它是一个有向无环图（DAG）。

当负责 MyDialogs 的团队发布他们新版本的软件包时，只要顺着依赖关系的箭头，我们很容易找到哪些团队受到了影响。我们可以发现，MyTasks 和 MyApplication 都会受到影响。对于它们，正在开发这些软件包的开发人员必须决定何时使用新版本的 MyDialogs 包。

另外还要注意，当 MyDialogs 的新版本发布时，它对系统中的许多软件包其实并没有影响。因为他们和 MyDialogs 包没有任何依赖关系，他们也就不会关心 MyDialogs 包何时发布了新版本了。这样的设计就比较好了，因为这意味着 MyDialogs 新版本的发布对系统的影响相对较小。

当 MyDialogs 包的开发人员想要运行该包的测试时，他们所需要做的就是编译并链接 MyDialogs 包的版本和他们当前所依赖的 Windows 包的版本，系统中的其他软件包都不需要涉及。这真是太棒了，因为这意味着开发 MyDialogs 的开发人员只需要相对较少的工作量就可以设置其测试环境了，而且他们所需要考虑的变化也相对较少。

当我们需要发布整个系统时，它是自底向上进行的。首先会编译、测试和发布 Windows 包；然后是 MessageWindow 和 MyDialogs 包；其次是 Task 包；然后是 TaskWindows 和 Database 包，再下一个是 MyTasks 包，最后是 MyApplication 包。整个过程非常清晰且易于完成。我们知道了如何去构建系统，是因为我们了解了其中各个包之间的依赖关系。

包依赖关系中环形依赖造成的影响

假如新的需求迫使我们更改 MyDialogs 包中的一个类，且它需要使用 MyApplication 包中的一个类，就会产生一个环形依赖，如图 20.2 所示。

这个环形依赖会直接导致一些问题。例如，MyTasks 包的开发人员为了该包的发布，必须兼容 Tasks，MyDialogs，Database 和 Windows 包。但是，在存在环形依赖的情况下，它们现在还必须与 MyApplication，TaskWindows 和 MessageWindows 兼容。也就是说，现在 MyTasks 包依赖于系统中每一个其他的软件包。这就使得 MyTasks 包很难进行发布。MyDialogs 包同样遭遇这样的命运。事实上，这个环形的依赖强制使 MyApplication，MyTasks 和 MyDialogs 包始终同时发布，相当于它们变成了一个大的软件包。所有做这个大软件包中的工作人员都将再次遭遇“晨后综合征”的困扰。

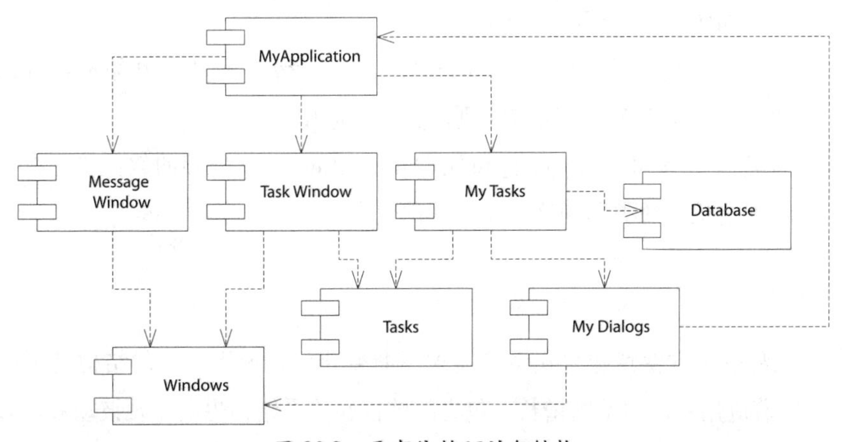

图 20.2 具有依赖环的包结构

它们之间的发布要完全一致，因为它们的发布必须使用完全相同的版本。

但这还只是部分问题。考虑一下，当我们想要测试 MyDialogs 包时会发生什么。我们会发现我们必须链接系统中的每一个其他软件包，包括 Database 包。这也就是说我们必须进行一次完整的构建才能测试 MyDialogs 包。这是绝对不能容忍的。

如果想知道为什么只是为了运行一次单元测试，却需要链接那么多不同的库以及所有人的代码，或许是因为在系统的依赖关系图中存在循环依赖的关系。这样的循环依赖使得对系统中模块间的隔离变得非常困难，同时也使得单元测试和包的发布变得非常困难且极易出错。而且，在 C++ 中，编译的时间也会随着模块数量的增加成几何量级的增长。

此外，当系统的依赖关系图中存在循环依赖时，我们可能很难得知系统构建时包的构建顺序。因为事实上，可能并不存在非常恰当的顺序。对于 Java 这种语言，要从它们编译出的二进制文件中读取它们的声明来说，这会导致一些非常讨厌的问题。

解除循环依赖

在任何情况下，都可以将包之间的循环依赖关系解除，使其恢复为 DAG。有以下两个主要的方法。

1. 应用依赖倒置原则（DIP）。在图 20.3 所示的情况下，我们可以创建一个抽象基类，该基类包含 MyDialogs 包所需的接口。然后，将该抽象基类放入到 MyDialogs 包中，并使 MyApplication 中的类继承该基类。这就倒置了 MyDialogs 包和 MyApplication 包之间的依赖关系，从而解除了其中的循环依赖。如图 20.3 所示。

   请注意，我们再次从客户端的角度为接口命名，而不是从服务器端的角度。这也是接口属于客户端接口规则的另一个应用。
2. 新建一个被 MyDialogs 包和 MyApplication 包都依赖的软件包，将它们两个包之间所依赖的类移到这一新的软件包中。

“波动”

第二种解决方案意味着在系统需求不断变化的情况下，包的结构是不稳定的。实际上，随着应用程序的不断增长，包之间的依赖关系结构也会出现波动和增长。因此，必须始终对系统依赖关系中存在的循环依赖的情况进行监视。一旦出现某种循环依赖，就必须想办法将其解除。有时候，这也意味着需要创建新的软件包，从而导致系统中依赖关系结构的增长。

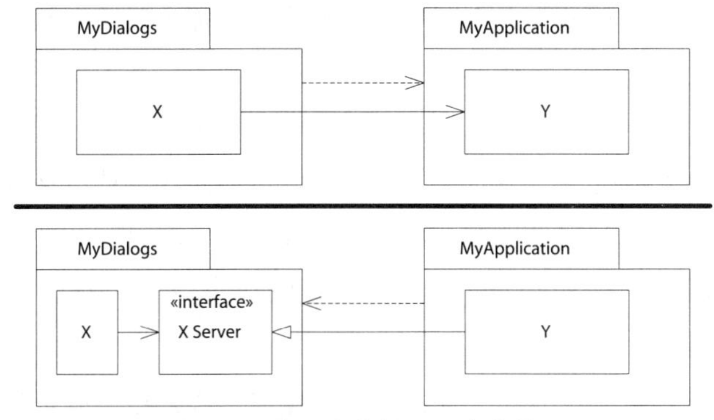

图 20.3　使用依赖倒置解除依赖环

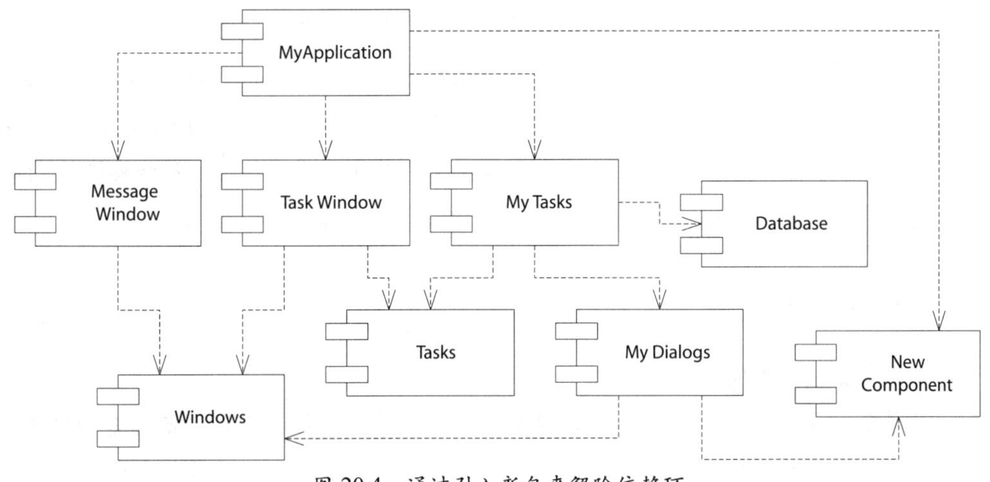

图 20.4　通过引入新包来解除依赖环

自顶向下的设计

对于这个问题的不断讨论，似乎可以得出一个必然的结论。系统中软件包的结构不能自顶向下进行设计，也就是说当我们在设计一个系统时，包结构的设计不是第一件要考虑的事情。事实上，系统中的软件包结构也会随着系统的发展和变化而不断演进。

你可能已经发现这是违反直觉的。我们认为，对软件包这样大粒度的分解是系统顶层功能上的解耦。当我们在系统层面上进行大粒度的分组时，比如，分包，我们认为这些软件包应该以某种方式代表着系统的功能。然而，这似乎并不是系统软件包依赖关系图的特性。

实际上，包之间的依赖关系图和应用程序的功能并没有直接的关系。相反，包之间的依赖关系是应用程序可构建性的映射。这也是为什么不在项目开始时设计的它们原因。因为此时还没有可被构建的软件，因此也就不需要设计项目构建的映射图。但随着程序的实现和设计，就会产生越来越多的类，因此也就越来越需要管理包之间的依赖关系，做到在没有“晨后综合征”的困扰下开发项目。此外，我们还希望尽可能保证更改的局部化，所以我们要开始关注 SRP 原则和 CCP 原则，并将可能同时变化的类放在同一个包中。

随着应用程序的不断发展，我们开始关注应用程序中可被复用的元素。因此，我们开始使用 CRP 原则来构建软件包。之后，当系统中出现依赖环的时候，就会使用 ADP 原则，之后包之间的依赖关系图就会呈现抖动已经增长。

如果我们在任何类的设计之前就先开始包之间依赖结构的设计，那么我们很可能会遭受失败。此时，我们还没有找到系统中共同的变化，我们也没有意识到系统中哪些元素可被复用，在这种情况下，我们很可能会创建出具有依赖环的包依赖结构。因此，包之间的依赖结构是随着系统的逻辑设计而增长和发展的。

稳定依赖原则（SDP）

向着稳定的方向依赖。

系统的设计不完全是静态的。要使系统的设计可维护，需要一定程度的易变性。我们通过共同封闭原则（CCP）来实现这一目标。在此原则下，我们创建对某些类型更改更敏感的软件包。这些包也被设计为可变的，且同时我们也期望它们发生变化。

对于任何一个软件包，如果我们期望它是易变的，就不应该让一个不可变的包对它产生依赖！否则，易变性的包也会变得难以改变。

你设计了一个易变的软件包，但只要其他人创建一个对它的依赖就可以使它变得难以更改，这也是软件设计的一个弊端。这样虽然没有改变你的模块中的任何代码，但是它在忽然之间就变得难以更改。通过遵循 SDP 原则，我们会确保易于更改的模块不依赖于比它们更难以更改的模块。

稳定性

让一枚硬币竖立。[①]你觉得它是稳定的么？你可能会觉得它不稳定。但事实上，除非它受到外界的干扰，否则它将长时间在该位置保持竖立。因此，稳定性与变化的频率没有直接关系。虽然硬币没有发生任何变化，但是我们很难说竖立的硬币是稳定的。

韦伯斯特曾经说："如果某事物'不那么容易被改变'（《韦伯斯特新国际词典》第三部），就说明它是稳定的。"所谓稳定性，与该事物发生变更所需要的工作量多少有关。硬币之所以很不稳定，是因为只需要很小的力量就可以使其倒下。相反，我们说桌子非常稳定，也是因为我们需要花很大力气才可能推翻桌子。

那么这些与软件有什么关系呢？有许多因素会导致一个软件包变得难以被改变，比如它的大小、复杂性和结构清晰程度等 。我们很有可能会忽略这些因素，而关注在不同的事情上。要让软件包变得难以更改，有一个方法就是让其他的许多软件包依赖它。被很多包依赖的软件包通常非常稳定，因为它会需要大量的工作才能协调好所有依赖包的任何一个更改。

图 20.5 所示为软件包 x，它是一个非常稳定的包。有三个包都依赖于它，它也就有了 3 个很好的理由不发生改变，我们称 X 对这 3 个包负有责任。另外，软件包 x 也不依赖于任何的包，因此所有外部影响也都不会对它产生改变，这时我们又称 x 是无依赖性的。

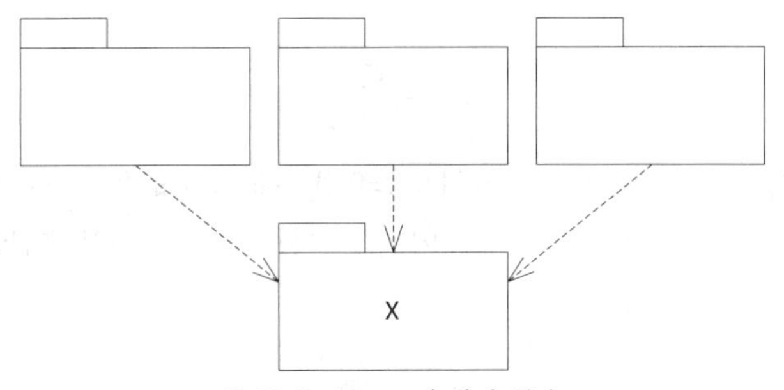

图 20.5　X：一个稳定的包

此外，我们再来看一下图 20.6，它是一个非常不稳定的软件包。没有任何其他的软件包对 Y 有任何依赖，我们称 Y 是不必承担责任的。此外，Y 又依赖于 3 个包，所以它就有了 3 个外部依赖源，这时我们又称 Y 是有依赖性的。

---

① 中文版编注：在高铁上，我们亲自做了这个实验。幕后功臣是三项技术：100 米超长钢轨，5 根钢轨在电流加热到 1000 度以上无缝焊接并以十分之一毫米级高精度打磨；36 台龙门吊同步吊运 500 米长的钢轨。通过这三项技术，重约 460 吨的高铁动车以 300 公里时速飞驰时车轮与铁轨接触的 100 多平方毫米面积上实现了高度的平整，使得一枚小小的硬币能够竖立八九分钟之久。

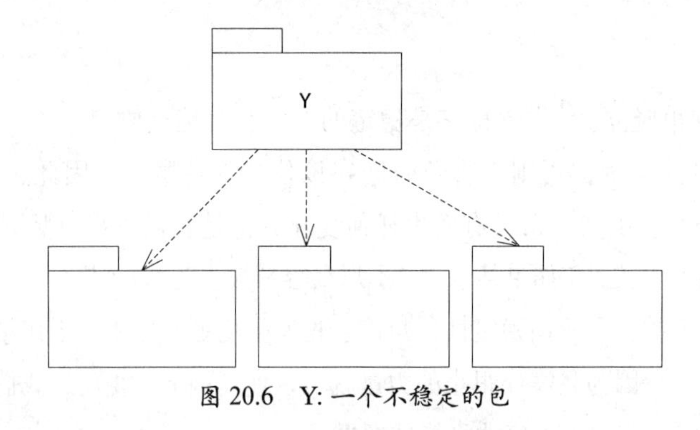

图 20.6　Y: 一个不稳定的包

稳定性度量

我们如何能够度量一个包的稳定性呢？其中有一种方法是在包的依赖关系图中计算进、出该包的依赖关系的数目。我们可以采用这个数值来计算该包的稳定性。

- (Ca) 输入耦合度（Afferent Coupling）：指在该包的外部，且依赖于该包内的类的类的数目。
- (Ce) 输出耦合度（Efferent Coupling）：指在该包的内部，且依赖于该包外的类的类的数目。
- （不稳定性 I）

$$I = \frac{C_e}{C_a + C_e}$$

这个度量方法的取值范围为 [0, 1]。I=0 代表最稳定的包，I=1 代表最不稳定的包。

通过计算一个包外的类依赖于包内的类的数量这样的方法来计算 Ca 和 Ce 的值。可以参考图 20.7 所示的例子。

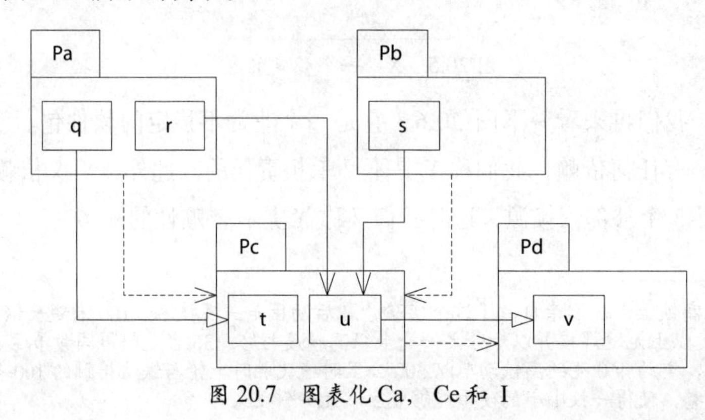

图 20.7　图表化 Ca，Ce 和 I

包之间的虚线箭头表示包之间的依赖关系。这些包的类之间的关系说明了这些依赖关系是如何形成的。其中包含继承和关联关系。

假如我们现在要计算包 Pc 的稳定性。通过图我们可以看到，Pc 外部有 3 个类依赖于 Pc 内的类，所以 Ca = 3 。此外，Pc 外部有一个类被 Pc 内的类所依赖，所以 Ce=1 。综上可得，I = ¼ 。

在 C++ 中，包之间的依赖通常由 #include 语句表示。实际上，如果我们将所有源代码都组织为一个源文件中只有一个类的形式，那么度量单位 I 的计算就会变得非常容易。在 Java 中，就可以通过计算 import 语句的数量以及类的修饰名称的数目来计算度量 I。

当度量 I 为 1 时，表示没有其他的包依赖于此包（即 Ca=0），但该包可以依赖于其他的包（即 Ce>0）。这样的包状态最不稳定，该包是不承担任何责任且有依赖性的。因为没有任何包依赖于它，所以它就没有不改变的理由，而它所依赖的包却会给它提供更丰富的更改理由。

另一方面，当度量 I 为 0 时，表示其他的包依赖于此包（即 Ca>0），但该包本身却不依赖于任何其他的包（即 Ce=0）。这样的话该包就是负有责任且无依赖的。这种包达到了最大程度的稳定性，依赖于它的包都使它变得更难以更改，并且也没有能够迫使其改变的依赖包。

SDP 原则规定一个包的度量 I 应该大于它所依赖的包的度量 I，也就是说，度量 I 应该顺着依赖的方向逐渐减少。

并非所有的包都要是稳定的

如果一个系统中所有的包都处于最稳定的状态，那么这个系统就变得不可改变了。这不是一种理想的情况。事实上，我们希望设计出一种包结构。在该结构中，使一些包处于不稳定状态，而另一些包处于稳定状态。图 20.8 所示为一个有三个包的系统在理想状态下的包依赖结构。

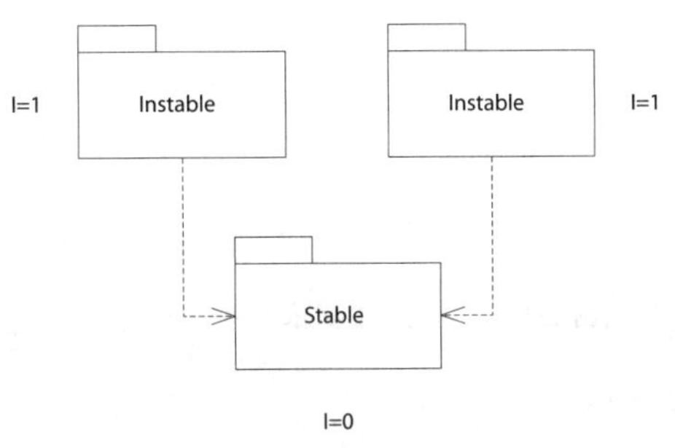

图 20.8 理想的包配置

在该依赖结构中，不稳定的包在顶部，它们依赖于处于底部的稳定的包。将不稳定的包放在依赖结构图的顶部是一个十分有用的约定，因为在该约定下任何向上的箭头都违反了SDP原则。

如图 20.9 所示，这是一个违反了 SDP 原则的依赖关系图。我们计划使 Flexible 包处于不稳定的状态，使其易于更改。然而，一些对 Stable 包负责的开发人员，创建了一个对 Flexible 包的依赖，这样就违背了 SDP 原则。因为，Stable 的度量 I 的值要比 Flexible 包的度量 I 的值小的多，结果就导致 Flexible 不再易于更改。对 Flexible 包的更改会迫使我们去处理该更改对 Stable 及其所有依赖者的影响。

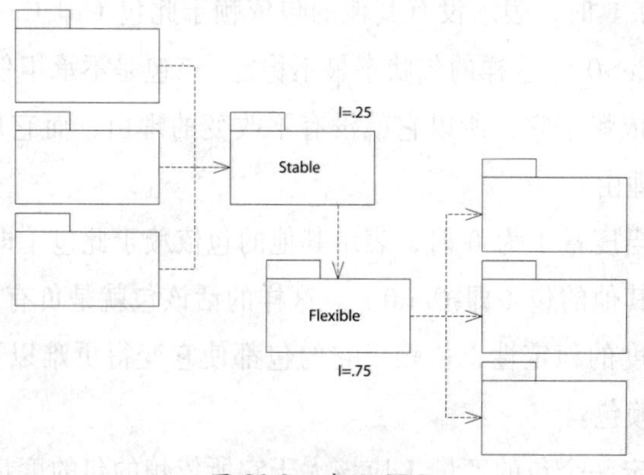

图 20.9 违背 SDP

为了解决这个问题，我们必须采用某种方式解除 Stable 包对 Flexible 包的依赖。那么为什么会存在这个依赖关系呢？我们假设 Flexible 中有一个类 C 被另一个 Stable 包中的类 U 使用，如图 20.10 所示。

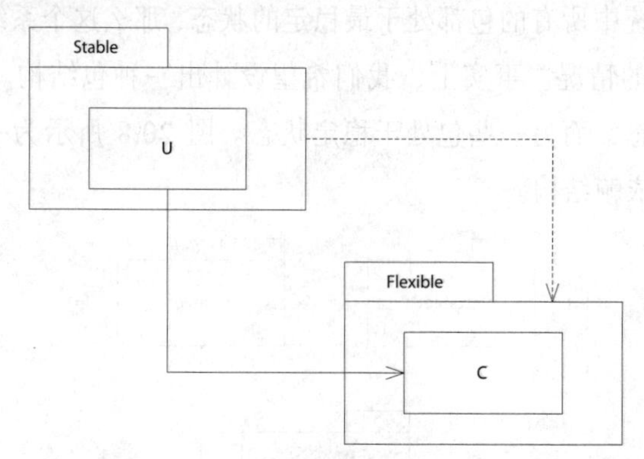

图 20.10 导致糟糕依赖关系的原因

我们可以通过 DIP 原则来解决这个问题。我们可以创建一个名为 IU 的接口类，并将其放在名为 UInterface 包中。我们要确保接口 IU 中声明了 U 所要使用的所有方法。接着使 C 继承该接口，如图 20.11 所示。这样就解除了 Stable 对 Flexible 包的依赖并促使这两个包都依赖于 UInterface。UInterface 包非常稳定（I=0），而 Flexible 包也保持了它必要的不稳定性（I=1）。而且，现在所有的依赖方向也都是朝着 I 减小方向的。

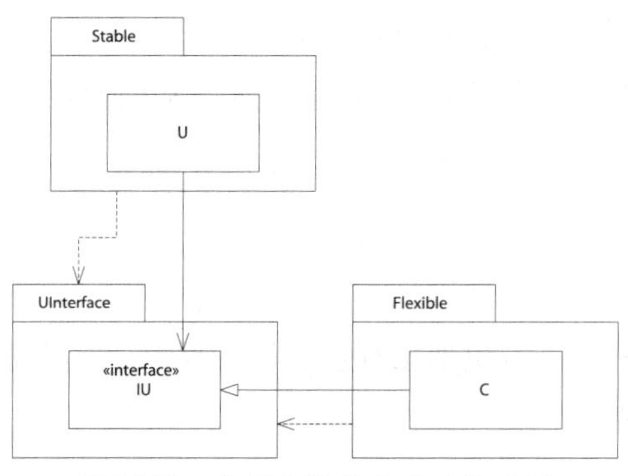

图 20.11　使用 DIP 修复稳定性违规

在哪里进行系统的顶层设计?

一个系统中的某些软件不应该经常改变。这些软件代表着系统高层的结构和设计决策。我们当然不希望这些架构决策不稳定。因此，应该把封装了系统顶层设计的软件包放进稳定的包中（I=0），不稳定的包（I=1）中应该只包含那些可能会改变的软件。

但是，如果将系统的顶层设计都放入稳定的包中，就代表该设计的源代码将难以修改。这样的话会使得系统的设计变得很不灵活。那么，如何才能使一个最大稳定性（I=0）的包足够灵活的接受变化呢？这个问题的答案就在 OCP 原则中。OCP 原则告诉我们，那些足够灵活可以无需修改就可以拓展的类是存在的，并且是我们在系统中所希望的。那么，什么样的类满足 OCP 原则呢？答案是抽象类。

稳定抽象原则（SAP）

包的抽象程度应该和其稳定程度一致。

该原则建立了稳定性和抽象性之间的关系。该原则指出，稳定的包也应该是抽象的，这样它的稳定性就不会阻碍它继续拓展。另一方面，该原则也指出一个不稳定的包应该是具体的，因为它的不稳定性使其内部的代码可以更容易改变。

因此，如果一个包是稳定的，那么它也应该由一些抽象类组成，这样它就可以被继续扩展。可拓展的稳定的包非常灵活，并且也不会过分约束系统的设计。

SAP 原则和 SDP 原则结合在一起，形成了针对软件包的 DIP 原则。确实如此，因为 SDP 原则规定依赖应该朝着更稳定的方向运行，而 SAP 原则规定包的稳定性即为其抽象性。因此，依赖关系应该朝着抽象的方向发展。

然而，DIP 原则是一个处理类的原则。对于类来说，没有模棱两可的状态，一个类要么是一个抽象类，要么不是。SDP 原则和 SAP 原则的结合用来处理软件包的依赖关系，并且允许一个软件包是部分抽象、部分稳定的。

抽象性度量

下式中，A 是一个测量包抽象程度的度量标准。它的值就是包中抽象类的个数和包中类的总数的比值：

$$A = \frac{N_a}{N_c}$$

N_a —— 包中类的总数

N_c —— 包中抽象类的数目。请记住，一个抽象类是一个至少具有一个纯接口的类，并且抽象类不能被实例化。

A —— 抽象性度量

抽象性度量 A 的取值范围也是从 0 到 1 的。0 意味着包中没有任何抽象类，1 意味着包中只包含抽象类。

主序列

现在，我们就可以确定稳定性（I） 和抽象性（A） 之间的关系了。我们可以创建一个以 A 为纵轴，I 为横轴的坐标轴。如果我们在该坐标轴上绘制出两种“好”的包的类型，我们会发现那些稳定性高、抽象性好的包位于左上角（0,1） 处。那些最不稳定且不具有抽象性的包位于右下角（1,0） 处，如图 20.12 所示。

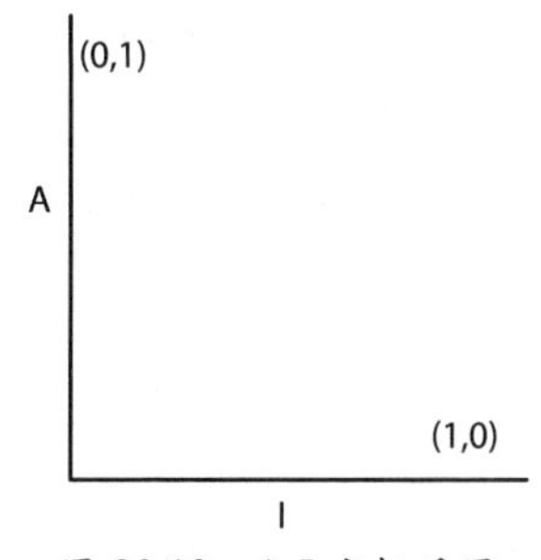

图 20.12 A-I 坐标系图

当然，并不是所有的软件包都可以落在这两个位置的其中之一。任何一个包都有一定的抽象性和稳定性。例如，一个抽象类派生出另一个抽象类的情况是很常见的。派生类是具有依赖性的抽象概念。因此，虽然它是最抽象的，但并不是最稳定的，且它的依赖性会降低它的稳定性。

因为我们不能强制所有的包都位于（0, 1）或者（1, 0）两点，所以我们必须假设在坐标轴中包含一个定义包的合理位置的点的轨迹。我们可以通过找出包不应该在的位置，也即是说被排除的区域，来推断该坐标轴中轨迹的含义，如图 20.13 所示。

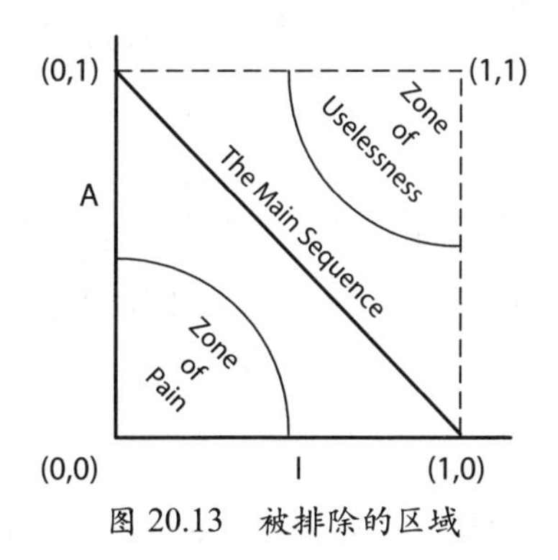

图 20.13 被排除的区域

考虑在（0,0）区域附件的一个软件包，它是一个高度稳定且不抽象的包。我们十分不希望出现这种包，因为它是完全僵化的，并且不能对它进行拓展，因为它不是抽象的包。而且，由于该包具有高稳定性，它又通常难以更改。因此，对于一个设计良好的软件，我们不希望其中的软件包出现在（0,0）区域附近。（0,0）周围的区域通常被称为“痛苦地带”的禁区。

但是，又应当指出，在某些情况下软件包又确实会落入“痛苦地带”之内。数据库模式就是一个这样的例子。众所周知，数据库模式是易变的，它并不抽象并且受到外部的高度依赖。这也是为何面向对象应用程序和数据库之间的接口通常难以定义，并且数据库模式更难以更新的主要原因。

位于（0,0）区域附近的另一个例子是包含一个具体的工具库的软件包。虽然这样的软件包 I 度量值为 1，但事实上它可能是稳定的。例如 string 包，尽管它内部的所有类都是非抽象类，但是它也非常稳定。这种位于（0,0）区域的包通常不会对系统造成损害，因为我们不太可能去改变它们。实际上，我们可以认为坐标轴中还存在第三条轴线：易变性。假如这样，图 20.13 中所示的即为在易变性为 1 处的平面图。

再来考虑一下（1，1）区域附近的软件包。这也不是一个好的位置，因为处于该位置的包虽然具有最大的抽象性，但是并没有被任何外部软件包所依赖。这样的软件包是没有用的，因此，这个区域也被称为“无用地带”。

显然，我们希望所有可被改变的软件包都尽可能的远离这两个被排除的区域。那些距离这两个区域最远的轨迹点组成了连接（1,0）和（0,1）的线。这条线也被称为“主序列”。[①]

对于处于主序列上的软件包来说，因为它具有稳定性，所以它不是太抽象，但又因为它也具有抽象性，所以也不是太稳定。它既不是完全无用的，但也不是特别令人感到痛苦。就其抽象性而言，表现在它被其他的软件包所依赖，就其非抽象性而言，表现在它又依赖于其他的软件包。

显然，对于一个软件包来说，它的最佳位置处于主序列的两个端点。但是，以我的经验而言，在一个项目中只有不到一半的软件包可以具有这样良好的特征。对于其他的软件包来说，它们能够位于主序列上或者主序列附近就已经很不错了。

与主序列之间的距离

接下来就引出最后一个度量。如果我们希望一个软件包位于主序列上或者尽可能靠近主序列，我们可以创建一个度量标准来度量一个软件包与其理想的主序列之间的距离。

D — 距离

$$D = \frac{|A + I - 1|}{\sqrt{2}}.$$

① 之所以采用“主序列”这个名称，是因为作者我对天文学和 HR 图（赫罗图）比较感兴趣。扫码了解更多奇闻轶事

该度量标准的取值范围为 [0，~0.707]。

D'—归一化距离

$$D' = |A + I - 1|.$$

这个度量标准使用起来比 D 度量标准方便得多，因为它的取值范围为 [0，1]。0 表示软件包位于主序列上，1 表示软件包离主序列最远。

有了这个度量，就可以用来分析一个软件的设计和主序列之间的一致性。可以用它来计算每一个包的度量 D 的值，接下来便对任何 D 度量值不接近于 0 的软件包进行重构。实际上，这种分析方式非常有助于软件设计者确定哪些包更容易维护，哪些包对变化最不敏感。

与此同时，我们也可以对软件包的设计进行统计分析。我们可以计算出系统中所有软件包的 D 度量值的平均值和方差。一个符合主序列的系统设计，它的平均值和方差都应该接近于 0，其中方差可以用来建立“控制限制”，可以用它来识别出所有“异常于其他包的软件包”，如图 20.14 所示。

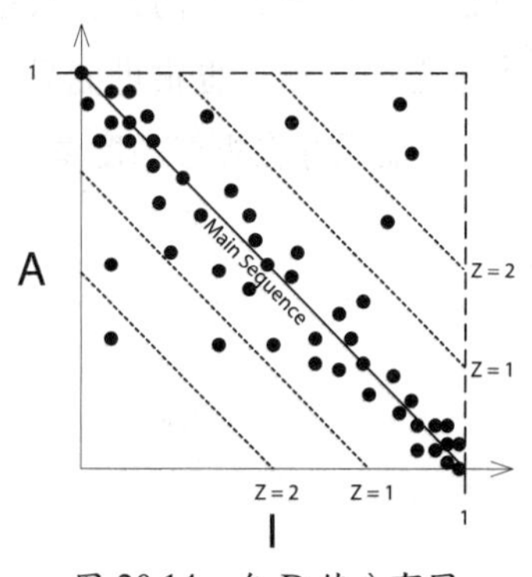

图 20.14 包 D 值分布图

在这个分布图中（该图并不是基于真实数据生成的），我们可以看到大部分的软件包都是沿着主序列进行分布的，但同时其中也有一些包和均值之间的距离超过了一个标准偏差（Z=1）。这些“异常”的软件包值得我们关注，可能是由于某种原因，它们要么非常抽象，只有少数几个依赖者，要么它们是非抽象的但却拥有很多的依赖者。

还有一种使用度量的方法是绘制每一个软件包随时间变化的 D' 度量值。图 20.15 所示为一个 D' 度量值的模拟。我们可以看到，在过去的几个版本中，一些奇怪的依赖项已经悄悄的在最近几次发布中进入到了 Payroll 包中。图中也显示出了一个控制阈值 D'=0.1。可以看到，R2.1 已经超出了这个控制阀值，因此，我们有必要弄清楚这个软件包为什么离主序列这么远。

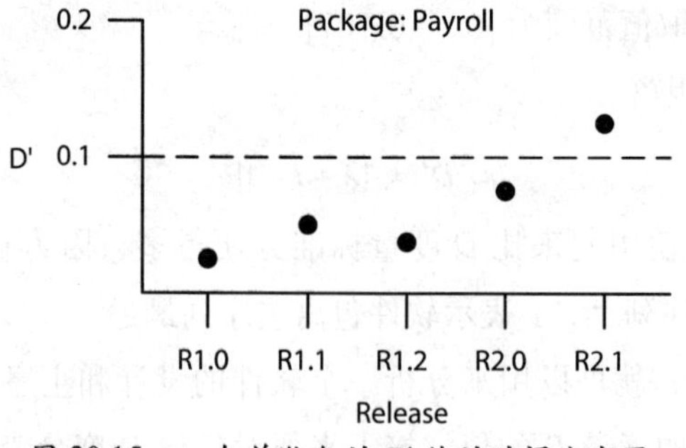

图 20.15　一个单独包的 D' 值的时间分布图

小结

本章描述的依赖关系管理度量可以用来度量一个设计与我认为是“好”的依赖关系和抽象模式之间的匹配程度。经验表明，系统中软件包之间的依赖关系确实有好坏之分，其中必然有一些依赖关系是好的依赖，而另一些则是不好的。该模式就反映了这种经验。然而，该度量方法也并不是万能的，它只是取代了之前无度量标准存在时的一种度量方法。当然，本章选择的标准也很可能只对某些应用程序适合，而不适用于另一些应用程序。同样，也可能还存在更好的度量方法来度量软件设计的质量。

第 21 章　工厂模式

"那个建工厂的人，最后却建了一座庙 ……"

——卡尔文·柯立芝[①]

依赖倒置原则（DIP）（第 11 章）告诉我们，我们更偏向于依赖抽象类，避免对非抽象类产生依赖。当这些类不稳定时，更应该如此。下面的代码片段就违反了这个原则：

```
(Circle c = new Circle (origin, 1);)
```

Circle 是一个非抽象类。因此，那些创建了 Circle 类实例的模块一定违反了 DIP 原则。实际上，可以说任何使用 new 关键字的代码都违反了 DIP 原则。

有些时候，虽然违背了 DIP 原则，但也是无害的且非常常见。越具体的类，越有可能改变，因此，如果依赖它，就更有可能引发一些问题。但是，如果一个具体的类非常稳定，

① 中文版编注：Calvin Coolidge (1872—1933)，美国第 30 任总统，共和党人。佛蒙特州律师出身，在马萨诸塞州政界工作多年后成为州长。1920 年大选时，作为沃伦哈定的竞选伙伴当选第 29 任美国副总统。1923 年，哈定在任期内病逝，柯立芝随即递补为总统。1924 年，大选连任成功。他在政治上主张小政府并以古典自由派保守主义而闻名。

那么依赖于它的类就不那么容易产生问题。（这种无害的情况也是非常常见的。）

例如，创建 String 类的实例就不怎么会产生问题。因为 String 类不可能随时改变，因此依赖于 String 类是非常安全的。

另一方面，当我们正在积极开发一个应用程序时，通常会遇到很多非常不稳定的具体类。若对它们产生依赖，是会带来一些问题的。我们应该依赖的是抽象接口，以此来保护我们免受大多数情况下变化所带来的影响。

工厂模式允许我们创建具体对象的实例，同时只依赖于抽象接口。因此，在项目的开发期间，如果具体类是非常不稳定的，那么工厂模式就会非常有帮助。

图 21.1 所示是一个有问题的场景。其中类 SomeApp 依赖于接口 Shape。SomeApp 类仅通过 Shape 接口来使用 Shape 类的实例。它并没有直接依赖于 Square 类或者 Circle 类的任何方法。但不幸的是， SomeApp 同时也创建了 Square 类和 Circle 类的实例，因此就必须依赖于这些具体类。

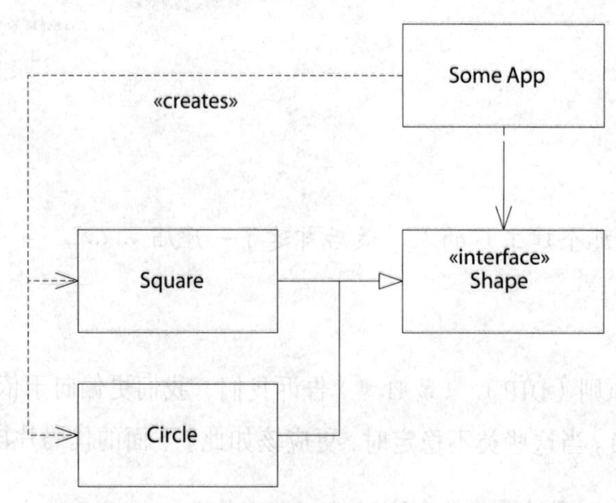

图 21.1　一个违反 DIP 原则创建具体类的应用

我们可以通过在 SomeApp 类中应用工厂模式来解决这个问题，如图 21.2 所示。在这里，我们看到了 ShapeFactory 接口，该接口有两个方法分别为 makeSquare 和 makeCircle。makeSquare 方法返回 一个 Square 类的实例，makeCircle 方法返回一个 Circle 类的实例。然而，这两个方法的返回值类型都为 Shape。

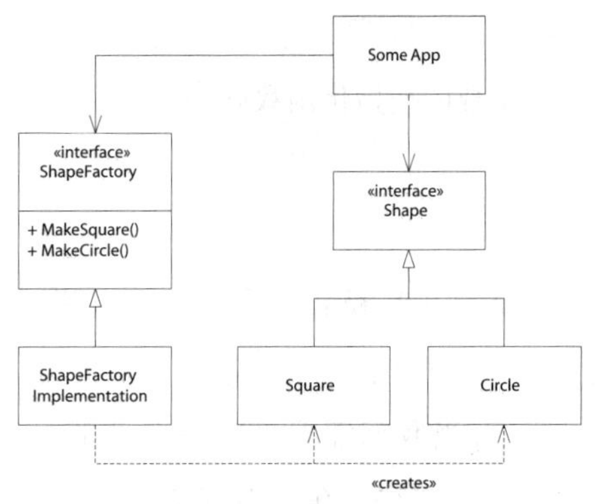

图 21.2 Shape 工厂

程序 21.1 所示为 ShapeFactory 接口的代码，程序 21.2 所示为 ShapeFactory 接口的实现代码。

程序 21.1 ShapeFactory.java

```
public interface ShapeFactory
{
  public Shape makeCircle();

  public Shape makeSquare();
}
```

程序 21.2 ShapeFactoryImplementation.java

```
public class ShapeFactoryImplementation implements ShapeFactory {
  public Shape makeCircle()
  {
    return new Circle();
  }

  public Shape makeSquare()
  {
 return new Square();
  }
}
```

请注意，采用该方法完全解决了对具体类的依赖问题。在应用程序的代码中，不再直接依赖于 Circle 类或者 Square 类，但仍然可以设法创建它们的实例。对这些实例的操作都是通过 Shape 接口来实现的，并且也不会调用 Square 和 Circle 类的方法。

具体类的依赖问题已经解决。我们必须在某个地方创建出 ShapeFactoryImplementation

类，但不需要创建 Square 或 Circle 类。而且，ShapeFactoryImplementation 类往往由 main 函数或者一个隶属于 main 函数的初始化函数创建。

循环依赖

思维敏锐的读者会察觉到工厂模式中存在一个问题。针对每个 Shape 的派生类，类 ShapeFactory 都要有一个对应的方法。这样就会产生循环依赖，也会使得它难以增加新的 Shape 派生类。每当我们需要增加一个新的 Shape 派生类时，都必须要向 ShapeFactory 接口中增加一个方法。在大多数情况下，这都意味着 ShapeFactory 类的所有使用者都必须要重新编译并重新部署了。（同样，这在 Java 中也并不是必须的。对于接口已改变的使用者，虽然我们可以不对它重新编译和重新部署，但这样做是不安全的。）

我们可以通过牺牲一些类型安全来摆脱这种循环依赖的问题。我们可以给 ShapeFactory 只提供一个 make 方法，它仅有一个 String 类型的参数，而不是为每个 Shape 派生类都在 ShapeFactory 中建立一个方法。详情可以参考程序 21.3 示例。该项技术要求 ShapeFactoryImplementation 类通过使用 if/else 对传入的参数进行判断，从而选择出要实例化的类为 Shape 的哪个派生类，如程序 21.4 和程序 21.5 所示。

程序 21.3　创建 Circle 实例的代码片段

```
public void testCreateCircle() throws Exception
  {
  Shape s = factory.make("Circle");
  assert(s instanceof Circle);
}
```

程序 21.4　ShapeFactory.java

```
public interface ShapeFactory
  {
  public Shape make(String shapeName) throws Exception;
}
```

程序 21.5　ShapeFactoryImplementation.java

```
public class ShapeFactoryImplementation implements ShapeFactory
{
  public Shape make(String shapeName) throws Exception
```

```
    {
    if (shapeName.equals("Circle")) return new Circle();
    else if (shapeName.equals("Square")) return new Square();
    else
      throw new Exception(
        "ShapeFactory cannot create " + shapeName);
  }
}
```

有人可能认为这样做非常不安全。因为如果某一个调用者将 Shape 的名字拼错了，就会得到一个运行时异常，而不是编译时异常。这种想法非常正确，然而，如果你为这种情形写了适当数量的单元测试，或者正确运用了测试驱动的开发方法，那么这些运行时异常在被抛出之前，就可以被我们在写代码的过程中捕获到。

可替换的工厂

使用工厂模式的好处之一就是能够将工厂模式的一种实现替换为另一种实现。通过这种方式，可以在应用程序中替换一系列相关的对象。

例如，假设一个应用程序必须能够适应多种不同数据库的实现。在本例中，假设用户既可以采用纯文本的方式也可以购买 Oracle 适配器。在这种情况下，我们可以使用代理模式将应用程序与数据库实现隔离开来。我们还可以使用工厂模式来实例化代理对象。图 21.3 所示为该结构。

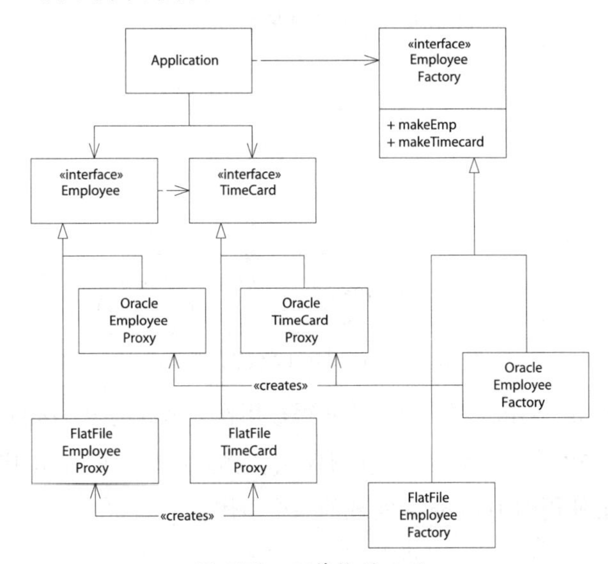

图 21.3 可替换的工厂

请注意，这里有两个 EmployeeFactory 类的实现。一个是用来处理纯文本文件工作代理，另一个用来创建与 Oracle 一起工作的代理。同时还请注意，应用程序不知道也不必关心当前正在用哪一个代理。（稍后我们会在第 26 章学习代理模式。现在，只需要了解代理模式知道如何从特定的数据库中读取特定对象的类。）

对测试支架使用对象工厂

在我们写单元测试时，通常希望将该模块和它的使用者进行隔离，只单独测试该模块的行为。例如，我们有一个使用了数据库的 Payroll 应用程序（参见图 12-4）。我们一定希望在不使用真实数据库的情况下完成 Payroll 模块的功能测试。

我们可以使用数据库的抽象接口来实现这一点。该抽象接口的某一个实现使用了真实的数据库。它的另一个实现只是用来写测试代码并模拟数据库行为，同时用来检测数据库的调用是否正确，图 21.5 所示即为这个结构。PayrollTest 模块通过调用 PayrollModule 模块对它进行测试。它也实现了 Datebase 接口，以便能够捕获到 Payroll 对数据库的调用。这就使得 PayrollTest 可以确保 Payroll 具有正确的行为。它同样也允许 PayrollTest 抛出各种数据库相关的异常问题，通过这种方式就可以很容易的处理这些遇到的异常情况。通常，这种技术也称为“欺骗”。

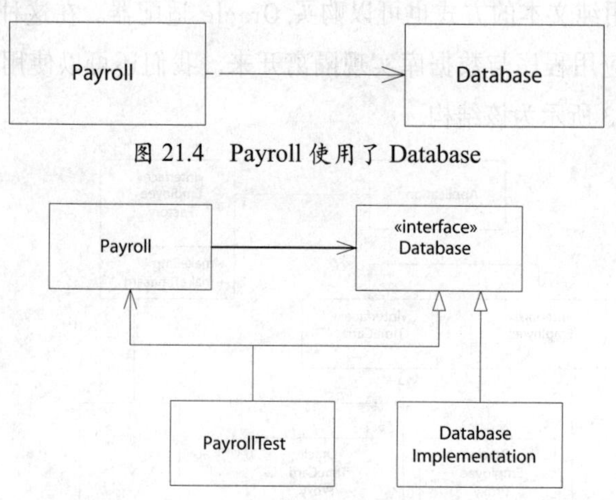

图 21.4　Payroll 使用了 Database

图 21.5　PayrollTest 欺骗了数据库

然而，Payroll 应用程序如何才能获得被用作数据库的 PayrollTest 实例呢？当然，Payroll 应用程序不会自己创建 PayrollTest 实例。同样，Payroll 应用程序必须以某种方式获得它将要使用的 Datebase 实现的一个引用。

在某些情况下，PayrollTest将Database引用传递给 Payroll 应用程序是非常自然的。在另一些情况下，PayrollTest 可能是通过一个全局变量来获得 Database 的引用。还有一些情况，Payroll 可能完全期望自己能够创建 Database 实例。当然还有最后一种情况，我们可以使用工厂模式，通过传递给 Payroll 应用程序另外一个工厂对象，以此来欺骗 Payroll 创建出 Database 测试版本的实例引用。

如图 21.6 所示为一种可能的结构。Payroll 模块通过一个名为 GdatabaseFactory 的全局变量（或全局类中的静态变量）获取工厂。PayrollTest 模块实现了 DatabaseFactory 接口，并且将其自身的引用设置到该 GdatabaseFactory 中。当 Payroll 应用程序使用工厂模式创建数据库时，PayrollTest 模块就会捕获到该调用，并将引用传递给自己。这样，Payroll 应用程序就确信自己已经创建了 PayrollDatabase 实例，而 PayrollTest 模块则可以完全欺骗 Payroll 模块并捕获所有的数据库调用。

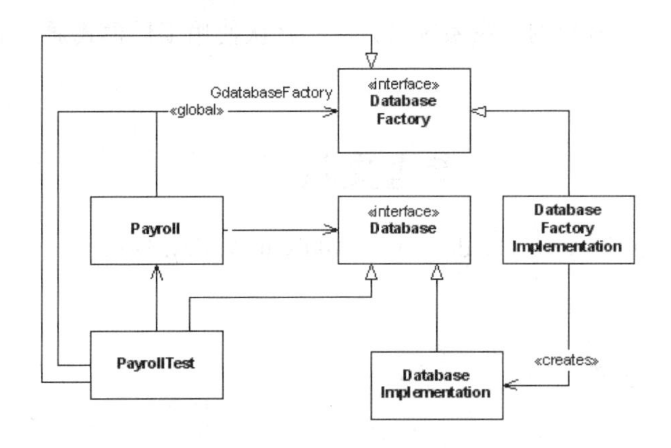

图 21.6 欺骗对象工厂

使用工厂模式究竟有多重要?

若严格按照 DIP 原则，必须对系统中所有不稳定的类使用工厂模式。更重要的是，工厂模式的威力十分诱人。这两种因素结合在一起，有时会导致开发者将工厂模式作为默认的一种方式来使用。就我而言，我是非常不推荐这种极端做法的。

我不会一开始就默认使用工厂模式。但我会在真正需要工厂模式的时候，再考虑将它引入到系统中。例如，如果在系统中需要使用代理模式，那么就可能有必要使用工厂模式来创建持久化的对象。或者，在单元测试中遇到必须要欺骗一个对象的创建者时，我也可能会使用工厂模式。但我不会在一开始就默认使用工厂模式或者一开始就认为工厂模式是十分有必要的。

使用工厂模式必定会带来一定的复杂性，而对于一个系统设计的早期，这种不必要的复杂性完全可以避免。如果我们默认使用工厂模式，势必会极大地增加系统设计的难度。为了创建一个新的实例，但必须要创建 4 个新类，两个表示该新类及其工厂的接口类，两个是这些接口类的实现类。

小结

工厂模式是一个强大的工具。在遵循 DIP 原则方面，它具有很重大的作用。它们使得顶层模块在创建类的实例时无需依赖于这些类的具体实现。它们同样也使得在一组接口类的不同实现之间互相交换成为可能。然而，使用工厂模式所带来的复杂性在很多情况下都是可以避免的。在系统设计中，默认使用工厂模式通常不是一种最好的做法。

参考文献

1. Gamma, et al. *Design Patterns*. Reading, MA: Addison-Wesley, 1995.

第 22 章　薪水支付系统（三）

“经验法则：让人觉得机智而精巧的设计，你可得要当心，因为这很有可能是设计师在任性地抖机灵。”

——唐纳德·诺曼[①]，《设计心理学：日常物品的设计》

截至目前，我们已经完成对薪水支付系统的大量分析、设计和实现工作。不过，我们仍然有许多系统决策要做。目前来看，解决薪水支付问题的程序员就只有我一个，且开发环境的结构与此一致。所有的程序文件都被在同一个目录中，除此之外没有任何目录结构的分层。除了整个应用程序，没有任何软件包，没有任何子系统，也没有可发布的单元。这种做法是行不通的。

我们必须承认，随着该项目的不断发展，从事该项目的人也会不断增多。为了方便多个开发人员协作，我们必须将源代码划分成独立的包，且各个包可以独立发布、修改和测试。

薪水支付应用程序目前有 3280 行代码，由大约 50 个不同的类和 100 个不同的源

---

① 中文版编注：Donald A. Norman（1935—　　），美国认知科学和人因工程等设计领域的著名学者，也是尼尔森诺曼集团的创始人和顾问。他同时也是美国知名作家，以《设计心理学》系列书籍闻名于工业设计和交互设计领域，被《商业周刊》杂志评选为“21 世纪最有影响力的设计师”之一。

文件组成。虽然这看起来不是一个庞大的数字，但我们确实需要某种方式来组织这些代码。应该如何管理呢？

在类似的情况下，我们应该如何分配具体的代码实现工作呢？同时，我们希望这样的工作分配方式能够保证系统的顺利开发，且各个开发者之间的工作不会互相阻塞。我们希望把类划分为不同的组，以便不同的个人或团队能够独立开发。

包结构和表示法

图 22.1 所示为薪水支付系统中一种可能的包结构。稍后我们就会讨论这种分包的方式是否合适。当下，我们暂时只讨论如何记录和使用这样的结构。

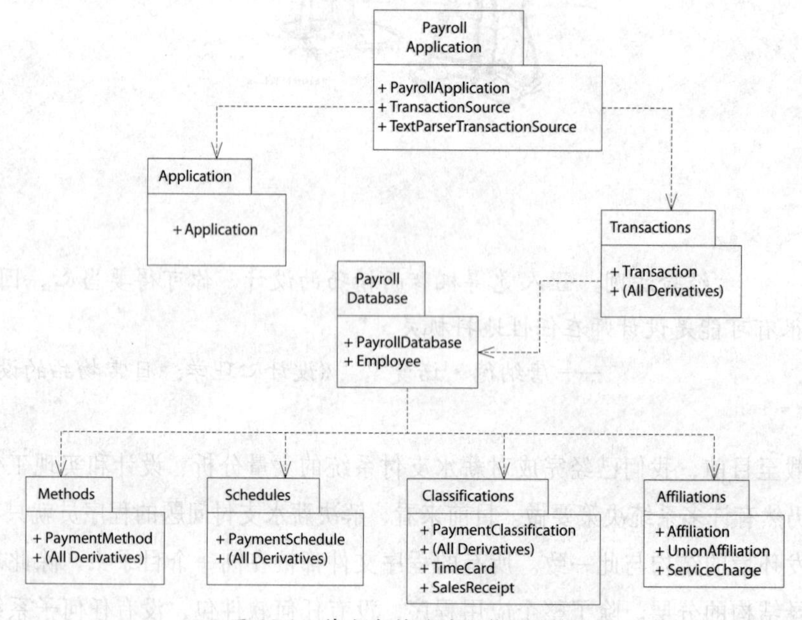

图 22.1 薪水支付系统可能的包图

附录 A 描述了针对包的 UML 表示法。按照惯例，在绘制 UML 类图时，依赖关系的方向应该由上而下。类图顶部的包是相对独立的，类图底部的包会被其他的包所依赖。

如图 22.1 所示，薪水支付系统划分为 8 个包。PayrollApplication 包中包含有 PayrollApplication 类、TransactionSource 类以及 TextParserTransaction 类。Transactions 包中包含完整的 Transaction 类的层次结构。通过仔细检查图示，可以清楚地知道其他包中所包含的类。

它们之间的依赖关系同样是十分清楚的。PayrollApplication 包依赖于 Transaction 包，因为 PayrollApplication 类调用了 Transaction:Execute 方法。Transaction 包依赖于 PayrollDatabase 包，因为 Transaction 类的许多派生类都直接和 PayrollDatabase 类进行通信。按照同样的分析方法就可以得出其他包之间的依赖关系。

那么，我是按照什么样的标准对这些类进行分包的呢？目前来说，我只是简单地将看起来适合放在一起的类放在了同一个包中。但正如我们在第 20 章中所学到的，这可能并不是一个好的方法。

现在请考虑一下，如果我们改变 Classification 包会发生什么呢？这个改变会迫使我们重新编译和测试 EmployeeDatabase 包。我们当然应该这么做，但是，这个更改也会迫使我们重新编译和测试 Transaction 包。当然，图 19-3 中所示 ChangeClassificationTransaction 类和它的三个派生类需要被重新编译和测试，但是为什么其他的类也需要被重新编译和测试呢？

从技术上讲，我们不需要重新编译和测试其他的操作类。然而，如果它们是 Transactions 包的一部分且为了适应 Classification 包的改动而要重新发布。如果不把 Transaction 包作为一个整体重新编译，就不负责。即使没有重新编译和测试所有的操作类，该包本身也必须要重新发布和重新部署，该类的所有使用者都需要重新验证甚至是重新编译。

Transaction 包中的类不共享相同的封闭性。每个类都对自己特定的变化感到敏感。ServiceChargeTransaction 对 ServiceCharge 类的变化是开放的，而 TimeCardTransaction 对 TimeCard 类的变化是开放的。实际上，从图 22.1 中可以看出，Transaction 包的某些部分几乎依赖于该软件的所有其他部分。因此，这种包被重新发布的频率非常高。每当它所依赖的包有一些改变，都必须要重新验证并重新发布 Transaction 程序包。

PayrollApplication 包更容易受到影响，几乎对系统中任何部分的更改都会影响该软件包，因此对它的发布频率要求就非常高。你可能认为这是不可避免的 ，当一个包位于包依赖关系层次结构的更高层次时，它的发布频率一定会提高。不过幸运的是，这并不是完全正确的，并且面向对象设计的主要目标之一就是要尽可能避免这种情况的发生。

应用共同封闭原则（CCP）

我们先看一下图 22.2 。在该图中，根据薪水支付系统中类的封闭性将它们进行分组。例如，PayrollApplication 包中包含有 PayrollApplication 类和 TransactionSource 类。这两个类都依赖于 PayrollDomain 包中的抽象类 Transaction。这里请注意，TextParserTransactionSource 类位于另一个依赖于抽象类 PayrollApplication 类的包中。这就形成了一个倒置的结构，其中的一些细节依赖于通用的部分，而这些通用的部分是稳定无依赖的。这样的结构就比较符合 DIP 原则。

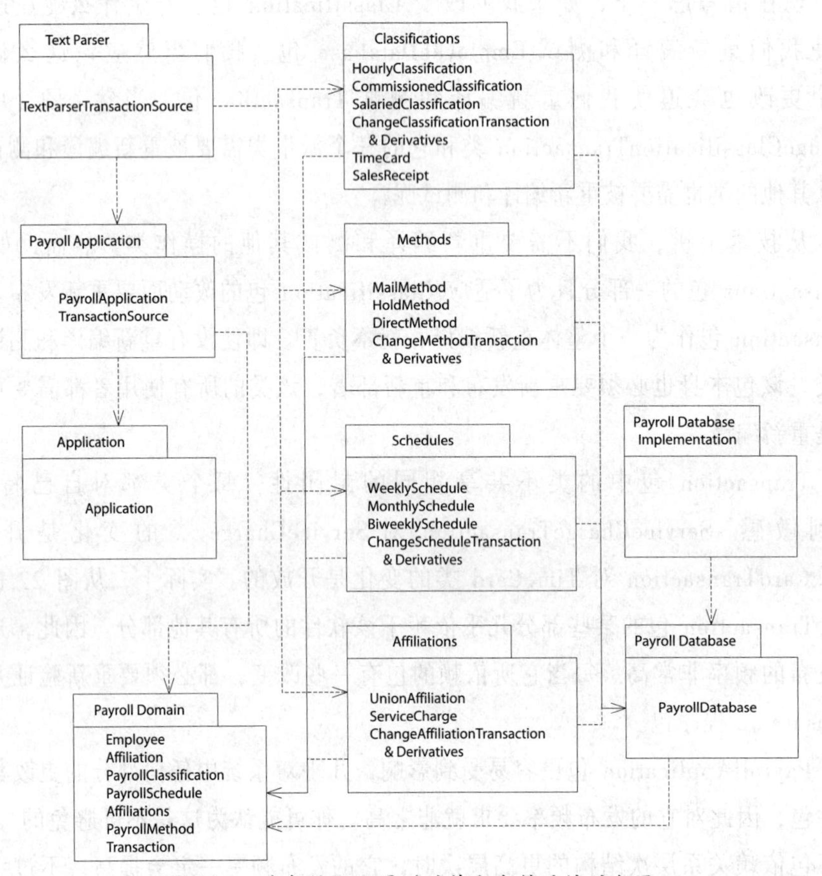

图 22.2　符合封闭性原则的薪水支付系统的包图

PayrollDomain 包有最突出的通用性和无依赖性。该软件包包含薪水支付系统中最重要的部分，但并没有依赖于任何其他的软件包。仔细观察该软件包会发现，它包含 Employee、PaymentClassification、PaymentMethod、PaymentSchedule、Affiliation 以及 Transaction 这几类。PayrollDomain 包中包含建模中所有主要的抽象，但它没有依赖于任何其他的包。这是为什么呢？因为该包中的类几乎都是抽象类。

现在再来考虑一下 Classification 包，它包含 PaymentClassification 的 3 个派生类。它也包含 ChangeClassificationTransaction 类以及它的 3 个派生类，同时还包含 TimeCard 类和 SalesReceipt 类。但是请注意，这 9 个类所做的任何更改都被隔离；除了 TextParser 之外，任何其他的软件包都不会受到影响！这样的隔离机制同样也适用于 Methods 包、Schedules 包以及 Affiliations 包。这样的隔离机制能够保证包的相对独立。

请注意，大部分可执行代码所在的包都没有或者有很少的依赖。因为几乎没有软件包依赖于它们，我们可以称它们为无需承担责任的软件包。这些软件包中的代码非常灵活，它们可以在不影响项目其他部分的情况下进行更改。还要注意，系统中最通用的软件包所包含的可执行代码是最少的。这些软件包同时被很多软件包所依赖，但是却不依赖于其他的软件包。又由于这些软件包被很多包所依赖，所以我们也称它们为“负有责任的软件包”，并且，由于它们不依赖于任何其他软件包，我们也称它们为“独立的软件包”。因此，负有责任的代码（即这些软件包的更改会影响到许多其他代码）在数量上非常少。而且，这些少量的负有责任的代码也是独立的，这就意味着任何其他的模块都会引起它的改变。在这样的倒置的结构中，它的底部是高度独立并且负有责任的包，且它们包含系统中的通用部分，顶部是具有高度依赖性且无需负责的软件包，且这些软件包包含系统中的细节部分，这种结构也是面向对象设计的标志之一。

我们再来对比一下图 22.1 和图 22.2。这里请注意，图 22.1 中底部的关于系统细节的软件包是独立的并且是负有责任的。但把细节放在这里是错误的！细节应该依赖于系统的主要架构决策，而不应该被其他软件包所依赖。还要注意的是，系统中的通用部分，就是指系统的主要架构决策，它们却是不负有责任并且具有高度的依赖性的。因此，定义系统结构决策的软件包依赖于系统实现细节的软件包，并且通常情况下还受限于此包。这种方式违反了 SAP 原则。如果是细节受限于系统结构决策的包的话，就会好一些。

22.3　重用发布等价原则（REP）

在薪水支付系统中，有哪些部分是我们可以重用的？如果公司内的另一个部门想要重用薪水支付系统，但他们需要一套完全不同的策略，就一定不能重用 Classification、Methods、Schedules 和 Affiliation 这几个类。但对于 PayrollDomain、

PayrollApplication、Application、PayrollDatabase 这几个类，是可以重用的，同时也可以重用 PDImplementation 类。另一方面，如果另一个部门想要写一个能够分析当前员工数据库的软件，就可以重用 PayrollDomain、Classification、Methods、Schedules、Affiliations、PayrollDatabase 以及 PDImplementation 这几个 类。在这种情况下，他们可复用的粒度都是软件包。

很少出现仅重用软件包中的单个类的情况。原因很简单，软件包中的类应该具有内聚性。这就意味着它们应该彼此依赖，因此这些类无法轻易拆分。例如，如果只使用 Employee 类而不使用 PaymentMethod 类，就是没有意义的。事实上，为此，还需要修改 Employee 类，以将 PaymentMethod 类从软件包中删除。我们当然不想为了支持某种重用而使自己修改某些需要重用的组件。因此，软件复用的粒度应该是软件包。这也为我们将类分组成软件包时提供了新的内聚标准：在一个包中的类不仅需要一同被封闭，而且是按照 REP 原则的实践进行重用。

我们再来重新考虑一下图 22.1 中原始的软件包关系图。那些我们想要重用的软件包，比如，Transaction 包或者 PayrollDatabase 包，其实都是难以重用的，因为重用它们会带来很多额外的麻烦。PayrollApplication 包是一个几乎依赖于所有其他软件包的依赖者。如果我们想创建一个新的薪水支付应用程序，它可能需要一套不同的薪水支付时间表、支付方式、从属关系以及员工分类策略，那么在这种情况下，我们就不能将这个软件包作为一个整体来使用。相反，我们必须从 PayrollApplication、Transaction、Methods、Schedules、Classification 以及 Affiliations 这几个包中抽取到某些单独的类进行重用。但通过这样的方式来分解包，就会破坏了它们的发布结构。因此，在这种情况下，我们就不能够再说 PayrollApplication 的 3.2 版本是可重用的了。

图 22.1 所示的结构违反了 CRP 原则。因此，如果我们同意使用不同包中的单独的类进行重用，那么重用者将面临一个复杂的管理问题，不能再依赖于我们的发布结构。我们新发布的 Methods 类就可能会影响到他，因为他重用了 PaymentMethods 类。虽然在大多数情况下，更改所针对的类都是他没有重用的类。但是他仍然必须要跟踪我们的新版本号，并且可能还需要重新编译并重新测试他的代码。

由于很难管理所有重用的代码，因此重用者最有可能采取的策略就是复制需要重用的组件，并使该软件包的副本独立于我们的组件进行演化。但请注意，这其实不是重用。随着时间的发展，这两段代码将变得截然不同，且各自都需要独立维护，在这种情况下，就会使开发者的开发负担相应增加。

但是，这些问题在图 22.2 所示的结构图中并没有体现出来。在该结构中，这些软件包更容易被重用。PayrollDomain 包并没有过多的负担。它仍然可以独立于 PaymentMethods、PaymentClassification、PaymentSchedules 的任何派生类进行重用。

细心的读者读到这里会注意到图 22.2 中的软件包结构图其实并不完全符合 CRP 原则。具体来说，PayrollDomain 中的类并不会形成最小的可重用单元。Transaction 类也不必和包中的其余部分一起重用。我们可以在不使用 Transaction 类的前提下，设计出许多可以访问 Employee 及其字段的应用程序。

这也就表明我们需要对软件包的关系图进行更改，如图 22.3 所示。在该图中将操作类和它们要操作的元素进行分离。例如，MethodTransaction 包中的类会对 Methods 包中的类进行管理。我们已经将 Transaction 类移到一个新的名为 TransactionApplication 的包中，该包还包含 TransactionSource 和 TransactionApplication 类。这三个类形成了一个可重用的单元。PayrollApplication 包现在成了一个总体的统一体。它包含了主程序以及 TransactionApplication 的一个名为 PayrollApplication 的派生类。该类负责把 TextParserTransactionSource 绑定到 TransactionApplication 上。

这些处理就给系统的设计增加了另一层抽象。现在，任何从 TransactionSource 获得 Transaction 并执行它们的应用程序都可以重用 TransactionApplication 包。PayrollApplication 包将不再可被重用了，因为它有非常多的依赖项。然而，TransactionApplication 软件包在一定程度上已经取代它了，并且将变得更加通用。现在，我们可以重用 PayrollDomain 软件包了，并且不需要任何 Transaction 的依赖。

这确实提高了项目整体的可重用性和可维护性，但与此同时，付出的代价就是增加了 5 个额外的软件包和更复杂的依赖关系结构。这就需要我们做出权衡，这也取决于我们期望的可重用类型以及我们所期望的应用程序的演进速度。如果应用程序保持非常稳定的状态，并且很少有使用者会复用它，那么这种层次的改进就太过了。另一方面，如果许多应用程序会重用该应用程序，或者我们预期该应用程序会经历许多更改，那么这种层次的改进就是很有必要的。因此，我们是否需要采用这种层次的改进，需要判断后再来决定，且这个判断应该由数据来驱动而不是一味地靠猜。这里建议我们从简单的软件包开始设计，并根据需要来拓展软件包的结构。当然，如果有必要的话，软件包的结构总是可以变得更加复杂的。

耦合与封装

类之间的耦合是通过 Java 和 C++ 中的封装边界来管理的，包之间的耦合也可以通过 UML 的引出修饰来管理。

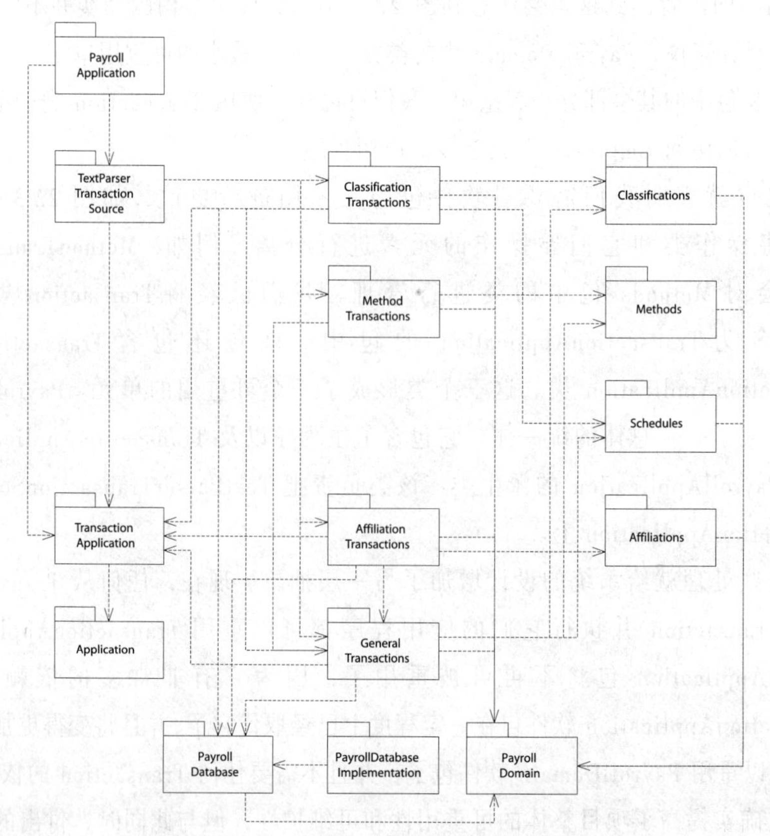

图 22.3 更新过的薪水支付系统包图

如果一个包中的类被另一个包使用了，那么就必须将该类引出。在 UML 中，类默认都是被引出的，但我们也可以通过对包进行修饰，以指示其中的某些类不应该被引出。图 22.4 展示了一个具有许多类的软件包 Classifications，其中 PaymentClassification 的三个派生类是已经被引出的，而 TimeCard 类和 SalesReceipt 类还没有被引出。这就意味着其他软件包将不能使用 TimeCard 和 SalesReceipt 类，因为它们是 Classification 包的私有类。

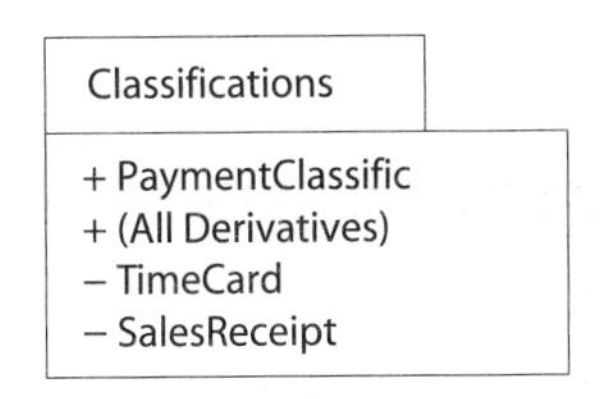

图 22.4 Classification 包中的私有类

我们可能希望在软件包中隐藏某些类，以此来避免耦合性的传入。Classifications 是一个非常注重细节的类，它包含几种支付策略的实现。为了继续保持该包在主序列上，我们想要限制它的传入耦合，这样我们就隐藏了其他包不需要知道的类。

TimeCard 类和 SaleReceipt 类是非常适合作为私有类的。它们是员工薪水计算方法的实现细节。我们希望能够自由的改动这些细节实现，因此，我们必须要避免其他使用者依赖于它们的结构。

我们可以快速浏览一下图 19.7 至图 19.10 以及程序 19.15（参见第 19 章），可以看出类 TimeCardTransaction 和类 SalesReceiptTransaction 已经依赖于 TimeCard 和 SalesReceipt。不过，这个问题很容易解决，如图 22.5 和图 22.6 所示。

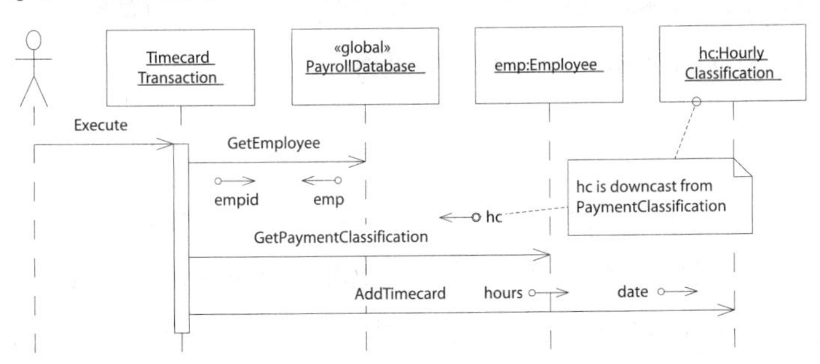

图 22.5 修改 TimeCardTransaction 以保护 TimeCard 类的私有性

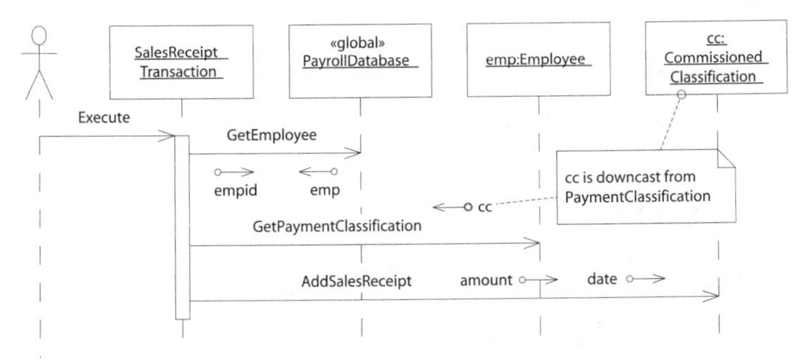

图 22.6 修改 SalesReceiptTransaction 以保护 SalesReceipt 类的私有性

度量

按照第 20 章的论述，我们可以用一些简单的度量值来量化主序列的内聚性、耦合性、稳定性、通用性和一致性。但我们为什么要这么做呢？用迪马克（Tom DeMarco）的话说：“你无法管理那些你无法控制的事情，你也无法控制那些你无法衡量的事情。”[DeMarco82，p.3]

因此要成为高效的软件开发工程师或技术管理者，我们必须能够控制软件开发中的实践。然而，如果不去衡量它，那么我们就永远没有这样的控制权。

通过采用下面描述的一些启发规则，并计算出一些面向对象软件设计的基本度量值，我们就可以把这些度量值和软件开发团队的真实成效联系起来。我们收集到的度量标准越多，那么我们所拥有的信息就越多，那么最终我们所能采取的控制也就越多。

自 1994 年以来，下列指标已经成功应用于若干项目中。也有一些自动的工具可以帮助计算这些度量值，但其实手工计算也不算复杂。同样，也可以写一个简单的 shell、python 或者 ruby 脚本程序来遍历源文件并计算出这些度量值，这样不算很难。（如果想得到 shell 脚本的例子，可以到 https: //github.com/unclebob/ppp 下载 depend.sh 脚本程序，或者到 www.clarkware.com 了解 JDepend 工具。）

关系内聚性（H）

软件包内聚性的一个表示形式为每个类的内部关系的平均数量。用 R 来表示属于包内部的类的关系数目，即没有连接到包外部的类的数量。用 N 表示包内类的总数。当 N=1 时，公式中额外加的 1 是为了防止 H 为 0。它代表包本身与其所有类之间的关系。

输入耦合度（Ca）

一个包的输入耦合度可以用来自其他程序包的类的个数来表示。这些依赖关系也是类之间的关系，例如，继承和组合。

输出耦合度（Ce）

一个包的输出耦合度可以用该包的类所依赖的其他包中类的数目来表示。和前面一样，这些依赖关系指的也是类之间的关系。

抽象性或通用性（A）

一个包的抽象性或通用性可以用包中抽象类（或抽象接口）的数量与该包中类（和接口）总数的比值来表示。该度量指标的取值范围是从 0 ~ 1。（你可能会认为将A的计算公式改为包中纯虚函数的数目和总成员函数的数目的比值会更好一些。但是，我发现这个计算公式严重削弱了抽象性度量指标，即使只有一个纯虚函数也会使该类变为抽象的，并且这个抽象的影响要比该类其他更多的方法重要得多，在遵循DIP原则时更是如此。）

$$A=\frac{\text{抽象类（抽象接口）的数量}}{\text{类（接口）总数}}$$

不稳定性（I）

一个包的不稳定性可以用输出耦合度和总耦合度的比值来表示。该度量指标的取值范围是从 0~1。

$$I=\frac{Ce}{Ce+Ca}$$

到主序列的距离（D）

理想情况下的主序列是由 A+I=1 所表示的直线。D 的计算公式可以用来计算任何特定的包到主序列之间的距离。它的取值范围是从 0 ~ 0.7，越接近 0 越好。（任何软件包都不可能被绘制在 A / I 坐标图的单位方格之外。这是因为 A 和 I 都不能超过 1。主序列从（0，1）到（1，0）把这个正方形等分为两部分。正方形中距离主序列最远的点是其两个顶点（0，0）和（1，1）。它们到主序列的距离是根号 2/2=0.70710678……）

$$D=\frac{|A+I-1|}{\sqrt{2}}$$

到主序列的规范化距离（D’）

该度量将度量 D 的取值范围规范化为 [0,1]。这样计算和解释起来会方便一些。0 表示该包和主序列是重合的，1 表示该包到主序列的距离最大。

$$D' = |A + I - 1|$$

在薪水支付系统中使用这些度量

表 22.1 所示为薪水支付模型中包和类之间的对应关系。

表 22.1 包当中包含的类

包的名称	包中的类		
Affiliations	ServiceCharge	UnionAffiliation	
AffiliationTransactions	ChangeAffiliationTransaction	ChangeUnaffiliated-Transaction	ChangeMember-Transaction
	ServiceChargeTransaction		
Application	Application		
Classifications	CommissionedClassification	HourlyClassification	SalariedClassification
	SalesReceipt	Timecard	
ClassificationTransaction	ChangeClassification-Transaction	ChangeCommissioned-Transaction	ChangeHourly-Transaction
	ChangeSalariedTransaction	SalesReceiptTransaction	TimecardTransaction
GeneralTransactions	AddCommissionedEmployee	AddEmployeeTransaction	AddHourlyEmployee
	AddSalariedEmployee	ChangeAddressTransaction	ChangeEmployee-Transaction
	ChangeNameTransaction	DeleteEmployeeTransaction	PaydayTransaction
Methods	DirectMethod	HoldMethod	MailMethod
MethodTransactions	ChangeDirectTransaction	ChangeHoldTransaction	ChangeMailTransaction
	ChangeMethodTransaction		
PayrollApplication	PayrollApplication		
PayrollDatabase	PayrollDatabase		
PayrollDatabase-Implementation	PayrollDatabase-Implementation		
PayrollDomain	Affiliation	Employee	PaymentClassification
	PaymentMethod	PaymentSchedule	
Schedules	BiweeklySchedule	MonthlySchedule	WeeklySchedule
TextParserTransaction-Source	TextParserTransactionSource		
TransactionApplication	TransactionApplication	Transaction	TransactionSource

图 22.7 所示为薪水支付应用程序的软件包关系图。

表 22.2 所示为单个软件包的所有度量值。

图 22.7 中每个程序包的依赖关系都被两个数字修饰。最靠近依赖者软件包的数字表示该软件包中依赖于被依赖的软件包的类的数量。最靠近被依赖程序包的数字表示

它被依赖程序包所依赖的那个程序包中的类的个数。

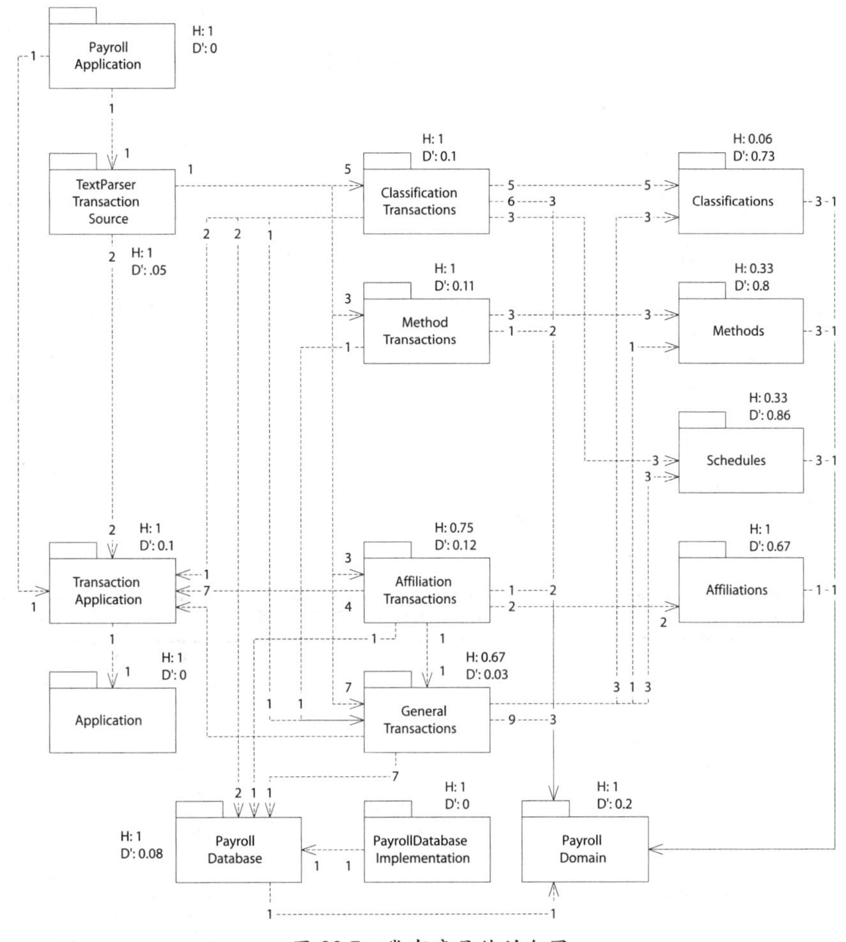

图 22.7　带有度量值的包图

图 22.7 中，每个程序包都被表示它的度量值修饰。其中许多度量指标是令人鼓舞的。例如，PayrollApplication，PayrollDomain 和 PayrollDatabase 都有极高的内聚性，并且都接近或者位于主序列上。但是，Classifications、Methods 以及 Schedules 这三个包的内聚性却普遍较差，且距离主序列的距离都比较远。

这些度量指标也告诉我们，我们将类划分为软件包的能力比较弱。如果我们找不到改进这些度量指标的方法，那么在系统的开发中，就非常容易受到任何变化所带来的影响，这就会导致不必要的重新发布和重新测试。具体来说，我们有像 ClassificationTransactions 这样的具有低抽象能力的包，它会严重依赖于一些其他的低抽象能力的包，比如 Classifications。具有低抽象能力的类包含大多数详细的细节代码，因此它们非常可能发生变化，这将迫使它们重新发布那些依赖于它们的软件包。因此，ClassificationTransactions 程序包将具有很高的发布频率，因为它同时受其自身的高变更率和 Classification 的高变更率的影响。但其实我们想尽可能地减少在开发过程中各种变化对设计产生的影响。

显然，如果我们只有两三个开发人员，他们可能能够“在他们的头脑中”管理开发环境。在这种情况下，把软件包维持在主序列上的需求可能不会很大。然而，开发人员越多，保持开发环境的正常运行就越困难。此外，完成一次重新测试和重新发布的工作量是远大于获取这些这些度量指标所做的工作量的。因此，计算这些度量指标的工作是短期的损失还是收益，就需要我们判断才能决定。（我花了大约两个小时手工搜集这些统计数字并计算薪水支付系统中的各个度量值。如果使用普通工具的话，这里几乎不需要花费什么时间。）

表 22.2　包中所有的度量值

包的名称	N	A	Ca	Ce	R	H	I	A	D	D′
Affiliations	2	0	2	1	1	1	.33	0	.47	.67
AffiliationTransactions	4	1	1	7	2	.75	.88	.25	.09	.12
Application	1	1	1	0	0	1	0	1	0	0
Classifications	5	0	8	3	2	.06	.27	0	.51	.73
ClassificationTransaction	6	1	1	14	5	1	.93	.17	.07	.10
GeneralTransactions	9	2	4	12	5	.67	.75	.22	.02	.03
Methods	3	0	4	1	0	.33	.20	0	.57	.80
MethodTransactions	4	1	1	6	3	1	.86	.25	.08	.11
PayrollApplication	1	0	0	2	0	1	1	0	0	0
PayrollDatabase	1	1	11	1	0	1	.08	1	.06	.08
PayrollDatabaseImpl...	1	0	0	1	0	1	1	0	0	0
PayrollDomain	5	4	26	0	4	1	0	.80	.14	.20
Schedules	3	0	6	1	0	.33	.14	0	.61	.86
TextParserTransactionSource	1	0	1	20	0	1	.95	0	.03	.05
TransactionApplication	3	3	9	1	2	1	.1	1	.07	.10

对象工厂

Classification类 和 ClassificationTransactions 类之间之所以产生严重的依赖关系，是因为它们中的类必须要先实例化。例如，TextParserTransactionSource 类必须能够创建 AddHourlyEmployeeTransaction 对象。因此，从 TextParserTransactionSource 包到 ClassificationTransactions 包之间就存在输入耦合。另外，ChangeHourlyTransaction 类必须能够创建 HourlyClassification 对象，因此，从 ClassificationTransactions 包到 Classification 包之间也存在输入耦合。

这些包中所有对象的几乎其他所有用途都是通过它们的抽象接口实现的。如果不是因为要创建每个具体的对象，那么这些软件包的输入耦合将不再存在。例如，如果 TextParserTransactionSource 不再需要创建其他的其他的事务操作，那么它就不会再依赖于包含事务操作实现的那 4 个软件包。

使用工厂模式可以大大缓解这个问题。每个软件包都提供一个对象工厂，它负责创建该软件包中所有的公共对象。

TransactionImplementation 包的对象工厂

图 22.8 清楚地展示了如何给 TransactionImplementation 包创建对象工厂。TransactionFactory 程序包中包含抽象基类，这些抽象基类定义了表示特定事务对象的构造函数的纯虚函数。TransactionImplementation 包中包含 TransactionFactory 类的具体派生类，并使用所有要创建的具体操作对象。

TransactionFactory 类有一个被声明为 TransactionFactory 指针的静态成员。该成员必须由主程序初始化，指向具体的 TransactionImplementation 对象的实例。

初始化对象工厂

为了使用对象工厂创建对象，必须初始化抽象对象工厂的静态成员以使它们指向具体的对象工厂。这些工作必须要在任何使用者试图使用对象工厂之前完成。最好是由主程序来完成这项工作，这也就意味着主程序要依赖于所有的对象工厂以及所有的具体软件包。因此，每个具体的软件包都将至少有一个来自主程序的输入耦合。这将会使具体的软件包稍微偏离一些主序列，但这是无法避免的。这就意味着每次对某一个具体的软件包做出更改时，我们都必须重新发布主程序。当然，无论如何，我们可能需要在每一次更改后都重新发布主程序，因为无论如何，我们都要对它进行测试。（实际上，我通常会忽略来自主程序的耦合。）

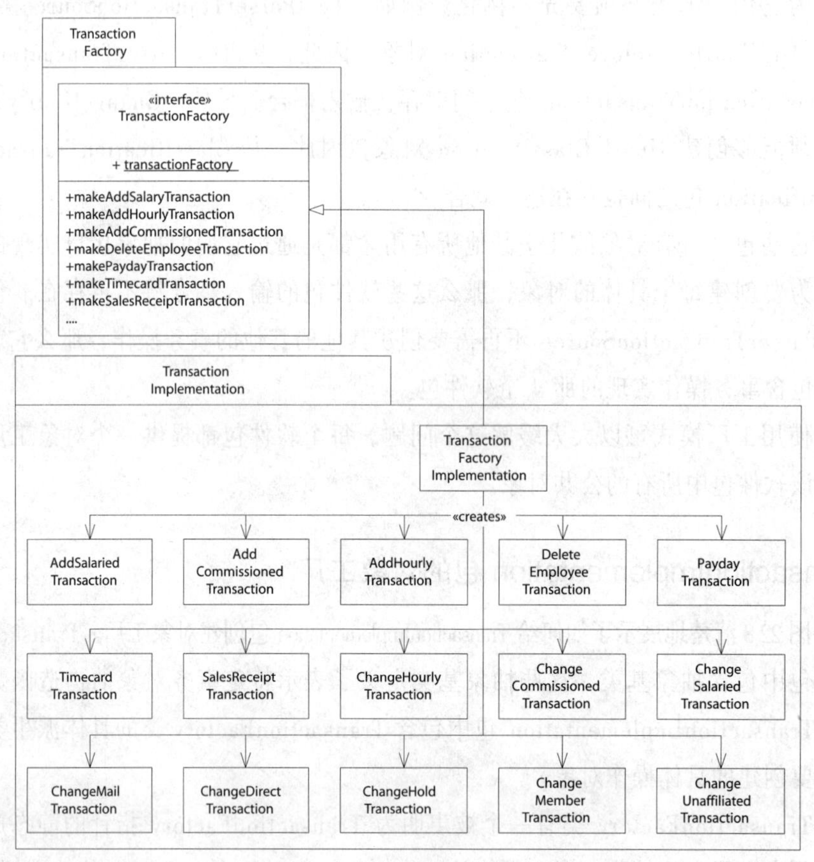

图 22.8　Transaction 的对象工厂

图 22.9 和图 22.10 所示为与对象工厂相关的主程序的静态和动态结构图。

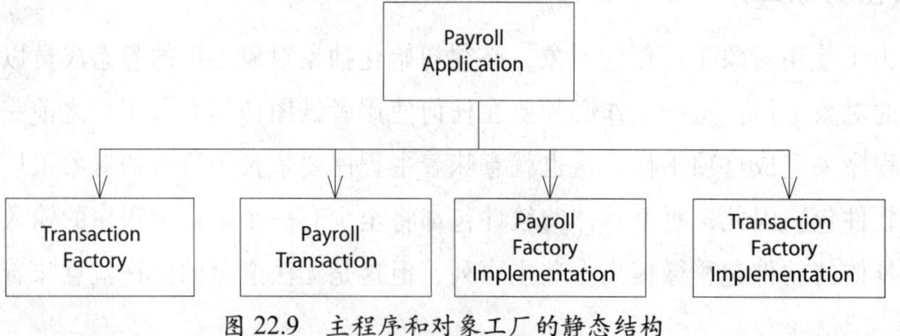

图 22.9　主程序和对象工厂的静态结构

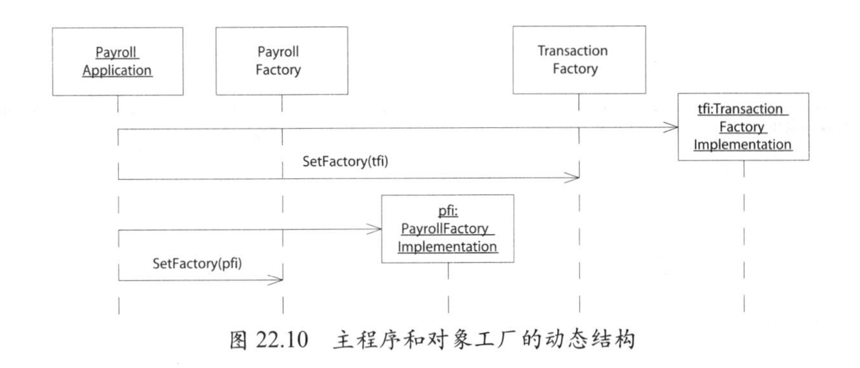

图 22.10 主程序和对象工厂的动态结构

重新思考内聚力的边界

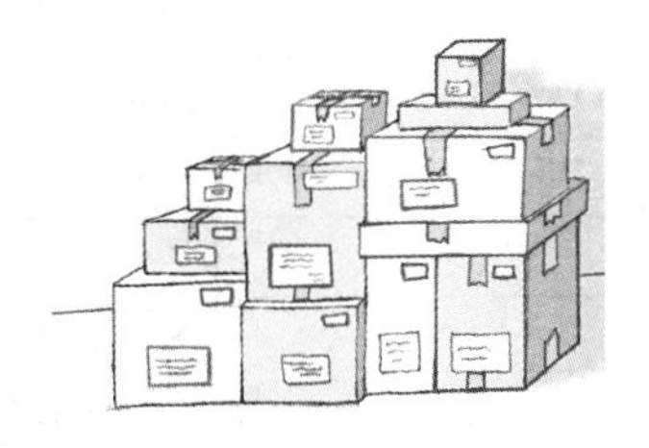

我们最初在图 22.1 中将 Classifications、Methods、Schedules 以及 Affiliations 拆分开来。在当时看来，这似乎是一个合理的拆分。毕竟，其他用户可能在重用薪水支付时间表类时不希望一定带上 Affiliation 类。在将事务操作类拆分到自己的软件包中且创建了一个双重的层次结构之后，我们仍然维持这种划分方式。也许这样做有点过了，就像图 22.7 中的包结构，就非常复杂。

我们要想手工管理这些包的发布工作，那么这些复杂的包结构就会使这项工作变得非常困难。尽管我们可以使用自动化的管理工具来管理软件包之间的关系图，但其实大部分人都不会这么奢侈地加上这些复杂的工具。因此，我们还是要尽量保证包之间的关系尽可能的实用和简单。

在我看来，基于事务操作的划分比基于功能的划分更为重要。因此，我们将把所有的事务操作合并到 TransactionImplementation 包中（图 22.11）。同样，我们还把 Classifications、Schedules、Methods 和 Affiliations 包合并到 PayrollImplementation 软件包中。

最终的包结构

表 22.3 所示为最终的类和包之间的分配关系。表 22.4 所示为所有软件包的度量指标的数据表格。图 22.11 所示为最终的包结构，在该结构中，使用对象工厂使得具体的软件包能够尽量位于主序列的附近。

表 22.3　类与包的关系

AbstractTransactions	AddEmployeeTransaction	ChangeAffiliationTransaction	ChangeEmployee-Transaction
	ChangeClassification-Transaction	ChangeMethodTransaction	
Application	Application		
PayrollApplication	PayrollApplication		
PayrollDatabase	PayrollDatabase		
PayrollDatabaseImple-mentation	PayrollDatabase-Implementation		
PayrollDomain	Affiliation	Employee	PaymentClassification
	PaymentMethod	PaymentSchedule	
PayrollFactory	PayrollFactory		
PayrollImplementation	BiweeklySchedule	CommissionedClassification	DirectMethod
	HoldMethod	HourlyClassification	MailMethod
	MonthlySchedule	PayrollFactory-Implementation	SalariedClassification
	SalesReceipt	ServiceCharge	Timecard
	UnionAffiliation	WeeklySchedule	
TextParser-TransactionSource	TextParserTransactionSource		
Transaction-Application	Transaction	TransactionApplication	TransactionSource
TransactionFactory	TransactionFactory		
Transaction-Implementation	AddCommissionedEmployee	AddHourlyEmployee	AddSalariedEmployee
	ChangeAddressTransaction	ChangeCommissioned-Transaction	ChangeDirectTransaction
	ChangeHoldTransaction	ChangeHourlyTransaction	ChangeMailTransaction
	ChangeMemberTransaction	ChangeNameTransaction	ChangeSalariedTransaction
	ChangeUnaffiliatedTransaction	DeleteEmployee	PaydayTransaction
	SalesReceiptTransaction	ServiceChargeTransaction	TimecardTransaction
	TransactionFactory-Implementation		

表 22.4 所有软件包的度量指标

包的名称	N	A	Ca	Ce	R	H	I	A	D	D′
AbstractTransactions	5	5	13	1	0	.20	.07	1	.05	.07
Application	1	1	1	0	0	1	0	1	0	0
PayrollApplication	1	0	0	5	0	1	1	0	0	0
PayrollDatabase	1	1	19	5	0	1	.21	1	.15	.21
PayrollDatabaseImpl...	1	0	0	1	0	1	1	0	0	0
PayrollDomain	5	4	30	0	4	1	0	.80	.14	.20
PayrollFactory	1	1	12	4	0	1	.25	1	.18	.25
PayrollImplementation	14	0	1	5	3	.29	.83	0	.12	.17
TextParserTransactionSource	1	0	1	3	0	1	.75	0	.18	.25
TransactionApplication	3	3	14	1	3	1.33	.07	1	.05	.07
TransactionFactory	1	1	3	1	0	1	.25	1	.18	.25
TransactionImplementation	19	0	1	14	0	.05	.93	0	.05	.07

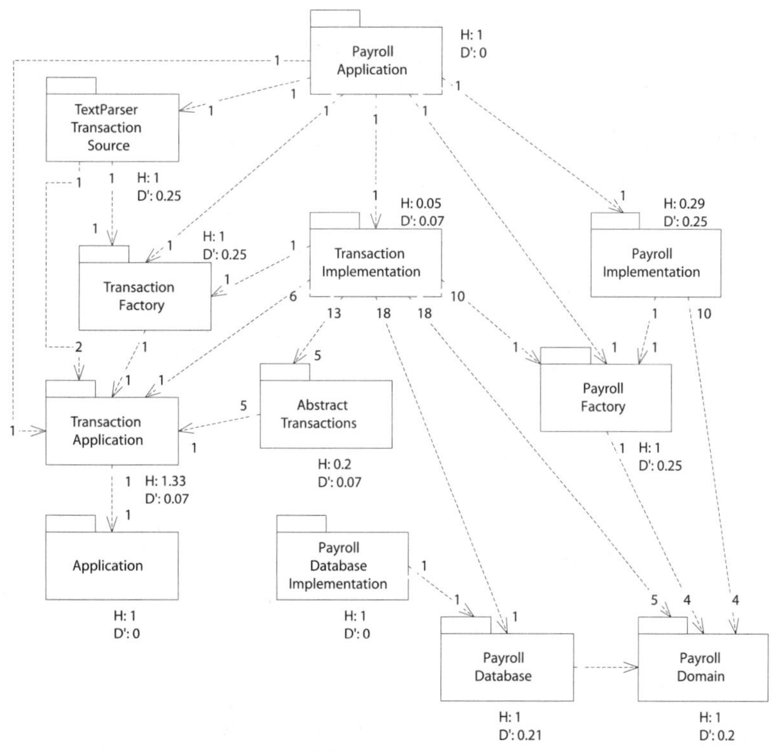

图 22.11 薪水支付系统最终的包结构

在该图中的度量指标的值是令人振奋的。它们之间的关系内聚性非常高，其中部分原因是由于具体的对象工厂和它们创建的对象间的关系，并且这其中没有出现严重偏离主序列的情况。因此，软件包之间的耦合性满足一个良好的开发环境的要求。其中，抽象的软件包是封闭的、可重用的并且被严重依赖着，同时它们自己却很少依赖于其他的软件包。具体的软件包在可重用的基础上进行了隔离，它们严重依赖于抽象的软件包，且没有被自己严重的依赖着。

小结

是否需要对软件包结构进行管理，是系统开发的规模大小和开发团队规模大小共同决定。即使是小型团队，也需要对系统源代码进行拆分管理，以便开发团队成员之间可以在互不干扰的情况下协作开发。如果系统中没有一定的划分结构，大型的程序就可能会慢慢变成一大堆晦涩难懂的代码源文件。

参考文献

1. Benjamin/Cummings. *Object-Oriented Analysis and Design with Applications*, 2d ed., 1994.
2. DeMarco, Tom. *Controlling Software Projects*. Yourdon Press, 1982.

第Ⅴ部分　气象站案例

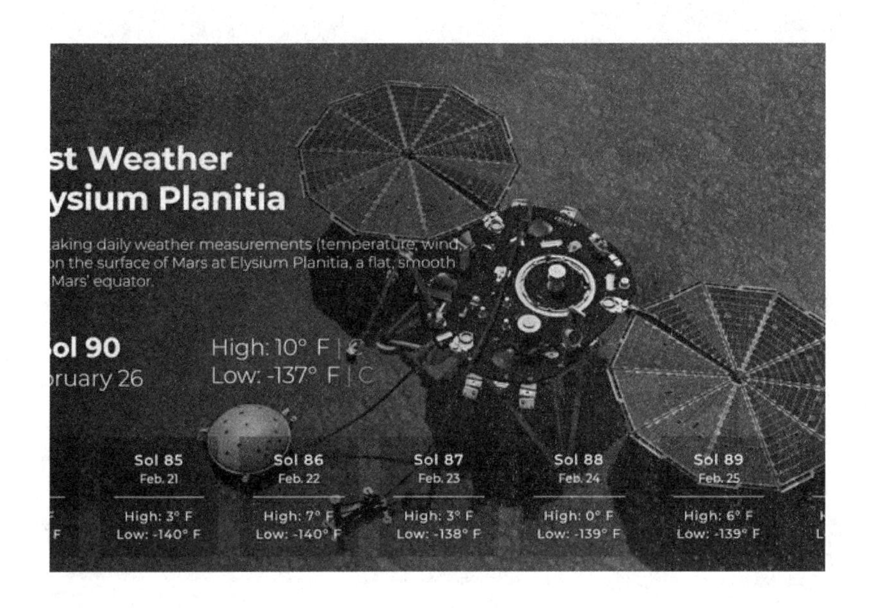

在接下来的几章中，我们对一个简单的气象监控系统进行深入的案例研究。尽管这个案例是虚构的，但是它的构建过程却非常贴近真实。我们会面临紧迫的时间，遗留代码、简陋易变的规格说明和未尝试过的新技术等。我们的目标是展示如何在实际的软件工程中使用我们学过的原则、模式以及实践。

跟前面一样，在探究气象站应用的开发过程中，我们会遇到一些有用的设计模式。该案例研究的预备章节会对这些模式进行描述。

第 23 章　组合模式

组合模式（COMPOSITE）是一种非常简单但具有深刻内涵的模式。图 23.1 展示了组合模式的基本结构。这是一组具有层次结构的形状。基类 Shape 有两个派生类 Circle 和 Square。第 3 个派生类是一个组合体，CompositeShape 持有一个含有多个 Shape 实例的列表。当 CompositeShape 的 draw() 被调用时，它就把这个方法委托给列表中的每一个 Shape 实例。

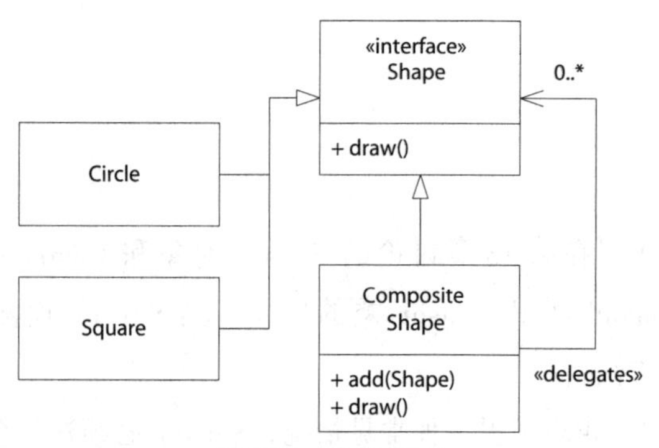

图 23.1　组合模式

因此，对系统来说，一个 CompositeShape 实例就像是单个的 Shape，可以把它传递到任何接收 Shape 的函数或者对象中，并且它表现也和单个的 Shape 别无二致。只不过，它其实是一组 Shape 实例的代理。

程序 23.1 和程序 23.2 展示了一种可能的实现。

程序 23.1　Shape.java

```
public interface Shape
{
 public void draw();
}
```

程序 23.2　CompositeShape.java

```
import java.util.Vector;

public class CompositeShape implements Shape
{
 private Vector itsShapes = new Vector();
 public void add(Shape s)
 {
  itsShapes.add(s);
 }

 public void draw()
 {
  for (int i = 0; i < itsShapes.size(); i++)
  {
   Shape shape = (Shape) itsShapes.elementAt(i);
   shape.draw();
  }
}
```

示例：组合命令

请回顾一下我们在第 13 章讨论的 Sensor 对象和 Command 对象。图 13.3 展示了一个使用 Command 类和 Sensor 类的应用。当 Sensor 检测到刺激后，就会调用 Command 的 do() 方法。

在那次讨论中，我忘了提一种常见情况，Sensor 必须执行多个 Command。例如，当纸到达传送路径上的一个特定点的时候，它会启动一个光学传感器。接着，这个传感器会停止一个发动机，开启另一个，然后启动一个特定的离合器。

起初，我们以为每个 Sensor 类都必须要维持一个 Command 对象的列表（参见图 23.2）。然而，我们很快意识到，每当 Sensor 需要执行多个 Command 时，它总是以一种一致的方式对待这些对象。也就是说，它只是遍历列表并调用每个 Command 对象的 do() 方法。这种情况最适用于 组合（COMPOSITE）模式。

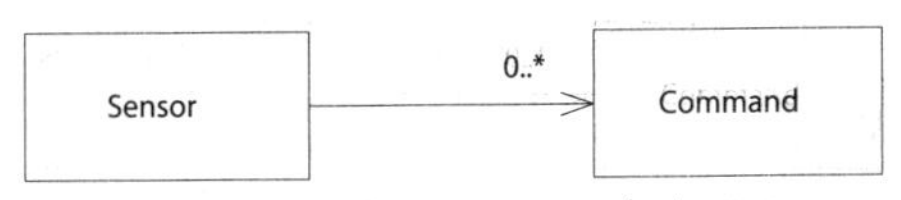

图 23.2 包含多个 Command 命令的 Sensor

这样，我们就不去改动 Sensor 类，而是去创建一个图 23.3 所示的 Composite Command 类。

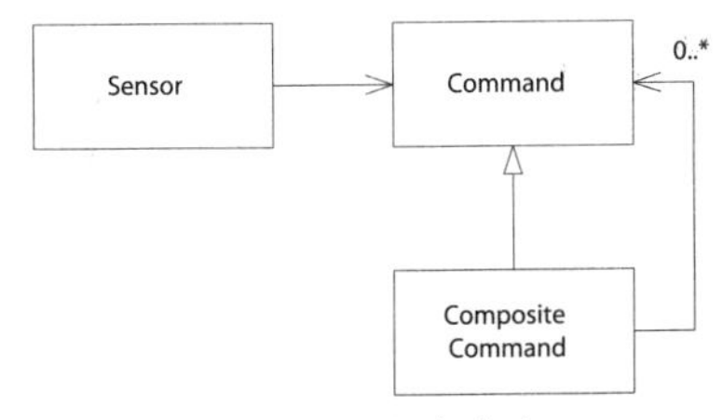

图 23.3 组合命令

这意味着我们不必改动 Sensor 类或者 Command 类。我们可以在不更改既有对象的情况下，向 Sensor 对象中增加多个 Command 对象。这里应用了 OCP 原则。

多还是少？

这就导致了一个有趣的问题。我们可以在不修改 Sensor 的情况下，让它表现得像是包含多个 Command 对象。在常见的软件设计中，肯定会有许多与此类似的情形。你肯定也多次碰到这样的情况，可以使用组合模式而不是构建一个对象的列表或者向量。

我换一种方式来说明这个问题。Sensor 和 Command 之间的关联是一对一的。我们非常想把这种关联变成一对多。但是，我们找到了一种无需一对多关系即可获得一对多行为的替代方案。一对一的关系要比一对多的关系更易于理解、编码和维护。所以，这种设计权衡显然是正确的。在当前的项目中，有多少一对多的关系可以转变成一对一的呢？

当然，使用组合模式并不能把所有的一对多的关系都转变成一对一的关系。只有在列表中被一致对待的对象才有转换的可能。例如，如果持有一个员工对象的列表，并且在列表中搜索今天要发薪水的员工，或许就不应该使用组合模式，因为你并不是以一致的方式对待所有员工的。

尽管如此，还是有相当一部分一对多的关系可以用组合模式进行转换。并且这样做的好处是相当大的。列表管理和遍历的代码只在组合类中出现一次，而不是在每个客户端代码中重复出现。

第 24 章　观察者模式：回归为模式

本章有一个特别的目的。我会讲解观察者（OBSERVER）模式 [GOF95，p.293]，但这只是一个次要目的。本章的主要目的是展示，代码和设计是如何演变成模式的。

在前面的章节中，我们已经使用了很多模式。我们常常把它们视为既成的事实，没有展示代码是如何演变成模式的。这可能会让你误以为模式有完善的形式，我们可以把它们简单插进代码或者设计中去。这不是我建议的方式，我更喜欢朝着需要的方向演进。当我重构代码以解决耦合性、简单性和表达性的问题时，可能会发现代码已经接近一个特定的模式。此时，我把类和变量的名字改成模式的名称，并把代码的结构改成更正式的形式。这样，代码就回归为模式了。

本章首先提出一个简单的问题，然后展示设计和代码是如何演进并最终解决这个问题的。演进的最终结果就是观察者模式。在演进的每一个阶段，我都会先描述要解决的问题，然后展示解决这些问题的步骤。

数字时钟

我们有一个时钟对象。这个对象捕获来自操作系统的毫秒中断（即时钟滴答），并把它们转换成时间。这个对象知道如何从毫秒数计算出秒，从秒数计算出分钟，从分钟数计算出小时等等。它知道每个月有多少天以及每年有几个月。它知道闰年相关的所有信息，并且知道什么时候是闰年，什么时候不是。它洞悉时间的概念，如图 24.1 所示。

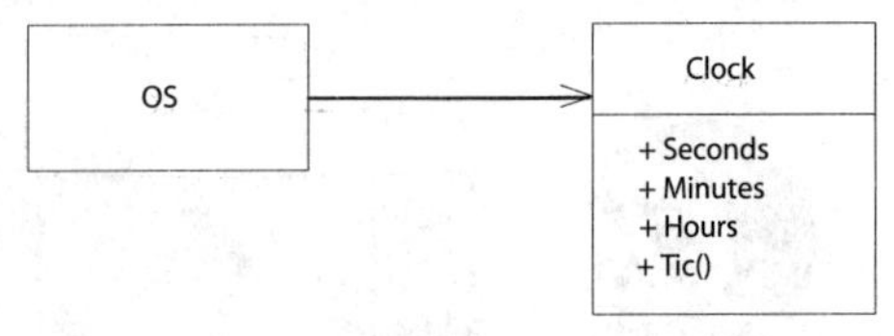

图 24.1 时钟

我们想创建出一个数字时钟，可以摆放在桌子上并且可以连续显示时间。最简单的方式是什么呢？我们可以写如下代码：

```
public void DisplayTime
{
 while(1)
 {
  int sec = clock.getSeconds();
  int min = clock.getMinutes();
  int hour = clock.getHours();
  showTime(hour, min, sec);
 }
}
```

显然，这不是最好的方法。为了重复显示时间，它消耗了所有可用的 CPU 周期。其中大部分显示都是多余的，因为时间并没有变化。或许，这个方法非常适合于电子手表或者数字挂钟，因为在这些系统中，并不需要节省 CPU 的周期。不过，我们可不希望这个独占 CPU 的家伙运行在自己的电脑桌面上。

核心要解决的问题就是如何高效地把数据从 Clock 传给 DigitalClock。假设 Clock 对象和 DigitalClock 对象同时存在。我所关心的是如何把它们连接起来。要测试该连接，只要证实从 Clock 取出的数据和发送给 DigitalClock 的数据相同即可。

有一个简单的测试方法，是分别创建一个接口充当 Clock，一个接口充当 DigitalClock。然后编写实现这两个接口的特殊测试对象，并核实它们之间的连接是否按预期工作。

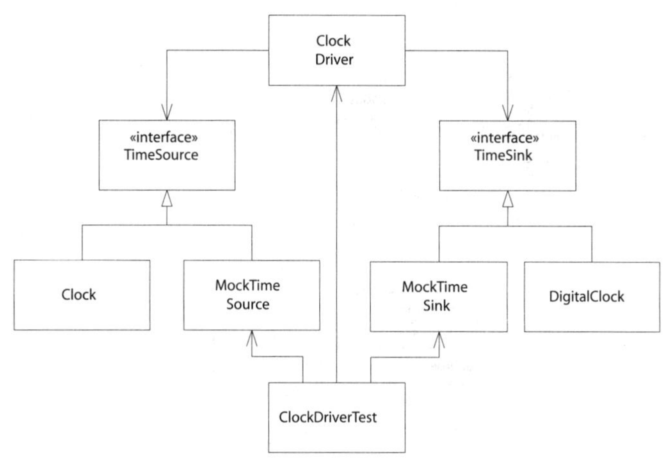

图 24.2　测试数字时钟

ClockDriverTest 对象通过 TimeSource 接口和 TimeSink 接口把 ClockDriver 和两个 mock 对象连接起来。接着，它会去检查每个 mock 对象确保 ClockDriver 已经把时间数据从源传到接收端。如果有必要，ClockDriverTest 也要保证效率没有损失。

我们完全处于测试的角度，简单往设计中增加接口。这个过程让我觉得很有意思，为了测试一个模块，必须要把它和系统中的其他模块隔离开，就像我们把 ClockDriver 和 Clock、DigitalClock 隔离开一样。优先考虑测试，有助于我们把设计中的耦合降到最低。

那么，ClockDriver 是如何工作的呢？显然，为了高效起见，ClockDriver 必须要检测 TimeSource 对象中的时间何时发生改变。只有在时间发生改变的那一刻，它才应该把时间数据移到 TimeSink 对象中。那么 ClockDriver 如何才能知道时间何时发生改变？它可以轮询 TimeSource，但这又会重现独占 CPU 的问题。

让 ClockDriver 知道时间何时发生改变的最简单的方法就是让 Clock 对象告诉它。我们可以通过 TimeSource 接口把 ClockDriver 传给 Clock。这样，当时间改变时，Clock 对象就可以更新 ClockDriver。接着，ClockDriver 再把时间设置到 TimeSin，如图 24.3 所示。

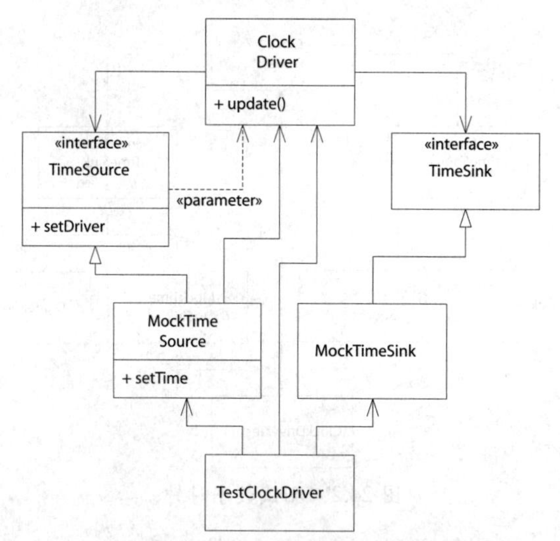

图 24.3　让 TimeSource 去更新 ClockDriver

请注意从 TimeSource 到 ClockDriver 的依赖关系。产生这个依赖关系的原因是 setDriver 方法的参数是一个 ClockDriver 对象。我对此不是很满意，因为这意味着 TimeSource 在任何情况下都必须使用 ClockDriver 对象。不过，在这段程序可以工作之前，我不会进行任何涉及到依赖关系的处理。

程序 24.1 展示了 ClockDriver 的测试用例。请注意，它创建了一个 ClockDriver 对象并在上面绑定了 MockTimeSource 和一个 MockTimeSink。接着，它在 source 对象中设置了时间，并期望这个时间数据可以很神奇地传到 sink 对象。程序 24.2~24.6 是剩余的代码。

程序 24.1　ClockDriverTest.java

```
import junit.framework.*;

public class ClockDriverTest extends TestCase
{
 public ClockDriverTest(String name)
 {
  super(name);
 }

 public void testTimeChange()
 {
  MockTimeSource source = new MockTimeSource();
  MockTimeSink sink = new MockTimeSink();
```

```
    ClockDriver driver = new ClockDriver(source, sink);
    source.setTime(3, 4, 5);
    assertEquals(3, sink.getHours());
    assertEquals(4, sink.getMinutes());
    assertEquals(5, sink.getSeconds());

    source.setTime(7, 8, 9);
    assertEquals(7, sink.getHours());
    assertEquals(8, sink.getMinutes());
    assertEquals(9, sink.getSeconds());
  }
}
```

程序 24.2 TimeSource.java

```
public interface TimeSource
{
  public void setDriver(ClockDriver driver);
}
```

程序 24.3 TimeSink.java

```
public interface TimeSink
{
  public void setTime(int hours, int minutes, int seconds);
}
```

程序 24.4 ClockDriver.java

```
public class ClockDriver
{
  private TimeSink itsSink;

  public ClockDriver(TimeSource source, TimeSink sink)
  {
    source.setDriver(this);
    itsSink = sink;
  }

  public void update(int hours, int minutes, int seconds)
  {
    itsSink.setTime(hours, minutes, seconds);
  }
}
```

程序 24.5 MockTimeSource.java

```
public class MockTimeSource implements TimeSource
{
 private ClockDriver itsDriver;

 public void setTime(int hours, int minutes, int seconds)
 {
  itsDriver.update(hours, minutes, seconds);
 }

 public void setDriver(ClockDriver driver)
 {
  itsDriver = driver;
 }
}
```

程序 24.6 MockTimeSink.java

```
public class MockTimeSink implements TimeSink
{
 private int itsHours;
 private int itsMinutes;
 private int itsSeconds;

 public int getSeconds()
 {
  return itsSeconds;
 }

 public int getMinutes()
 {
  return itsMinutes;
 }

 public int getHours()
 {
  return itsHours;
 }

 public void setTime(int hours, int minutes, int seconds)
 {
  itsHours = hours;
  itsMinutes = minutes;
  itsSeconds = seconds;
 }
}
```

很好，既然测试已经通过了，就可以考虑整理一下。我不喜欢从 TimeSource 到 ClockDriver 的依赖关系，因为我希望 TimeSource 接口可以被任何对象使用，而不仅仅是 ClockDriver 对象。我们可以创建出一个接口，这个接口被 TimeSource 使用并被 ClockerDriver 实现。我们称这个接口为 ClockObserver。请参见程序 24.7~24.10。其中，粗体的部分是改过的代码。

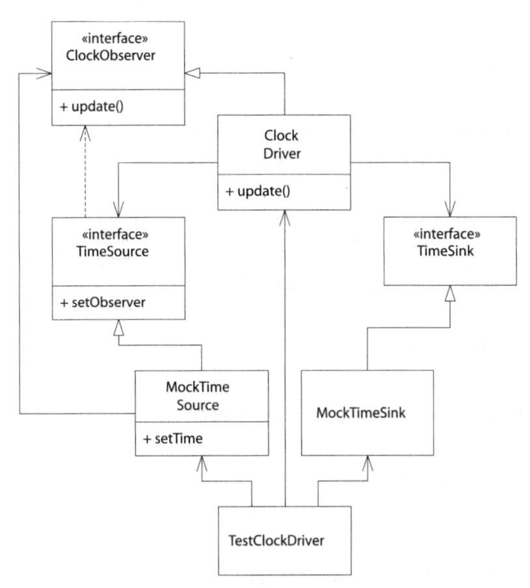

图 24.4 解除 TimeSource 对 ClockDriver 的依赖

程序 24.7 ClockObsever.java

```
public interface ClockDriver
{
  public void update(int hours, int minutes, int seconds);
}
```

程序 24.8 ClockDriver.java

```
public class ClockDriver implements ClockObserver
{
  private TimeSink itsSink;

  public ClockDriver(TimeSource source, TimeSink sink)
  {
    source.setObserver(this);
    itsSink = sink;
  }
```

```
  public void update(int hours, int minutes, int seconds)
  {
   itsSink.setTime(hours, minutes, seconds);
  }
}
```

程序 24.9　TimeSource.java

```
public interface TimeSource
{
  public void setObserver(ClockObserver observer);
}
```

程序 24.10　MockTimeSource.java

```
public class MockTimeSource implements TimeSource
{
 private ClockObserver itsObserver;

 public void setTime(int hours, int minutes, int seconds)
 {
  itsObserver.update(hours, minutes, seconds);
 }

 public void setObserver(ClockObserver observer)
 {
  itsObserver = observer;
 }
}
```

这就好多了嘛！现在，任何对象都可以使用 TimeSource，它们只需要实现 ClockObserver 接口，并把自己作为参数调用 SetObserver 方法即可。

我想让多个 TimeSink 都能够获得时间数据。考虑到有人是为了实现数字时钟，有人可能是为了实现提醒服务，还有人是想启动每晚备份功能。简而言之，我希望单一的 TimeSource 对象可以为多个 TimeSink 对象提供时间数据。

于是，我修改了 ClockDriver 的构造方法，让它只含有一个参数 TimeSource，然后增加一个方法 addTimeSink，该方法允许你在任何需要的时候添加 TimeSink 的实例。

至于这种做法，我不喜欢的一点是现在有两个间接的关联关系。我不得不通过调用 setObserver 方法告诉 TimeSource 谁是 ClockObserver。同样还必须告诉 ClockDriver 谁是 TimeSink 实例。这个双重的间接关联是否真的必要呢？

仔细检查 ClockObserver 和 TimeSink 后，我发现它们都有 setTime 方法。TimeSink 好像也可以实现 ClockObserver。如果这样做，测试程序就可以创建一个 MockTimeSink 并且调用 TimeSource 之上的 setObserver 方法。这样，就可以一起去掉 ClockDriver（和 TimeSink）！程序 24.11 展示了对 ClockDriverTest 的更改。

程序 24.11 ClockDriverTest.java

```
import junit.framework.*;

public class ClockDriverTest extends TestCase
{
 public ClockDriverTest(String name)
 {
   super(name);
 }

 public void testTimeChange()
 {
  MockTimeSource source = new MockTimeSource();
  MockTimeSink sink = new MockTimeSink();
  source.setObserver(sink);

  source.setTime(3, 4, 5);
  assertEquals(3, sink.getHours());
  assertEquals(4, sink.getMinutes());
  assertEquals(5, sink.getSeconds());

  source.setTime(7, 8, 9);
  assertEquals(7, sink.getHours());
  assertEquals(8, sink.getMinutes());
  assertEquals(9, sink.getSeconds());
 }
}
```

这意味着 MockTimeSink 应该实现 ClockObserver 而不是 TimeSink。请参见程序 24.12。这些更改很有效。为什么一开始我会认为需要一个 ClockDriver 呢？图 24.5 给出了相应的 UML 图。

程序 24.12 MockTimeSink.java

```
public class MockTimeSink implements ClockObserver
{
 private int itsHours;
 private int itsMinutes;
 private int itsSeconds;
```

```
    public int getSeconds()
    {
      return itsSeconds;
    }

    public int getMinutes()
    {
      return itsMinutes;
    }

    public int getHours()
    {
      return itsHours;
    }

    public void update(int hours, int minutes, int seconds)
    {
      itsHours = hours;
      itsMinutes = minutes;
      itsSeconds = seconds;
    }
}
```

显然，这样就简单多了。

好，现在我们把 setObserver 方法改成 registerObserver，并确保所有注册的 ClockObserver 实例都被保存在一个列表中并被恰当的更新。这需要对测试程序做另外的更改。程序 24.13 展示了这些更改。此外，我还对测试程序做了少许重构，让它变得更小、更容易读。

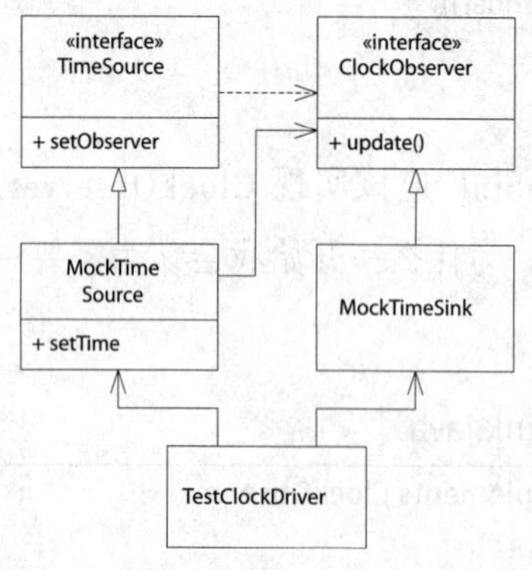

图 24.5 去除 ClockDriver 和 TimeSink

程序 24.13 ClockDriverTest.java

```
import junit.framework.*;

public class ClockDriverTest extends TestCase
{
  private MockTimeSource source;
  private MockTimeSink sink;

  public ClockDriverTest(String name)
  {
    super(name);
  }

  public void setUp()
  {
    source = new MockTimeSource();
    sink = new MockTimeSink();
    source.registerObserver(sink);
  }

  private void assertSinkEquals(MockTimeSink sink, int hours, int minutes, int seconds)
  {
    assertEquals(hours, sink.getHours());
    assertEquals(minutes, sink.getMinutes());
    assertEquals(seconds, sink.getSeconds());
  }

  public void testTimeChange()
  {
    source.setTime(3, 4, 5);
    assertSinkEquals(sink, 3, 4, 5);

    source.setTime(7, 8, 9);
    assertSinkEquals(sink, 7, 8, 9);
  }

  public void testMultipleSinks()
  {
    MockTimeSink sink2 = new MockTimeSink();
    source.registerObserver(sink2);

    source.setTime(12, 13, 14);
    assertSinkEquals(sink, 12, 13, 14);
    assertSinkEquals(sink2, 12, 13, 14);
  }
}
```

要让前面的测试通过，只需要非常简单的修改。我们修改了 MockTimeSource，让它把所有已经注册的观察者都保存在一个 Vector 中。这样，当时间发生变化时，我们就遍历 Vector 中所有已经注册的 ClockObserver 对象的 update 方法。程序 24.14 和程序 24.15 展示了这种修改。图 24.6 展示了对应的 UML 图。

程序 24.14　TimeSource.java

```
public interface TimeSource
{
 public void registerObserver(ClockObserver observer);
}
```

程序 24.15　MockTimeSource.java

```
import java.util.*;

public class MockTimeSource implements TimeSource
{
 private Vector itsObservers = new Vector();

 public void setTime(int hours, int minutes, int seconds)
 {
  Iterator i = itsObserver.iterator();
  while (i.hasNext())
  {
   ClockObserver observer = (ClockObserver) i.next();
   observer.update(hours, minutes, seconds);
  }
 }

 public void registerObserver(ClockObserver observer)
 {
  itsObservers.add(observer);
 }
}
```

图 24.6　处理多个 TimeSink 对象

这看上去很不错，不过还有一点我不太喜欢，那就是 MockTimeSource 必须要处理注册和更新操作。这意味着 Clock 以及每一个 TimeSource 的派生类都必须重复注册和更新部分的代码。我认为 Clock 不应该处理注册和更新操作。我也讨厌出现重复代码。所以我想把所有注册和更新的逻辑都移到 TimeSource 中。当然，这也意味着 TimeSource 要从接口变成类。这同样也意味着 MockTimeSource 缩小到近乎没有。程序 24.16 和程序 24.17 以及图 24.7 展示了所做的更改。

程序 24.16　TimeSource.java

```
import java.util.*;

public class TimeSource
{
 private Vector itsObservers = new Vector();

 protected void notify(int hours, int minutes, int seconds)
 {
  Iterator i = itsObservers.iterator();
  while (i.hasNext())
  {
   ClockObserver observer = (ClockObserver) i.next();
   observer.update(hours, minutes, seconds);
  }
 }

 public void registerObserver(ClockObserver observer)
 {
  itsObservers.add(observer);
 }
}
```

程序 24.17　MockTimeSource.java

```
public class MockTimeSource extends TimeSource
{
 public void setTime(int hours, int minutes, int seconds)
 {
  notify(hours, minutes, seconds);
 }
}
```

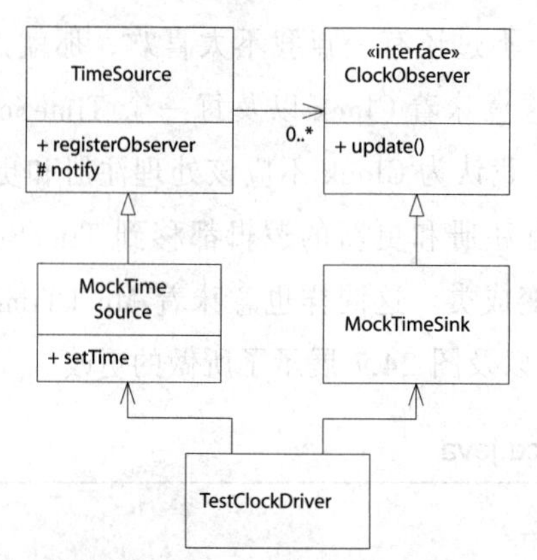

图 24.7　把注册和更新逻辑移到 TimeSource 中

这看上去更加酷炫了。现在，任何类都可以从 TimeSource 派生。它们只有调用 notify 方法就可以更新观察者。但是其中还有一些我不太喜欢的东西。MockTimeSource 直接继承自 TimeSource，这也就是说 Clock 也必须从 TimeSource 派生。Clock 为什么非得依赖注册和更新逻辑呢？ Clock 只是一个知晓时间的类。让它依赖 TimeSource 似乎不必要，也不符合预期。

我知道如何在 C++ 中解决这个问题。我会创建一个 TimeSource 和 Clock 的共同子类 ObservableClock。我会用 Clock 中的 tic 或 SetTime 方法去重写（override）ObservableClock 中的 tic 方法 或者 setTime 方法，然后调用 TimeSource 的 notify 方法。请参见程序 24.18 和图 24.8。

程序 24.18　ObservalbeClock (C++)

```
class ObservableClock : public Clock, public TimeSource
{
 public:
  virtual void tic()
  {
   Clock::tic();
   TimeSource::notify(getHours(), getMinutes(), getSeconds());
  }

  virtual void setTime(int hours, int minutes, int seconds)
  {
   Clock::setTime(hours, minutes, seconds);
   TimeSource::notify(hours, minutes, seconds);
  }
};
```

糟糕的是，我们没法在 Java 中使用这种方法，因为 Java 语言不支持多重继承。所以，在 Java 中，我们要么干脆不管，要么使用委托方法。程序 24.19 ~ 24.21 以及图 24.9 展示了委托方法。

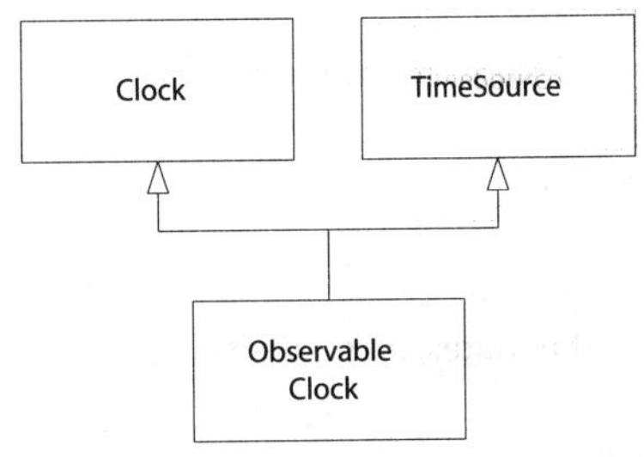

图 24.8 用 C++ 的多重继承从 TimeSource 中分离 Clock

程序 24.19 TimeSource.java

```
public interface TimeSource
{
  public void registerObserver(ClockObserver observer);
}
```

程序 24.20 TimeSourceImplementation.java

```
import java.util.*;

public class TimeSourceImplementation
{
  private Vector itsObservers = new Vector();

  public void notify(int hours, int minutes, int seconds)
  {
    Iterator i = itsObservers.iterator();
    while (i.hasNext())
    {
      ClockObserver observer = (ClockObserver) i.next();
      observer.update(hours, minutes, seconds);
    }
  }

  public void registerObserver(ClockObserver observer)
  {
    itsObservers.add(observer);
  }
}
```

程序 24.21 MockTimeSource.java

```
public class MockTimeSource implements TimeSource
{
 TimeSourceImplementation tsImp = new TimeSourceImplementation();

 public void registerObserver(ClockObsever observer)
 {
  tsImp.registerObserver(observer);
 }

 public void setTime(int hours, int minutes, int seconds)
 {
  tsImp.notify(hours, minutes, seconds);
 }
}
```

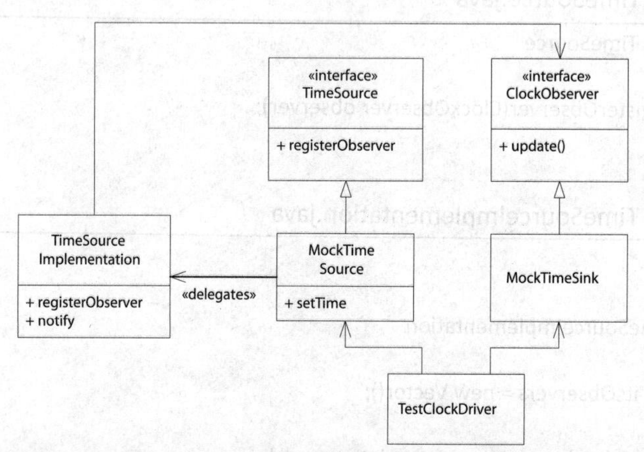

图 24.9 在 Java 中使用委托方法实现观察者模式

请注意，MockTimeSource 类实现了 TimeSource 并且包含一个指向 TimeSourceImplementation 实例的引用。也务必注意，所有对 MockTimeSource 的 registerObserver 方法的调用都被委托给了那个 TimeSourceImplementation 对象。此外，MockTimeSource.setTime 方法还调用了 TimeSourceImplementation 实例的 notify 方法。①

这虽然很丑，但它有一个优点，就是 MockTimeSource 没有继承（extend）一个类。这也意味着，如果我们要去创建 ObservableClock，它就可以继承 Clock，实现 TimeSource，并委托给 TimeSourceImplementation（参见图 24.10）。这就以微小的代

① 译注：在这里，MockTimeSource 只是实现了 TimeSource 接口，所有方法的具体实现都被委托给了 TimeSourceImplementation 类。

价解决了 Clock 依赖于注册和更新逻辑的问题。

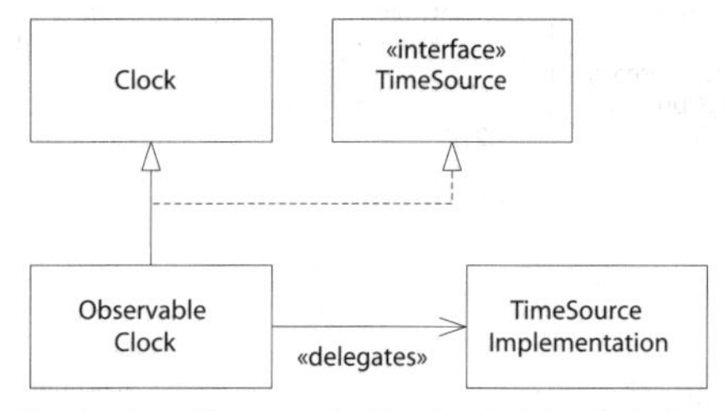

图 24.10 ObservableClock 的委托方法实现

好了，在继续深挖之前，我们先回到图 24.7 中展示的内容。我们全盘接受了 Clock 必须依赖所有的注册和更新逻辑的事实。

TimeSource 这个名字无法清楚地表达出这个类的意图。一开始在还有 ClockDriver 的时候，这个名字还可以。但是自那时起，这个名字就变得非常糟糕。我们应该对名字进行更改，让人一眼便知这是关于注册和更新逻辑的。观察者模式把这个类称为 Subject。在我们的场景下，它是特定于时间的，所以称它为 TimeSubject，但是这个名字不够直观。我们可以用以前 Java 中的命名 Observable，但是它也不能令我满意。TimeObservable 呢？也不好。

也许，“推模型（push model）”的观察者，其特殊性才是问题的关键。如果改成“拉模型（pull model）”，我们可以让这个类更通用。这样，我们就可以把 TimeSource 的名字改成 Subject，那么每一个熟悉观察者模式的人都会明白它的含义。（在观察者模式“推模型”实现中，是通过把数据传给 notify 方法 和 update 方法来把数据从目标（subject）推给观察者（observer）的。在观察者模式“拉模型（pull model）”的实现中，没有给 notify 和 update 方法传递任何数据，数据是在观察者对象收到更新消息后，查询被观察者对象得到的。请参见 [GOF75]。）

这是一个不错的选择。我们不是把时间传递给 notify 方法和 update 方法，而是让 TimeSink 向 MockTimeSource 请求时间数据。我们不想让 MockTimeSink 知道 MockTimeSource，所以需要创建一个接口，MockTimeSink 可以用这个接口来获取时间。MockTimeSource（和 Clock）会实现这个接口，我们称这个接口为 TimeSource。

图 24.11 和程序 24.22~24.27 是最终的代码及其 UML 图。

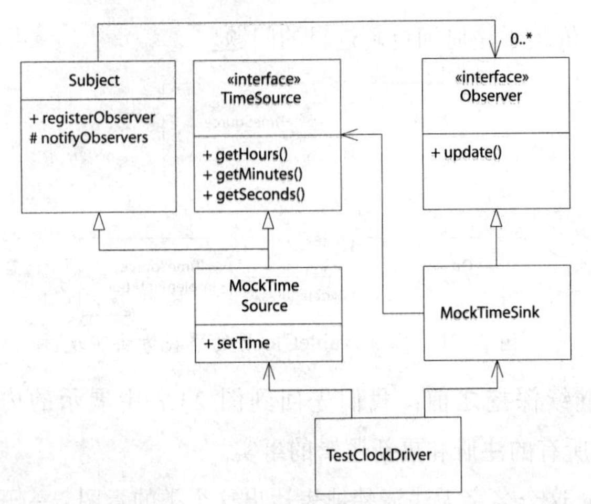

图 24.11 在 MockTimeSource 和 MockTimeSink 上应用观察者模式的最终版本

程序 24.22 ObserverTest.java

```
import junit.framework.*;

public class ObserverTest extends TestCase
{
 private MockTimeSource source;
 private MockTimeSink sink;

 public ObserverTest(String name)
 {
  super(name);
 }

 public void setUp()
 {
  source = new MockTimeSource();
  sink = new MockTimeSink(source);
  source.registerObserver(sink);
 }

 private void assertSinkEquals(MockTimeSink sink, int hours, int minutes, int seconds)
 {
  assertEquals(hours, sink.getHours());
  assertEquals(minutes, sink.getMinutes());
  assertEquals(seconds, sink.getSeconds());
 }

 public void testTimeChange()
```

```
  {
    source.setTime(3, 4, 5);
    assertSinkEquals(sink, 3, 4, 5);

    source.setTime(7, 8, 9);
    assertSinkEquals(sink, 7, 8, 9);
  }

  public void testMultipleSinks()
  {
    MockTimeSink sink2 = new MockTimeSink();
    source.registerObserver(sink2);

    source.setTime(12, 13, 14);
    assertSinkEquals(sink, 12, 13, 14);
    assertSinkEquals(sink2, 12, 13, 14);
  }
}
```

程序 24.23　Observer.java

```
public interface Observer
{
  public void update();
}
```

程序 24.24　Subject.java

```
import java.util.*;

public class Subject
{
  private Vector itsObservers = new Vector();

  protected void notifyObservers()
  {
    Iterator i = itsObservers.iterator();
    while (i.hasNext())
    {
      Observer observer = (Observer) i.next();
      observer.update();
    }
  }

  public void registerObserver(Observer observer)
```

```
 {
  itsObservers.add(observer);
 }
}
```

程序 24.25 TimeSource.java

```
public interface TimeSource
{
 public int getHours();
 public int getMinutes();
 public int getSeconds();
}
```

程序 24.26 MockTimeSource.java

```
public class MockTimeSource extends Subject implements TimeSource
{
 private int itsHours;
 private int itsMinutes;
 private int itsSeconds;

 public void setTime(int hours, int minutes, int seconds)
 {
  itsHours = hours;
  itsMinutes = minutes;
  itsSeconds = seconds;
  notifyObservers();
 }

 public int getHours()
 {
  return itsHours;
 }

 public int getMinutes()
 {
  return itsMinutes;
 }

 public int getSeconds()
 {
  return itsSeconds;
 }
}
```

程序 24.27 MockTimeSink.java

```
public class MockTimeSink implements Observer
{
 private int itsHours;
 private int itsMinutes;
 private int itsSeconds;
 private TimeSource itsSource;

 public MockTimeSink(TimeSource source)
 {
  itsSource = source;
 }

 public int getSeconds()
 {
  return itsSeconds;
 }

 public int getMinutes()
 {
  return itsMinutes;
 }

 public int getHours()
 {
  return itsHours;
 }

 public void update()
 {
  itsHours = itsSource.getHours();
  itsMinutes = itsSource.getMinutes();
  itsSeconds = itsSource.getSeconds();
 }
}
```

小结

好了，本章到此结束。我们从一个设计问题入手，经过合理的演进，最终得到一个规范的观察者模式。你可能会抱怨，既然我知道要用到观察者模式，那么本章的内容完全可以按照得到观察者模式的方式安排。我不否认这点，但这并不是真正的问题。

如果你熟悉设计模式，那么在面临一个设计问题的时候，脑子里很可能会浮现出一个模式。随后的问题就是直接实现这个模式呢，还是通过一系列的小步骤不断地演进代码？本章展示了第二种方案的过程。我没有直接断定观察者模式是手头问题的最佳选择，而是持续不断地解决一个又一个的问题。最后，代码很明显地朝着观察者模式的方向前进，所以我改了名字，并把代码整理成了规范的形式。

在演进过程中的每一个阶段，我都可以发现问题是已经解决从而停止演进，还是只有改变路线换个方向才可以解决问题。

本章中图的使用

有些图是为了读者而绘制的。我觉得如果用一个全景图来展示一下我所做的工作的话，会让读者更容易理解。如果不是为了展示和说明，我不会去创建。不过，有几幅图是为我自己绘制的。有时，我确实需要凝视我所创建的结构，这样才能知道下一步该如何走。

如果不是在写书，我会把这些图手工画在一张纸或者一个白板上。我不会在使用画图工具上浪费时间。毕竟，相比在一小片餐巾纸上画，没有什么画图工具比这更快。

在这些图完成辅助代码演进的任务后，我就不会保留它们了。在任何时候，给自己画的图都是中间步骤。

描绘这种层次细节的图有保留价值吗？显然，如果试图展示自己的推理过程，就像我在本书中所做的那样，它们都是很有用的。但是，通常我们不会试图去文档化几个小时编码的演进过程。这些图通常都是暂时性的，最好丢掉。对于这种层次的细节而言，代码就足以充当自己的文档。在更高的层次上，倒不一定正确。

观察者模式

好的，既然我们已经完成样例并把代码演进到观察者模式，那么研究观察者模式究竟是什么就应该很有趣。图 24.12 展示了观察者模式的规范形式。在本例中，Clock 被 DigitalClock 观察，DigitalClock 通过 Subject 接口注册到 Clock 中。无论什么原因，只要时间一改变，Clock 就调用 Subject 的 notify 方法，而 Subject 的 notify 方法会调用每一个已经注册的 Observer 对象的 update 方法。因此，每当时间发生改变，DigitalClock 都会接收到一个 update 消息。此时，它会向 Clock 请求时间，然后把时间显示出来。

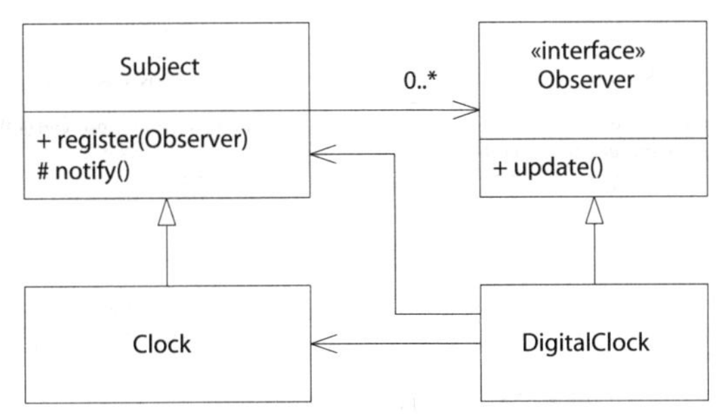

图 24.12　拉模型的观察者模式的规范形式

观察者模式是那种一旦理解了就会觉得哪里都可以使用的模式之一。这种间接关系非常好。你可以向各种对象注册观察者，而不用让这些对象显式地调用你。虽然这种间接关系是一种有用的依赖管理关系的方法，但是它很容易会被过度使用。过度使用观察者模式往往会导致系统难以理解和追踪。

推拉

观察者模式有两种主要模式。图 24.12 展示了拉模型的观察者模式。因为 DigitalClock 在收到 update 消息后，必须要从 Clock 对象中“拉出”时间数据，所以就给它起了这个名字。

拉模型的优点是实现起来比较简单，并且 Subject 类（比如，java.util.Observable 就是 JDK1.0 引入的可重用元素）和 Observer 类可以成为标准库中可重用的元素。不过，想象一下，如果你正在观察一个具有一千个字段的员工记录，并且刚好收到了一个 update 消息，那么你如何知道是哪个字段发生了改变呢？

当调用 ClockObserver 的 update 方法时，响应方式显而易见。ClockObserver 需要从 Clock 中“拉出”时间并将它显示出来。但是当调用 EmployeeObserver 的 update 方法时，响应方式就不那么明显了。我们不知道发生了什么，也不知道要做什么。也许是雇员的名字改变了，或者是他的薪水改变了，又或许是他换了一个新老板，甚或是他的银行账户改变了。我们需要额外的辅助信息。

推模型的观察者模式可以提供这类辅助信息。图 24.13 展示了推模型的观察者模式的结构。请注意，notify 方法和 update 方法都带有一个参数。这个参数是一个提示（hint），它是通过 notify 方法和 update 方法从 Employee 传到 SalaryObserver 中的。这个提示让 SalaryObserver 知道了员工记录发生哪种改变。

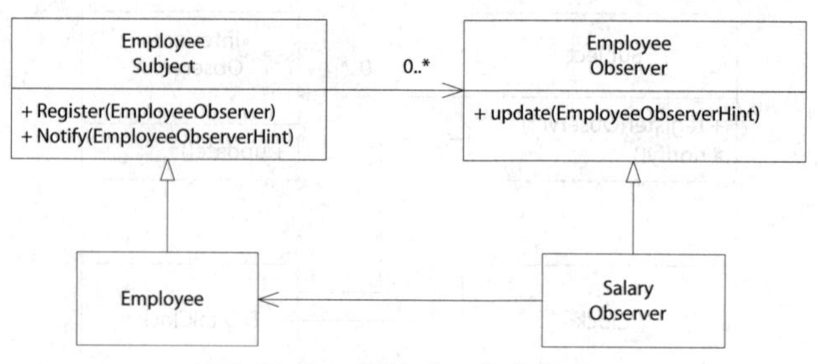

图 24.13 推模型观察者模式

notify 和 update 的 EmployeeObserverHint 参数可能是某种枚举、一个字符串或者一个包含某个字段新旧值的复杂数据结构。不管它是什么，它的值都被推到观察者中。

要选择哪种模型完全取决于被观察者对象的复杂性。如果被观察者对象比较复杂，并且观察者需要一个提示，那么推模型是合适的；如果被观察者的对象比较简单，那么拉模型就比较合适。

观察者模式如何运用面向对象设计的原则

观察者模式的最大推动力来自开放–关闭原则（OCP）。使用这个模式的动机就是为了在增加新的观察对象时可以无需更改被观察的对象。这样，被观察对象就可以保持关闭。

请回顾一下图 24.12，显然，Clock 可以替换 Subject，并且 DigitalClock 可以替换掉 Observer。因此，本例中也运用了里氏替换原则（LSP）。

Observer 是一个抽象类，具体的 DigitalClock 依赖于它。Subject 的具体方法也依赖于它。因此，依赖倒置原则（DIP）在本例中也运用了。你可能会认为，由于 Subject 不具备抽象方法，所以 Clock 和 Subject 之间的依赖关系违反了 DIP。但是，Subject 是一个绝对不应该被实例化的类。它只在派生类的上下文中才有意义。所以，尽管 Subject 不具备抽象方法，但是它在逻辑上是抽象的。在 C++ 中，我们可以通过让 Subject 的析构函数是纯虚的或者让它的构造函数是 protected 的来强制它的抽象性。

从图 24.11 中，可以看出接口隔离原则（ISP）的迹象。Subject 和 TimeSource 作为接口分离了 MockTimeSource 的客户端。

参考文献

1. Gamma, et al. *Design Patterns*. Addison-Wesley, 1995.
2. Martin, Robert C., et al. *Pattern Languages of Program Design*, Addison-Wesley, 1998.

第 25 章　抽象服务器，适配器和桥接模式

“政客都一样，即使一个地方没有河，他们也会许诺在那里建一座桥。”

——赫鲁晓夫

在 20 世纪 90 年代中期，我重度沉迷于 comp.object 新闻组的讨论中。我们在新闻组中张贴消息，激烈地争论有关分析和设计的不同策略。在讨论当中，我们觉得一个具体的例子有助于评价彼此的观点，所以就选择了一个非常简单的设计问题，然后提出各自认可的解决方案。

这个设计问题非常简单。我们选择设计了一款运行在简易台灯中的软件。台灯由一个开关和一盏灯组成。你可以询问开关是开或是关，也可以开和关台灯。这就是一个不错的简单问题。

争论激烈，持续了好几个月。每个人都认为自己独特的设计风格优于其他所有人。有些人使用了只有一个开关对象和一个灯对象的简单方法。另外有些人认为应该有一个包含开关和灯的台灯对象。还有一些人认为电流也应该是一个对象，而且，居然还真有人提出了一个电源线对象。

尽管这些争论中大多数是荒谬的，但是探究这个设计模型还是很有趣的。请考虑一下图 25.1。我们当然可以让这个设计工作起来。这个 Switch 对象可以轮询真实开关的状态，并且可以给 Light 对象发送相应的 turnOn 和 turnOff 消息。

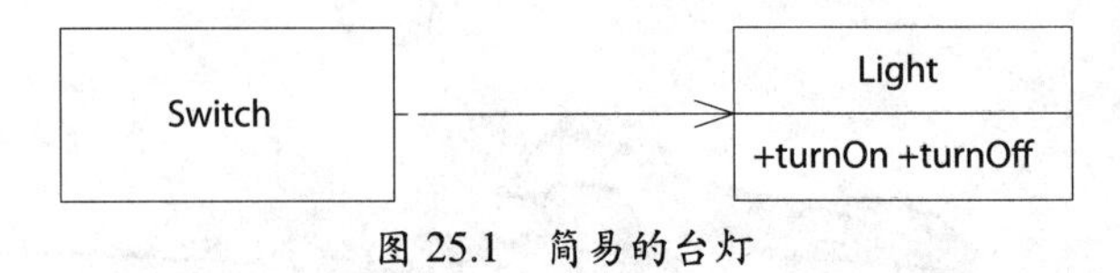

图 25.1 简易的台灯

我们为什么不喜欢这个设计呢？

因为这个设计违反了两个设计原则：依赖倒置原则(DIP)和开放-关闭原则(OCP)。对 DIP 的违反是显而易见的，Switch 依赖具体类 Light。DIP 告诉我们要优先依赖于抽象类。对 OCP 的违反虽然不那么直观，但是更切中要害。我们之所以不喜欢这个设计，是因为它强迫我们在任何需要 Switch 的地方都得拖上 Light。我们无法轻松地扩展 Switch 来控制除 Light 之外的对象。

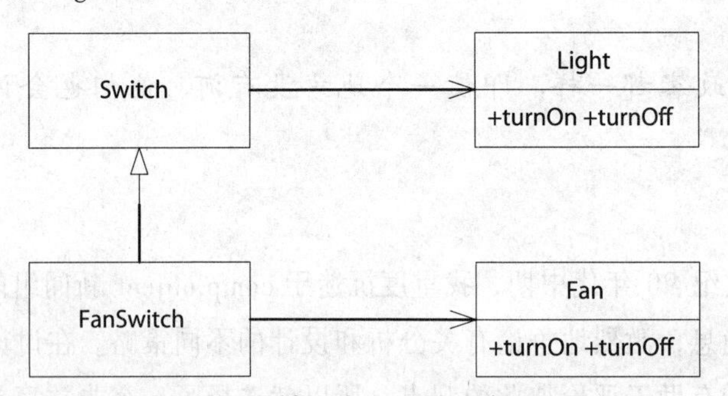

图 25.2 这样扩展 Switch 语句，不好

抽象服务器模式

你也许认为可以从 Switch 继承一个子类来控制除台灯意外的其他电器，就像图 25.2 所示。但是这没有解决问题，因为 FanSwitch 仍然继承了对 Light 的依赖。只要使用 FanSwitch，就必须要拖上 Light。无论如何，这个特定的继承关系都会违背 DIP。

为了解决这个问题，我们使用一个最简单的设计模式：抽象服务器模式，如图 25.3 所示。我们在 Switch 和 Light 之间引入一个接口，这样就使得 Switch 能够控制任何实现了这个接口的电器。这样一来，就立刻同时满足了 DIP 和 OCP。

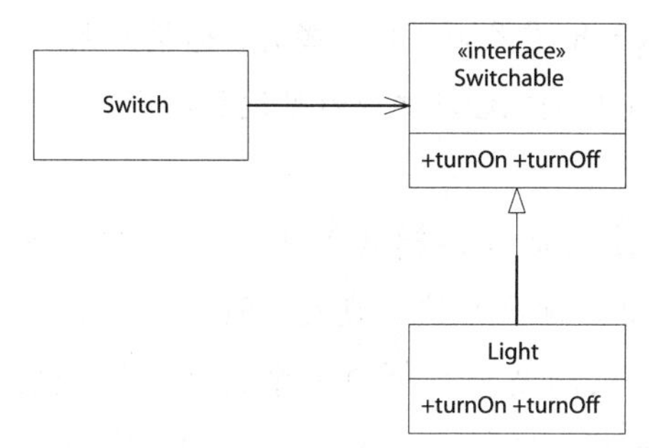

图 25.3 使用抽象服务器模式解决台灯问题

谁拥有这个接口？

插入一个有趣的话题，注意，这个接口的名字是为它的客户端起的。它被称为 Switchable 而不是 ILight。我们在前面已经谈论过这个话题，并且可能还会再次遇到它。接口属于它的客户端，而不属于它的派生类。客户端和接口之间的逻辑绑定关系要强于接口和它派生类之间的关系。它们之间的关系强到如果没有 Switchable 就不应该使用 Switch，但是，在没有 Light 的情况下，使用 Switchable 显然是合情合理的。逻辑绑定关系的强弱程度和实体（physical）绑定关系的强弱程度是不一致的。继承是一个比关联关系要强得多的实体绑定关系。

在 20 世纪 90 年代初期，我们通常认为实体绑定关系支配一切。有很多名著都建议把继承层次结构一起放到同一个实体包（package）中。这似乎是合理的，因为继承是一种非常强的实体绑定关系。但是在最近 10 年，我们已经认识到继承的实体关联强度是一种误导，并且继承层次结构通常也不应该被打包到一起。相反，往往应该把客户端和它们控制的接口打包在一起。

这种逻辑和实体绑定关系强弱程度的不一致是 C++ 和 Java 这样的静态类型语言的产物。动态类型的语言，如 Smalltalk、Python 和 Ruby 就不会有这种不一致性，因为它们没有用继承来实现多态行为。

适配器模式

图 25.3 中有一个设计问题。它可能违反了单一职责原则（SRP）。我们把 Light 和 Switchable 绑定在一起，而它们可能会因为不同的原因而改变。如果无法把继承关系加到 Light 上怎么办？如果从第三方购买了 Light，并且我们没有获得源代码该怎么

办？如果我们想让 Switch 去控制其它一些类，但是又无法继承 Switchable 怎么办？适配器模式应运而生。（我们已经在之前看见适配器模式，请参见第 10 章中的图 10.2 和图 10.3。）

图 25.4 展示了使用适配器模式解决这个问题。适配器从 Switchable 派生并委托给 Light，问题得认优雅解决。现在，Switch 可以控制任何能够被打开和关闭的对象。我们所需要做的就只是创建一个合适的适配器。事实上，那个对象甚至不需要有和 Switchable 一样的 turnOn 和 turnOff 方法。适配器会将对象适配到接口上。

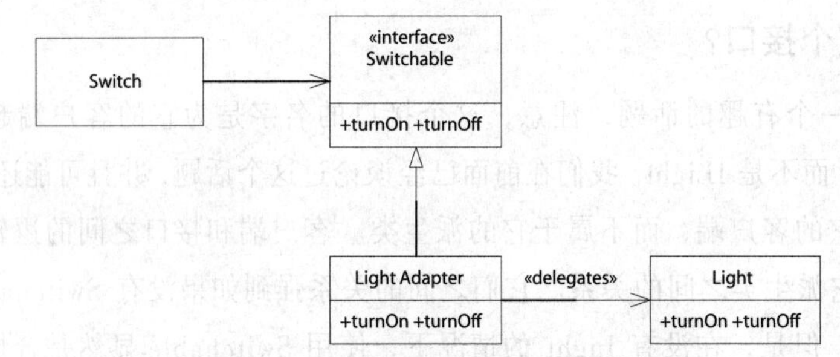

图 25.4 使用适配器模式解决台灯问题

天下没有免费的午餐

使用适配器是有代价的。你需要编写新的类，需要实例化适配器并且要绑定待适配的对象。然后，每当你调用适配器时，你都必须要付出委托所耗费的时间和空间的代价。所以，你显然不想到处都去使用适配器。对大多数情况而言，抽象服务器模式就足够了。事实上，图 25.1 所示的方案就已经足够好了，除非你正好知道还有其他对象需要 Switch 去控制。

类形式的适配器

图 25.4 中的 LightAdapter 类被称为对象形式的适配器。还有一种被称为类形式的适配器，如图 25.5 所示。在这种形式中，适配器对象同时继承（实现）了 Switchable 接口和 Light 类。这种形式比对象方式稍微高效一点，也容易使用些，但是却付出了使用高耦合的继承关系的代价。

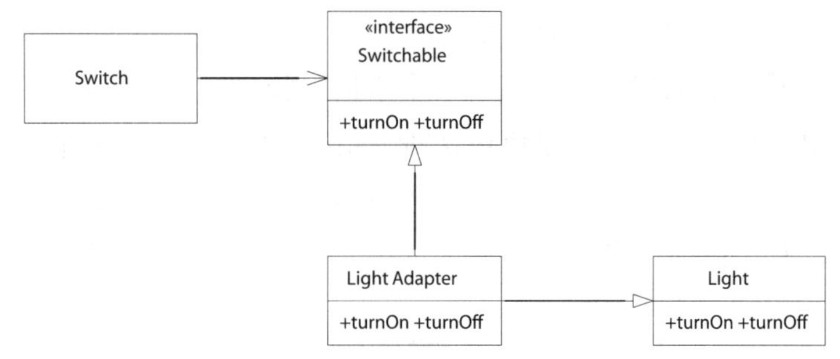

图 25.5　使用适配器模式解决台灯问题

调制解调器问题、适配器和里氏替换原则

请考虑一下图 25.6 中的情形。我们有大量的调制解调器的客户端，它们都使用 Modem 接口。Modem 接口被几个派生类 HayesModem、USRoboticsModem 和 ErniesModem 实现。这是一种常见的方案，它很好地遵循着三大原则：OCP、LSP 和 DIP。当增加新的调制解调器时，客户端程序不会受影响。假设这种情形持续了好几年，并且有成千上万的客户端程序都在愉快地使用着 Modem 接口。

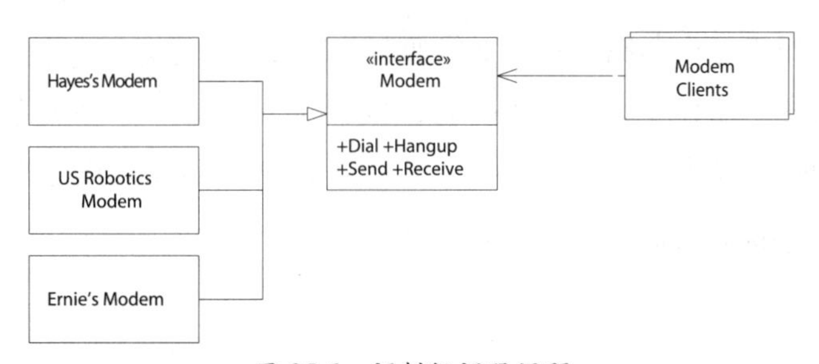

图 25.6　调制解调器问题

现在假设客户提出了一个新的需求。有某些种类的调制解调器是不拨号的。它们被称为专用调制解调器，因为它们位于一条专线的两端。现在有几个新的应用程序使用了这些专用调制解调器，它们无需拨号。我们称这些使用者为 DedUser。但是，客户希望当前所有的调制解调器的客户端程序都能使用这些专用调制解调器。他们不希望去更改这么多的调制解调器的客户端应用程序，所以完全可以让这些调制解调器的客户端程序去拨一些假（dummy）的电话号码。（过去的调制解调器通常都是专用的。只是近些年，调制解调器才有了拨号能力。以前，你得从电话公司租用一台面包箱大小的调制解调器，并通过专线把它和另一个租用的调制解调器连接起来（那时电话公司的生意是不错的）。如果想拨号，你还要从电话公司另外再租用一个面包箱大小的自动拨号器。）

如果能选择的话，我们会把系统的设计更改成如图 25.7 所示的样子。我们会遵循 ISP 把拨号和通信功能分离成两个不同的接口。原来的调制解调器实现这两个接口，而对应的客户端程序使用这两个接口。DedUser 只使用 Modem 接口，而 DedicatedModem 只实现 Modem 接口。不幸的是，这样做只会要求我们更改所有的客户端程序，这是客户不允许的。

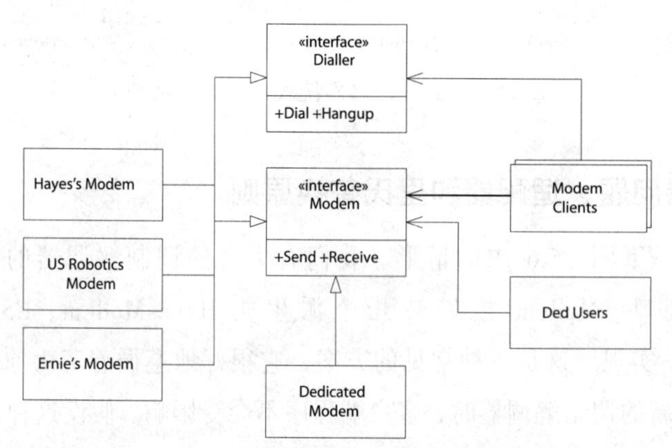

图 25.7 调制解调器问题的理想解决方案

那么我们该怎么办呢？我们不能如愿分离接口，可是还得找到一个让所有的调制解调器的客户端程序去使用 DedicatedModem 的方法。一种可能的解决方案是让 DedicatedModem 从 Modem 派生，并且把 dial 和 hangup 实现成空的，就像下面这样：

```
class DedicatedModem public : Modem
{
 public:
  virtual void dial(char phoneNumber[10]) {}
  virtual void hangup() {}
  virtual void send(char c)
  {...}
  virtual char receive()
  {...}
};
```

这两个退化的方法暗示我们可能违反了 LSP。基类的使用者可能期望 dial 和 hangup 会明显地改变调制解调器的状态。DedicatedModem 中的退化实现可能和这些期望背道而驰。

假设调制解调器客户端程序期望在调用 dial 之前处于休眠状态，并且当调用 hangup 时返回休眠状态。换句话说，它们不希望从没有拨号的调制解调器中收到任何字符。但是 DedicatedModem 打破了这种期望，它会在调用 dial 之前，就返回字符，并且在调用 hangup 之后，仍然会不断地返回字符。所以，DedicatedModem 可能会破坏某些调制解调器的客户端程序。

现在你可能认为问题是由调制解调器的客户端程序引起的。如果它们因为异常的输入而崩溃，是因为它们写得不够好。我同意这个观点。但是如果仅仅因为我们添加了一种新的调制解调器，就让那些维护调制解调器客户端程序的工作人员去修改软件，这是很难让他们信服的。这不但违背了 OCP，而且同样也是令人沮丧的。此外，客户也已经明确禁止我们修改调制解调器的客户端程序。

东拼西凑地修正问题

我们可以在 DedicatedModem 的 dial 方法和 hangup 方法中模拟一种连接状态。如果还没有调用 dial 或者已经调用了 hangup，就不返回任何字符。如果这样做的话，那么所有的调制解调器客户端程序都可以正常工作且不用做任何修改。我们需要做的就是说服 DedUser 去调用 dial 和 hangup，如图 25.8 所示。

你可能觉得这种做法会让那些正在实现 DedUser 客户端程序的人感到无比沮丧。他们明明在使用 DedicatedModem，为什么还要去调用 dial 和 hangup 呢？不过，他们的软件还没有开始写，所以说服他按照我们的想法去做还是挺容易的。

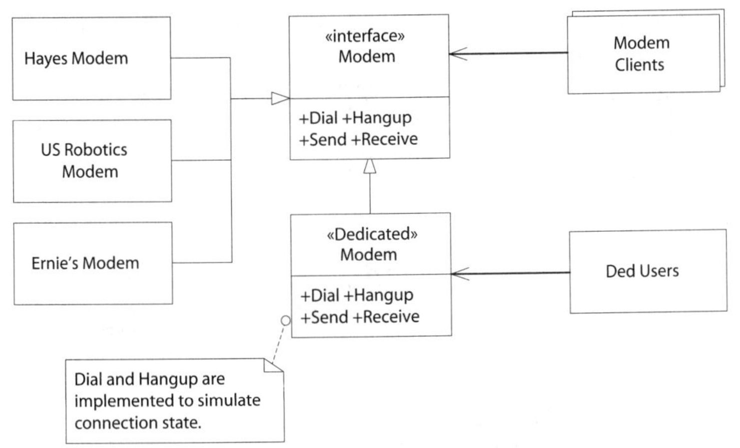

图 25.8 通过东拼西凑的 DedicatedModem 模拟连接状态来解决调制解调器问题

纠缠不清的依赖关系网

几个月之后，已经有了大量的 DedUser，此时客户提出了一个新的变更需求。这些年来，我们的程序似乎都没有拨过国际电话号码。这就是为什么在 dial 中使用

char[10] 而没有出问题的原因。但是现在客户希望能够拨打任意长度的电话号码。他们需要去拨打国际电话、信用卡电话和 PIN 标识电话等。

显然，所有的调制解调器客户端程序都必须更改，因为它们被编写时是期望用 char[10] 表示电话号码的。客户同意对调制解调器的客户端程序进行更改，因为他们别无选择。我们把大量的程序员投入到这个任务当中。同样显而易见的是，调制解调器层次结构中的类都必须更改以容纳新电话号码的长度。我们的小开发团队可以处理这个问题。糟糕的是，现在我们必须要去告诉 DeUser 的编写者，他们必须更改代码。你可以想象他们听到这个该多么得“高兴”。本来他们是不用调用 dial 的。他们之所以调用 dial 是因为我们告诉他们必须这么做。现在好了，因为听信了我们的要求，他们将遭受昂贵的维护代价。

这就是许多项目都会有的那种令人抓狂的混乱的依赖关系。系统中东拼西凑的某一部分产生了一连串令人难受的依赖关系，最终导致系统中完全无关的部分出现问题。

用适配器模式来解决

如果用适配器模式解决最初的问题（参见图 25.9），就可以避免这个严重的问题。在这种方案中，DedicatedModem 不从 Modem 继承。调制解调器客户端程序通过 DedicatedModemAdapter 间接使用 DedicatedModem。在这个适配器的 dial 和 hangup 的实现中去模拟连接状态。它把 send 和 receive 调用委托给了 DedicatedModem。

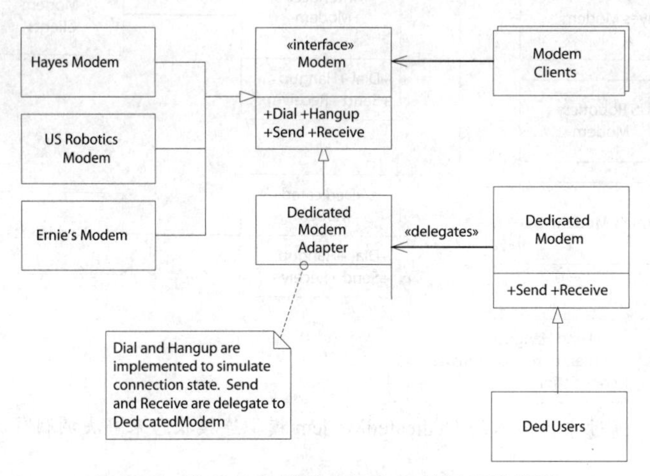

图 25.9 使用适配器模式解决调制解调器问题

请注意，这消除了我们以前遇到的所有困难。调制解调器的客户端程序看到的是它们期望的连接行为，并且 DedUser 也不必去调用 dial 和 hangup 了。当电话号码的需求过来时，DedUser 不会受到任何影响。因此，通过在适当的位置放置适配器，我们修正了对于 LSP 和 OCP 的违反行为。

请注意，东拼西凑的东西依然存在。适配器仍然要模拟连接状态。你可能认为这很丑陋，我当然同意你的观点。然而，请注意，所有的依赖关系都是从适配器发起的。东拼西凑的东西和系统是隔离的，它被藏进了无人知晓的适配器中。只有在某处的某个工厂的实现中才会真正依赖这个适配器。（请参见第 21 章）

桥接模式

我们看待这个问题还有另外一种方式。对于专用调制解调器的需要给 Modem 类型层次结构添加了一种新的自由度。在最初构想 Modem 类型的时候，它只是一组不同硬件设备的接口。因此，我们让 HayesModem、USRoboticsModem 和 ErniesModem 从基类 Modem 派生。但是，现在出现了另外一种切分 Modem 的层次结构。我们可以让 DialModem 和 DedicatedModem 从 Modem 中派生。

如图 25.10 中的那样把这两个独立的层次结构合并起来。类型层次结构的每一个叶子节点要么向它所控制的硬件提供拨号行为，要么提供专用行为。DedicatedHayesModem 表示在专用调制解调器的上下文中控制 HayesModem。

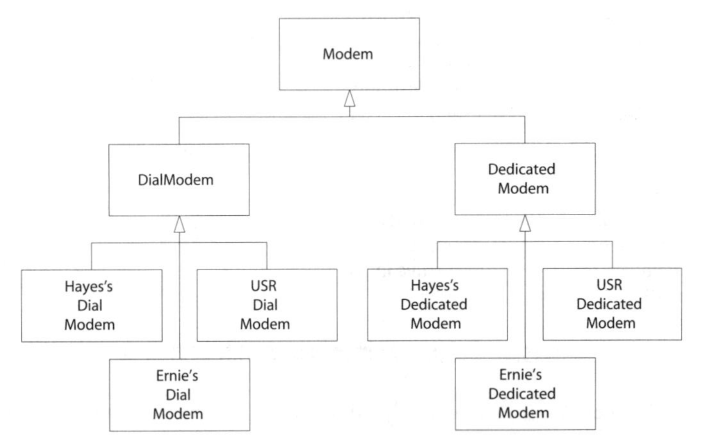

图 25.10 通过合并类型层次结构解决调制解调器问题

这并不是一种理想的结构。每当我们增加一款新的硬件时，我们都必须新建两个类：一个针对专用的情况，一个针对拨号的情况。每当增加一种新的连接类型时，就必须新建三个类，分别对应不同的硬件。如果这两个自由度从根本上就是不稳定的，那么过不了多久，就会出现大量的派生类。

在类型层次结构具有多个自由度的情况下，桥接模式一般很管用。我们可以把这些层次结构拆分开然后通过桥接结合起来，不用直接合并。

图 25.11 展示了这种结构。我们把调制解调器的层次结构分成两种，一种表示连接方法，另一种表示硬件。

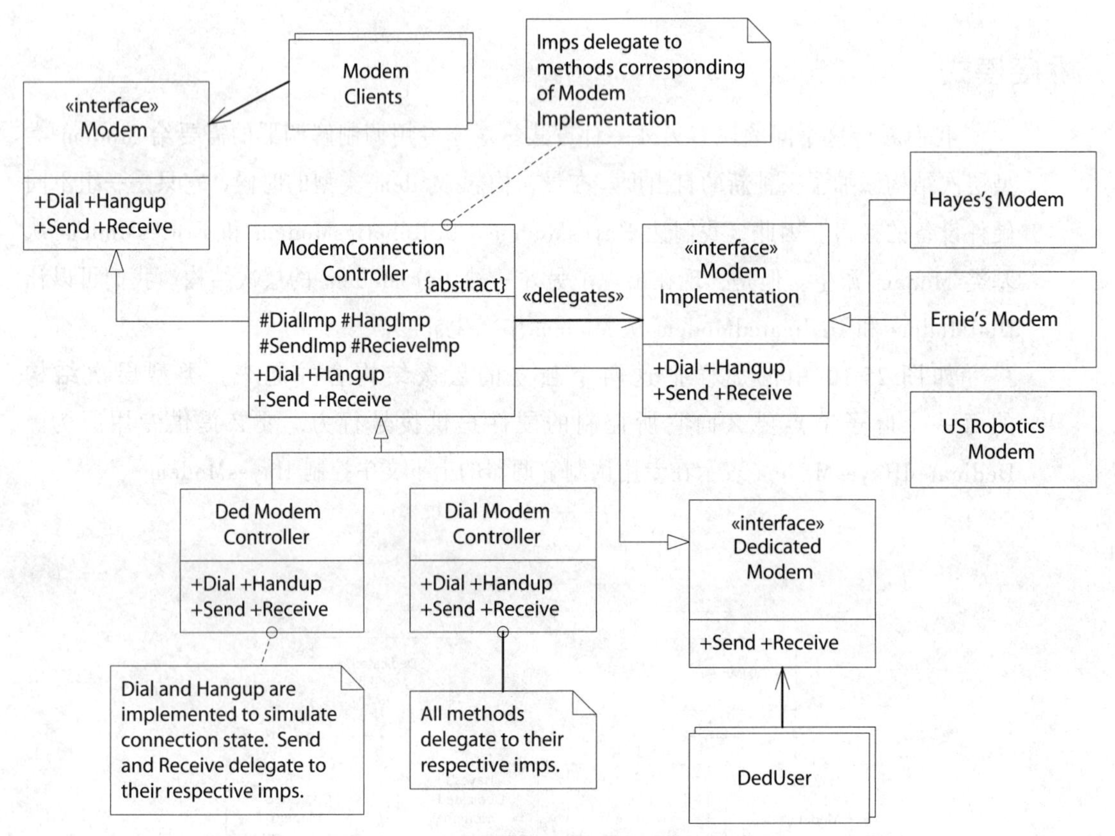

图 25.11　使用桥接模式解决调制解调器问题

调制解调器的使用者继续使用 Modem 接口，ModemConnectionController 实现了 Modem 接口。ModemConnectionController 的派生类控制着连接机制。DialModemController 的 dial 方法和 hangup 方法只是简单地调用基类 ModemConnectionController 的 dialImp 和 hangImp 方法。接着，这两个方法把调用委托给类 ModemImplementation，它们会在那里被

分派到适当的硬件控制器。DedModemController 把 dial 和 hangup 实现为模拟连接状态。它的 send 方法 和 receive 方法会转而调用 sendImp 和 receiveImp，然后像以前一样委托给 ModemImplementation 层次结构。

请注意，ModemConnectionController 基类中的 4 个 imp 方法都是受保护的(protected)。这是因为它们只会被 ModemConnectionController 的派生类使用。其他任何类都不应该调用它们。

这个结构虽然复杂，但是很有趣。创建它不会影响调制解调器的使用者。而且还完全分离了连接策略和硬件实现。ModemConnectionController 的每个派生类都代表了一种新的连接策略。这个策略的实现中可以使用基类的 sendImp、receiveImp、dialImp 和 hangImp 这四个方法。增加新的 imp 方法不会影响到使用者。我们可以利用 ISP 给连接控制类添加新的接口。这种做法可以创建出一条迁移路径，调制解调器的客户端程序可以沿着这条路径慢慢地得到一个比 dial 和 hangup 层次更高的 API。

小结

可能有人想说，调制解调器场景下的真正问题是最初的设计者搞错了设计。他们原本应该知道连接和通信是不同的概念。如果他们稍稍多做一些分析，就会发现问题并做改正。所以，很容易抱怨这是分析不充分的问题。

胡说！分析充分？不存在的！无论花多少时间试图去找出完美的软件结构，客户总是会引入一个变化点来打破这种结构。

这种情况无法避免，世界上根本不存在什么完美的结构。只存在那些尝试平衡当前的代价和收益的结构。随着时间的流逝，这些结构肯定会随着系统需求的变化而变化。管理这种变化的诀窍就是尽可能地保持系统简单、灵活。

适配器模式简单而直接。它让所有的依赖都指向正确的方向，并且实现起来非常简单。桥接模式稍微有点复杂。我建议在开始的时候不要使用桥接模式，直到明显看到需要完全分离连接策略和通信策略，而且需要新增连接策略的时候，才采用这种方法。

像往常一样，这里要讲的是，模式既可以带来好处又伴随着代价。我们应该使用最适合手头问题的模式。

参考文献

1. Gamma, et al. *Design Patterns,* Reading, MA: Addison-Wesley, 1995.

[illegible]

[illegible]

[illegible]

小结

[illegible]

[illegible]

[illegible]

[illegible]

参考文献

1. Gamma, et al. *Design Patterns*. Reading, MA: Addison-Wesley, 1995.

第 26 章　代理模式和 STAIRWAY TO HEAVEN 模式：管理第三方 API

“还有人记得笑声吗？”

——罗伯特·普兰特[1]，《歌声依旧》

软件系统中存在很多障碍。当我们把数据从程序移到数据库中时，我们正在跨越数据库障碍。当我们把消息从一台计算机发送到另一台计算机时，我们正在跨越网络障碍。

跨越这些障碍可能很复杂。如果不小心，那么我们的软件就更多的是在处理障碍问题，而不是本来要解决的问题。本章中的模式会帮助我们在跨越这些障碍的同时，仍然保持程序聚焦要解决的问题本身。

---

① 中文版编注：Robert Plant（1948—　），美国摇滚歌手与创作人，曾经是著名摇滚乐队齐柏林飞艇的主唱，后来的单飞生涯也很成功。《歌声依旧》（*The Song Remains the Same*）是 1976 年发行的同名歌舞片中的主打歌曲。普兰特发行的专辑《聚沙成塔》获得过 2009 年格莱美年度唱片奖。

代理模式

假设我们为一个网站编写一个购物车系统。这样的系统中会有一些关于客户、订单（购物车）及订单上的商品列表等对象。图 26.1 展示了一种可能的结构。这个结构虽然简单，但是符合我们的目的。

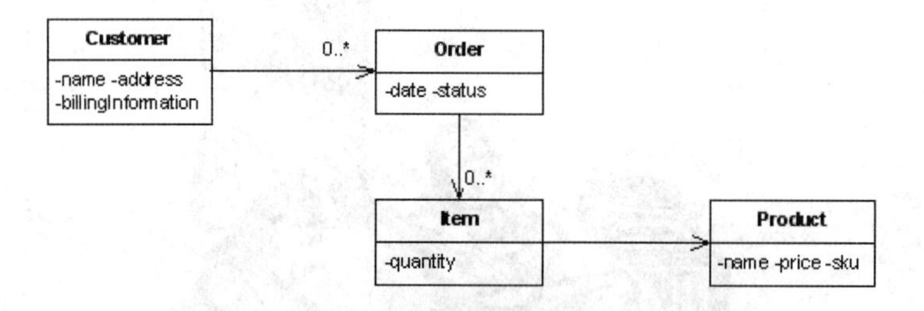

图 26.1　简易版购物车的对象模型

如果我们考虑向订单中添加新的商品条目，就可能会得到程序 26.1 中的代码。Order 类的 addItem 方法只是创建了一个新的 Item，这个 Item 包含适当的 Product 和商品数量。然后，它把这个 Item 添加到自己内部的 Item 向量中。

程序 26.1　向对模型中添加一个商品条目

```
public class Order
{
 private Vector itsItems = new Vector();
 public void addItem(Product p, int qty)
 {
  Item item = new Item(p, qty);
  itsItems.add(item);
 }
}
```

现在，假设这些对象所代表的数据保存在一个关系型数据库中。图 26.2 展示了可能代表这些对象的表和键。为了获取一个指定客户的订单，你可以通过这个客户的 cusid 查出所有的订单。为了获取指定订单中所有的商品条目，你可以通过该订单的 orderId 查出所有的商品条目。为了获取商品条目上所有的商品，你就得使用商品的 sku (store keeping unit) 信息。

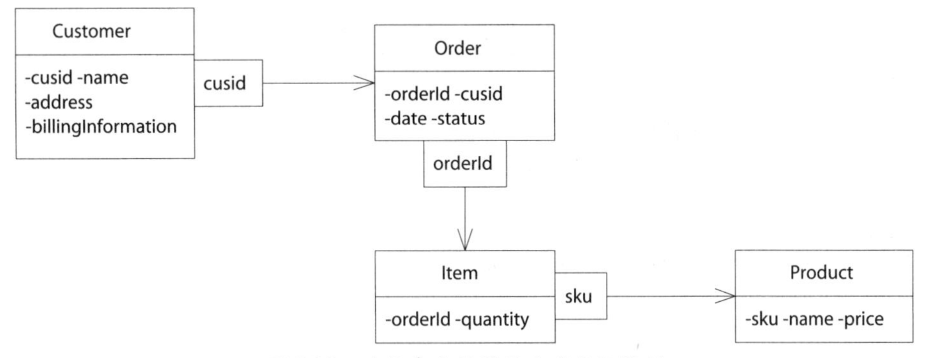

图 26.2　购物车应用的关系型数据模型

如果想把一个商品条目添加到一个特定的订单中，我们会使用类似程序 26.2 中的代码。该代码使用 JDBC 直接去操纵关系型数据模型。

程序 26.2　向关系型数据模型中添加一个条目

```
public class AddItemTransaction extends Transaction
{
 public void addItem(int orderId, String sku, int qty)
 {
  Statement s = itsConnection.createStatement();
  s.executeUpdate("insert into items values(" +
                  orderId + "," + sku + "," +
                  qty + ")");
 }
}
```

虽然这两个代码片段非常不同，但它们执行的却是相同的逻辑，都是把商品条目和订单联系起来。第一个忽略了数据库的存在，第二个则完全依赖于数据库。

显然，购物车程序就是关于订单、商品条目和商品本身的。糟糕的是，如果我们使用程序 26.2 中的代码，就得关注 SQL 语句、数据库连接以及拼凑的查询字符串。这严重违反了 SRP，并且还可能违反 CCP（共同闭包原则）。程序 26.2 把因不同原因而修改的两个概念混合到一起。它把商品条目、订单的概念和关系型模式（schema）以及 SQL 的概念混合在一起。无论任何原因导致其中的一个概念需要更改，另一个概念就会受到影响。程序 26.2 也违背了 DIP，因为程序的策略依赖于存储机制的细节。

代理模式是解决这些问题的一种方法。为了说明这一点，我们来写一个测试程序，该测试中创建了一个订单并且计算该订单的总价。程序 26.3 展示了这个程序中最重要的部分。

程序 26.3　创建订单并检验订单总价的正确性的测试

```
public void testOrderPrice()
{
 Order o = new Order("Bob");
 Product toothpaste = new Product("Toothpaste", 129);
 o.addItem(toothpaste, 1);
 assertEquals(129, o.total());
 Product mouthwash = new Product("Mouthwash", 342);
 o.addItem(mouthwash, 2);
 assertEquals(813, o.total());
}
```

程序 26.4~26.6 展示了可以通过上述测试的简单代码实现。它使用了图 26.1 中的简单对象模型。它没有考虑数据库的存在，同时在很多方面也是不完善的，代码恰好让测试通过。

程序 26.4　Order.java

```
public class Order
{
 private Vector itsItems = new Vector();

 public Order(String cusid)
 {
 }

 public void addItem(Product p, int qty)
 {
  Item item = new Item(p, qty);
  itsItems.add(item);
 }

 public int total()
 {
  int total = 0;
  for (int i = 0; i < itsItems.size(); i++)
  {
   Item item = (Item) itsItems.elementAt(i);
   Product p = item.getProduct();
   int qty = item.getQuantity();
   total += p.getPrice() * qty;
  }
```

```
    return total;
  }
}
```

程序 26.5　Product.java

```
public class Product
{
  private int itsPrice;

  public Product(String name, int price)
  {
    itsPrice = price;
  }

  public int getPrice()
  {
    return itsPrice;
  }
}
```

程序 26.6　Item.java

```
public class Item
{
  private Product itsProduct;
  private int itsQuantity;

  public Item(Product p, int qty)
  {
    itsProduct = p;
    itsQuantity = qty;
  }

  public Product getProduct()
  {
    return itsProduct;
  }

  public int getQuantity()
  {
    return itsQuantity;
  }
}
```

图 26.3 和图 26.4 展示了代理模式的工作原理。每个要被代理的对象都被分成 3 个部分。第一部分是一个接口，该接口中声明客户端要调用的所有方法。第二部分是一个类，该类在不涉及数据库逻辑的情况下实现了接口中的所有方法。第三部分是一个知晓数据库的代理。

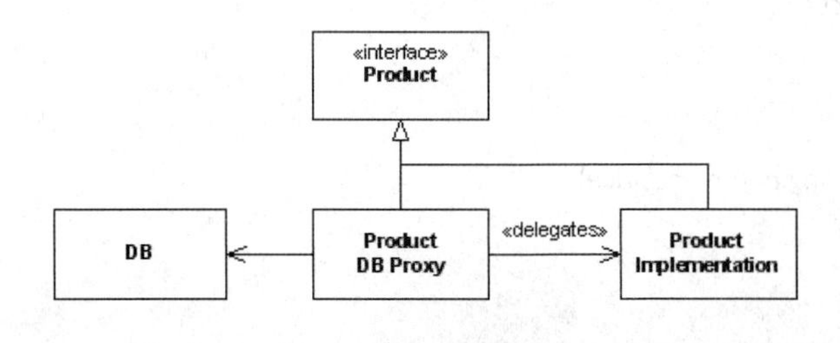

图 26.3 代理静态模型

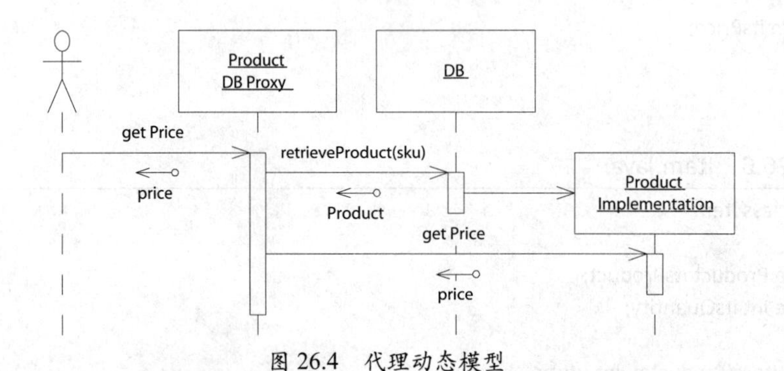

图 26.4 代理动态模型

考虑一下 Product 类。我们用一个接口实现对它的代理。这个接口里有 Product 类中的所有方法。ProductImplementation 类几乎和以前一样精确地实现这个接口。ProductDBProxy 实现了 Product 中所有的方法，这些方法从数据库中取出商品，创建出一个 ProductImplementation 的实例，然后再把消息委托给这个实例。

图 26.4 中的时序图（sequence diagram）展示了代码的工作原理。客户端程序向一个它以为是 Product，但实际是 ProductDBProxy 的对象发送了 getPrice 消息。ProductDBProxy 从数据库中获取 ProductImplementation，然后把 getPrice 方法委托给它。

客户端和 ProductImplementation 都不知道发生了什么事情。在两者都不知道的情况下，数据库被插入应用程序。这正是代理模式的优点。理论上，它可以在两个协作的对象都不知道的情况下插入其中。因此，在不影响任何一个参与者的前提下，它可以跨越像是数据库或者网络这样的障碍。

事实上，使用代理并不是一件简单的事情。为了能够认识到其中有哪些问题，我们试着在简易版购物车应用中使用代理模式。

代理购物车应用

Product 类的代理创建起来是最简单。在我们的应用中，商品的表结构代表一个简单的字典（dictionary）。它会在某处装载所有的商品。由于其他任何地方都不会操作这个表结构，所以这个代理会相对比较简单。

作为起点，我们需要一个用来存储和获取商品数据的简单数据库工具类。代理将使用这个接口操作数据库。程序 26.7 展示了我设想的测试程序。程序 26.8 和程序 26.9 中的代码可以通过该测试。

程序 26.7　DBTest.java

```
import junit.framework.*;
import junit.swingui.TestRunner;

public class DBTest extends TestCase
{
 public static void main(String[] args)
 {
  TestRunner.main(new String[]("DBTest"));
 }

 public DBTest(String name)
 {
  super(name);
 }

 public void setUp() throws Exception
 {
  DB.init();
 }

 public void tearDown() throws Exception
 {
  DB.close();
 }

 public void testStoreProduct() throws Exception
 {
```

```
    ProductData storedProduct = new ProductData();
    storedProduct.name = "MyProduct";
    storedProduct.price = 1234;
    storedProduct.sku = "999";
    DB.store(storedProduct);
    ProductData retrievedProduct = DB.getProductData("999");
    DB.deleteProductData("999");
    assertEquals(storedProduct, retrievedProduct);
  }
}
```

程序 26.8　ProductData.java

```
public class ProductData
{
  public String name;
  public int price;
  public String sku;

  public ProductData()
  {
  }

  public ProductData(String name, int price, String sku)
  {
    this.name = name;
    this.price = price;
    this.sku = sku;
  }

  public boolean equals(Object o)
  {
    ProductData pd = (ProductData)o;
    return name.equals(pd.name) &&
        sku.equals(pd.sku) &&
        price == pd.price;
  }
}
```

程序 26.9　DB.java

```
import java.sql.*;

public class DB
{
```

```
private static Connection con;

public static void init() throws Exception
{
 Class.forName("sun.jdbc.odbc.JdbcOdbcDriver");
 con = DriverManager.getConnection("jdbc:odbc:PPP Shopping Cart");
}

public static void store(ProductData pd) throws Exception
{
 PreparedStatement s = buildInsertionStatement(pd);
 executeStatement(s);
}

private static PreparedStatement buildInsertionStatement(ProductData pd) throws SQLException
{
 PreparedStatement s = con.prepareStatement("INSERT into Products VALUES (?, ?, ?)");
 s.setString(1, pd.sku);
 s.setString(2, pd.name);
 s.setInt(3, pd.price);
 return s;
}

public static ProductData getProductData(String sku) throws Exception
{
 PreparedStatement s = buildProductQueryStatement(sku);
 ResultSet rs = executeQueryStatement(s);
 ProductData pd = extractProductDataFromResultSet(rs);
 rs.close();
 s.close();
 return pd;
}

private static PreparedStatement buildProductQueryStatement(String sku) throws SQLException
{
 PreparedStatement s = con.prepareStatement("SELECT * FROM Products WHERE sku = ?;");
 s.setString(1, sku);
 return s;
}

private static ProductData extractProductDataFromResultSet(ResultSet rs) throws SQLException
{
 ProductData pd = new ProductData();
 pd.sku = rs.getString(1);
 pd.name = rs.getString(2);
```

```
    pd.price = rs.getInt(3);
    return pd;
  }

  public static void deleteProductData(String sku) throws Exception
  {
    executeStatement(buildProductDeleteStatement(sku));
  }

  private static PreparedStatement buildProductDeleteStatement(String sku) throws SQLException
  {
    PreparedStatement s = con.prepareStatement("DELETE from Products WHERE sku = ?");
    s.setString(1, sku);
    return s;
  }

  private static void executeStatement(PreparedStatement s) throws SQLException
  {
    s.execute();
    s.close();
  }

  private static ResultSet executeQueryStatement(PreparedStatement s) throws SQLException
  {
    ResultSet rs = s.executeQuery();
    rs.next();
    return rs;
  }
}
```

接下来，我们写一个测试来展示一下代理是如何工作的。这个测试向数据库中添加一个商品。然后，它创建出一个带有 sku 的 ProductProxy 并且尝试使用 Product 的访问方法（accessor）从代理中获取数据，参见程序 26.10。

程序 26.10 ProxyTest.java

```
import junit.framework.*;
import junit.swingui.TestRunner;

public class ProxyTest extends TestCase
{
  public static void main(String[] args)
  {
    TestRunner.main(new String[]{"ProxyTest"});
  }
```

```
  public ProxyTest(String name)
  {
    super(name);
  }

  public void setUp() throws Exception
  {
    DB.init();
    ProductData pd = new ProductData();
    pd.sku = "ProxyTest1";
    pd.name = "ProxyTestName1";
    pd.price = 456;
    DB.store(pd);
  }

  public void tearDown() throws Exception
  {
    DB.deleteProductData("ProxyTest1");
    DB.close();
  }

  public void testProductProxy() throws Exception
  {
    Product p = new ProductProxy("ProxyTest1");
    assertEquals(456, p.getPrice());
    assertEquals("ProxyTestName1", p.getName());
    assertEquals("ProxyTest1", p.getSku());
  }
}
```

为了让这种方法可行，必须把 Product 的接口和它的实现分离。所以，我把 Product 更改成一个接口并且创建了实现该接口的 ProductImp，参见程序 26.11 和程序 26.12。

请注意，我给 Product 的接口添加了异常。这是因为我是在编写 Product、ProductImp 和 ProxyTest 的同时编写 ProductProxy（参见程序 26.13）。对于这些类，我一次只实现一个访问方法。我们会看到，ProductProxy 类调用了数据库，该调用会抛出异常。我不想让代理去捕获并隐藏这些异常，所以就决定让它们从接口中暴露出来。

程序 26.11　Product.java

```
public interface Product
{
```

```
  public int getPrice() throws Exception;
  public String getName() throws Exception;
  public String getSku() throws Exception;
}
```

程序 26.12　ProductImp.java

```
public class ProductImp implements Product
{
  private int itsPrice;
  private String itsName;
  private String itsSku;

  public ProductImp(String sku, String name, int price)
  {
    itsPrice = price;
    itsName = name;
    itsSku = sku;
  }

  public int getPrice()
  {
    return itsPrice;
  }

  public String getName()
  {
    return itsName;
  }

  public String getSku()
  {
    return itsSku;
  }
}
```

程序 26.13　ProductProxy.java

```
public class ProductProxy implements Product
{
  private String itsSku;
  public ProductProxy(String sku)
  {
    itsSku = sku;
  }
```

```
 public int getPrice() throws Exception
 {
  ProductData pd = DB.getProductData(itsSku);
  return pd.price;
 }

 public String getName() throws Exception
 {
  ProductData pd = DB.getProductData(itsSku);
  return pd.name;
 }

 public String getSku() throws Exception
 {
  return itsSku;
 }
}
```

这个代理的实现非常简单。事实上，它和图 26.3 以及图 26.4 展示的模式的规范形式并不完全匹配。这个结果有点出乎意料。我原本想要实现代理模式，但是当这个实现最终完成时，规范的模式就没有意义了。

如下所示，在规范模式中，ProductProxy 会在每一个方法中都创建一个 ProductImp，然后再把那个方法委托给 ProductImp。

```
public int getPrice() throws Exception
{
 ProductData pd = DB.getProductData(itsSku);
 ProductImp p = new ProductImp(pd.sku, pd.name, pd.price);
 return pd.price;
}
```

ProductImp 的创建对程序员和计算机资源来说完全是一种浪费。ProductProxy 已经有了从 ProductImpl 的访问方法会返回的数据，所以，创建 ProductImp 再委托给它，这样的做法没有必要。这也是另一个例子，看看代码是如何引导你偏离期望的模式和模型的。

请注意，程序 26.13 中 ProductProxy 的 getSku 方法在这个问题上更进一步。它根本就没有从数据库中获取 sku。它之所以可以这么做，是因为它已经有了 sku。

你可能会认为 ProductProxy 的实现非常低效。在每个访问方法中，它都会去使用数据库。如果对 ProductData 的条目进行缓存，以此来避免访问数据库，是不是会更好一些呢？

虽然这个更改非常简单，但促使我们这样做的唯一动机来源于我们的恐惧。此时，还没有数据显示出这个程序有性能问题。此外，数据库引擎本身也会做一些缓存处理，所以，建立自己的缓存给我们带来的好处并不明显。在做这些麻烦的工作之前，我们应该保持等待，直到性能出现问题。

代理关系

下一步，我们来创建 Order 的代理。每个 Order 实例都包含许多 Item 实例。在关系型模式下（图 26.2），Item 表维护这个关系。Item 表的每一行中都包含 Order 的键值。然而，在对象模型中，这个关系是用 Order 中的 Vector 实现的（参见程序 26.4）。代理必须要在这两种形式间进行转换。

我们首先写一个测试，让代理必须通过。这个测试先往数据库中添加几件虚构的商品。然后获取这些商品的代理，并使用它们去调用 OrderProxy 的 addItem 方法。最后，它向 OrderProxy 索求总价（参见程序 26.14）。这个测试用例是想展示一下 OrderProxy 有 Order 类似的行为，只不过它从数据库而不是内存中获取数据。

程序 26.14 ProxyTest.java

```
public void testOrderProxyTotal() throws Exception
{
    DB.store(new ProductData("Wheaties", 349, "wheaties"));
    DB.store(new ProductData("Crest", 258, "crest"));
    ProductProxy wheaties = new ProductProxy("wheaties");
    ProductProxy crest = new ProductProxy("crest");
    OrderData od = DB.newOrder("testOrderProxy");
    OrderProxy order = new OrderProxy(od.orderId);
    order.addItem(crest, 1);
    order.addItem(wheaties, 2);
    assertEquals(956, order.total());
}
```

为了通过这个测试，我们必须实现几个新的类和方法。首先要解决的是 DB 中的 newOrder 方法。看起来，这个方法好像返回了一个称为 OrderData 类的实例。OrderData 和 ProductData 类似，它代表 Order 数据表中的一行简单的数据结构。程序 26.15 展示了这种结构。

程序 26.15 OrderData.java

```
public class OrderData
{
   public String customerId;
   public int orderId;

   public OrderData()
   {
   }

   public OrderData(int orderId, String customerId)
   {
     this.orderId = orderId;
     this.customer = customerId;
  }
}
```

不要抗拒使用公共的数据成员。这本来就不是一个真正意义上的对象，它只是一个数据的容器，没有什么有意义的行为需要封装。让数据变量私有并提供 getter 和 setter 方法，完全是画蛇添足。

现在我们需要写 DB 的 newOrder 方法。请注意，我们在程序 26.14 中调用它时，提供了拥有其客户的 ID，却没有提供 orderId。每个 Order 都需要一个 orderId 来作为它的键值。此外，在关系型模式中，每个 Item 都引用一个 orderId 依次表明它和 Order 之间的联系。显然，orderId 必须是唯一的。如何创建呢？我们来写一个测试展示我们的意图，参见程序 26.16。

程序 26.16 DBTest.java

```
public void testOrderKeyGenerate() throws Exception
{
 OrderData o1 = DB.newOrder("Bob");
 OrderData o2 = DB.newOrder("Bill");
 int firstOrderId = o1.orderId;
 int secondOrderId = o2.orderId;
 assertEquals(firstOrderId+1, secondOrderId);
}
```

这个测试表明我们期望每次创建一个新 Order 时，orderId 都会以某种方法自动加 1。这一点很容易实现。只要查询数据库获得当前正在使用的 orderId 的最大值，然后加 1 即可，参见程序 26.17。

程序 26.17 DB.java

```
public static OrderData newOrder(String customerId) throws Exception
{
   int newMaxOrderId = getMaxOrderId() + 1;
   PreparedStatement s = con.prepareStatement("Insert into Orders(orderId, cusid) VALUES(?, ?);");
   s.setInt(1, newMaxOrderId);
   s.setString(2, customerId);
   executeStatement(s);
   return new OrderData(newMaxOrderId, customerId);
}

private static int getMaxOrderId() throws SQLException
{
   Statement qs = con.createStatement();
   ResultSet rs = qs.executeQuery("SELECT max(orderId) from orders;");
   rs.next();
   int maxOrderId = rs.getInt(1);
   rs.close();
   return maxOrderId;
}
```

现在，我们可以开始写 OrderProxy 了。和 Product 一样，我们需要把 Order 的接口和实现分开，所以 Order 变成了接口，而 OrderImp 变成了实现，参见程序 26.18 和程序 26.19。

程序 26.18 Order.java

```
public interface Order
{
 public String getCustomerId();
 public void addItem(Product p, int quantity);
 public int total();
}
```

程序 26.19 OrderImp.java

```
import java.util.Vector;

public class OrderImp implements Order
{
 private Vector itsItems = new Vector();
 private String itsCustomerId;

 public String getCustomerId()
 {
```

```
  return itsCustomerId;
 }

 public OrderImp(String cusid)
 {
  itsCustomerId = cusid;
 }

 public void addItem(Product p, int qty)
 {
  Item item = new Item(p, qty);
  itsItems.add(item);
 }

 public int total()
 {
  try
  {
   int total = 0;
   for (int i = 0; i < itsItems.size(); i++)
   {
    Item item = (Item) itsItems.elementAt(i);
    Product p = item.getProduct();
    int qty = item.getQuantity();
    total += p.getPrice() * qty;
   }
   return total;
  }
  catch (Exception e)
  {
   throw new Error(e.toString());
  }
 }
}
```

我必须向 OrderImp 中添加一些异常处理，因为 Product 接口会抛出异常。我很不喜欢这些异常。接口背后的代理实现不应该对接口造成影响，但是代理抛出的异常却通过接口传播出去了，所以我决定把所有的 Exception 都改成 Error，这样就不必用 throws 子句来污染接口，也不必用 try/catch 块污染这些接口的使用者。

如何在代理中实现 addItem 方法呢？显然，代理不能委托给 OrderImp.addItem() 方法！相反，代理必须要往数据库中插入一个 Item 行。另外，我非常想把 OrderProxy.total() 方法委托给 OrderImp.total() 方法，因为我想把业务规则（也就是计算总价的策略）封装到 OrderImp 里。代理的创建完全是为了分离数据库和业务规则。

为了委托 total 方法，代理必须要构建完整的 Order 对象及其包含的所有 Item。因此，在 OrderProxy.total() 方法中，我们必须要从数据库中读入所有的 Item，把找到的每一个 Item 都添加到空的 OrderImp 中，然后调用这个 OrderImp 的 total() 方法。这样，OrderProxy 的实现看上去就像程序 26.20 那样。

程序 26.20　OrderProxy.java

```
import java.sql.SQLException;

public class OrderProxy implements Order
{
 private int orderId;

 public OrderProxy(int orderId)
 {
  this.orderId = orderId;
 }

 public int total()
 {
  try
  {
   OrderImp imp = new OrderImp(getCustomerId());
   ItemData[] itemDataArray = DB.getItemsForOrder(orderId);
   for (int i = 0; i < itemDataArray.length; i++)
   {
    ItemData item = itemDataArray[i];
    imp.addItem(new ProductProxy(item.sku), item.qty);
   }
   return imp.total();
  }
  catch (Exception e)
  {
   throw new Error(e.toString());
  }
 }

 public String getCustomerId()
 {
  try
  {
   OrderData od = DB.getOrderData(orderId);
```

```
    return od.customerId;
  }
  catch (SQLException e)
  {
    throw new Error(e.toString());
  }
}

public void addItem(Product p, int quantity)
{
  try
  {
    ItemData id = new ItemData(orderId, quantity, p.getSku());
    DB.store(id);
  }
  catch (Exception e)
  {
    throw new Error(e.toString());
  }
}

public int getOrderId()
{
  return orderId;
}
}
```

这意味着还需要一个 ItemData 类和几个操作 ItemData 行的 DB 方法。程序 26.21 ~26.23 展示了这些代码。

程序 26.21　ItemData.java

```
public class ItemData
{
  public int orderId;
  public int qty;
  public String sku = "junk";

  public ItemData()
  {
  }

  public ItemData(int orderId, int qty, String sku)
  {
    this.orderId = orderId;
```

```
    this.qty = qty;
    this.sku = sku;
  }

  public boolean equals(Object o)
  {
    ItemData id = (ItemData) o;
    return orderId == id.orderId &&
      qty = id.qty &&
      sku.equals(id.sku);
  }
}
```

程序 26.22　DBTest.java

```
public void testStoreItem() throws Exception
{
  ItemData storedItem = new ItemData(1, 3, "sku");
  DB.store(storedItem);
  ItemData[] retrievedItems = DB.getItemsForOrder(1);
  assertEquals(1, retrievedItems.length);
  assertEquals(storedItem, retrievedItems[0]);
}

public void testNoItems() throws Exception
{
  ItemData[] id = DB.getItemsForOrder(42);
  assertEquals(0, id.length);
}
```

程序 26.23　DB.java

```
public static void store(ItemData id) throws Exception
{
  PreparedStatement s = buildItemInsersionStatement(id);
  executeStatement(s);
}

private static PreparedStatement buildItemInsersionStatement(ItemData id) throws SQLException
{
  PreparedStatement s = con.prepareStatement(
    "INSERT INTO Items(orderId, quantity, sku) " +
    "VALUES (?, ?, ?);");
  s.setInt(1, id.orderId);
```

```
  s.setInt(2, id.qty);
  s.setString(3, id.sku);
  return s;
}

public static ItemData[] getItemsForOrder(int orderId)
throws Exception
{
  PreparedStatement s =
    buildItemsForOrderQueryStatement(orderId);
  ResultSet rs = s.executeQuery();
  ItemData[] id = extractItemDataFromResultSet(rs);
  rs.close();
  s.close();
  return id;
}

private static PreparedStatement
buildItemsForOrderQueryStatement(int orderId)
    throws SQLException
{
  PreparedStatement s = con.prepareStatement(
      "SELECT * FROM Items WHERE orderid = ?;");
  s.setInt(1, orderId);
  return s;
}
private static ItemData[] extractItemDataFromResultSet(ResultSet rs)
  throws SQLException
{
  LinkedList l = new LinkedList();
  for (int row = 0; rs.next(); row++)
  {
    ItemData id = new ItemData();
    id.orderId = rs.getInt("orderid");
    id.qty = rs.getInt("quantity");
    id.sku = rs.getString("sku");
    l.add(id);
  }
  return (ItemData[]) l.toArray(new ItemData[l.size()]);
}

public static OrderData getOrderData(int orderId)
throws SQLException
{
  PreparedStatement s = con.prepareStatement(
```

```
      "SELECT cusid FROM orders WHERE orderid = ?;");
  s.setInt(1, orderId);
  ResultSet rs = s.executeQuery();
  OrderData od = null;
  if (rs.next())
    od = new OrderData(orderId, rs.getString("cusid"));
  rs.close();
  s.close();
  return od;
}
```

代理模式小结

这个例子应该已经消除了所有关于使用代理是优雅和简单的错误认知。使用代理是有代价的。规范模式中所隐含的简单委托模型很少能够被优雅地实现。相反，我们会经常避免不必要的 getter 和 setter。对于那些管理 1 : N 关系的方法而言，我们会推迟委托并把它移到其他方法中，就像把对 addItem 的委托移到 total 中一样。最后，我们还要面临缓存的困扰。

在本例中，我们没有进行任何修改。所有的测试都在一秒内运行完毕，所以无需过多担心性能问题。但是在真实的应用当中，性能问题和智能的缓存机制就很有可能需要考虑。我不赞成因为担心性能降低就去机械地实现缓存策略的做法。事实上，我发现过早添加缓存反而会导致性能降低。如果你担心性能可能出问题，我建议你做一些试验去证明它确实是个问题。当且仅当问题得以证实之后，才去考虑怎么提速。

代理模式的好处

虽然代理模式有很多讨厌的问题，但是它们有一个非常强大的好处：分离关注点（separation of concerns）。在我们的例子中，业务规则和数据库会被完全分开。OrderImp 对数据库没有任何依赖。如果想要更改数据库模式或者数据库引擎，我们可以在不影响 Order、OrderImp 以及任何其他业务领域类的情况下完成这些操作。

在业务规则和数据库实现分离非常重要的场景下，代理模式非常有用。因此，代理模式可以用来分离业务规则和任何种类的实现问题。它可以用来防止业务规则被 COM、CORBA、EJB 等具体实现污染。这是当前流行的一种保持项目的业务规则（项目的资产）和实现机制分离的方法。

处理数据库、中间件以及其他第三方接口软件工程师在实际工作中肯定会用到第三方 API。我们会购买数据库引擎、中间件引擎、类库和线程库等等。一开始，我们通过在应用程序中直接调用这些 API 的方式去使用它们，参见图 26.5。

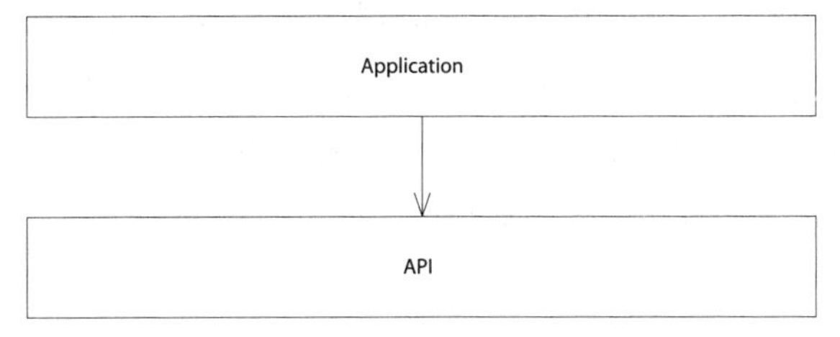

图 26.5 应用程序和第三方 API 最初的关系

然而，随着时间的推移，我们发现我们的应用程序已经越来越多地被这样的 API 调用所污染。例如，在一个数据库应用程序中，我们会发现越来越多的 SQL 字符串把那些包含业务规则的代码弄得一团糟。

一旦第三方 API 发生变化，这就成了问题。对于数据库应用而言，当数据库模式发生改变时，也会成为问题。随着新版本的 API 和数据库模式的发布，越来越多的应用程序需要重写代码去适应这些变化。

最终，开发者决定必须要把这些变化隔离起来。因此他们就想出了用一个层(layer)来隔离应用业务规则和第三方 API，参见图 26.6。他们把所有使用到的第三方 API 的代码以及和 API 相关但和业务规则无关的概念都集中到这一层中。

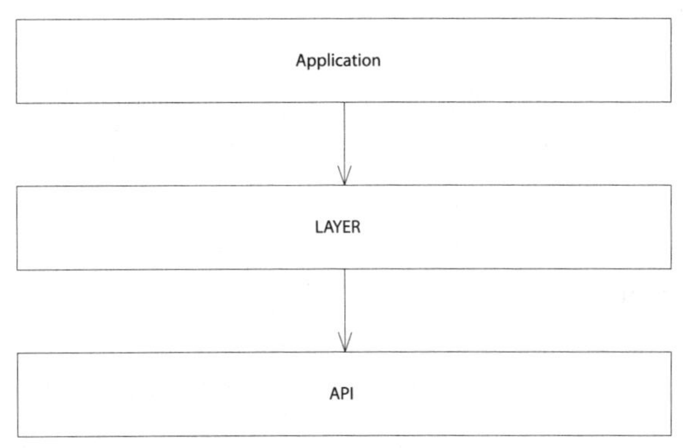

图 26.6 引入隔离层

这种层往往可以直接买。ODBC 或者 JDBC 就是这样的层。它们分离了应用程序代码和实际的数据库引擎。当然，它们本身也是第三方 API，所以，应用也可能需要和它们隔离开。

请注意，Application 和 API 之间有一个传递依赖关系。在某些应用程序中，这种间接的依赖关系依然可能引发问题。例如，JDBC 就没有把应用和数据库模式的细节隔离开。

为了更好的隔离，我们需要倒置应用程序和这一层之间的依赖关系，参见图 26.7。这就让应用程序完全不会依赖到第三方 API，不管是直接的还是间接的依赖。在数据库的例子中，它就让应用程序无需知晓数据库模式。而在中间件引擎的例子中，它让应用程序无需知晓任何中间件处理器所使用的数据类型。

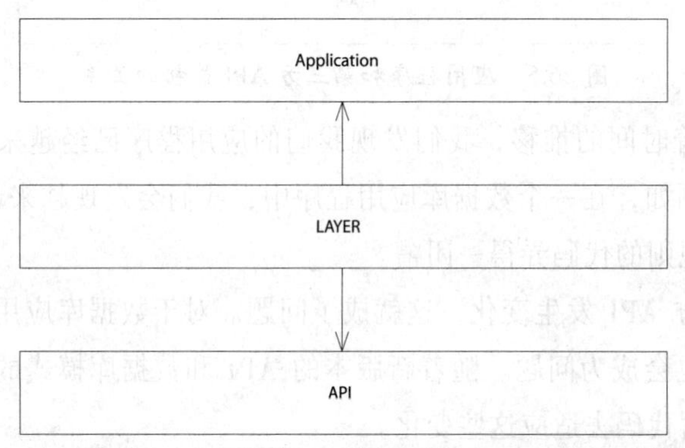

图 26.7　倒置应用程序和层之间的依赖关系

代理模式正好可以实现这种形式的依赖关系。应用程序完全不会依赖代理。相反，代理会依赖应用程序以及 API。这就把所有关于应用程序和 API 之间映射关系的知识都集中到代理中。

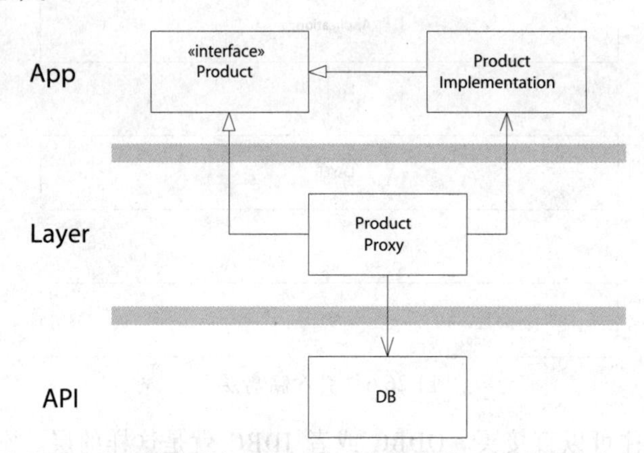

图 26.8　代理模式是如何倒置应用程序和层之间的依赖关系的

集中处理这类知识意味着代理会成为恶梦。每当 API 改变时，代理就得改变；每当应用程序改变时，代理也要改变。代理会变得非常难以维护。

不过，大多数应用程序都不需要代理模式。代理模式是一种非常重的解决方案。只要我看到有人在用代理方案，多半都会建议去掉它们，然后采用简单一些的方案。但有一些情况对使用代理模式彻底分离应用程序和 API 是有益的。这些情况几乎总是出现在那些遭受频繁的数据库模式和 API 变更的超大型系统，或者是可以运行在许多不同的数据库引擎或中间件引擎之上的系统中。

STAIRWAY TO HEAVEN 模式

STAIRWAY TO HEAVEN[Martin97] 是另外一种像代理模式一样可以完成依赖倒置的模式。它使用了类形式（class form）的适配器模式的一个变种，参见图 26.9。

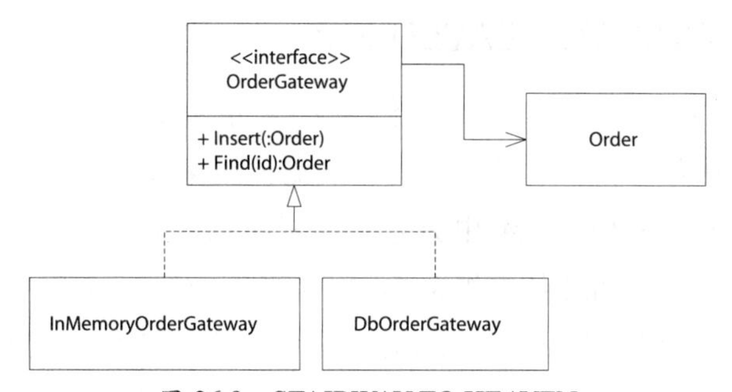

图 26.9　STAIRWAY TO HEAVEN

PersistentObject 是一个知晓数据库的抽象类。它提供了两个抽象方法：read 和 write。它同时还提供了一组实现方法作为实现 read 和 write 方法的必要工具。例如，在 PersistentProduct 的 read 和 write 实现中，可以使用这些工具把 Product 的所有数据字段从数据库中读出或者写入到数据库中。同样，在 PersistentAssembly 的 read 和 write 的方法实现中，它会对 Assembly 中的其余字段做相同的操作。它从 PersistentProduct 中继承了读写 Product 字段的能力并且把 read 和 write 方法组织成可以利用这种能力的形式。

这个模式只能在支持多重继承的编程语言中使用。请注意，PersistentProduct 和 PersistentAssembly 继承了两个已经实现的基类。甚至，PersistentAssembly 和 Product 构成了一种菱形继承的关系。在 C++ 中，我们使用虚继承的方式来避免

PersistentAssembly 继承 Product 的两个实现。

对虚继承或者是其他语言中类似关系的需要，意味着这个模式会带来一些困扰。虽然它和 Product 层次结构纠缠在一起，但是带来的干扰却是极小的。

这个模式的好处是它把有关数据库的知识和应用程序的业务规则完全分离开。应用程序中那些需要调用 read 和 write 的少量代码可以使用下面的应急方案：

```
PersistentObject * o = dynamic_cast<PersistentObject*>(product);
if (o)
  o->write();
```

换句话说，我们询问应用对象是否符合 PersistentObject 接口，如果符合，我们就调用 read 方法 或者 write 方法。这就让应用程序中无需知晓读写的部分完全独立于层次结构中的 PersistentObject 的部分。

示例：STAIRWAY TO HEAVEN 模式

程序 26.24~26.34 展示了一个使用 C++ 语言的 STAIRWAY TO HEAVEN 的模式实例。像往常一样，最好的做法是从测试用例开始。完整展示 CppUnit 会有些冗长，所以我在程序 26.24 中只包含测试用例的方法。第一个测试用例证明了 PersistentProduct 可以在系统中作为 Product 传递，然后再被转换成 PersistentProduct 并被随意写入。我们假设 PersistentProduct 会把自己写成一个简单的 XML 格式。第二个测试用例对 PersistentAssembly 的证明和第一个测试用例相同，唯一不同的是 Assembly 对象中多了第二个字段。

程序 26.24　ProductPersistenceTestCase.cpp（部分）

```
void ProductPersistentenceTestCase::testWriteProduct()
{
  ostrstream s;
  Product* p = new PersistentProduct("Cheerios");
  PersistentObject* po = dynamic_cast<PersistentObject*>(p);
  assert(po);
  po->write(s);
  char* writtenString = s.str();
  assert(strcmp("<PRODUCT><NAME>Cheerios</NAME></PRODUCT>", writtenString) == 0);
}

void ProductPersistenceTestCase::testWriteAssembly()
{
```

```
    ostrstream s;
    Assembly* a = new PersistentAssembly("Wheaties", "7734");
    PersistentObject* po = dynamic_cast<PersistentObject*>(a);
    assert(po);
    po->write(s);
    char* writtenString = s.str();
      assert(strcmp("<ASSEMBLY><NAME>Wheaties</NAME><ASSYCODE>7734</ASSYCODE></
ASSEMBLY>",
        writtenString) == 0);
}
```

紧接着，在程序 26.25~26.28 中，我们可以看到 Product 和 Assembly 的定义和实现。为了节省空间，我们例子中的这些类几乎都是退化的。在正常的应用程序中，这些类会包含实现业务规则的方法。请注意，这些类中都没有持久化的迹象。没有任何从业务规则到持久化机制的依赖关系。这就是该模式的关键所在。

虽然 STAIRWAY TO HEAVEN 模式具有良好的依赖关系特征，但是程序 26.27 中却有一个完全因该模式而存在的东西。Assembly 在继承 Product 时使用了 virtual 关键字。为了避免 PersistentAssembly 对 Product 的重复继承，这是必要的。如果回顾一下图 26.9，就会看到 Product 是包括 Assembly、PersistentProduct 以及 PersistentObject 在内的菱形（有时开玩笑地称之为“可怕的死亡菱形”）继承关系的的顶点。为了避免对 Product 的重复继承，它就必须被虚拟继承。

程序 26.25 product.h

```
#ifndef STAIRWAYTOHEAVENPRODUCT_H
#define STAIRWAYTOHEAVENPRODUCT_H

#include <string>

class Product
{
  public:
    Product(const string& name);
    virtual ~Product();
    const string& getName() const {return itsName;}
  private:
    string itsName;
};

#endif
```

程序 26.26 product.cpp

```
#include "product.h"

Product::Product(const string& name) : itsName(name)
{
}

Product::~Product()
{
}
```

程序 26.27 assembly.h

```
#ifndef STAIRWAYTOHEAVENASSEMBLY_H
#define STAIRWAYTOHEAVENASSEMBLY_H

#include <string>
#include "product.h"

class Assembly : public virtual Product
{
 public:
   Assembly(const string& name, const string& assyCode);
   virtual ~Assembly();

   const string& getAssyCode() const {return itsAssyCode;}
 private:
   string itsAssyCode;
};

#endif
```

程序 26.28 assembly.cpp

```
#include "assembly.h"

Assembly::Assembly(const string& name, const string& assyCode)
  : Product(name), itsAssyCode(assyCode)
{
}

Assembly::~Assembly()
{
}
```

程序 26.29 和程序 26.30 展示了 PersistentObject 的定义和实现。请注意，尽管 PersistentObject 对 Product 层次结构一无所知，但是它似乎知道如何去写 XML。至少，它知道在写一个对象时应该先写头，然后是字段，再接着是脚。

PersistentObject 的 write 方法用模板方法模式（参见第 14 章）控制其所有派生类的写操作，所以，STAIRWAY TO HEAVEN 模式中的持久化部分借用了 PersistentObject 基类的功能。

程序 26.29　persistentObject.h

```
#ifndef STAIRWAYTOHEAVENASSEMBLY_H
#define STAIRWAYTOHEAVENASSEMBLY_H

#include <string>
#include "product.h"

class Assembly : public virtual Product
{
 public:
  Assembly(const string& name, const string& assyCode);
  virtual ~Assembly();

  const string& getAssyCode() const {return itsAssyCode;}
 private:
  string itsAssyCode;
};

#endif
```

程序 26.30　persistentObject.cpp

```
#include "persistentObject.h"

PersistentObject::~PersistentObject()
{
}

void PersistentObject::write(ostream& s) const
{
 writeHeader(s);
 writeFields(s);
 writeFooter(s);
 s << ends;
}
```

程序 26.31 和程序 26.32 展示了 PersistentProduct 的实现。这个类实现了 writeHeader、writeFooter 和 writeField 方法为 Product 创建了一个合适的 XML 文件。它从 Product 中继承了字段和访问方法，并且受控于它的 PersistentObject 基类的 write 方法。

程序 26.31 persistentProduct.h

```
#ifndef STAIRWAYTOHEAVENPERSISTENTPRODUCT_H
#define STAIRWAYTOHEAVENPERSISTENTPRODUCT_H

#include "product.h"
#include "persistentObject.h"

class PersistentProduct : public virtual Product, public PersistentObject
{
 public:
  PersistentProduct(const string& name);
  virtual ~PersistentProduct();

 protected:
  virtual void writeFields(ostream& s) const;

 private:
  virtual void writeHeader(ostream& s) const;
  virtual void writeFooter(ostream& s) const;
};

#endif
```

程序 26.32 persistentProduct.cpp

```
#include "persistentProduct.h"

PersistentProduct::PersistentProduct(const string& name) : Product(name)
{
}

PersistentProduct::~PersistentProduct()
{
}

void PersistentProduct::writeHeader(ostrstream& s) const
{
 s << "<PRODUCT>";
```

```
}

void PersistentProduct::writeFooter(ostream& s) const
{
  s << "</PRODUCT>";
}

void PersistentProduct::writeFields(ostream& s) const
{
  s << "<NAME>" << getName() << "</NAME>";
}
```

最后，程序 26.33 和程序 26.34 展示了 PersistentAssembly 如何把 Assembly 和 PersistentProduct 统一起来。就像 PersistentProduct 一样，它重写了 writeHeader、writeFooter 和 writeFields。不过，在 writeFields 的实现中，调用了 PersistentProduct::writeFields。因此，它从 PersistentProduct 中继承了写 Assembly 中 Product 部分的能力，并且从 Assembly 中继承了 Product 和 Assembly 的字段和访问方法。

程序 26.33　persistentAssembly.h

```
#ifndef STAIRWAYTOHEAVENPERSISTENTASSEMBLY_H
#define STAIRWAYTOHEAVENPERSISTENTASSEMBLY_H

class PersistentAssembly : public Assembly, public PersistentProduct
{
  public:
    PersistentAssembly(const string& name,
                       const string& assyCode);
    virtual ~PersistentAssembly();

  protected:
    virtual void writeFields(ostream& s) const;

  private:
    virtual void writeHeader(ostream& s) const;
    virtual void writeFooter(ostream& s) const;
};

#endif
```

程序 26.34　persistentAssembly.cpp

```
#include "persistentAssembly.h"

PersistentAssembly::PersistentAssembly(const string& name, const string& assyCode)
```

```
  : Assembly(name, assyCode)
   , PersistentProduct(name)
   , Product(name)
{
}

PersistentAssembly::~PersistentAssembly()
{
}

void PersistentAssembly::writeHeader(ostream& s) const
{
 s << "<ASSEMBLY>";
}

void PersistentAssembly::writeFooter(ostream& s) const
{
 s << "</ASSEMBLY>";
}

void PersistentAssembly::writeFields(ostream& s) const
{
 PersistentProduct::writeFields(s);
 s << "<ASSYCODE>" << getAssyCode() << "</ASSYCODE>";
}
```

我们已经看到，在许多不同的情形下使用 STAIRWAY TO HEAVEN 模式结果都还不错。这个模式相对比较容易实现而且对包含业务规则的对象影响最小。但是，它需要一种支持多重继承的语言，比如 C++。

可以用于数据库的其他模式

还有其他三种模式可以用于数据库：扩展对象模式，装饰者模式和门面模式。

扩展对象模式

假设有一个扩展对象（Extension Object）知道如何把被扩展的对象写进数据库里。为了写入这种对象，你会向它请求一个匹配 Database 这个键值的扩展对象，再把它强转成 DatabaseWriterExtension，然后调用 write 方法。

```
Product p = /* some function that return a product*/
ExtensionObject e = p.getExtension("Database");
```

```
if (e != null)
{
    DatabaseWriterExtension dwe = (DatabaseWriterExtension) e;
    e.write();
}
```

访问者模式

假设有一个访问者（Visitor）（参见28.2节的访问者模式）层次结构知道如何把访问的对象写入数据库中。你会通过创建一个适合类型的访问者，然后调用对象的accept方法把对象写入数据库中。

```
Product p = /* some function that return a product*/
DataWriterVisitor dwv = new DataWriterVisitor();
p.accept(dwv);
```

装饰者模式

有两种用装饰者（Decorator）模式实现数据库的方法。你可以装饰一个业务对象然后赋予它read方法 和 write 方法；或者可以装饰一个知道如何读写自身的数据对象并赋予它业务规则。后一种方法在使用面向对象数据库时是很常见的。可以把业务规则放到OODB（Object-Oriented Databases） 模式之外并且通过装饰者附加进来。

门面模式

这是我个人最喜欢的出发点。它简单有效。不好的一面是，它把业务规则对象和数据库耦合在一起。图 26.10 展示了这种结构。DatabaseFacade 类只提供了读写所有必要对象的方法。这就把对象和 DatabaseFacade 互相耦合在一起。对象知道 门面（Facade）是因为它们经常会调用 read 方法 和 write 方法。Facade 知道对象是因为它必须使用对象的访问方法和改变属性的方法（mutator）来实现 read 方法 和 write 方法。

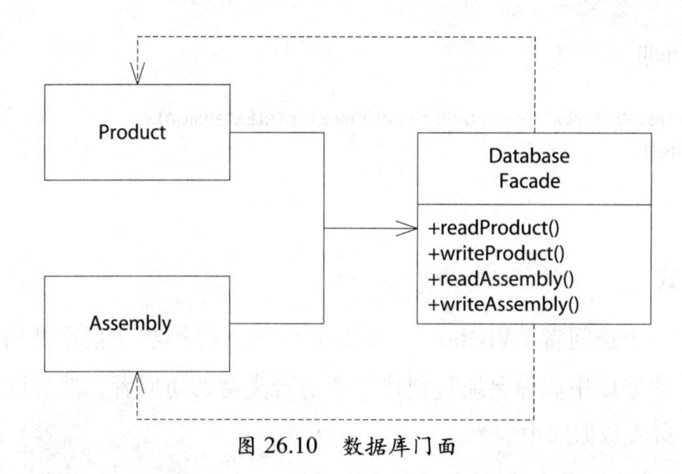

图 26.10 数据库门面

这种耦合在稍大一些的应用程序中会引起很多问题，但是在较小或者刚刚开始的应用程序中，却是一种非常有效的技术。如果开始时使用了 Facade，后面决定切换到一个可以降低耦合的其他模式，它也非常易于重构过去的。

小结

在真正需要代理模式和 STAIRWAY TO HEAVEN 模式之前就想实现这些模式非常具有诱惑力。但这基本上都是错误的想法，尤其是对于代理模式。我建议在开始的时候先用门面模式，然后在必要时进行重构。这样会为自己节省不少时间，也可以省去很多麻烦。

参考文献

1. Gamma, et al. *Design Patterns*. Reading, MA: Addison-Wesley, 1995.
2. Martin, Robert C. Design Patterns for Dealing with Dual Inheritance Hierarchies, *C++ Report* (April): 1997.

第 27 章　案例学习：气象站

本章共同作者： Jim Newkirk

以下内容虽然是虚构的，但是你会发现其中有许多地方似曾相识。

关于 Cloud 公司

在过去几年，Cloud 公司在提供工业级的天气监控系统（WMS）领域一直处于领导者地位。他们 WMS 的旗舰产品可以跟踪温度、湿度、气压、风速和风向等。系统把测量结果实时显示在一个显示器上。此外，系统也在以小时和天为单位保存有关天气的历史信息。用户可以在显示器上查看这些历史数据。

Cloud 公司的主要客户是航空、海运、农业以及广播行业。对于这些行业来说，WMS 是至关重要的应用。Cloud 公司在构建安装到较难控制环境中的高可靠性产品方面有良好的声誉，这也让这些系统有些贵。

高昂的价格让 Cloud 公司失去了那些不需要或者买不起这些高可靠性系统的客户。Cloud 公司的管理者认为这是一个很大的潜在市场，并且想要开辟这个市场。

1. 问题

Cloud 的一个竞争对手 Microburst 公司声称，他们拥有一条产品线，客户可以先使用其中的低端产品，并且可以逐渐升级到更高的可靠性。这种威胁可能会让 Cloud 公司丧失虽然不多但不断增长的客户。这些客户在增长到可以使用 Cloud 公司产品的规模时，已经在使用 Microburst 公司的产品了。

还有更大的威胁，Microburst 公司自称他们的产品具有和高端产品互联的能力。也就是说，可以把高端的升级产品通过网络互联形成一个广域的天气监控系统。这种威胁会使 Cloud 公司当前的客户动心。

2. 对策

虽然 Microburst 公司已经在发布会上成功演示了他们的低端产品，但至少在 6 个月内，他们的产品还无法批量发售。这意味着 Microburst 公司可能还有一些工程或者产品方面的问题没有解决。此外，Microburst 公司目前还无法提供其承诺的产品线中的高可靠性的升级能力。看来，Microburst 公司过早地发布了他们的产品。

如果 Cloud 公司发布一款具有升级和互联能力的低端产品，并在 6 个月内发售的话，那么他们也许抓住或者挽留部分客户，不然的话，这些客户就会去购买 Microburst 公司的产品。通过延迟市场启动的方式让 Microburst 失去一部分订单，可能会削弱 Microburst 公司在工程和制造方面解决问题的能力，这是一个非常令人期待的结果。

3. 困境

建立一条低成本、可扩展的新的产品线是一项巨大的工程。硬件工程师断然拒绝了 6 个月的开发期限。他们认为 12 个月后才能看到批量的产品部件。

市场部经理认为，12 个月后，Microburst 公司的产品就会批量发售，并且会赢得部分 Cloud 公司的客户，而且这些客户将无法挽回。

4. 计划

Cloud 公司的管理层决定立即宣布他们的新产品线，并且开始接受在 6 个月内发货的订单。他们把新产品命名为 Nimbus-LC 1.0。他们计划将原来昂贵的、高可靠的硬件重新包装进一个精美 LCD 触摸屏的外壳中。这些装置具有很高的制造成本，所以每卖出一件产品，公司其实都会亏损。

硬件工程师也开始并行研发真正低成本的硬件，这需要 12 个月的时间。这种配置的产品被称为 Nimbus-LC 2.0。当该产品可以批量生产时，Nimbus-LC 1.0 就会逐渐停产。

当 Nimbus-LC 1.0 的客户希望使用更高级的服务时，他们无需任何附加成本就可以把设备替换成 Nimbus-LC 2.0。因此，为了赢得或者哪怕是延迟 Microburst 潜在的客户，Cloud 公司甘愿在 6 个月内让这款产品亏损。

WMS-LC 系统的软件部分

Nimbus-LC 项目中的软件部分是复杂的。开发人员必须创建既能在现有的硬件工作，又能在低成本的 2.0 硬件上使用的软件产品。2.0 硬件的原型设备要在 9 个月后才能使用。2.0 电路板上的处理器甚至很可能和 1.0 电路板上的处理器不同。尽管如此，系统仍然必须完全一致地运转，不管使用的是哪个硬件平台。

硬件工程师会写底层的硬件驱动程序，他们需要应用软件工程师设计这些驱动程序的 API。这些 API 需要在随后的 4 个月里提供给硬件工程师。软件必须在 6 个月内具备产品化的能力，必须在 12 个月内能够在 2.0 硬件上运行。软件工程师希望至少有 6 周的时间熟悉 1.0 的设备，这样一来，他们的开发时间实际上只有 20 周。因为 2.0 版本的硬件平台是新的，所以他们需要 8 到 10 周的熟悉时间。这又耗费了最初原型到最终发售之间 3 个月的大部分的时间。这样，软件工程师就必须在很短的时间内让新硬件工作起来。

1. 软件计划文档

开发和市场人员写了一些描述 Nimbus-LC 项目的文档。

1. “Nimbus-LC 需求概要”（参见 27.4 节）：描述在项目开始时所理解的 Nimbus-LC 系统的操作需求。（我们都知道，在任何软件项目中，需求文档都是最容易发生变化的。）
2. “Nimbus-LC 用例”（参见 27.5 节）：描述从需求中得到的操作者和用例。
3. “Nimbus-LC 发布计划”（参见 27.6 节）：描述软件的发布计划。该计划试图在项目生命周期的初期解决主要的风险，同时确保软件在必要的限期内完成。

2. 语言选择

对语言最重要的限制就是可移植性。因为开发时间短，并且软件工程师熟悉 2.0 硬件的时间甚至更短，所以就要求 1.0 和 2.0 版本使用相同的软件。也就是说，源代码必须是一样的，或者几乎是一样的。如果语言不能满足可移植性的约束，那么在 12 个月内完成 2.0 版本的发布是非常危险的。

还好，除此之外几乎没有其它的限制。软件的规模不是很大，所以存储空间不是什么大问题。并且没有短于 1 秒钟的硬实时性限制，所以速度上也不是问题。实际上，由于实时性的限制非常弱，所以一个具有中等速度垃圾回收机制的语言也是可以接受的。因为只有可移植性的限制，没有其它严格的限制，所以 Java 就成了一个非常合适的选择。

Nimbus-LC 软件的设计

根据发布计划，第 I 阶段的主要目标是创建一个可以让大部分软件和它所控制的硬件无关的架构。实际上，我们希望把气象站应用的抽象行为和它的具体实现分离开。

例如，不管是哪种硬件配置，软件都必须能够显示当前的温度。设计如图 27.1 所示。

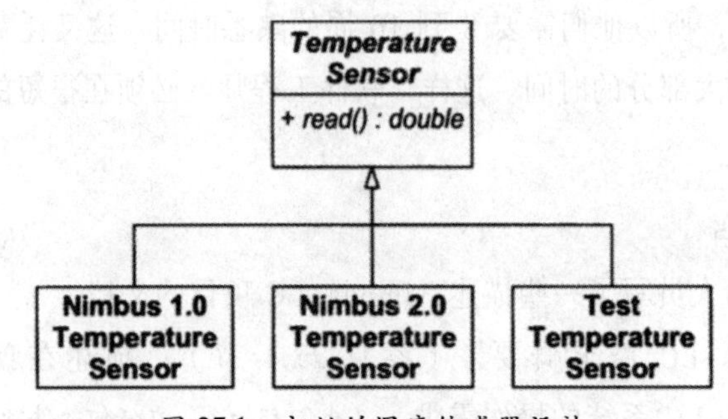

图 27.1　初始的温度传感器设计

抽象类 TemperatureSensor 中有一个多态方法 read()。该基类的派生类可以提供 read() 方法的不同实现。

1. 测试类

请注意，两种已知硬件平台中任意一种，都对应一个派生类。此外，还有一个名为 TestTemperatureSensor 的特殊派生类。使用这个类可以在一台没有连接 Nimbus 硬件的工作站上对软件进行测试。这样，软件工程师无需访问 Nimbus 系统就可以写单元测试和验收测试。

当然，我们必须在很短的时间内把 Nimbus 2.0 的硬件和软件集成到一起。由于时间很短，所以 Nimbus 2.0 版本是有风险的。通过让 Nimbus 软件同时适用于 Nimbus 1.0 和测试类，我们就可以让 Nimbus 软件在多个平台上运行，以此减少向 Nimbus 2.0 移植的风险。

测试用例同样也让我们可以测试那些在软件中难以捕获的特性及情况。例如，我们可以让测试类产生一些难以用硬件模拟的故障。

2. 定期测量

Nimbus 系统中最通用的行为是何时显示当前的天气监控数据。每一个监测值都以特定速率刷新。温度每分钟刷新一次，大气压每 5 分钟刷新一次。显然，我们需要某种调度器触发这些读数并把它们呈现给用户。图 27.2 展示了一种可能的结构。

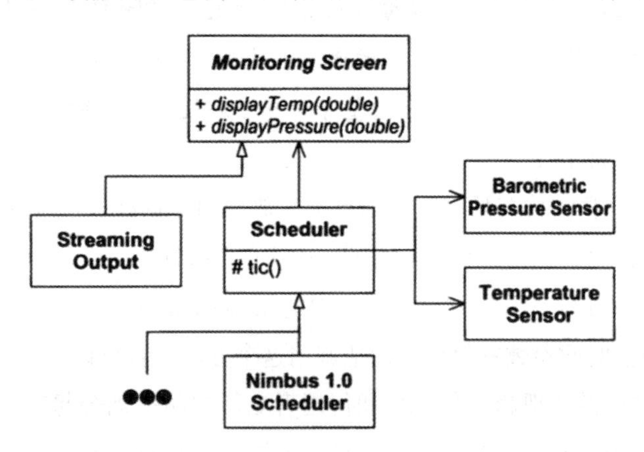

图 27.2 初始的调度和显示架构

我们把 Scheduler 作为具有多种可能实现的基类，分别针对不同的硬件平台和测试平台。Scheduler 有一个 tic 方法，这个方法期望每 10 毫秒被调用一次。派生类负责调用这个方法，参见图 27.3。Scheduler 会计算 tic 方法的调用次数。每隔一分钟，它就会调用 TemperatureSensor 的 read 方法并把返回的温度值传递给 MonitoringScreen。在第 I 阶段中，我们不需要在 GUI 上显示温度，所以 MonitoringScreen 的派生类只是把结果发送到一个输出流上去。

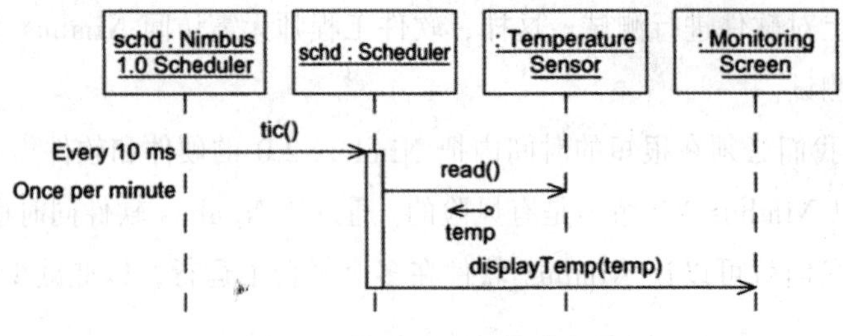

图 27.3　初始调度器的时序图

3. 大气压的趋势

需求文档要求我们必须报告大气压的趋势。这是一个具有三种状态的值：上升、下降和稳定。我们怎样才能确定该变量的值呢？

根据联邦气象手册（联邦气象手册NO.1，第 11 章，11.4.6 小节（http://www.nws.noaa.gov）），大气压趋势的计算方法如下：

> 如果大气压以每小时 0.06 英寸（此处的英寸是气压测量单位，一大气压相当于地面温度为 0 度时，一英寸水银柱的压力）的速率上升或者下降并且在观测的时刻（每 3 小时进行一次观测）压力的变化总量等于或者超过 0.02 英寸，那么就应该报告一次压力变化指示。

我们把这个算法放在那里呢？如果把它放到 BarometricPressureSensor 这个类中，那么这个类就需要知道每个读数的时间，并且它也必须记录 3 个小时之前的一组读数。我们目前的设计并没有考虑到这一点。通过给 BarometricPressureSensor 类的 read 方法增加一个当前时间参数并保证定期地调用这个方法，就可以修正这个问题。

不过，这种做法把趋势的计算和使用者更新的频率耦合起来。这样对用户界面更新方式的变更就有可能影响到大气压趋势的算法。此外，要求必须定期读取一个传感器才能保证它正确工作，也是非常不友好的。我们需要找出一个更好的解决方案。

我们可以让 Scheduler 来记录大气压的历史记录并按需计算出来趋势。但是，我们接着也会把温度和风速的历史记录放进 Scheduler 类吗？每一种新的传感器或者历史记录的需求都会导致对 Schduler 的变更。这样，我们就面临着维护的恶梦。

4. 重新考虑 Scheduler

再看图 27.2。请注意，Scheduler 和每种传感器以及用户界面都有连接。当增加更多的传感器和用户界面时，它们也必须添加到 Scheduler 中。因此，Scheduler 对新传感器和用户界面的增加没有做到封闭。这违反了 OCP。我们希望把 Scheduler 设计成和传感器以及用户界面的变化、更改无关的形态。

5. 解除和用户界面之间的耦合

用户界面是易变的。客户、市场人员以及几乎所有接触产品的人的一时冲动都可能导致用户界面的改变。如果说系统中有些部分最可能会遭受需求的影响，那肯定是用户界面。因此，我们应该做到与它解耦。

图 27.4 和图 27.5 展示了一个使用了观察者模式的崭新设计。我们让 UI 产生一个对传感器的依赖，这样当传感器的读数变化时，就会自动通知 UI。请注意，这种关系是间接的。实际的观察者是一个名为 TemperatureObserver 的适配器 [GOF95, p.139] 对象。当温度读数变化时，TemperatureSensor 会通知这个对象。作为响应，TemperatureObserver 调用 MonitoringScreen 对象的 DisplayTemp 方法。

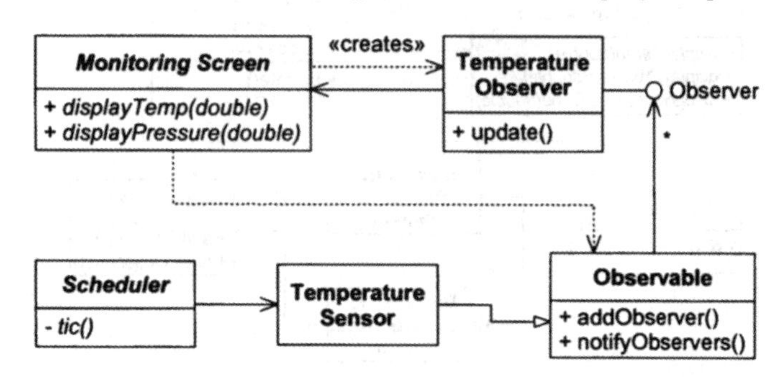

图 27.4 使用观察者模式接触了 UI 和 Scheduler 之间的耦合

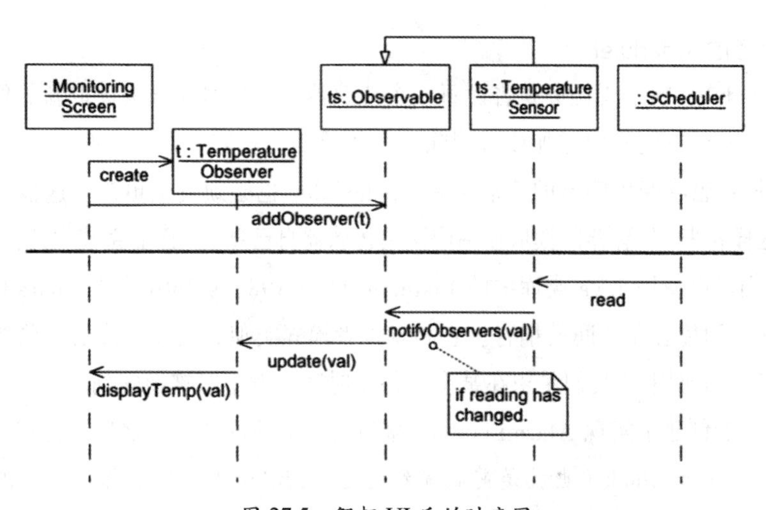

图 27.5 解耦 UI 后的时序图

这个设计很好地解除了 UI 和 Scheduler 之间的耦合。现在，Scheduler 对 UI 一无所知，而它只关注告诉传感器什么时候去读取数据。UI 把自己和传感器绑定在一起，期待传感器给自己报告变化。但是，UI 并不知道传感器本身，它只是知道一组实现了 Observable 接口的对象。这样，我们就可以在无需对 UI 的这一部分进行重大更改的情况下添加传感器。

我们同样也已经解决了大气压趋势的问题。现在，可以让一个单独的对 BarometricPressureSensor 进行观察的 BarometricPressureTrendSensor 来计算这个值，参见图 27.6。

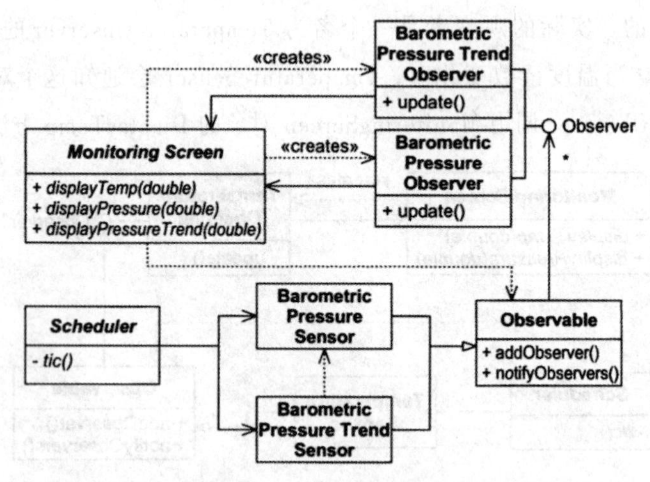

图 27.6 大气压观察者

6. 再次考虑 Scheduler

Scheduler 的主要任务是告诉每一个传感器它们何时应该去读取新的值。然而，如果以后的需求迫使我们增加或者删除一个传感器，就需要更改 Scheduler。事实上，即使我们只是想改变传感器的读取速率，Scheduler 也必须发生更改。这很不幸地违背了 OCP。这样看来，传感器的读取速率应该由传感器自己掌握，而非系统中的任何其他部分。

我们可以使用 Java 类库中的 Listener [JAVA98, p.360] 范式（paradigm）来解除 Scheduler 和传感器之间的耦合。它和观察者模式类似，需要你注册一些要通知到的东西。但是在本例中，我们希望在某个事件（时间）发生时被通知到。

传感器创建了实现 AlarmListener 接口的匿名适配器类。之后，传感器把这些适配器注册到 AlarmClock（也就是前面提到的 Scheduler 类）中。作为注册的一部分，它们也会告诉 AlarmClock 它们希望多长时间被唤醒一次，例如：每秒或者每 50 毫秒。当那段时间结束时，AlarmClock 就向适配器发送 wakeup 消息，然后适配器向传感器发送 read 消息。

这完全改变了 Scheduler 类的本质。在图 27.2 中，它构成了系统的中心，并且知晓大部分的组件。但是现在，它在系统中处于次要位置。它对其他的组件一无所知。它现在只完成了一项工作，即时间调度，所以符合 SRP，但是这和天气监控没有任何关系。事实上，它可以重用到不同的应用程序中。正因为改动太大，所以我们把它的名字改成 AlarmClock。

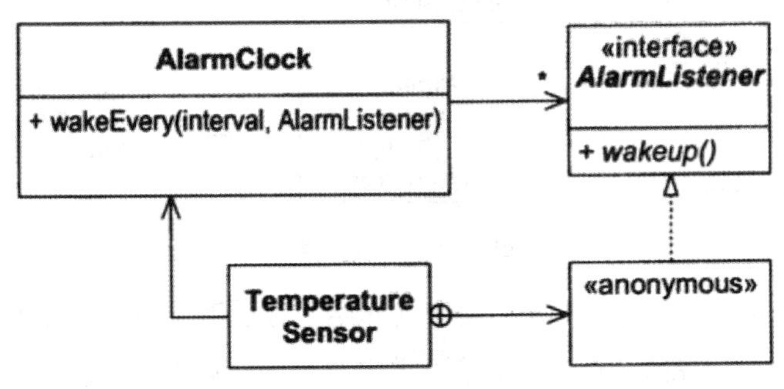

图 27.7 解耦后的 AlarmClock

7. 传感器的结构

既然已经解除了传感器和系统其余部分的耦合，我们可以来看看它们的内部结构了。现在传感器要完成三个不同的功能。首先，它们必须要创建并注册 AlarmListener 的匿名派生类。其次，它们必须要确定读数是否发生变化以便调用 Observable 类的 notifyObservers 方法。最后，它们必须要和 Nimbus 硬件进行交互以读取适当的值。

图 27.1 展示了这些关注点是如何分离的。图 27.8 是集成了设计和我们已经做过的其他变更之后的结果。TemperatureSensor 基类处理了前两个关注点，因为它们是通用的。然后，TemperatureSensor 的派生类就可以处理硬件相关的事务并执行实际的读取工作。

为了分离 TemperatureSensor 的通用关注点和特定关注点，图 27.8 使用了模板方法模式。从 TemperatureSensor 的 check 和 read 方法中可以看出该模式的结构。当 AlarmClock 调用匿名类的 wakeup 方法，这个匿名类就把该调用转发给 TemperatureSensor 的 check 方法。接着，check 方法调用 TemperatureSensor 的抽象方法 read。这个方法会被派生类实现成正确和硬件交互并获取传感器读数。然后，check 方法确定新的读数是否和之前的读数不同，如果不同，它就通知正在等待的观察者。

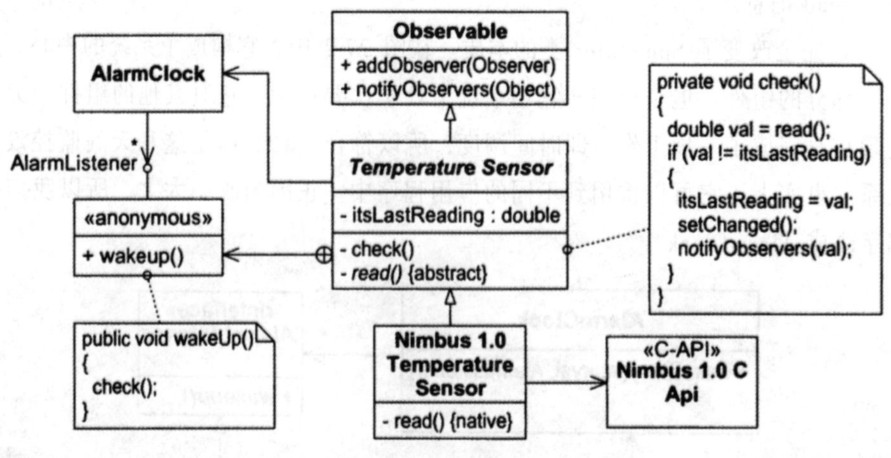

图 27.8 传感器结构

这种做法实现了我们想要的关注点分离。对于每一种硬件和测试平台，我们都能够创建一个 TemperatureSensor 的派生类与之对应。除此之外，这些派生类基本上都要重写一个简单的方法 read。传感器剩余的功能都会包含在它继承的基类里。

8. API 在哪里呢？

第 II 阶段的发布计划为 Nimbus 2.0 的硬件创建一个新的 API。这个 API 应该是用 Java 写的，可以扩展，而且提供了一种简单且直接的方式访问 Nimbus 2.0 的硬件。此外，它也必须服务 Nimbus 1.0 的硬件。如果没有这个 API，一旦采用新的电路板，我们为这个项目写的所有简单的调试和校准工具都得跟着变更。所以，我们当前设计中的这套 API 在哪里呢？

事实上，迄今为止我们创建的所有东西都无法充当一套简单的 API。我们所期望的东西有点像下面这样：

```
public interface TemperatureSensor
{
  public double read();
}
```

我们希望写一些可以直接访问这套 API 的工具，而不必理会注册观察者的逻辑。我们也不想在这个层面上让传感器自动地轮询(polling)自己，或者和 AlarmClock 交互。我们希望的是某些非常简单并且独立，可以扮演硬件的直接接口的东西。

我们似乎推翻了前面所有的讨论。毕竟，图 27.1 正是我们想要的。不过，图 27.1 之后我们做的更改也是合理的。我们需要的就是这两个方案中最优部分的混合体。

在图 27.9 中，使用桥接模式把真正的 API 从 TemperatureSensor 中提取出来。该模式的意图是把实现和抽象分离，以便两者可以独立变化。在我们的例子中，TemperatureSensor 是抽象，TemperatureSensorImp 是实现。注意，“实现”这个词只用于描述抽象接口，而“实现”本身则是被 Nimbus1.0TemperatureSensor 类实现的。

9. 创建问题

再看一下图 27.9。为了让这个图工作，必须要创建一个 TemperatureSensor 对象并把它和一个 Nimbus1.0TemperatureSensor 对象绑定。谁来完成这个工作呢？当然，无论软件中哪一个部分负责这个工作，它都不会是平台无关的。因为它必须明确知道平台相关的 Nimbus1.0TemperatureSensor。

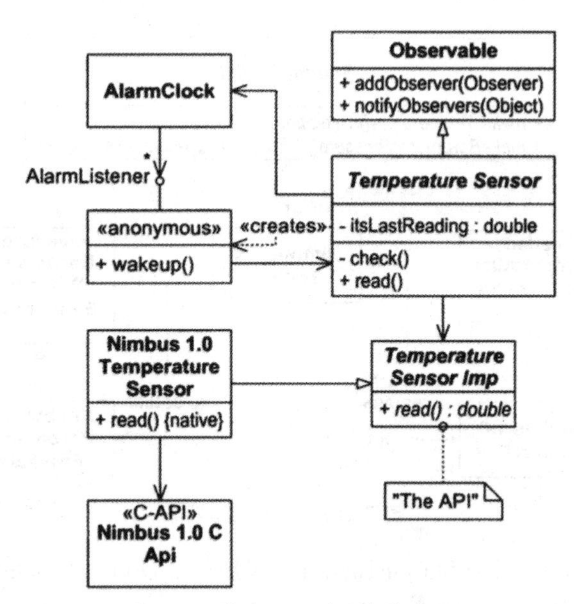

图 27.9 带有 API 的温度传感器

我们可以让主程序来做所有这样的工作。我们可以写一段代码，如程序 27.1 所示。

程序 27.1 WeatherStation

```
public class WeatherStation
{
 public static void main(String[] args)
 {
  AlarmClock ac = new AlarmClock(
    new Nimbus1_0AlarmClock());

  TemperatureSensor ts = new TemperatureSensor(ac,
    new Nimbus1_0TempersatureSensor());

  BarometricPressureSensor bps = new BarometricPressureSensor(ac,
    new Nimbus1_0BarometricPressureSensor());

  BarometricPressureTrend bpt = new BarometricPressureTrend(bps);
 }
}
```

这是一个可用的解决方案，但是写起来却非常繁杂而丑陋。我们可以改用工厂模式处理大部分和创建相关的杂事。图 27.10 展示了这种结构。

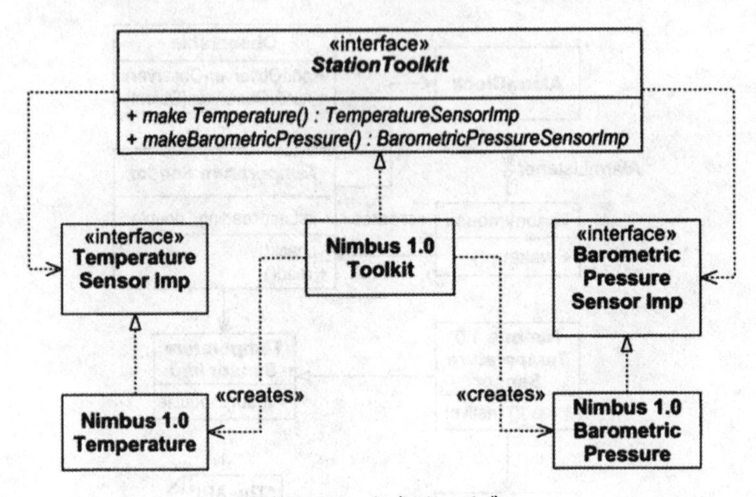

图 27.10 气象站工具集

我们把工厂命名为 StationToolkit。这是一个接口，它所定义的方法是用来创建 API 类的实例的。每个平台都会有自己的 StationToolkit 的派生类，并且这个派生类会创建出 API 类的合适的派生对象。

请注意，StationToolkit 被传递给了每一个传感器。这让传感器可以创建自己的实现。程序 27.3 展示了 TemperatureSensor 的构造方法。

程序 27.3 TemperatureSensor

```
public class TemperatureSensor extends Observable
{
 public TemperatureSensor(AlarmClock ac, StationToolkit st)
 {
  itsImp = st.makeTemperature();
 }

 private TemperatureSensorImp itsImp;
}
```

10. 让 StationToolkit 创建 AlarmClock

我们可以进一步改进，让 StationToolkit 创建相应的 AlarmClock 派生类。我们再次使用桥接模式分离对天气监控应用有意义的 AlarmClock 抽象和支持硬件平台的实现。图 27.11 展示了新的 AlarmClock 的结构。现在，AlarmClock 通过 ClockListener 接口来接收 tic 消息。这些消息通过 API 中 AlarmClockImp 类合适的派生类发送。

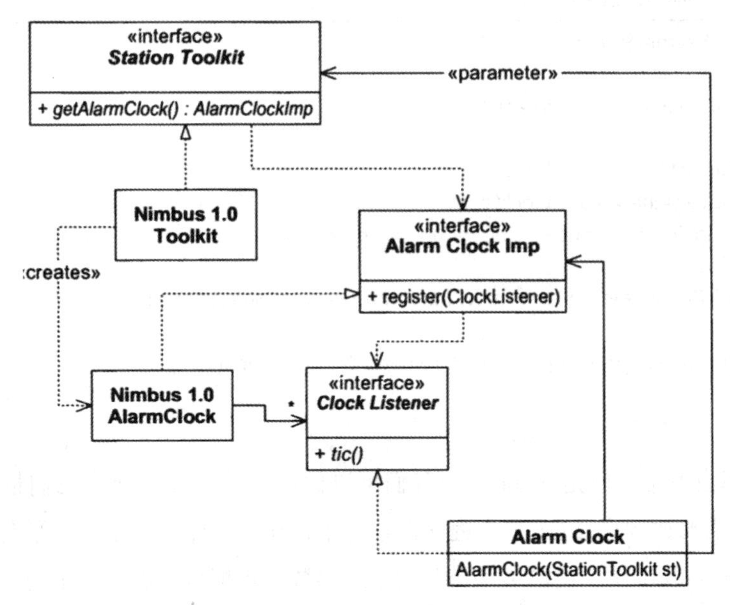

图 27.11 Station Toolkit 和 Alarm Clock

图 27.12 展示了 AlarmClock 的创建过程。合适的 StationToolKit 派生对象被传递给 AlarmClock 的构造方法。AlarmClock 用它创建出合适的 AlarmClockImp 的派生对象。这个对象被传回给 AlarmClock，并且 AlarmClock 会向它注册，以便接收来自它的 tic 消息。

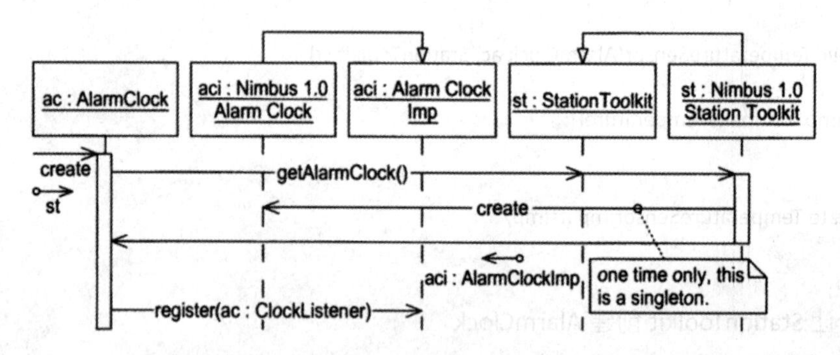

图 27.12 创建 AlarmClock

这会再次影响程序 27.4 中的主程序。请注意，现在只有一行代码是平台相关的。只要更改这一行代码，整个系统就切换到一个不同的平台。

程序 27.4 WeatherStation

```
public class WeatherStation
{
 public static void main(String[] args)
 {
  StationToolkit st = new Nimbus1_0Toolkit();
  AlarmClock ac = new AlarmClock(st);
  TemperatureSensor ts = new TemperatureSensor(ac, st);

  BarometricPressureSensor bps = new BarometricPressureSensor(ac, st);

  BarometricPressureTrend bpt = new BarometricPressureTrend(bps);
 }
}
```

这相当不错，但是在 Java 中我们可以做得更好。Java 允许我们根据名字创建对象。在无需修改程序 27.5 中主程序的情况下，让它工作在一个新的平台上。我们只要把 StationToolkit 派生类的名字作为命令行参数传递即可。如果指定的名字正确，那么就会创建出合适的 StationToolkit，并且系统的其余部分表现正确。

程序 27.5　WeatherStation

```
public class WeatherStation
{
 public static void main(String[] args)
 {
  try
  {
   Class tkClass = Class.forName(args[0]);
   StationToolkit st =
     (StationToolkit)tkClass.newInstance();

   AlarmClock ac = new AlarmClock(st);

   TemperatureSensor ts =
new TemperatureSensor(ac, st);

   BarometricPressureSensor bps =
new BarometricPressureSensor(ac, st);

   BarometricPressureTrend bpt =
new BarometricPressureTrend(bps);
  }
  catch (Exception e)
  {
  }
 }
}
```

11. 把类放进包里

我们想对这个软件的几个部分进行独立发布。API 及其实现都可以独立于应用程序的其余部分重用并且可以被测试和供质量保证团队使用。UI 和传感器应该独立分开，这样它们就可以独立变化。毕竟，新一代产品可能会在相同系统架构使用更好的 UI。事实上，版本 II 就是第一个这样的例子。

图 27.13 展示了第 I 阶段的包结构。这个包结构中几乎没有包含迄今为止我们设计的类。每个平台都有一个对应的包，这些包中的类都派生自 API 包中的类。API 包唯一的客户端就是 WeatherMonitoringSystem 包，这个包中包含所有其余的类。

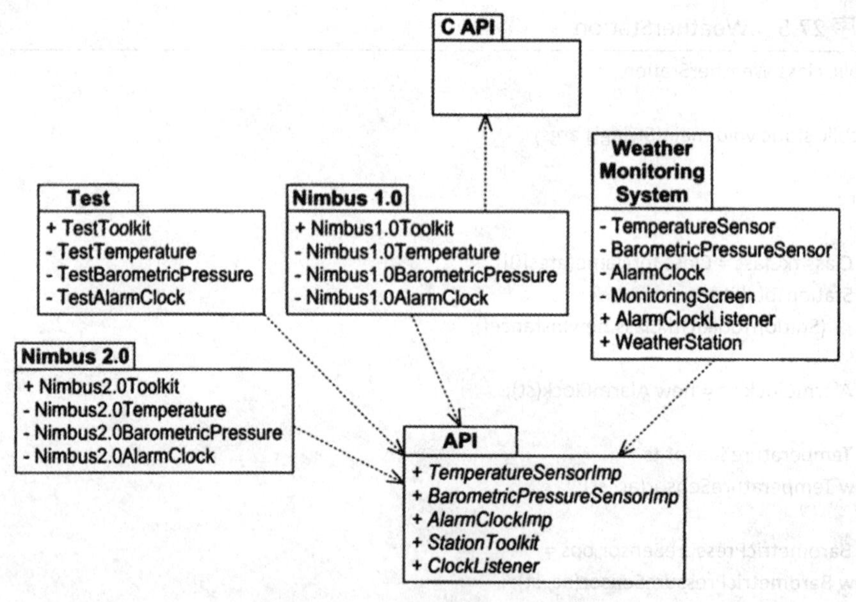

图 27.13　第 I 阶段的包结构

尽管版本 I 的 UI 非常小，但是糟糕的是，它仍然和 WeatherMonitoringSystem 混合在一起。我们把类放在单独的包中会更好一点。然而，我们碰到了一个问题。在当前的实现中，WeatherStation 对象创建了 MonitoringScreen 对象，但是 MonitoringScreen 对象为了通过传感器的 Observable 接口添加它的观察者，就必须知道所有的传感器。因此，如果我们把 MonitoringScreen 拿出来放到自己的包中，那么这个包就会和 WeatherMonitoringSystem 包之间出现循环依赖。这样就违反了无环依赖原则（ADP），并且这两个包都无法独立发布。

我们可以通过把主程序从 WeatherStation 类中剥离出来修正这个问题。WeatherStation 仍然创建了 StationToolkit 和相应的传感器，但是它不能创建 MonitoringScreen。主程序会创建 MonitoringScreen 和 WeatherStation。然后，主程序会把 WeatherStation 传递给 MonitoringScreen，这样 MonitoringScreen 就可以把它的观察者添加到传感器中了。

MonitoringScreen 如何从 WeatherStation 中获得传感器呢？我们需要向 WeatherStation 中添加一些完成这项工作的方法。程序 27.6 展示了这些新方法。

```
public class WeatherStation
{
 public WeatherStation(String tkName)
 {
  //create station toolkit and sensors as before.
 }

 public void addTempObserver(Observer o)
 {
  itsTS.addObserver(o);
 }

 public void addBPObserver(Observer o)
 {
  itsBPS.addObserver(o);
 }

 public void addBPTrendObserver(Observer o)
 {
  itsBPT.addObserver(o);
 }

 // private variables...
 private TemperatureSensor itsTS;
 private BarometricPressureSensor itsBPS;
 private BarometricPressureTrend itsBPT;
}
```

现在我们可以重新绘制包图，如 27.14 所示。我们忽略了大部分和 MonitoringScreen 无关的包。这看上去不错，特别是 UI 完全可以独立于 WeatherMonitoringSystem 变化。但是，由于 UI 依赖于 WeatherMonitoringSystem，所以每当它发生变化，都会产生问题。

UI 和 WeatherMonitoringSystem 都是具体的。当一个具体的包依赖另一个具体的包时，我们就违反了依赖倒置原则（DIP）。在这个例子中，如果 UI 能依赖某些抽象的东西而不是 WeatherMonitoringSystem 就会更好一些。

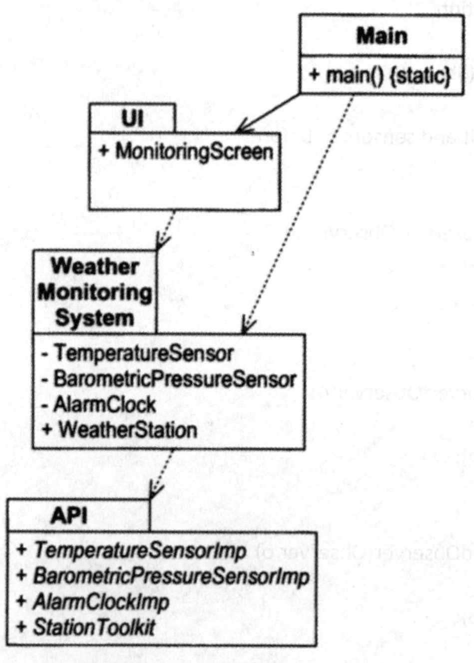

图 27.14 解除了依赖环的包图

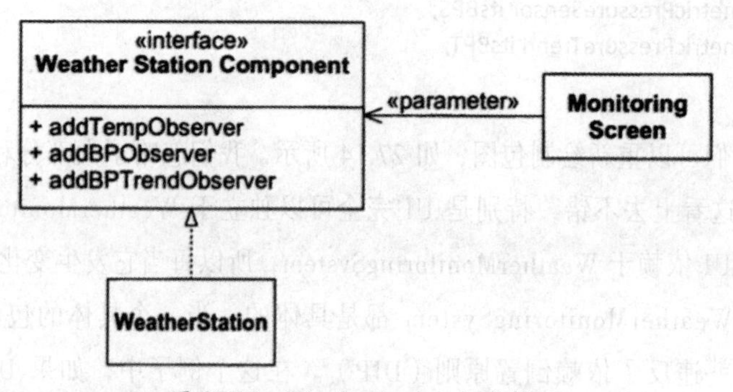

图 27.15 WeatherStation 抽象接口

这个问题可以通过创建一个由 MonitoringScreen 使用，并且 WeatherStation 从中派生的接口予以修正，参见图 27.15。

现在，如果我们把 WeatherStationComponent 接口放到它自己的包中，就可以得到期望的分离效果，参见图 27.16。请注意，现在 UI 和 WeatherMonitoringSystem 之间完全没有耦合关系，它们都可以独立变化，这是一件好事。

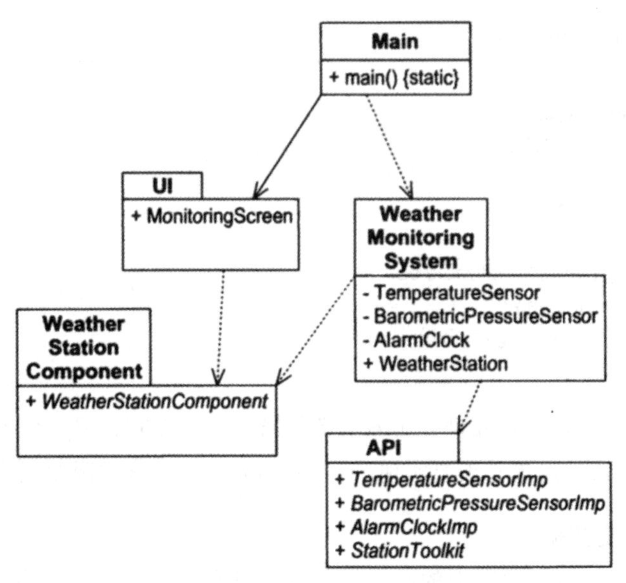

图 27.16 气象站应用组件包图

24 小时历史数据和持久化

发布版本 I 中要交付的产品小节中的第 4 点和第 5 点谈到需要保存持久化的 24 小时历史数据。我们知道 Nimbus 1.0 和 Nimbus 2.0 的硬件中都有某种非易失性存储（NVRAM）。另一方面，测试平台会用磁盘来模拟非易失性存储。

我们需要创建一个平台无关的持久化机制，并且仍能提供必需的功能。我们同样需要把这个机制和保存 24 小时历史数据的机制关联起来。

显然，底层的持久化机制应该被作为接口定义在 API 包中。这个接口应该采用哪种形式呢？NimbusI 的 C-API 提供了一些可以从非易失性存储器的指定偏移地址读写字节块的调用。虽然很有效，但是稍微有点原始（primitive）。还有更好的方法吗？

1. 持久化 API

Java 环境提供了一种可以让任何对象直接转换成一串字节的机制。这一过程被称为序列化（serialization）。这样的一串字节可以通过反序列化（deserialization）的方式重组回一个对象。如果底层 API 允许我们指定对象和它的名字，那么就会比较方便。程序 27.7 展示这种 API 可能的样子。

程序 27.7　PersistentImp

```
package api;
import java.io.Serializable;
import java.util.AbstractList;

public interface PersistentImp
{
  void store(String name, Serializable obj);
  Object retrieve(String name);
  AbstractList directory(String regExp);
}
```

PersistentImp 接口允许你用名字来存储（store）和获取（retrieve）完整的对象。唯一的限制是这种对象必须要实现 Serializable 接口，这种限制很小。

2. 24 小时历史数据

在确定存储持久化数据的底层机制后，我们来看一下将要持久化的数据种类。规格说明书中规定我们必须要保存前 24 小时内的最高和最低测量值。图 27.23 展示了具有这些数据的曲线图。这个图看起来似乎意义不大。最高和最低的测量值有很多冗余，非常糟糕。更糟糕的是，这些数据来自于最近 24 小时的时钟时间的，而不是前一天（日历）。通常，当我们想要最近 24 小时的最高和最低测量值时，都是指上一个日历天（calendar day）的。

这是规格说明中的问题，还是我们理解上的问题呢？如果规格说明不是用户想要的，那么按照它进行对我们就没有好处。

经过和干系人的快速证实，我们的直觉是正确的。我们的确需要一个可滚动的（rolling）最近 24 小时以内的历史数据。不过，历史的最高和最低测量值是基于日历天的。

3. 24 小时的最高和最低测量值

每天的最高和最低测量值是基于传感器的实时读数。例如，每当温度发生变化时，24 小时的最高和最低温度都会相应地更新。显然，这符合观察者模式中的关系。图 27.17 展示了这个静态的结构。图 27.18 展示了相应的动态场景。

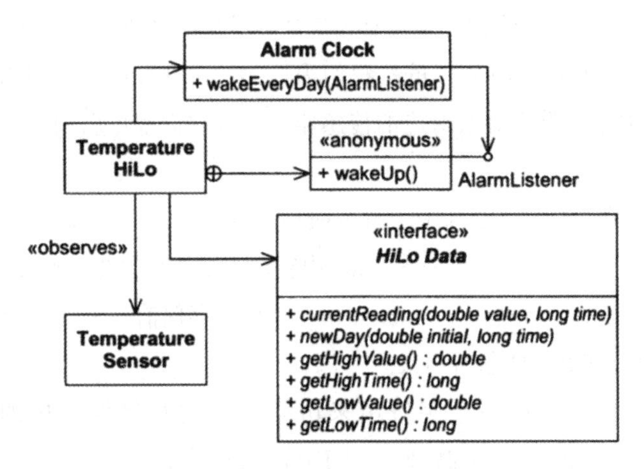

图 27.17 TemperatureHiLo 结构

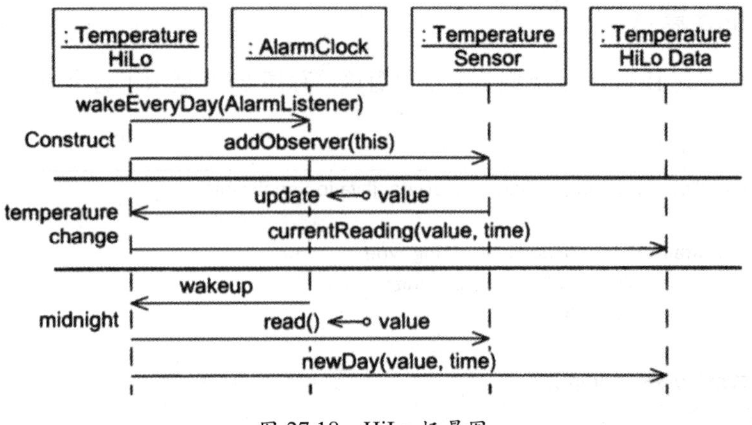

图 27.18 HiLo 场景图

我们选择用一个标记有 <<observes>> 构造型（stereotype）的关联关系来表示观察者模式。我们创建了一个称为 TemperatureHiLo 的类，它会在每天晚上午夜时分被 AlarmClock 通知。请注意，WakeEveryDay 方法已经被添加了 AlarmClock 中。

在构造 TemperatureHiLo 对象时，它会同时注册到 AlarmClock 和 TemperatureSensor 中。每当温度发生变化时，按照观察者模式，TemperatureHiLo 对象都会被通知到。然后，TemperatureHiLo 对象使用 currentReading 方法通知 HiLoData 接口。HiLoData 接口必须被某些知道如何存储当天最高和最低测量值的类实现。

因为两个原因，我们分离了 TemperatureHiLo 和 HiLoData 类。首先，我们希望把 TemperatureSensor 和 AlarmClock 的逻辑与确定每天最高和最低测量值的算法分开。

其次，也是更重要的一个原因，确定每天最高和最低测量值的算法可以重用于大气压力、风速和露点等的测量。因此，虽然我们需要 BarometricPressureHiLo、DewPointHiLo 和 WindSpeedHiLo 等去观察对应的传感器，但是它们都可以用 HiLoData 类来计算和存储数据。

在午夜时分，AlarmClock 向 TemperatureHiLo 对象发送 wakeup 消息。作为响应，TemperatureHiLo 从 TemperatureSensor 中获取当前温度并把它转发给 HiLoData 接口。HiLoData 的实现必须要使用 PersistentImp 接口去存储前一个日历天的温度值，并且还得创建一个具有初始值的新日历天。

PersistentImp 根据一个字符串来访问持久化存储设备中的对象。这个字符串是一个访问的键值。存储和返回 HiLoData 对象的字符串具有这样的格式："<type>+HiLo+<MM><dd><yyyy>"，例如"temperatureHiLo04161998"。

实现 HiLo 算法

如何实现 HiLoData 类呢？似乎很简单。程序 27.8 展示了这个类的 Java 代码。

程序 27.8　HiLoDataImp

```
public class HiLoDataImp implements HiLoData, java.io.Serializable
{
 public HiLoDataImp(StationToolkit st, String type,
                    Date theDate, double init,
                    long initTime)
 {
  itsPI = st.getPersistentImp();
  itsType = type;
  itsStorageKey = calculateStorageKey(theDate);
  try
  {
   HiLoData t = (HiLoData)itsPI.retrieve(itsStorageKey);
   itsHighTime = t.getHighTime();
   itsLowTime = t.getLowTime();
   itsHighValue = t.getHighValue();
   itsLowValue = t.getLowValue();
   currentReading(init, initTime);
  }
  catch (RetrieveException re)
  {
   itsHighValue = itsLowValue = init;
```

```
    itsHighTime = itsLowTime = initTime;
  }
}

public long getHighTime() { return itsHighTime; }
public double getHighValue() { return itsHighValue; }
public long getLowTime() { return itsLowTime; }
public double getLowValue() { return itsLowValue; }

// Determine if a new reading changes the
// hi and lo and return true if reading changed.
public void currentReading(double current, long time)
{
  if (current > itsHighValue)
  {
    itsHighValue = current;
    itsHighTime = time;
    store();
  }
  else if (current < itsLowValue)
  {
    itsLowValue = current;
    itsLowTime = time;
    store();
  }
}

public void newDay(double initial, long time)
{
  store();
  // now clear it out and generate a new key.
  itsLowValue = itsHighValue = initial;
  itsLowTime = itsHighTime = time;
  // now calculate a new storage key based on
  // the current date, and store the new record.
  itsStorageKey = calculateStorageKey(new Date());
  store();
}

private store()
{
  try
  {
    itsPI.store(itsStorageKey, this);
  }
```

```
    catch (StoreException se)
    {
      // log the error somehow.
    }
  }

  private String calculateStorageKey(Date d)
  {
    SimpleDateFormat df = new SimpleDateFormat("MMddyyyy");
    return (itsType + "HiLo" + df.format(d));
  }

  private double itsLowValue;
  private long itsLowTime;
  private double itsHighValue;
  private long itsHighTime;
  private String itsType;
  // we don't want to store the following.
  transient private String itsStorageKey;
  transient private api.PersistentImp itsPI;
}
```

好吧，也许没有那么简单。我们过一遍代码，看看它做了什么。

这个类的底部是一些私有的成员变量。前面四个变量是我们期望的，它们记录了最高和最低测量值以及这些值出现的时间。itsType 变量用来指示这个 HiLoData 保存的测量值的类型。它的值是 "Temp" 时表示温度，"BP" 时表示大气压，"DP" 时表示露点，等等。最后两个变量被声明成瞬态（transient）的。这意味着它们不会被持久化。它们记录了当前的存储键值以及指向 PersistentImp 的引用。

构造方法接收 5 个参数。StationToolkit 用获取对 PersistentImp 的访问。type 参数和 theDate 参数用来生成存储键值，使用该键值可以存储和返回对象。最后，init 和 initTime 用来在 PersistentImp 无法找到存储键值时初始化对象。

构造方法试图从 PersistentImp 中获取数据。如果获得了数据，它就把这些持久化的数据拷贝到自己的成员变量中。接着它用初始值和时间作为参数去调用 currentReading 以确保记录这些测量值。最后，如果 currentReading 方法觉察到最高或者最低测量值发生了变化，就返回 true 并调用 store 方法确保更新了持久化存储器。

currentReading 方法是这个类的核心。它把新的测量值和原来的最高、最低测量值进行比较。如果高于最高或者低于最低，那么它就替换掉相应的值，记录下对应的时间，并把变更记录持久化。

newDay 方法会在午夜调用。它首先会把当前的 HiLoData 持久化。接着把 HiLoData 的值重置成新一天的开始。它为新日期重新计算存储键值，然后把新的 HiLoData 持久化。

store 方法只是使用当前的存储键值，通过 PersistentImp 对象把 HiLoData 对象写入持久化存储。

最后，calculateStorageKey 方法根据 HiLoData 的类型及日期参数构建一个存储键值。

1. 丑陋的实现

显然，程序 27.8 中的代码并不难理解。不过，它因为其他原因而变得丑陋。currentReading 方法和 newDay 方法中所表达的策略和管理最高与最低测量值有关，与持久化无关。另一方面，store 方法、calculateStorageKey 方法、构造方法和瞬态的变量都是特定于持久化的，和最高与最低测量值的管理没有任何关系。该实现违反了 SRP。

在当前这种职责混合的状态中，这个类会导致维护噩梦。如果持久化机制的某些基础部分发生了变化，达到了 calculateStorageKey 以及 store 方法不再适用的地步，那么新的持久化机制就必须要被嫁接到这个类中。为了调用新的持久化功能，像 newDay 和 currentReading 这样的方法就必须要更改。

2. 解除持久化和策略之间的耦合

通过使用代理模式来解除最高与最低测量值的管理策略和持久化机制之间的耦合，就可以避免这些潜在的问题。回顾一下图 26.7，注意我们是如何解除策略层（application）和机制层（API）之间的耦合的。

图 27.19 使用代理模式解除了耦合。它和图 27.17 的区别在于增加了一个 HiLoDataProxy 类。TemperatureHiLo 对象中实际持有的正是对这个代理类的引用。代理类又持有一个对 HiLoDataImp 对象的引用，并把调用委托给它。程序 27.9 展示了 HiLoDataProxy 和 HiloDataImp 中关键方法的实现。

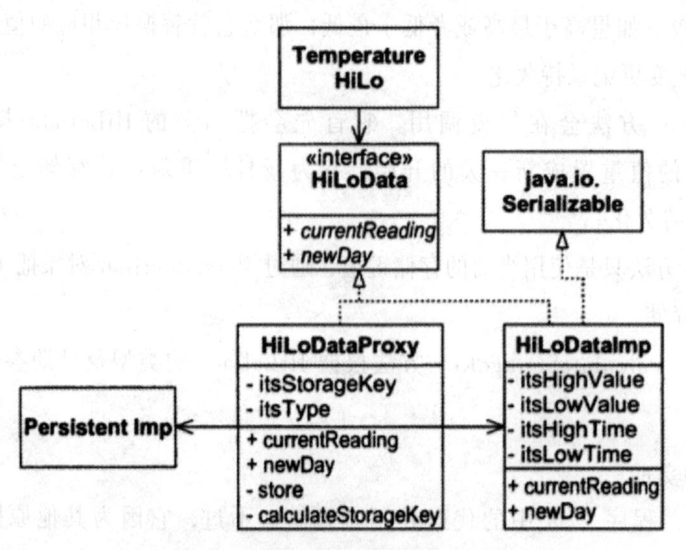

图 27.19 在 HiLo 持久化中应用代理模式

程序 27.9 代理模式解决方案中的代码片段

```
class HiLoDataProxy implements HiLoData
{
  public boolean currentReading(double current, long time)
  {
    boolean change;
    change = itsImp.currentReading(current, time);
    if (change)
      store();
    return change;
  }

  public void newDay(double initial, long time)
  {
    store();
    itsImp.newDay(initial, time);
    calculateStorageKey(new Date(time));
    store();
  }

  private HiLoDataImp itsImp;
}

class HiLoDataImp implements HiLoData, java.io.Serializable
{
```

```
public boolean currentReading(double current, long time)
{
  boolean changed = false;
  if (current > itsHighValue)
  {
    itsHighValue = current;
    itsHighTime = time;
    changed = true;
  }
  else if (current < itsLowValue)
  {
    itsLowValue = current;
    itsLowTime = time;
    changed = true;
  }

  return changed;
}

public void newDay(double initial, long time)
{
  itsHighTime = itsLowTime = time;
  itsHighValue = itsLowValue = initial;
}
}
```

现在，HiLoDataImp 对持久化一无所知。而且，HiLoDataProxy 类处理了所有丑陋的持久化逻辑，然后才委托给了 HiLoDataImp。这挺好，代理类同时依赖了 HiLoDataImp（策略层）以及 PersistentImp（机制层）。这正是我们想要的结果。

但是，事情并不是十全十美。敏锐的读者会发现我们对 currentReading 方法所做的改变。我们让它返回了一个布尔值。根据这个布尔值，代理类就可以知道何时去调用 store 方法。为什么不在每次调用 currentReading 时都调用 store 方法呢？那是因为 NVRAM 的变种有很多。有些 NVRAM 对于写入的次数是有上限的。所以，为了延长 NVRAM 的使用寿命，我们只有在值发生了变化时才存进 NVRAM 中。现实又一次地左右着我们。

3. 对象工厂和初始化

显然，我们不想让 TemperatureHiLo 知晓代理对象。它只应该了解 HiLoData（参见图 27.19）。但是必须要有某个东西去创建 HiLoDataProxy 来给 TemperatureHiLo 对象使用。此外，也必须要有某个东西去创建代理对象来委托 HiLoDataImp 对象。

我们需要一种无需知道对象的确切类型就可以创建对象的方法。我们需要一种方法让 TemperatureHiLo 创建 HiLoData 而不必知道它实际上创建的是 HiLoDataProxy 和 HiLoDataImp。我们需要再次利用工厂模式，参见图 27.20。

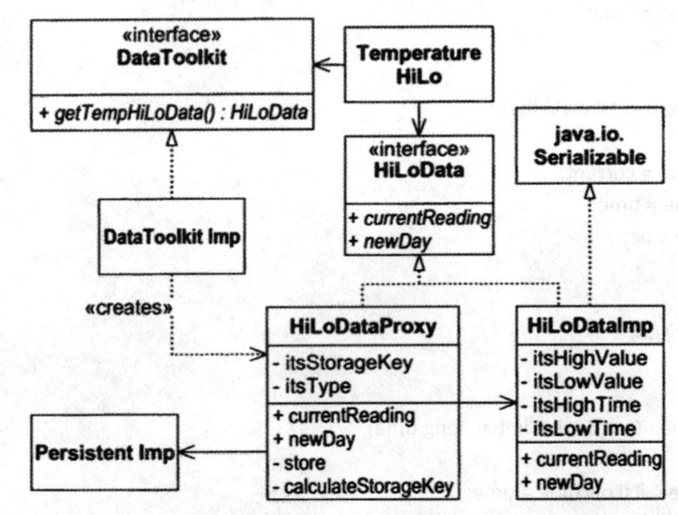

图 27.20 使用抽象工厂（Abstract Factory）创建代理

TemperatureHiLo 使用 DataToolkit 接口创建了一个符合 HiLoData 接口的对象。getTempHiLoData 方法被分派到一个 DataToolkitImp 对象上，这个对象创建了一个类型码是“Temp”的 HiLoDataProxy 对象。

这很好地解决了创建的问题。TemperatureHiLo 不必为了创建 HiLoDataProxy 来依赖它。但是 TemperatureHiLo 怎样才能访问到 DataToolkitImp 对象呢？我们不想让 TemperatureHiLo 和 DataToolkitImp 之间有任何关系，因为这样会使策略层依赖机制层。

4. 包结构

为了回答这个问题，我们先来看一下图 27.21 中的包结构。WMS 是天气监控系统（Weather Monitoring System）的缩写，图 27.16 描述过这个包的结构。

图 27.21 进一步强化了我们对持久化层依赖于策略层和机制层的期望程度。它同时也展示了我们是如何把类放置在不同的包里面的。请注意，抽象工厂 DataToolkit 和 HiLoData 一起被定义在 wmsdata 包中。HiLoData 的实现放在 wmsDataImp 包中，而 DataToolkit 的实现却在 persistence 包中。

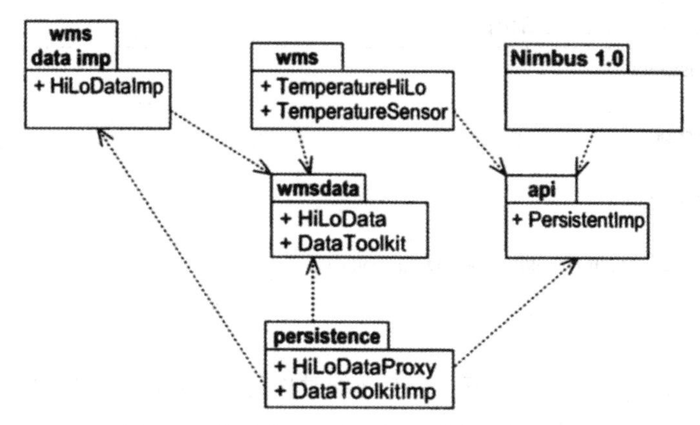

图 27.21 使用代理模式和工厂模式的包结构图

5. 谁来创建工厂

现在，我们再问一次这个问题。为了能够调用 getTempHiLoData 方法并创建 persistence.HiLoDataProxy 的实例，wms.TemperatureHiLo 如何才能访问到 persistence.DataToolkitImp 的实例呢？

我们需要的是可以被 wmsdata 包中的类访问的某个静态分配的变量，这个变量被声明成持有一个 wmsdata.DataToolkit 类型的引用，但却被初始化成一个 persistence.DataToolkitImp 的实例。因为 Java 中所有的变量，包括静态变量，都必须声明在某个类中，所以可以创建一个名为 Scope 的类，其中含有我们需要的静态变量。我们把这个类放到 wmsdata 包中。

程序 27.10 和程序 27.11 展示了实现代码。wmsdata 中的 Scope 类声明一个静态的 DataToolkit 类型的成员变量。persistence 包中的 Scope 类声明一个 init 方法，这个方法创建了一个 DataToolkitImp 实例并把它存入 wmsdata.Scope.itsDataToolkit 变量中。

程序 27.10 wmsdata.Scope

```
package wmsdata;

public class Scope
{
  public static DataToolkit itsDataToolkit;
}
```

程序 27.11 persistence.Scope

```
package persistence;

public class Scope
{
 public static void init()
 {
  wmsdata.Scope itsDataToolkit = new DataToolkit();
 }
}
```

在包和 Scope 类之间，有一个有趣的对称关系。wmsdata 包中除了 Scope 之外的所有类都是只包含抽象的方法、不含有变量的接口。但是 wmsdasta.Scope 类却含有一个变量，没有方法。另一方面，perisistence 包中除 Scope 之外的所有类都是含有变量的具体类。但 persistence.Scope 却含有一个方法，没有变量。

图 27.22 尝试用类图描述了这种情况。Scope 类是 <utility> 类。这种类的所有成员，不管是变量还是方法，都是静态的，这是造成这种对称性的决定性因素。看起来似乎那些包含抽象接口的包往往包含有数据但没有方法的工具类，而那些包含具体类的包往往包含有方法但没有数据的工具类。

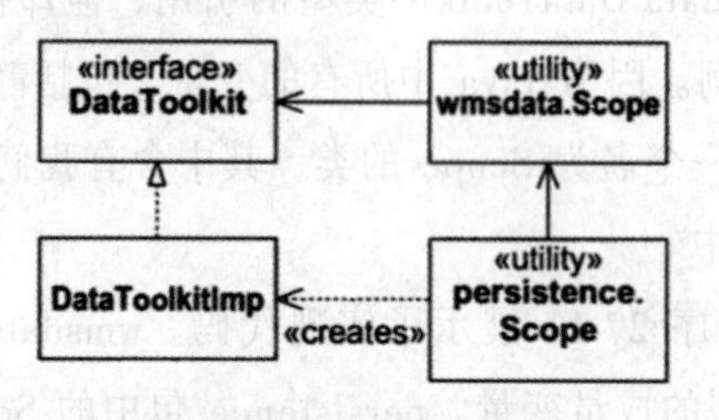

图 27.22 Scope 工具类

6. 那么谁来调用 persistence.Scope.init 方法？

也许是 main 方法，包含 main 方法的类必须被放在一个不介意依赖于 persistence 的包中。main 方法的包通常称为 root 包。

7. 但是，你会说

持久化实现层不应该依赖于策略层。然而，如果仔细检查图 27.21 的话，就会发现一个从 persistence 到 wmsDataImp 的依赖关系。这个依赖关系可以追溯到图 27.20，其中 HiLoDataProxy 依赖于 HiLoDataImp。存在这个依赖关系，HiLoDataProxy 就可以创建它所依赖的 HiLoDataImp。

在大多数情况下，代理对象是不必创建 imp 对象的，因为代理对象可以从持久化存储设备中读取 imp 对象。也就是说，调用 PersistentImp.retrieve 方法就会把 HiLoDataImp 对象返回给代理对象。但是，在那些不常发生的情况下，如 retrieve 方法没有在持久化存储设备中找到对象，此时 HiLoDataProxy 必须创建一个空的 HiLoDataImp。

所以，看起来好像我们还需要另外一个知道如何创建 HiLoDataImp 实例的工厂，并且代理对象可以调用它。这意味着更多的包、更多的类以及其他东西。

8. 这真的有必要吗

或许在其他案例中，因为我们希望 TemperatureHiLo 能够使用许多不同的持久化机制，所以我们会创建代理对象的工厂。这样，我们就有充分的理由证明 DataToolkit 工厂是适当的。但是，在 HiLoDataProxy 和 HiLoDataImp 之间插入一个工厂能带来什么好处呢？假如我们希望代理能够使用不同的 HiLoDataImp 实现，那么这样做也许是不错的。

但是，我们认为需求并不是真的那么易变。包含天气监控策略和业务规则的 wmsDataImp 包已经很长一段时间保持不变了。看上去它们似乎也不太可能会改变。这听起来像是惯用的结束语，但是你必须在某处划定最后的界限。在本例中，我们认为从代理类到实现类的依赖关系并不代表着巨大的维护风险，所以我们不需要工厂。

小结

Jim Newkirk 和我在 1998 年早期写下了这一章的内容。Jim 完成了其中大部分编码工作，我把代码转换成 UML 图并标注了文字。如今，代码早就不在了。但正是这些代码的成品驱动着你在本章中看到的设计。大部分图都是在代码完成后绘制的。

1998 年，Jim 和我都还未曾听过极限编程，所以本章中的设计不是通过结对编程和测试驱动开发的方法产生的。然而，Jim 和我一直都紧密协作，我们一起审视他写的代码，保证它能尽可能运行，一起更改设计，然后一起合写了本章中的 UML 图和文字。

所以，虽然本章中的设计是在 XP 之前完成的，但是它仍然是高度协作的，是以代码为中心的方式创建的。

参考文献

1. Gamma, et al. *Design Patterns*. Reading, MA: Addison-Wesley, 1995
2. Meyer, Bertrand. *Object-Oriented Software Construction*, 2nd ed. Upper Saddle River, NJ: Prentice Hall, 1997.
3. Arnold, Ken, and James Gosling. *The Java Programming Language*, 2nd ed. Reading, MA: Addison-Wesley, 1998.

Nimbus–LC 需求概述

使用需求

该系统应该提供各种天气情况的自动监控功能。尤其要测量以下变量：

- 风速和风向
- 温度
- 大气压
- 相对湿度
- 风寒指数①
- 露点温度②

系统也应该提供当前大气压测量值的趋势。该趋势有 3 个可能的值：稳定、上升和下降。例如，当前大气压力为 29.95 英寸汞柱（IOM）并且呈下降趋势。

系统当前应该有一个显示器，上面持续显示所有的测量值以及当前的时间和日期。

24 小时历史数据

通过触摸屏，使用者可以指示系统显示下面任何一个测量值的 24 小时历史数据：

- 文档
- 大气压
- 相对湿度

历史数据应该以曲线图的形式展示给使用者。

---

① 风寒指数是舒适度指数在秋冬季节的一个细化，由于秋冬季节气温变化起伏较大，人体感觉受风雪天气、湿度等因素的影响较暖季更为敏感。风寒指数综合考虑了气温和风速对人体的影响，人们可根据风寒指数，采取相应的防寒措施。风寒指数分为 6 级，级数越高，人们的防寒意识越大。

② 露点温度指空气在水汽含量和气压都不改变的条件下，冷却到饱和时的温度。用它来表示湿度。气温与露点温度的差值称为露点温度差，表示空气中的水汽距离饱和的程度。

用户设置

- 在安装期间，系统应该为使用者提供下面的配置功能：
- 设置当前的时间、日期以及时区
- 设置显示单位（英制或公制）

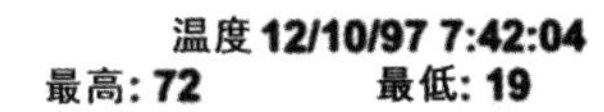

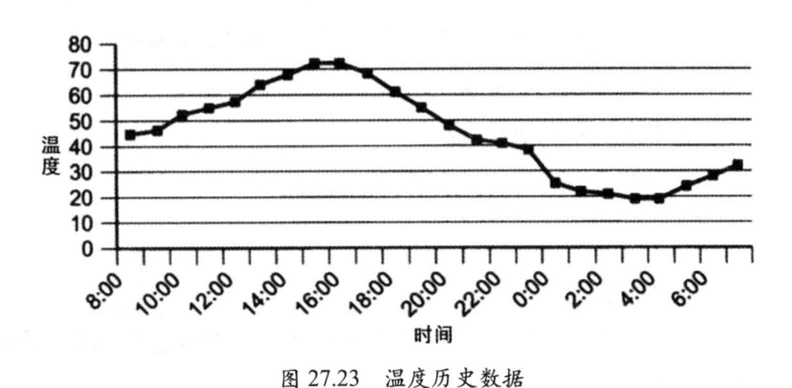

图 27.23　温度历史数据

管理需求

系统应该对气象站应用程序管理功能的使用提供安全机制。这些功能如下：

- 把传感器校对到已知值
- 复位系统

Nimbus-LC 用例

参与者

在这个系统中，使用者可以具备两种不同的角色。

用户

用户观察系统测量的实时天气信息。他们也和系统交互以显示和某个单独的传感器关联的历史数据。

管理者

管理者对系统的安全性进行管理，包括：校对单个传感器、设置时间 / 日期、设置测量单位以及在需要的时候复位系统。

用例

用例 #1：监控天气数据

系统会显示当前的温度、大气压、相对湿度、风速、风向、风寒温度、露点以及大气压趋势。

测量的历史数据

系统会显示一个描绘从系统传感器中读取的前 24 小时的测量值的曲线图。除了这个曲线图之外，系统还会显示当前的时间和日期以及前 24 小时中的最高和最低测量值。

用例 #2：查看温度的历史数据

用例 #3：查看大气压的历史数据

用例 #4：查看相对湿度的历史数据

设置

用例 #5：设置单位

用户设置显示使用的单位。可以在英制和公制之间做出选择。默认是公制。

用例 #6：设置日期

用户会设置当前日期

用例 #7：设置时间

用户会为系统设置当前的时间和时区。

管理

用例 #8：复位气象站应用

管理者能够把气象站系统复位到它出厂时默认设置。特别要注意的是，这样会清除存储在系统中的所有历史数据并且移除所有已经设置过的校对值。作为最后的检查，它会告知管理者这样做的后果并弹出询问是否进行复位动作。

用例 #9：校准温度传感器

管理者把一个来源已知是正确的温度值输入到系统中。系统应该接受这个值并在内部使用它去把当前的测量值校准到这个实际值上。如果想详细了解校对传感器的内容，请参见硬件描述文档。

用例 #10：校准大气压传感器

用例 #11：校准相对湿度传感器

用例 #12：校准风速传感器

用例 #13：校准风向传感器

用例 #14：校准露点传感器

用例 #15：校准日志

系统会向管理员展示设备校准的历史记录。改历史记录包括：校准的时间和日期、校准的传感器以及校准传感器所使用的值。

Nimbus-LC 发布计划

介绍

气象站应用的实现会在一轮轮的迭代中完成。每轮迭代都以上一轮迭代完成的工作为基础，直到我们完成需要发布给客户的功能。这份文档概述了这个项目的三次发布。

发布 I

本次发布的目标有两个。第一个是创建一个使大部分应用程序独立于 Nimbus 硬件平台的架构。第二个是管理两大风险。

首先是让原来的 Nimbus 1.0 的 API 工作在使用新操作系统的处理器板上。这当然是可行的，但是因为我们无法预测所有的不兼容的情况，所以很难估算出要花多长时间。

然后是 Java 虚拟机。我们以前从来没有在嵌入式电路板上用过 JVM。我们不知道它能否工作在我们的操作系统，也不知道它是否真的正确实现了所有的 Java 字节码（Java byte code）。供应商向我们保证一切都没有问题，但是我们仍然感觉这是一次重大的冒险。

JVM、触摸屏以及图形子系统的集成和本次发布同步进行。我们期望在第 2 阶段开始之前这些工作能够完成。

风险

1. 操作系统升级，我们目前在电路板上使用的是一个老版本的操作系统。为了使用 JVM，我们需要把操作系统升级到最新的版本。这也要求我们使用最新版本的开发工具。
2. 操作系统供应商提供了该版本操作系统上的最新版本的 JVM。为了跟上形势，我们想使用 JVM 的 1.2 版本。但是，V1.2 目前正在 beta 测试并且在项目开发期间会发生变化。

3. 使用电路板 C 级别 API 的 Java 本地接口需要在新架构上进行验证。

1. 运行着新操作系统和最新版本 JVM 的硬件。
2. 一个流输出，它会显示当前的温度以及大气压力测量值。这些代码会被丢弃，在最后的发布中不需要它们。
3. 当大气压有变化时，系统会通知我们是否压力在上升、下降或是处于平稳状态。
4. 每个小时，系统会显示过去 24 小时的温度和大气压测量值。我们在开关设备的电源时，数据会被持久化，这样数据就能够被保存下来。
5. 每天上午的 12:00，系统会显示前一天的最高和最低的温度以及大气压。
6. 所有的测量值都以公制表示。

交付物

发布 II

项目的这个阶段，我们在第一次发布的基础上增加了基本的用户界面，而且不再增加另外的测量种类，对测量本身所做的唯一更改是增加了校准机制。这个阶段主要关注于系统的显示部分。主要的风险是和液晶屏、触摸屏接口的软件。此外，因为这是首次以 UI 的方式展示给用户看的版本，所以可能会造成一些需求的变动。除了软件外，我们会交付一份有关新硬件的规格说明书。这也是在项目的这个阶段才增加校准功能的主要原因。API 是用 Java 来详细说明的。

用例实现

- #2 —— 查看温度历史数据
- #3 —— 查看大气压历史数据
- #5 —— 设置单位
- #6 —— 设置日期
- #7 —— 设置时间、时区
- #9 —— 校准温度传感器
- #10 —— 校准大气压传感器

风险

1. 液晶屏、触摸屏和 Java 虚拟机的接口需要在实际的硬件上测试。
2. 需求变化。
3. JVM 以及 Java 基础类在从 beta 向发布版本演进。

交付物

1. 提供能够执行上述所有指定功能的系统。
2. 用例 #1 中有关温度、大气压以及时间、日期的部分也要实现。
3. 软件架构中的 GUI 部分要作为这个阶段的一部分完成。
4. 实现对温度和大气压传感器进行校准的管理部分的软件。
5. 新硬件 API 的规格说明要用 Java 语言而不是用 C 语言描述。

发布 III

这是客户部署产品前的一次发布。

用例实现

- #1 —— 监控天气数据
- #4 —— 查看相对湿度历史数据
- #8 —— 复位气象站应用系统
- #11 —— 校准相对湿度传感器
- #12 —— 校准风速传感器
- #13 —— 校准风向传感器
- #14 —— 校准露点传感器
- #15 —— 记录校准日志

风险

1. 需求变化，一般认为，在产品的不断完善的过程中，总会出现一些需求变化。
2. 完成整个产品意味着要对发布 II 结束时规定的硬件 API 进行改动。
3. 硬件限制，当产品完成时，可能会碰到一些硬件限制，如内存和 CPU 等。

交付物

1. 运行在原来硬件产品上的新软件。
2. 在这次实现中被验证过的新硬件的规格说明。

第Ⅵ部分　ETS 案例

在美国和加拿大，只有通过资格认证考试，才能成为持证的建筑师。如果通过了考试，就可以得到国家资质委员会颁发的资质证书，这个证书也是建筑师正式工作前必须取得的证书。该考试是由国家注册建筑师委员会（NCARB）授权的教育考试中心（ETS）承办的。目前由诚希国际集团（Chauncey Group International）管理。

在过去，应试者是用铅笔和纸来完成考试的。之后，再由评审中心对这些上交的试卷进行评分。评审中心的阅卷者都是由经验丰富的设计师组成的，他们会仔细地评审试卷，并决定某考生是否能通过考试。

1989 年，NCARB 委托 ETS 研究一个自动的评卷系统，希望对试卷中的部分内容进行自动评分。这个部分所描述的内容是由此而来的，这个部分的各个章节就介绍了项目的各个部分。和之前一样，在设计这个软件的过程中，我们将会遇到许多有用的设计模式，所以在介绍这个案例之前，我们先介绍下这些设计模式。

第 28 章　访问者模式

"有人来了，"
我细雨轻喃，"正在轻轻叩击我的房门，
仅此而已，此外无他。"

——埃德加·爱伦·坡[①]

问题：需要将一个新的方法添加到类的层次结构中，但是这个过程是非常痛苦的，甚至可能损害系统中类的设计。

这是一个普遍存在的问题。例如，假设有一个 Modem 对象的层次结构。在它的基类中具有所有对调制解调器来说公共的通用方法。这些派生类代表 Modem 不同制造商和类型的驱动程序。我们再假设你还需要向代码的层次结构中添加一个名为 configureForUnix 的新方法。该方法会对调制解调器进行配置，使之可以在 Unix 操作系统中工作。在每个调制解调器的派生类中，该函数的实现都不相同。因为每个调制

---

① 中文版编注：Edgar Allan Poe（1809—1848），美国作家、诗人、编辑与文学评论家，美国浪漫主义运动的要角之一，以悬疑及惊悚小说最负盛名，被誉为侦探小说鼻祖、科幻小说先驱及恐怖小说大师。他主张"为艺术而艺术"及"情节服务于效果"的创作理论。他开创的写作手法影响了很多人，比如柯南·道尔、斯蒂芬·金、儒勒·凡尔纳、希区·柯克以及江户川乱步等人。《乌鸦》又译《渡鸦》，这首叙事诗首次发表于 1845 年，其音律优美，措辞别具一格。爱伦·坡本人在一次访谈录中提到，这部作品是运用解决数学问题所需要的精确和严谨程度逐步完成的，他的目的是想要证明作家的创作过程与机遇和直觉无关。

解调器在 Unix 系统中都有自己不同的配置方法和特点。

但不幸的是，添加 configureForUnix 方法将会导致一系列的问题。Windows 系统怎么办呢？macOS 系统呢？还有 Linux 系统呢？难道我们必须给每一种操作系统都在 Modem 的代码层次结构中添加一个新的方法么？如果真是这样，最终的代码就太丑了。并且，我们永远无法封闭 Modem 接口的变化。每次有新的操作系统出现时，我们都必须改变接口并重新部署所有的调制解调器软件。

访问者设计模式家族

访问者设计模式家族允许向现有的代码层次结构中添加新方法，无须修改代码本身的层次结构。

访问者设计模式家族的成员如下：

- 访问者模式（Visitor）
- 非循环访问者模式（Acyclic Visitor）
- 装饰模式（Decorator）
- 扩展对象模式（Extension object）

访问者模式

请思考如图 28.1 所示的 Modem 的代码层次结构。Modem 接口中包含所有调制解调器都能实现的通用方法。图中展示了它的 3 个派生类：一个驱动 Hayes 调制解调器；一个驱动 Zoom 调制解调器；还有一个驱动硬件工程师 Emie 制作的调制解调器。

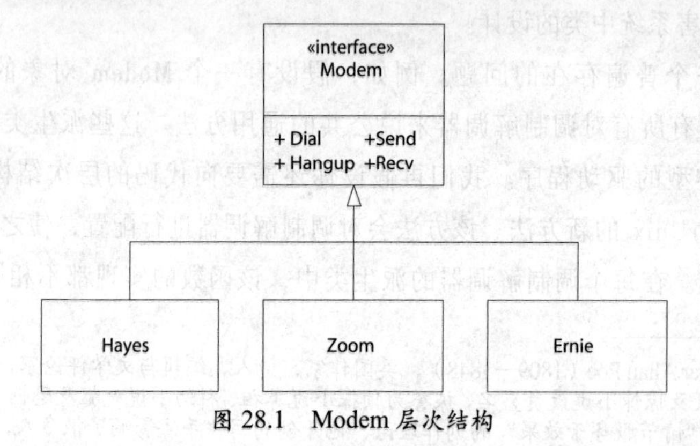

图 28.1 Modem 层次结构

那么如何才能在不将 ConfigureForUnix 方法放入调制解调器接口的情况下为 Unix 系统配置调制解调器呢？我们可以使用双重分发的技术，它也是访问者模式的核心机制。

图 28.2 所示为访问者模式 [GOF95，p.331] 的结构，程序 28.1～程序 28.6 所示为其相应的 Java 代码。程序 28.7 所示为相应的测试代码，它既验证访问者模式的工作方式，又演示了其他程序员应该如何使用它。

程序 28.1 Modem.java

```
public interface Modem
  {
  public void dial(String pno);
  public void hangup();
  public void send(char c);
  public char recv();
  public void accept(ModemVisitor v);
}
```

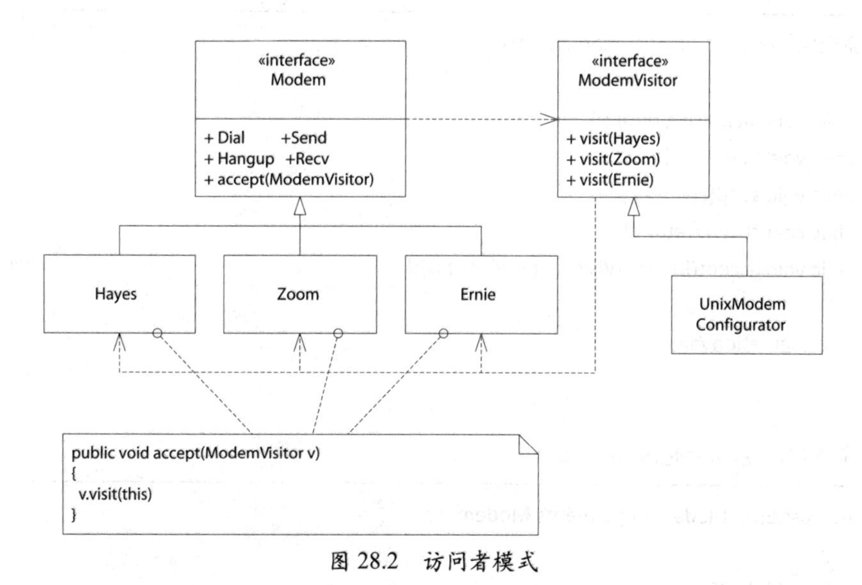

图 28.2 访问者模式

程序 28.2 ModemVisitor.java

```
public interface ModemVisitor
{
  public void visit(HayesModem modem);
```

```
    public void visit(ZoomModem modem);
    public void visit(ErnieModem modem);
}
```

程序 28.3 HayesModem.java

```
public class HayesModem implements Modem
{
    public void dial(String pno) { }
    public void hangup() { }
    public void send(char c) { }
    public char recv() {return 0;}
    public void accept(ModemVisitor v) {v.visit(this);}

    String configurationString = null;
}
```

程序 28.4 ZoomModem.java

```
public class ZoomModem implements Modem
{
    public void dial(String pno) { }
    public void hangup() { }
    public void send(char c) { }
    public char recv() {return 0;}
    public void accept(ModemVisitor v) {v.visit(this);}

    int configurationValue = 0;
}
```

程序 28.5 ErnieModem.java

```
public class ErnieModem implements Modem
{
    public void dial(String pno) { }
    public void hangup() { }
    public void send(char c) { }
    public char recv() {return 0;}
    public void accept(ModemVisitor v) {v.visit(this);}
```

```
  String internalPattern = null;
}
```

程序 28.6 UnixModemConfigurator.java

```
public class UnixModemConfigurator implements ModemVisitor
{
  public void visit(HayesModem m)
  {
    m.configurationString = "&s1=4&D=3";
  }

  public void visit(ZoomModem m)
  {
    m.configurationValue = 42;
  }

  public void visit(ErnieModem m)
  {
    m.internalPattern = "C is too slow";
  }
}
```

程序 28.7 TestModemVisitor.java

```
import junit.framework.*;
public class TestModemVisitor extends TestCase
{
  public TestModemVisitor(String name)
  {
    super(name);
  }

  private UnixModemConfigurator v;
  private HayesModem h;
  private ZoomModem z;
  private ErnieModem e;

  public void setUp() {
```

```
      v = new UnixModemConfigurator();
      h = new HayesModem();
      z = new ZoomModem();
      e = new ErnieModem();
   }

   public void testHayesForUnix() {
      h.accept(v);
      assertEquals("&s1=4&D=3", h.configurationString);
   }

   public void testZoomForUnix() {
      z.accept(v);
      assertEquals(42, z.configurationValue);
   }

   public void testErnieForUnix() {
      e.accept(v);
      assertEquals("C is too slow", e.internalPattern);
   }
}
```

请注意，用于被访问 Modem 的代码层次中的每一个派生类，其访问者的代码层次中都有一个对应的方法。这里实现了从派生类到方法的 90 度转变。

在测试代码中显示，要想为 Unix 操作系统配置调制解调器，开发人员需要创建一个 UnixModemConfigurator 的实例，并将其传递给 Modem 的 accept 函数。然后，相应的 Modem 派生对象会调用 UnixModemConfigurator 的基类 ModemVisitor 的 visit(this) 方法。如果该派生类对象是 Hayes，那么 visit(this) 就会调用 public void visit(Hayes) 方法。这个调用就会被分发到 UnixModemConfigurator 中的 public void visit(Hayes) 方法，接着，该函数会把 Hayes 调制解调器配置为在 Unix 操作系统下可用的状态。

构建了这种结构之后，就可以通过添加 ModemVisitor 的新的派生类增加新操作系统的配置函数，且无须更改任何 Modem 的代码结构。因此，访问者模式将 ModemVisitor 的派生类替换为 Modem 代码层次结构中的方法。

这里之所以称为“双重分发”，是因为它涉及两个多态的分发。首先是 accept 函数，这个分发解决了所有调用了 accept 方法的所属对象的类型。第二个分发是 visit 方法，它可以辨别出要执行的具体的函数。这两个分发共同赋予了访问者模式非常快的执行速度。

访问者模式就像一个矩阵

访问者模式的两次分发形成了一个功能的矩阵。在调制解调器实例中，矩阵中的一条轴是不同类型的调制解调器，另一条轴是不同类型的操作系统。在这个矩阵的每一个单元格中都填充着一项具体的功能，通过该功能，可以在不同的操作系统中对该调制解调器进行初始化，以使它能正常使用。

非循环访问者模式

请注意，被访问的调制解调器的代码层次结构的基类依赖于访问者代码层次结构中的基类 ModemVisitor。此外还要注意，访问者层次结构的基类对于被访问者层次结构的每一个派生类都有一个函数存在。因此，这里有一个循环依赖，它将所有被访问的派生类（即所有的调制解调器）都绑定在一起。这很难实现对访问者结构的增量编译，并且也很难再向被访问的层次结构中增加新的派生类。

在需要修改代码层次结构的程序中，访问者模式是非常有效的。如果我们只需要 Hayes、Zoom 或者 Emie 作为 Model 的派生类，或者新的 Modem 派生类很少再次出现，那么采用访问者模式就是非常合适的。

另一方面，如果代码的层次结构非常不稳定，就需要经常创建许多新的派生类，因此每当向被访问的层次结构中增加一个新的派生类时，就必须要更改并且重新编译访问者基类，即 ModemVisitor 类以及它的所有派生类。如果是 C++ 语言，那么情况可能更糟，当我们需要添加任何新的派生类时，都必须重新编译和部署所有代码。

为了要解决这个问题，我们可以使用非循环访问者模式，它也是访问者模式的一个变体 [PLOPD3, p.93]。如图 28.3 所示，在该模式中，通过使 Visitor 基类（ModemVisitor）变为可退化[①]的，从而解除其中的依赖环。这个类中也没有任何方法，这也就意味着它不依赖于所访问的代码层次结构中的派生类。

---

① 所谓的退化类，就是没有任何方法的类。在 C++ 中，某个类中会存在一个纯虚析构函数。在 Java 中，这样的类又被称为“标记接口”。

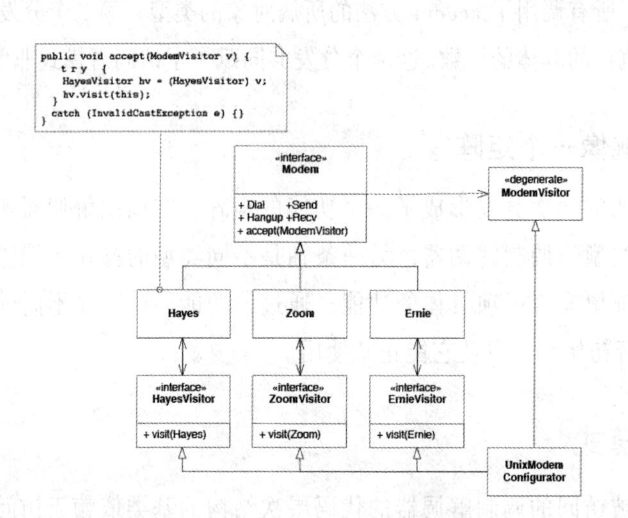

图 28.3　非循环访问者模式

访问者派生类也派生自访问者接口。对于所有被访问的代码层次结构中的每个派生类来说，都有一个与之对应的访问者接口存在。这也是一个从派生类到接口的 180 度转换。对于被访问的派生类中的 accept 函数中把 Visitor 基类强转（在 C++ 语言中，用 dynamic_cast 方法）为恰当的访问者接口。如果能够强转成功的话，那么该方法就会调用相应的 visit 函数。程序 28.8~28.16 所示为与之对应的代码。

程序 28.8　Modem.java

```
public interface Modem
{
  public void dial(String pno);
  public void hangup();
  public void send(char c);
  public char recv();
  public void accept(ModemVisitor v);
}
```

程序 28.9　ModemVisitor.java

```
public interface ModemVisitor

{
}
```

程序 28.10 ErnieModemVisitor.java

```
public interface ErnieModemVisitor
{
  public void visit(ErnieModem m);
}
```

程序 28.11 HayesModemVisitor.java

```
public interface HayesModemVisitor
{
  public void visit(HayesModem m);
}
```

程序 28.12 ZoomModemVisitor.java

```
public interface ZoomModemVisitor
{
  public void visit(ZoomModem m);
}
```

程序 28.13 ErnieModem.java

```
public class ErnieModem implements Modem
{
  public void dial(String pno) { }
  public void hangup() { }
  public void send(char c) { }
  public char recv() {return 0;}
  public void accept(ModemVisitor v)
  {
    try
    {
      ErnieModemVisitor ev = (ErnieModemVisitor) v;

      ev.visit(this);
    }
    catch (ClassCastException e)
    {
    }
```

```
  }
  String internalPattern = null;
}
```

程序 28.14 HayesModem.java

```
public class HayesModem implements Modem
{
  public void dial(String pno) { }
  public void hangup() { }
  public void send(char c) { }
  public char recv() {return 0;}
  public void accept(ModemVisitor v)
  {
    try
    {
      HayesModemVisitor hv = (HayesModemVisitor) v;
      hv.visit(this);
    }
    catch (ClassCastException e)
    {
    }
  }
  String configurationString = null;
}
```

程序 28.15 ZoomModem.java

```
public class ZoomModem implements Modem
{
  public void dial(String pno) { }
  public void hangup() { }
  public void send(char c) { }
  public char recv() {return 0;}
  public void accept(ModemVisitor v)
  {
    try
    {
      ZoomModemVisitor zv = (ZoomModemVisitor) v;
```

```
            zv.visit(this);
        }
        catch (ClassCastException e)
        {
        }
    }
    int configurationValue = 0;
}
```

程序 28.16 TestModemVisitor.java

```
import junit.framework.*;
public class TestModemVisitor extends TestCase
{
    public TestModemVisitor(String name)
    {
        super(name);
    }

    private UnixModemConfigurator v;
    private HayesModem h;
    private ZoomModem z;
    private ErnieModem e;

    public void setUp()
{
        v = new UnixModemConfigurator();
        h = new HayesModem();
        z = new ZoomModem();
        e = new ErnieModem();
    }

    public void testHayesForUnix()
{
        h.accept(v);
        assertEquals("&s1=4&D=3", h.configurationString);
    }

    public void testZoomForUnix()
```

```
    {
        z.accept(v);
        assertEquals(42, z.configurationValue);
    }

    public void testErnieForUnix()
    {
        e.accept(v);
        assertEquals("C is too slow", e.internalPattern);
    }
}
```

通过这种方法可以有效解除依赖环，并且更易于增加被访问的派生类并对其进行增量编译。糟糕的是，采用这种做法也使整个解决方案变得更加复杂了。更糟糕的是，这种强制类型的转换所需消耗的时间更取决于所访问的代码层次结构的宽度和深度，因此也难以被测量。

对于对实时性要求较高的系统，由于做这种类型的强制转换需要消耗大量的执行时间，并且这些时间都是不可预测的。由于该模式所具有的复杂性，它可能同样不适用于其他的系统。但是，对于那些被访问的代码层次结构不稳定，且对增量编译有很高需求的系统而言，非循环访问者模式可能是个不错的选择。

非循环访问者模式就像一个稀疏矩阵

就像访问者模式可以创建功能矩阵一样，其中一个轴是被访问的类型，另一个轴是所要执行的功能。非循环访问者模式可以创建一个稀疏矩阵。访问者类不必为每个派生类都实现 visit 方法。例如，如果无法为 Unix 配置 Ernie 调制解调器，那么 UnixModemConfigurator 就不会实现 ErnieVisitor 接口。因此，非循环访问者模式允许我们忽略掉某些派生类和功能的组合。有时，这也可能会是一个优势。

在报表生成器中使用访问者模式

访问者模式的一个非常常见的用途就是用来遍历大量的数据结构并产生相应的报表。通过采用该模式，可以保证数据结构对象中不具有任何用来产生报表的代码。如果需要产生新的报表，只需要增加一个新的访问者即可，而不需要更改数据结构的代码。这也就意味着可以将报表放在一个不同的组件中，并且可以仅将这些组件单独部署给需要它们的访问者。

请想象一个表示物料清单的简单的数据结构，如图 28.4 所示。我们可以从该数据结构中产生出无限数量的报告。例如，我们可以生成一张一个配件的总成本的报表，也可以生成出一个配件中所需零件的报表。

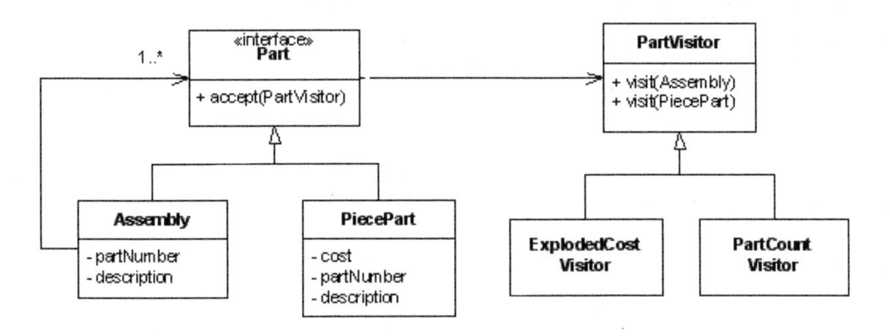

图 28.4 物料清单报表生成器结构

每个报表都可以通过 Part 类中的方法生成。例如，可以将 getExplodedCost 和 getPieceCount 添加到 Part 类中。这些方法将在 Part 类的每个派生类中进行实现，以此来生成相应的报表。但是糟糕的是，这就意味着每当客户想要导出一种新的报表时，我们就需要更改 Part 类的代码结构了。

单一职责原则（SRP）告诉我们，我们希望将由于不同原因而改变的代码拆分开来。在该例子中，Part 类的代码结构就可能会随着新增种类的零件而发生改变。但是，当我们需要一个新的报表类型时，Part 类的代码结构是不应该随之发生改变的。因此，我们希望能够将报表和 Part 类的代码结构进行分离。我们在图 28.4 中看到的访问者模式结构为我们展示了如何才能做到这一点。

每种新的报表都可以作为一个新的访问者进行编写。在 Assembly 类的 accept 方法的实现中，会调用访问者的 visit 方法以及它所包含的所有 Part 实例的 accept 方法。这样，就相当于是遍历了整个代码的结构树。对于树中的每一个节点，都将在报表上调用恰当的 visit 方法。因此，报表对象就收集了必要的统计信息。然后，就可以在报表对象中查询所需要的数据并将其呈现给用户了。

采用这种结构可以使我们创建无限数量的报表，并且不会影响到 Part 类的代码结构。此外，每个报表类都可以独立于其他所有的报表进行编译和发布。这样就是比较好的。如程序 28.17~28.23 所示就是该方案的 Java 代码实现。

程序 28.17 Part.java

```
public interface Part
{
  public String getPartNumber();
  public String getDescription();
  public void accept(PartVisitor v);
}
```

程序 28.18 Assembly.java

```
import java.util.*;

public class Assembly implements Part
{
  public Assembly(String partNumber, String description)
  {
    itsPartNumber = partNumber;
    itsDescription = description;
  }

  public void accept(PartVisitor v)
  {
    v.visit(this);
    Iterator i = getParts();
    while (i.hasNext())
    {
      Part p = (Part)i.next();
      p.accept(v);
    }
  }
  public void add(Part part)
  {
    itsParts.add(part);
  }

  public Iterator getParts()
  {
    return itsParts.iterator();
  }
```

```
  public String getPartNumber()
  {
    return itsPartNumber;
  }

  public String getDescription()
  {
    return itsDescription;
  }

  private List itsParts = new LinkedList();
  private String itsPartNumber;
  private String itsDescription;
}
```

程序 28.19　PiecePart.java

```
public class PiecePart implements Part
{
  public PiecePart(String partNumber,
                   String description,
                   double cost)
  {
    itsPartNumber = partNumber;
    itsDescription = description;
    itsCost = cost;
  }

  public void accept(PartVisitor v)
{
    v.visit(this);
  }

  public String getPartNumber()
  {
    return itsPartNumber;
  }
```

```
    public String getDescription()
    {
      return itsDescription;
    }

    public double getCost()
    {
      return itsCost;
    }

    private String itsPartNumber;
    private String itsDescription;
    private double itsCost;
}
```

程序 28.20　PartVisitor.java

```
public interface PartVisitor
{
    public void visit(PiecePart pp);
    public void visit(Assembly a);
}
```

程序 28.21　ExplodedCostVisitor.java

```
public class ExplodedCostVisitor implements PartVisitor
{
    private double cost = 0;
    public double cost() {return cost;}

    public void visit(PiecePart p)
    {cost += p.getCost();}

    public void visit(Assembly a) { }
}
```

程序 28.22　PartCountVisitor.java

```
import java.util.*;
```

```
public class PartCountVisitor implements PartVisitor
{
  public void visit(PiecePart p)
  {
    itsPieceCount++;
    String partNumber = p.getPartNumber();
    int partNumberCount = 0;
    if (itsPieceMap.containsKey(partNumber))
    {
      Integer carrier = (Integer) itsPieceMap.get(partNumber);
      partNumberCount = carrier.intValue();
    }
    partNumberCount++;
    itsPieceMap.put(partNumber, new Integer(partNumberCount));
  }

  public void visit(Assembly a)
  {
  }

  public int getPieceCount() {return itsPieceCount;}
  public int getPartNumberCount() {return itsPieceMap.size();}
  public int getCountForPart(String partNumber)
  {
    int partNumberCount = 0;
    if (itsPieceMap.containsKey(partNumber))
    {
      Integer carrier = (Integer) itsPieceMap.get(partNumber);
      partNumberCount = carrier.intValue();
    }
    return partNumberCount;
  }

  private int itsPieceCount = 0;
  private HashMap itsPieceMap = new HashMap();
}
```

程序 28.23 TestBOMReport.java

```
import junit.framework.*;
import java.util.*;

public class TestBOMReport extends TestCase
{
  public TestBOMReport(String name)
  {
    super(name);
  }

  private PiecePart p1;
  private PiecePart p2;
  private Assembly a;

  public void setUp()
  {
    p1 = new PiecePart("997624", "MyPart", 3.20);
    p2 = new PiecePart("7734", "Hell", 666);
    a = new Assembly("5879", "MyAssembly");
  }

  public void testCreatePart()
  {
    assertEquals("997624", p1.getPartNumber());
    assertEquals("MyPart", p1.getDescription());
    assertEquals(3.20, p1.getCost(), .01);
  }

  public void testCreateAssembly()
  {
    assertEquals("5879", a.getPartNumber());
    assertEquals("MyAssembly", a.getDescription());
  }

  public void testAssembly()
  {
    a.add(p1);
```

```
    a.add(p2);
    Iterator i = a.getParts();
    PiecePart p = (PiecePart) i.next();
    assertEquals(p, p1);
    p = (PiecePart) i.next();
    assertEquals(p, p2);
    assert (i.hasNext() == false);
  }

  public void testAssemblyOfAssemblies()
  {
    Assembly subAssembly = new Assembly("1324", "SubAssembly");
    subAssembly.add(p1);
    a.add(subAssembly);
    Iterator i = a.getParts();
    assertEquals(subAssembly, i.next());
  }

  private boolean p1Found = false;
  private boolean p2Found = false;
  private boolean aFound = false;

  public void testVisitorCoverage()
  {
    a.add(p1);
    a.add(p2);
    a.accept(new PartVisitor() {
      public void visit(PiecePart p) {
        if (p == p1)
          p1Found = true;
        else if (p == p2)
          p2Found = true;
      }

      public void visit(Assembly assy)
      {
        if (assy == a)
          aFound = true;
      }
```

```
    });
    assert (p1Found);
    assert (p2Found);
    assert (aFound);
  }

  private Assembly cellphone;

  void setUpReportDatabase() {
    cellphone = new Assembly("CP-7734", "Cell Phone");
    PiecePart display = new PiecePart("DS-1428", "LCD Display", 14.37);
    PiecePart speaker = new PiecePart("SP-92", "Speaker", 3.50);
    PiecePart microphone = new PiecePart("MC-28", "Microphone", 5.30);
    PiecePart cellRadio = new PiecePart("CR-56", "Cell Radio", 30);
    PiecePart frontCover = new PiecePart("FC-77", "Front Cover", 1.4);
    PiecePart backCover = new PiecePart("RC-77", "RearCover", 1.2);
    Assembly keypad = new Assembly("KP-62", "Keypad");
    Assembly button = new Assembly("B52", "Button");
    PiecePart buttonCover = new PiecePart("CV-15", "Cover", .5);
    PiecePart buttonContact = new PiecePart("CN-2", "Contact", 1.2);
    button.add(buttonCover);
    button.add(buttonContact);
    for (int i = 0; i < 15; i++)
      keypad.add(button);
    cellphone.add(display);
    cellphone.add(speaker);
    cellphone.add(microphone);
    cellphone.add(cellRadio);
    cellphone.add(frontCover);
    cellphone.add(backCover);
    cellphone.add(keypad);
  }

  public void testExplodedCost() {
    setUpReportDatabase();
    ExplodedCostVisitor v = new ExplodedCostVisitor();
    cellphone.accept(v);
    assertEquals(81.27, v.cost(), .001);
  }
```

```
  public void testPartCount() {
    setUpReportDatabase();
    PartCountVisitor v = new PartCountVisitor();
    cellphone.accept(v);
    assertEquals(36, v.getPieceCount());
    assertEquals(8, v.getPartNumberCount());
    assertEquals("DS-1428", 1, v.getCountForPart("DS-1428"));
    assertEquals("SP-92", 1, v.getCountForPart("SP-92"));
    assertEquals("MC-28", 1, v.getCountForPart("MC-28"));
    assertEquals("CR-56", 1, v.getCountForPart("CR-56"));
    assertEquals("RC-77", 1, v.getCountForPart("RC-77"));
    assertEquals("CV-15", 15, v.getCountForPart("CV-15"));
    assertEquals("CN-2", 15, v.getCountForPart("CN-2"));
    assertEquals("Bob", 0, v.getCountForPart("Bob"));
  }
}
```

访问者模式的其他用途

通常情况下，一个应用程序中存在需要以多种不同的方式进行解释的数据结构，我们就可以使用访问者模式。编译器通常创建一些中间数据结构，这些数据结构用来表示语法上正确的源代码。然后，这些数据结构被用来生成经过编译的代码。可能会设想出针对不同的处理器或者不同优化方案的访问者。但同样也有人设想出把中间数据转换为交叉引用的列表，甚至是 UML 图的访问者。

许多应用程序都使用配置数据结构。还可以设想让应用程序的不同子系统通过与自己的特定访问者进行交互来根据配置数据进行初始化。

在使用访问者模式的各种情况下，所用的数据结构都与所使用的数据结构无关。可以创建新的访问者，可以更改现有的访问者，并且可以将所有访问者重新部署到已安装的地点，无须重新编译或重新部署现有的数据结构。这就是访问者模式的优势。

装饰模式

访问者模式下允许我们在不修改代码层次结构的情况下向其中添加新的方法。要想完成此目的，还可以采用另外一种设计模式：装饰模式 [GOF95]。

现在再次思考一下图 28.1 中 Modem 类的层次结构。假设我们有一个拥有许多用户的应用程序。每一台计算机前的用户都可以要求他面前的计算机通过调制解调器呼叫其他的计算机以进行通信。其中的一些用户可能喜欢听到调制解调器的拨号声，但是还有一些人则会希望调制解调器能够保持安静。

我们可以在代码中每一处需要调制解调器拨号时，都询问用户的需要，他可以选择调制解调器拨号时的状态。如果他选择了希望听到调制解调器的拨号声，我们就将扬声器的音量调高，否则的话，我们就把它的声音关掉。

```
...
Modem m = user.getModem();
if (user.wantsLoudDial())
  m.setVolume(11); // its one more than 10, isn' t it? m.dial(...);
...
```

我们可以在整个应用程序中看到这段代码幽灵般的存在于应用程序中，我们就会想象他们要每周工作 80 小时并进行着这无聊的调试过程的景象。这是需要避免的事情。

另一种选择就是在调制解调器对象内部设置一个标志位，让 dial 方法自己来检测这个标志位的值并相应地设置调至解调器的音量。

```
...
public class HayesModem implements Modem {
  private boolean wantsLoudDial = false;
  public void dial(...) {
    if (wantsLoudDial) {
      setVolume(11);
    }
    ...
  }
  ...
}
```

这样做会比较好一点，但对于调制解调器的每一个派生类来说，它们仍然需要复制 dial 方法。并且 Modem 类的新派生类还要时刻谨记要复制这一段代码。这样依赖于程序员记忆的做法是相当冒险的。

我们可以用模板方法模式（参见第 14 章）来解决此问题，方法如下：将 Modem 从接口变为一个类，并让它持有 wantLoudDial 变量，同时在调用 dialForReal 方法之前先在 dial 方法中获取到该变量的值。

```
...
public abstract class Modem {
  private boolean wantsLoudDial = false;
  public void dial(...) {
    if (wantsLoudDial) {
      setVolume(11);
    }
    dialForReal(...)
  }

  public abstract void dialForReal(...);
}
```

这样虽然更好一些了，但是为什么使用者的某个异想天开的想法就会影响到调制解调器的拨号方式从而影响到 Modem 类呢？ Modem 为什么要知道如何在拨号时发出声响呢？每当用户有其他任何奇怪的请求（例如在挂断前先注销）时，难道就必须对它进行更改么？

这时，共同封闭原则（CCP）就又派上用场了。我们希望将由于不同原因而改变的那些事物分开。我们也可以使用单一职责原则（SRP），因为我们需要发声拨号的功能和调制解调器的内在功能没有直接的联系，所以该方法也不应该是 Modem 类的一部分。

装饰模式通过创建一个全新的名为 LoudDialModem 的类来解决该问题。LoudDialModem 类派生自 Modem 类，并且委托给了一个它所包含的 Modem 实例。它捕获对 dial 函数的调用并在委托前将音量调高。图 28.5 所示为它的代码结构图。

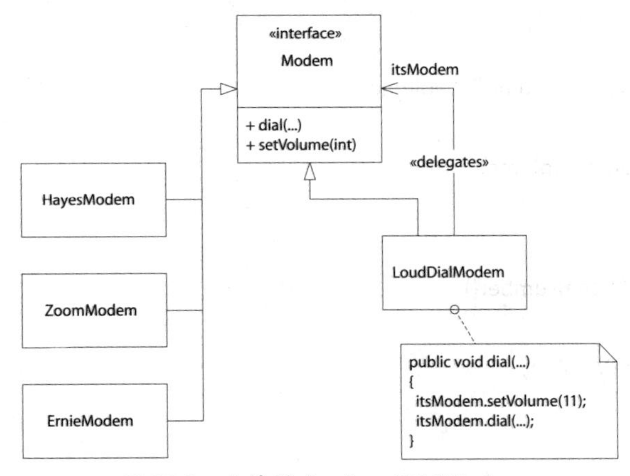

图 28.5 装饰模式：LoudDialModem

在现在的设计中，关于是否大声拨号的决定是在一个地方来进行的。如果使用者希望调制解调器能够大声拨号，那么就可以在代码中设置使用者优先选择的地方创建一个 LoudDialModem 对象，并把使用者的调制解调器对象传给它。LoudDialModem 对象会把它的所有调用都委托给使用者的调制解调器，所以对用户来说不会有任何的不同。但是，在将 dial 方法委托给使用者的调制解调器之前，需要先把音量调高。于是，LoudDialModem 就可以在不影响系统中任何其他代码的情况下，变成了使用者的调制解调器。程序 28.24 ~ 程序 28.27 所示为该模式的实现参考代码。

程序 28.24　Modem.java

```
public interface Modem
{
  public void dial(String pno);
  public void setSpeakerVolume(int volume);
  public String getPhoneNumber();
  public int getSpeakerVolume();
}
```

程序 28.25　HayesModem.java

```
public class HayesModem implements Modem
{
  public void dial(String pno)
  {
    itsPhoneNumber = pno;
  }

  public void setSpeakerVolume(int volume)
  {
    itsSpeakerVolume = volume;
  }

  public String getPhoneNumber()
  {
    return itsPhoneNumber;
  }

  public int getSpeakerVolume()
```

```
  {
    return itsSpeakerVolume;
  }

  private String itsPhoneNumber;
  private int itsSpeakerVolume;
}
```

程序 28.26　LoudDialModem.java

```
public class LoudDialModem implements Modem
{
  public LoudDialModem(Modem m)
{
    itsModem = m;
  }

  public void dial(String pno)
  {
    itsModem.setSpeakerVolume(10);
    itsModem.dial(pno);
  }

  public void setSpeakerVolume(int volume)
  {
    itsModem.setSpeakerVolume(volume);
  }

  public String getPhoneNumber()
{
    return itsModem.getPhoneNumber();
  }

  public int getSpeakerVolume()
{
    return itsModem.getSpeakerVolume();
  }

  private Modem itsModem;
}
```

程序 28.27 ModemDecoratorTest.java

```
import junit.framework.*;

public class ModemDecoratorTest extends TestCase
{
  public ModemDecoratorTest(String name)
  {
    super(name);
  }

  public void testCreateHayes()
  {
    Modem m = new HayesModem();
    assertEquals(null, m.getPhoneNumber());
    m.dial("5551212");
    assertEquals("5551212", m.getPhoneNumber());
    assertEquals(0, m.getSpeakerVolume());
    m.setSpeakerVolume(10);
    assertEquals(10, m.getSpeakerVolume());
  }

  public void testLoudDialModem()
  {
    Modem m = new HayesModem();
    Modem d = new LoudDialModem(m);
    assertEquals(null, d.getPhoneNumber());
    assertEquals(0, d.getSpeakerVolume());
    d.dial("5551212");
    assertEquals("5551212", d.getPhoneNumber());
    assertEquals(10, d.getSpeakerVolume());
  }
}
```

多个装饰器

在有些情况下，对于同一代码结构层次来说可能存在两个或更多的装饰器。例如，我们可能希望用 LoudExitModem 来装饰 Modem 类的层次结构，每当调用 hangup 方法时，它就发送“exit”这样的字符串。而第二个装饰器将必须复制我们已经在 LoudDialModem 类中编写的所有委托代码。我们可以通过创建一个提供所有委托代码的新类 ModemDecorator，并通过该类消除重复的代码。然后，实际的装饰器就只需从 ModemDecorator 派生并仅仅覆盖它们所需的那些方法即可。图 28.6、程序 28.28 以及程序 28.29 所示为代码结构。

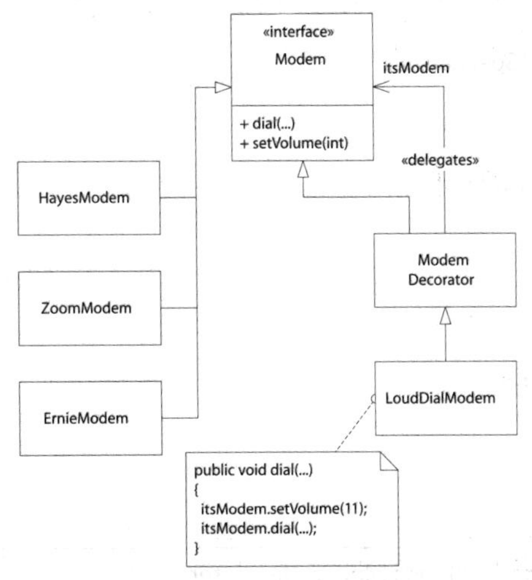

图 28.6 ModemDecorator

程序 28.28 ModemDecorator.java

```
public class ModemDecorator implements Modem
{
  public ModemDecorator(Modem m)
  {
    itsModem = m;
  }

  public void dial(String pno)
  {
    itsModem.dial(pno);
  }

  public void setSpeakerVolume(int volume)
  {
    itsModem.setSpeakerVolume(volume);
  }

  public String getPhoneNumber()
  {
```

```
        return itsModem.getPhoneNumber();
    }

    public int getSpeakerVolume()
    {
        return itsModem.getSpeakerVolume();
    }

    protected Modem getModem()
    {
        return itsModem;
    }

    private Modem itsModem;
}
```

程序 28.29

```
public class LoudDialModem extends ModemDecorator
{
    public LoudDialModem(Modem m)
    {
        super(m);
    }

    public void dial(String pno)
    {
        getModem().setSpeakerVolume(10);
        getModem().dial(pno);
    }
}
```

扩展对象模式

这里还有另一种方法可以在不更改代码结构的情况下向其中添加新的方法，那就是扩展对象模式（EXTENSION OBJECT[PLOPD3，p.79]）。这种模式相比其他的模式会更复杂一下，但同时也更加强大和灵活。在它层次结构中的每个对象下都持有一个特定的扩展对象列表。每个对象还提供了一个通过名字来查找扩展对象的方法。这里的扩展对象提供了能够操作原始层次结构对象的方法。

例如，假设我们有一个材料清单系统。我们需要这个层次结构中的每个对象都具有创建表示自身 XML 的能力。我们可以把 toXML 方法放在代码的结构中，但是这样既违反了单一职责原则（SRP）。我们不希望把有关 XML 的内容和有关 BOM 的内容放到同一个类中。虽然我们可以使用访问者模式创建 XML，但是这将无法让我们把针对每种不同类型 BOM 对象和 XML 的生产代码分离开来。在访问者模式中，为每个 BOM 类生成的所有 XML 代码都在同一个 Visitor 对象中。如果我们想要将每个不同的 BOM 对象的 XML 生产代码分离到它自己的类中，该怎么办呢？

扩展对象模式为这一目标的实现提供了一种很好的方法。程序 28.30 ~ 程序 28.41 中的代码就展示了带有两种不同扩展对象的 BOM 代码结构。一种扩展对象将 BOM 对象转换为 XML；另一种扩展对象将 BOM 对象转换为 CSV（以逗号分隔的值）字符串。第一种扩展对象通过 getExtension(XML) 方法获得，第二种扩展对象通过 getExtension(CSV) 方法获得。图 28.7 所示为其相应的结构图，并且该结构图是根据已经完成的代码来绘制的。图中的 <<marker>> 原型表示一个标记接口，也就是没有任何方法的接口。

这里很重要的一点是，我并不是简单地从零开始写程序 28.30 ~ 程序 28.41 的。相反，这些代码都是由一个个测试用例演进而来的。第一个程序源文件（程序 28.30）就展示了所有的测试用例。它们都是按照所展示的顺序写的。每个测试用例都是在还没有任何代码可以使之通过之前写的。一旦写的某个测试用例运行失败了，那么接下来就要写代码使其通过。代码决不会比使现有的测试用例通过所需要的逻辑更复杂。这样，代码就会以一种小步的方式增量迭代，从一个可工作的版本进化到另一个可工作的版本。我也知道在这个过程中我正在尝试构建出扩展对象模式，并以此为指导进行代码的演化。

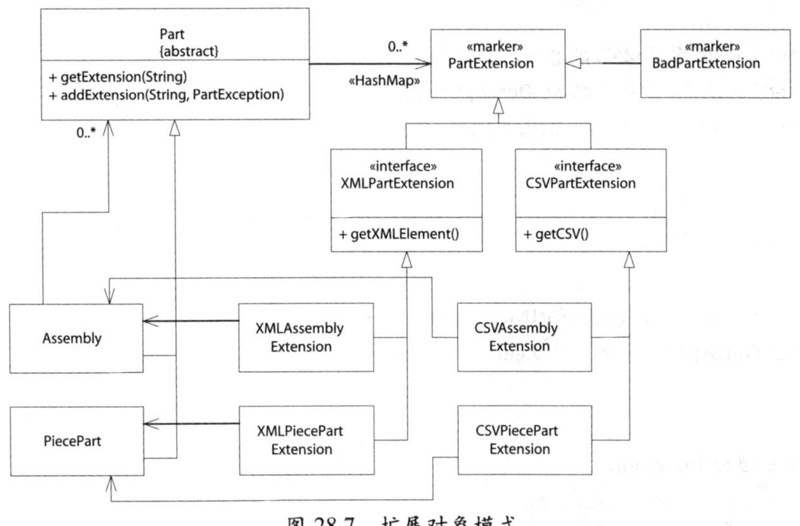

图 28.7　扩展对象模式

程序 28.30 TestBOMXML.java

```
import junit.framework.*;
import java.util.*;
import org.jdom.*;

public class TestBOMXML extends TestCase
{
  public TestBOMXML(String name)
  {
    super(name);
  }

  private PiecePart p1;
  private PiecePart p2;
  private Assembly a;

  public void setUp()
  {
    p1 = new PiecePart("997624", "MyPart", 3.20);
    p2 = new PiecePart("7734", "Hell", 666);
    a = new Assembly("5879", "MyAssembly");
  }

  public void testCreatePart()
  {
    assertEquals("997624", p1.getPartNumber());
    assertEquals("MyPart", p1.getDescription());
    assertEquals(3.20, p1.getCost(), .01);
  }

  public void testCreateAssembly()
  {
    assertEquals("5879", a.getPartNumber());
    assertEquals("MyAssembly", a.getDescription());
  }

  public void testAssembly()
  {
```

```
    a.add(p1);
    a.add(p2);
    Iterator i = a.getParts();
    PiecePart p = (PiecePart) i.next();
    assertEquals(p, p1);
    p = (PiecePart) i.next();
    assertEquals(p, p2);
    assert (i.hasNext() == false);
  }

  public void testAssemblyOfAssemblies()
  {
    Assembly subAssembly = new Assembly("1324", "SubAssembly");
    subAssembly.add(p1);
    a.add(subAssembly);
    Iterator i = a.getParts();
    assertEquals(subAssembly, i.next());
  }

  public void testPiecePart1XML()
  {
    PartExtension e = p1.getExtension("XML");
    XMLPartExtension xe = (XMLPartExtension) e;
    Element xml = xe.getXMLElement();
    assertEquals("PiecePart", xml.getName());
    assertEquals("997624", xml.getChild("PartNumber").getTextTrim());
    assertEquals("MyPart", xml.getChild("Description").getTextTrim());
    assertEquals(3.2, Double.parseDouble(xml.getChild("Cost").getTextTrim()), .01);
  }

  public void testPiecePart2XML()
  {
    PartExtension e = p2.getExtension("XML");
    XMLPartExtension xe = (XMLPartExtension) e;
    Element xml = xe.getXMLElement();
    assertEquals("PiecePart", xml.getName());
    assertEquals("7734", xml.getChild("PartNumber").getTextTrim());
    assertEquals("Hell", xml.getChild("Description").getTextTrim());
    assertEquals(666, Double.parseDouble(xml.getChild("Cost").getTextTrim()), .01);
```

```
    }

    public void testSimpleAssemblyXML()
    {
      PartExtension e = a.getExtension("XML");
      XMLPartExtension xe = (XMLPartExtension) e;
      Element xml = xe.getXMLElement();
      assertEquals("Assembly", xml.getName());
      assertEquals("5879", xml.getChild("PartNumber").getTextTrim());
      assertEquals("MyAssembly", xml.getChild("Description").getTextTrim());
      Element parts = xml.getChild("Parts");
      List partList = parts.getChildren();
      assertEquals(0, partList.size());
    }

    public void testAssemblyWithPartsXML()
    {
      a.add(p1);
      a.add(p2);
      PartExtension e = a.getExtension("XML");
      XMLPartExtension xe = (XMLPartExtension) e;
      Element xml = xe.getXMLElement();
      assertEquals("Assembly", xml.getName());
      assertEquals("5879", xml.getChild("PartNumber").getTextTrim());
      assertEquals("MyAssembly", xml.getChild("Description").getTextTrim());
      Element parts = xml.getChild("Parts");
      List partList = parts.getChildren();
      assertEquals(2, partList.size());
      Iterator i = partList.iterator();
      Element partElement = (Element) i.next();
      assertEquals("PiecePart", partElement.getName());
      assertEquals("997624", partElement.getChild("PartNumber").getTextTrim());
      partElement = (Element) i.next();
      assertEquals("PiecePart", partElement.getName());
      assertEquals("7734", partElement.getChild("PartNumber").getTextTrim());
    }

    public void testPiecePart1toCSV()
    {
```

```
    PartExtension e = p1.getExtension("CSV");
    CSVPartExtension ce = (CSVPartExtension) e;
    String csv = ce.getCSV();
    assertEquals("PiecePart,997624,MyPart,3.2", csv);
  }

  public void testPiecePart2toCSV()
  {
    PartExtension e = p2.getExtension("CSV");
    CSVPartExtension ce = (CSVPartExtension) e;
    String csv = ce.getCSV();
    assertEquals("PiecePart,7734,Hell,666.0", csv);
  }

  public void testSimpleAssemblyCSV()
  {
    PartExtension e = a.getExtension("CSV");
    CSVPartExtension ce = (CSVPartExtension) e;
    String csv = ce.getCSV();
    assertEquals("Assembly,5879,MyAssembly", csv);
  }

  public void testAssemblyWithPartsCSV()
  {
    a.add(p1);
    a.add(p2);
    PartExtension e = a.getExtension("CSV");
    CSVPartExtension ce = (CSVPartExtension) e;
    String csv = ce.getCSV();
    assertEquals("Assembly,5879,MyAssembly," +
                 "{PiecePart,997624,MyPart,3.2}," +
                 "{PiecePart,7734,Hell,666.0}", csv);
  }

  public void testBadExtension()
  {
    PartExtension pe = p1.getExtension("ThisStringDoesn'tMatchAnyException");
    assert (pe instanceof BadPartExtension);
```

```
   }
}
```

程序 28.31　Part.java

```
import java.util.*;

public abstract class Part
{
  HashMap itsExtensions = new HashMap();

  public abstract String getPartNumber();
  public abstract String getDescription();

  public void addExtension(String extensionType, PartExtension extension)
  {
    itsExtensions.put(extensionType, extension);
  }

  public PartExtension getExtension(String extensionType)
  {
    PartExtension pe = (PartExtension) itsExtensions.get(extensionType);
    if (pe == null)
      pe = new BadPartExtension();
    return pe;
  }
}
```

程序 28.32　PartExtension.java

```
public interface PartExtension
{
}
```

程序 28.33　PiecePart.java

```
public class PiecePart extends Part
{
  public PiecePart(String partNumber, String description, double cost)
  {
```

```
    itsPartNumber = partNumber;
    itsDescription = description;
    itsCost = cost;
    addExtension("CSV", new CSVPiecePartExtension(this));
    addExtension("XML", new XMLPiecePartExtension(this));
  }

  public String getPartNumber()
  {
    return itsPartNumber;
  }

  public String getDescription()
  {
    return itsDescription;
  }

  public double getCost()
  {
    return itsCost;
  }

  private String itsPartNumber;
  private String itsDescription;
  private double itsCost;
}
```

程序 28.34 Assembly.java

```
import java.util.*;

public class Assembly extends Part
{
  public Assembly(String partNumber, String description)
  {
    itsPartNumber = partNumber;
    itsDescription = description;
    addExtension("CSV", new CSVAssemblyExtension(this));
    addExtension("XML", new XMLAssemblyExtension(this));
```

```
    }

    public void add(Part part)
    {
        itsParts.add(part);
    }

    public Iterator getParts()
    {
        return itsParts.iterator();
    }

    public String getPartNumber()
    {
        return itsPartNumber;
    }

    public String getDescription() {
        return itsDescription;
    }

    private List itsParts = new LinkedList();
    private String itsPartNumber;
    private String itsDescription;
}
```

程序 28.35　XMLPartExtension.java

```
import org.jdom.*;

public interface XMLPartExtension extends PartExtension
{
    public Element getXMLElement();
}
```

程序 28.36　XMLPiecePartException.java

```
import org.jdom.*;

public class XMLPiecePartExtension implements XMLPartExtension
```

```
  {
  public XMLPiecePartExtension(PiecePart part)
  {
    itsPiecePart = part;
  }

  public Element getXMLElement()
  {
    Element e = new Element("PiecePart");
    e.addContent(
      new Element("PartNumber").setText(itsPiecePart.getPartNumber()));
    e.addContent(
      new Element("Description").setText(
        itsPiecePart.getDescription()));
    e.addContent(
      new Element("Cost").setText(Double.toString(itsPiecePart.getCost())));
    return e;
  }

  private PiecePart itsPiecePart = null;
}
```

程序 28.37 XMLAssemblyExtension.java

```
import org.jdom.*;
import java.util.*;

public class XMLAssemblyExtension implements XMLPartExtension
{
  public XMLAssemblyExtension(Assembly assembly)
  {
    itsAssembly = assembly;
  }

  public Element getXMLElement()
  {
    Element e = new Element("Assembly");
    e.addContent(new Element("PartNumber").setText(itsAssembly.getPartNumber()));
    e.addContent(new Element("Description").setText(itsAssembly.getDescription()));
```

```
        Element parts = new Element("Parts");
        e.addContent(parts);
        Iterator i = itsAssembly.getParts();
        while (i.hasNext())
        {
          Part p = (Part) i.next();

          PartExtension pe = p.getExtension("XML");
          XMLPartExtension xpe = (XMLPartExtension) pe;
          parts.addContent(xpe.getXMLElement());
        }
        return e;
      }

  private Assembly itsAssembly = null;
}
```

程序 28.38　CSVPartExtension.java

```
public interface CSVPartExtension extends PartExtension
{
  public String getCSV();
}
```

程序 28.39　CSVPiecePartExtension.java

```
public class CSVPiecePartExtension implements CSVPartExtension
{
  private PiecePart itsPiecePart = null;

  public CSVPiecePartExtension(PiecePart part) {
    itsPiecePart = part;
  }

  public String getCSV()
  {
    StringBuffer b = new StringBuffer("PiecePart,");
    b.append(itsPiecePart.getPartNumber());
    b.append(",");
    b.append(itsPiecePart.getDescription());
```

```
        b.append(",");
        b.append(itsPiecePart.getCost());
        return b.toString();
    }
}
```

程序 28.40 CSVAssemblyExtension.java

```
import java.util.Iterator;

public class CSVAssemblyExtension implements CSVPartExtension
{
    private Assembly itsAssembly = null;

    public CSVAssemblyExtension(Assembly assy) {
        itsAssembly = assy;
    }

    public String getCSV()
    {
        StringBuffer b = new StringBuffer("Assembly,");
        b.append(itsAssembly.getPartNumber());
        b.append(",");
        b.append(itsAssembly.getDescription());

        Iterator i = itsAssembly.getParts();
        while (i.hasNext())
        {
            Part p = (Part) i.next();
            CSVPartExtension ce = (CSVPartExtension) p.getExtension("CSV");
            b.append(",{");
            b.append(ce.getCSV());
            b.append("}");
        }
        return b.toString();
    }
}
```

程序 28.41　BadPartExtension.java

```
public class BadPartExtension implements PartExtension
{
}
```

这里请注意，扩展对象是由该对象的构造函数加载到每个 BOM 对象中的。这也就意味着，在某种程度上，BOM 对象仍然取决于 XML 和 CSV 类。对于这样的轻微的依赖如果我们也要将其解除的话，我们可以创建一个工厂对象（参见第 21 章），让它来创建 BOM 对象并加载其扩展。

由于扩展对象可以加载到对象中，这样的能力可以带来极大的灵活性。我们可以根据系统的状态从某个对象中插入或删除某些扩展对象。这种灵活性会很容易使我们失去自制力。在大多数情况下，你可能都没有必要使用它。确实，PiecePart.getExtention(String extensionType) 的最初实现像下面这样：

```
public PartExtension getExtension(String extensionType){
  if(extensionType.equals("XML"))
    return new XMLPiecePartExtension(this);
  else if(extensionType.equals("CSV"))
    return new XMLAssemblyExtension(this);
  return new BadPartExtension();
}
```

我对此并没有显得特别激动，因为它和 Assembly.getExtension 中的代码实际上是相同的。Part 中使用的 HashMap 方案避免这个重复并且也更加简单。任何读过代码的人都会确切知道如何访问扩展对象。

小结

访问者模式家族为我们提供了许多方法，可以用来在不改变类本身的前提下修改类的层次结构。因此，它们有助于帮助我们保持 OCP 原则。此外，它们还提供了隔离不同类型功能的机制，从而避免了类在许多不同功能上的混淆。因此，它们有助于我们维持 CCP 原则。那么显然， SRP、LSP 和 DIP 原则也同样适用于访问者模式家族中的某些结构。

访问者模式是很具有诱惑力的。开发人员很容易被它们冲昏了头脑。我们可以在需要的时候使用它们，但同时还要对它们的必要性保持一种积极的怀疑态度。通常，那些可以通过访问者模式解决的问题也可以通过一些更简单的设计模式来解决。

现在你已经读了这一章，也许你已经想要回到第 9 章解决 shape 排序的问题。

参考文献

1. Gamma, et al. *Design Patterns*. Reading, MA: Addison-Wesley, 1995.
2. Martin, Robert C., et al. *Pattern Languages of Program Design* . Reading, MA: Addison-Wesley, 1998.

第 29 章 状态模式

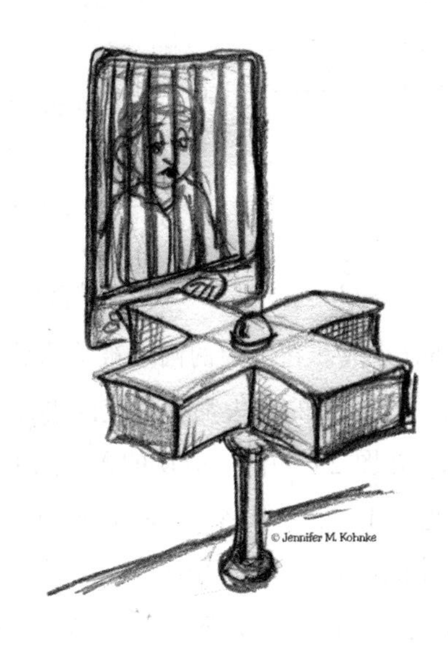

“无法改变的状态，将无法得以保持。”

——埃德蒙·柏客[1]

有限状态自动机是软件宝库中最有用的抽象之一。它们提供了一种简单而优雅的方式来探索和定义复杂系统的行为。它们还提供了易于理解和修改的强大实现策略。我在系统的各个层面，从控制高层逻辑的 GUI（参见 30.5 节）到最底层的通讯协议，都会使用到它们。它们几乎是普遍适用的。

有限状态自动机概述

在地铁转动门的运行过程中，我们可以找到一个简单的有限状态机（FSM）。这是地铁站用来控制乘客进出的闸门。图 29.1 所示为控制地铁转动闸门的初步有限状态

① 中文版编注：Edmund Burke（1729—1797），爱尔兰裔英国政治家、作家、演说家、政治理论家和哲学家。

机。该图又被称为“状态转换关系图”或者STD（参见附录B中的“状态和内部转换”“状态间的迁移”以及“嵌套状态”小节）。

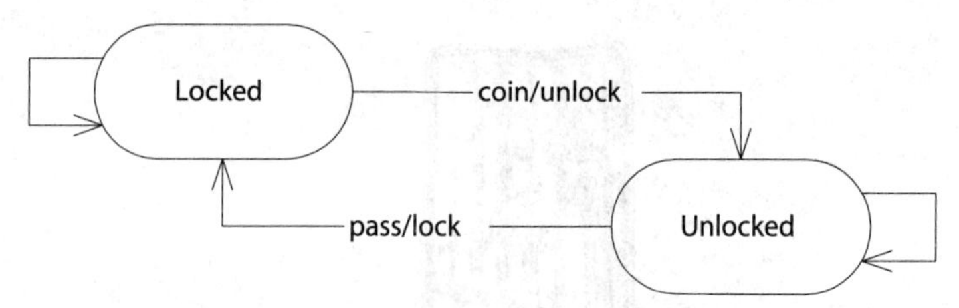

图 29.1 简单转动门的有限状态机

STD 至少由四个部分组成。在图中的圆形被称为状态（STATE）。连接状态的箭头被称为“转换”。每一个转换的箭头都有对应的事件名称来标记着，在事件名称后面还有对应的动作名称。在图 29.1 中，STD 的含义如下。

- 如果转动门处于 Locked 状态，并且收到一个 coin 事件，就会转换为 Unlocked 状态并执行 unlock 动作。
- 如果转动门处于 Unlocked 状态，并且收到一个 pass 事件，就会转换为 Locked 状态并执行 lock 动作。

这两句话完全描述了图 29.1 中的状态图。在每个句子中都用四个元素来描述一个转换的箭头：开始状态、出发转换的事件、结束状态和要执行的动作。实际上，我们可以将这些转换的语句简化为一张被称为状态转换表（STT）的表格。该表格看起来大概是这样：

```
Locked coin     Unlocked  unlock
Unlocked Pass   Locked    lock
```

那么这个状态机是如何工作的呢？假设 FSM 一开始处于 Locked 状态。一名乘客走到转动门前并投入一枚硬币。这样就会让该软件收到 coin 事件。STT 中的第一项转换告诉我们：如果我们处于 Locked 状态并且收到 coin 事件，那么就会转换到 Unlocked 状态并执行 unlock 动作。因此，软件就会把它的状态改为 Unlocked 并调用 unlock 函数。然后，乘客就可以通过这个转换门，这时软件又会检测到 pass 事件。因为 FSM 现在是处于 Unlocked 状态的，所以就会触发第二次转换，使转动门返回到 Locked 状态并调用 lock 函数。

显然，STD 和 STT 都对状态机的行为进行了简单、优雅的描述。同时，它们也是非常强大的设计工具。它们可以带来许多好处，其中之一就是使用它们，设计人员可以很容易检测到那些未知的以及未被处理的条件。例如，请检查图 29.1 中的每个状态并对其应用两个已知的事件。这里请注意，在 Unlocked 状态下没有处理 coin 事件的转换，并且在 Locked 状态下也没有处理 pass 事件的转换。

但是，这些遗漏是很严重的逻辑缺陷，并且是开发者非常常见的错误来源。通常，开发者对正常事件的考虑比出现的异常情况的考虑更彻底一些。STD 或 STT 给程序员提供了一种方法，使用这种方法可以更容易核实是否处理了不同状态下的不同事件的方法。

我们可以通过增加必要的转换对 FSM 进行修复。图 29.2 所示为 FSM 图的新版本。在该图中我们可以看到，如果乘客在第一次投入硬币之后，又投入了更多的硬币，则转换门将持续保持未锁定状态，并点亮一盏 thank you 的灯以鼓励乘客继续投入硬币。同样，如果乘客在锁定时设法通过转换门（可能使用大铁锤），那么 FSM 将会继续保持在锁定状态并发出警报声。

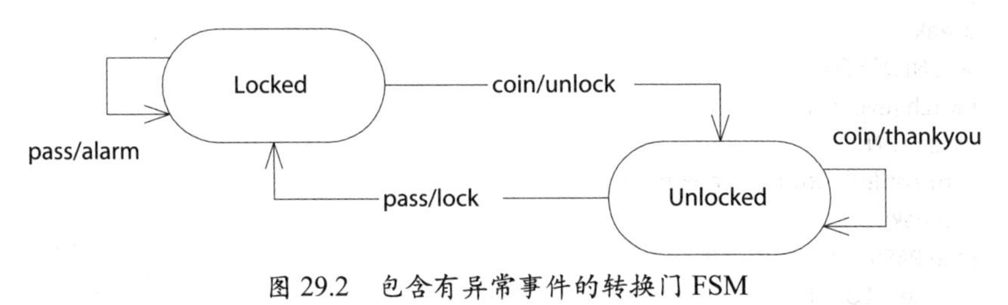

图 29.2　包含有异常事件的转换门 FSM

实现技术

嵌套 switch/case 语句

实现 FSM 的方法有很多。第一个方法也是最直接的方法就是通过嵌套 switch/case 语句。程序 29.1 所示就是该方法的实现。

程序 29.1　Turnstile.java（嵌套 switch case 实现）

```
package com.objectmentor.PPP.Patterns.State.turnstile;

public class Turnstile {
  // States
  public static final int LOCKED = 0;
  public static final int UNLOCKED = l;
  /* private */ int state = LOCKED;
```

```
  private TurnstileController turnstileController;

  public Turnstile(TurnstileController action) {
    turnstileController = action;
  }

  public void event(int event) {
    switch (state) {
    case LOCKED:
      switch (event) {
      case COIN:
        state = UNLOCKED;
        turnstileController.unlock();
        break;
      case PASS:
        turnstileController.alarm();
        break;
      }
      break;
    case UNLOCKED:
      switch (event) {
      case COIN:
        turnstileController.thankyou();
        break;
      case PASS:
        state = LOCKED;
        turnstileController.lock();
        break;
      }
      break;
    }
  }
}
```

嵌套的 switch/case 语句将代码划分为四个互斥的区域，每个区域对应 STD 中的一项转换。每个区域会根据需要进行状态的改变，并调用恰当的操作。因此，对于 Locked 状态和 Coin 事件的区域就会将状态更改为 Unlocked 状态并调用 unlock 事件。

在这段代码中，有一些有趣的特点，它们与嵌套的 switch/case 语句本身无关。为了能够更清楚地理解它们，你可以查看一下用来验证这段代码的单元测试，如程序 29.2 和程序 29.3 所示。

程序 29.2 TurnstileController.java

```
package com.objectmentor.PPP.Patterns.State.turnstile;

public interface TurnstileController {
  public void lock();
  public void unlock();
  public void thankyou();
  public void alarm();
}
```

程序 29.3 TestTurnstile.java

```
package com.objectmentor.PPP.Patterns.State.turnstile;

import junit.framework.*;
import junit.swingui.TestRunner;

public class TestTurnstile extends TestCase {
  public static void main(String[] args) {
    TestRunner.main(new String[] { "TestTurnstile" });
  }

  public TestTurnstile(String name) {
    super(name);
  }

  private Turnstile t;
  private boolean lockCalled = false;
  private boolean unlockCalled = false;
  private boolean thankyouCalled = false;
  private boolean alarmCalled = false;

  public void setup() {
    TurnstileController controllerSpoof = new TurnstileController() {
      public void lock() {
        lockCalled = true;
      }

      public void unlock() {
        unlockCalled = true;
      }

      public void thankyou() {
        thankyouCalled = true;
```

```
        }

        public void alarm() {
          alarmCalled = true;
        }
      };

      t = new Turnstile(controllerSpoof);
    }

    public void testinitialConditions() {
      assertEquals(Turnstile.LOCKED, t.state);
    }

    public void testCoininLockedState() {
      t.state = Turnstile.LOCKED;
      t.event(Turnstile.COIN);
      assertEquals(Turnstile.UNLOCKED, t.state);
      assert (unlockCalled);
    }

    public void testCoininUnlockedState() {
      t.state = Turnstile.UNLOCKED;
      t.event(Turnstile.COIN);
      assertEquals(Turnstile.UNLOCKED, t.state);
      assert (thankyouCalled);
    }

    public void testPassinLockedState() {
      t.state = Turnstile.LOCKED;
      t.event(Turnstile.PASS);
      assertEquals(Turnstile.LOCKED, t.state);
      assert (alarmCalled);
    }

    public void testPassinUnlockedState() {
      t.state = Turnstile.UNLOCKED;
      t.event(Turnstile.PASS);
      assertEquals(Turnstile.LOCKED, t.state);
      assert (lockCalled);
    }
  }
```

在包的作用域内有效的状态变量

请大家注意单元测试中的4个测试函数：testCoininLockedState、testCoininUnlockedState、testPassinLockedState和testPassinUnlockedState的测试函数。这些函数分别测试FSM的4个转换。在实现时，它们把Turnstile的state变量强制设置为想要检查的状态，然后调用想要验证的事件。要想让测试能够访问到状态变量，它就不能是私有的。因此，我将它设置为包范围内的作用域，并添加一条注释，以表明我的意图是将变量设置为私有的。

面向对象的设计原则则强调所有类的实例变量都应该是私有的。我们明显没有遵循这个原则，如果这么做，我们就破坏了对Turnstile类的封装。

那么，如果不这样做的话，我们该怎么做呢？

毫无疑问，我本可以让state变量保持私有状态。然后，这样做会导致测试代码无法强制为它设置值。虽然我可以在包的范围内创建有效的setState方法和getState方法，但是这样做看起来很荒谬。因为我本不想把state变量暴露给除了TestTurnstile以外的其他类使用，那么我为什么要创建一个set方法和get方法呢？更何况get方法和set方法就会导致在该包范围内的任何有效的类都可以获取并设置该变量的值了。

Java中有一个令人感到遗憾的弱点就是它没有C++语言中friend这样的概念。如果Java中有friend这样的声明，那么我就可以继续让state保存私有状态，并把TestTurnstile类声明为Turnstile的友元类。不过，在当前情况下，我认为让state成为包范围的作用域，并用注释来声明我的意图已经是一种最好的选择了。

测试动作

请注意程序29.2中的TurnstileController接口。这样做的目的是让TestTurnstile类能够确保Turnstile类能够以正确的顺序来调用正确的操作方法。如果没有这个接口，我们就很难确保状态机能够正常工作。

这是一个测试对设计产生一定影响的例子。如果我只是在没有经过测试的情况下写了状态机，就不太可能会创建TurnstileController接口；那样就比较可惜。TurnstileController接口能够很好地将有限状态机的逻辑与它需要执行的操作解耦。这样的话，其他FSM就可以在拥有完全不同逻辑的情况下毫无影响地使用TurnstileController接口。

如果我们需要创建单元测试来单独验证每个功能单元，那么在创建测试代码时，就会迫使我们以我们可能想不到的方式对代码进行解耦。因此，可测试性是一种能够推动设计解耦的力量。

嵌套 switch/case 实现的代价和获取的好处

对于简单的状态机来说，嵌套 switch/case 的实现既优雅又高效，因为状态机中所有的状态和事件都出现在一两页代码中。但是，对较大的 FSM 来说就不同了，在一个有几十个状态和事件的状态机中，代码就被退化成一页又一页的 case 语句。并且也没有定位工具能帮助我们了解当前正在阅读的是状态机中的哪一部分。总之，维护冗长、嵌套的 switch/case 语句非常困难且极易出错。

嵌套的 switch/case 语句还会有另外一个代价，即在有限状态机的逻辑与实现之间没有被很好地解耦。在程序 29.1 中，明显可以看到这种解耦，因为这些动作是在 TurnstileController 的派生类中进行实现的。但是，在我所能看到的大多数嵌套的 switch/case 的 FSM 中，动作的实现都被隐藏在 case 语句中。实际上，程序 29.1 也有这种可能。

解释迁移表

实现 FSM 的一种非常常见的技术就是创建一个用来描绘迁移的数据表。该表由处理事件的引擎负责解释。引擎查找与事件匹配的迁移，并调用相应的动作，更改状态。

程序 29.4 所示为创建迁移表的代码。程序 29.5 所示为迁移引擎。这两段程序都是从本章最后的完整实现中截取的片段。

程序 29.4　创建旋转门迁移表

```
public Turnstile(TurnstileController action) {
  turnstileController = action;
  addTransition(LOCKED, COIN, UNLOCKED, unlock());
  addTransition(LOCKED, PASS, LOCKED, alarm());
  addTransition(UNLOCKED, COIN, UNLOCKED, thankyou ( ) );
  addTransition(UNLOCKED, PASS, LOCKED, lock() );
}
```

程序 29.5　迁移引擎

```
public void event(int event){
  for (int i= O; i < transitions.size(); i++) {
```

```
            Transition transition = (Transition) transitions.elementAt(i);
            if (state == transition.currentState && event == transition.event){
                state = transition.newState;
                transition.action.execute();
            }
        }
    }
```

解释迁移表的代价和收益

该实现有一个很大的好处，构建迁移表的代码阅读起来就像是一个规范的状态迁移表。其中有 4 行 addTransaction 语句非常易于理解。状态机的逻辑都集中在同一个地方，且不受具体操作实现的影响。

与嵌套 switch/case 的实现相比，要维护这样的有限状态机非常容易。若要添加一个新的迁移，只需要向 Turnstile 的构造函数中增加一行 addTransaction 即可。

采用该方法的另一个好处是迁移表可以更容易的在运行时改变。这样就可以允许修改状态机的状态。我曾经用过类似这样的机制对复杂的有限状态机进行热补丁。

还有另一个好处是可以创建多个迁移表，每个表都代表不同的 FSM 逻辑。这些表可以根据不同的启动条件在运行时进行选择。

该方法主要花费的代价就是执行速度。迁移表的遍历需要花费时间。对于大型的状态机，遍历时间可能更久。另一个代价就是需要写大量的代码来支持迁移表。如果仔细查看程序 29.12，你就会看到大量的小函数，主要用来作为支持函数使用，它的目的就是允许程序 29.4 中状态迁移表的简单表达式能够成立。

状态模式

可以实现有限状态机的另一种方法是采用状态模式 [GOF95，p.305]。该模式同时具有嵌套 switch/case 语句的效率以及解释迁移表的灵活性。

图 29.3 所示为该模式的结构图。Turnstile 类中具有公有的事件方法和受保护的动作方法。它有一个指向 Turnstilestate 接口的引用。Turnstilestate 的两个派生类分别代表 FSM 的两个状态。

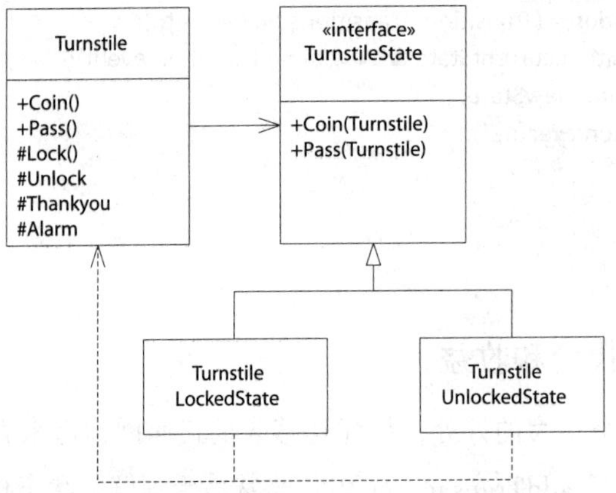

图 29.3 Turnstile 的状态模式解决方案

当我们调用某一个 Turnstile 的事件方法时，它就将事件委托给 TurnstileState 对象。TurnstileLockedState 的方法实现了 LOCKED 状态下的相应动作。TurnstileUnlockedState 的方法实现了 UNLOCKED 状态下的相应动作。为了能够改变 FSM 的状态，需要将 Turnstile 对象中的引用分配给这些派生对象的某一个实例。

程序 29.6 所示为 TurnstileState 接口及其两个派生类。在派生类的 4 个方法中可以很容易的获取到状态机的状态。例如，LockedTurnstileState 的 coin 方法就会让 Turnstile 对象将其状态改变为 unlocked 状态，之后再调用 Turnstile 的 unlock 动作的方法。

程序 29.6 TurnstileState.java

```
interface TurnstileState
{
  void coin(Turnstile t);

  void pass(Turnstile t);
}

class LockedTurnstileState implements TurnstileState
{
  public void coin(Turnstile t)
    {t.setUnlocked();
    t.unlock();
  }

  public void pass(Turnstile t)
  {
    t.alarm();
  }
```

```
}

class UnlockedTurnstileState implements TurnstileState
{
   public void coin(Turnstile t)
     {t.thankyou();
   }

   public void pass(Turnstile t)
   {
     t.setLocked();
     t.lock();
   }
}
```

程序 29.7 所示为 Turnstile 类。注意包含 TurnstileState 的派生类实例的静态变量。这些类本身没有变量，因此也不需要有多个实例。把 TurnstileState 的派生类实例保存在成员变量中，可以用来避免每次状态改变时都需要创建一个新实例的问题。如果我们需要多个 Turnstile 实例，那么就可以将这些变量设置为静态的。当我们需要更多的 Turnstile 实例时，就不必去创建新的派生类实例。

程序 29.7　Turnstile.java

```
public class Turnstile
{
   private static TurnstileState lockedState = new LockedTurnstileState();
   private static TurnstileState unlockedState = new UnlockedTurnstileState();
   private TurnstileController turnstileController;
   private TurnstileState state = lockedState;

   public Turnstile(TurnstileController action)
   {
     turnstileController = action;
   }

   public void coin()
   {
     state.coin(this);
   }

   public void pass()
   {
     state.pass(this);
   }
```

```
    public voi setLocked()
    {
      state = lockedState;
    }

    public void setUnlocked()
    {
      state = unlockedState;
    }

    public boolean isLocked()
    {
      return state == lockedState;
    }

    public boolean isUnlocked()
    {
      return state == unlockedState;
    }

    void thankyou()
    {
      turnstileController.thankyou();
    }

    void alarm()
    {
      turnstileController.alarm();
    }

    void lock()
    {
      turnstileController.lock();
    }

    void unlock()
      {turnstileController.unlock();
    }
}
```

状态模式和策略模式

图 29.3 很容易让人联想到策略模式（参见第 14 章）。这两种设计模式都有一个上下文的类，两者都委托给具有多个派生类的多态基类。两者的不同（如图 29.4 所示）

在于，在状态模式中，派生类持有对上下文类的引用。派生类的主要功能是通过该引用选择并调用上下文类中的方法。在策略模式中，不存在这样的约束及意图。策略的派生词也不需要持有对上下文的引用，也不需要调用上下文类中的方法。所以，状态模式的所有实例也是策略模式的实例，但并非所有的策略模式实例都是状态模式实例。

使用状态模式的代价和好处

状态模式彻底分离了状态机的操作和逻辑。操作在上下文类中进行实现，逻辑则通过分布在状态类的派生类来实现。在这种情况下，二者可以方便地各自变化，互不影响。例如，只需使用状态类的不同派生类，就可以很容易地用不同的状态逻辑重用上下文类中的动作。或者，我们可以创建上下文的子类来修改或者替换操作，而不会影响状态的派生类的逻辑。

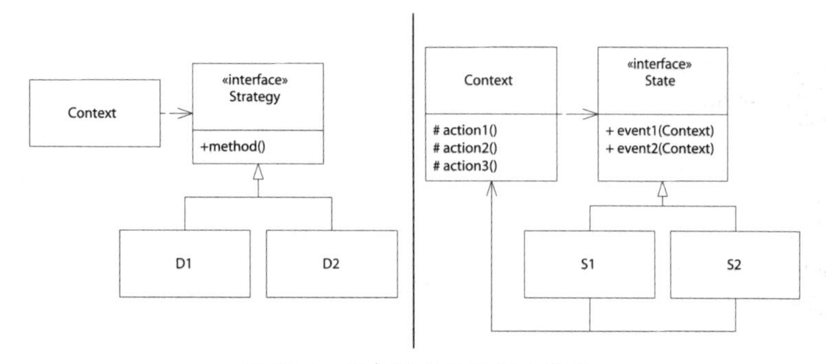

图 29.4 状态模式对比策略模式

这种技术的另一个好处就是它非常的高效。它基本上和嵌套 switch/case 实现的效率一样。因此，该方法既具有表驱动方法的灵活性，也具有嵌套 switch/case 方法的高效。

这种技术的代价体现在两个方面。首先，State 派生类的编写是一项繁琐的工作。写一个具有 20 种状态的状态机可能会使人精神麻木。其次，逻辑是分散的。我们无法在同一个地方看到整个状态机的逻辑。因此，这就使得代码很难维护。这也会使人想起嵌套 switch/case 方法的不透明性。

SMC：状态机编译器

写状态类的派生类以及把状态机的逻辑放在一个地方来表达时需要许多烦琐的工作，而为了省去这些乏味的工作我写了一个编译器，通过该编译器可以将文本描述的状态迁移表转变成实现状态模式所必需的类。该编译器是免费的，可以从 http://www.objectmentor.corn 下载。

程序 29.8 所示为编译器的输入。其语法如下所示：

```
currentState {
  event newState action
  ...
}
```

前面 4 行藐视了状态机的名称、上下文类的名称、初始状态以及在发生非法事件时抛出的异常的名称。

程序 29.8　Turnstile.sm

```
FSMName Turnstile
Context TurnstileActions
Initial Locked
Exception FSMError
{
 Locked
{
  coin Unlocked unlock
  pass Locked alarm
  }

 Unlocked
 {
  coin Unlocked thankyou
  pass Locked lock
 }
}
```

为了使用这个编译器，必须写一个声明这个动作的类。Context 行中就指定了这个类的名字。我称之为 TurnstileActions，如程序 29.9 所示。

程序 29.9　TurnstileActions.java

```java
public abstract class TurnstileActions
{
  public void lock() {}
  public void unlock() {}
  public void thankyou() {}
  public void alarm() {}
}
```

编译器会生成一个从上下文类中派生的类。FSMName 行中指定生产类的名字。我将它称之为 Turnstile。

我本可以在 TurnstileActions 中实现动作相关的方法。然而，我更倾向于写另外一个类，这个类是生成类的派生类并且实现了动作方法、如程序 29.10 所示。

程序 29.10 TurnstileFSM.java

```
public class TurnstileFSM extends Turnstile
{
  private TurnstileController controller;

  public TurnstileFSM(TurnstileController controller)
  {
    this.controller = controller;
  }

  public void lock()
  {
    controller.lock()
  }

  public void unlock()
  {
    controller.unlock();
  }

  public void thankyou()
  {
    controller.thankyou();
  }

  public void alarm()I
  {
    controller.alarm();
  }
}
```

以上就是需要我们写的所有代码。SMC 编译器会自动生成剩下的代码。最终这个结构看起来如图 29.5 所示。我称之为“三层有限状态机（THREE-LEVEL FINITE STATE MATCHINE）”[PLoPD1，p.383]。

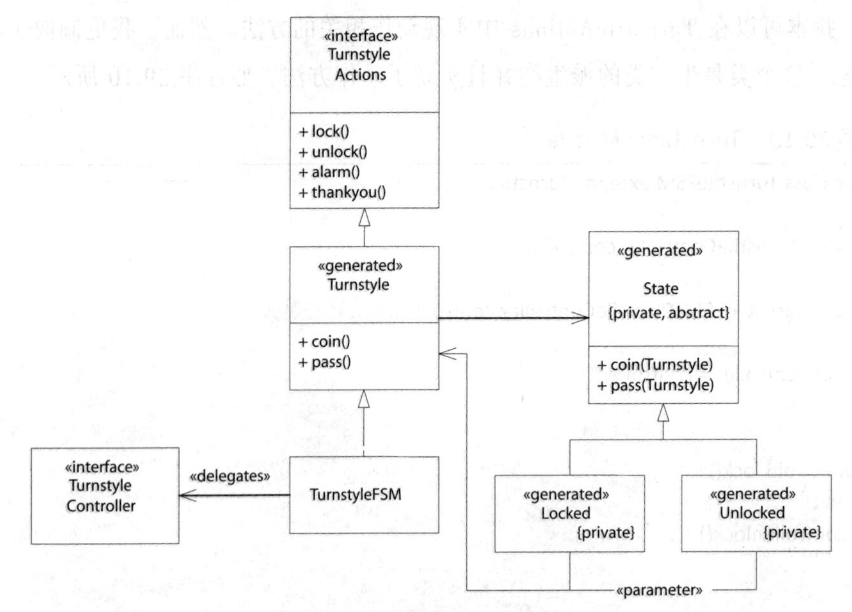

图 29.5 三层有限状态机

通过这三个层级就能够用最小的代价提供最大的灵活性。我们可以创建许多派生自 TurnstileActios 类不同的有限状态机。同样，我们也可以创建许多不同的派生自 Turnstile 类的动作方法。

这里需要注意，编译器生成的代码和我们需要写的代码要完全隔离。我们不必修改任何编译器生成的代码，甚至都不需要查看这些代码，我们可以将这些生成的代码看成是二进制代码那样。

在本章最后的程序区内，可以在程序 29.13 ~ 程序 29.15 中看到在该例子中生成的代码和其他支持的代码。

用 SMC 的方法生成状态模式的代价和好处

我们已经得到了不同方法的最大好处。对有限状态机的描述都集中在一个地方，非常容易维护。有限状态机的逻辑和动作方法的实现是解耦开来的，这样两者在彼此发生任何改变的时候都不会影响对方。该解决方案是高效的、优雅的，并且只需要少量的编码工作。

采用 SMC 方法的代价是必须学习另一个新的工具。然而，在该例子中这个工具的安装和使用是非常简单的。参考程序 29.16 和上一节；并且，这个工具是完全免费的!

状态机应该用在哪些地方？

我会在一个应用程序中多个不同的类中使用到状态机（以及 SMC）。

作为 GUI 中的高层应用策略

20 世纪 80 年代发生过一次图形革命，它的目标是创造一种无状态的界面给人们使用。这时，计算机界面基本都是层级化的文本菜单。人们经常无法高效地从复杂的文本菜单中找到所需的菜单，并且也不知道当前屏幕所处的状态。GUI 则通过减少屏幕状态变化的次数来缓解这个问题。在一些现代的 GUI 中，为了能够将公共特性时刻保持在屏幕中，并且确保使用者不会对隐藏的状态感到困惑，已经有人做了大量的工作。

然而，具有讽刺意味的是，实现这些“无状态”GUI 的代码完全是由状态驱动出来的。在这样的 GUI 中，代码需要明确指出哪些菜单项和按钮要灰色显示，哪些子窗口应该显示出来，哪些标签页需要处于激活状态，页面的焦点应该在哪里等。所有这些决定都和界面的状态有关。

很久之前，我就意识到要控制这些因素简直是一场噩梦，除非能够将它们组织成单一的控制结构。这个控制的结构最好被表示为 FSM。从那时起，我几乎所有的 GUI 编写都由 SMC 编译器（或者它的前期版本）生成的 FSM 来实现。

请思考程序 29.11 中的状态机。该状态机控制着一个应用程序用户登录部分的 GUI 部分。当它受到一个启动的事件时，页面就会显示一个登录界面。一旦用户按下“回车键”，该状态机就会检测用户输入的密码是否正确。如果用户密码输入正确，就会转变为 loggedIn 状态，并且开始用户处理的过程（此处没有显示出来）。如果用户密码输入错误，屏幕就会提示用户密码错误。如果用户想要再试一次，那么他就需要在页面上点击确认按钮，否则点击取消按钮就可以了。如果密码输入错误次数超过三次（thirdBadPassword 事件），那么状态机就会锁定用户界面，直到管理员输入密码才能解锁。

程序 29.11 login.sm

```
Initial init
{
  init
  {
    start logginIn displayLoginScreen
  }
```

```
  logginIn
  {
    enter checkingPassword checkPassword
    cancel init clearScreen
  }

  checkingPassword
  {
    passwordGood loggedIn startUserProcess
    passwordBad notifyingPasswordBad diplayBadPasswordScreen
    thirdBadPassword screenLocked displayLockScreen
  }

  notifyingPasswordBad
  {
    OK checkingPassword displayLogingScreen
    cancel init clearScreen
  }

  screenLocked
  {
    enter checkingAdminPassword checkAdminPassword
  }

  checkingAdminPassword
  {
    passwordGood init clearScreen
    passwordBad screenLocked displayLockScreen
  }
}
```

我们这里所做的事情就是在状态机中获取应用程序高层次的策略。我们将这个高层的策略集中在一起，这样非常有利于维护。它能够极大地简化该应用程序中剩余的代码工作，因为那些代码不再和策略相关的代码混合在一起。

显而易见的是，这个方法不仅可以用于 GUI，还可以用在其他界面中。实际上，我就在文本界面以及机器 - 机器的界面中也用过类似的方法。但是，GUI 比其他界面更复杂，所以更需要用状态机来解决这样的问题。

GUI 交互控制器

假设你希望用户能在屏幕上绘制矩形。那么他们的操作步骤如下：首先，在工具窗口点击矩形图标；然后，他们将鼠标定位在画布的 某一个角上；之后，他们可以点击鼠标并一直拖曳到希望的第二个角上；在用户拖拽鼠标时，屏幕上会显示一个可能的矩形形状；用户通过鼠标的拖动来控制想要的矩形形状，当用户得到想要的矩形时，就可以释放鼠标了；此时，程序就会停止绘制矩形了，并且会在屏幕上绘制一个固定大小的矩形。

当然，用户可以在任何时候通过点击其他的工具图标来取消这次矩形的绘制。如果用户不小心将鼠标拖曳到画布窗口以外，绘制中的矩形也会暂时停止，直到鼠标重新返回到画布中，绘制中的矩形就会重新出现。

最后，当绘制完一个矩形之后，用户只要在画布窗口中再次点击并拖拽鼠标就可以绘制出另一个矩形，不需要再次点击工具栏中的矩形图标。

前面所描述的正是一个有限状态机。其状态转换图如图 29.6 所示。带有箭头的实心圆表示状态机（参见附录 B 中的“状态和内部迁移”小节）的起始状态。被空心圆环绕的实心圆是状态机的最终状态。

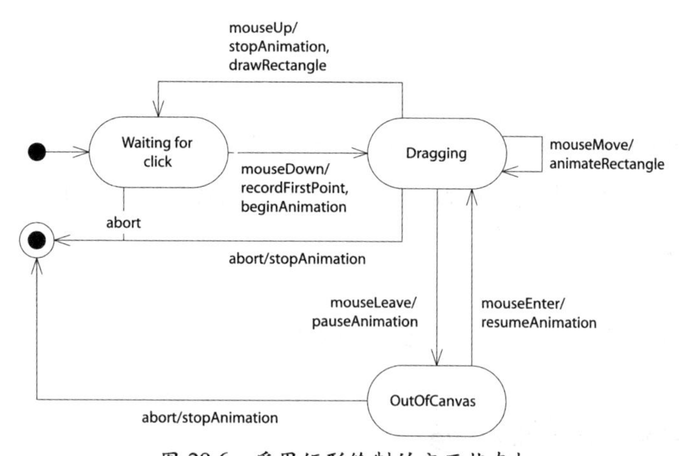

图 29.6 采用矩形绘制的交互状态机

GUI 交互中充斥着大量有限状态机。它们由用户的输入事件来驱动，这些不同的事件引起交互状态的改变。

分布式处理

分布式处理是另一种情况，在这种情况下，系统的状态会依据输入的事件不同而发生变化。例如，假设在一个网络中，你必须将大量的信息从一个节点传输到另一个节点中。同样假设网络中的响应时间很宝贵，因此在这种情况下就需要将数据包进行分割，对每个小的数据包进行发送。

如图 29.7 所示就是该场景下的状态机。它从一个传输回话开始，接着发送每一个数据包并等待确认，最后以回话终止而结束。

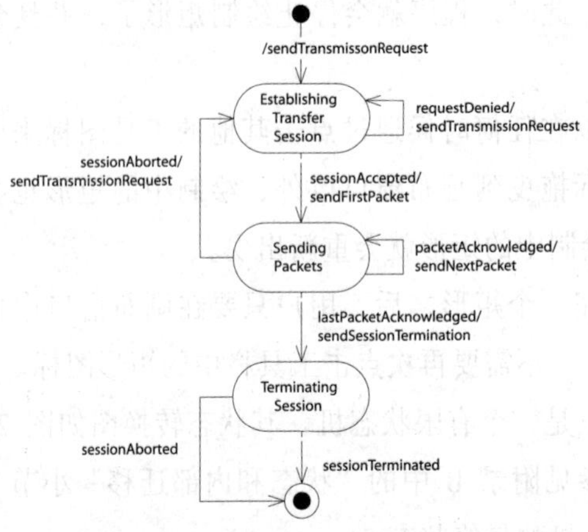

图 29.7　将大包拆分为多个小包发送

小结

有限状态机并未得到充分的应用。在许多情形中，使用状态机可以帮助创建更加清晰、简单、灵活和准确的代码。使用状态模式以及根据状态迁移表生成代码的简单工具，可以提供很大的帮助。

完整程序

使用解释表的 Turnstile.java

该程序显示如何通过解释一个状态迁移数据结构向量来实现有限状态机。它和程序 29.2 中的 TurnstileController 以及程序 29.3 中的 TurnstileTest 完全兼容。

程序 29.12　使用解释表的 Turnstile.java

```
import java.util.Vector;

public class Turnstile
{
  // States
  public static final int LOCKED = 0;
  public static final int UNLOCKED = 1;
```

```
  // Events
  public static final int COIN = O;
  public static final int PASS 1;
  /* private */ int state = LOCKED;
  private TurnstileController turnstileController;
  private Vector transitions = new Vector();
Privte interface Action
{
  void execute();
}

private class Transition
 {
  public Transition(int currentState, int event,
                    int newState, Action action)
 {
    this.currentState = currentState;
    this.event = event;
    this.newState = newState;
    this.action = action;
  }

  int currentState;
  int event;
  int newState;
  Action action;
}

public Turnstile(TurnstileController action)
{
   turnstileController = action;
  addTransition(LOCKED, COIN, UNLOCKED, unlock());
  addTransition(LOCKED, PASS, LOCKED, alarm());
  addTransition(UNLOCKED, COIN, UNLOCKED, thankyou());
  addTransition(UNLOCKED, PASS, LOCKED, lock());
 }

 private void addTransition(int currentState, int event,
                            int newState, Action action)
 {
   transitions.add(
     new Transition(currentState, event, newState, action));
 }

   private Action lock()
 {
     return new Action()
```

```
    {
        public void execute()
        {
            doLock();
        }
    };
}

private Action thankyou()
{
    return new Action()
    {
        public void execute()
        {
            doThankyou();
        }
    };
}

private Action alarm()
{
    return new Action()
    {
        public void execute()
        {
            doAlarm();
        }
    };
}

private Action unlock()
{
    return new Action()
    {
        public void execute()
        {
            doUnlock();
        }
    };
}

private void doUnlock()
{
    turnstileController.unlock();
}
```

```
  private void doLock()
{
    turnstileController.lock();
  }

  private void doAlarm()
  {
    turnstileController.alarm();
  }

  private void doThankyou()
  {
    turnstileController.thankyou();
  }

  public void event(int event)
  {
    for (int i = O; i < transitions.size(); i++)
{
      Transition transition = (Transition) transitions.elementAt(i);
      if (state == transition.currentState && event == transition.event)
{
        state = transition.newState;
        transition.action.execute();
      }
    }
  }
}
```

SMC 生成的 Turnstile.java 以及其他的支持文件

程序 29.13 ~ 程序 29.16 所示为十字转门的例子中，使用 SMC 生成的代码。Turnstile.java 由 SMC 生成。虽然这个生成器制造了一些混乱，但生成的代码倒也不坏。

程序 29.13　Turnstile.java （由 SMC 生成）

```
//----------------------------------------------------------------------------------------------------------------------
//
// FSM: Turnstile
// Context: TurnstileActions
// Exception: FSMError
// Version:
// Generated: Thursday 0910612001 at 12:23:59 CDT
//
//----------------------------------------------------------------------------------------------------------------------
//----------------------------------------------------------------------------------------------------------------------
```

```
//
// class Turnstile
// This is the Finite State Machine class
//
public class Turnstile extends TurnstileActions
{
  private State itsState;
  private static String itsVersion = "";

  // instance variables for each state
private static Locked itsLockedState;
private static Unlocked itsUnlockedState;
  // constructor
  public Turnstile()
  {
    itsLockedState = new Locked();
    itsUnlockedState = new Unlocked();
    itsState = itsLockedState;
    // Entry functions for: Locked
  }

  // accessor functions
  public String getVersion()
  {
    return itsVersion;

  }

  public String getCurrentStateName()
  {
    return itsState.stateName();
  }

  // event functions - forward to the current State
  public void pass() throws FSMError
  {
    itsState.pass();
  }

  public void coin() throws FSMError
  {
    itsState.coin();
  }

  //------------------------------------------------------------------------------------------------------------------
  //
  // private class State
```

```
// This is the base State class
//
private abstract class State
{
   public abstract String stateName();

   default event functions

   public void pass() throws FSMError
{
      throw new FSMError("pass", itsState.stateName());
   }

   public void coin() throws FSMError
{
      throw new FSMError("coin", itsState.stateName());
   }
}

//------------------------------------------------------------------------------------------------------------------------
//
// class Locked
// handles the Locked State and its events
//
private class Locked extends State
{
   public String stateName()
{
      return "Locked";
   }

   //
   // responds to coin event
   //
   public void coin()
      {
      unlock();
      // change the state
      itsState = itsUnlockedState;
   }

   //
   // responds to pass event
   //
   public void pass()
{
      alarm();
```

```
      // change the state
      itsState = itsLockedState;
    }
  }

  //----------------------------------------------------------------------
  //
  // class Unlocked
  // handles the Unlocked State and its events
  private class Unlocked extends State
  {
    public String stateName()
  {
      return "Unlocked";
    }

    //
    // responds to pass event
    //
    public void pass()
  {
      lock();
      // change the state
      itsState = itsLockedState;
    }

    //
    // responds to coin event
    //
    public void coin()
      {thankyou();
      // change the state
      itsState = itsUnlockedState;
    }
  }
}
```

如果出现了任何非法的事件，SMC 就会抛出 FSMError 异常。在十字转门的例子中，由于例子比较简单，不可能会有非法事件发生，所以在这里异常就是没有用的。然而，在较大的状态机中，有些事件是不应该在某些状态下发生的。这些迁移根本就没有在 SMC 的输入中被提及。因此，如果发生这样的事件，生成的最终代码就会抛出异常。

程序 29.14　FSMError.java

```
public class FSMError extends Exception
{
```

```
  public FSMError(String event, String state)
  {
    super("Invalid event:" + event + " in state:" + state);
  }
}
```

SMC 生产状态机的测试代码与我们在本章中编写的其他测试程序非常相似，只有少许不同。

程序 29.15 SMCTurnstileTest.java

```
import junit.framework.*;
import junit.swingui.TestRunner;

public class SMCTurnstileTest extends TestCase
{
 public static void main(String[] args)
 {
   TestRunner.main(new String[] { "SMCTurnstileTest" });
 }

 public SMCTurnstileTest(String name)
 {
    super(name);
 }

 private TurnstileFSM t;
 private boolean lockCalled = false;
 private boolean unlockCalled = false;
 private boolean thankyouCalled = false;
 private boolean alarmCalled = false;

 public void setUp()

   TurnstileController controllerSpoof = new TurnstileController()
   {
     public void lock()  {lockCalled = true;}
     public void unlock() { unlockCalled = true;}
     public void thankyou()  {thankyouCalled = true;}
     public void alarm()   {alarmCalled = true;}
   };

   t = new TurnstileFSM(controllerSpoof);
 }

public void testinitialConditions()
```

```
    {
      assertEquals("Locked", t.getCurrentStateName());
    }

    public void testCoininLockedState() throws Exception
    {
      t.coin();
      assertEquals("Unlocked", t.getCurrentStateName());
      assert (unlockCalled);
    }

    public void testCoininUnlockedState() throws Exception
    {
      t.coin();
      t.coin();
      assertEquals("Unlocked", t.getCurrentStateName());
      assert (thankyouCalled);
    }

    public void testPassinLockedState() throws Exception
    {
      t.pass();
      assertEquals("Locked", t.getCurrentStateName());
      assert (alarmCalled);
    }

    public void testPassinUnlockedState() throws Exception
    {
      t.coin();
      t.pass();
      assertEquals("Locked", t.getCurrentStateName());
      assert (lockCalled);
    }
}
```

TurnstileController 类与本章中出现的所有其他类相同。可以回头参考程序 29.2。程序 29.16 所示为 ant 文件，用来生成 Turnstile.java 代码文件。请注意，它并不是非常重要。实际上，如果只是想简单地在 DOS 窗口中输入构建命令，输入以下内容即可：java smc.Smc –f TurnstileFSM.sm。

程序 29.16 build.xml

```
<project name="SMCTurnstile"default="TestSMCTurnstile"basedir=".">
  <property environment="env"/>
```

```
<path id="classpath">
  <pathelement path="${env.CLASSPATH}"/>
</path>
<target name="TurnstileFSM">
  <java classname="smc.Smc">
    <arg value="-f TurnstileFSM.sm"/>
    <classpath refid="classpath"/>
  </java>
</target>
```

参考文献

1. Gamma, et al. *Design Patterns.* Reading, MA: Addison-Wesley, 1995.
2. Coplien and Schmidt. *Pattern Languages of Program Design*. Reading, MA: Addison-Wesley, 1995.

第 30 章　ETS 框架

文 / 马丁 & 纽柯克（Robert C. Martin & James Newkirk）

本章描述了一个重要的软件项目，该项目从 1993 年 3 月开始开发到 1997 年底才完成。该软件是由美国教育考试服务中心（ETS）委托开发的，由我们两人和 Object Mentor 公司的其他几位开发人员共同开发。

我们在这一章将重点关注产生可重用框架的方法，主要包含技术方面和管理方面。创建一个这样的框架是该项目取得成功的重要一步，并且它的设计和开发历程同样具有教育意义。

任何一个软件项目的开发环境都不会是完美的，这个项目也不例外。为了能够从技术角度去理解软件的设计，开发环境问题的考虑也是很重要的。因此，在深入研究项目的软件工程实践之前，我们会先介绍一些项目及其开发环境的背景知识。

介绍

项目概述

要想成为美国或加拿大的持照建筑师，必须通过一门考试。如果能够通过考试，就可以得到美国国家建筑认证委员会（NCARB）颁发的资质证书[①]，这也是任何一名建筑师都必须经历的。考试由 NCARB 授权的教育考试中心（ETS）来承办。目前，该项考试由诚希国际集团（Chauncey Group International）管理。

① 中文版编注：根据官方数据显示，美国注册建筑师的人数在 2019 年升至 116 242 人，注册人数最多的三个州分别为加州（17 369）、纽约州（11 662）和德州（8 595）。

考试共由 9 个部分组成，并且要持续几天的时间。在 3 个绘图部分的考试中，要求考生在一个类似 CAD 软件的环境中通过绘制或者摆放某一对象来给出问题的解决方案。例如，可能要求他们执行如下操作：

- 设计某个建筑物的平面图
- 为一个已有的建筑物设计屋顶
- 已有一个建筑物，为它设计相关的服务，例如停车场、道路系统、人行道系统等

过去，考生通过用铅笔和图纸来绘图以回答这些问题。然后再将这些图纸提交给评审中心以对考生的解决方案进行评分。评审中心由经验丰富的建筑师组成。他们会仔细考虑候选人的解决方案并决定是否通过考试。

1989 年，NCARB 委托 ETS 研究开发一款自动化的系统，这个系统可以用于考试的绘图部分，并可以提交给评审中心进行评分。1992 年，ETS 和 NCARB 都认为这样的系统确实是有必要并且是可以开发出来的。除此之外，他们认为该系统的需求可能会不断变化，因此需要采用面向对象的设计方法。因此，他们就联系 Object Mentor 公司（OMI）帮助他们设计这个系统。

1993 年 3 月，OMI 签署了一份合同，着手开发该考试软件的部分功能。一年后，OMI 成功完成了该部分软件的开发工作，并且又签署了另一份合同用以完成剩余部分软件的开发工作。

1. 程序结构

ETS 决定采用的结构非常优雅。绘图测试分为 15 个不同的问题，称为“绘图题”。每道绘图题用来测试一个特定的知识领域。一道题可能用于测试考生对屋顶设计的理解，另一道题可能测试他们对设计平面图是如何理解的。

每一道绘图题又被细分为两部分。“答题”部分是图形界面，考生在该图形界面上答题，“评分”部分则从“答题”部分读取考生的答案并对其进行评分。考生可在任何地点进行答题，答题完成后就会将他的答案提交到评分中心。

2. 脚本

尽管只有 15 个绘图题，但每一个绘图题都可以有许多考点。不同的考点确定了考生要解决问题的要点。例如，对于楼层平面图的绘制这道题来说，它可能会包含图书馆设计的考点，还可能包含杂货店设计的考点。在这种情况下，绘图题必须通过更加通用的方式来写，这些绘图题的解答以及评分必须要在脚本的控制下进行。

3. 平台

答题程序和评分程序都要在 Windows 3.1（后来升级到 Win 95/NT）中运行。将采用 C++ 语言写该程序并采用面向对象的设计方法。

4. 第一份合同

1993 年 3 月，OMI 签署了第一份合同，用以开发所有绘图题中最复杂的答题和评分软件“建筑设计”。之所以做出这个决定，是因为考虑到 Booch 的建议：“首先开发风险最高的部分，这也是管理风险和评估团队估算过程的一种方法。”

5. “建筑设计”软件

建筑设计旨在测试考生设计相对简单的两层建筑平面图的能力。该软件将为考生提供一栋需要进行设计的建筑物，并附有一定的要求和约束。然后，考生将使用交付程序将房间、门、窗户、走廊、楼梯和电梯加入他的解决方案中。

然后，评分程序将对照能够评估出应试者知识的大量考点来核对答案。这些考点都是保密的，但总的来说，它们会评估如下这些内容。

- 该建筑物是否满足现有客户的要求？
- 该建筑物是否合规？
- 该考生是否展示出了其设计逻辑？
- 该建筑物及其各个房间的位置是否正确？

早期历程：1993—1994

在项目的早期阶段，就只有我们两个人（Martin 和 Newkirk）是做这个项目的开发人员。我们在和 ETS 的合同中规定，我们将为建筑设计软件制定“答题”和“评分”程序。但是，我们还希望在开发这个软件的同时也能够开发出一个可重用的框架。

到了 1997 年，必须要有 15 个绘图题的“答题”和“评分”程序投入使用。这个项目要在 4 年时间内完成。我们认为，有一个可以重用的框架对完成这个目标会有很大的帮助。这样的框架也将大大有助于我们管理绘图题的数量及质量。毕竟，我们不想让考试在不同的绘图题上有不同的操作体验。

因此，在 1993 年 3 月 1 日，我们开始着手设计“建筑设计”软件的两个组件和一个框架，这样，剩下的 14 个绘图题都可以重用该框架了。

成功

1993 年 9 月，我们完成了“答题”和“评分”程序的第一版，我们向 NCARB 和 ETS 的代表演示了这两个程序。这次演示获得了他们的好评，并开始计划在 1994 年 1 月进行第一次现场试验。

和大多数项目一样，一旦用户看到生产环境中实际运行的程序，就会意识到软件所呈现出的特性并不是他们真正想要的。在 1993 年整个一年时间内，我们每周都会将绘图题的样版发给 ETS 做审核，直到 9 月份的演示时，我们已经做了大量的更改和增强工作。

演示结束之后，迫在眉睫的现场试验使需求变更和增强的数量迅速增加。我们两个人全职忙于这个软件的开发和测试工作，为现场试验做准备。

这次现场试验的结果进一步加速了“建筑设计”软件设计规范的制定，也使得我们在 1994 年的第一季度变得更加忙碌。

1993 年 12 月，我们开始就构建其余绘图题的合同进行谈判。这次谈判共持续了 3 个月。1994 年 3 月，ETS 同意 OMI 开发一个框架以及另外的 10 道绘图题。接下来 ETS 让自己的工程师根据这个框架开发其余 5 个绘图题。

框架?

1993 年末，也是“建筑设计”软件的需求变动最频繁的时候，为了让 ETS 完成即将签署的合同中规定的工作，我们中的一个人（Newkirk）和他们的工程师一起工作了一周时间，目的是演示如何重用包含 60 000 行 C++ 代码的框架中的代码来构建其他的绘图题。但是，事情的进展并不是很顺利，到了周末，重用框架的唯一方法只是将源代码中的代码片段剪切并粘贴到新的绘图题中。显然，这并不是一个好选择。

事后看来，我们未能构建出可行的框架可能有两个原因。第一，我们一直将重点放在“建筑设计”上，而没有考虑其他的绘图题。第二，我们经历着数月的需求变更和交付的压力。这两件事情一起把允许特定于“建筑设计”的概念渗透到框架中。

在某种程度上，我们曾经天真地将面向对象设计的好处视为是理所当然的。我们认为，通过使用 C++ 并进行仔细的面向对象设计，可以轻松创建出可重用的框架。但其实我们错了，我们发现，构建一个可重用的框架非常困难。

框架！

在 1994 年 3 月，我们签署完新合同后，我们又为该项目增加了两名工程师，并开始开发新的绘图题。我们仍然认为我们需要开发一个框架，并坚信我们现有的框架无法发挥其功能。显然，我们需要改变策略。

1994 年时的团队成员组成如下。

- 马丁（Robert C. Martin）：架构师、首席软件设计师，20 年以上的工作经验
- 纽柯克（James W. Newkirk）：软件设计师兼顾项目负责人，15 年以上工作经验
- 饶（Bhama Rao）：设计师和程序员，12 年以上的工作经验
- 米切尔（William Mitchell）：设计师和程序员，15 年以上的工作经验

最后期限

由于该软件在 1997 年投入使用，其交付的截止日期就是由此而规定的。考生将在 2 月份参加考试，并且需要在 5 月份知道自己的分数。这是该项目必须满足的要求，是刚需。

策略

为了按时完成项目并且确保程序的质量和一致性，我们决定采用一种新的框架构建策略。我们虽然保留了原来框架的部分代码，但是大部分的代码都被废弃了。

一个被舍弃的方案

一种做法是先对框架进行重新设计，并在开始开发任何绘图题前完成该框架的开发工作。确实，许多人会通过架构驱动的方法来识别这一点。但是，我们决定不采用这个选择，因为它会产生大量无法在绘图题程序中进行测试的框架代码。我们认为我们并不能预料到绘图题的需求。因此，我们认为该架构需要尽早在实际使用的绘图题程序中进行验证。我们不想猜测。

丽贝卡·维尔福斯—布洛克[①]曾经说过：“你必须在一个框架上至少构建出三个或更多的应用程序（然后将它们丢弃），然后才能合理地确信已经在该领域构建了正确

---

① 中文版编注：Rebecca Wirfs-Brock（1953—　），对象技术专家，面向对象设计技术的先驱，其 1990 年出版的《面向对象软件设计经典》清晰阐述了类、职责和协作的概念，她提出了职责驱动设计的方法。在 2002 年出版的《对象设计》中，融合了她对 CRC 卡、协作与灵活性等主题的洞见。

的架构。”[BOOCH-OS, p.275] 在经历了一次构建框架的失败后，我们也有类似的感受。因此，我们决定在开发框架的同时也对新的绘图程序进行开发。这样，我们就可以对绘图题程序中的相似特性进行比较，并且以通用和可重用的方式来设计这些功能。

刚开始，我们同时进行 4 个绘图题的开发。在开发过程中，我们发现了某些相似的功能。然后，我们就将它们重构为更通用的形式，并重新对其他三个绘图题程序进行调整。因此，任何代码除非已经在至少四个绘图题程序中成功的被重用了，否则是不可能成为该框架的一部分的。

同样，我们也用类似的方式对“建筑设计”软件进行了重构。一旦这些代码可以在其他 3 个绘图题中重用，就可以将它们放置在框架中。

被加入到框架中的一些公共特性如下。

- UI 屏幕的结构：消息窗口、绘图窗口、按钮选项板等
- 创建、移动、调整、识别和删除指定图形元素
- 缩放和滚动
- 简单草图的绘制，比如线、圆以及折线
- 绘图题的计时及其自动中止
- 答案文件的保存和复原，包括错误恢复功能等

许多几何元素的数学模型：线、射线、线段、点、框、圆、弧、三角形、多边形等。这些模型还包括一些方法，如交叉、面积、IsPointIn、IsPointOn 等

- 单个考点的评分和权重的设定

在接下来的 8 个月中，该框架的 C++ 代码行数增加到了约 60 000 行，这相当于一个人多年的努力。但是，这个框架已经被四个不同的绘图题程序重用了。

结果

1. 丢弃旧版本

我们如何处理原来的“建筑设计”程序呢？随着框架的不断发展和在新的绘图题中的成功使用，原来的“建筑设计”程序就显得越来越像是局外人了。它不同于其他所有的绘图题程序，必须要以不同的方式来维护和演化。尽管“建筑设计”软件是公司花了一年多的心血完成的，但我们还是决定无情地抛弃这个旧版本。我们承诺在项目开发的后期对它进行重新设计并重新开发。

2. 漫长的初期开发

对于框架的开发，我们采用这样的策略导致的结果就是起初的绘图题的开发时间相对比较长。前 4 个 绘图题的交付时间大约需要 4 个人年。

3. 重用效率

在最初的几个绘图题程序完成时，框架以及有了大约 60 000 行代码了，而绘图题程序的交付物却非常小。每个程序大约有 4000 行的模板代码（即每个绘图题的代码都是相同的）。此外，每个程序还有平均约 6000 行的专有代码。其中，最小的绘图题具有大约 500 行的特定于该应用程序的代码，而最大的绘图题专有代码的数量多达 12 000 行。我们感觉了不起的是，平均而言，每个绘图题中有近六分之五的代码是框架中的代码。在这些程序中只有十分之一的代码是程序特有的。

4. 开发效率

在完成前四个绘图题程序之后，开发时间就急剧减少。我们在接下来的 18 个月内完成了剩下 7 个绘图题程序（包括重写“建筑设计”程序）的交付工作。在这些新完成的绘图题程序汇总，它们的代码行数比例和前四个程序大致相同。

此外，就“建筑设计”程序来说，我们第一次开发它花了一个多人年才完成，但我们用该框架重写时却只需要花费 2.5 个人月就可以完成。开发效率提升了近 6 倍。

还有另外一种看待这些结果的方法，前 5 个绘图题（包含“建筑设计”）程序的开发需要每个人一年的工作量，但随后绘图题的开发却只需每个人 2.6 个月即可。开发效率提升了近 400%。

5. 每周交付

从项目开始，直到整个开发过程中，我们每周都会向 ETS 交付一个测试版本。ETS 会对这个版本的软件进行测试和评估，并发给我们他们所需要的更改列表。接下来，我们评估这些更改，并和 ETS 确定在什么时候进行交付。复杂的变更或优先级较低的变更通常会选择延迟交付这些需求，而优先处理高优先级的变更。因此，ETS 自始至终都控制着项目的进度和时间安排。

6. 健壮和灵活的设计

该项目最令人满意的一个方面就是它的体系结构和框架能够经受住需求的变更而带来的变化。在开发的高峰期，每周都会有一个长长的需求变更清单需要修改。其中会有一些 bug 相关的修改，但更多的是由于实际需求带来的更改。然而，在大量的开发过程中，尽管有这么多的需求需要修改，但是“软件的设计却始终没有遭到破坏”。（Pete Brittingham，ETS 中心NCARB项目主管）

7. 最终成果

1997 年 2 月，参与建筑师考试的考生开始使用交付的程序进行考试。1997 年 5 月，评审中心开始通过该程序对他们进行评分。该系统也从那时开始运行，并且运行状态良好。现在，北美的每个建筑师候选人都用此软件参加考试。

框架设计

评分应用程序的通用需求

考虑一下这个问题：“如何测试某个人的知识和技术水平？”ETS 为 NCARB 设计的程序采用了一个相当精细的方案。在此，我们可以通过研究一个简单的虚拟实例来说明这一点，这是一个基础数学测试问题。

在这个基础数学测试中，我们会向学生出 100 道数学题，这些题包括简单的加法、减法、大数乘法和长除法。我们将通过他们对这些题的解答来判断他们的数学能力。我们的目的是告诉他们的分数是否能通过测试。“通过”表示我们确定他们已经掌握了基本数学所需的基本知识和技能。“不通过”表示我们觉得他们尚未掌握该类的知识和技能。在不确定的情况下，我们把分数设定为“不确定”。

但是，我们还有另外一个目标。我们希望能够列举出学生的优点和缺点。我们希望将基础数学的主要内容进一步细分，然后针对每个细分内容对学生的基础数学能力进行评估。

例如，如果一个学生所掌握的乘法口诀不正确，他可能会把 7×8 误算为 42。那么该学生可能会把大部分的乘法和除法问题搞错。在此情况下，该学生当然通不过测试。但是，假设该学生把试卷中其他的题目都做对了！该学生在长乘法中有部分计算步骤是正确的，并且也正确构造了长除法问题。实际上，该学生唯一犯的错误就是将 7×8 算成了 42。我们当然想知道这一点。事实上，对于此类学生的纠正措施非常简单，我们更希望能给学生提供及格的分数以及一些额外的纠正辅导。

那么，我们如何给出考试的分数才能正确判断学生真正掌握了哪些基础数学的专业知识，没有掌握哪些领域呢？请参考图 30.1 ，该图显示了我们需要测试的专业知识领域，这些线表示不同知识间层次化的依赖关系。因此，我们可以看到基础数学的知识依赖于项和因数的知识。项的知识依赖于加法口诀以及加、减法机制方面的知识。加法的知识又依赖于加法的交换、结合等性质方面的知识以及进位的机理。

叶子矩形又称为不同的“考点”。考点是可以考察的知识单元，根据对这些考点的考察可以得出他是合格（A）、不合格（U）或者不确定（I）。因此，对于我们给出的 100 道题以及学生的回答，我们希望把每个考点应用在不同的考题中，并最终给出一个明确的成绩。以“进位”这一考点来说，我们会查看每一道加法题中学生的答案，并和正确答案做对比。如果学生把所有的加法题都做对了，那么“进位”这一考点的最终考察结果就肯定为“A”。但是，对于学生做错的每一道加法题，我们会进一步确定错误是否发生在进位上。我们会试着组合出不同的进位错误来确定考生是否是由于进位而错误导致这道题的错误答案。如果我们基本确定学生就是由于进位而致这道题的错误，那么对于“进位”这一考点的得分就会有相应的变化。最后，“进位”考点所给出的得分就是一个综合的统计结果，该结果是基于考生是否由进位错误而导致题目的错误而给出的。

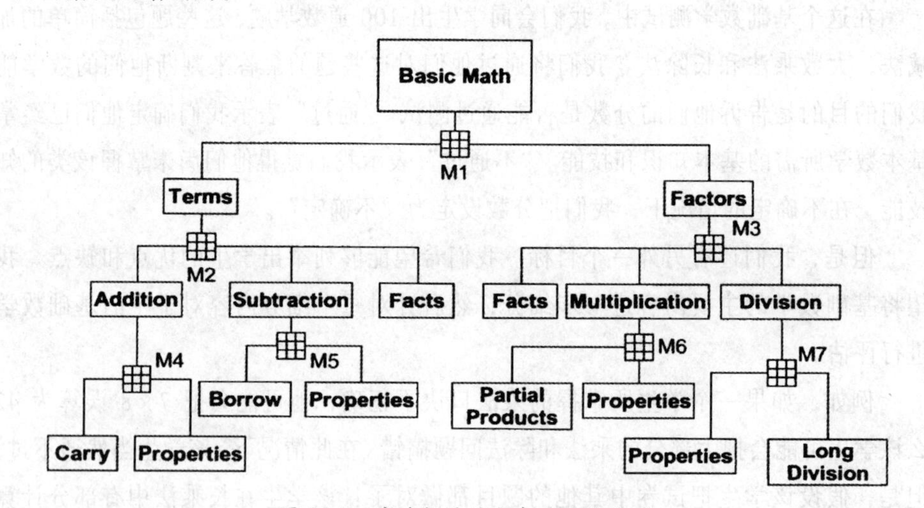

图 30.1 基础数学的考点层次结构图

例如，如果在这个学生做错的所有加法题中，大部分错误都是由于进位错误而导致的，那么对于进位这个考点我们肯定会给出“U”的成绩，如果他只有约四分之一的错误能被确定为进位错误，那么我们可能会给“I”。

最后，所有的考点都会通过这种方式进行考察。会对每个考点的考题进行考察并最终得出该考点的成绩。各种不同考点的成绩也代表学生对基础数学知识点的掌握情况。

下一步就是根据学生不同的考点成绩分析得出他的最终成绩。为此，我们会通过使用不同权重在矩阵中沿着一定的层次结构向上合并考点的成绩。请注意，在图 30.1 中，层次结构的不同层之间的结合处都存在有矩阵图标。该矩阵将一个权重因子与每个不同的考点成绩关联起来，并且在一个层次结构中提供该层的成绩的映射。例如：紧挨着加法节点正下方的矩阵会设置应用于进位和加法性质考点成绩的权重，并且会描述用来计算加法考点的综合成绩的映射。

图 30.2 展示了这些矩阵中的形式之一。由于"进位"考点比加法性质考点更重要一些，因此它的权重也是加法性质考点权重的两倍。然后，将各考点的加权分数加在一起，并将最终结果应用于该矩阵中。

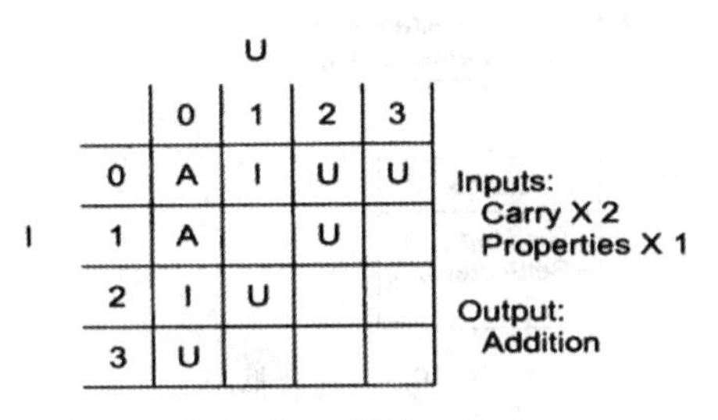

图 30.2 Addition 矩阵

例如，我们假设"进位"考点的成绩为"I"，加法性质考点的成绩为"A"。由于没有为"U" 的成绩，所以我们使用矩阵最左边的那一列。"I" 的加权成绩为 2，所以使用矩阵的第 3 行，得出结果为"I"。请注意，该矩阵中有一些空的单元格。它们代表着不可能出现的情况，在当前给定的权重下，是不会出现矩阵中空单元格的成绩组合的。

接下来在层次结构的每个层中重复这样的权重和矩阵方案，直到得出最终成绩。因此，最终成绩是各种考点成绩合并再合并的最终结果。这样的层次结构也非常适合于 ETS 的试题专家对其局部进行精细化的调整。

评分框架的设计

图 30.3 所示为评分框架的静态结构。该结构可以分为两个主要部分，右边以特殊字体显示的三个类不属于该框架。它们表示必须要针对每个特定题目的评分程序

而写的类。在图 30.3 中，其余的类是属于框架中的类，它们是所有评分程序所共有的类。

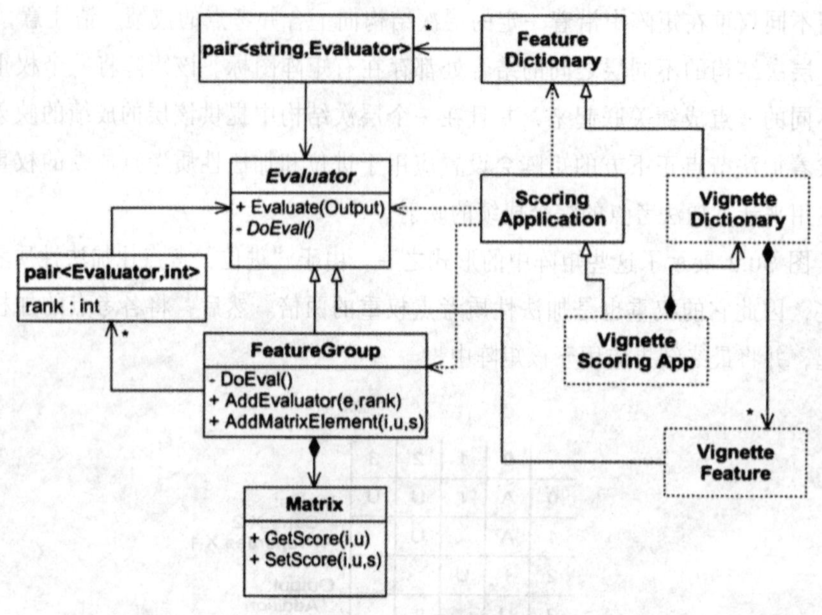

图 30.3 评分框架

评分框架中最重要的类就是 Evaluator。该类是一个抽象类，它既代表评分树的叶子节点，又代表矩阵节点。当要计算评分树中一个节点的成绩时，就需要调用 Evaluate(ostream&) 方法。为了能提供一种标准的方法将学生成绩记录到输出设备中，该方法使用了模板方法模式 [GOF95，p.325]。

程序 30.1 Evaluator

```
class Evaluator {
  public:
    enum Score {A,I,U,F,X};
    Evaluator();
    virtual ~Evaluator();
    Score Evaluate(ostream& scoreOutput);
    void SetName(const String& theName) {itsName theName;}
    const String& GetName() {return itsName;}

  private:
    virtual Score DoEval() = 0;
    String itsName;
};
```

请看程序 30.1 和程序 30.2，其中 Evaluator() 函数调用了一个私有的、纯虚函数 DoEval()。该函数将来会被复写以实现评分树中节点的评分。Evaluate() 函数会把它返回的成绩以标准的形式输出。

程序 30.2 Evaluate::Evaluate

```
Evaluator::Score Evaluator::Evaluate(ostream&o)
{
  static char scoreName[J={'A','I','U','F','X'};
  o << itsName << ":";
  score = DoEval();
  o << scoreName[score) << endl;
  return score;
}
```

图 30.3 中的 VignetteFeature 类代表着评分树中的叶子节点。事实上，每个评分程序都会有几十个这样的类。每个类也都将复写 DoEval() 为特定的评分程序计算成绩。

评分树的矩阵节点由图 30.3 中的 FeatureGroup 类表示。程序 30.3 所示为该类的代码。在 FeatureGroup 对象的创建中，有两个函数会提供一定的帮助。一个是 AddEvaluator，另一个是 AddMatrixElement。

程序 30.3 FeatureGroup

```
class FeatureGroup public Evaluator
{
public:
  FeatureGroup(const RWCString&name);
  virtual~FeatureGroup();
  void AddEvaluator(Evaluator*e,int rank);
  void AddMatrixElement(int i,int u,Score s);

private:
  Evaluator::Score DoEval();
  Matrix itsMatrix;
  vector<pair<Evaluator*,int>>itsEvaluators;
};
```

AddEvaluator 函数可以将子节点添加到 FeatureGroup 中。例如，再次回顾图 30.1，Addition 节点是一个 FeatureGroup，并且我们要调用两次 AddEvaluator 才能将 Carry 和 Properties 节点加入其中。AddEvaluator 函数还可以用来指定不同考点间的权重。该权重是最终用来计算成绩的一个系数。因此，当我们调用 AddEvaluator 函数将 Carry 添加到 Addition FeatureGroup 中时，我们将它的权重设置为 2，因为 Carry 考点的权重是 Properties 考点权重的两倍。

AddMatrixElement 函数将一个单元格添加到矩阵中。针对每个需要填充的单元格都应该调用该函数。例如：我们将使用程序 30.4 中的程序调用序列来创建如图 30.2 所示的矩阵。

程序 30.4　创建 Addition 矩阵

```
addition.AddMatrixElement(0,0,Evaluator::A);
addition.AddMatrixElement(O,l,Evaluator::I);
addition.AddMatrixElement(0,2,Evaluator::U);
addition.AddMatrixElement(0,3,Evaluator::U);
addition.AddMatrixElement(l,0,Evaluator: :A);
addition.AddMatrixElement(l,2,Evaluator: :U);
addition.AddMatrixElement(2,0,Evaluator::I);
addition.AddMatrixElement(2,l,Evaluator::U);
addition.AddMatrixElement(3,0,Evaluator::U);
```

DoEval() 函数只是遍历所有的评分因素的列表，把它们的得分乘以权重，然后再将成绩增加到关于 I 和 U 分数的累加器中。当遍历完成后，它会依据这些累加器作为矩阵的索引以获取最后的成绩，参见程序 30.5 。

程序 30.5　Feature::DoEval

```
Evaluator::Score FeatureGroup::DoEval()
{
  int sumu, sumI;
  sumU = sumI = O;
  Evaluator::Score s, rtnScore;
  Vector<Pair<Evaluator*, int>>::iterator ei;
  ei = itsEvaluators.begin();
  for(; ei != itsEvaluators.end(); ei++)
  {
    Evaluator* e = (*ei).first;
    int rank = (*ei).second;
    s = e.Evaluate(outputStream);
    switch(s)
    {
    case I:
      sumI += rank;
      break;
    case U:
      sumU += rank;
      break;
    }
```

```
    } // for ei
    rtnScore = itsMatrix.GetScore(suml, sumu);
    return rtnScore;
}
```

还有最后一个问题了。如何建立评分树呢？很明显，ETS 的考试专家会希望能够通过更改评分树的拓扑和权重而不必更改实际的评分应用。因此，评分树是由 VignettescoringApp 类来构建的。

该类在每个评分程序下都有自己不同的实现。该类的一个职责是构建 FeatureGroup 的派生类。该类包含一个从字符串到 Evaluator 指针的映射。

当评分程序启动时，评分框架就获得了控制权。它调用了 ScoringApplication 类中的方法，该方法将创建适合的 FeatureDictionary 的派生类。然后，它会读取一个指定的文本文件，该文本文件描述了评分树的拓扑及其权重。该文本文件通过使用特殊的名字来标识考点。这些考点的名称与 FeatureDictionary 中相应的 Evaluator 指针相关联。

因此，在最简单的情况下，计分程序不过是一组考点和一个构建 FeatureDictionary 的方法。评分树的构建和评分是由该框架处理的，因此对所有评分程序都是通用的。

模板方法模式的一个实例

假设有一个绘图题是为了测试应试者设计建筑物楼层平面的能力，比如，如何设计一个图书馆或警察局。在此绘图题中，应试者必须绘制房间、走廊、门、窗户、墙壁开口、楼梯和电梯等。该程序会将绘制的图形转换为评分程序可以理解的数据结构。它的对象模型类似于图 30.4 所示。

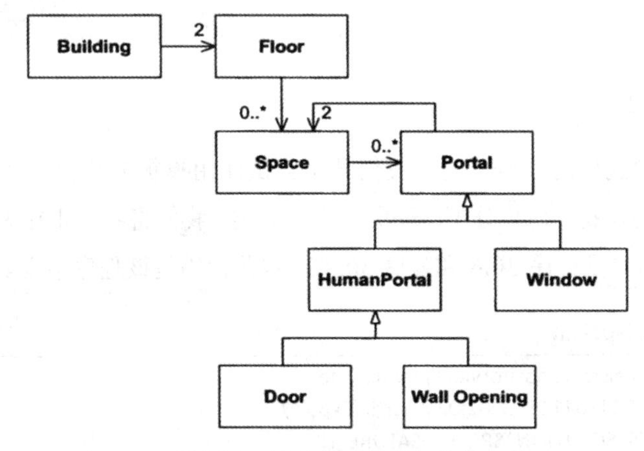

图 30.4 楼层平面的数据结构

毫无疑问，该数据结构中的对象具有非常小的功能。从任何意义上讲，它们都不是多态对象。相反，它们只是一个简单的数据载体，即一个纯粹的表示层模型。

一栋建筑物由两层组成。每个楼层都有许多空间。每个空间都有许多出入口，每个入口又会将两个空间分隔开。入口可以是窗户，也可以允许人通过。人能通过的入口要么是墙壁的开口，要么是门。

评分是通过评估该解决方案的一组考点来进行的。这些考点如下所示。

- 应试者是否画出了所有要求的空间？
- 每个空间的宽高比是否合适？
- 每个空间都有入口么？
- 对外的空间是否设计了窗户？
- 男女洗手间是否通过门相连？
- 主管的办公室是否可以看到山景？
- 厨房的位置是否容易到后院呢？
- 从餐厅可以容易走到厨房么？
- 可以从走廊走到每个房间么？

ETS 的考试专家希望能够轻松调整评分矩阵。他们希望能够更改评分权重，将各考点重新组合到不同的子层次结构中等。他们希望能够随时删除他们认为毫无价值的考点或添加新的考点。以上这些操作大多数都是只需要更改一个文本文件进行配置即可。

处于性能原因，我们只想计算矩阵中所包含的考点。因此，我们为每个考点都创建了类。每个 Feature 类都有一个 Evaluate 方法，该方法会遍历图 30.4 中的数据结构并计算出成绩。这就意味着我们我们有几十个 Feature 类，它们都具有相同的数据结构。这样的代码重复真是太可怕了。

只写一次循环

为了消除这样的代码重复，我们开始尝试使用模板方法模式。那是在 1993 年和 1994 年，还是在我们对设计模式一无所知的时候。我们将我们正在做的事情称之为“写一次循环”（请参见程序 30.6 和程序 30.7）。这些代码是该程序中真实使用的 C++模块。

程序 30.6 solspcft.h

```
/* $Header: lSpacelsrc_repositoryletslgrandelvgfeatl
solspcft.h,v 1.2 1994104111 17:02:02 rmartin Exp$ */
#ifndef FEATURES_SOLUTION_SPACE_FEATURE_H
```

```
#define FEATURES_SOLUTION_SPACE_FEATURE_H

#include "scoringleval.h"

template <class T> class Query;

class SolutionSpace;
//-------------------------------------------------------------------------------------------------------
// Name
// SolutionSpaceFeature
//
// Description
// This class is a base class which provides a loop which
// scans through the set of solution spaces and then
// finds all the solution spaces that match it. Pure virtual
// functions are provided for when a solution space are found.
//

class SolutionSpaceFeature : public Evaluator
{
  public:
    SolutionSpaceFeature(Query<SolutionSpace*>&);
    virtual -SolutionSpaceFeature();
    virtual Evaluator::Score DoEval();
    virtual void NewSolutionSpace(const SolutionSpace&) =0;
    virtual Evaluator::Score GetScore() = O;

  private:
    SolutionSpaceFeature(const SolutionSpaceFeature&);
    SolutionSpaceFeature& operator= (const SolutionSpaceFeature&);
    Query<SolutionSpace*>& itsSolutionSpaceQuery;
};
#endif
```

程序 30.7 splspcft.cpp

```
/* $Header: /Space/src_repository/ets/grande/vgfeat/
solspcft.cpp,v 1.2 1994/04/1 1 17:02:00 rmartin Exp$ */
#include "componen/set.h"

#include "vgsolut/solspc.h"
#include "componen/query.h"
#include "vgsolut/scfilter.h"
```

```
#include "vgfeat/solspcft.h"

extern ScoringFilter* GscoreFilter;
SolutionSpaceFeature::SolutionSpaceFeature(Query<SolutionSpace*>& q) : itsSolutionSpaceQuery(q) {}

SolutionSpaceFeature::-SolutionSpaceFeature() {}

Evaluator::Score SolutionSpaceFeature::DoEval()
{
  Set<SolutionSpace*>& theSet = GscoreFilter->GetSolutionSpaces();
Selectiveiterator<SolutionSpace*>ai(theSet,itsSolutionSpaceQuery);
  for (; ai; ai++)
  {
    SolutionSpace& as = **ai;
 NewSolutionSpace(as);
  }
  return GetScore();
}
```

从注释头中可以看出，该代码写于 1994 年。因此，对于那些习惯 STL 的人来说，这些代码看起来可能有些奇怪。不过，如果暂时忽略那些无关的信息和奇怪的迭代器，就可以在这这些代码中看到经典的“模板方法”模式。DoEval 函数遍历所有的 SolutionSpace 对象，然后它将调用纯虚的 NewSolutionSpace 函数。SolutionSpaceFeature 的派生类实现了 NewSolutionSpace 并根据特定的评分标准评估了每个空间中的考点。

SolutionSpaceFeature 的派生功能包含用来评测答案中的空间是否合适，空间是否具有合适的面积和长宽比，电梯的摆放是否合适等考点。

遍历数据结构的循环结构在一个地方，这也体现出这种做法的整洁之处。所有需要评分的考点都是通过继承而得到的，而不是重新实现它。

有些考点的考察必须依附于某一个空间的入口特征。因此，我们将再次使用该模式，并创建从 SolutionSpaceFeature 派生的类 PortalFeature。PortalFeature 中 NewSolutionSpace 的实现遍历了 SolutionSpace 参数中所有的入口，并调用了纯虚函数 NewPortal(const Portal&)，请参考图 30.5。

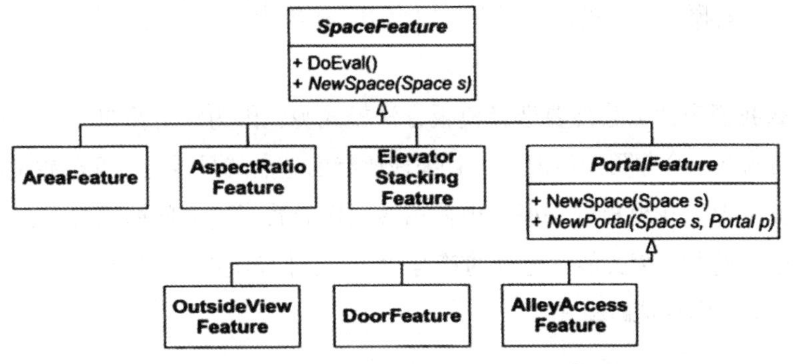

图 30.5 考点考察的模板方法模式结构图

通过使用该结构，我们可以创建数十种不同的待评分的考点。每个考点都可以在不了解楼层平面数据结构的情况下去遍历它们。如果楼层平面数据结构的细节发生了变化（例如我们决定使用 STL 而不是我们自己的迭代器），那么我们只需更改两个类就好，而不必更改几十个类。

那么为什么我们选择模板方法模式而不是策略模式呢？（显然我们不是通过这些术语来思考的。当我们做这个决定的时候，设计模式这个名字还没有被人创造出来）考虑一下，如果使用策略模式，它们之间的耦合会松散得多，请参考图 30.6！

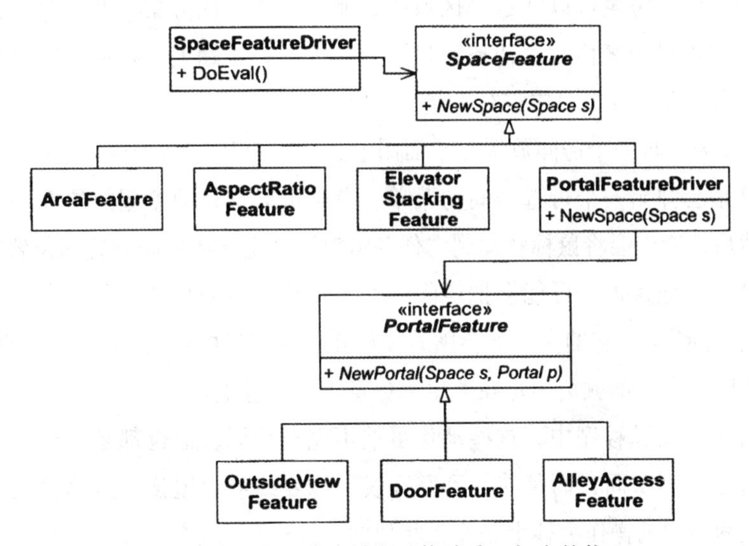

图 30.6 采用策略模式的楼层平面评分结构

使用模板方法模式，如果我们必须要更改遍历数据结构的算法，则必须更改 SpaceFeature 类和 PortalFeature 类。这样极有可能迫使我们重新编译所有的考点。然而，使用策略模式时，更改就仅限于两个 Drive 类中。实际上，几乎不会需要重新编译所有的考点。

那么我们为什么最终要选择模板方法模式呢？因为它更简单一些。模板方法模式中数据结构并不会频繁发生改变，且编译所有的考点就只需花费几分钟的时间即可。

因此，即使在模板方法模式中使用继承而导致了类之间的耦合更加紧密，且策略模式相比模板方法模式能够更好的符合 DIP 原则，但最终我们还是觉得不值得创建两个额外的类去实现策略模式。

答题程序中的通用需求

在答题程序中，有一部分功能是重复的。例如，所有绘图题中的画布结构都是相同的。画布的左侧是一个窗口，其中包含有一系列按钮，该窗口称为“命令窗口”。命令窗口中的按钮可以用来控制该程序。按钮上面标注着一些词语，比如“放置项目”“擦除”“移动 / 调整”“缩放”和“完成”等。单击这些按钮，可以使应用程序完成相应的行为。

命令窗口的右边是“任务窗口”。这是一个可以滚动和缩放的区域，且该区域拥有很大的空间，考生可以在这个区域中绘制题目的解决方案。在“命令窗口”中激活的命令通常可以用来修改“任务窗口”中的内容。实际上，在命令窗口中激活的大多数命令都需要在任务窗口中进行大量的交互。

例如，为了将一个房间放置在平面图上，考生可以在“命令窗口”中单击“放置项目”按钮，这是会弹出一个可选房间的菜单。考生可以选择他希望放置在平面图中的房间类型。然后，考生会将鼠标移动到“任务窗口”确定希望房间放置的位置并单击鼠标。对于某些绘图题来说，可能会把房间的左上角确定在用户选择的地方，接着会出现一个可以缩放的房间，它的左下部会随着鼠标在任务窗口中移动，直到考生再次点击鼠标，这时，房间的左下部就会固定在考生鼠标点击的位置上。

在每个绘图题程序中，这些动作虽然不完全相同，但也都是相似的。可能一些绘图题没有涉及到房间，而是涉及到登高线、地界线或者屋顶。虽然存在一些差异，但在绘图题程序中的操作大体上是非常相似的。

这种功能上的相似也就意味着我们有大量可以重用代码的机会。我们应该能够创建一个面向对象的框架，通过该框架捕获大部分的相似之处，并能够更方便的表达差异。在这一方面，我们确实取得了成功。

答题框架的设计

ETS 框架，最后的代码增长到将近 75 000 行。虽然我们没有办法在书中展示该框架的所有细节，但是我们选择了该框架中最具说明性的两个部分来进行探讨：事件模型和 Taskmaster 架构。

1. 事件模型

考生所选择的每一个动作都会导致事件的产生。如果用户单击某个按钮，则会生成一个以该按钮命名的事件。如果用户选择某个菜单项，就会产生一个以该菜单项命名的事件。对这些事件的管理是该框架中的一个重要问题。

之所以说是一个重要的问题，是由于这其中非常大的一部分事件都可以由框架来进行管理，但是每一个单独绘图题程序却需要复写框架对一个特定事件的处理方法。因此，我们需要找到一种方法，通过该方法给绘图题赋予在必要时复写某些事件处理的能力。

所有事件列表对改变不封闭的这一事实，使问题变得更加复杂。每个绘图题都可以在“命令窗口”中排列自己专属的特定按钮集和菜单集。因此，框架需要对所有绘图题共有的事件进行排列，同时还要允许每个绘图题调整自己特定的事件。这并不是一件十分容易的事。

例如，考虑图 30.7 所示。该图（附录 B 描述了类似这样的状态图表示法）展示了有限状态机的一小部分，该状态机将用于排列在绘图题程序命令窗口中出现的事件。对于该有限状态机，每个绘图题都有自己的专用版本。

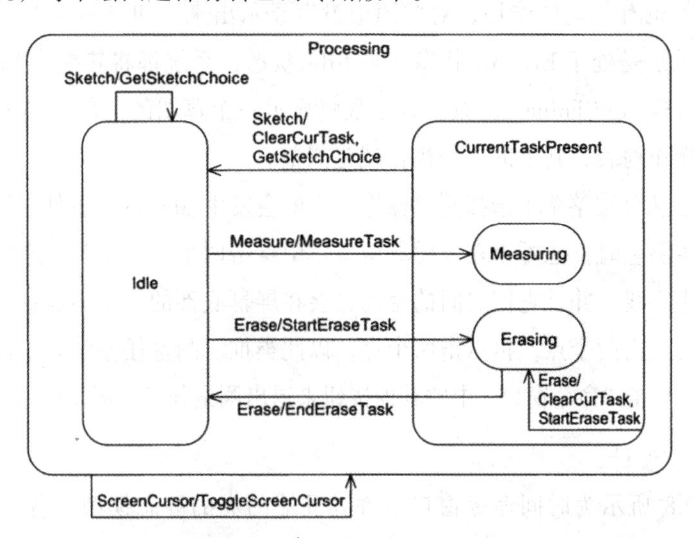

图 30.7 命令窗口事件处理器

图 30.7 展示了三种不同类型的事件。让我们首先考虑一下最简单的情况，即 ScreenCursor 事件。当考生单击这个按钮时，就会生成这个事件。用户每次单击此按钮时，“任务窗口”中的光标都会在箭头和十字线之间来回切换。因此，尽管光标的状态被改变了，但事件处理器中的状态却没有发生任何改变。

当考生想要删除他所绘制的对象时，他就会单击“擦除”按钮。首先，他需要在任务窗口中想要删除的一个或多个对象上点击鼠标以选中对象，然后再次点击“擦除”按钮以提交删除操作。图 30.7 中的状态机显示了“命令窗口”事件处理器对此是如何处理的。第一个擦除事件将使状态机从 Idle 状态转换为 Erasing 状态，并且开始擦除对象的任务。我们会在下一节中进一步讨论擦除任务。目前为止，只需要知道擦除任务会处理发生在任务窗口中的所有事件就够了。

请注意，即使在 Erasing 状态下，ScreenCursor 事件仍然会正常运行，并且不会干扰到对象擦除操作。同样需要注意的是，有两种方法可以退出 Erasing 状态。如果出现另外一个擦除事件，就会结束擦除任务，则结束擦除任务，直接提交擦除结果并且状态机转换为 Idle 状态。这是结束擦除操作的正常做法。

结束擦除操作的另一种方法是单击“命令窗口”中的其他按钮。如果在擦除任务执行的过程中，考生单击命令窗口的按钮以启动其他任务（例如草图按钮），则擦除任务中止，且擦除操作也会被取消。

图 30.7 显示了发生 Sketch 事件时取消擦除事件的过程是如何完成的，但还有其他一些事件也有相同的作用，对此图中没有显示出来。如果考生点击画草图按钮，那么无论该系统是处于 Erasing 状态还是 Idle 状态，系统都将转换为 Idle 状态，并会同时调用 GetSketchChoices 函数。该函数将显示一个草图的菜单，其中包含一些用户可以执行的操作列表，其中的一个操作就是测量。

当考生从草图菜单中选择测量操作时，就会发生 Measure 事件。这将会启动测量任务。在考生测量时，他可以在“任务窗口”中点击两个点，这时，这两个点会被标记上一个小的十字线，并且它们之间的距离也会在屏幕底部的一个小消息窗口显示。然后，考生可以再点击两个点，再点击两个点，以此类推。测量任务没有正常退出的方法，考生必须通过单击“命令窗口”中的其他按钮来退出测量任务，例如擦除按钮或草图按钮。

2. 事件模型设计

图 30.8 所示为时间命令窗口事件处理器的类的静态模型。右边的继承结构代表 CommandWindow，而左侧的继承结构代表着把事件转换为动作的有限状态机。

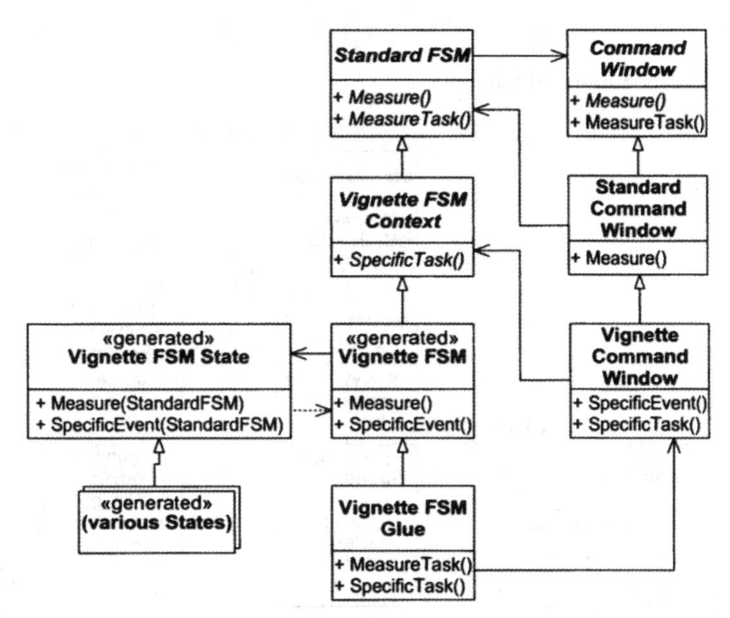

图 30.8 命令窗口事件处理器的静态模型

如图 30.8 所示，CommandWindow、StandardCommandWindow 和 StandardFSM 都是框架类。其余的类则专门适用于绘图题。CommandWindow 提供了诸如 MeasureTask 和 EraseTask 之类的标准动作实现。

事件由 VignetteCommandView 接收，再被传递给有限状态机，有限状态机再将它们转换为响应的动作。然后，这些动作又会被传递回 CommandWindow 的继承结构中，并在该继承结构中实现这些动作。

CommandWindow 类为 MeasureTask 和 EraseTask 等标准动作提供了实现。所谓的“标准动作”，是指所有的绘图题中共有的动作。StandardCommandWindow 将针对有限状态机对接收到的标准事件进行编排。VignetteCommandWindow 是特定于绘图题的，它提供了针对特定动作的实现，也提供了针对特定事件的编排。此外，也可以通过该类重写标准动作和事件编排。

因此，该框架为所有的常见动作提供了默认的实现和编排。但是，这些默认的实现都可以被任何一个绘图题程序中的方法复写。

3. 追踪标准事件

图 30.9 展示了将标准事件编排到有限状态机中并转换为标准动作的过程。消息 1 是 Measure 事件，它由 GUI 产生，并传递给 VignetteCommandWindow。

StandardCommandWindow 提供了对此事件的默认编排方法，因此，它将在消息 1.1 中把该事件转发给 StandardFSM。

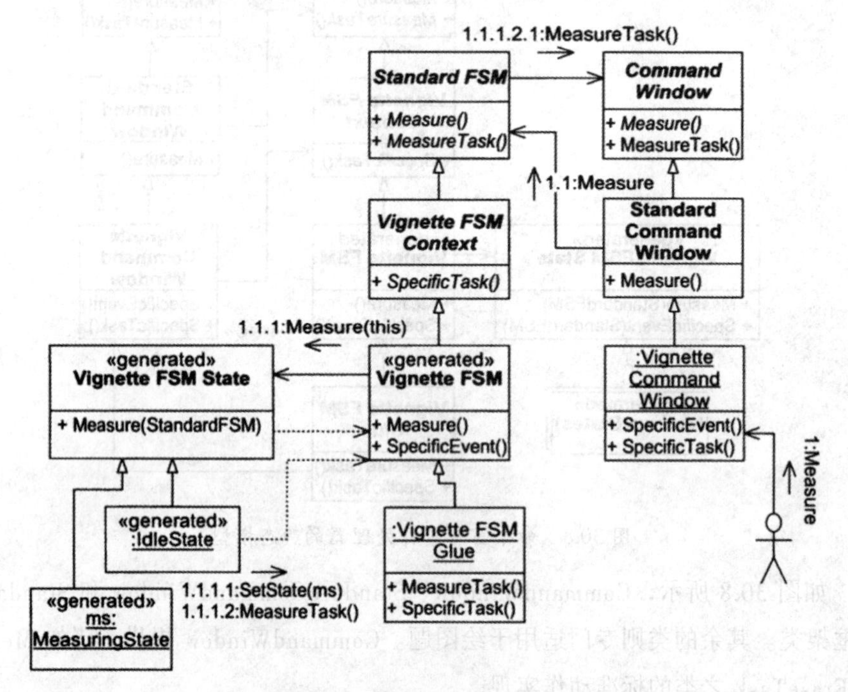

图 30.9　Measure 事件的处理

StandardFSM 是一个框架类，它为所有传入的标准事件和所有传出的标准动作提供接口。这些具体的功能都没有该级别中实现。VignetteFSMContext 向接口中增加了针对特定绘图题的事件和动作，但是也没有实现。

将事件转换为动作这一过程实际发生在 VignetteFSM 类与 VignetteState 类中。VignetteFSM 包含所有事件函数的实现。于是，1.1:Message 就被向下分发到这个级别。作为响应，VignetteFSM 向 VignetteState 对象发送 1.1.1:Measure(this) 消息。

VignetteFSMState 是一个抽象类。对于有限状态机中的每个状态，都有一个该类的派生类。在图 30.9 中，我们假设 FSM 的当前状态为 Idle，参见图 30.7。因此，1.1.1:Measure(this) 消息就会被分发给 IdleState 对象。作为响应，该对象会发送给 Vignette 对象两个消息。第一个是 1.1.1.1:SetState(ms)，他把 FSM 的状态更改为"Measuring" 状态，第二个消息是 1.1.1.2:MeasureTask()，它是 Idle 状态下 Measure 事件所需采取的动作。

MeasureTask 消息最终会在 VignetteFSMGlue 类中实现，该类会把动作当做一个在 CommandWindow 中声明的标准动作，因此会将其路由到消息 1.1.1.2.1:MeasureTask

中，从而结束整个闭环。

用于将事件转换为动作的机制是状态模式。我们在框架的许多地方都用到了这种模式，在接下来的小节中将会看到这一点。出现在状态模式中的 <<generated>> 构造类型表示这些类是由 SMC 自动生成的。

4. 追踪特定于绘图题的事件

图 30.10 所示为特定于绘图题的事件发生时会发生的情况。同样，消息 1:SpecificEvent 再次被 VignetteCommandWindow 捕获。然而，由于对特定事件的编排是在该层实现的，所以就会由 VignetteCommandWindow 发送 1.1:SpecificEvent 消息，并把它发送到 VignetteFSMContext 类中且在该类中首先声明 SpecificEvent 方法。

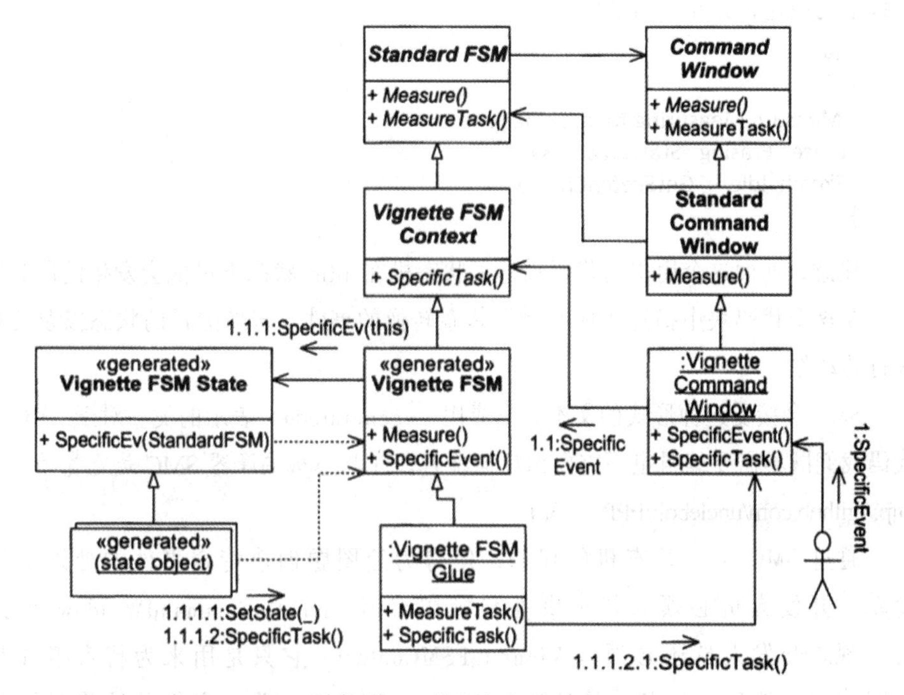

图 30.10 特定事件的处理

再次将该事件发送到 VignetteFSM 中，后者在消息 1.1.1:SpecificEv 中与当前对象协商以生成相应的动作。与以前一样，状态对象会以两个消息 1.1.1.1:SetState 以及 1.1.1.2:SpecificTsk 进行回复。

同样，该消息将向下分发给 VignetteFSMGlue。但是，这次它将被视为一个绘图题程序的特定操作，因此会被直接发送到实现特定动作的 VignetteCommandWindow 中。

5. 产生并重用命令窗口状态机

在这一点上，你可能会感到奇怪，为什么需要这么多的类以这样的方式来编排所有的事件和动作呢？请考虑一下，尽管我们会用到很多类，但是我们真正使用到的对象却很少。实际上，真正实例化的对象仅仅有 VignetteCommandWindow、VignetteFSMGlue 和各种状态对象，这些对象都是不值得一提的，并且也都是自动生成的。

尽管它们之间的消息流看起来有些复杂，但实际上却非常简单。窗口检测到一个事件，把它传递给 FSM，FSM 再把事件转换为动作，并把动作传回给窗口中。除此之外其他的复杂性都体现在将框架中的标准动作和绘图题程序中的特定动作区分开来。

另一个影响我们划分类的决定因素是我们使用 SMC 来自动生成有限状态机。请考虑以下的描述，并参考图 30.7：

```
Idle
{
  Measure Measuring MeasureTask
  Erase   Erasing   StartEraseTask
  Sketch  Idle      GetSketchChoice
}
```

注意，前面这个简单的代码描述了状态机在 Idle 状态下可能会发生的所有状态转换。在这个代码块中描述了所有触发状态转换的事件、转换的目的状态以及转换时所执行的动作。

SMC 会接受这种形式的文本并生成用 <<generated>> 表示的类。对于 SMC 生成的代码我们既不需要编辑也不需要做任何检查。（状态机编译器 SMC 是免费的，可以在 http://github.com/unclebob/PPP 下载）

通过 SMC 生成状态机的代码，使得为绘图题创建特定事件的处理变得非常简单。开发人员必须为特定事件和操作编写 VignetteCommandWindow 及其相应的实现。开发人员还必须写 VignetteFSMContext，它只是用来为特定事件和操作声明接口。然后，开发人员还要写 VignetteFSMGlue 类，它简单地将操作分发给 VignetteCommandWindow。这些任务都不是特别有挑战性。

开发人员还必须做一件事。他必须为 SMC 写有限状态机的描述。这个状态机实际上相当复杂。图 30.7 中的关系图完全没有将状态图表达清楚。一个真正的绘图题必须处理许多不同的事件，每一个事件都可能有明显不同的行为。

幸运的是，大多数绘图题的行为都大致相同。因此，我们能够使用标准的状态机描述作为模型，并对每个绘图题进行相对较小的修改 github.com/。因此，每个绘图题就有自己的 FSM 描述了。

但其实这种方法是不能够令人满意的。因为 FSM 的描述文件都非常相似。实际上，我们有几次必须得更改这个通用的状态机，这也就意味着我们必须对每个绘图题的 FSM 描述文件进行相同或相似的更改。这种工作是很烦琐的，同时也很容易出错。

我们本来可以想出另一种方案将 FSM 描述中的通用部分与特定部分分离开来，但最终我们都认为这值不得我们花费太多精力。但也由于这个决定，我们已经不止一次地责怪自己了。

TASKMASTER 架构

我们已经了解了事件是如何转换为动作的以及事件和动作之间的转换是如何依赖于相对复杂的有限状态机的。现在，我们继续探讨动作本身是如何处理的。每个动作的核心也是由有限状态机所驱使的，对于这一点，我们应该不会感到奇怪。

让我们探讨一下在前一节中提到的 MeasureTask。如果考生想要测量两个点之间的距离时，就会调用这个任务。调用该任务后，考生会单击任务窗口中的一个点，此时将出现一个小的十字交叉线，然后，当考生在屏幕中四处移动鼠标时，屏幕中就会显示一条从单击位置到当前鼠标位置的线。除此之外，这条线的长度也会同时显示在一个单独的消息窗口中。当考生再次点击鼠标时，屏幕中将绘制出另一个十字交叉线，之前两点间的直线会消失，并且在独立的消息窗口显示出这两点之间的最终距离。如果考生再次点击屏幕，那么这个过程就会重复下去。

如图 30.9 所示，一旦时间处理器选择 MeasureTask，那么 CommandWindow 将会创建一个实际的 MeasureTask 对象，然后该对象就会启动如图 30.11 所示的有限状态机。

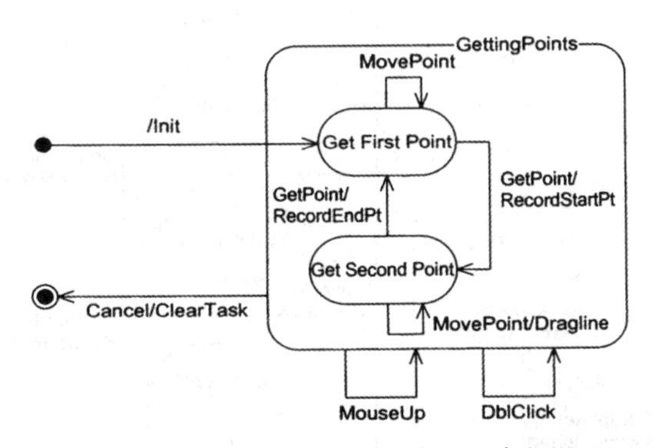

图 30.11 MeasureTask 的有限状态机

MeasureTask 通过调用它的 init 函数然后就会进入 GetFirstPoint 状态。在 TaskWindow 中发生的 GUI 事件会被路由到当前正在执行的任务中。因此，当考生在任务窗口中移动鼠标时，当前的任务就会收到一条 MovePoint 消息。请注意，在 GetFirstPoint 状态下，该事件不会执行任何的动作，这也是我们所预期的。

当考生最终在任务窗口中单击鼠标时，将会产生 GotPoint 事件。这样就会使状态机转换到 GetSecondPoint 状态并调用 RecordStartPt 动作。这个动作还会绘制第一个十字交叉线，并且记录当前鼠标的位置作为起点的位置。

在 GetSecondPoint 状态下，MovePoint 事件将会调用 Dragline 操作。该操作将屏幕的显示模式设置为 XOR，并绘制一条从从起点到当前位置的直线。同时，它也会计算这两个点之间的距离，并将其显示在独立的消息窗口中。（XOR 模式是 GUI 可以设置的一种模式。它简化了屏幕中在已有形状之上拖拽可拉伸的线或者任何形状时可能遇到的问题）

只要将鼠标移动到任务窗口中，MovePoint 事件就会被频繁调用。因此，只要鼠标在不断地移动，那条直线就会不断移动，以及消息窗口中显示的长度就会不断更新。

当考生第二次单击鼠标时，状态机就会转换为 GetFirstPoint 状态并调用 RecordEndPt 操作。该操作将关闭 XOR 模式，删除第一个点和当前位置之间的直线，并在当前鼠标单击处绘制一条十字交叉线，同时计算第一个点到当前鼠标单击点之间的距离并显示在独立的消息窗口中。

只要愿意，考生就可以不断重复这样的事件循环。它仅在 CommandWindow 取消任务时才会终止，任务取消的原因可能是考生选择了别的命令。

图 30.12 所示为一个稍微复杂一点的任务，即绘制一个“两点”框。

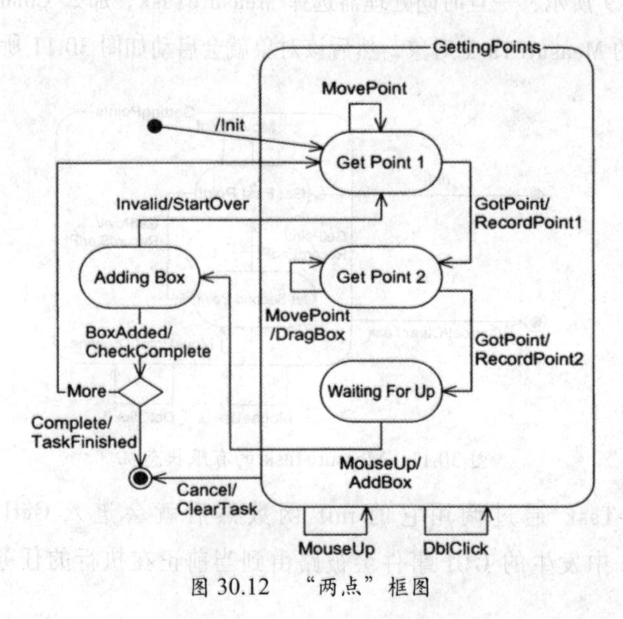

图 30.12 “两点”框图

“两点”框是一个通过两次鼠标点击在屏幕上绘制的矩形。第一次点击鼠标时会确定其中的一个角，随后，伴随着鼠标会出现一个可拉伸的框，当用户第二次单击鼠标时，会确定它对应的另外一个角，同时这个“两点”框就会被确定下来。

和之前一样，在调用 init 方法之后，任务就会以 GetPoint1 状态开始。在这种状态下，鼠标的运动轨迹将会被忽略。当考生点击鼠标时，就会转换为 GetPoint2，同时调用 RecordPoint1 操作。该操作会把点击点的位置记录下来作为起始点。

在 GetPoint2 状态下，鼠标的移动将导致 DragBox 动作被调用。该函数会将屏幕模式设置为 XOR，并在起始点到当前鼠标位置之间绘制一个可拉伸的框。

当考生第二次点击鼠标时，状态机就会转换为 WaitingForUp 状态并调用 RecordPoint2 函数。该函数只是为了记录下方框的第 2 个点。它并不会取消 XOR 模式，也没有取消可拉伸的方框，也没有绘制新的方框，因为不确定这个框是否是有效的。

此时，鼠标仍处于被点击的状态，并且考生正打算将手指从鼠标上抬起来。我们需要等待这种情况的发生，否则鼠标放开的事件就会被其他一些任务得到，就会引起一些混乱。在等待的过程中，我们将忽略鼠标的任何移动，并把方框固定在最后一个单击的点上。

一旦鼠标松开，状态机就转换到了 AddingBox 状态并调用 AddBox 函数。该函数将检查该框是否有效。其中方框无效的原因可能有很多。可能是重合的（即第一个点和最后一个点是同一个点），或者可能与图形上的其他内容是冲突的。每个绘图题都有权拒绝考生绘制无效的内容。

如果发现该方框是无效的，就会产生一个 Invalid 事件，并且再调用 StartOver 函数将状态机转换回 GetPoint1 状态。但是，如果发现该框是有效的，就会生成 BoxAdded 事件。与此同时，还会调用 CheckComplete 函数，这是另外一个特定于绘图题的函数，它用来确定是允许考生继续绘制更多的方框，还是应该结束该任务。

实际上，在该框架中有数十个这样的任务。每个任务都用 Task 类的一个派生类来表示，如图 30.13 所示。在每个任务重都有一个有限状态机，它们比我们在此处显示的都要复杂得多。同样，每个状态机也都是由 SMC 生成的。

图 30.13 所示为 Taskmaster 的架构。该体系结构将 CommandWindow 连接到 TaskWindow 中并创建和管理用户选择的任务。

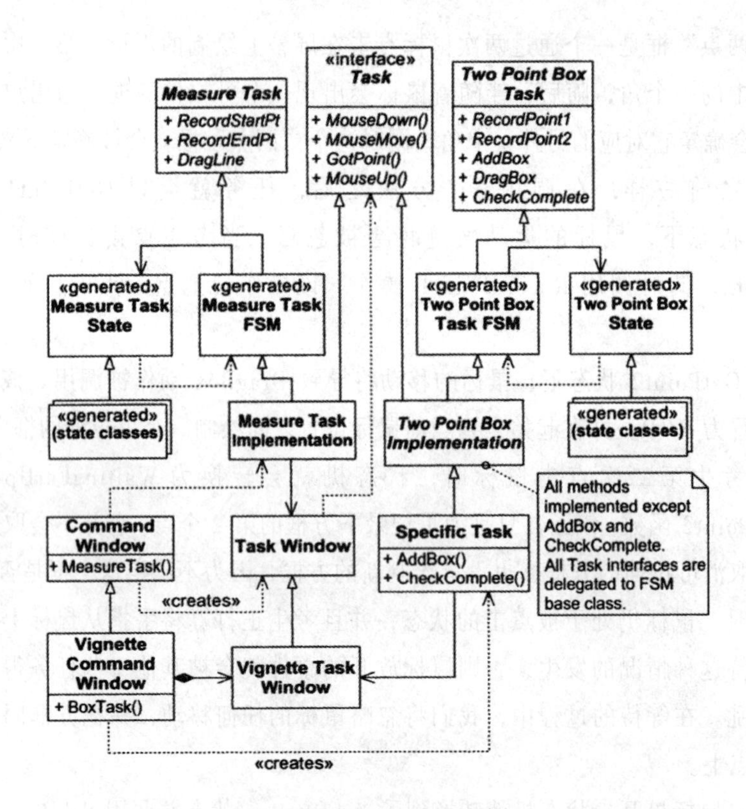

图 30.13 Taskmaster 架构

该图显示了两个不同的任务，图 30.11 和图 30.12 描述了它们的状态机。注意使用了状态模式和每个任务中生成的类。所有的这些类，包括 MeasureTaskImplementation 和 TwoPointBoxImplementation 都是该框架的一部分。实际上，开发人员必须写的类就只有 VignetteTaskWindow 和 Task 类的特定派生类。

MeasureTaskImplementation 类和 TwoPointBoxImplementation 类表示框架中包含的各种不同任务。但是请注意，这些类都是抽象的，它们都有一些还未实现的功能，例如 AddBox 和 CheckComplete。每个不同的绘图题都需要根据自己特定的需求来实现这些功能。

因此，框架中包含的任务控制着所有绘图题中的大部分的交互逻辑。每当开发人员需要绘制方框或者与框相关的对象时，该开发人员就可以从 TwoPointBoxImplementation 中派生出新任务。或者，每当他只需一次鼠标单击就可以在屏幕上简单地放置一些对象时，就可以覆写 SinglePointPlacementTask。或者，如果他需要绘制折线时，就可以覆写 PolylineTask。这些任务管理着交互、执行任何需要的鼠标拖拽，并为开发人员提供了一些钩子函数，开发人员就可以用它们验证或创建他所需要的对象。

小结

当然，我们在本章中也可以讨论更多的内容。我们本来可以讨论在框架中如何处理计算几何的部分，或者讨论有关答案文件的存储和读取。我们还可以讨论每个参数文件的结构，这些参数文件允许每个绘图题程序可以有自身不同的变体。但不幸的是，鉴于本章篇幅的问题，我们并没有这么做。

但是，我们认为在本章中，我们已经讨论了该框架中最具有指导意义的几个方面。我们在此框架中所采用的策略，也可以被其他人用来创建自己的可重用框架中。

参考文献

1. Booch, Grady. *Object-Oriented Design with Applications*. Redwood City, CA: Benjamin Cummings, 1991.
2. Booch, Grady. *Object Solutions*. Menlo Park, CA: Addison-Wesley, 1996.
3. Gamma, et al. *Design Patterns*. Reading, MA: Addison-Wesley, 1995.

附录A UML表示法（一）：CGI示例

软件分析和设计的发展催生了人们对合适表示方法的需求。为此，人们创造了各种方法，如流程图、数据流图、实体 - 关系图等……

面向对象编程出现后，各种软件设计表示法更是迎来了爆炸式的增长，截止到现在，至少有几十种用来表征面向对象软件分析和设计的表示方法。其中最为流行的有以下几种：

- Booch 94 表示法 [BOOCH94]
- OMT（对象建模技术）——由 Rumbaugh 等定义 [RUMBAUGH91]
- RDD（职责驱动设计）——由 Wirfs-Brock 等定义 [WIRFS90]
- Cord/Yourdon —— 由 Peter Coad 和 Ed Yourdon 定义 [COAD91A]

目前，在这几种方法中，Booch 94 和 OMT 是最重要的两种。其中 Booch 94 方法以软件设计表示见强，而 OMT 方法则以软件分析表示见强。

有趣的是，在 20 世纪 80 年代末到 90 年代初这段时间，大家都认为软件分析和设计使用统一的表示方法是面向对象的一大优势，然而实际上却在使用这种分析与设计二分的表示方法。这大概恰恰反映了结构化分析和结构化设计之间的“割裂”，想要跨越这两者之间的鸿沟是很难的。

早在面向对象表示法初次亮相伊始，人们就满怀期待地认为软件分析和设计可以利用统一的表示法来完成。然而，十余载过去后，分析师和设计师重归旧路，回到了各自欢喜的方式。软件分析师偏爱 OMT，软件设计师则倾情于 Booch 94。看来，一种表示方法似乎并不足以胜任，精于分析的表示法难以适用于设计，精于设计的表示法也难以适用于分析。

UML，作为一种统一方法多种应用的表示法，其一部分可以用来做软件分析，其他部分则可以用于做软件设计。因此，两者都可以用 UML 来完成。

这一章，我们将从软件分析和设计这两方面来介绍 UML 表示法。首先，我们将介绍如何使用 UML 进行分析。然后，再介绍使用 UML 进行设计。我们将通过一个小型用例的学习来介绍这些内容。

值得注意的是，这里先介绍分析而后介绍设计的顺序完全是人为编排的，并非一种推荐范式，本书其他部分也并未严格对分析和设计按此进行划分。这种阐述方式完全是为了从不同的抽象层次来阐明如何使用 UML，在实际工程中，所有层次的抽象都是并发的而不是串行的。

课程注册系统：问题描述

假设我们服务于一家提供面向对象分析与设计专业培训课程的公司。该公司需要一个系统来对已授课程和已注册的学生进行跟踪，详情如下。

课程注册系统

用户需要能够看到可选课程列表并能够选择他们想要注册的课程，课程一经选择，立刻弹出一个表单来让用户录入以下信息：

- 姓名
- 电话号码
- 传真
- e-mail 地址

需要给用户提供一个选择支付方式的功能，其中支付方式有以下几种：

- 支票
- 采购单
- 信用卡

如果用户选择支票支付，该表单应提示其输入支票号。

如果用户选择信用卡支付，该表单应提示输入信用卡卡号、有效期及持卡人姓名。

如果用户选择采购单方式支付，该表单应提示其输入订单号（PO#）、公司名称及应付款部门负责人的姓名及电话。

用户完成这些信息并点击提交按钮后，会有另一个页面弹出显示所有填写信息的摘要。该页面要提示用户打印该页面并在复印件上签名后传真发送到课程注册中心。

此外，该系统还需要在用户注册后将用户课程注册摘要通过 e-mail 发送至注册中心负责人及用户本人。

该系统应设置有每个班级的学生人数上限，一旦课程达到该注册人数上限，系统需自动标识该课程“售罄”。

系统需要为注册中心职员提供一个专用的页面，注册中心职员可以通过该页面选择特定课程并且能编辑信息一键向所有注册该课程的学生发送 e-mail。

需要为注册中心职员提供查询注册学生已授课程状态的功能。该功能可以显示学生已授课程的各种状态信息，如是否出席，课程款项是否已收到。工作人员应既可以通过课程查询，也可以列出款项未结清的所有学生列表。

识别参与者与用例

需求分析的任务之一就是识别出参与者和用例。在真实项目中，首先找出参与者与用例并不一定是合适的选择。在这里，为了本章的阐述所需，我将首先对此进行说明。在项目中，实际做要比纠结于从哪里开始更重要。

参与者

参与者（actors）是在系统之外跟系统进行交互的实体，一般而言，他们是使用系统的用户。不过，在一些情况下，参与者也可能是其他系统。在本示例中，默认所有参与者为系统用户。

- 登记员：该参与者为学生注册课程，他需要通过系统选择正确的课程、输入学生信息以及付款方式。
- 注册中心工作人员：该参与者负责接收每一次注册的邮件提醒、给学生发送 e-mail、接收注册及支付报告。
- 学生：该参与者会接收确认注册邮件以及发自注册中心工作人员的邮件提示。注册后，学生可以出席相应的课程。

用例

在参与者确定之后，我们需要用“用例”来明确参与者跟系统之间的交互过程。用例关注从参与者的角度来描述参与者与系统交互表示，不涉及任何系统的内部工作方式，也不考虑任何用户界面的细节问题。

用例 1：查看课程清单

注册员通过系统请求一个当前课程目录中可注册的课程列表，系统将显示该列表。列表中包含课程名、时间、地点和费用，同时该列表还显示各课程的允许注册人数以及是否已满员等。

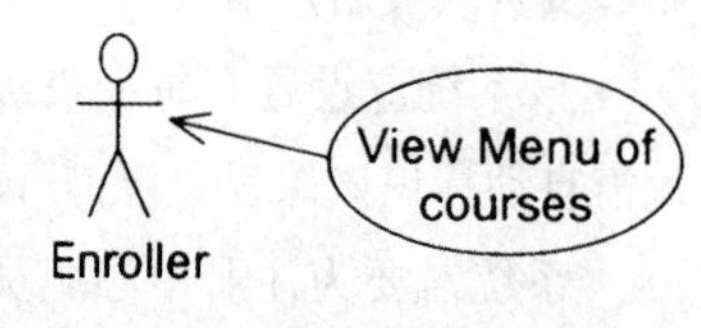

用例符号

上图即一个用例图，包含一个参与者和一个用例。参与者使用小人表示，椭圆表示用例，两者通过带箭头的线段联系在一起。

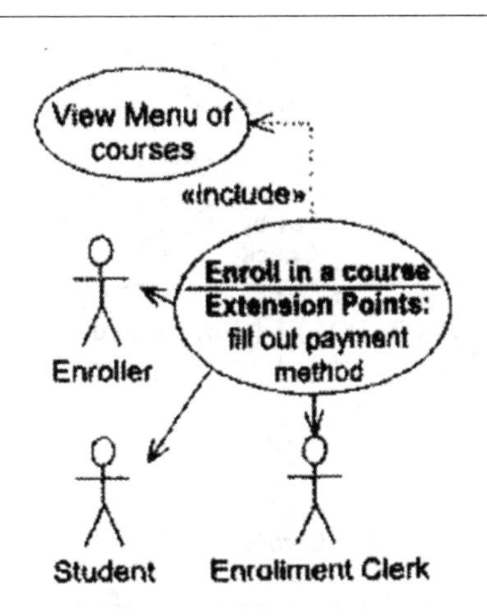

用例 2：注册课程

注册员首先查看课程清单（用例 1），然后从清单中选择某一课程进行注册。系统提示注册员录入学生姓名、电话号、传真号和 e-mail 地址，此外，系统还会提示注册员选择支付方式。

扩展点（Extension Point）：填写支付方式

注册员提交注册表单后，学生及注册中心工作人员会受到来自系统的确认注册邮件。系统向注册员展示确认注册单并要求其打印、签字并通过传真发送至特定传真号。

用例的扩展与使用

用例 2 中有一个扩展点，代表其他用例将在此用例基础上进行扩展。用例 2 的扩展用例会在下文中的用例 2.1、2.2 和 2.3 中介绍，这些扩展用例的描述将被嵌入到父用例（用例 2）的扩展点处，用来描述用户所选支付方式对应的所需输入信息。

用例 2 还存在一个跟用例 1（查看课程清单）之间的“包含”关系。这里的 include 代表用例 1 的描述将被嵌入到用例 2 的适当位置。

在这里，需要注意“扩展（extending）”及“包含（including）”的区别。当一个用例“包含”另一个用例时，代表着“包含用例”引用了“被包含用例”。当一个用例“扩展”另一个时，两者并不存在引用关系。此时，某个“扩展用例”（如用例 2.1）被选中而嵌入到父用例的适当位置中。

Include 关系的表示

用例 2 向我们展示了“注册一门课程”用例通过带有箭头的点划线跟“查看课程清单”用例相连接，其中箭头指向被包含的用例，线上注明了构造类型“<include>”。

用例 2.1：通过采购单支付

系统提示登记员输入单号（PO#）、公司名称以及应付账款部分中的相关财务人员的姓名及电话。

用例 2.2：通过支票支付

系统提示登记员输入支票号。

用例 2.3：通过信用卡支付

系统提示登记员输入信用卡号、卡面有效日期及持卡人姓名。

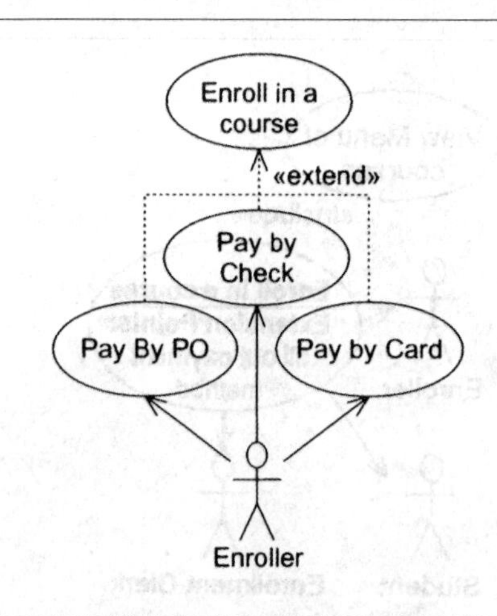

用例扩展的表示

上面的例子中，子用例通过 <xtend> 关系跟父用例联系起来了。这里也用带箭头的点划线来连接两者，其中箭头指向父用例，并标注“<xtend>”。

用例 3：向学生发送电子邮件

注册中心工作人员先选择一个特定课程，然后输入要发送的信息。系统将向所有当前已经注册的学生发送该电子邮件。

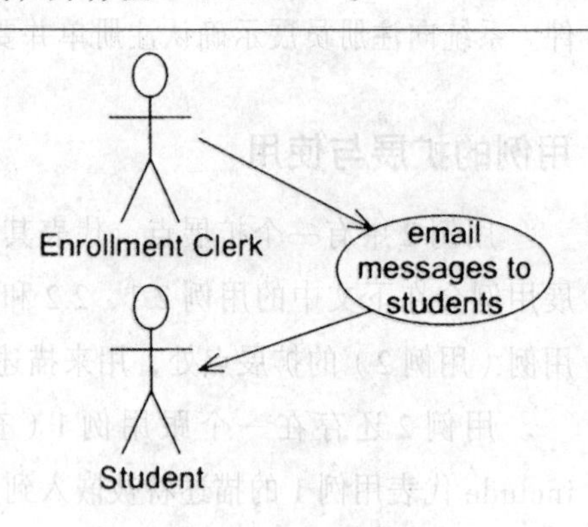

用例 4：设置出勤状态

注册中心工作人员先选择一个课程及某个已经注册该课程的学生，系统将显示该学生信息及其出勤状态，并显示该学生的付款是否已收到。注册中心工作人员可以对出勤状态及付款接收状态进行修改。

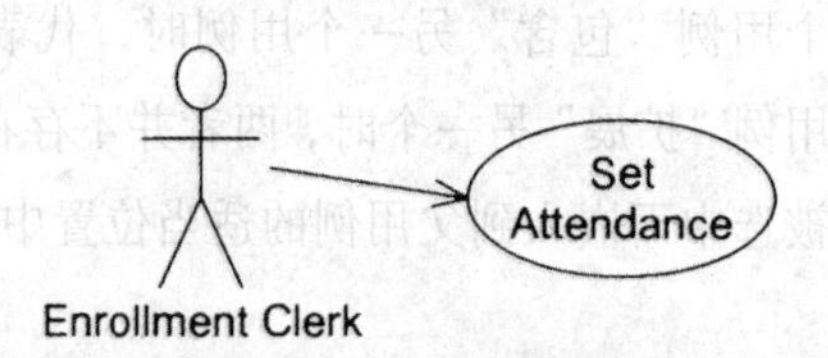

用例5：获取学生状态

注册中心工作人员选择意向学生。

扩展点：select students of interest

系统将在一个页面中显示所有选中学生的出勤状态及付款是否收到状态。补充：这里有两个用例扩展了用例5，分别为用例5.1和用例5.2。

用例5.1：选择注册某课程的所有学生

系统首先显示一张列出所有课程的列表，注册中心工作人员选中某个课程，系统则显示已注册该课程的所有学生。

用例5.2：选择未付款学生

注册中心工作人员给系统下达指令选中所有尚未支付学费的学生，系统则列出所有那些显示已经开始上课但付款尚未收到的学生。

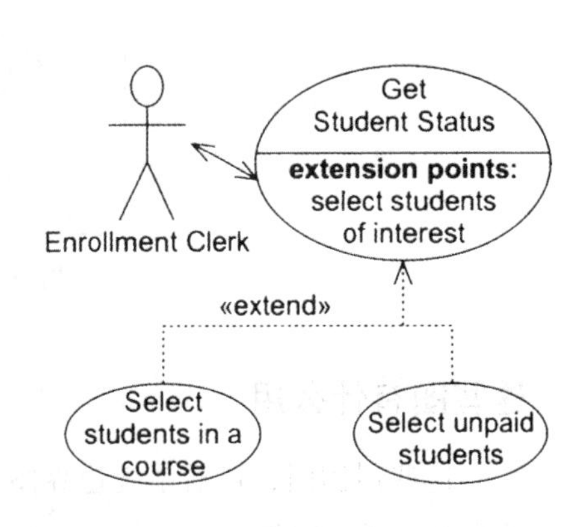

再谈用例

我们这里所创建的用例描述了用户希望系统做什么。请注意，用例本身并不会讨论用户界面的细节，所以这些用例不涉及图标、菜单项、按钮及滚动条等元素。即使是在初版规格说明书中，对于用户界面的描述也比用例中更多。用例被刻意地设计成这种轻量、易于维护的表示，在实现环节中，用例就可以有足够的灵活性来适应各种方案。

系统边界图

把所有用例整合起来形成系统边界图（如图A.1），以得到整个系统的概况。图中所有的用例被一个矩形圈起来，代表系统的边界。参与者（actors）则处于矩形外围，通过箭头跟用例相连并显示出系统中的数据流。

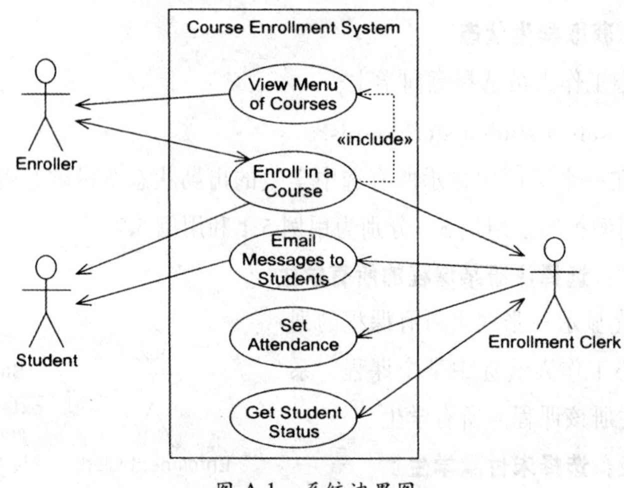

图 A.1　系统边界图

这些图有什么么用

这些用例图，包括系统边界图，都不是软件架构图。它们并未给出任何对于目标系统如何划分软件元素的信息，他们用于不同的人之间进行沟通，主要是给系统分析师跟利益相关人（stakeholder）沟通使用，根据不同的用户组织不同的系统功能。

此外，要对各种不同类型的用户展示系统功能时，这些图就非常有用了。每个不同的用户都有不同的主要关注点，用例图中参与者跟用例的联系可以方便地助不同用户关注到他们所需要的用例场景。在一个非常大的系统中，通过按照用户类型来组织系统边界图，以帮助不同的用户他们所关心的用例子集。

最后请牢记鲍勃大叔第一定律："若非迫切的刚需，不要编辑文档。"

也就是说，虽然这些文档很有用，但是不一定都必要。如果确实有需求，那就画出来，等你真正有需要的时候，再画也不迟。

领域模型

领域模型（domain model）是帮助定义用例图中术语的一组图表。这些图阐明了问题中的关键对象以及这些对象之间的内在联系。很多人因为错把领域模型看成是一种目标软件的模型而走了弯路，这里，理解领域模型的作用很重要。要知道无论是对软件分析师还是设计师，领域模型都是一种帮助人们记录一些决策以及相互沟通的描述性工具。领域模型中的对象未必就对应着面向对象设计中的对象，这种对应并没有什么大的价值。

在 Booch 94 及 OMT 表示法中，领域模型与表示软件架构及设计的图并没有区别。最糟的是把领域模型当成高层次设计文档并据此构建软件高层架构。[①]

为了避免这种错误，我们可以利用 UML 表示法的特性，结合领域模型中的特殊实体——<type>。一个 <type> 代表一个对象所能充当的角色。<type> 实体可以拥有操作（operations）、属性（attributes）以及跟其他 <type> 实体的联系。但是，它并不代表设计意义上的类或者对象，不代表任何软件元素，并且也不能直接映射到代码。它仅仅用于表示问题描述中的概念实体。

课程目录

我们第一个要介绍的领域模型是课程目录。它抽象出了所有可选课程的清单，请参见图 A.2。图中包含两种抽象的实体，分别是 course catalog 实体及 course 实体，course catalog 实体包含多个 course 实体。

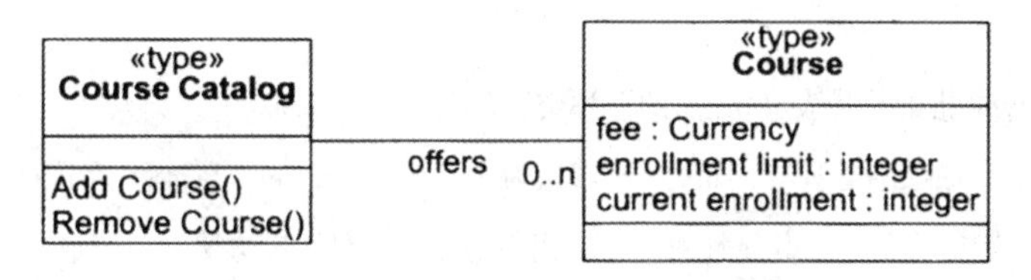

图 A.2 Course Catalog 实体的领域模型

领域模型的表示

图 A.2 中把两个领域的抽象以带有 stereotype 标记 <type> 的 UML 类图的形式进行表现，（更多详情，请参见补充内容“UML 类表示法及语义概述”）。这样的表示并不是对图中的类跟实际编码过程中的类进行直接映射，这里的类只是一种概念。比如，course catalog 实体中有两个方法（operation）Add Courses() 和 Remove Courses()。在 stereotype “<type>”中，方法对应于职责（responsibility），所以这里表示一个 course catalog 类负责 Add Courses() 和 Remove Courses()。但是这些职责是从概念上来

① [JACOBSON]：“我们认为，最稳定的系统不是只用对应于真实世界中实体的对象构建起来的……”[BOOCH96]：“……在一个不成熟的项目中，往往认为可以基于从分析中得到领域模型而进行编码……，从而省略了任何进一步的设计。健康的项目知道仍然还有许多工作要做，其中包括并发、序列化、安全性和分布等问题，并且，最终的设计模型在许多细微的方面看起来都有很多不同。”

说的，并不代表实际编码中具体的成员方法。这些表示主要是用来跟用户进行沟通，不是来软件结构细节。

同理，在 course 实体中也是如此。

UML 类表示法及语义概述

在 UML 中，类用一个用三个分区的矩形表示，第一个分区指明类名，第二个分区指明类的属性，第三个指明其方法。

在类名分区中，名字可以有一个 stereotype 及一些特性（property）来修饰，stereotype 在类名上方，用 <> 括起来，特性在类名下方，用“{}”括起来，如下图所示。

«stereotype»
Name
{boolProperty,
valueProperty=x}
attribute : type
operation()

stereotype 指的是代表 UML 类的“种类”的名字。在 UML 中，类只是一个具有属性和方法的有名字的实体，如果不指明 stereotype 则默认为 <implementation class>，在这种情况下，UML 类直接对应于实际编码中的类，其属性对应于编码中的成员变量，而方法对应于成员函数。

而当 stereotype 时 <type> 的时候，UML 类就不再跟实际编码中的类有直接的映射关系，而是对应于问题领域中的一个概念实体，此时的属性代表着逻辑上属于改概念实体的信息，而方法则代表概念实体的职责（responsibility）

在本章后面，还会讨论一些其他的预定义 stereotype。你也可以自行定义自己的 stereotype，不过 stereotype 不单单是修饰或者注释，它还规定着一个 UML 类中各元素应该以一种什么样的方式去解释，所以，若要自定义，需要搞清楚其内在含义。

特性主要代表结构化的注释，在大括号中每个特性由逗号“，”来隔开，每个特性都是由等号连接的键（名）值对，若省略等号，则默认该特性为布尔类型并赋值 True，其他情况下值的类型都是字符串类型。

概念对比实现：云形图

我不止一次强调过概念层次（即 <type>）中的类跟设计或实现层次中类的区别。因为错把概念图当成具体设计及实现的细节很危险，要谨记一点：概念层次的图示只用于与利益相关者进行沟通，所以要跟软件结构技术撇清关系。

利用 stereotype 来区分概念和实现层次的类图，这一方式可能被忽视了。领域模型中的 UML 类和设计与实现环节中的 UML 类图看上去非常相似，好在 UML 中可以根据不同的层次选择不同的图示。所以，为了突出不同层次类图之间的不同，后面我们将使用云形图标来表示 <type> 类。这样，图 A.2 中的领域模型图就变成了图 A.3 的样子。

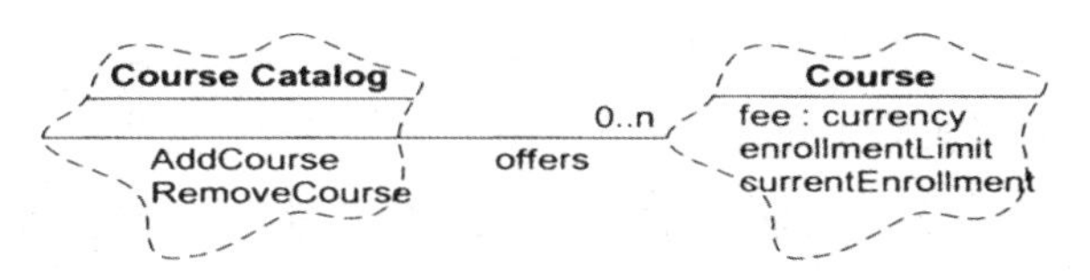

图 A.3 用云形图标表示 Course Catalog 的领域模型

完成领域模型

到目前为止，我们的领域模型中展示一个课程目录中包含所有的课程。现在问题在于，这里的课程表示什么呢？相同的课程可以在不同的时间和地点开设，也可以有不同的老师授课。显然，我们需要两个不同的实体来表示。第一个称为 Course，它就表示课程本身，跟时间地点授课人无关；第二个称为 Session，表示一门特定课程的时间、地点及授课人，参见图 A.4。

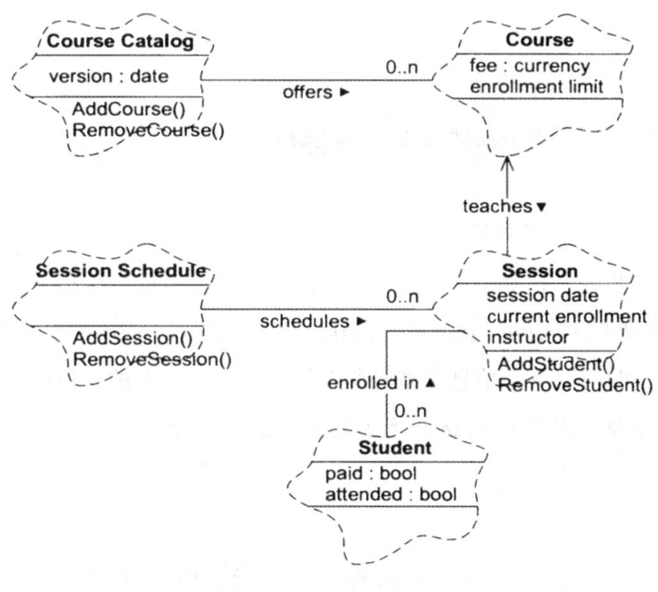

图 A.4 Courses 和 Sessions

表示方法

实体间的连线称为“关联关系”。图 A.4 中所有的关联关系都有命名，尽管这并非必要。可以看到，这里的命名都是动词或动词短语，黑色小三角指向关联关系中谓语部分。所以，图 A.4 可以解读为“Course Catalog 提供了很多 Course”，“Session Schedule 安排许多 Session 的时间表”以及“许多学生可以注册到一个 Session 中”。

在前面的句子中，但凡在图中有“0..*”图标表示的，都用了“许多”来形容。符号“0..*”是几种多关联（multiplicity）图标中的一种，这些符号可以放置在关联关系的末端。它们代表着关联关系中两种实体之间的数量关系，缺省时为“1”。请参见下面的补充内容。

多个关联性

用于修饰关联关于的图标如下：

0..*	0 到多
*	0 到多
1..*	一到多
0..1	0 或 1
6	正好 6 个
3..6	3 到 6 之间
3，5	3 或 5

任何非负整数都可以用点的两边或者用逗号分开。

关联关系默认是双向的，只有在图中注明箭头方向时才是单向的。双向关联允许两个实体相互知晓。比如，Course catalog 实体显然知道其中的 Course，而 Course 也应该明确其所处的 Course catalog。Session Schedule 和 Session 也同理。

带有箭头的情况下，信息是被限制在箭头所指方向上的。所以，图中的 Session 知道 Course 的信息，但是 Course 并不了解 Session 的情况。

用例迭代

从图 A.4 中，我们可以知道两件事。首先，用例在很多时候都用词不准。在用例中所谈的 Course Catalogs 和 Courses 实际上应该是要说 Session Schedules 和

Sessions。其次，有不少用例被遗漏了。在这里，Course Catalog 和 Session Schedule 需要保留，Course 需要从 Course Catalog 中剥离出来加到领域模型中，Session 也需要从 Session Schedule 中剥离出来添加到领域模型中。

所以，通过创建领域模型，我们可以更好地理解问题。更深入的理解则可以帮助我们改进和增强用例，两者之间的这种迭代是非常自然而又必要的。

如果我们在这里继续深究，就需要画出上述的种种变化，不过为了高效介绍表示方法这一总体概念，我们就这样一笔代过，对用例迭代的阐述。

架构

现在我们来关注软件设计。软件架构如同软件的骨架，其中的类和关系与软件实现中的代码有着直接的映射关系。

选择软件运行平台

在深入讲解之前，我们有必要先搞明白软件运行的平台。平台的选择有很多种。

1. 基于 Web 的 CGI 应用程序。可以通过浏览器来查看注册窗口及其他各功能窗口。数据驻留在浏览器上，浏览器会调用 CGI 脚本去访问和操控这些数据。
2. 数据库应用程序。可以购买关系数据库并使用窗体包（forms package）和 4GL 来实现应用。
3. Visual XXX。可以购买一个可视化（visual）编程语言。人机交互界面可以通过可视化构建工具来创建。这些工具可以调用有关存储、获取及操作数据的相关函数。

当然，我们可以使用 C 语言来实现整个应用程序而无需编译器之外的任何库或工具。不过，这样做并不明智，有好用的工具可用而不用。

本例将采用 Web 方式给出，因为要注册课程的学生可能分布在世界各地，而注册服务可以通过互联网来提供，所以这种选择是很自然的。

Web 架构

首先，我们需要决定 Web 应用的总体架构，比如需要多少页面？这些页面如何调用 CGI 程序？图 A.5 给出了我们最初可能的设计。

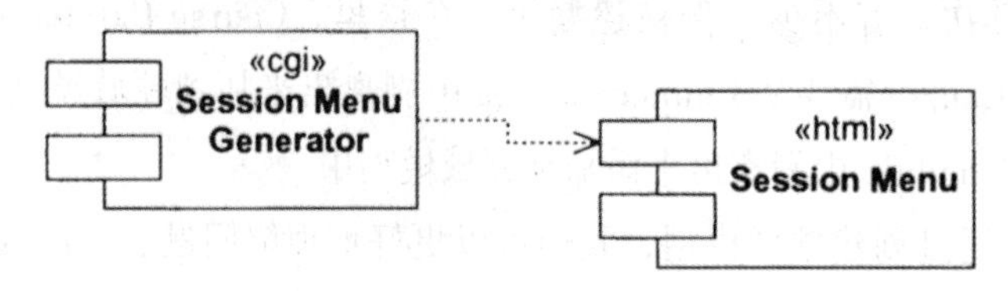

图 A.5 Session Menu 的架构

表示方法

图 A.5 是一个组件图，这些图标描述了实体软件组件。这里使用 stereotype 来指明组件的种类。在图中，Session Menu 是作为 html 页面显示的，该页面由 CGI 程序 Session Menu Generator 产生。两个组件间的点划线箭头表示一个依赖关系。依赖关系指明一组件知道另一组件的信息。例如，本例中的 Session Menu Generator 创建了 Session Menu 页面，所以前者有后者的信息，而后者却不知道前者的信息。

自定义图标

图 A.5 中有两种不同的组件，为了区分它们，我们对其图标进行一定的调整。对于 CGI 程序和 html 页面分别使用不同的图标。图 A.6 显示了用例 2（注册一门课程）中所涉及的组件，html 页面使用带有“W”的纸张图案，CGI 程序则用带有“CGI”的圆表示。

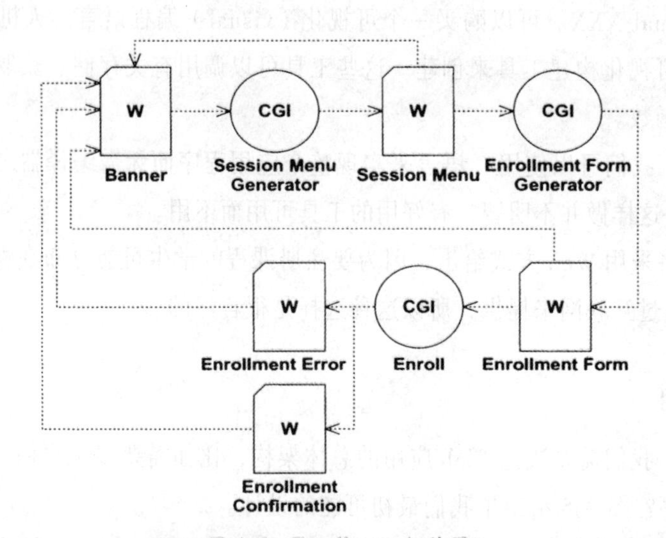

图 A.6 Enrollment 组件图

组件流

图 A.6 中有两个新的页面和一个新的 CGI 程序，默认应用程序应该是从某种 banner 页面开始，该页面上有用户可能用到的各种操作的链接。Session Menu Generator 由 banner 页调用，然后再创建 Session Menu。而 Session Menu 则可以调用 Enrollment Form Generator CGI 程序以创建用户注册课程时所需填写信息的页面。当用户完成注册信息的填写后，Enroll 程序就会被调用，该程序会验证并记录注册信息。若验证失败，则创建 Enrollment Error 页面，若成功，则创建 Enrollment Confirmation 页面并发送相应的电子邮件，参见用例 2。

提高灵活性

敏锐的读者可能发现这个组件模型很不灵活。CGI 程序创建大部分的页面，这意味着 CGI 程序中包含着大量的 HTML 的内容，这样在修改 HTML 的时候需要去修改 CGI 程序，这还不如用一个好点的 HTML 编辑器来生成众多的页面。

所以，CGI 程序应该输入一个待创建页面的模板（template），该模板带有特殊的标记，这些标记会被替换成 CGI 程序要生成的 HTML 内容。这样，CGI 程序就可以共享一些公用的东西，它们都是输入 HTML 模板，同时有带有个性化的内容。

图 A.7 展示了这种架构。注意，这里加入了 WT 图标，它代表一个 HTML 模板。该模板是一个 HTML 格式的文件，其中带有特殊标记，这些标记就是 CGI 程序创建待生成内容的 HTML 插入点。此外也要注意到，这里 CGI 程序跟 HTML 模板之间依赖关系的方向，它们可能跟你想象的不同，但要铭记这些是依赖关系而不是数据流，CGI 程序依赖于 HTML 模板，亦即 CGI 程序有着 HTML 模板的信息。[①]

① 本章的写作时间远在 XSLT 出现之前。现在，我们很可能会通过这样的方式来解决问题：让 CGI 脚本生产 XML，然后调用 XSLT 脚本将其转换为 HTML，不过，用 XSLT 来生成 HTML 仍然无法让我们使用一个“所见即所得”的编辑器来设计页面。有时，我认为本章中提到的模板方法在许多情况下都会更好一些。

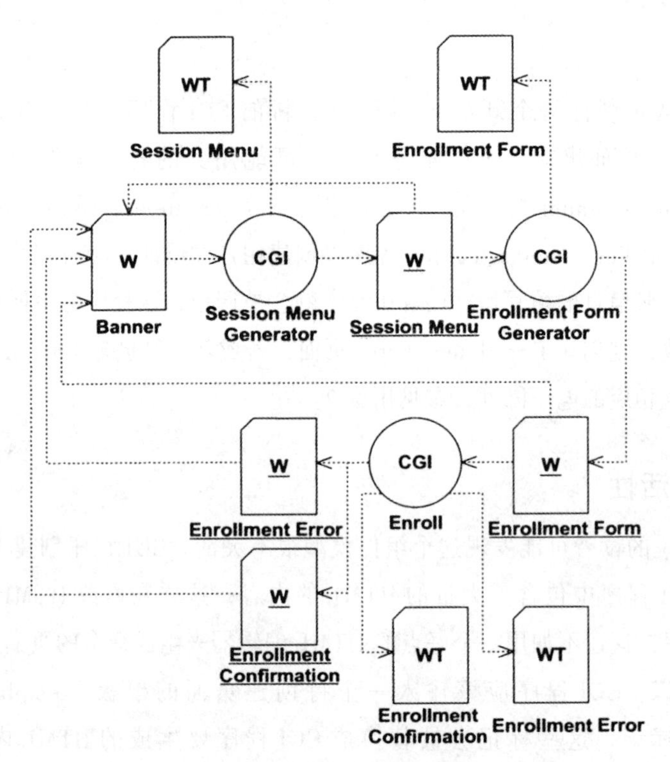

图 A.7 在 Enrollment 组件图中加入 HTML 模板

规格说明 / 实例二分法

在图 A.7 中由 CGI 程序生成的页面标有下划线，这是因为它们只活动于运行时间。它们都是相应 HTML 模板的实例，在 UML 中，我们用下划线来表示。实例是一个软件元素，根据某种规格说明（源文档）生成，后面我们会更详细地介绍。这里，姑且认为没有下划线的元素代表那些必须由人工实现充当规格说明的元素，而有下划线的则是那些呦某些程序按照规格说明生成的元素。

使用 HTML 模板

HTML 模板为软件带来了很大程度的灵活性。它们如何工作呢？ CGI 程序如何将生成的特定内容插入模板的合适位置呢?

我们可以在 HTML 模板中插入一个特殊的标签，该标签标识了动态生成 HTML 内容的插入点。不过，动态生成的页面可能有多个部分，每个部分都可能需要不同的插入点，所以一个 HTML 模板可能包含多种插入点标签，CGI 程序则需要能够辨识不同的生成页面内容对应到哪种标签。

插入点标签可以像这样：<insert name>，这里 name 是任意的字符串，用来标识插入点。比如，标签 <insert header> 可以使 CGI 程序通过指明 header 来将之替换为动态生成的页面内容。

显然，每个标签都要被一串字符所替换，所以每个标签都代表着一个被命名的字符串。例如下面这段基于 C++ 的 CGI 程序示意：

```
HTMLTemplate myPage ( "mypage . htmp") ;
myPage. insert ( "header" ,
                 "<h1> this is a header. < /h1>\n") ;
cout << myPage . Generate() ;
```

这段代码会从模板 mypage.html 生成的 HTML 内容发送到 cout，模板中的 <insert header> 标签部分会被字符串 <h1>this is a header<h1>\n 替换。

图 A.8 展示了如何设计 HTML 模板。该类将模板文件名作为其属性，其 insert 方法可以将 replacement string 插入到指定的 name 插入点标签处。模板实例则维护一个插入点标签跟待插入内容之间映射的 map。

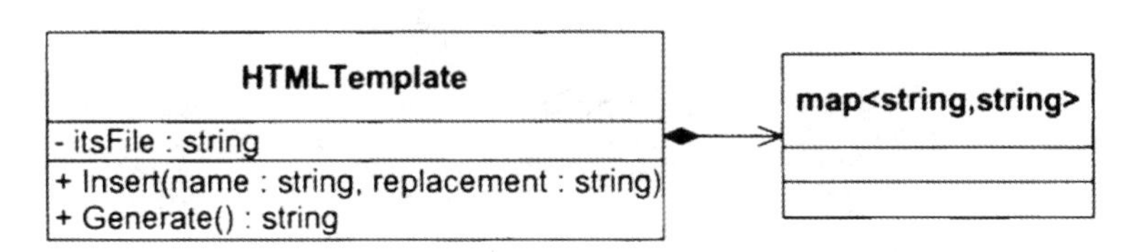

图 A.8 HTMLTemplate 的设计

表示方法

这是第一个真实类图。其中包含两个带有组合（composition）关系的类。用于表示两个类的图标我们并不陌生，在前面补充内容“UML 类表示法及和语义概述”中已经有所描述。这里，我们再补充说明一下描述属性和方法（操作）的语法。

图 A.8 中关联关系的箭头代表 HTML 模板拥有 map<string,string> 的信息，而反之不然。HTML 模板类那一侧的黑色菱形指明特定的关联关系类型为：组合（参见补充内容“关联、聚合和组合”）。表明 HTML 模板类要负责 map 类的生存期。

属性和方法（操作）

属性和方法可用以下封装说明符修饰：

+ 共有的

- 私有的

受保护的

属性的类型可跟在属性之后，用冒号分割，如，count：int。

同样，方法的参数类型也可用同样的方式指定，如 SetName(name : string。

最后，方法的返回类型放在方法名和参数列表之后，用冒号分割，如 Distance(from : Point) : float。

关联、聚合和组合

关联是两个类之间的一种关系，这种关系允许从这两个类创建的实例可以互相发送销息，也是说，被关联起来的关的对象间会存在有链接（link）。它被表示为一条连接两个类的线。关联常见的实现方式为，一个类中的实例变量指向或者引用到另外一个类。

关联

通过向关联中增加箭头可以限制关联的导航性（navigability），当带有一个箭头时，关联就只能够朝着箭头的方向前进。这意味着箭头指向的类不知道它的关联者的信息。

可导航的关联

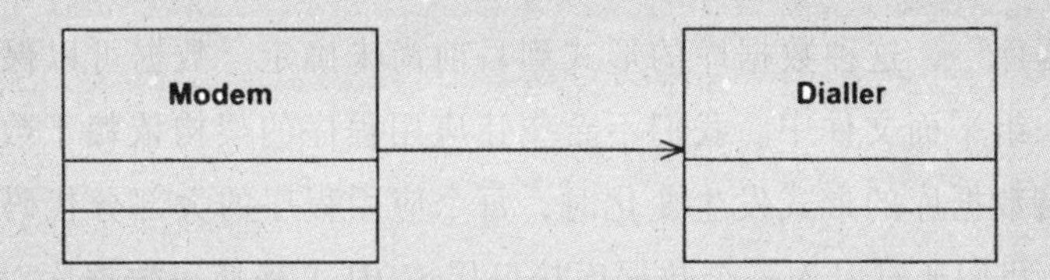

聚合是一种特殊形式的关联。它被表示为聚合（aggregate）类上的一个白色菱形。聚合意味着“整体部分”关系。和白色菱形相部的类是“整体”，另外一个类是“部分”。“整体部分”关系完全是隐含的，和关联没有语义上的不同。（有一个例外，对象之间的自反和环形聚合关系是不允许的。也就是说，实例不能参与到一个聚合环中，如果没有这条规则，那么环中的所有实例就都是它们自身的一都分，也就是说，部分可以包含其整体。请注意，这条则没有禁止类参与到聚合环中，它只是限制它们的实例。）

聚合

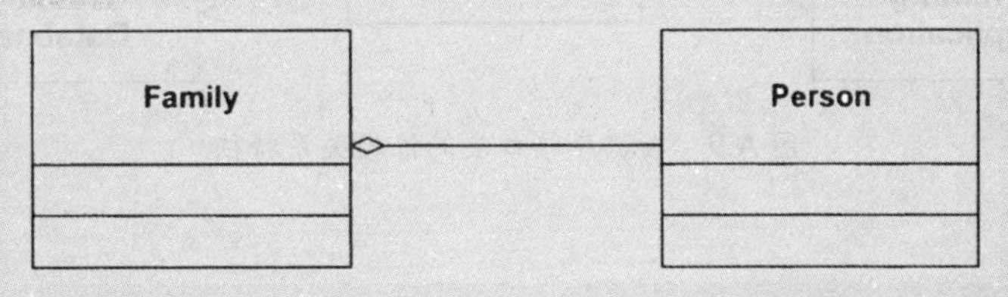

组合是一种特殊形式的聚合。它被表示为一个黑色菱形。它意味着个“整体”中负责它的“部分”的生存期。这个职责并不是指创建或删除的责任。更确切的说，它指得是“整体”必须注意到“部分”以某种方式被删除了。这可以道过直接删除“部分”或者把“部分”传给另一个负责删除的实体来实现。

组合

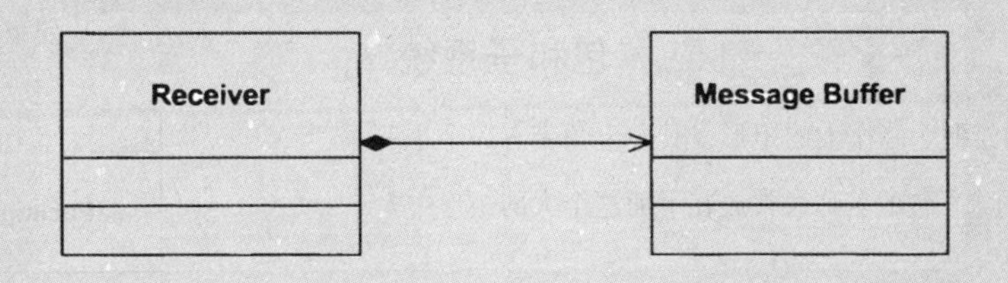

数据库接口层

每个 CGI 程序都必须能够访问表示课程、班级以及学生等的数据。我们称之为“训练数据库”，这种数据库的形式到目前尚未确定。数据可以保存在一个关系数据库或者一组平面文件中。我们不希望让应用程序的架构依赖于数据存储的形式，而是希望当数据库的形式发生变化时，每个应用程序的大部分代码仍然能够保持不变。因此，我们通过引入一个数据库接口层（DIL）来使得数据库对应用程序来说是隐蔽的。

为了达到这个效果，一个 DIL 必须具有图 A.9 所示的特殊的依赖关系特征，同时依赖于应用程序和数据库。应用程序和数据库之间互相感应不到对方的存在。这就使得我们改变数据库时，不必去改变应用程序。同样，在改变应用程序时，也不必去改变数据库。可以在不影响应用程序的情况下，完全替换数据库格式或者引擎。

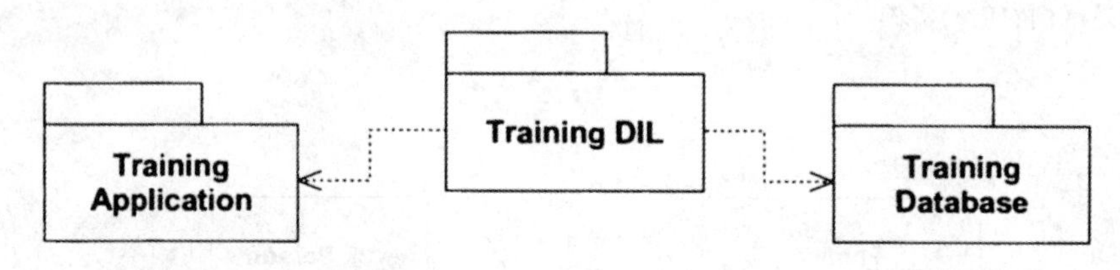

图 A.9　数据库接口层的依赖关系特征

表示方法

图 A.9 展示了一种特殊的类图“包图”。图中的图标表示包，它们的形状容易使人联想到文件夹。包和文件夹一样，是个容器，请参见补充内容“包和子系统”。图 A.9 中的包包含有诸如类、HTML 文件，CGI 主程序文件等软件组件。连接包的虚箭头线代表一个依赖关系，箭头指向依赖的目标。包之间的依赖关系意味着一个包必须和它所依赖的包一起使用。

包和子系统

包被绘制为一个大的矩形，其左上角带有一个小一些的矩形标签。包的名称通常放在下面这个大的矩形中。

aPackage

包也可以这样绘制，其名字放在“标签”中，而在大矩形中放置内容。内容可以是类，文件或者其他的包。每项内容前面都可以加上（-、+、#）封装图标的组来指明它们在包中是私有的、公有的还是受保护的。

aPackage
+ aPublicClass
- aPrivateClass
aProtClass

包之间可以用两种不同关系中的一种连接起来。虚依赖箭头线被称为输入（import）依赖，它是一个具有构造型（import）的依赖关系。当在包上使用依赖关系时，缺省的就是这种构造型。箭头的尾端与输入包相连，而箭头则和被输入包相连。输入依赖意味着被输入的包中的所有公有元素对输入包都是可见的，这意味着输入包的元素可以使用被输入的包中的所有公有元素。

包之间还可以用泛化（Generalization）关系来连接。空心三角形箭头和通用的（General）或者抽象的（Abstract）包相连，而关系的另一端则和实现包相连。抽象包中的所有公有和受保护的元素对实现包都是可见的。

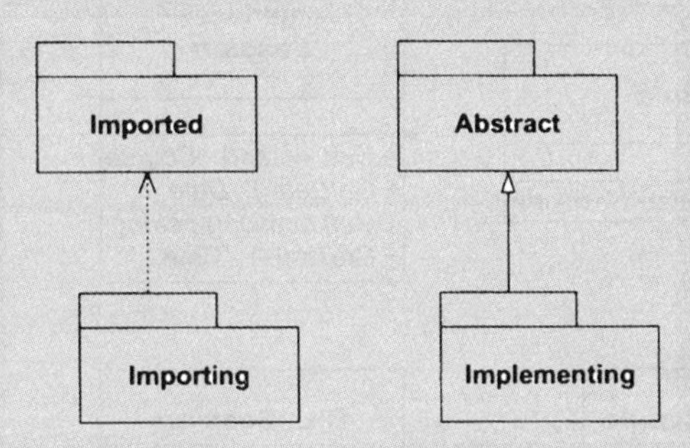

包有一些已定义的构造型，缺省是 <package>，表明一个没有任何特殊限制的容器。它可以包含任何用 UML 建模的东西，一般用它来表示一个可发布的实体单元。我们会在配置管理和版本控制系统中跟踪这样一个包，它可以被表示为一个文件系统中的子目录或者一种语言中的模快系统，例如，Java 包或者 JAR 文件。包代表一种对系统的划分，这种划分增强了系统的可开发性和可发布性。

包的 <subsystem> 构造型表示一个逻辑元素，该逻辑元素除了包含有模型元素外，还指明了它们的行为：子系统可以被赋予操作。包内部的协作或者用例必须支持这些操作。子系统表示了一个系统或者应用程序在行为上的划分。

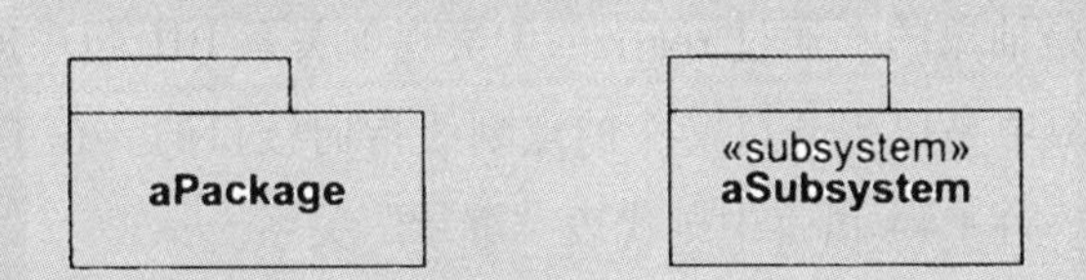

这两种包相互之间是正交的，增强可开发性和可发布性的划分与基于行为的划分几乎根本没有什么相似之处。前者通常被软件工程师用作配置管理和版本控制的单元；后者通常被分析师使用，目的是以一种直观的方式描述系统，并且在特性改变或者增加时进行影响分析。

数据库接口

Training Application 包中的类需要一些连接数据库的方法，这可以通过该包中的一组接口来完成（见图 A.10）。这些接口代表前文图 A.4 中云形图所代表的各 type 类，它们可被 DIL 包中的类所实现。Training Application 包中的其他类会使用这些接口去访问数据库中的数据。注意，图 A.10 中依赖关系的方向与图 A.9 中包之间输入关系的方向相对应。

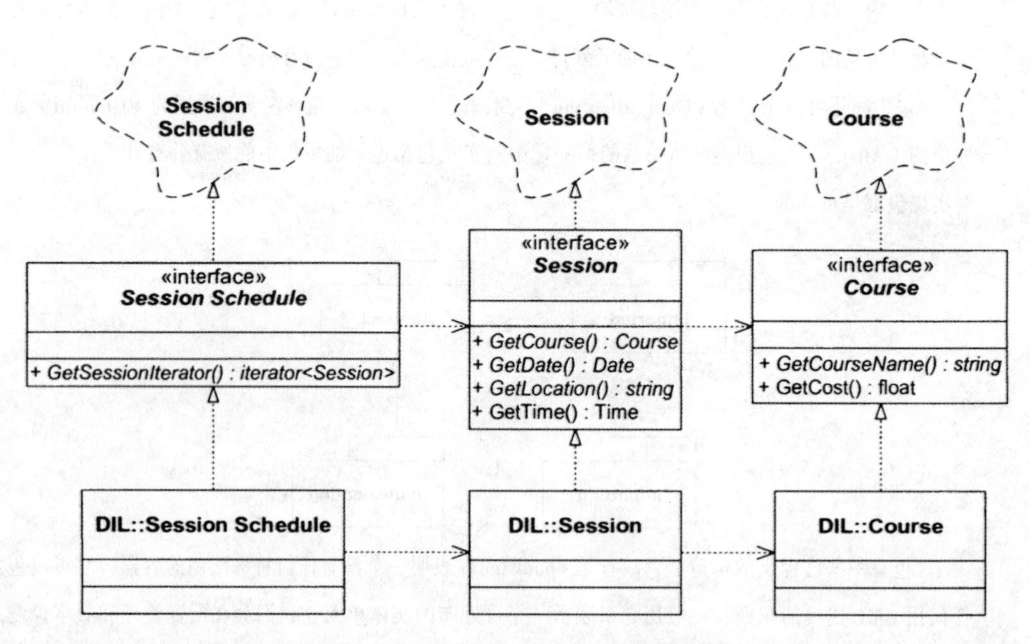

图 A.10 Training Application 包的数据库接口类

表示方法

类名用斜体的类代表这是一个抽象类。一个抽象类至少有一个纯方法或抽象方法。鉴于接口都是抽象类，所以都用斜体字来写接口类名，其中的方法也用斜体书写，表明它们都是抽象的。通过 realizes（实现）关系 DIL 包中的类跟接口联系起来。Realizes 关系在图中是以带开口箭头的点划线指向接口的。在 Java 语言中，它们代表 implements 关系，在 C++ 语言中则代表“继承”关系。

接口是种实体，在 C++ 和 Java 这样的语言中，接口都有着代码与之相对应。相反，type 类则不是实体，也没有与之对等的代码。在图 A.10 中，我们画出了从接口到与之对应的 Type 类的 realizes 关系，不过这并不代表着它是实体，也不代表有与之对等的源码。本例中，realizes 关系描述了实体设计结构和领域模型之间的对应关系，这种关系很少会像这里所描述的这样简单。

图 A.10 中使用了双冒号来描述图 A.9 中各包之间的 import（引入）关系。DIL：：Session 类是一个存在于 DIL 包中名为 Session 的类且对 Training Application 包是可见的，即已经 import 到 Training Application 包中。这里，同时存在两个名为 Session 的类是没有问题的，因为它们分别存在于不同的包中。

SessionMenuGenerator

回头看图 A.7，可以看到我们第一个 CGI 程序是 SessionMenuGenerator，这个程序对应于我们前面讲用例的第一个用例 1。接下来，我们探讨该程序设计的一些细节问题。

显然，这个程序需要写 HTML 来表示课程安排表的情况，所以我们需要创建相应的 HTML 模板来把从数据库中获得的真实数据嵌入到样板模板中。同时，该程序还需要调用 Session Schedule 接口去访问数据库中的 Session 和 Course 实例来获得课程的课程名、时间、地点及费用。图 A.11 描绘了该过程的顺序图（sequence diagram）。

SessionMenuGenerator 对象由 main 创建，并控制着整个程序。它以模板名为参数创建了相应的 HTML 模板对象，然后从 Session Schedule 接口中获取一个 iterator<Session> 对象[1]，遍历 iterator<Session> 中的每一个 Session，请求每个 Session 的 Course。它从 Session 对象中获取课程的时间和地点，从 Course 对象那里获取课程名和费用。遍历的最后一步是根据获得的所有信息来创建一个列表并插入到 HTML 模板的 Schedule 插入点处，当循环结束 Session Menu Generator 对象调用 HTML 模板的 Generate 方法然后销毁模板。

① 本章写于 STL 流行之前。当时，我用的是我自己写的容器库，它具有模板化的迭代器。

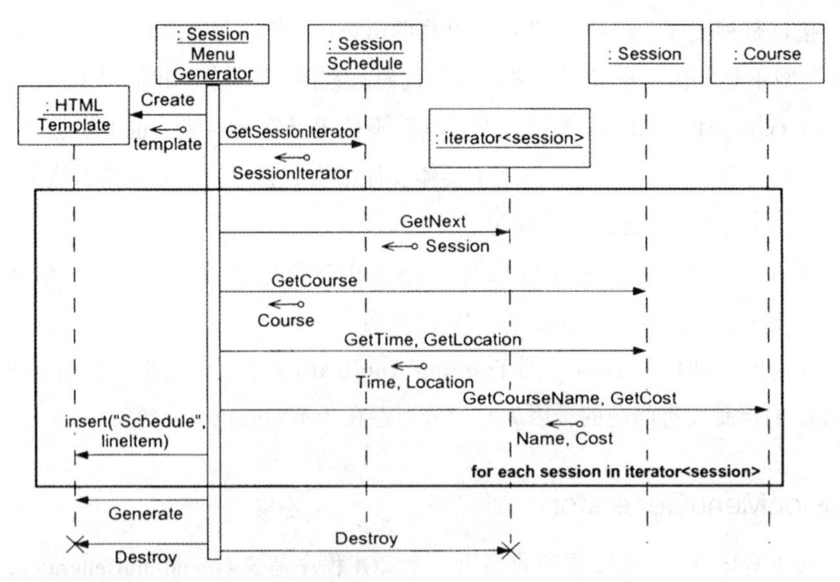

图 A.11　SessionMenuGenerator 的顺序图

表示方法

在图 A.11 中，顺序图中矩形内部的名字都被加上下划线。这表明它们表示的是对象而不是类。对象名字由使用冒号隔开的两个元素组成。冒号前面是对象的简写名（simple name），冒号后面是这个对象实现的类或者接口的名字。在图 A.11 中，对象的简写名都被省略了，所以所有的名字都以冒号开头。

对象下垂直方向的虚线被称为生存线（lifeline），它们代表对象的生存期。图 A.11 中除了 HTML 模板（HTML template）和 iterator<Session> 外的所有对象的生存线都是开始于顶部，结束于底部。按照惯例，这意味着这些对象在场景开始前就已经存在了，并且在场景结束后仍然存在。另一方面，HTML 模板是由 Session Menu generator 显式创建和销毁的，从终止于 HTML 模板的箭头（HTML 模板此时创建），以及底部结束其生存线的“X”，可以明显看出这一点。Session Menu generator 同样也销毁了 Iterator< Session>。然而，并不清楚是什么对象创建了它，这个创建者可能是 Session Schedule 的一个派生对象。因此，尽管图 A.11 中没有显式地展示 Iterator<session> 对象的创建，但是这个对象的生存线起始位置仍然暗示了它大约是在 Get session Iterator 消息被送到 Session Schedule 对象时被创建出来的。

连接生存线的箭头线是消息。时间是自上到下流逝的，因此该图展示了对象之间传递的消息的顺序。靠近箭头线的标签是消息的名字。尾端带有圆形的短箭头线被称为“数据表示（data token）”它们代表着在消息的上下文中传递的数据元素。如果它们指向消息传递的方向，它们就是消息的参数。如果它们和消息传递的方向相反，就是消息的返回值。

Session Menu Generator 生存线上长狭长的矩形被称为激活（activation），代表着一个方法或函数执行的持续时间。在本例中，没有显示启动方法的消息。图 A.11 中其他的生存线不存在激活，因为其方法的执行时间都非常短暂且没有发出消息。

图 A.11 中包围着某些消息的粗体矩形框定义了一个循环。循环的结束条件被标在矩形框的底部。在本例中，被包围的消息一直重复执行，直到遍历完 iterator<Session> 中的所有 Session 对象。

注意，这些消息箭头中有两个携带了多余一条的消息。这只是一种减少箭头线的数目的简略表达方法。消息按照书写的顺序发送，并且返回值也按照同样的顺序返回。

顺序图中的抽象类和接口

敏锐的读者会注意到，图 A.11 中的某些对象是从接口实例化而来的。例如，Session Schedule 就是一个数据库接口类。这似乎违反了对象不能从接口或抽象类实例化的原则。

顺序图中对象的类名不必是对象的实际类型的名字。只要对象符合该名称的类的接口就足够了。在像 C++、Java 或者 Eiffel 这样的静态语言中，对象要么属于顺序图中该名称的类，要么属于派生自顺序图中该名称的类或者该名称的接口的类。在像 Smalltalk 或者 Objective-C 这样的动态语言中，对象只要符合在顺序图中该名称的接口就足够了。（如果你不理解这一点，请不必担心。在像 Smalltak 以及 Object-C 这样的动态语言中，你可以向你喜欢的任何对象发送你喜欢的任何消息。编译器不检查对象是否接受这个消息。如果在运行时消息被发送到一个不能辨识它的对象上，会出现一个运行时错误，因此，两个完全不同并无关的对象是能够接受相同的消息的。这种对象应当符合相同的接口）。

因此，图 A.11 中的 Session Schedule 对象指的是其类实现或者派生自 Session Schedule 接口的对象。

Session Menu Generator 的静态模型

图 A.11 展示的动态模型隐含着图 A.12 中展示的静态模型。请注意，其中的关系要么是依赖关联，要么是构造型关联。因为图中展示的所有类都没包含引用到其他类的实例变量。所有的关系都是短暂的，因为它们没有图 A.11 中 Session Menu Generator 生存线上激活矩形的执行期长。

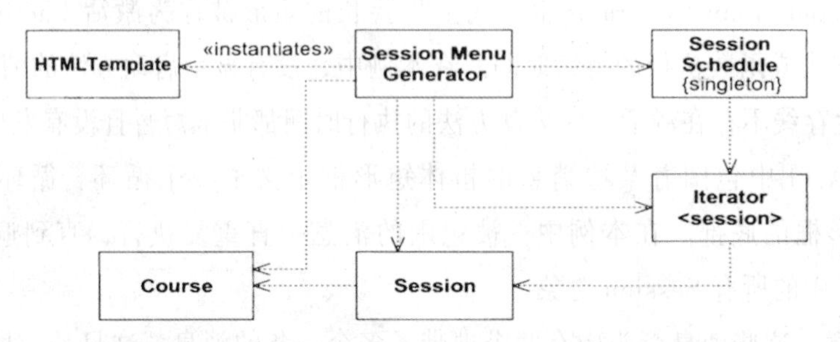

图 A.12　Session Menu Generator 应用程序的静态模型

Session Menu Generator 和 Session Schedule 之间的关系需要特别关注。注意，Session Schedule 带有 {singleton} 特性。这表明应用程序中只能有一个 Session Schedule 对象并且它在全局范围内都是可访问的（请参见第 16 章中的 SINGLETON 模式）。

Session Menu Generator 和 HTML 模板之间的依赖关系具有 stereotype<creates>。这只是表明 Session Menu Generator 实例化了 HTML 模板的实例。

带有 <parameter>stereotype 的关联关系表示对象通过方法参数或者返回值来获取彼此之间的信息。

Session Menu Generator 对象如何得到控制权呢？

图 A. 11 中 Session Menu Generator 生存线上的的激活矩形没有展示它是如何启动的。也许是某个像 main 这样的高层实体调用了 Session Menu Generator 的一个方法。我们称这个方法为 Run()。 这样做是有意义的，因为我们还需要去写一些其他的 CGI 程序，并且它们都需要以某种方式被 main{} 启动。也许，有一个定义了 Run() 方法的称为 CGI Program 的基类或者接口，Session Menu Generator 也许会从它派生。

把用户输入传给 CGIProgram

CGI Program 类在另外一个问题上也会有所帮助。CGI 程序通常是在用户填写完浏览器上的表单后被浏览器调用的。然后，用户输入的数据通过标准输入传送给 CGI 程序的 main() 函数。因此，main() 可以向 CGI Program 对象传递一个指向标准输入流的引用，而该对象就可以使它的派生对象方便地使用数据了。

那么数据是以什么样的形式从浏览器传递到 CGI 程序的呢？它是一组键值对（name-value）。表单中每个由用户填写的字段都被赋予一个名字（键）。从概念上来说，我们希望 CGI Program 的派生对象能够通过名字（键）就可以请求一个特定字段的值。例如，string course = GetValue ("course")。

因此，main() 创建了 CGl Program 并且把标准输入流传给它的构造函数来为它预先准备好所需要的数据。接着，main() 函数调用 CGI Program 的 Run() 方法，使之开始工作。CGI Program 的派生对象调用 GetValue(string) 去访问表单中的数据。

但这给我们带来了一个两难问题。我们希望 main() 函数是通用的，但是它又必须创建 CGI Program 的适当的派生对象，并且像这样的派生对象有很多。我们如何避免有多个 main() 函数呢？

可以使用连接时（link-time）多态来解决这个问题。也就是说，我们在 CGI Program 类的实现文件中（即 cgiProgram.cc）实现 main() 函数，在 main() 中声明一个名为 CreateCGl 的全局函数，但并不实现这个函数。更确切地说，我们会在 CGIProgram 派生类的实现代码（例如 Session Menu Generator）中实现这个函数（参见图 A.13）。

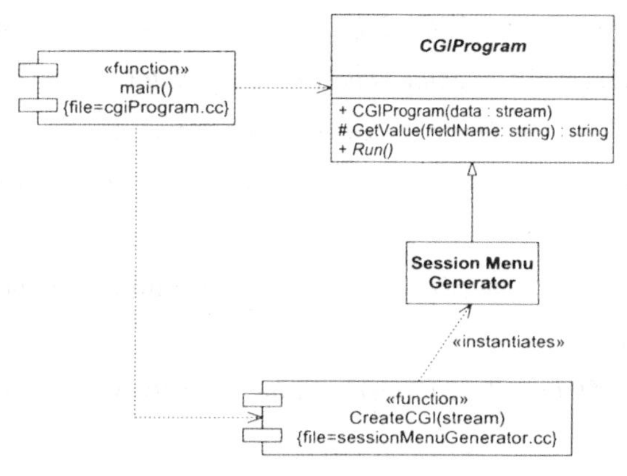

图 A.13 CGI 程序的架构设计

程序员不再需要去写 CGI 程序的 main() 程序。不过在 CGI Proram 的每个派生类中，它们必须提供对全局函数 CreateCGl() 的实现。这个函数把派生对象返回给 main()，接着 main()，就可以在必要时对它进行操作了。

图 A.13 展示了我们如何使用带有 stereotype<function> 的组件来表示自由的全局函数（free global function）。图中同样也演示了使用特性来说明函数实现所在的文件。注意，CreateCGI 函数用特性 {Session Menu Generator.cc} 作为其注解。

小结

在本附录中，我们在个简单例子的上下文中遍历了 UML 表示法的大部分内容。首先展示了在软件开发的不同阶段中使用的各种不同的表示法。然后，本章阐述了如何使用用例和 type 来构建一个应用领域模型去分析问题。谈到了类、对象以及组件如何组合到或静态或动态的图中来描述软件的架构及其构造。本章也展示了所有这些概念的 UML 表示法，并演示了如何去使用这些表示法。还有最重要的一点，本章阐述了所有这些概念和表示法是如何参与软件设计思考的。

关于 UML 和软件设计，还有许多要学习的内容。下一章会使用另外一个例子来进一步探索 UML 以及一些不同的分析和设计权衡。

参考文献

1. Booch, Grady. *Object Oriented Analysis and Design with Application*, 2nd ed. Benjamin Cumming: 1994
2. Runbaugh, et al.*Object Oriented Modeling and Design*. Prentice lall: 1991
3. Wirfs-Brock, Rebecca,et al.*Designing Object-Oriented Software*. Prentice Hall: 1990
4. Coad,peter, and Ed Yourdon. *Object Oriented Analysis*. Yourdon Press: 1991
5. Jacobson, Ivar. Object *Oriented Software Engineering a Use Case Driven Approach*. Addison-Wesley, 1992
6. Cockburn, Alistair. *Structuring Use Case with Goals*. htttp://members. aol.com/acockburn/papers/usecase.htm.
7. Kennedy, Edward. *Object Practitioner's Guide*. http://www.c0./~z00010300 PracGuides. November 29, 1997.
8. Booch, Grady. *Object Solutions*. Addison Wesley, 1995.
9. Gamma, et al. *Design Patterns*. Addison-Wesley, 1995.

附录 B UML 表示法（二）：统计多路复用器

在本章中，我们将继续对 UML 表示法进行探索，本章将重点放在一些更细节的内容上。本章以统计多路复用器问题作为背景展开讨论。

统计多路复用器的定义

统计多路复用器是一种允许在单个电信线路上传送多个串行数据流的设备。例如，假设现在有一个 56K 调制解调器并具有 16 个串行端口的设备。当两个这样的设备通过电话线连接在一起时，从一台设备的串口 1 进入的字符就会从另一台设备的串口 1 中出来。这样的设备可以在一个单一的调制解调器上同时支持 16 路全双工的通信会话。

图 B.1 所示为 20 世纪 80 年代这种设备典型的应用场景。在芝加哥，我们要混合使用 ASCII 终端和打印机，我们希望将它们连接到底特律的 VAX 机上。我们有一条租用的 56KB 线路，通过它将两个地方连接起来。统计多路复用器就会在这两个地方之间创建出 16 个虚拟的串行通道。

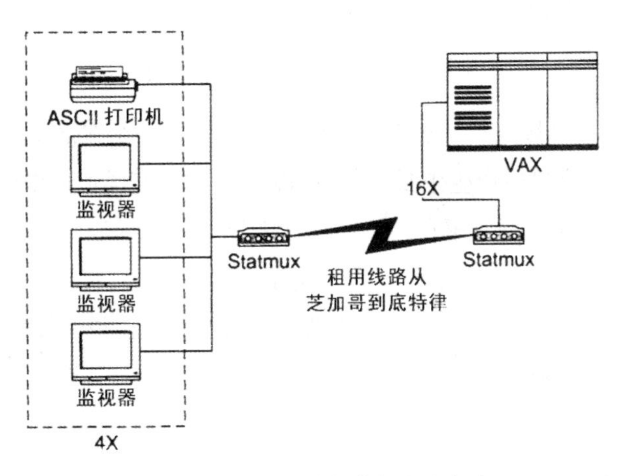

图 B.1　典型的统计多路复用器应用

显然，如果所有的 16 个串行通道同时运行，则将分配给它们 56Kb 的吞吐量，从而使每个设备每秒的有效速率小于 3500 比特。但是，大多数终端和打印机都不是所有时间都在使用的，实际上，许多应用的有效利用率都低于 10%。因此，尽管它们线路是共享的，但是总体上来看，每个用户都会感到自己拥有 56 Kb 的性能。

我们将在本章中讨论的问题是统计多路复用器中的软件。该软件用来控制调制解调器和串行端口硬件。同时，它还确定用于在所有串行端口之间共享通信线路的多路复用协议。

软件环境

方块图是 Kent Beck 的 GML（大型建模语言）中的一种形式。GML 图由线、圆和椭圆等形状组成。图 B.2 所示为一个方块图，该图显示了该软件在统计多路复用器系统中的位置。它位于 16 个串行端口和调制解调器之间。

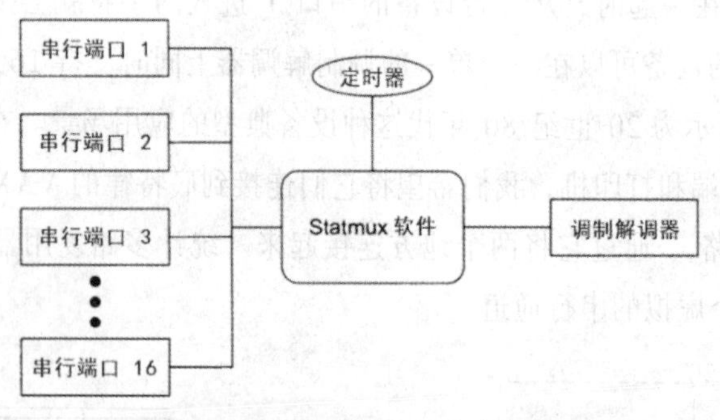

图 B.2　统计多路复用器系统方块图

每个串行端口都会向主处理器产生两个中断，——一个在准备发送字符时产生中断，另一个在接收到字符时产生中断。在调制解调器中也有类似的中断。因此，会有 34 个中断进入系统。由于调制解调器中断的优先级高于串行端口中断，这样就可以确保即使其他的串行端口必须处于休眠状态，调制解调器仍然可以以 56 Kb 全速运行。

最后，有一个每毫秒产生一个中断的定时器，它使得软件可以安排事件在某一时间内出现特定的次数。

实时约束

只要稍加计算，便可以证明该系统中所面临的问题。在任何给定的时间内，34 个中断源都可能以每秒 5600 次中断的速率请求服务，再加上计时器每秒产生的额外 1000 次中断，这就相当于每秒共产生 191 400 次中断。因此，软件为每个中断所耗费的时间是不超过 5.2 μs 的。这是非常快速的，我们需要一个相当快的处理器以确保我们不会丢失任何的字符。

更糟糕的是，系统要做的工作又不仅仅是简单的处理中断。它还必须要管理调制解调器之间的通信协议，从串行端口收集传入的字符，并划分出需要发送到串行端口的字符。所有这些都需要一些处理，这些处理必须要以某种方式安排在中断之间。

幸运的是，系统中的最大持续吞吐量仅为 11 200 个字符（也即调制解调器可以同时发送和接受的字符数）。这就意味着，平均来说在两个字符之间的间隔为 90 μs（这是很长的一段时间）。

由于我们的 ISR（中断服务程序）的持续时间不能超过 5.2 μs，因此在两次中断之间，至少由 94% 的处理器可供我们使用。这就意味着我们不需要过分关注 ISR 之外的效率问题。

输入中断服务示例程序

这段程序可能必须要用汇编语言写。输入 ISR 的主要目标是从硬件中获取字符，并将其存储在非 ISR 软件中可以随意处理的地方。解决这类问题的典型方法是使用环形缓冲区。

图 B.3 所示为一个类图，该类图展示了输入 ISR 及其环形缓冲区的结构。我们发明了一些新的构造类型和属性来描述与中断服务程序有关的相当独特的问题。

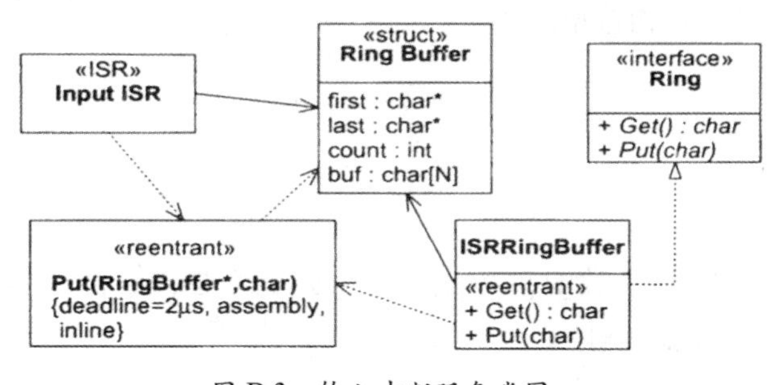

图 B.3 输入中断服务类图

首先，我们有 InputISR 类。该类具有构造型 <<ISR>>，该构造型表明类是一个中断服务的示例程序。这种类是用汇编语言写的，并且还只有一个方法。此方法没有名称，仅在发生中断时才会被调用。

InputISR 与其特定的 RingBuffer 类有所关联。RingBuffer 类上的 <<struct>> 构造型表明这是一个没有方法的类，它不过是一个数据结构。我们之所以这样做，是因为我们希望这些函数可以被汇编语言函数所访问，因为它们无法访问类的方法。

我们使用带有 <<reentrant>> 构造型的类图标来表示 Put(RingBuffer *, char) 函数。以这种方式使用该构造型表示了一个中断安全的自由函数。该函数将字符添加到环形缓冲区中。在它接收到字符时，InputISR 就会调用该函数了。可重入是一个复杂的话题，超出了本章的讨论范围。读者可以参考一些优秀的关于实时和并发编程方面优秀的书籍，例如 Doug Lea 的 Concurrent Programming in Java，（Addison-Wesley 出版社于 1997 年出版）。

函数的属性表明它有一个 2μs 的实时限制时间，它应该使用汇编语言来写，并且无论在何处调用，都应该对其进行内联的编码。最后两个属性是为了要满足第一个属性。

ISRRingBuffer 类是一个常规的类，其方法在中断服务示例程序之外运行。它利用 RingBuffer 结构并为其提供了一个 façade 类。它的方法都遵循 <<reentrant>> 构造型，因此也都是中断安全的。

ISRRingBuffer 类实现了 Ring 接口。该接口允许中断服务程序外部的客户端访问存储在环形缓冲区中的字符。该类表示中断与系统其余部分之间的接口边界。

列表框中的构造型

当构造型出现在类的列表部分时，它们就具有特殊的含义。构造型之下出现的那些元素必须要符合该构造型。

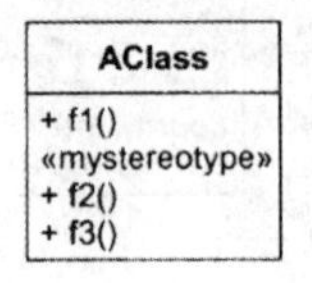

在此实例中，函数 f1() 没有明确的构造型。但是，函数 f2() 和 f3() 符合 <<mystereotype>> 构造型。

对于像这样出现在列表部分中的构造型的数量是没有限制的。每个新的构造型都将覆盖先前的构造型。在两个构造型之间显示的所有元素都与其上面的构造型一致。

在列表中间可以使用空构造型 <<>>，用以表明以下元素没有显式的构造型。

环形缓冲区的行为

环形缓冲区可以用“简单的”状态机来描述，如图 B.4 所示。状态机显示在 ISRRingBuffer 类的对象上调用 Get() 和 Put() 方法时发生的情况。

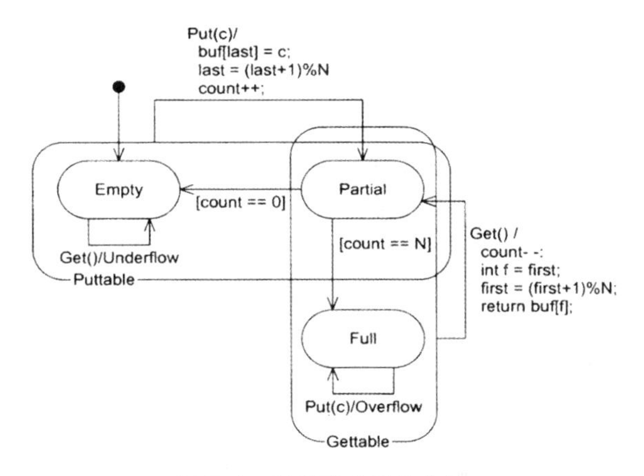

图 B.4 环形缓冲区状态图

该图显示了环形缓冲区可能处于的三种状态。该状态机以 Empty 状态开始，在 Empty 状态下，环形缓冲区中没有任何字符。在这种状态下，Get() 方法将导致下溢。我们在这里尚未定义下溢或上溢期间发生的情况，这些决定可以留待以后使用。这两个状态 Empty 和 Partial 都是父状态 Puttable 的子状态。Puttable 状态表示 Put() 方法在其中运行而不会上溢的状态。每当从 Puttable 状态的一个子状态中调用 Put() 方法时，输入的字符都会存储在缓冲区中，并且技术和索引都会进行适当的调整。Partial 和 Full 状态都是父状态 Gettable 的子状态。Gettable 父状态代表了那些在其中执行 Get() 方法时不会引起下溢的状态。当在这些状态中调用 Get() 方法时，下一个字符将从环中移除，并返回给调用者。计数和索引也会被相应进行调整。在 Full 状态中，Put() 函数将导致上溢。

两个离开 Partial 状态的迁移受到监护条件的约束。每当计数变量变为零时，状态机就会从 Partial 状态转换为 Empty 状态。同样，每当 count 变量的值达到缓冲区的大小 N 时，状态机就会从 Partial 状态转换为 Full 状态。

状态和内部转换

在 UML 模型中，状态机有带有圆角的矩形表示。这个矩形可能有两个分隔栏。

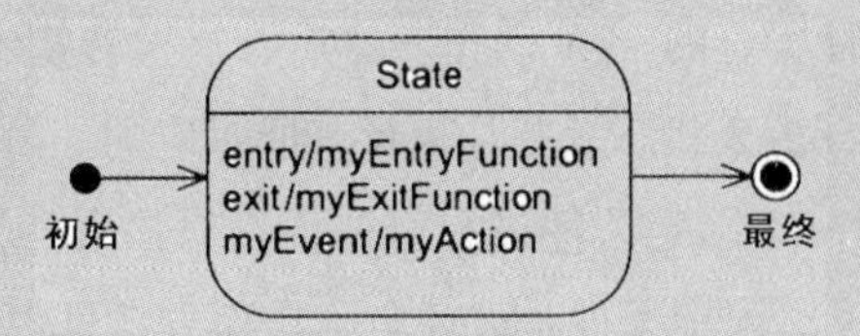

顶部的分隔栏只是对状态进行简单命名。如果不指定状态名称，那么该状态就是匿名的。这里的所有匿名状态都是不相同的。

底部的分隔栏列出了该状态的内部转换。内部转换使用“事件名 / 动作”来表示。事件名必须是当计算机处于给定状态时可能发生的事件名称。状态机通过保持该状态并执行指定的动作来响应此事件。

有两个特殊的事件可以用在内部的状态转换中。在上面的图标对它们进行了描述。当进入该状态时，发生 entry 事件，当离开该状态时，发生 exit 事件，即使又立即返回该状态。

一个动作可能是另一个同时具有初始状态和最终状态的有限状态机的名称。或者，动作可以是用某种计算机语言或伪代码编写的过程表达式。该过程可以使用包含状态机对象的动作和变量。或者，该动作还可以采用“object.message(arg1, arg2, …)”的形式表示，在这种形式中，动作会把指定的消息发送给指定的对象。

在上图中展示了两个特殊的伪状态图标。在左侧，我们看到代表初始伪状态的黑色圆圈。在右侧，我们可以看到代表最终伪状态的靶心状的圆。在最初调用有限状态机时，它会从初始伪状态过度到连接状态。因此，伪初始状态可能只剩下一次状态转变。当事件导致转换到最终伪状态时，状态机将停止运行且不再接受新的事件。

状态之间的转换

有限状态机是通过互相转换而连接的状态网络。转换用两种状态之间的箭头来表示。在一次转换上需要标注有触发该事件的名称。

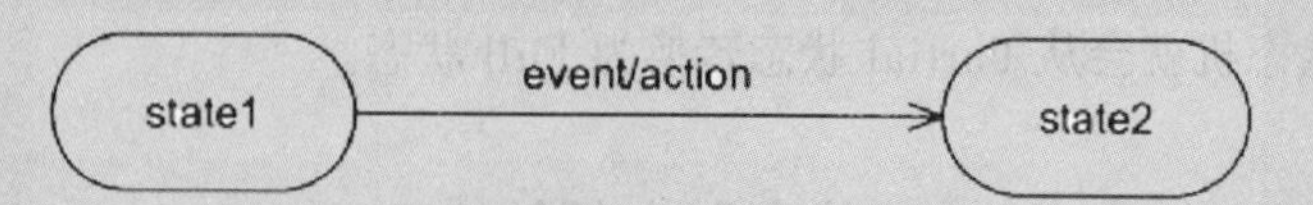

在图中，我们可以看到两个状态通过一次转换连接起来。如果状态机处于 state1 状态并且发生了 event 事件，则状态的转换就会被触发。在转换触发时，状态机会离开 state1 状态，并执行所有的 exit 动作。然后，这次转换中的 action 都会被执行。接着状态机就会进入 state2 状态，并且执行其所对应的 entry 动作。

转换事件可以用一个限定条件进行修饰。仅当该事件发生且限定条件为真时，状态的转换才会被触发。限定条件是事件名称后面方括号中出现的布尔表达式（例如

myEvent[myGuardCondition]）。

转换上的动作和状态内部转换上的动作是完全相同的（参见“状态和内部转换”）。

嵌套状态

当一个状态图标完全包围另一个或多个其他状态图标时，被包围的状态被称为包围其父状态的子状态。

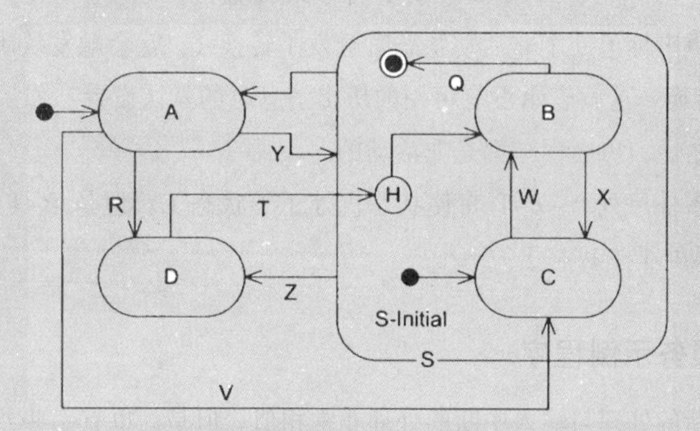

在上图中，状态 B 和状态 C 是父状态 S 的子状态。状态机从状态 A 开始，如初始的伪状态所示。如果这时触发了转换 V，则父状态 S 中的子状态 C 将变为活动状态。这就会导致 S 和 C 的 entry 函数都被调用。

如果在状态 A 时触发了转换 Y，则计算机将进入到父状态 S。向父状态的转换必须导致其子状态之一变为活动状态。如果转换停止在父状态矩形的边上，就像转换 Y 所做的那样，那么在父状态内会有一个源自初始伪状态的转换。因此，转换 Y 触发了从 S-initial 伪状态到子状态 C 的转换。

当转换 Y 被触发时，会同时进入父状态 S 和父状态 C。此时，S 状态和 C 状态的 entry 动作都会被调用。父状态的 entry 动作会先于子状态的 entry 动作被调用。转换 W 和 X 现在可以被触发，使状态机在 B 和 C 状态之间移动。exit 动作和 entry 动作的执行和往常一样，但是因为没有退出父状态 S，所以父状态的 exit 动作就还不会被调用。

最终，转换 Z 会被触发。请注意，Z 状态是从父状态矩形的边缘上离开的。这就意味着，不管是子状态 B 还是 C 都处于活动状态，转换 Z 都把状态机移动到状态 D。这就相当于两个独立的转换，一个是从 C 状态到 D 状态，另一个是从 B 状态到 D 状态，都被 Z 标注。当 Z 被触发时，将执行相应子状态的 exit 动作，然后就执行父状态 S 的 exit 动作。接着，进入状态 D，并执行它的 entry 动作。

注意，转换 Q 在一个最终的伪状态上停止。如果转换 Q 被触发，那么父状态 S 就会停止。这将触发一个未标注的从 S 到 A 的迁移。如后面所述，终止父状态也会重置所有的历史消息。

转换在父状态 S 的一个特殊图标上停止了。这个图标被称为历史标记。当转换 T 被触发时，S 中最近一个活动的状态将会再次变为活动的状态。因此，如果在 C 为活动状态时发生了转换 Z，那么转换 T 将导致 C 被再次触发。

如果在历史标记处于非活动状态时触发了转换 T，就会触发从历史标记到子状态 B 的未标记转换。这就表示没有可用的历史消息时的默认设置。如果从未输入 S 或在转换 Q 停止之后，历史标记都是非活动的。

因此，事件序列 Y-Z-T 将使状态机处于子状态 C。但是 R-T 和 Y-W-Q-R-T 都将使状态机处于子状态 B。

输出中断服务示例程序

输出中断的处理与输入中断的处理非常相似。但是，也有一些差异。系统的不简单部分将要发送的字符装入输出环形缓冲区中。只要准备好下一个字符，串行端口就会产生一个中断。中断服务程序从环形缓冲区获取到下一个字符，并将其转发到串行端口处。

如果当串行端口准备就绪时，环形缓冲区中没有字符处于等待状态，那么中断服务程序就无事可做。如果串口已经通知过它做好了接受一个新字符的信号，并且直到它被赋予一个要发送的字符并完成发送为止，它都不会再这样做了。于是，中断流就会停止了。因此，我们需要一种策略以使新字符在到达时能够重新启动输出中断。图 B. 5 所示为 ISR 的结构。显而易见，它与图 B.3 中的输入 ISR 相似。但是，请注意从 ISRRingBuffer 到 OutputISR 的 <<calls>> 依赖性。这表明 ISRRingBuffer 对象可以导致 OutputISR 的执行，就像接收到一个中断一样。

图 B.6 显示了对输出环形缓冲区的有限状态机的必要修改。可以将该图和图 B.4 进行比较。请注意，Puttable 父状态被去掉了并且其中有两个 Put 转换。第一个 Put 转换从 Empty 转换到 Partial 状态。这将导致 Gettable 父状态的 entry 动作的执行，该动作会产生一个触发 OutputISR 的人为中断[①]。（以这种方式产生人为中断的机制和平台有非常强的相关性。在某些机器上，可以把它当成函数一样来调用。另外一些机器需要更复杂的协议才能人为地调用 ISR。）第二个 Put 转换在 Partial 状态的内部。

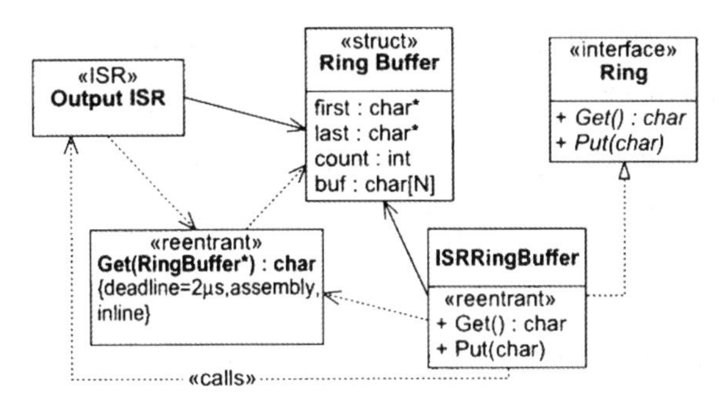

图 B.5 输入中断服务类图

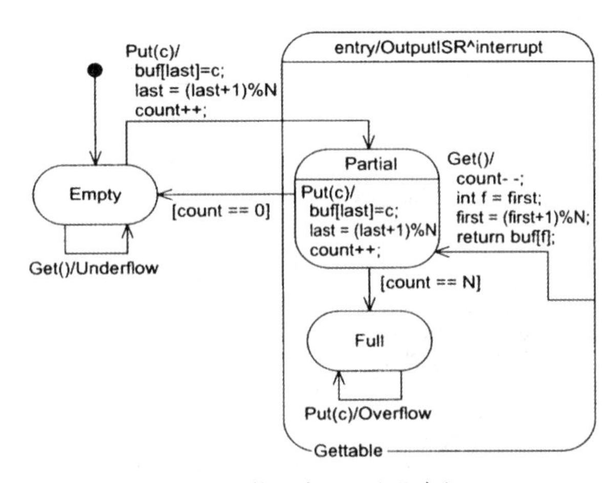

图 B.6 输出中断程序状态机

通信协议

两台统计多路复用器通过其调制解调器进行通信。每个都通过电信线路向另一个发送数据包。我们必须认为线路是不理想的，并且可能会发生错误或遗漏。字符在传输过程中可能会丢失或产生乱码，并且可能会因一些放电作用或者其他的电磁干扰可能会创建一些虚假的字符。因此，必须在两个调整解调器之间放置一个通信协议。这个协议必须能够验证包的完整性和正确性，并且它还必须能够重新传送被篡改或者丢失的数据包。

图 B.7 所示是一个活动图（请参阅“活动图”的补充内容）。它表明了我们的统计信息将使用的通信协议。该协议是一种相对简单的滑动窗口协议，它具有流水线和传输的功能。请参阅《计算机网络》（第 2 版）出版于 1998 年，第 4.4 节，可以获这种通信协议。

该协议从最初始的伪状态开始，它初始化了一些变量，然后创建出三个独立的线程。变量将在后面进行介绍，本小节主要介绍依赖于这些变量的线程。如果在允许的时间段内没有收到任何确认，则“定时线程”将用于重新发送数据包。它还用于确保正确接收到的数据包的确认可以被及时发送出去。“发送线程”主要用于发送已排队传输的数据包。“接收线程”主要用于接收、验证和处理数据包。让我们一次讨论它们。

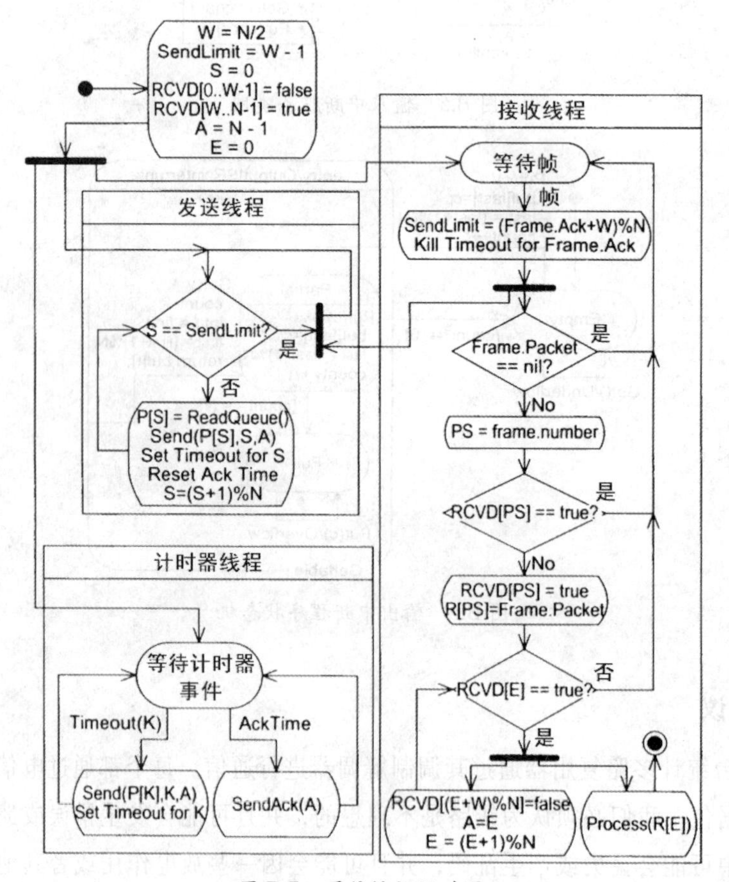

图 B.7 通信协议活动图

发送线程

变量 S 包含将在下一个发送数据包上标记的序列号。每个数据包都会以 0…N 进行序列号编号。发送线程将继续发送数据包，而无需等待它们被确认，直到有 w 个未确认的数据包为止。W 设置为 N/2，这样，在任何给定的时刻，都绝不会有超过一半的序号等待确认。在正常情况下，SendLimit 变量持有超过窗口（W）范围的数据包的序列，因此它是目前不能被发送的最小的序列号。

随着发送线程继续发送数据包的过程中，它会以 N 为模递增 N。当 S 到达 SendingLimit 时，线程被阻塞，直到接收线程更改 SendingLimit 为止。如果 s 尚未达到 SendingLimit，则 ReadQueue() 函数将从队列中拉出一个新的数据包。数据包就会被放置在 P 数组的 S 位置。我们把包保存在这个数组中是为了以后重传的需要。接着，该包会被标记上它序号（S）以及搭载的确认号（A）并被发送出去。A 是我们收到的最后一个数据包的序列号。这个变量由接收线程进行更新。

发送完数据包后，我们会对其设置一个超时时间。如果此时超时发生在确认数据包之前，则计时线程将假定该数据包或者确认包丢失了，它会重新传输该数据包。

这时，我们还重置了 Ack 计时器。当 Ack 计时器到期时，计时器线程假定自上次发送确认包以来已经过去了太多的时间，因此它就认为上一个正确的包被接收到了。

接收线程

该线程首先会初始化一些变量。RCVD 是一个以序列号作为索引的布尔标志数组。当收到数据包之后，它们在 RCVD 中标记为 true。处理完数据包后，比该数据包多 W 的序号位置将被标记为 false。E 是我们正在期待的并且也是下一个要被处理的包的序号，它总是等于（A+1）对 N 取模。作为初始化的一部分，我们将 RCVD 的后半部分设置为 true，以表示这些序列号在允许的窗口之外的事实。如果要接收它们，就会把它们作为重复的数据包丢弃掉。

接收线程在等待一个帧，这个帧可能是一个数据包，也可能只是一个普通的应答。在任何一种情况下，它将包含最后一个正确包的确认。我们更新 SendingLimit 并通知发送线程。请注意，SendingLimit 被设置为最近确认帧的序号加上 W。于是，发送方只能使用从最后一个确认的数据包开始的序列号空间的一半，以便发送方和接收方协商当前有效的序列号空间的一半。

如果一个帧包含一个数据包，那么我们就从该包中取出序列号，并检查 RCVD 数组看一下我们是否已经收到了具有该序列化的数据包。如果是的话，我们可以将其作为副本删除。否则，我们将更新 RCVD 数组以显示我们现在已经收到了数据包，并将数据包保存在 R 数组中。

尽管数据包是按序列号的顺序发送的，但它们可能会以乱序接收。这也是完全正确的，因为数据包可能会丢失并重新进行传输。因此，即使我们刚收到的数据包序号为 PS，它可能也不是我们所预期的数据包（E）。如果不是这样的，我们就只能等到收到 E 信息即可。但是，如果 PS == E，则我们就产生一个单独的线程来处理数据包。通过将 RVCD 数组的 E+W 处的标记设置为 false 来移动允许的序列化窗口。最后，我们将 A 设置为 E，用 E 来表示最后收到的有效序列号，然后使 E 保持递增。

定时线程

这里的计时器只是等待计时器事件。可能会发生两种事件，Timeout(K) 事件表示发送线程已经发送了数据包，但从未收到确认包。因此，计时线程则重新发送 L 数据包并重新启动其计时器。

AckTime 事件是由一个可重复处罚的计时器生成的。此计时器每 X 毫秒发送一次 AckTime 事件。但是，可以重新触发它，使它重新定时为 X。发送线程在每次发送数据包时都会重新触发该计时器。这是合适的，因为每个数据包都带有一个确认信息。如果在 X 毫秒内未发送任何的数据包，就会发生 AckTime 事件，并且计时器线程就将发送一个确认帧。

哇!

你可能已经发现该讨论有点难以理解。试想一下，如果没有解释性的文字。图可能表达了我的意图，但附加的文字也肯定会有所帮助。因为图很少能够独立说明问题。

我们如何才能知道该图是正确的？我们不知道！如果有读者发现了其中的问题，我丝毫不会感到惊讶。我们通常无法像测试代码那样测试一个图表的正确性。因此，我们必须等到编码时，才能知道图中描绘的算法是否是正确的。

这两个问题的存在使得图表的实用性遭到了怀疑。它们可以成为良好的数学工具，但不应该认为它们具有足够的表达力和精确性，从而成为设计的唯一规格标准。同时我们还需要文本、代码和测试用例。

活动图

活动图是状态转换图、流程图和 Petri 网的混合体。它们擅长用来描述事件驱动的多线程算法。

活动图是状态图。它仍然是通过状态之间的转换相连接。但是，在活动图中，存在特殊的状态和状态之间的转换。

动作状态

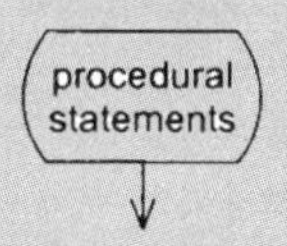

一个动作状态被绘制为一个矩形，这个矩形的上下两边是平的，左右两边呈圆形的。这个图标和普通图标的不同之处在于：它的拐角是尖的，而状态图标的拐角是圆形的（请参阅“状态和内部转换”）。动作状态的内部包含一个或多个表示其 entry 动作的过程语句（这就像流程图中的处理框一样）。

进入动作状态后，将立即执行其 entry 动作。一旦完成了这些动作，就会推出动作状态。从动作状态向外的转换一定没有事件标签，因为“事件”只是 entry 动作的 完成。但是，可能会有多个事件转换，每个 转换都有互斥的限制条件。所有限制条件的并集必须始终为 true，即不可能被卡在某个动作状态中。

决策

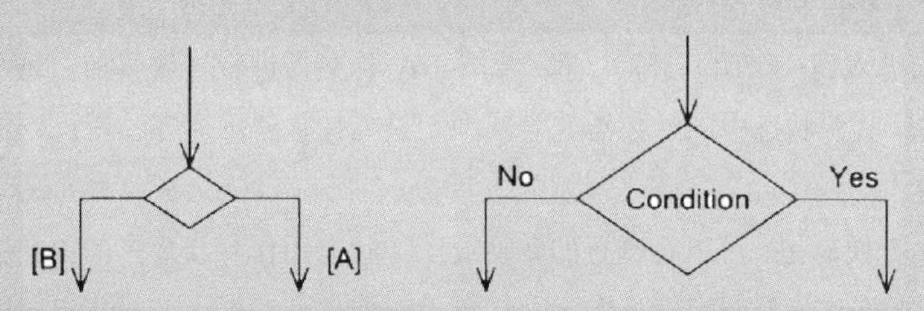

动作状态可以具有许多离开限制条件的转换，这就意味着它可以充当决策的环节。但是，通常用菱形图标来表示决策的步骤。

一旦转换进入菱形中，多个受限制的转换就会离开该菱形。同样，所有受限制的转换的布尔值的并集必须为 true。

在图 B.7 中，我们使用了更像流程图的菱形变体。在菱形中声明了一个布尔条件，其中两个要离开的转换被标记为 Yes 和 No。

复杂的转换

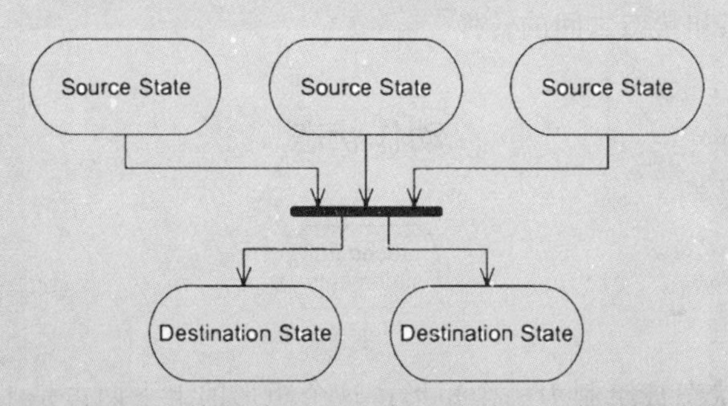

复杂的转换显示了多个控制线程的分离和连接。它们用一个黑色的异步矩形表示。

通过箭头将各个状态连接到异步矩形。指向矩形的状态被称为源状态，指向矩形之外的状态被称为目标状态。

这一组指向并离开异步矩形的箭头组成了一个单一的过度。这些箭头既没有标注事件也没有标注限制条件。当所有的源状态都被占用时（即，当三个独立线程处于适当的状态时），转换将被触发。此外，源状态必须是真正的状态，而不是动作状态（也就是说，必须能够等待）。

在转换被触发时，源状态将全部退出，并进入到所有的目标状态。如果目标状态多余源状态，那么我们就创建新的控制线程。如果源状态的数目更多一些，那么我们就合并一些控制线程。

每当进入到一个源状态时，都会对 entry 计数器进行计数累加。每当复杂的转换被触发时，其源状态中的计数器就会减少。只要计数器不为零，就可以认为源状态是被占用的。

为了方便标记，可以将真正的转换或动作状态用作异步矩形的源（参见图 B.7）。在这种情况下，我们假定转换实际上终止了一个真正的未命名的状态，即异步矩形的源状态。

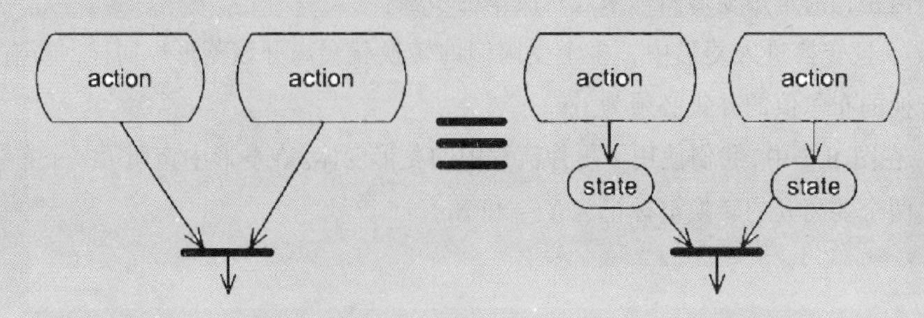

通信协议软件的结构

三个控制线程都共享相同的变量。因此，这些线程调用的函数应该是相同类的方法。然而，现在大多数线程都将线程等同于对象。也就是说，每个线程都有一个控制它的对象。在 UML 中，这些对象被称为活动对象（请参阅“活动对象”）。因此，含有协议方法的类还需要创建控制线程的活动对象。

计时器线程将在协议之外的地方使用，所以它的线程应该在系统的不同地方创建。这就使得协议对象只需创建发送线程和接收线程。

如图 B.8 所示为一个对象图（请参阅“对象图”），它描绘了 CommunicationsProtocol 对象初始化后的情形。CommunicationsProtocol 创建了两个线程对象，并对它们的生命周期负责。线程对象使用命令模式（参见第 15 章）来启动新创建的执行线程。每个线程都有一个对象的实例，该对象转换为 Runnable 接口（请参阅“接口棒棒糖”）。然后使用适配器模式（参见第 25 章）将 Thread 绑定到 CommunicationsProtocol 对象适当的方法上。

在 Timer 和 CommunicationsProtocol 之间具有类似的关系。不过，在它们的关系中，Timer 对象的生存期不是由 CommunicationsProtocol 对象所控制的。

之所以存在 <<firend>> 关系，是因为我们希望适配器调用的方法是 CommunicationsProtocol 的私有方法。我们不想让除了适配器之外的其他对象调用它们。还有其他的一些方法可以实现这个目标。在 Java 中，可以使用内部类的方式。

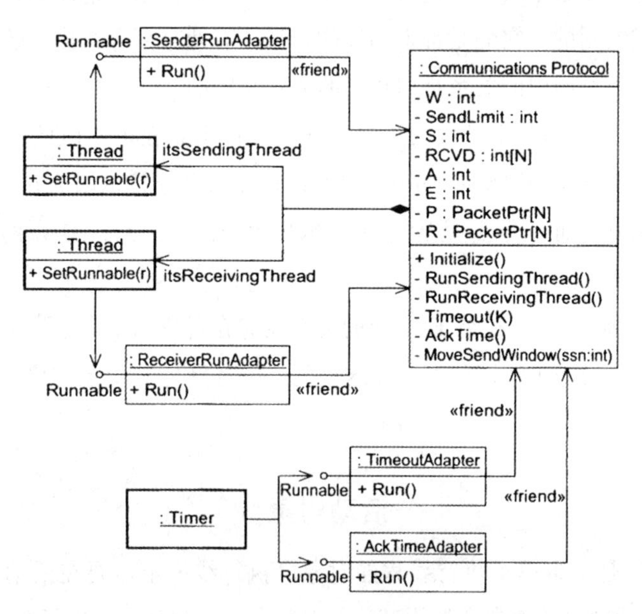

图 B.8 对象图：协议对象刚刚初始化后的情形

对象图

对象图描述了在特定时间内一组对象之间的静态关系。它与类图有两个不同之处。首先，它们描述的是对象而不是类，描述对象之间的连接关系而不是类之间的关系。其次，类图显示源代码和依赖关系，而对象图只显示那些由对象图定义的即时存在的运行时关系和依赖关系。因此，对象图显示了系统处于特定状态时存在的对象和连接。

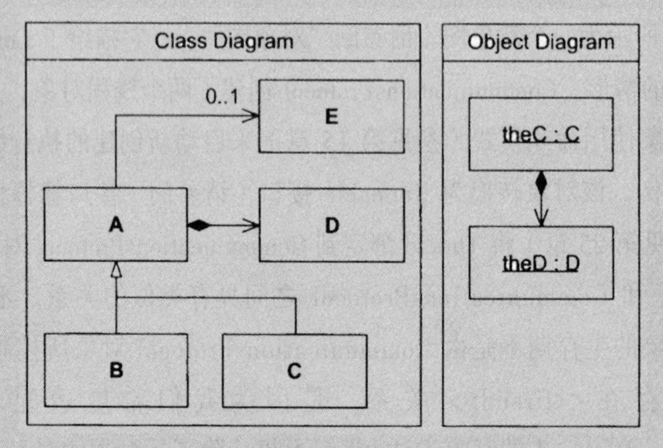

在上图中，我们可以看到一个类图和一个对象图，这个对象图代表对象可能的的状态和连接，而这个对象就代表了类图中的类及其关系。请注意，对象是以与序列图相同的方式绘制的。它们是带下划线的矩形，有两个部分组成。还要注意的是，对象图中的关系与类图中的关系是用相同的方式绘制的。

两个对象之间的关系被称为连接。连接允许消息在可导航的方向上流动。在本例中，信息可以从 theC 流向 theD。之所以存在这个连接是因为在类 A 和类 D 之间有一个组合关系，而且类 C 是从类 A 中派生出来的。因此，类 C 的实例可以拥有派生自己基类的连接。

同样请注意，类 A 和类 E 之间的关系没有在对象图中表示出来。这是因为对象图描述的是系统的一个特定状态，在这期间，C 对象与 E 对象并没有直接的关联。

活动对象

活动对象是负责单个执行线程的对象。执行线程不需要在活动对象的方法中运行。实际上，活动对象通常会调用其他的对象。活动对象就是执行线程所指定的对象。它也是提供线程管理接口的对象，例如 Terminate、Suspend 以及 ChangePriority。

myActiveObject

活动对象的绘制形式和普通对象一致，只是其轮廓线是粗体的。如果活动对象还拥有在其控制线程内执行的其他对象，那么就可以在活动对象的边界内绘制这些对象。

接口棒棒糖

接口可以用带有 <<interface>> 构造型的类表示，或者它们可以用一个特殊的棒棒糖图标表示。

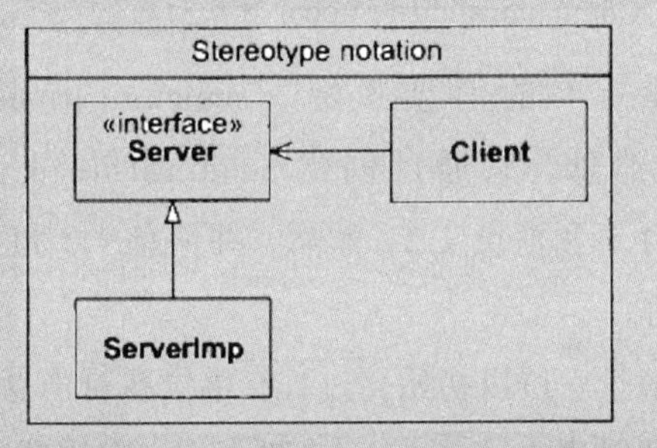

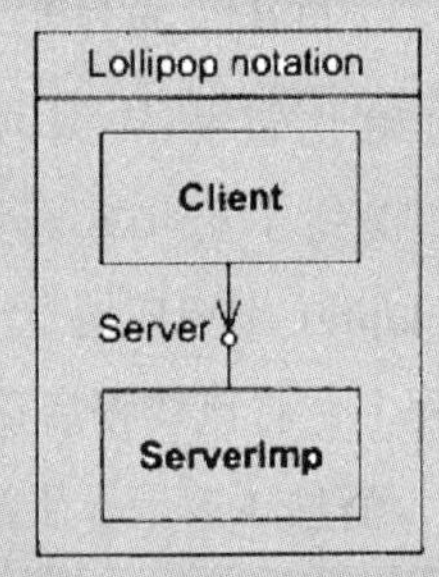

这个方框中的两个图有完全相同的解释。其中 Client 类的实例实现了 Server 接口。ServerImp 类也实现了 Server 接口。

连接到棒棒糖图标的两个关系中的任何一个都可以被省略，如下图所示。

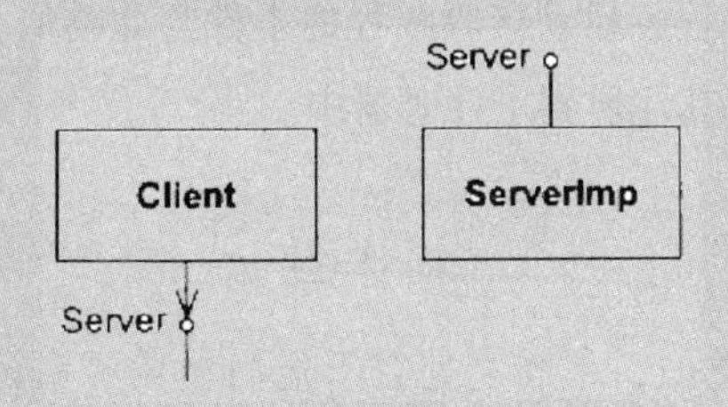

初始化过程

用于初始化 CommunicationsProtocol 对象的各个处理步骤如图 B.9 所示。这是一个协作图（请参阅“协作图”）。

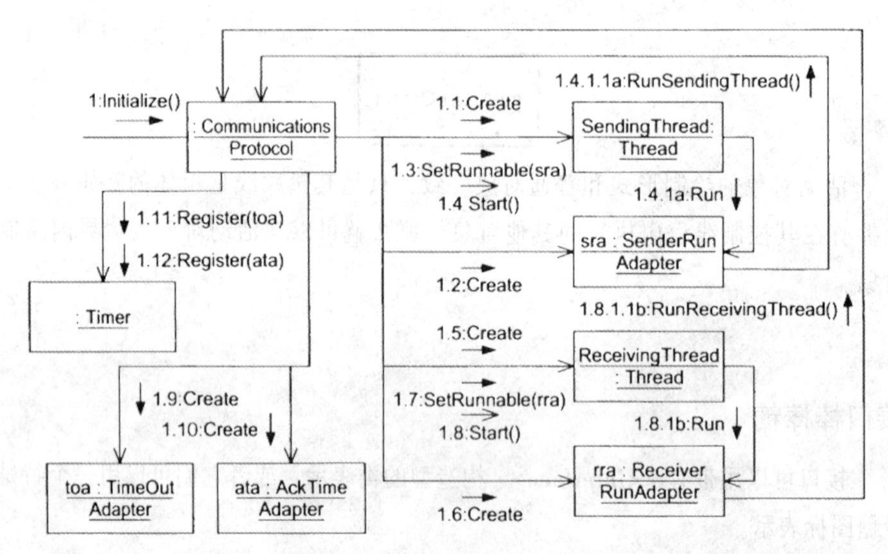

图 B.9 协作图：CommunicationsProtocol 对象初始化

其中初始化过程从编号为 1 的消息开始。CommunicationsProtocol 从某个未知的源中收到了 Initialize 消息。它通过创建 SendingThread 对象及其关联的 SenderRunAdapter 来响应消息 1.1 和消息 1.2。然后，在消息 1.3 和 1.4 中，它将适配器绑定到线程上并将该线程启动。

请注意，消息 1.4 是异步消息。所以初始化过程会继续执行消息 1.5 至 1.8，这个过程和上面是完全重复的，不过创建的是 ReceivingThread。在这期间，一个独立的执行线程在消息 1.4.la 中开始执行，它会调用 SenderRunAdapter 中的 Run 方法。结果，适配器对象向 CommunicationsProtocol 对象发送 1.1.la:RunSendingThread 消息。这将启动发送线程的处理过程。启动接收线程的事件与此类似。最后，消息 1.9 至 1.12 创建了定时器适配器并将其注册到了计时器中。

协作图

协作图与对象图类似，不同之处在于他们显示了系统状态是如何随时间而演化的。协作图中显示了对象之间发送的消息以及它们的参数和返回值。每条消息上都标注有一个序列号来表明和其他消息之间的顺序。

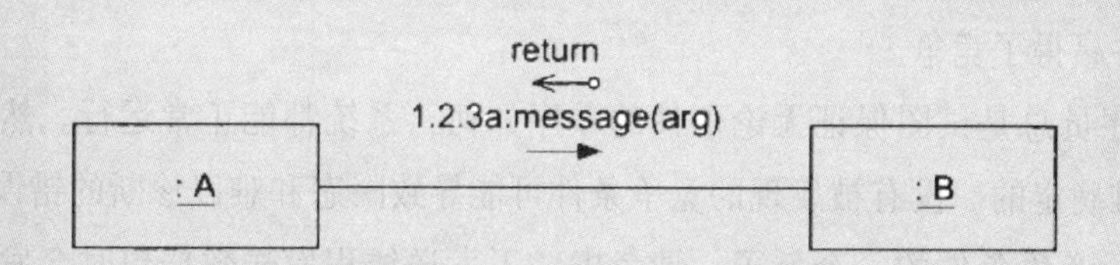

消息被绘制为一个小的箭头，画在两个对象之间连接的附近。箭头指向的是接收消息的对象。该消息标记有消息的名称和序列号。

序列号与消息名称之间用冒号分隔。消息名后面跟着括号，括号中包含一个以逗号分隔的消息参数列表。序列号是一个点分隔的数字列表，后面可以跟有可选的线程标识符。

序列号中的数字表示消息的顺序及其在调用层次结构中的深度。编号为 1 的消息是要发送的第一条消息。如果消息 1 的调用过程中还调用了其他两条消息，那么它们的编号就是 1.1 和 1.2。一旦它们返回响应，并且消息 1 完成了，下一条消息就会被编号为 2。通过使用这种点分隔的方法，我们就可以完全描述信息的顺序和嵌套。

线程标识符是消息正在其中执行的线程名称。如果省略线程标识符，则表明消息在未命名的线程中执行。如果消息 1.2 生成了一个名为“t”的新线程，则该新线程的第一个消息将编号为 1.2.1t。

可以使用数据标识符号（在尾部有一个圆圈的小箭头）来表示返回值和参数。此外，也可以在消息名中用赋值语法显示返回值，如下所示：

```
1.2.3 : c:=message(a,b)
```

在这种情况下，“message”的返回值将保存在一个名为“c”的变量中。

使用填充箭头的消息（如左侧所示）表示同步函数调用。在从其过程中调用的所有其他同步消息都返回之前，它不会返回任何值。这是 C++、SmallTalk、Eiffel 或 Java 等常用的消息类型。

左边所示的箭头表示一个异步消息。该消息创建一个新的控制线程来执行所调用的方法，然后就立即返回。因此，消息是在方法被执行前返回的。由该方法发送的消息应该具有线程标识符，因为它们是在与调用不同的线程中执行的。

协议中的竞争条件

图 B.7 所示的协议中有许多有趣的竞争条件。当无法预测两个独立事件的顺序，而系统的状态对该顺序又有影响时，就会出现竞争条件。然后，系统的状态就依赖于哪个事件赢得了竞争。

程序员总是试图保证无论事件的顺序如何，系统都能正常运行。然而，竞争的条件是很难确定的。没有被发现的竞争条件可能导致瞬态和难以诊断的错误。

作为竞争条件的一个例子，请考虑一下发送线程发送数据包时会发生什么，如图 B.10 所示。这种图又被称为消息顺序图（请参阅“消息顺序图”）。本地的发送者发送了一个数据包 S 并设定了一个超时时间。远端的接收方接收到这个数据包，并让远端的接收者知道数据包 S 是被正确接收了。远端的发送者会发送一个显式的 ACK 或者将 ACK 放在下一个数据包中。本地的接受者接收这个 ACK 并终止这次超时。

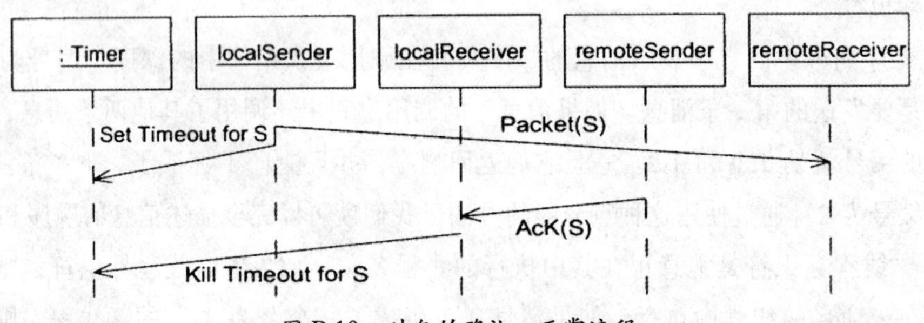

图 B.10 对包的确认：正常流程

有时会收不到 ACK。在这种情况下，这次超时就会过期，并且这个数据包会被重新发送。图 B.11 所示为发生的这种情况。

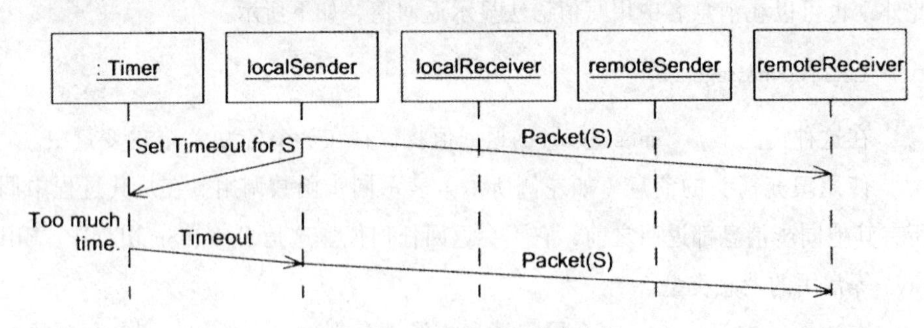

图 B.11 确认丢失：重传流程

在这两个极端情况之间，存在一个竞争条件。定时器可能会在 ACK 刚跟被发出时超时了。图 B.12 所示为这种情景。请注意图中的交叉线。它们代表着竞争。数据包 S 已经被发送出去并被正确的接收到了。此外，ACK 也被传回来了。然后，ACK 确是在超时发生之后才到达的。因此，在这种情况下，即使收到了 ACK，数据包也会被重新传输的。

图 B.7 所示的逻辑正确处理了这个竞争。远端的接收器会意识到第二次到达的数据包 S 是一个重复的数据包，并将其丢弃。

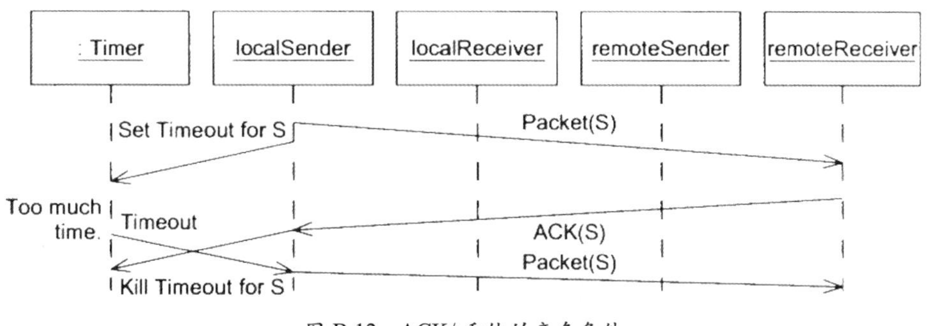

图 B.12 ACK/ 重传的竞争条件

消息顺序图

消息顺序图是顺序图的一种特殊形式。它主要的区别是它的消息箭头是向下倾斜的，表示消息的发送和接收方之间的时间间隔。顺序图的所有其他部分都可以存在其中，包括活动和序列号。

消息顺序图的主要用途是发现并记录竞争条件。这些图表非常善于显示某些事件的相对时间，以及两个独立的进程如何以不同的方式查看事件的顺序。

如图 B.12 所示，其中 Timer 对象认为 Timeout 事件在 Kill Timeout 事件之间发生。然而，localSender 却发现这两个事件的顺序时相反的。

这种对事件顺序理解上的不同可能会导致对时序非常敏感的逻辑错误，并且很难被重现和诊断。消息顺序图是一种非常好的工具，可以在这些逻辑错误在系统中造成严重破坏之前就找到它们。

小结

在本附录中，我们介绍了 UML 中大部分的动态建模技术。我们已经看到了状态机、活动图、协作图以及消息顺序图。我们还看到了这些图如何处理单线程和多线程的控制问题。

参考文献

1. Gamma, et al. *Design Patterns*. Reading, MA: Addison-Wesley, 1995.

附录C　两家公司的讽刺故事

“我要加入一个俱乐部，并用它来让你就范。”

—— Rufus T. Firefly[①]

Rufus 公司项目

出场人物：

鲍勃（Bob），项目团队领导

老板（Simthers）

大老板（BB）

过程管理（PP）

故事发生在 2001 年 1 月 3 日

你叫鲍勃（Bob）。

千禧年的狂欢刚刚过去，你呢，还有点儿脑壳疼。你和同事以及几名管理人员坐在会议室里。你是一个项目团队的领导，你的老板也在其中，他召来了归他管的所有团队的领导。这次会议是他的老板要求开的。

“我们有个新的项目，”你老板的老板（大老板 BB）说。他的发尖儿特别高，都可以顶到天花板了。你的老板呢，发尖儿才刚刚露出来，不过，他也在急切地等着有朝一日能把百利

Rupert 工业公司：¯Alpha¯ 项目

出场人物：

罗伯特（Robert）

鲁斯（Russ）

贾伊（Jay）

艾尔莫（Elmo）

皮特（Pete）

乔伊（Joe）

故事发生在 2001 年 1 月 3 日

你叫罗伯特（Robert）。

假期中，你和家人度过的轻松时光让你恢复了精神，元气满满准备投入工作中。你和你的开发团队坐在会议室中，部门主管召开了这次会议。

“我们对新的项目有一些想法，”部门主管鲁斯（Russ）说。他是个容易激动的英国人，他的精力比核聚变反应堆还要旺盛。他雄心勃勃，充满紧迫感，但他也注重团队的价值。

鲁斯大致描述了公司识别出来新的商机并把你介绍给市场主管贾伊

① 中文版编注：电影《轻而易举》（Duck Soup）中出任主角的元首。电影讲述的正是这位无厘头元首的故事。这个政治讽刺剧发行于 1933 年，算得上是马克思兄弟的巅峰之作，其中很多桥段都被以后的喜剧所模仿。

定型胶给抹到吸音瓦上。BB讲了讲新市场基本调研结果，以及希望开发新的产品来开拓市场。

“到第4季度，10月1号，我们必须推出这款新产品。”BB提出了要求，“任何事情都没有它的优先级高，所以要停下你们现在的项目。”

大家安静得出奇。忙了几个月的工作就这么说停就停。不一会儿，反对的声音嗡嗡地开始在会议室中蔓延。

BB眼神犀利，扫视着房间中的每个人，他的发尖儿似乎也在发出邪恶的绿光。他那阴郁的目光让大家感到不寒而栗。显然，在BB看来，这件事没得商量。

看大家安静下来之后，BB说：“我们马上就要开始。需求分析你们需要多长时间？”

你举起手。你的老板试图阻止你，但他投的东西没有能打中你，你也没有觉察到他的异常举动。

“先生，在可以得到一些需求之前，我们没法告诉你要花多长时间。”

“需求文档需要要三四周的时间才能准备好，”BB说，因为沮丧，他的发尖在抖。“假如现在已经有了需求文档，你需要分析多长时间呢？”

大家屏住呼吸，左顾右盼，期待身边的人能够发表意见。

“如果分析时间超过4月1日，就会出现问题。那时能够完成分

（Jay），后者负责定义产品，以求抓住这次机遇。

打过招呼之后，贾伊对你说：“我们希望尽快开始定义我们的第一款产品。你和你的团队什么时候能和我谈一谈呢？”

你回答道：“本周五我们要完成项目当前一轮的迭代。在这期间，我们可以抽出几个小时和你谈一谈。迭代完成后，我们从团队中抽出一些人专门做你的项目。我们会立即开始招一些人来接替他们，也会为你的团队招聘新人。”

“太好了，”鲁斯说，“但我希望你明白，7月份我们要在产品展会上展示一些东西。如果到时拿不出一些有意义的东西，就会失去这次商机。”

“我明白，”你回答道，“虽然我们还不知道你打算做什么，但到7月份肯定可以拿一些东西出来。我还不能马上告诉你那个东西是什么。不管怎样，你和贾伊可以完全把控开发人员的工作方向，所以大可放心，到7月份展示的时候，你会拿到最重要的那部分东西。”

鲁斯满意地点点头。他知道这种工作方式——你的团队总能让他了解并把握开发进度。你的团队总是在做最重要的东西，而且能产生出高质量的产品。对于这点，鲁斯非常有信心。

~~~
~~~

析吗？”

你的上司显然鼓足了勇气，突然说：“先生，我们会找到办法的！”他的发尖儿增高了3毫米，你感到脑壳疼在加剧，需要服用两片止痛药。

“好。”BB露出微笑，“现在，设计要花多长时间呢？”

“老大，”你又开始说话了。你看到你的老板脸色发白。显然，他在担心他那3毫米的发尖。“没有分析，没法告诉你设计要花多长时间。”

BB的表情顿时严厉起来。“假设你已经完成了分析！”他说，同时还用他那透露着无知的小圆眼注视着你，“那么，设计会花你多长时间？”

两片止痛药都不管用，但多少能缓解一下。你的老板，不顾一切地想要保住他新留出来的发尖儿，他含糊地答道：“嗯，领导，只剩下6个月时间来完成项目了，设计最好不要超过3个月。”

“你觉得可以，我很高兴。Simthers！”BB面带喜色。你的老板松了一口气。他知道自己的发尖保住了。过了一会儿，他开始轻声哼起百利发胶①的广告曲。

BB继续发言：“好，4月1日前完成分析，7月1日前完成设计，算下

“那么罗伯特，”贾伊在第一次会议上发问，“被拆开工作，你的团队对此怎么看？”

“我们会怀念大家以前一起工作的日子，”你回答道，“但是，有些人觉得上一个项目做得很疲倦，所以想要改变一下。你那边在做什么呢？”

贾伊微笑着说：“你知道我们的客户当前遇到了很大的麻烦……”接着他花了大概半个小时来描述问题及其可能的解决方案。

“好，请稍等一会儿，”你说，“我需要搞得更清楚。”所以，你和贾伊谈论了系统可能的工作方式。贾伊的一些想法并不是特别成熟。你提出一些可能的方案，他对其中的一些表示赞同。你们继续讨论。

在讨论期间，对提出的每个新主题，贾伊都写了相应的用户故事卡。每张卡片都描述了新系统需要做的事。卡片堆在桌子上，摊开在你们面前。当你们讨论这些用户故事时，你和贾伊都会指着这些卡片，把它们拿起来，并在上面做一些记录。这些卡片是有效的助记工具，你们用来描述一些刚刚成型的复杂想法。

会谈结束后，你说：“好，我已经大概知道了你想要什么。我和我们

① 中文版编注：Brylcream，老牌子的定型发胶产品。1998年的广告代言人是贝克汉姆。后来在2008年，C罗婉拒了代言金额为150万英镑的广告合同，理由是要专心训练，效力于曼联和葡萄牙球队。

来你们还有3个月实现项目。这次会议是个榜样，表明新的共识和授权策略很有成效。现在，大家可以散会了，干活儿去吧。我希望最晚下周可以在我的办公室看到TQM（Total Quality Management，全面质量管理）计划和QIT（Quality Improvement Team，质量改进团队）的安排情况。哦，下个月质量审计的时候，你们跨只能团队要开会和做报告，别忘了。”

“止痛药也不管用了，”返回小隔间后，你开始碎碎念，“我需要波旁威士忌。”

你的老板过来找你，满脸喜色：“天哪，多么美妙的一次会议！我认为，对于这个项目，我们真的会干出一些大事。”你打心眼儿里感到恶心，但表面上不得不点头表示同意。

“哦，”你的老板继续说，“我差点儿忘了。”他交给你一份30页的文档。“记住，SEI（Software Engineering Institute）下周要过来做评估。这是评估指南。你要把它读一遍，记住，要烂熟于心。它会告诉你如何回答SEI审计师提出的所有问题，还会告诉你在构建过程中要做什么以及要避免做什么。到6月份，我们就会通过CMM3认证。”

***

你和同事开始对新的项目进行分析。确实很难，因为你们还没有需求团队会讨论的。我想，他们会试一下各种不同的数据库结构和展示方式。下次见面时，我们会有一个团队来识别系统中最重要的特性。”

一周后，你新建的团队和贾伊见面。他们把现有的用户故事卡片在桌子上铺开，开始研究系统中的一些细节。

这次会议非常灵活。贾伊把用户故事按照重要程度排好序。对每个用户故事都进行了大量的讨论。开发人员关心的是要保持用户故事足够小，以便于估算和测试。所以他们不断要求贾伊把一个用户故事拆成几个小的用户故事。贾伊关心的是每个用户故事都要有一个清晰的商业价值和优先级，以确保对故事进行拆分的时候方向始终是对的。

用户故事堆在桌子上。贾伊在写故事卡，不过，一旦有需要，开发人员就会在上面写注释。没有人尝试去记录谈话内容。用户故事卡不必记录所有谈话内容，它们在谈话过程中起着提示的作用。

开发人员如果对用户故事感到满意，就开始在上面写上把估算结果。这些估算很粗糙并且只是预算性质的，但可以使贾伊对用户故事的开销有个简单的概念。

会议结束后，显然还有许多用户故事可以讨论。同样明显的是，最重呀！但从 BB 在那个决定命运的早上所做的 10 分钟介绍中，你们大致明白了应该做什么产品。

根据公司的过程要求，需要先写用例文档。于是，你和团队开始列举用例并绘制饼图和条形图。

由此也引发了争论。比如，某些用例是用 <<extends>> 还是 <<includes>> 关系连接？大家说法不已。建好之后的各种模型，没人知道如何评估。意见不统一，显然影响到了进度。

一周后，有人发现 iceberg.com 的网站上推荐弃用所有 <<extends>> 和 <<includes>> 关系并把它们替换成 <<precedes>> 和 <<uses>> 关系。文章作者是 Don Sengroiux，他描述了一种分析方法 Stalwart，声称可以逐步把用例转换成设计图例。

利用这种新的方法，创建更多用例模型。但同样，大家对如何评估这些用例无法形成共识。争论还在持续。

用例会议越来越多地让位于情绪而不是理性。如果不是因为没有需求，你早就因为事情毫无进展而心烦意乱。

2 月 15 号拿到需求文档，然后是 2、25 号以及此后的每一周都会接到新的需求文档。每个新版本都和之前的版本有冲突。负责写需求文档的仍然是相同的市场人员，但很明显，他们内部也没有达成共识。

与此同时，团队中又有人提出几要的用户故事已经澄清，实现这些用户故事需要几个月的时间。贾伊结束会议，带走了故事卡并承诺第二天上午拿出一份关于第一次发布的提案。

~~~

第二天一早，你又召开了会议。贾伊挑选了 5 故事卡并把它们摆放在桌子上。

“根据你们的估算，这些故事卡代表着大约 50 个点的工作量。上一个项目的最后一轮迭代在 3 周内完成了 50 个点。如果我们可以在 3 周内完成这 5 张故事卡，就能演示给鲁斯看。那样的话，他会对我们的进度感到特别满意。”

贾伊着急忙慌地想要推动团队，你从他脸上为难的表情可以看出他也知道这件事。你回答道：“贾伊，这是个新的团队，做的也是个新项目。期待我们和前个团队一样的开发速度有些过分。不过，昨天中午我和团队聊过，事实上，我们都同意把最初的速度设定成每三周 50 个点，所以在这件事情上，你非常幸运。”

“还请记住，”你继续说，“现在，用户故事的估算和设定的速率都是暂时的。在做迭代计划时，我们的了解会多一些，在实现过程中，了解得会更多一些。”

贾伊透过他的眼镜看着你：“这边到底谁是老板？”接着，他笑道，“好
~~~

种新的用例模板。每种都以它独特的方式拖慢了进度。争论越来越激烈。

3月1日，过程管理PP（Percival Purigence）成功地把所有用例的表格和模板整合成一个包罗万象的表格。只不过，这种空白的表格就有15页那么长。他把所有不同模板中出现的差异都包含进去了。同时，还提供了一个159页的文档来描述如何填写这些用例表格，而且当前所有用例都必须按照这种新的标准重新填写。

让你大吃一惊的是，现在要想回答“当用户敲击回车键时，系统应该做什么？”这样的问题，居然需要填写长达15页的表格和问题。

公司的过程由0L.E.Ott制定，他是《全盘分析：软件工程进步辩证法》的知名作者。按照公司的过程要求，你们必须找出所有主要的用例、87%次要的用例以及36.274%的第3级用例后，才能算完成分析，可以进入设计阶段。你们根本不知道什么是第3级用例。所以，为了满足这个要求，你们就让市场部检查你们的用例文档，或许他们知道什么是第3级用例。

糟糕的是，市场正忙着售前售后支持，没法和你们讨论。实际上，从项目开始到现在，你们还没有和市场开过任何会议。他们充其量就只是为你们提供了一份变来变去而且有冲突的需求文档。

的，不必担心，我知道规矩了。”

贾伊接着把另外15张故事卡放到桌子上。他说：“如果我们到3月底能够完成所有这些故事卡，我们就可以把系统移交给我们的beta版测试客户。我们可以从他们那里获得很好的反馈。”

你回答说：“好，我们已经搞定了第一轮迭代的内容，而且也得到了此后3轮迭代的用户故事。4轮迭代可以做完第一次发布的内容。”

“如此看来，”贾伊说，“你们真的能够在接下来的3周内完成这5张故事卡吗？”

“我确实不知道，贾伊，”你回答道，“我们来把它们拆分成任务，看看能得到些什么。”

于是，在接下来的几个小时内，贾伊、你和你的团队把贾伊挑选出来的第一轮迭代中的用户故事卡拆分成小任务。开发人员很快就认识到某些任务可以在不同用户故事间共享，并且其他一些任务有一些可以用的共通点。很明显，开发人员的头脑中已经蹦出了一些可能的设计。他们不时地组成讨论小组，在一些卡片上勾勒出UML图。

很快，白板上就充满了各项任务，只要完成这些任务，就完成了本次迭代中的5张故事卡。你开始了进行认领过程，说：“好，我们来认领这些任务吧。”

一个团队在与无穷尽的用例文档奋战，另一个团队在开发领域模型。变来变去 UML 文档如排山倒海之势压向你们这个团队。每一周，模型都需要重做。团队成员无法决定在模型中是用 <<interfaces>> 还是用 <<types>>。关于 OCL（Object Constraint Language）的正确语法及其应用，还出现了很大的分歧。团队中有些人完全违背了 5 天课程中所讲的"分解"的内容，他们建的图不可思议，全是些晦涩难懂的细节，其他人完全无法理解。

3 月 27 日，距离分析完成还有一周时间，你们已经产生了海量的文档和图示，但对问题的分析仍然停留在 1 月 3 日那个阶段。

***

紧接着，奇迹发生了。

***

4 月 1 日，星期天。你在家里翻邮件。看到你老板发给他老板 BB 的备忘录，上面明确写着你已经完成了分析。

于是，你打电话给老板，抱怨道："你怎么能告诉 BB 我们已经完成分析了呢？"

"喂，你看日历了吗？"他说，"今天是 4 月 1 号！"

你当然知道这个日子的讽刺意味，"可是，我们还有很多问题要考虑，很多东西要分析！我们甚至还

"我做初始的数据库生成，"皮特说，"我上个项目做的就是这个，现在这个看起来并没有什么不同，我估计需要两天时间。"

"好，我来做登录页面。"乔伊说。

"天哪！"团队新人艾尔莫说，"我从来没做过 GUI，但我有点想做这个。"

"哦，年轻人真急躁。"乔伊睿智地说并朝你使了个眼色，"你可以来协助我，年轻人，"他对贾伊说，"我觉得大约需要 3 天时间。"

开发人员一个接一个地认领任务并给出时间估算。你和乔伊都知道，让开发人员自愿选择任务胜过把任务分配给他们。你也完全明白你不敢质疑任何开发人员的估算。你了解这些人，信任他们。你知道他们会尽最大的努力。

开发人员知道，他们认领的任务不能超过自己参与的最近一轮迭代中所能完成的任务量。一旦开发人员在本轮迭代的时间表排满，就要停止认领任务。

最后，所有开发人员都停止认领，但不出意外，白板上还剩下一些有待认领的任务。

"我就担心这个，"你说，"好，现在只有一件事要做，贾伊。我们在这轮迭代中做得太多了，可以去掉哪个用户故事或者任务呢？"

贾伊叹了一口气。他知道这是唯

没有决定是用<<extends>>还是用<<precedes>>！”

“你凭什么说还没有完成？”你的老板不耐烦地问。

“我……”

但是，他马上打断了你：“分析是永远做不完的，必须在某个时间点停下来。今天就是计划结束的日子，所以今天就得停下来。周一的时候，我希望你把现有的所有分析资料收集起来放到一个公共文件夹下面。文件夹访问权限开放给Percival，这样他就可以在周一中午前把它记入CM系统。接下来，开始进入设计阶段。”

挂断电话后，你开始考虑在写字台下方抽屉里放瓶波旁威士忌的好处。

***

他们举办了庆功宴，庆祝按时完成了分析阶段。BB发表了一番激动人心的说什么赋能的讲话。你的老板，发尖儿又长高3毫米，也跟着祝贺他的团队表现出不可思议的团结和协作。最后，CIO登台并告诉大家SEI的审计工作进展得非常顺利，并且感谢大家学习并掌握了评估指南。看来，6月份肯定可以通过CMM3级认证。

有传言说，一旦认证为SEI CMM3级机构，和BB同级以及更高级的管理者可以得到丰厚的奖金。

几周过去了，你和团队一直在进行系统设计。当然，你发现根据假想一的选择。项目一开始就加班，是非常愚蠢的。并且，尝试这么做的项目，几乎没有成功的。

于是，贾伊开始去掉最不重要的功能。“嗯，我们现在并不真的需要登录界面。我们完全可以在登录后的状态中启动系统。”

“且慢！”艾尔莫叫道，“我真的很想做这个。”

“耐心点，真是个急性子，”乔伊说，“等蜜蜂离开蜂巢后再享受蜂蜜，才不会被蛰肿嘴（欲速则不达）。”

艾尔莫感到很困惑。

每个人都感到很困惑。

“那么……”贾伊继续说，“我觉得我们也可以去掉……”

于是，任务渐渐少了。减掉任务的开发人员在剩下的任务中又认领了新的。

商谈过程也并非一帆风顺。有好几次，贾伊都表现出明显的沮丧和急躁。有一次局势特别紧张，艾尔莫自愿要求“加班，以弥补时间上的不足”。当你正打算纠正他时，幸好还有乔伊看着他说：“一旦误入歧途，就会万劫不复。”

最后，终于确定乔伊可接受的下一轮迭代。事实上，它比乔伊想要的少得多。但这是团队觉得他们可以在接下来3周能完成的。并且，迭代中完成的最重要的都是乔伊想要的。

分析来做设计是有缺陷的……不，毫无用处……不，甚至比无用还糟糕。但是，当你告诉老板你需要返工一些分析工作以此弥补薄弱的分析时，他只说了一句话："分析阶段已经过去了。现在唯一允许的是设计，回去工作吧。"

好吧，设计。于是，你和团队千方百计地拼凑，不知道是否正确地分析了需求。当然，实际上，这也没有什么大问题，因为需求文档还是一如既往地变来变去，并且，市场部仍然拒绝和你们面对面。

设计简直是场噩梦。你的老板最近读错了书，他读的是《终点线》，作者马克（Mark DeThomaso）轻率地建议，设计文档的详细程度要能够达到代码级别。

"如果要达到这个程度，"你问，"为什么我们不直接去写代码呢？"

"因为那样的话，当然就不是设计了。设计阶段唯一允许做的事情是设计。"

"此外，"他继续说，"我们刚刚买了 Dandelion 的公司内部许可！这个工具支持 Round-the-Horn 项目！只要把所有的设计图传给它，它就会为我们自动生成代码！同时，它还能保持设计图和代码的同步。"

你的老板把一个色彩亮丽的塑料包装盒交给你，里面装着 Dandelion。你麻木地接过它，步履蹒跚地回到自

"那么，贾伊，"当会谈接近尾声时，你说，"你何时能够提供验收测试呢？"

贾伊叹了一口气。这又是一回事。针对开发团队实现的每个用户故事，贾伊必须提供一组验收测试来证明它们是可以工作的。并且，团队远在迭代结束之前就需要这些验收测试，因为它们会明确指出贾伊和开发对系统行为的认知差异。

"今天我会提供一些测试脚本的例子，"贾伊做出了承诺，"此后每天，我都会增加一些。到迭代中期，就有完整的测试集了。"

~~~

迭代在周一早晨启动，我们举行了一场快速的 CRC 会议。到上午 10 点左右，所有开发人员都已经结对并开始快速写代码。

"现在，年轻的学徒，"乔伊对艾尔莫说，"你应该学一下测试优先设计的技术！"

"哇，听上去很棒，"艾尔莫回答道，"你是怎么做的？"

乔伊笑了笑。显然，此时的他很享受带徒弟的感觉："年轻人，现在代码做了些什么呢？"

"嘿？"艾尔莫回答道，"它根本什么都没有做，还没有代码呢。"

"好，思考一下我们的任务。你知道代码应该做什么吗？"
~~~

己的小隔间。12 小时后，你终于把这个工具安装到服务器上，安装过程中经历了 8 次崩溃和一次磁盘格式化，同时还喝了 8 杯“151 轰炸机”鸡尾酒。你想了一下，团队参加 Dandelion 的培训要浪费整整一周的时间。随后，你露出笑容，心想：“不过，在这里度过的每个星期都是很愉快的。”

团队做出一个接一个的设计图。Dandelion 使得这些图的绘制变得异常困难，需要大量嵌套很深的对话框，而且这些对话框中那些可笑的文本域和复选框都必须填选正确。接着，又是包与包之间移动类的问题……

刚开始，这些图都来自用例。但由于需求变动频繁，所以用例很快就变得毫无意义。

关于使用访问者（Visitor）还是装饰者（Decorator）模式的争论，终于爆发了。一位开发人员拒绝用任何形式的访问者模式，说它不是纯粹的面向对象。另一位拒绝用多重继承，因为它会带来麻烦。

评审会很快就演变成对面向对象的意义、分析和设计的定义以及何时用聚合和关联关系的争论。

在设计阶段的中期，市场人员称他们重新考虑了系统的核心内容。他们完全重写了需求文档，去掉了一些主要的特性，取而代之的是一些客户调查中反映出来的更合适的特性。

“当然可以。”艾尔莫带着年轻人的自信说，“首先，它应该连接数据库。”

“那么，连接数据库，必须要什么呢？”

“你说话真是古怪，”艾尔莫笑着说，“我认为我们必须从某个注册表（registry）中得到数据库对象，并调用它的 connect 方法。”

“哈，敏锐的年轻巫师。你敏锐地察觉到我们需要一个对象，在该对象中，我们可以缓存（cacheth）数据库对象。”

“真有‘cacheth’这个单词吗？”

“在我说出它的那一刻，它就有了。那么，我们可以写哪些测试让数据库注册表可以通过呢？”

艾尔莫叹了口气。他知道他必须得配合。“我们应该能够创建一个数据库对象，在 Store 方法中传递给注册表。然后，我们应该能够用 Get 方法从注册表中取出来，并证实它就是原来的对象。”

“哦，说得好，年轻的机灵鬼！”

“嘿！”

“那么，现在，我们来写一个测试方法来证明你的说法。”

“但是，我难道不应该先写数据库对象和注册表对象吗？”

“啊，你还有许多东西需要学习，没有耐心的年轻人。先去写测试吧。”

你告诉你的老板，这些变更意味着你需要对系统的大部分内容进行重新分析和设计。但是，他却回答说："分析阶段已经结束了。唯一允许做的事情就是设计，现在，回去做设计吧。"

你建议，最好建一个简单的原型给市场人员看看或者给一些潜在的客户看一眼。但是，你的老板说："分析阶段已经结束了。唯一允许做的事情就是设计。现在，回去做设计吧。"

拼凑，拼凑，拼凑还是拼凑。你设法新建了一份或许可以真实反映新需求的设计文档。但是，需求的彻底变动并没有使它们稳定下来。相反，需求文档的变动在频率和幅度上愈演愈烈。你在它们的夹击下举步维艰。

6月15日，Dandelion 的数据库受到破坏。显然，破坏是逐步形成的。数据库中的小错误在几个月内累积成越来越大的错误。最后，CASE 工具完全罢工。当然，每个备份中都累积着逐步形成的破坏。

给 Dandelion 技术支持人员打了几天的电话，都没有得到任何回复。最后，你收到一封来自 Dandelion 的简短回复，他通知你这是一个已知的问题，解决办法是买新的版本（他们承诺新版本在下季度某个时候就有了），然后手工重新输入所有的图。

***

接着，7月1日，另一个奇迹发

"但是，这甚至没法编译！"

"你肯定吗？如果可以编译，怎么办？"

"额……"

"先写测试，艾尔莫。相信我。"

于是，乔伊、艾尔莫以及所有其他开发人员都开始写代码来完成各自的任务。每次完成一个测试用例。他们的工作间中充满了结对人员之间嗡嗡的交谈声。嗡嗡声不时被高呼声打断，这些高呼声来自某一对开发人员完成了一个任务或者通过了一个困难的测试用例。

在开发过程中，开发人员每天切换结对伙伴一到两次。每位开发人员都可以了解其他所有人做的东西，对代码的理解就这样在整个团队中得以传播。

每当一对开发人员完成某个重要的东西，不管是一个完整的任务或仅仅是任务的一个重要部分，都会把它集成到系统中就。这样，代码库每天都在增长，并且集成的难度被降到最低。

开发人员每天都和乔伊交流。每当他们对系统的功能或者验收测试用例的解释有疑问时，都会去找乔伊帮忙。

乔伊很好地履行自己的诺言，平稳持续地给团队提供验收测试脚本。团队用心理解这些脚本，通过这种方生了！你完成了设计。

这次，你没去你的老板面前抱怨，你在写字台中间的抽屉里放了几瓶伏特加。

***

他们举办了一场庆功宴，庆祝设计阶段准时完成以及通过了CMM3级认证。这次，你发现BB的讲话非常煽情，在他开始之前，你不得不躲到卫生间去。

在你工作的地方，贴满了新的标语和牌匾，有鹰和登山者的图案，写着团队协作和赋能什么的内容。喝了些苏格兰威士忌之后，读起来好多了。这让你想起需要在文件柜中腾出地方来存放白兰地。

你和团队开始写代码。但很快，你就发现设计在一些重要的地方存在着明显的不足。实际上，所有重要的地方都有不足。你在会议室里召开了设计会议，试图解决一些棘手的问题。不过，你的老板在会议室中抓住你并解散了会议，他说："设计阶段已经结束了。现在唯一允许做的事情就是写代码，所以，回去写代码吧。"

Dandelion生成的代码实在是丑得让人想哭。你和团队终究还是用错了关联和聚合关系。为了改正这些错误，必须编辑所有生成的代码。编辑这种代码非常难，因为它上面添加有一些语法特殊的注释块，Dandelion要用这式来深入理解乔伊所期望的系统。

第2周刚一开始，完成的功能就已经足以演示给乔伊看了。乔伊全神贯注地看演示，一个又一个的测试用例得以通过。

"这真是太棒了，"演示最后结束时，乔伊说，"但是，这看上去好像不到任务总量的1/3。你们的速度比预期慢吗？"

你皱起了眉头。本来你想找合适的时机再告诉他的，但现在，反而是他率先提出这个问题。

"是的，很遗憾，我们比预期的慢。我们用的新应用服务器配置起来很费劲。而且，经常还得重启，即使每次只是做很小的修改，也得重启它。"

乔伊用怀疑的眼光看着你。上周一商谈的紧张状态还没有完全消散。他说："那么，这对我们的进度有什么影响呢？我们不能再落后了，绝对不能。鲁斯会很生气的！他会惩罚我们所有人，并为我们增加一些新的人手。"

你始终直视着贾伊。这样的消息完全没法用愉快的方式说出来。于是，你不假思索地说："看，如果还像这样，那么到下周五，我们就完不成所有的事情。现在我们还可能找出更快一些的办法。但坦白说，我不会依赖于它的。你要考虑从迭代中去掉一两个任务，但又不至于影响演示。无论如何，我些注释来保证图和代码之间的同步。如果不小心更改了某个注释，通过图来重新生成代码就会出错。结果表明，Round-the Horn 项目任重而道远。

越想保持代码和 Dandelion 的兼容，Dandelion 产生的错误反而越多。最后，你放弃了这种做法，并决定手工保持图是最新的。一秒钟以后，你发现让图保持更新根本没有意义。再说，谁会有那个闲工夫？！

你的老板雇了一名顾问，让他构建工具来统计代码行数。他把一张很大的坐标纸贴在墙上，在顶部标出数字 1 000 000。每天，他都会画红线来显示增加了多少行代码。

贴出坐标纸 3 天后，你的老板在大厅里拦住你："那张图增长得不够快。我们要在 10 月 1 号前完成 100 万行代码。"

"我们甚至还没法确定这款产品需要 100 万行代码。"你语无伦次地说。

"我们必须在 10 月 1 号那天完成 100 万行代码。"你的老板重复道。他的发尖儿又长高了一些，并且，他用的希腊公式为他创造出了权威和能力的光环。"你确信你们的注释块足够大吗？"

紧接着，他立刻闪现出他在管理方面的洞察力，说："我知道了！任何一行代码都不能超过 20 个字符。任

们都会在周五进行演示，并且我认为你不想让我们来选择去掉哪些任务。"

"啊，看在皮特的面子上！"乔伊摇着头，大步离开，喊出了最后一句话。

不止一次，你对自己碎碎念："从来没有人向我承诺过项目管理是容易的。"你非常肯定这也不是最后一次。

~~~

实际情况比你预期的稍微好一些。事实上，团队确实从第一轮迭代中去掉了一个任务，但乔伊做了明智的选择，所以在鲁斯面前，演示进展得非常顺利。

鲁斯对进度没有太深的印象，但他也没有感到沮丧，他只是说："相当好，但记住，我们必须要能够在 7 月的展会上演示，以这样的速度，看起来你们完不成所有要展示的特性。"

在迭代结束后，贾伊的态度有了很大的改善，他回答鲁斯说："鲁斯，这个团队的工作很努力，很好。到 7 月份的时候，我确信我们会有一些最重要的特性演示给客户看。虽然不全，并且其中一些可能是虚的，但我们肯定有拿得出手的东西。"

虽然刚刚结束的迭代很辛苦，但也可以作为团队的基准速率。接下来的迭代就好多了。这并不是因为你的团队完成的任务比上一轮迭代完成的多的，而是因为再也不必在迭代中期
~~~

何超过 20 个字符的代码行都必须分成两行或者更多行。现在所有代码都必须按这个标准重写。这不就能让我们的代码行嗖嗖嗖地增长吗？！”

你决定不告诉他这还额外需要计划外的 2 个人月。你决定什么事情都不告诉他。你觉得，静脉注射酒精会是你唯一的出路。对此，你已经做了恰当的安排。

拼凑，拼凑，拼凑还是拼凑。你和团队疯狂地写代码码。到了 8 月 1 号，你的老板皱着眉头看着墙上的坐标纸，开始强制实行每周工作 50 小时的决议。

拼凑，拼凑，拼凑，还是拼凑。到了 9 月 1 号，坐标纸上显示代码有 120 万行，你的老板让你写了份报告解释写代码的预算为什么会超出 20%。他又安排强制性周六加班，并要求项目代码减少到 100 万行。你们开始着手对代码进行再次合并。

拼凑，拼凑，拼凑，还是拼凑。团队开始闹脾气了，人员一个接一个地辞职；QA 把大量的故障报告发给你。客户要求安装和用户手册；销售要求给特殊客户进行预先演示；需求文档仍然在变动；市场抱怨产品根本不是他们期望的样子；买酒的店铺也拒绝接受你的信用卡消费。是时候交些东西了。9 月 15 日，BB 召开了一次会议。

再来删减任何任务或用户故事。

到第 4 轮迭代开始时，一个自然的开发节奏建立起来了。贾伊、你还有开发团队都可以准确知道彼此的期望。虽然团队的工作很辛苦，但开发速度是可持续的。你确信团队能够保持一年或更长的时间。

在进度方面，几乎再也没有出现过什么问题，但在需求方面，还有问题。贾伊和 鲁斯经常检查逐渐增长的系统并对现有系统提出了一些建议和改动。但所有人都知道这些改动是要花时间的并且必须被列入计划中，所以，这些改动不会违背任何一方的期望。

到 3 月份，你们给董事会做了一个大型的演示。系统功能非常有限，还不足以拿到展会上去演示，但进展非常稳定，这给董事会留下了相当深刻的印象。

第 2 次发布甚至比第 1 次还要顺利。现在，团队已经找到一种方法，可以自动执行贾伊的验收测试脚本。他们还对系统进行了重构，使其可以很容易地添加新特性或者改动原来的功能。

6 月底完成了第 2 次发布，产品被拿到展会上演示。系统的功能比贾伊和鲁斯想要的少了一些，但确实演示了系统最重要的特性。虽然展会上的客户注意到某些功能是缺失的，但他一走进会议室，他的发尖就散发着朦胧的雾汽。他一开口说话，他那装腔作势的低音就让你翻胃。“QA经理告诉我，这个项目的必需特性只实现了不到50%。他还告诉我系统总是崩溃，产生错误输出结果，而且速度还非常慢。他还抱怨没法跟上每日持续发布的版本火车，每次发布的错误有增无减。”

他停顿了几秒，明显是想整理下情绪。“QA经理估计，照这个开发速率，要到12月，产品才能上市！”

事实上，你认为更有可能是明年3月。但是，你还是什么话也没说。

“12月！”BB开始狮吼，面带嘲讽。大家都低着头，好像都被BB手里拿的突击步枪对准了似的。“12月是绝对不行的。各位团队领导，我希望明天上午在我的办公桌有新的估算计划。鉴于此，我要求每周工作65小时，直到这个项目完成。最好能在11月1号完成。”

他离开会议室的时候，你听到他自己在那里咕哝：“什么放权，什么赋能， 我呸！”

***

你老板的发际线越来越高，他都快要秃顶了。他的发尖儿挂在BB的墙上。荧光灯照着他的头顶，反射过来的光让你感到一阵眩晕。

总体上感到很震撼。你、鲁斯以及贾伊从展会上返回时都面带笑容。你们都隐约觉得这个项目是成功的。

事实上，许多个月以后，Rufus公司联系你们。他们也为自己的内部业务开发过一款类似的系统。项目经历死亡行军之后，他们取消了开发，希望购买你们的使用许可。

情况真的是变得越来越好啦！

“你这儿还有喝的东西吗？”他问。你刚刚喝完最后一瓶酒精含量极低的“布恩农场”（Boone's Farm，一种低度甜味果酒），又从书架上取下了一瓶雷鸟（Thunderbird），然后把酒倒进他的咖啡杯中。“怎样才能完成这个项目？”他问。

“我们需要冻结需求，分析，设计，然后实现。”你麻木地回答道。

“到11月1号？”你的老板怀疑地大叫，“不可能！赶紧回去写代码。”他抓挠着光秃秃的脑袋，气乎乎地走了。

几天后，你发现你的老板被调到公司的研发部门。公司的销量大增。但是，直到最后一刻，客户才知道自己的订单无法按时完成，于是纷纷要求取消订单。市场重新评估该产品是否符合公司的总体目标，等等，等等。备忘录满天飞，人员免职，政策变动。总的来说，事态变得非常严峻。

最后，到3月份。经过了漫长的65小时工作周后，终于发布了一个非常不可靠的版本。实际交付使用之后，错误率非常高，客户的投诉和要求让技术支持人员束手无策。大家都很不高兴。

4月，BB决定通过购买的方式来解决问题，他买了Rupert工业公司的产品使用许可后重新上市销售。客户的怒火被平息，市场恢复了自信，而你呢，则被解雇了。

附录 D　源码即设计

文 /Jack Reeves，2001 年 12 月 22 日

时至今日，我依然记得我在顿悟之下最终写出这篇文章时的光景。那是 1986 年的夏天，我在加州的中国湖海军武器中心[①]担任临时顾问。期间，我有幸参加了一场关于 Ada[②]的研讨会。在讨论过程中，有位听众提出一个很有代表性的问题："软件开发人员是工程师吗？"我记不清当时具体是怎么回答的，只记得这个问题当时无解。后来，我退出了讨论，开始思考我会怎样回答这个问题。现在，我不肯定当时我为什么会想起大概 10 年前在 *Datamation* 杂志上读过的一篇文章，但促使我产生联想的是后续讨论中的某些内容。那篇文章阐述了工程师为什么必须要能写（我记得那篇文章谈的就是这个问题，时间真的饿太久远了），但我从文中得到的关键点是，作者认为工程师产出的最终结果是文档。换句话说，工程师产出的是文档，而非实际的产品。其他人根据这些文档来做产品。于是，我在困惑中提出一个问题："软件工程除了正常产出的文档外，还有可以被当作真正工程文档的东西吗？"对此，我的回答是："是的，有这样的文档，并且只有一份，那就是源码。"

把源码当作工程文档，当作设计，完全颠覆了我对自己职业的看法。它改变了我看待一切事情的方式。此外，我对它的思考越多，越觉得它能解释很多软件项目中的常见问题。更确切地说，我觉得，大多数人不理解源码和文档的差异，甚至有意拒绝这样的事实，就足以说明很多问题。几年后，我终于有机会公开发表我的观点。*C++ Journal* 中有篇讨论软件设计的文章促使我给编辑写了一封邮件，阐述了这个主题。经过几封邮件的交流，编辑辛格（Livleen Singh）同意把我对这个主题的想法以文章形式发表出来。这才有了下文。

---

① 中文版编注：此地位于加州莫哈韦沙漠地区，得名于 19 世纪 70 年代淘金热期间有大量华人在此定居。1943 年开始，该地区被划拨给美国海军，是一个海军军械测试站。该中心接手或参与过很多项目，比如部分参与曼哈顿计划，AIM-9 响尾蛇空射导弹，以及中国互榴弹发射器等。2019 年 7 月加州大地震后，官宣撤离，只保留部分必要的维护人员。

② 中文版编注：Ada 源于美国国防部在 20 世纪 70 年代的一项计划，旨在集成美军系统（涉及上百种语言）和提升调试能力和效率，由 Pascal 及其他语言扩展而成，接近于自然语言和数学表达式，用"Ada"命名，是为了纪念埃达·洛夫莱斯（Ada Lovelace）。

什么是软件设计？

©Jack W. Reeves, 1992

面向对象技术，特别是 C++ 语言，似乎给软件行业带来了不小的震动。市面上有大量文章和书籍描述这项技术的应用。总的来说，面向对象技术是否只是一个骗局，这样的问题已经被如何才能性价比最高的问题所替代。面向对象技术的出现已经有一段时间了，但这种爆炸式的流行似乎有些不同寻常。为什么它会突然引起人们的关注呢？对此，人们给出了各种解释。事实上，很可能原因并不单一。也许，综合考虑多种因素才能得到最终答案，这项工作正在进行当中。尽管如此，在软件革命的最前沿，C++本身似乎成为一个主要的因素。同样，针对这个问题，可能也存在很多因素。只不过，我想从一个稍微不同的角度给出一个答案："C++ 之所以流行，是因为它让软件设计变得更容易，同时也让编程变得更容易。"

这个解释虽然看似有些另类，但它的确是我深思熟虑的结果。在这篇论文中，我想聚焦于写代码和软件设计之间的关系。过去 10 年来，我一直觉得整个软件行业都没有觉察到做软件设计和真正的软件设计之间有一个不易察觉的差异。只要看到这一点，我认为我们就可以从 C++ 增长趋势中学到如何才能成为更好的软件工程师，这一课意义深远，写代码不是构建软件，而是设计软件。

几年前，我参加了一个研讨会，讨论软件开发是不是一门工程学科。虽然我不记得当时讨论的结果，却记得它是如何促使我认识到软件行业找错了参照物，把软件工程与硬件工程进行了一些错误的比较，忽视了一些绝对正确的类比。说实话，我认为我们不是软件工程师，因为我们没有认识到什么才是真正的软件设计。现在，我对这个观点更加确信无疑。

任何工程活动的最终结果都是某种类型的文档。设计工作一完成，设计文档就被转交给生产团队。这样的团队和设计团队完全不同，并且，他们的技能也和设计团队完全不同。如果设计文档正确呈现了完整的设计，生产团队就可以着手做产品。事实上，他们可以着手量产，完全不再需要设计者进一步介入。按我的理解审查软件开发的生命周期后，我得出一个结论："唯一可以实际满足工程设计标准的软件文档，是源码清单。"

这个观点引发了大量的争论，无论是赞同还是反对，都足以写成无数篇雄文。本文假定最终的源码就是真正的软件设计，然后仔细研究基于这个假设而来的一些结果。

我可能无法证明我这个观点正确，但我希望证明它确实解释了软件行业中一些已经被大家观察到的事实，包括 C++ 的广泛流行。

把代码当作软件设计，基于这样的假设，我们得到很多结果，其中有一个的光芒尤其突出，完全掩盖了其他的。它非常重要而且显而易见，也正因为此，大多数软件组织甚至都对它视而不见。它就是，软件构建是廉价的。它根本就不具备昂贵的资格，它非常廉价，几乎是免费的。如果源码就是软件设计，那么实际的软件构建就是由编译器和链接器完成的。我们常常把编译和链接一个完整软件系统的过程视为“构建 / 生成”（build）。软件构建工具的大笔投入并不多，实际上只需要一台计算机、一个编辑器、一个编译器和一个链接器。一旦有了构建环境，实际的软件构建花不了太多时间。编译 50 000 行 C++ 程序也许要花很长的时间，但建一个设计复杂度等同于 50 000 行 C++ 程序的硬件系统，需要花多长时间呢？

把代码视为软件设计，引发的另一个结果是，软件设计相对容易，至少在机械意义上如此。通常，写（也就是设计）一个典型的软件模块，50 到 100 行代码，只需要花几天时间（对它进行全面调试是另一个话题，稍后要进一步讨论）。试问一下，是否还有其他任何工程学科可以在如此短的时间内产出复杂度等同于软件的设计？不过，我们首先必须搞清楚如何度量和比较复杂度。尽管如此，有一点很明显，那就是软件设计可以迅速变得非常庞大。

假设软件设计是相对容易的，并且构建软件也不需要什么代价。那么，一个意料之中的结果是，软件设计的庞大和复杂往往难以想象。这看似很明显，但其重要性经常被忽略。学校的项目通常只有几千行代码。10000 行代码（设计）的软件产品也会被设计者丢弃。我们早就不再关心简单的软件。典型商业软件的设计动辄就多达几十万行代码。许多软件设计都有上百万行代码。另外，软件设计总在持续不断的演进中。虽然当前的设计可能只有几千行代码，但在整个产品的生命周期，实际上可能要写超出当前好多倍的代码。

尽管确有些硬件设计的复杂程度似乎和软件设计一样，但请注意两个有关现代硬件的事实。第一，复杂的硬件工程并非没有 bug，只不过它的评判标准和软件的不同。大多数微处理器在上市的时候都有一些逻辑错误，桥梁坍塌、大坝开裂、飞机失事以及好几千台汽车和其他消费品召回，所有这些事件我们记忆犹新，它们都是设计错误所引起的结果。第二，复杂的硬件设计有与之对应的复杂而昂贵的构建阶段。这也直接导致只有为数不多的设计公司才有能力生产复杂的硬件。软件就没有这种限制。目前，已经有几百家软件公司和几千个超级复杂得软件系统，而且，数量和复杂程度每天都在增长。这意味着软件行业不可能通过效仿硬件开发人员找到针对性解决方案。如果非得说有什么相同，那就是CAD和CAM可以帮助设计出越来越复杂的硬件设计，硬件工程变得越来越接近于软件开发。

软件设计是一种管理复杂性的活动。复杂性存在于软件设计的细节中，存在于软件公司中，也存在于整个软件行业中。软件设计和系统设计非常相像。它可以跨多种技术并且经常涉及多个学科。软件的需求规格说明经常无法固定，变动非常快，而且经常发生在软件设计过程当中。同样，软件开发团队往往也无法固定，在设计过程中经常发生变化。在很多方面，软件都比硬件更接近于复杂的社会或有机系统。这些都让软件设计过程变得困难而且容易出错。虽然这些都不是创造性的想法，但在软件工程革命之后的30年，比起其他工程行业，软件开发似乎仍然还是一种还没有形成学科体系的技术活儿。

一般观点认为，真正的工程师在完成设计之后，不论设计多么复杂，都非常确信设计方案是没有问题的。他们也非常确信设计方案可以用大家都认可的工艺做出来。为此，硬件工程师要花大量时间去验证和改进设计，例如桥梁设计。在设计方案真正实施之前，工程师要进行结构分析，进行建模和仿真，他们还要做比例模型并通过风洞或其他方式进行测试。简而言之，在施工之前，设计者要用他们能够想到的一切方法来证实设计方案是正确的。如果是设计新型客机，情况更负责，必须造出和实物同等大小的原型机，必须进行飞行测试，充分验证设计方案中的种种场景。

在大多数人看来，软件设计中的工程要求明显不如硬件设计那样严格。然而，如果我们把源码视为设计，就会发现软件工程师实际上也是在对自己的设计做大量的验证和改进。只不过软件工程师没有把它称为工程，而是测试和调试。大多数人并没有把测试和调试视为真正的“工程”，软件行业中肯定不这样认为。主要原因是软件行业拒绝把代码视为设计，而不是任何实际的工程。事实上，样机（Mock-up）、原型机和电路试验板早就是其他工程学科公认的组成部分。软件设计者之所以没有更多正规的方法来验证自己的设计，是因为软件构建周期简单、经济。

最重要的启示：单纯构建设计并测试比做其他任何事情更廉价和简单。我们不关心做了多少次构建，这些构建的时间成本基本为零，并且，如果我们丢弃构建，还可以重用它之前所用的资源。注意，测试并不只是保证当前设计的正确性，还是改进设计流程中的一部分。复杂系统的硬件工程师经常都要建模，或者说，至少会用可视化的方式把设计展示出来。这让他们有设计感，如果只是检查设计方案，是无法获得这种设计感的。做这样的模型既不可能，也没有必要。我们就只是做产品而已。即使形式化验证可以和编译器一样自动进行，我们还是会构建与测试。因此，形式化验证对软件行业完全没有太多实际的意义。

这就是今天软件开发过程的现实。越来越多的人和组织正在产生越来越复杂的软件设计。这些设计先用编程语言写出代码，然后通过构建和测试循环进行验证和改进。过程容易出错且不是特别严格。事实上，相当多软件开发人员并不愿意相信软件就是这样的工作方式。也正因为此，问题才变得更为复杂。

当前，大多数软件过程都试图把软件设计的不同阶段分成不同的类别。必须在顶层设计完成并冻结后，才能开始写代码。测试和调试仅用于清除构建过程中的错误。程序员处在中间位置，他们是软件行业的码农。许多人认为，如果可以让程序员停止找茬，按照接受的设计去构建，过程中少犯错误，那么软件行业会变得更成熟，成为一门真正的工程学科。然而，只要工程过程无视工程和经济学，就不可能。

举个例子，现在各行各业都无法忍受制造过程中返工率超过 100%。如果程序员经常做不到一次性构建正确，肯定很快就会失业。在软件行业，即使区区一小块代码，也很有可能需要测试和调试期间修改或完全重写。在像设计这样的创造性过程中，我们认可这种改进，但是，这在制造过程中是无法忍受的。从来不会有人期望硬件工程师能够做到一次性完美设计。即使做到了，也得改进，证明它是完美的。

即使我们没有从日本的管理方法中学到任何东西，也应该知道责备工人在过程中犯错误是无益于生产的。我们不应该持续强迫软件开发去适应不正确的过程模型。相反，我们需要改进过程，让它助力而不是阻碍我们生产出更好的软件。这就是“软件工程”的石蕊测试。工程是指如何定义过程，而非是否需要 CAD 系统来产出最终的设计文档。

软件行业中有个压倒性的问题是，一切都是设计过程的一部分。编码是设计，测试和调试也是设计的一部分，还有，我们通常认为的设计仍然是设计的一部分。虽然软件构建起来很廉价，但设计起来却难以置信的昂贵。软件非常复杂，有众多不同方面的设计及其产生的不同视图。问题是，所有不同方面是相互关联的，就像硬件工程一样。我们希望顶层设计者可以忽略模块算法设计的细节。同样，我们希望程序员在设计模块内部算法时，不必考虑顶层设计问题。糟糕的是，设计层面中的问题会牵涉到其他层面。整个软件设计的成功，不仅依赖于更高层次的设计，同样海依赖于某个特定模块选择的算法。在软件设计的各个方面，不存在重要性的说法。最底层模块中的一个错误设计，致命程度可能不亚于最高层中的设计错误。软件设计必须确保各个方面都是完整和正确的，否则，基于这个设计的所有软件都会是错误的。

为了管理复杂性，软件需要分层设计。程序员在考虑一个模块的详细设计时，可能还有数以百计的其他模块和数以千计的细节，他一个人不可能全面兼顾。例如，在软件设计中，有一些重要的方面不能完全归入数据结构和算法的范畴。理想情况下，程序员不应该在设计代码时还要考虑设计其他方面。

但是，设计并不遵循这种套路，原因也很明显。软件设计只有在写代码和测试后才算是完成。测试是设计验证和改进过程的基础部分。高层结构的设计不是完整的软件设计，它是细节设计中的一个结构性框架。在严格验证高层设计方面，我们的能力非常有限。详细设计最终对高层设计造成的影响不亚于其他因素（或者应该允许有这种影响）。对设计的方方面面进行改进，贯穿于整个设计生命周期。如果设计的任何一面被冻结在改进过程之外，最终设计基本上可以说是糟糕的，甚至还可能无法工作。

如果高层软件设计可以成为一个更严格的工程，该有多好呀！但是，软件系统的真实情况并不是很严格。软件非常复杂，它依赖于其他很多的因素。可能某些硬件没有按照设计者的预期工作，也可能某个库的例程（方法）还有文档中未说明的约束。每个软件项目迟早都会遇到这些形形色色的问题。这些问题会在测试期间被发现（如果测试工作做得充分的话），之所以会这样，是因为没法在更早的时候就发现它们。等发现这些问题时，不得不改动设计。如果幸运，只需要对设计进行局部改动。但常见的情况是，改动会波及整个软件设计中重要的部分（墨菲定律）。如果受到影响的局部设计如果出于某些原因无法改动，剩下的部分必然只能“削足适履”。这通常会导致管理者所说的“找茬”，但怎么办呢？这就是软件开发的现实。

举个例子，在我最近做的项目中，发现模块 A 和模块 B 之间有一个时序依赖关系。糟糕的是，模块 A 的内部结构隐藏在一层抽象的背后，而这层抽象拒绝将任何对模块 B 的调用合并到它正确的调用序列中。发现这个问题时，已经错过了更改模块 A 中这层抽象的时机。不出意料，我们把日益增长的复杂的“修复”集合应用到模块 A 的内部。版本 1 还没有安装完，我们就普遍觉得设计正在崩溃。每个新的修复都有可能破坏一些老的修复。这是一个正规的软件开发项目。最终，我和我的同事决定改动设计，但为了得到管理层的同意，我们不得不自愿无偿加班。

所有一般规模的软件项目肯定都会出现这样的问题，尽管人们已经想方设法防止它们出现，但仍然会忽略一些重要的细节。这就是工艺和工程之间的区别。如果经验可以把我们引向正确的方向，说明这就是工艺问题。如果经验只是把我们带入未知的领域，我们就必须选择最开始用的方法，并通过一个可以管理的改进过程来加以改进，这就是工程。

我们就看其中很小的一部分内容，所有程序员都知道，写文档在写代码之后而不是之前，这样一来，文档内容才会更准确。现在，理由更明显。用代码来反映最终设计是唯一可以在构建和测试阶段改进的。在这个过程中，初始设计保持不变的可能性和模块的数量以及项目中程序员的数量成反比。很快会变得毫无价值。

在软件工程中，我们非常需要各个层次都很优秀的设计。我们特别需要优秀的顶层设计。初期的设计越好，详细设计越容易。设计者应该用任何有帮助的工具。结构图表 Booch 图（https://en.wikipedia.org/wiki/Booch_method）、状态表、PDL（过程设计语言 https://en.wikipedia.org/wiki/Program_Design_Language）等，如果有帮助，就要用。但我们必须牢记，这些工具和表示法都不是软件设计。最后，我们必须进行真正的软件设计，并且要用某种编程语言来写。如此一来，当我们衍生出设计的时候，就不会害怕根据设计来写代码了。必要时，我们还必须有改进设计的意愿。

现在还没有任何设计表示法可以同时适用于顶层设计和详细设计。设计最终用某种编程语言来写代码。这意味着在详细设计开始前，顶层设计表示法必须转换成目标编程语言。这个转换的步骤既花时间，也会引入错误。程序员经常会对需求进行回顾和重新进行顶层设计，然后根据实际方案来写代码，而不是从一个可能并不完全对应于编程语言的表示法开始转换。这也是软件开发的一部分现实。

也许，如果让设计者去写初始代码，而不是后来让其他人来转换与语言无关的设计，结果会更好一些。我们需要适用于各个层次设计的统一表示法。换句话说，我们需要一种编程语言，它同样也可以用于捕获高层设计概念。C++ 正好可以满足这个要求。C++ 是一门适用于真实世界项目的编程语言，同时也是一门富有表现力的软件设计语言。C++ 允许我们直接表达设计组件的高层信息。这样一来，设计变得更容易，并且，日后也更容易改进。它具有更强大的类型检查机制，所以也有助于检测设计中的错误。如此这般，就可以产生一个更健壮的设计，本质上也是一个更好的工程设计。

最后，软件设计必须要用某种编程语言表现出来，然后通过构建和测试来验证和改进。除此之外的任何其他主张都是愚蠢的。试想一下都有哪些软件开发工具和技术在流行。结构化编程在它的时代被认为是创造性的技术。Pascal 让它变得流行，而且自己也变得更加流行。面向对象设计是新的流行技术，而 C++ 是它的核心。现在，思考一下那些失败的技术。CASE 工具，流行吗？是的，它很流行；通用吗？并不。结构图表怎么样？情况也一样。同样，还有 Warner-Orr 图、Booch 图、对象图以及你能叫出名字的一切技术。它们各有千秋，都只有一个根本性的弱点，它们都不是真正的软件设计。事实上，唯一一个被普遍认可的软件设计表示法是 PDL，然而，它看起来像什么呢？

这表明软件行业潜意识里已经达成共识，编程技术的改进，特别是实际开发中使用的编程语言，和软件行业中其他任何技术相比，具有压倒性的优势。这还表明程序员最关心的还是设计。一旦出现更富有表现力的编程语言，软件开发人员马上就会用。

还要思考软件开发过程是如何变化的。从前，我们用的是瀑布式过程（https://martinfowler.com/bliki/WaterfallProcess.html）。现在我们谈的是螺旋式开发和快速原型。虽然这种技术常常被认为是可以“消除风险”和“缩短产品的交付时间”，但它们其实也只是希望在软件生命周期中更早开始写代码。这是好事。这样一来，构建和测试循环可以更早开始验证和改进设计。这同样意味着，顶层软件设计者也很有可能去做详细设计。

正如前面所描述，工程更多的是指过程中怎么做，而不是最终的产品看起来像什么。处于软件行业中的我们已经接近工程师的标准了，但还需要一些认知上的改变。写代码、构建和测试，是软件工程的核心。我们需要用这种方式来管理它们。构建和测试的经济规律，加上软件件系统几乎可以表现任何东西的事实，使得我们完全不可能找到一种通用的方法来验证软件设计。我们可以改善这个过程，不能避而不谈。

最后，任何工程设计项目的目标都离不开文档。显然，设计文档是最重要的，但它们并非唯一要产出的文档。最终，软件总是要有人用的。同样，系统可能也需要后续的修改和增强。这意味着，就像硬件项目一样，辅助文档对软件项目具有同等的重要性。虽然暂时忽略了用户手册、安装指南以及其他一些和设计过程没有直接关系的文档，但仍然有两个重要的需求需要用辅助设计文档来解决。

辅助文档的首要用途是从问题域中捕获重要的信息，这些信息不能直接用于设计。软件设计需要创造一些软件概念来对问题域中的概念进行建模。这个过程需要我们去理解问题域中的概念。通常包含一些最后不会被直接建模到软件中的信息，但这些信息仍然有助于设计者确定什么是本质概念以及如何建模。这些信息应该记录下来，以防日后改动需要。

对辅助文档的第二个重要需求是记录设计中某些方面的内容，这些内容很难从设计中提取出来。它们既可以是高层次的，也可以是低层次的。大部分内容最好用图形来描述，但难作为注释包含在代码中。这并不是说要用图形化的软件设计表示来代替编程语言。这和用文本描述来补充硬件的图形化设计文档没有什么区别。

牢记源码决定设计，而非辅助文档。在理想情况下，我们可以用软件工具对源码进行后期处理并产出辅助文档。对此，我们的期望可能太高了。差一点的情况是，程序员（或者技术文档人员）可以用一些工具从源码中提取出一些特定的信息，然后把这些信息转为文档。毫无疑问，我们很难手工保持更新这一类文档更新。这也证明了需要有表现力更强的编程语言。同样也证明了这类辅助文档必须保持最小化并且尽可能在项目后期才转为正式文档由。同样，我们可以使用一些好的工具，否则得将就用用铅笔、白纸和黑板了。

我的总结如下。

- 真实的软件在计算机中运行。它是存储在磁盘等设备中的01序列。它并不是用C++（或者任何其他编程语言）写的程序。
- 源码清单是软件设计文档。实际把软件设计构建出来的是编译器和链接器。
- 构建真实的软件是非常廉价的，并且，它会随着计算机速度的变快而更加廉价。
- 设计真实的软件是非常昂贵的，之所以这样，是因为软件相当复杂，并且几乎软件项目的每一步，都是设计过程的一部分。
- 写代码是一种设计活动——好的软件设计过程认可这一点，并且，一旦写代码有意义，就会毫不犹豫地去写代码。
- 写代码比我们想象中更有意义。通常，在写代码和设计过程中，一些疏漏和额外的设计需求会显现出来。发现得越早，越能得出更好的设计。
- 软件的构建非常廉价，所以正规的工程验证方法在实际软件开发中没有多大用处。相比之下，设计和测试比试图证明它更简单和廉价。
- 测试和调试是设计活动——对于软件，它们相当于其他工程学科中的设计验证和改进过程。好的软件设计过程认可这一点，并且不会试图减少这些步骤。
- 还有一些其他的设计活动——设计、模块设计、结构设计、架构设计或者等等。好的软件设计过程认可这一点，并且慎重地包含这些步骤。
- 所有设计活动都是相互影响的。好的软件设计过程认可这一点，并且，当不同的设计步骤表现出必要性时，它就允许改动设计，有时甚至是根本上的改变。

- 很多不同的软件设计表示法可能是有用的——它们可以作为辅助文档或者工具来帮助加速设计过程。它们不是软件设计。
- 软件开发仍然是一门手艺，而非一门工程学科。主要是因为缺乏验证和改善设计的关键过程中所需要的严格性。
- 最后，软件开发的真正进步依赖编程技术的进步，这又意味着编程语言的进步。C++ 就是这样的进步。它已经取得了爆炸式的流行，因为它是一门直接支持更好软件设计的主流编程语言。
- C++ 在正确的方向上迈出了一步，但还需要长足的进步。

结语

回顾写于大约 10 年前的东西时，有几点给我留下了深刻的印象。首先是和本书相关的，今天的我甚至比当初更加确信我试图阐述的要点在本质上是绝对正确的。随后几年，大量流行的软件开发方法增强了我的很多观点，这让我更加坚持自己的信念。最明显的（或许也是最不重要的）是面向对象编程语言的流行。现在，除了 C++，还有其他很多面向对象的编程语言。另外，还出现了一些面向对象设计表示法，比如 UML。我的观点“面向对象的编程语言之所以日益流行，是因为它们允许直接用代码展现出更强的表现力”，现在看来有些过时。

其次，重构的概念“重新组织代码库，让它更加健壮和可复用”和我的观点“设计的各个方面都应该是灵活的且在验证时允许改动”如出一辙。重构只是简单提供了一个过程以及一套准则，告诉我们如何改善有缺陷的设计。

最后，前文中有一个敏捷开发的总体概念。虽然极限编程是众多新方法中最有名，但这些方法都有一个共同点：它们都认可源码是软件开发工作中最重要的产物。

另一方面，有一些观点——我在前文中略微提到一些——在随后的几年里，对我来说更加重要。第一是架构或者顶层设计的重要性。在前文中，我认为架构只是设计的一部分内容，并且在构建和测试循环验证设计的过程中，架构需要保持可变性。这个观点基本正确，但现在回想起来，当年的想法还是不太成熟。虽然构建和测试循环可能揭示出架构中的问题，但更多的问题是需求变化所引发的。设计大规模软件很困难，并且，编程语言，比如 Java 或 C++ 以及图形化的表示法，如 UML，对不知如何用它们的人来说帮助不大。此外，一旦某个项目基于架构构建了大量代码，对该架构进行基础性的改变就无异于抛弃原有项目并重新启动一个，也就是说，原来的项目压根儿没有存在过。即便项目和组织在根本上接受了重构的概念，但他们通常也不愿意做一些完全像是重写的事情。这就意味着第一次就把事情做对（或者至少接近对的）很重要。并且，项目越大，越需要如此。幸运的是，软件设计模式有助于解决这方面的问题。

还有其他一些方面的内容。我认为，需要更强调辅助文档的重要性，尤其是架构方面的文档。虽然源码就是设计，但试图从源码中得出架构，可能令人望而却步。在文中，我希望能够有一些软件工具来帮助软件开发人员自动维护从源码生成的辅助文档。我几乎已经放弃了这个希望。不过，这些图（和文本）必须聚焦设计中关键的类和它们之间的关系。糟糕的是，软件工具要足够智能到可以从源码的大量细节中提取出重要的信息，我没有看到任何希望。这意味着还得由人来编写和维护这类文档。我仍然认为，最好还是在写好代码之后，至少在写代码的同时写这类文档，最好不要提前写。

最后，我谈到 C++ 是编程语言的一大进步，因此也是软件设计艺术的一大进步，但还需要更大的进步，就目前而言，我完全没有看到编程语言艺术中有任何真正的进步来挑战 C++ 的流行地位。在 2002 年 1 月 1 日的今天，我还是认为这比我 1992 年落笔时更正确。